Andrea Kamphuis

DAS AUTOIMMUNBUCH

Band 1: Biologie des Immunsystems

DAS AUTOIMMUNBUCH

Band 1: Biologie des Immunsystems

Andrea Kamphuis

Bibliografische Information der Deutschen Nationalbibliothek: Die Deutsche Nationalbibliothek verzeichnet diese Publikation in der Deutschen Nationalbibliografie; detaillierte bibliografische Daten sind im Internet über dnb.dnb.de abrufbar.

Die Autorin

Andrea Kamphuis ist promovierte Biologin. Nach langjähriger Tätigkeit in der Buchbranche, vor allem als Literaturübersetzerin und Sachbuchlektorin, arbeitet sie heute im Kommunikationsressort eines wissenschaftlichen Instituts. Seit ihrer Erkrankung an Hashimoto-Thyreoiditis im Jahr 2011 beschäftigt sie sich mit der Biologie der Autoimmunerkrankungen.

Kontakt: Dr. Andrea Kamphuis
        Weißenburgstr. 43
        50670 Köln
        kontakt@autoimmunbuch.de

Impressum

Texte, Zeichnungen, Cover: Andrea Kamphuis, CC BY-SA 4.0
1. Auflage, April 2018
Herstellung und Verlag: BoD – Books on Demand, Norderstedt
ISBN: 978-3-752-83068-2

»Im Lichte der Evolution betrachtet, ist die Biologie wohl die intellektuell befriedigendste und anregendste Naturwissenschaft. Ohne dieses Licht wird sie zu einem Haufen verstreuter Sachverhalte, von denen manche vielleicht Interesse oder Neugier wecken, ohne sich aber zu einem sinnvollen Bild zusammenzufügen.«

Theodosius Dobzhansky (1900–1975)
»Nothing in Biology Makes Sense Except in the Light of Evolution«
Essay in *The American Biology Teacher*, 1973

Danksagung

Viele Menschen haben dieses Buch möglich gemacht: durch Ermutigung, Hinweise, Vernetzung, Hilfe bei der Literaturbeschaffung, finanzielle und technische Unterstützung, Entlastung von anderen Aufgaben, schier unendliche Geduld und Rücksichtnahme.

Vor allem danke ich Roland Dieterich, Sibylle Kamphuis, Gerrit Kamphuis, Maria-Theresia Derchain und der ganzen Familie sowie Stephan Matthiesen und Ulrich Eumann.

Am Anfang des Projekts stand eine Crowdfunding-Kampagne, die mir gezeigt hat, dass das Thema nicht nur mich interessiert. Dafür meinen herzlichen Dank an Eva Bachmann, Jochen Bergmann, Claus F. Berthold, Andreas Deutsch, Roland Dieterich, Lars Günther, Gisela Hack-Molitor, Carsten Heinisch (Kaiserslautern), Almuth und Wilfried Hommers, Anna Janas, Kathrin Jurgenowski, Michael Köhler, Renata K., Heide Liebmann, Arne Ludwig, Dr. Wolf Lustig, Hannes und Annelie Matthiesen, Stephan Matthiesen, Miriam Neidhardt, A. P., Heidrun Schaller, Gerlinde Schermer-Rauwolf, U. S., Jens Schulze, Mathias Schulze, Tibor Vogelsang, Karsten Wenzlaff und alle anderen Unterstützerinnen und Unterstützer.

Inhalt

INHALT

TEIL 1

EINLEITUNG

Das Buch, das ich gerne gelesen hätte

Im Winter 2009/2010 fiel es mir von Woche zu Woche schwerer, mich auf meine Arbeit zu konzentrieren. Ich fühlte mich abwechselnd völlig abgeschlagen und überdreht **(Abb. 1)**; die Arbeitspausen wurden immer länger, alle paar Minuten prüfte ich meinen E-Mail-Eingangsordner und meine Social-Media-Diskussionsgruppen. Nur energische Spaziergänge konnten den Nebel für kurze Zeit aus meinen Kopf vertreiben. Zunächst führte ich meine Konfusion und Unruhe auf berufspolitische Konflikte in den vergangenen Monaten zurück, aber dann traten körperliche Symptome wie Nierenschmerzen, Schwindel und Schlaflosigkeit hinzu.

Zufällig arbeitete ich gerade an der Übersetzung eines evolutionsbiologischen Sachbuchs: »Virolution. Die Macht der Viren in der Evolution« von Frank Ryan. In einem Kapitel geht Ryan der Frage nach, ob sogenannte endogene Retroviren für Autoimmunerkrankungen verantwortlich sein könnten. Seine Schilderung brachte mich auf die Idee zu recherchieren, ob meine scheinbar unzusammenhängenden Beschwerden auf eine solche Erkrankung hinweisen könnten. Bald hatte ich einen konkreten Verdacht: Hashimoto-Thyreoiditis, eine Autoimmunstörung der Schilddrüse. Selbstdiagnosen sind mit Vorsicht zu genießen, auch wenn ich als Biologin die Informationen halbwegs sicher einordnen konnte. Doch Fachärzte konnten meine Vermutung durch eine Ultraschalluntersuchung, eine Hormonwertmessung und einen Antikörpertest bestätigen.

Ohne die Eingebung durch Ryans Sachbuch hätte ich womöglich noch Jahre auf die richtige Diagnose gewartet und unterdessen mit immer neuen, immer heftigeren Symptomen zu kämpfen gehabt, wie so viele Menschen mit Autoimmunerkrankungen. Ryans Buch hat Schwächen; ich kann es eigentlich nicht empfehlen. Aber ich bin unendlich dankbar für diesen glücklichen Zufall.

Nach der Diagnose fing ich an, mich in die immunologische Fachliteratur einzulesen. Es tat mir gut zu verstehen, was bei Autoimmunkrankheiten im Allgemeinen und bei dieser Schilddrüsenerkrankung im Besonderen vor sich geht. Der deutschsprachige Buchmarkt hält zwar Ratgeber für die häufigsten Autoimmunerkrankungen bereit, aber keine Sachbücher, in denen das Immunsystem und seine Störungen verständlich dargestellt werden. Aber die Artikel, die Biologen und Mediziner in ihren überwiegend englischsprachigen Fachzeitschriften veröffentlichen, machten mich mit überraschenden Hypothesen und faszinierenden Erkenntnissen bekannt, die meine Bewunderung für die Komplexität unserer biologischen Natur neu entfacht haben.

Nicht jeder teilt diesen naturwissenschaftlichen Erkenntnisdrang. Grob vereinfacht lassen sich Kranke und Angehörige in zwei Typen einteilen: diejenigen, denen es vollauf reicht, wenn ihre Ärztinnen gut Bescheid wissen, und die sich

Abb. 1

Abwechselnd träge und überdreht: Eine Hashimoto-Thyreoiditis kann sich wie eine Achterbahnfahrt anfühlen. In den langen Phasen der Unterversorgung mit Schilddrüsen-hormonen (Hypothyreose – die Streckenabschnitte in den Wolken) ist man benebelt und kraftlos. In den kürzeren Phasen der Hormon-Überversorgung (Hyperthyreose – die Gipfel und Loopings) ist man reizbar und ungeduldig mit sich selbst und anderen.

so wenig wie möglich mit ihrer Erkrankung auseinandersetzen möchten – und jene, denen es guttut, die Zusammenhänge zu begreifen. Ich zähle eindeutig zur zweiten Gruppe: Mich in die Fachliteratur zu vertiefen, belastet mich nicht, sondern bereitet mir intellektuelles Vergnügen, gibt mir die Souveränität über meinen Körper zurück und weckt ein ganz und gar naturalistisches Gefühl der Verbundenheit mit der Biosphäre. Es ist gewissermaßen mein Kopf-Yoga. Aber nicht jede hat Biologie oder Medizin studiert, nicht jeder kann sich so viel Zeit für die Fachlektüre nehmen. Darum habe ich dieses Buch geschrieben.

Es ist notgedrungen ein Kompromiss: Für Laien ist es trotz aller Veranschaulichungs- und Vereinfachungsversuche immer noch schwere Kost. Bitte lassen Sie sich nicht entmutigen: Springen Sie ruhig hin und her, begleiten Sie die Comic-Zellen durchs Buch und nehmen Sie sich Teile, die Ihnen nicht gleich einleuchten, später noch einmal vor. Fachleute werden dagegen viele Sachverhalte bereits kennen und Details vermissen. Hoffentlich finden sie dennoch Gefallen an diesem Überblick aus evolutionsbiologischer und ökologischer Perspektive. Die kommt nämlich in den meisten Immunologie-Lehrbüchern immer noch zu kurz.

Die Immunologie ist ein hochdynamisches Forschungsgebiet: Vieles ist schon überholt, wenn es endlich Eingang in die Lehrbücher findet. Ich hatte oft das Gefühl, gegen eine Hydra zu kämpfen: Für jeden Fachaufsatz, den ich gelesen hatte, wuchsen mehrere nach, die mir mindestens ebenso lesenswert erschienen **(Abb. 2)**. Dieses Buch ist eine Momentaufnahme; vermutlich muss ich in Band 2 schon einiges aktualisieren. Wann der zweite Band erscheint, in dem es um die Entwicklung des Immunsystems von der Wiege bis zur Bahre und vom Einzeller bis zum Menschen in der Industriegesellschaft geht, steht noch nicht fest. Am besten werfen Sie ab und zu einen Blick in mein Blog, autoimmunbuch.de.

Für Hinweise auf Fehler oder missverständliche Passagen, aber auch für Fragen, Anregungen, Tipps und Durchhalteparolen bin ich dankbar. Sie erreichen mich unter kontakt@autoimmunbuch.de.

Abb. 2
Alles Wichtige über die Biologie der Autoimmunerkrankungen lesen? Keine Chance.

Vier Fragen, zwei Bände: der Aufbau des Buches

Dem niederländischen Verhaltensforscher Nikolaas Tinbergen zufolge muss eine biologische Erklärung vier Fragen beantworten, um vollständig zu sein:

- Welcher Mechanismus steckt hinter dem Phänomen?
- Wie entwickelt sich das Phänomen im Lebensverlauf?
- Welchen Anpassungsvorteil bringt es mit sich?
- Wie ist es im Lauf der Stammesgeschichte entstanden?

Das sind die »vier W«: die Fragen nach dem *Was*, dem *Wie*, dem *Wozu* und dem *Warum* (**Abb. 3**). Die ersten beiden Fragen drehen sich um unmittelbare Gründe: Was wirkt auf welche Weise worauf ein, und zwar wann? In den letzten beiden Fragen geht es um die letztendlichen Ursachen: um die Funktion und die evolutionäre Herkunft eines Merkmals.

Erst wenn man ein biologisches System wie unser Immunsystem anhand dieser vier Fragen begriffen hat, kann man auch sein Fehlverhalten oder seinen Zusammenbruch unter bestimmten Bedingungen verstehen. Das alles säuberlich nacheinander zu erklären, ist nahezu unmöglich: Die vier W sind logisch eng verknüpft, sodass man häufig vorgreifen oder zurückverweisen muss. Will man zuvor noch biologische Grundkenntnisse vermitteln, sprengt der Stoff jedes vernünftige Maß. Daher gibt es zwei Bände.

Der erste Band, dieser hier, dreht sich vor allem um das *Was*. In Teil 1, der langen Einleitung, lege ich die Basis für das Verständnis. Dazu gehören Definitionen, ein Überblick über das Phänomen der Autoimmunerkrankungen und ein Biologie-Crashkurs für alle, die seit der Schule nicht mehr viel mit Zellen, Genen und Proteinen zu tun hatten. In Teil 2 stelle ich das Immunsystem in seiner ganzen Pracht vor: seine Organe, Zellen und Moleküle. In Teil 3 schließlich geht es um Immunreaktionen: von dem Moment, in dem das System eine Infektion oder eine andere Störung registriert, bis zur Reparatur der Schäden, die durch die Störung, aber auch durch die Immunantwort entstanden sind. Auch die Mechanismen, durch die dabei Autoimmunerkrankungen auftreten können, werden erklärt.

Der Ausblick am Schluss deutet an, wie es im zweiten Band weitergehen wird: Dort fährt die Kamera sozusagen von der Nahaufnahme zur Totale zurück. Statt Momentaufnahmen oder weniger Tage bis Wochen betrachten wir Vorgänge, die sich über Jahrzehnte bzw. Jahrmillionen entfalten. Wir verfolgen die Entwicklung des Immunsystems von der Zeugung bis ins Greisenalter (Tinbergens *Wie*) und vom ersten Leben auf der Erde bis in die moderne Industriegesellschaft (Tinbergens *Wozu* und *Warum*). Und es geht nicht nur um den menschlichen Organismus, sondern auch um die vielen Plagegeister und friedlichen Mitbewohner,

Abb. 3
Nach Nikolaas Tinbergen (1907–1988) hat man ein biologisches Phänomen erst verstanden, wenn man die vier W-Fragen beantworten kann:

Was passiert? (Mechanismen)
Wie kommt das zustande? (individuelle Entwicklung)
Wozu dient es? (Anpassung, zum Beispiel Pathogen-Abwehr)
Warum passiert es auf diese Weise? (stammesgeschichtliche Entwicklung)

die unser Immunsystem maßgeblich geprägt haben. Denn die Verarmung unseres Mikrobioms hat maßgeblich dazu beigetagen, dass heute mehr Menschen unter Autoimmunerkrankungen und chronischen Entzündungen leiden als noch vor wenigen Generationen.

Worum es hier *nicht* geht

Millionen Menschen sind allein in Deutschland von Autoimmunerkrankungen betroffen, und viele suchen Rat in Büchern. Daher kann ich es nicht früh genug betonen: Dies ist kein Ratgeber, und ich gebe keine Therapieempfehlungen ab. Ich bin keine Medizinerin, sondern Biologin. Ich stelle das Immunsystem aus biologischer Sicht dar, weil ich hoffe, dass andere Menschen dieselbe Erfahrung machen wie ich: Was man versteht, ängstigt einen weniger **(Abb. 4)**.

Wo ich auf den folgenden Seiten über Medizin rede, meine ich evidenzbasierte, naturwissenschaftlich fundierte Medizin, keine »Alternativmedizin«. Einige Aspekte der Immunologie handle ich sehr oberflächlich ab; für Studenten ist das Buch kein Lehrbuchersatz. Trotz der Comicbildchen ist dies auch kein Kinderbuch: Die Zeichnungen dienen der Veranschaulichung komplexer Zusammenhänge und ergeben keine leicht verständliche Geschichte **(Abb. 5)**.

Psychologische oder soziologische Betrachtungen würden den Rahmen des Buches sprengen. Auch gesundheitspolitische Aspekte wie das schmerzliche Fehlen immunologischer Facharztpraxen oder einer gemeinsamen Interessenvertretung autoimmunkranker Menschen in Deutschland werde ich nur kurz anreißen, obwohl es dazu viel zu sagen gäbe.

Zu guter Letzt: Für Autoimmunerkrankungen gibt es mehrere Definitionen, auf die ich später noch eingehe. Im engeren Sinne sind es Störungen, bei denen unsere *erworbene* Immunabwehr auf körpereigene Strukturen überreagiert und dies die Erkrankung wirklich verursacht. Ich beziehe aber auch Störungen ein, bei denen die *angeborene* Immunabwehr übers Ziel hinausschießt oder bei denen die Autoimmunreaktionen womöglich Folgen einer primären Erkrankung sind. Zweifelsfälle wie Autismus, Schizophrenie, Depression oder auch Arteriosklerose, bei denen Autoimmunreaktionen zwar nachgewiesen wurden, ihre Bedeutung aber sehr umstritten ist, klammere ich dagegen aus.

Abb. 4
»Nothing in life is to be feared, it is only to be understood. Now is the time to understand more, so that we may fear less.« (Im Leben gibt es nichts zu fürchten, nur zu verstehen. Die Zeit ist reif, mehr zu verstehen, damit wir uns weniger ängstigen müssen.)

Ob Marie Curie (1867–1934) das wirklich gesagt oder geschrieben hat, ist umstritten. Dass sie an einer Anämie starb, gibt dem Zitat eine bittere Note. Die radioaktiven Strahlung, der sie bei ihrer Forschung ausgesetzt war, zerstörte die blutbildenden Zellen in ihrem Knochenmark. Aus diesen Zellen entsteht auch unser Immunsystem.

Abb. 5
Kein Therapieratgeber, keine Alternativmedizin, kein Lehrbuch, kein Kinderbuch

Das konfuse Vokabular der Immunologie

»Tiere gruppieren sich wie folgt«, las der argentinische Schriftsteller Jorge Luis Borges angeblich in einer chinesischen Enzyklopädie: »a) Tiere, die dem Kaiser gehören, b) einbalsamierte Tiere, c) gezähmte, d) Milchschweine, e) Sirenen, f) Fabeltiere, g) herrenlose Hunde, h) in diese Gruppierung gehörige, i) die sich wie Tolle gebärden, k) die mit einem ganz feinen Pinsel aus Kamelhaar gezeichnet sind, l) und so weiter, m) die den Wasserkrug zerbrochen haben, n) die von weitem wie Fliegen aussehen.« Eine wirre Auflistung, die zeigt, wie die gelehrten Beamten im alten China Wissensfragmente in eine künstliche Ordnung pressten – scheinbar, denn tatsächlich hat Borges dieses Zitat erfunden. Bei meiner Lektüre der immunologischen Fachliteratur musste ich bisweilen an diese Liste denken **(Abb. 6)**.

Warum gibt es kaum Sachbücher, in denen erklärt wird, wie das Immunsystem funktioniert und was bei Autoimmunerkrankungen schiefläuft? Genau genommen: kein einziges im deutschen Sprachraum, abgesehen von einer ursprünglich japanischen Broschüre für Kinder? Ein Grund dürfte das ausufernde Fachvokabular der Immunologen sein, dem keine logische Ordnung zugrunde liegt. Beispiele gefällig?

Manche Zellen des Immunsystems sind nach ihrem Aussehen benannt, andere nach ihrer Funktion, ihrer Herkunft oder ihrem Wirkungsort. Unter dem Oberbegriff Leukozyten (wörtlich »weiße Zellen«, also weiße Blutkörperchen) sind beispielsweise die Lymphozyten (Zellen des Lymphsystems), die Monozyten (Zellen mit einem einzigen großen Kern), die Granulozyten (Zellen mit körnigem Erscheinungsbild), die dendritischen Zellen (solche mit verzweigten Ausläufern oder Dendriten) und die Mastzellen zusammengefasst, wobei Letztere ihren Namen einem Irrtum des berühmten Arztes und Immunologen Paul Ehrlich verdanken: Er dachte, sie mästeten sich an anderen Zellen. Dabei vertilgen Mastzellen kaum andere Zellen; das tun dendritische Zellen und Makrophagen (»große Fresser«). So heißen die Monozyten, sobald sie herangereift sind. (Keine Sorge, in Teil 2 stelle ich Ihnen das Ensemble gründlich vor!)

Bestimmte Lymphozyten, die T-Helferzellen, unterstützen andere Immunzellen bei der Bekämpfung von Krankheitserregern. Lange unterschied man zwischen den Typen Th1 und Th2. Vor einigen Jahren entdeckte man eine weitere Gruppe, die man nicht etwa Th3 taufte, sondern Th17 – weil die Zellen einen Botenstoff namens Interleukin-17 produzieren. Wer nun im Umkehrschluss meint, Interleukin-2 werde von Th2-Zellen produziert, liegt falsch: Das machen die Th1-Zellen.

Viele weiße Blutkörperchen sehen unter dem Mikroskop gleich aus, auch wenn sie mit unterschiedlichen biochemischen Arsenalen jeweils eigene Aufgaben in

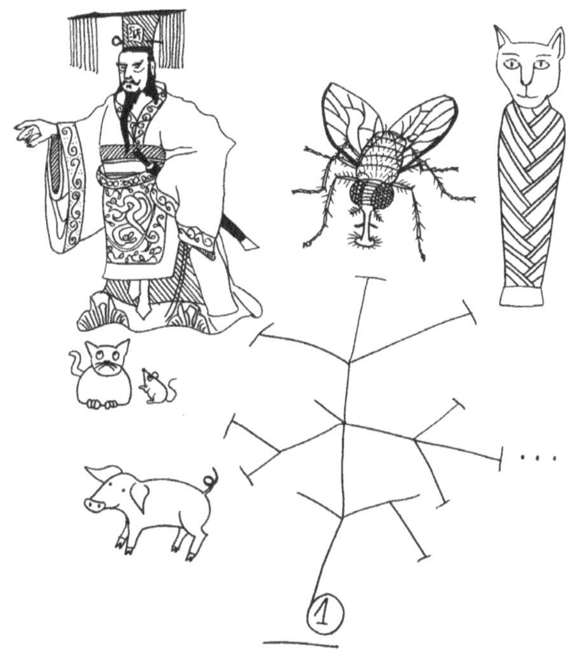

Abb. 6
Der argentinische Schriftsteller Jorge Luis Borges (1899–1986) hat sich eine absurde Systematik des Tierreichs ausgedacht, die nichts mit einer natürlichen Ordnung zu tun hat. Das Vokabular der Immunologen ist ebenso verworren.

der Abwehr erfüllen. Daher teilte man sie früher anhand von Färbungsreaktionen ein. So wurden Granulozyten, die sich mit Eosin B anfärben ließen, Eosinophile (»Eosin-Liebende«) genannt, während man Granulozyten, die basische Farbstoffe annahmen, als Basophile bezeichnete. Diese im Grunde nichtssagenden alten Namen werden bis heute beibehalten.

Natürliche Killerzellen sind übrigens keineswegs dasselbe wie natürliche Killer-T-Zellen. Bis vor wenigen Jahren gab es auch noch T-Killerzellen, die nun zum Glück zytotoxische T-Zellen heißen, um weitere Verwechslungen zu vermeiden **(Abb. 7)**.

Zur Einteilung der Lymphozyten dienen heute Proteine in ihrer Zellmembran, die man mit biochemischen Tests nachweisen kann. Man unterscheidet mittlerweile mehrere hundert dieser sogenannten Marker, die als *clusters of differentiation* oder CDs bezeichnet werden. So spricht man beispielsweise von $CD4^+CD25^-$-T-Zellen, wenn ihre Oberfläche das Protein CD4, nicht aber das Protein CD25 enthält. Allerdings sind einige der Nummern nicht vergeben; so gibt es CD75 und CD77, aber kein CD 76. Andere Zahlen wurden aufgeteilt wie die Hausnummern von Neubauten in alten Straßen, beispielsweise in CD107a und CD107b. Es gab auch Umbenennungen, und manchmal haben sich Bezeichnungen durchgesetzt, die die CD-Nomenklatur sprengen: Der wichtige Rezeptor CD95 ist in der Fachliteratur als FAS, Fas, Apo1 oder TNFRSF6 bekannt. Man behilft sich mit langen Tabellen in den Anhängen der immunologischen Lehrbücher.

Als wäre das Wort »Haupthistokompatibilitätskomplex« (MHC, M vom englischen *main*) nicht schon ... nun ja ... komplex genug, heißt der MHC beim Menschen »humanes Leukozyten-Antigen« (HLA). Ein T-Zell-Rezeptor erhielt den Namen *programmed cell death* 1 (PD-1), obwohl sich später herausstellte, dass er am programmierten Zelltod normalerweise nicht beteiligt ist. Die beiden Botenstoffe TGF-α und TGF-β (TGF steht für *transforming growth factor* oder *tumor growth factor*) bewirken erstens keineswegs immer ein Tumorwachstum oder eine Zelltransformation und sind zweitens nicht näher verwandt – weder genetisch noch in ihrer Molekülstruktur.

Auch fachsprachlich umgedeutete Alltagsworte erschweren das Verständnis. So erscheint die Bezeichnung »natürliche So-und-so-Zelle« zunächst lächerlich, da alle Zellen in unserem Körper natürlich sind, wenn man nicht gerade Nutznießer einer Gentherapie ist. In der Immunologie bedeutet »natürlich« aber so viel wie angeboren, von Anfang an da – im Unterschied zu Zellen, deren Entstehung erst durch eine Infektion o. ä. induziert wird. Und ein »naiver« Lymphozyt ist nicht etwa einfältig: Er ist nur dem zu ihm passenden Antigen noch nicht begegnet, also Antigen-unerfahren. Viele neuere Fachbegriffe der Immunologie sind ungeschickte Eindeutschungen englischer Ausdrücke. Und für manche Neuentdeckungen oder Hypothesen gibt es noch gar keine etablierte Übersetzung, so-

Abb. 7
Natürliche Killerzellen sind nicht dasselbe wie natürliche Killer-T-Zellen oder wie T-Killerzellen (die inzwischen zum Glück umbenannt wurden).

dass die englische Bezeichnung stehen bleiben muss.

All das ist verwirrend und abschreckend. Ich konnte für dieses Buch keine neue Begrifflichkeit erfinden. Aber ich habe viele Details weggelassen. Fachausdrücke versuche ich verständlich zu erklären. Und zahlreiche Zeichnungen betonen das Wesentliche, zeigen Zusammenhänge auf und liefern dem Gedächtnis Eselsbrücken.

Krieg und Frieden

In der Immunologie wimmelt es von militärischen Ausdrücken: Erreger greifen uns an, unser Körper wehrt sie ab, sie spionieren unser Verteidigungssystem aus, Keime und Forscher liefern sich ein Wettrüsten usw. usf. Nicht zuletzt werden Autoimmunerkrankungen oft als *friendly fire* aufgefasst, also als versehentlicher Beschuss eigener oder befreundeter Truppen. Auch mein Blog heißt so: »Friendly Fire – die Evolutionsbiologie der Autoimmunerkrankungen«.

Diese kriegerischen Metaphern schlagen sich notgedrungen im Text und in den Abbildungen des Buches nieder: Es ist mir nicht gelungen, ein »pazifistisches« Vokabular zur Beschreibung immunologischer Vorgänge zu entwickeln. Wichtig ist mir aber, dass wir nicht bei den Kriegsbildern stehen bleiben: Evolutionäre und ökologische Prozesse versteht man besser, wenn man sich klarmacht, dass Parasiten keine bösen Absichten haben und Symbionten keine selbstlosen Engel sind.

Viele Infektions- und Abwehrvorgänge sind nur als Kommunikation zwischen unterschiedlichen Lebensformen zu begreifen, die bei ihrem ersten Aufeinandertreffen mit oftmals fatalen Folgen »aneinander vorbeireden«. In jahrtausendelanger Koevolution, also der gemeinsamen Weiterentwicklung, handeln sie Kompromisse aus und sind schließlich aufeinander angewiesen (**Abb. 8**). Der Mensch ist nie allein: Die Zahl der Mikroben auf und in uns übertrifft die Zahl der Säugetierzellen unseres Körpers etwa um das Zehnfache.

Viele dieser mikrobiellen Mitbewohner sind im Grunde Teil unseres Immunsystems: Sie nehmen drohende Infektionen oft vor uns wahr, senden unseren Immunzellen Warnsignale, empfangen umgekehrt Signale der Immunzellen und beteiligen sich durch die Produktion von Wirkstoffen an der Abwehr. Sie tun das nicht aus Selbstlosigkeit, sondern weil Krankheitserreger ihren Lebensraum gefährden und sie wertvoller Ressourcen berauben, die wir zur Verfügung stellen. Die dramatische Zunahme vieler Autoimmunerkrankungen in den letzten Jahrzehnten ist zum Teil eine Folge der Eingriffe in diese mikrobiellen Ökosysteme, die wir lange ignoriert oder für entbehrlich gehalten haben.

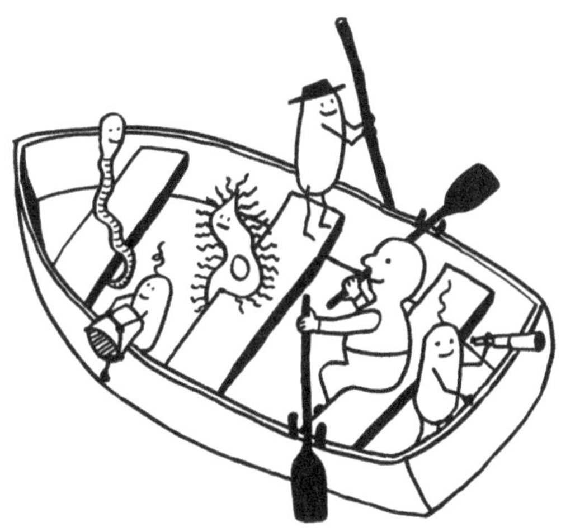

Abb. 8
Durch ihre gemeinsame Evolution sitzen Mikroben,
Parasiten und ihre Wirte oft im selben Boot.

Was ist eine Autoimmunerkrankung?

Höchste Zeit, den Gegenstand dieses Buches zu definieren! Dabei ergeben sich zwei Schwierigkeiten. Erstens gibt es keine allgemein anerkannte Definition von Autoimmunerkrankungen; so ist das nun mal in einem relativ neuen, dynamischen Forschungsgebiet. Daher fällt dieses Kapitel relativ lang aus. Zweitens kommen in den Definitionen bereits Begriffe vor, die ich erst später genauer erläutern kann: im Crashkurs Biologie und im zweiten Teil (Das Immunsystem im Überblick). Blättern Sie bei Interesse einfach mithilfe des Registers vor und zurück!

Das Wort **Autoimmunität** setzt sich aus einem griechischen und einem lateinischen Teil zusammen. Das griechische *auto* bezeichnet das Selbst, im Gegensatz zu allem Fremden, Außenstehenden. Ein »Automobil« zum Beispiel bewegt sich ohne Zugtiere »von selbst«. Das lateinische *immunis* heißt so viel wie befreit, verschont, unberührt – man denke an Abgeordnete, die vor Strafverfolgung geschützt sind.

Dass wir gegen eine Krankheit bzw. ihren Erreger immun werden können, verdanken wir unserem Immunsystem, das Fremdartiges und Gefährliches in unserem Körper aufspürt und ausschaltet. Die Stoffe, auf die das Immunsystem reagiert, heißen **Antigene**. Mit unseren Genen hat das nichts zu tun; vielmehr sind es Substanzen, die eine Gegenwehr (»anti«) hervorrufen (»generieren«). Die Gegenwehr erfolgt unter anderem durch sogenannte **Antikörper**. Das sind Proteine, die meist vereinfacht in Y-Form dargestellt werden. An den Enden der oberen Y-Arme haben sie Erkennungsstellen, die spezifisch an bestimmte Antigene binden und diese so zur Beseitigung kennzeichnen.

Gehört ein Antigen zum eigenen Körper, also zu uns selbst, wird es **Autoantigen** genannt. Antikörper, die an solche körpereigenen Antigene binden, heißen **Autoantikörper**. Reagiert das Immunsystem dauerhaft auf ein Autoantigen, so beschädigt es das Organ oder Gewebe, in dem das Autoantigen vorkommt, und man wird chronisch krank (**Abb. 9**).

Geht es wirklich um eigen oder fremd?

Inhalierter Blütenstaub gehört nicht zum Körper und ist insofern fremd, aber er ist ungefährlich. Bei Gesunden reagiert das Immunsystem nicht auf Pollen; bei Allergikern kommt es dagegen zu einer Abwehrreaktion, obwohl gar keine Gefahr vorliegt. Auf unserer Haut und in unserem Verdauungssystem leben unzählige gutartige Bakterien, die für unsere Gesundheit unentbehrlich sind. Sind sie fremd? Ein gesundes Immunsystem toleriert sie; bei Erkrankungen wie Morbus Crohn werden sie dagegen beharrlich attackiert – mit fatalen Folgen für den

Abb. 9
Wenn das Immunsystem einen Teil des eigenen
Körpers angreift: dumm gelaufen.

Darm, der sich chronisch entzündet. Auch auf sterile Verwundungen, bei denen keine Erreger oder andere Fremdkörper in den Körper eindringen, reagiert das Immunsystem; es beteiligt sich an der Reparatur des Gewebes. Und schließlich würden wir fast alle an Krebs sterben, wenn unsere Immunzellen nicht ständig übermäßig teilungsfähige Zellen in unserem Körper als Gefahrenquellen erkennen und die entstehenden Tumoren unschädlich machen würden – obwohl sie zweifellos zu uns gehören (**Abb. 10**).

Im Blut kerngesunder Menschen kreisen zahlreiche Autoantikörper, die auf Autoantigene reagieren – meistens auf andere Antikörper. Diese Form der Autoimmunität ist nicht krankhaft, im Gegenteil: Diese Antikörper-Komplexe, die ständig in unserem Körper zirkulieren, könnten eine Art Bereitschaftspolizei sein. Wenn bei einer Infektion plötzlich die passenden Antigene den Körper überschwemmen, zerfallen die Komplexe, und die Immunabwehr kann sofort losschlagen. Denn die Neuproduktion effektiver Antikörper nimmt einige Tage in Anspruch. Bis dahin könnten uns die Komplexe aus vorproduzierten, sogenannten natürlichen Antikörpern und Autoantikörpern retten, die gewissermaßen wie Messer und Messerscheiden zueinander passen (**Abb. 11**).

Auch nach einem Schlaganfall lassen sich im Gehirn ein bis zwei Monate lang viele Autoantikörper nachweisen, die sich an Proteinen aus beschädigten Nervenzellen festsetzen und diese so für die Beseitigung markieren. Diese vorübergehende und örtlich begrenzte Autoimmunität ist nicht krankhaft, sondern heilsam.

Neben solchen natürlichen Autoantikörpern (»natürlich« im Sinne von »angeboren« oder »normal«) kreisen auch autoreaktive weiße Blutkörperchen in unserem Köper, die uns nicht schaden, sondern sogar schädliche Autoimmunreaktionen anderer Zellen verhindern: die sogenannten regulatorischen T-Zellen, von denen im Buch noch oft die Rede sein wird. Andere autoreaktive T-Zellen reagieren auf Nervenbestandteile wie Myelin und beteiligen sich im Gehirn an der Behebung von Schäden nach einem Trauma: Sie locken weitere Immunzellen an, die für die Wundheilung wichtig sind, und schütten Substanzen aus, die die Nervenzellen am Leben halten. Solange sie nicht überhandnehmen, sondern nach einer Weile das Feld räumen, schaden sie dem Gehirn nicht.

Diese Beispiele lassen vermuten, dass unser Immunsystem gar nicht auf Fremdes an sich reagiert, sondern auf Gefahren oder Stressfaktoren – ob diese nun von außen kommen oder im Körper selbst entstehen. Diese Vermutung wird in der Immunologie unter dem Namen *Danger Theory* (also Gefahren-Theorie) heiß diskutiert; ich stelle sie später im Kapitel »Geschichte der Immunologie und Autoimmunologie« näher vor.

Autoimmunität führt also nicht zwangsläufig zu einer Autoimmunerkrankung. Gefährlich wird sie erst, wenn die Kontrollmechanismen versagen, die eine Immunreaktion normalerweise beschränken. An diesem Systemversagen sind

Abb. 10

Die Antigen-Landschaft. Nach herkömmlichem Verständnis müsste das Immunsystem alles angreifen, was von außen kommt, also außerhalb des linken Kreises liegt. Dazu gehören aber auch harmlose belebte und unbelebte Stoffe, die keinen Alarm auslösen – außer im Falle einer Allergie. Das Immunsystem reagiert nicht einmal auf alle Mikroben (rechter Kreis), sondern normalerweise nur auf Krankheitserreger. Außerdem bekämpft es Krebs, der durchaus zu unserem Körper gehört. Es erkennt also Gefahren (mittleres Oval), ganz gleich, ob diese nun im eigenen Körper entstehen oder von außen eindringen.

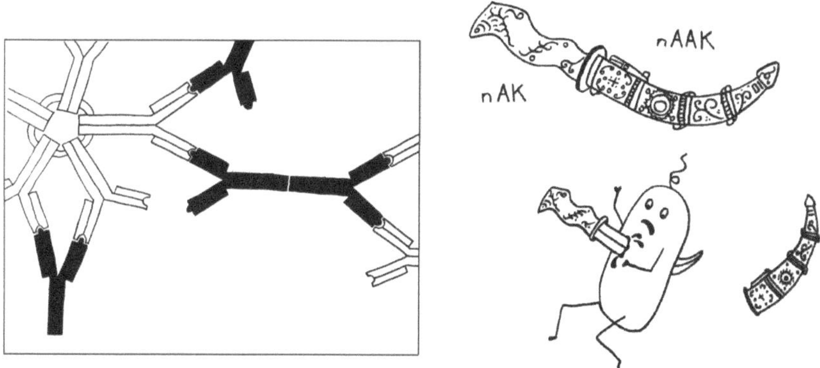

Abb. 11

Autoimmunität kann auch nützlich sein. Sogenannte natürliche Antikörper (nAK) können sich mit natürlichen Autoantikörpern (nAAK) zu Komplexen vernetzen, wenn ihre Antigen-Bindungsstellen zusammenpassen. Links ein Ausschnitt aus einem solchen Netzwerk. Rechts: Die natürlichen Antikörper bleiben ungefährlich, bis ein passendes Fremd-Antigen auftritt. Dann lösen sie sich von den natürlichen Autoantikörpern wie Messer aus ihren Scheiden und bekämpfen die Gefahrenquelle – hier ein Bakterium.

genetische Anlagen und auslösende Umweltfaktoren beteiligt. Beeinflusst wird es auch von unserem Hormonsystem, das sich wiederum zwischen den Geschlechtern unterscheidet – was den starken Frauenüberhang bei vielen Autoimmunstörungen zumindest teilweise erklären kann.

Die klassische Definition

Unser Immunsystem wird in zwei Arme unterteilt: die stammesgeschichtlich alte **angeborene Abwehr,** die unter anderem durch Entzündungsreaktionen unspezifisch gegen alle möglichen Gefahren vorgeht, und die stammesgeschichtlich jüngere erworbene oder **adaptive Abwehr,** die es nur bei Wirbeltieren gibt. Bei ihr ruft jedes Antigen genau diejenigen Immunzellen auf den Plan, die es am besten bekämpfen können (**Abb. 12**).

Die klassische Definition der Autoimmunerkrankungen umfasst nur Störungen des zweiten Arms, der adaptiven Abwehr. Eine Autoimmunstörung, eine anhaltende Selbstreaktivität und Gewebeschädigung, besteht demnach in der Aktivierung autoreaktiver, also gegen körpereigene Strukturen gerichteter Lymphozyten (weißer Blutkörperchen, die zum Lymphsystem gehören) und dem Versagen von Kontrollmechanismen. Störungen, bei denen ein Versagen der angeboren Abwehr zu einer chronischen Entzündung führt, durch die Organe oder Gewebe zugrunde gehen, werden von manchen Forschern als autoimflammatorische Erkrankungen bezeichnet.

Mustergültige, klassische Autoimmunerkrankungen erfüllen die sogenannten Witebsky-Rose-Kriterien (**Abb. 13**):

1. Das Autoantigen ist bekannt.
2. Die Autoantikörper oder autoreaktiven T-Zellen sind bekannt.
3. Die Krankheit kann experimentell durch aktive Immunisierung mit dem Autoantigen hervorgerufen werden.
4. Die Krankheit ist durch passive Immunisierung übertragbar, also durch den Transfer von Autoantikörpern oder autoreaktiven T-Zellen. Das kann zum Beispiel während der Schwangerschaft oder der Geburt passieren, wenn Autoantikörper oder autoreaktive T-Zellen von der Mutter in das Kind gelangen.

Abb. 12
Die beiden Arme unseres Immunsystems: Oben die **angeborene Abwehr**, die schnell und unspezifisch auf eine Gefahr (hier das Bakterium in der Mitte) reagiert. Unten die **adaptive Abwehr**, bei der andere Immunzellen aktiviert werden. Deren Erkennungwerkzeuge (Hände) passen genau zum Antigen (Pickelhaube). Dann werden Antikörper produziert, die passenden Immunzellen vermehren sich, und das System merkt sich das Antigen, sodass es im Wiederholungsfall schneller zuschlagen kann. – APC = antigenpräsentierende Zelle *(antigen-presenting cell)*.

Ein breites Spektrum

Statt einer klaren Zweiteilung finden Forscher allerdings eher ein Spektrum vor (**Abb. 14**). Nah am einen Ende stehen Autoimmunerkrankungen wie Morbus Basedow (Schilddrüsenüberfunktion) oder Hashimoto-Thyreoiditis (Schilddrüsenunterfunktion), die den Witebsky-Rose-Kriterien entsprechen. Viele andere Krankheiten erfüllen dagegen nicht alle Kriterien, unter anderem primär biliäre Zirrhose (PBC), Polymyositis und Sklerodermie. Dass sie dennoch als Autoimmunerkrankungen gelten, liegt an auffälligen Gemeinsamkeiten mit den klassischen Autoimmunstörungen: Auch bei ihnen wurden Autoantikörper nachgewiesen, das zur angeborenen Abwehr zählende Komplementsystem funktioniert nicht richtig oder das Erkrankungsrisiko korreliert mit denselben Umweltfaktoren, beispielsweise der Sonneneinstrahlung oder dem Vorkommen bestimmter Viren oder Bakterien.

Oft sind aber die Autoantigene, auf die das Immunsystem bei diesen Krankheiten reagiert, im Körper allgegenwärtig (sowohl bei Gesunden als auch bei den Kranken) oder innerzellulär (z. B. DNA, die eigentlich nur in Zellkernen vorkommen sollte). Das wirft die Frage auf, wieso das Immunsystem sie überhaupt als Bedrohung wahrnimmt. Wenn man gesunde Versuchstiere mit solchen Autoantigenen immunisiert oder ihnen die entsprechenden Autoantikörper injiziert, erkranken sie zumeist nicht. Das klinische Erscheinungsbild der Erkrankungen lässt sich auch nicht ohne Weiteres durch die Funktion der jeweiligen Autoantikörper erklären. In diesem Mittelfeld des Spektrums finden sich Krankheiten wie Schuppenflechte (Psoriasis), Morbus Behçet, Morbus Bechterew (Spondylitis ankylosans) oder Uveitis, an denen wohl beide Arme der Abwehr maßgeblich beteiligt sind.

Das andere Ende des Spektrums bilden die autoinflammatorischen Erkrankungen, also die gegen eigenes Gewebe gerichteten chronischen Entzündungen. Hier aktivieren lokale Faktoren an besonders gefährdeten Orten bestimmte Zellen der angeborenen Abwehr. Zum Beispiel machen Störungen der Botenstoff-Signalwege, fehlgeleitete Bakterienaufspürsysteme oder winzige mechanische Gewebeschäden ein Gewebe anfällig für Entzündungen. An diesen ist die adaptive Immunantwort anfangs nicht beteiligt. Autoantikörper tauchen – wenn überhaupt – erst im fortgeschrittenen Krankheitsverlauf auf, weil die massive Entzündung so viele Zellen absterben lässt, dass ihre Überreste nicht mehr geregelt entsorgt werden können. Die DNA und andere Substanzen, die aus toten Zellen austreten, aktivieren dann autoreaktive Immunzellen. Das könnte zum Beispiel bei Morbus Crohn, Colitis ulcerosa, multipler Sklerose und rheumatoider Arthritis der Fall sein.

Abb. 13

Nach den strengen **Witebsky-Rose-Kriterien** sind nur solche Krankheiten Autoimmunerkrankungen, bei denen
(1) das vom Immunsystem angegriffene Autoantigen genau bekannt ist,
(2) die Autoantikörper oder autoreaktiven T-Zellen bekannt sind, die an das Autoantigen binden,
(3) die Krankheit durch aktive Immunisierung hervorgerufen werden kann (Injektion des Autoantigens zusammen mit einem reaktionsverstärkenden sogenannten Adjuvans) und
(4) eine Übertragung der Autoantikörper gesunde Organismen erkranken lässt (passive Immunisierung).

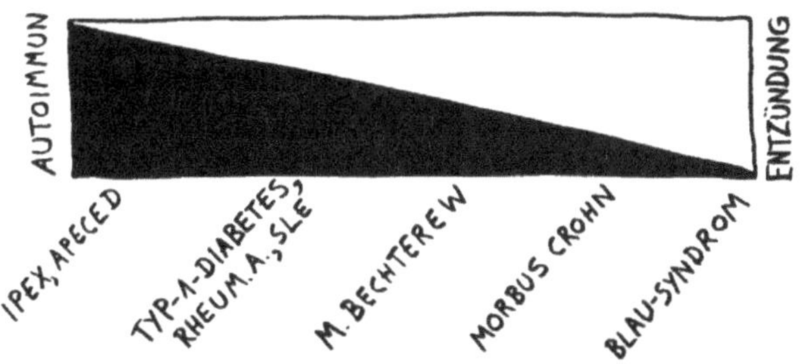

Abb. 14
Das Spektrum der Autoimmunerkrankungen und autoinflammatorischen Erkrankungen mit einigen Beispielen. Oft werden auch Krankheiten im Mittelfeld als Autoimmunerkrankungen aufgefasst, obwohl sie nicht alle Witebsky-Rose-Kriterien erfüllen.

Umgekehrt kann eine Autoimmunreaktion auch eine Entzündung im Gewebe verstärken und chronisch machen. Was zuerst da war, lässt sich manchmal ebenso schwer beantworten wie die klassische Frage nach der Henne und dem Ei (**Abb. 15**). Angesichts der fließenden Übergänge und der oft unklaren Reihenfolge von Autoimmun- und Entzündungsreaktionen behandle ich im Folgenden das gesamte Spektrum, statt es irgendwo willkürlich zu kappen.

Erbe

An Autoimmunerkrankungen sind sowohl Erbanlagen als auch Umweltfaktoren beteiligt. Die sogenannte Heritabilität oder Erblichkeit wird gemessen als Konkordanz bei eineiigen Zwillingen, also als Anteil der Zwillingspaare, bei denen *beide* Geschwister erkranken. Sie unterscheidet sich stark zwischen den verschiedenen Erkrankungen. Bei der seltenen systemischen Sklerose liegt sie bei 0,008, also nicht einmal einem Prozent (0,01). Bei rheumatoider Arthritis ist sie mit 0,15 oder 15 Prozent zwar viel größer, aber nicht wesentlich größer als der Anteil der Rheumatiker an der Gesamtbevölkerung: Hier scheinen Erbanlagen keine allzu große Rolle zu spielen. Typ-1-Diabetes und primär biliäre Zirrhose liegen im Mittelfeld, und bei Morbus Crohn wurde in einigen Studien eine Heritabilität von 1,0 ermittelt: Erwischt es einen Zwilling, so erkrankt fast immer auch der andere. Der Median, ein statistischer Mittelwert über alle Autoimmunerkrankungen, beträgt etwa 0,6. Insgesamt haben sie also eine recht hohe Erblichkeit.

Allerdings konnten trotz langjähriger Bemühungen nur wenige Genvarianten (sogenannte Allele) dingfest gemacht werden, die einen wirklich großen Anteil an der einen oder anderen Krankheit haben – mit Ausnahme einiger Mutationen, die so gravierend sind, dass die betroffenen Kinder bereits kurz nach der Geburt schwer erkranken und bald sterben. Dazu zählen die sehr seltenen Krankheiten mit den Abkürzungen IPEX und APECED, die in Abb. 14 ganz links stehen. Die meisten Autoimmunstörungen sind polygenetisch: Zahlreiche Genvarianten tragen jeweils ein wenig zum Erkrankungsrisiko bei. Viele dieser Genvarianten kommen auch bei Gesunden vor; erst die Kombination miteinander und mit bestimmten Umweltfaktoren macht sie gefährlich.

Bei den meisten untersuchten Autoimmunstörungen konnten zahlreiche sogenannte Einzelnukleotid-Polymorphismen oder SNPs (nach dem englischen *single nucleotide polymorphism*) ausfindig gemacht werden, also einzelne Positionen in unserem Genom, an denen bei verschiedenen Menschen unterschiedliche Basen vorkommen, die »Buchstaben« in unserer DNA: A, T, C und G. Bestimmte Basen sind statistisch mit der Erkrankung gekoppelt – was nicht heißen muss, dass genau dieser DNA-Buchstabe die Erkrankung auslöst. Er liegt aber in oder dicht bei einer Genvariante, die das Erkrankungsrisiko steigert.

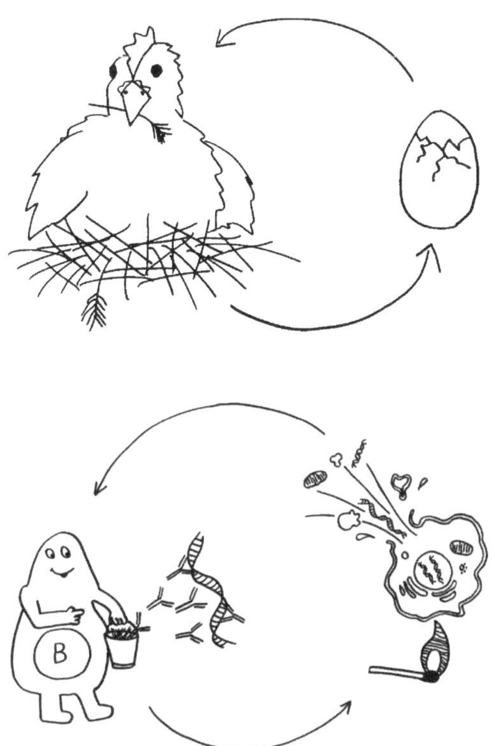

Abb. 15

Was kam zuerst: die Autoimmunreaktion, bei der B-Zellen Antikörper gegen Autoantigene wie DNA herstellen, oder die Enzündung, bei der Autoantigene freigesetzt werden? Diese Henne-Ei-Frage lässt sich bei vielen Erkrankungen noch nicht eindeutig beantworten.

Vergleicht man die SNPs, die statistisch mit verschiedenen Autoimmunerkrankungen gekoppelt sind, so entdeckt man Gruppen von Erkrankungen mit ähnlicher genetischer Veranlagung. Rheumatoide Arthritis und Morbus Bechterew bilden so eine Gruppe, multiple Sklerose und die beiden Schilddrüsenerkrankungen Hashimoto-Thyreoiditis und Morbus Basedow eine zweite. Andere Krankheiten sind negativ korreliert: Genvarianten, die zu der einen Autoimmunstörung beitragen, schützen zugleich vor der anderen. Wer multiple Sklerose hat, hat zum Beispiel ein geringeres Risiko, auch noch Rheuma zu bekommen.

Man darf vermuten, dass den Krankheiten innerhalb einer Gruppe ähnliche biologische Vorgänge zugrunde liegen. Morbus Basedow zum Beispiel ist mit mindestens elf weiteren Autoimmunerkrankungen assoziiert. Tatsächlich können viele Betroffene bestätigen, dass Autoimmunerkrankungen ungern allein bleiben. Einige Forscher gehen inzwischen so weit, solche »Polyautoimmunstörungen« zum Regelfall und ihr vereinzeltes Auftreten zur Ausnahme zu erklären.

Auffällig viele Gene, deren Varianten das Risiko einer Autoimmunstörung entweder erhöhen oder verringern, liegen im sogenannten Haupthistokompatibilitätskomplex (MHC, nach dem englischen *main histocompatibility complex*) auf dem kurzen Arm von Chromosom 6 (**Abb. 16**). Beim Menschen wird er verwirrenderweise oft als HLA bezeichnet, wobei das L für Leukozyten steht, also für weiße Blutkörperchen. Deren Zelloberfläche enthält besonders viele Proteine, die in dieser Region unseres Genoms codiert werden. Die Produkte MHC- oder HLA-Gene haben nämlich Aufgaben im Immunsystem.

Genetische Veranlagungen können aber den enormen Zuwachs der Fallzahlen in den letzten Jahrzehnten, also innerhalb von etwa zwei Generationen, nicht erklären: Die Häufigkeit von Genvarianten in einer Population, Gen- oder Allelfrequenz genannt, ändert sich viel langsamer. Gegen eine ausschließlich genetische Erklärung sprechen auch die vielen Krankheitsfälle unter Kinder von Immigranten, die aus Ländern des Südens nach Europa oder in die USA gezogen sind, und die geringe Konkordanz vieler Autoimmunerkrankungen bei eineiigen Zwillingen: Ein Zwilling erkrankt, der andere bleibt trotz identischen Erbguts gesund. Beides deutet auf eine maßgebliche Beteiligung von Umweltfaktoren hin.

Umwelt

Nur wenige Umweltgifte konnten eindeutig mit Autoimmunerkrankungen in Verbindung gebracht werden. Örtliche Krankheitshäufungen in der Nähe von Sondermülldeponien oder Raffinerien und erhöhte Erkrankungsrisiken von Menschen mit bestimmten Berufen deuten darauf hin, dass zum Beispiel Petroleum, polychlorierte Biphenyle und Schwermetalle wie Cadmium oder Blei Risikofaktoren für Autoimmunerkrankungen wie systemischer Lupus erythematosus sind.

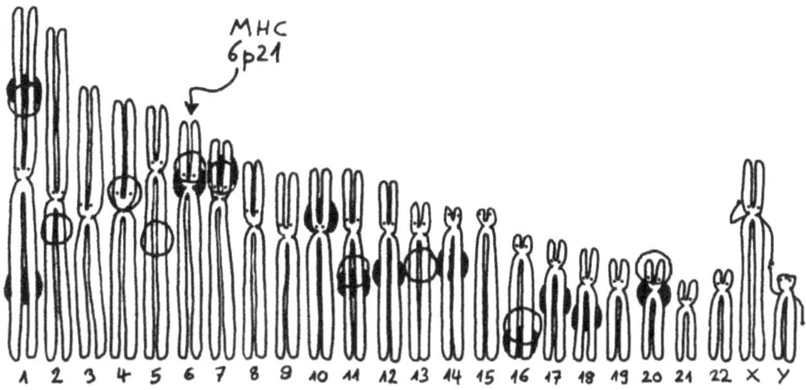

Abb. 16

Komplexe Erblichkeit: Ein Chromosomensatz besteht beim Menschen aus 22 normalen Chromosomen (sogenannten Autosomen) und einem Geschlechtschromosom (X oder Y). Die schwarzen Punkte hinter den Chromosomen markieren wichtige Risikogenorte für Autoimmunerkrankungen, die Kreise vor den Chromosomen Risikogenorte für Asthma. Auf den Chromosomen 1, 6, 7, 11 und 16 gibt es deutliche Überschneidungen. Auf dem kurzen Arm von Chromosom 6 liegen die Gene des Haupthistokompatibilitätskomplexes (MHC), deren Varianten an vielen Autoimmunerkrankungen beteiligt sind.

Weitere industriell erzeugte Verbindungen wie die Kunststoff-Grundsubstanz Bisphenol A können als sogenannte endokrine Disruptoren (Störer der Drüsensekretion) oder Xenohormone (hormonartige Fremdsubstanzen) in bestimmten Zeitfenstern während der Embryonalentwicklung oder kurz nach der Geburt die Ablesung von Genen des Immunsystems steigern oder hemmen und so die »Erziehung« der Immunzellen stören.

Riskant ist auch die Inhalation von Aerosolen aus biologischem Material, die bei bestimmten, in Europa zum Glück nicht verbreiteten Praktiken in Großschlachtereien entstehen: Inhalierte Proteine aus Schweinegehirnen werden vom Immunsystem zu Recht als Fremdstoffe erkannt und bekämpft, aber da sie den menschlichen Gehirnproteinen sehr ähneln, kann die Abwehrreaktion auf das eigene Gehirn übergreifen und zu Lähmungen führen. (Wird die Gefahrenquelle rechtzeitig abgestellt, gehen die Lähmungen zum Glück zurück.)

Die vermutlich wichtigsten Umwelt-Risikofaktoren für Autoimmunerkrankungen sind Pathogene. So nennt man Bakterien, Viren, Pilze, Einzeller und mehrzellige Parasiten, die Krankheiten auslösen (griechisch *pathos* = Leiden und *genesis* = Entstehung). Bei Menschen mit entsprechender genetischer Veranlagung können die Reaktionen des Immunsystems außer Kontrolle geraten und sich zu akuten oder chronischen Autoimmunstörungen auswachsen. So steht das Hepatitis-C-Virus im Verdacht, Schilddrüsen-Autoimmunerkrankungen auszulösen, und das Bakterium *Campylobacter jejuni* soll am sogenannten Guillain-Barré-Syndrom beteiligt sein. Ein weiterer Kandidat ist das Epstein-Barr-Virus, das u. U. multiple Sklerose zum Ausbruch bringen oder bei bereits vorliegender Erkrankung Schübe auslösen kann.

Wie aus einer für sich genommen oftmals harmlosen, unauffälligen Infektion eine Autoimmunerkrankung werden kann, erkläre ich in Teil 3. Vermutlich ähneln einige biochemische Bestandteile der Erreger bestimmten Komponenten unseres eigenen Körpers so sehr, dass eine gegen die Eindringlinge gerichtete Abwehrmaßnahme auf die körpereigenen Kompontenten übergreift. Durch Reifungsvorgänge im Immunsystem wird das »Beuteschema« der Immunzellen immer besser an diese falschen Ziele angepasst.

Einige Forscher vertreten die Extremposition, sämtliche Autoimmunerkrankungen seien auf Erreger zurückzuführen, die sich im Inneren von Immunzellen einnisten, und plädieren daher für langfristige Antibiotika-Gaben. So berechtigt die scharfe Kritik an diesem riskanten und aus der Luft gegriffenen Therapieansatz ist, so leichtsinnig wäre es, Infektionen als Auslöser nur deshalb kategorisch auszuschließen, weil man die Erreger noch nicht identifizieren konnte.

Um als Pathogen zu gelten, muss ein Mikroorganismus traditionell drei Kriterien erfüllen: die sogenannten Henle-Koch-Postulate (**Abb. 17**). Unter anderem muss er sich in Reinform kultivieren lassen, und mit diesen Reinkulturen in-

Abb. 17
Die Henle-Koch-Postulate: Der Mediziner und Bakteriologe Friedrich Loeffler (1852–1915) war ein Schüler von Robert Koch. Er stellte drei Forderungen auf, die erfüllt sein müssen, damit eine Krankheit ursächlich auf einen Erreger zurückgeführt werden kann:

1. »Es müssen constant in den local erkrankten Partien Organismen in typischer Anordnung nachgewiesen werden.«
2. »Die Organismen, welchen nach ihrem Verhalten zu den erkrankten Theilen eine Bedeutung für das Zustandekommen dieser Veränderungen beizulegen wäre, müssen isoliert und rein gezüchtet werden.«
3. »Mit den Reinkulturen muss die Krankheit wieder erzeugt werden können.«

fizierte Wirte müssen erkranken. Reinkulturen lassen sich aber nur von wenigen Pathogenen anlegen: Bei bis zu 80 Prozent der Bakterien, die auf und in uns leben, wissen wir einfach nicht, welche Nahrung und welche Umgebungsbedingungen sie benötigen, um zu überleben und sich zu vermehren.

Unsere Unfähigkeit zur Kultivierung zum Kriterium für die Anerkennung eines Pathogens zu machen, ist nicht der Weisheit letzter Schluss. Die Metagenomanalyse ist eine neue Technik, bei der Organismen nicht mehr isoliert werden müssen, sondern einfach das gesamte in einer Probe enthaltene Erbgut grob analysiert und mithilfe einer Datenbank bestimmten Organismengruppen zugeordnet wird. Dadurch wurde in den letzten Jahren deutlich, dass im »Ökosystem Mensch« zahlreiche weitere Mikroorganismen leben, unter denen vermutlich nicht nur Symbionten (Symbiosepartner) oder Kommensalen (harmlose Mitbewohner) sind, sondern auch Parasiten, also Lebensformen, die von uns leben und uns dafür nichts Brauchbares zurückzahlen. Einen auf diese Weise wenigstens indirekt nachgewiesenen »Untermieter« eindeutig als nützlich, neutral oder schädlich zu klassifizieren, erfordert aber eine sehr aufwändige, sogenannte Schrotschuss-Sequenzierung seines ganzen Genoms. Denn nur so kann man ermitteln, mit welchen Enzymen und Stoffwechselwegen er ausgestattet ist – wovon er also lebt.

Erbe *und* Umwelt

Es hat wenig Sinn, erbliche Anlagen und Umweltfaktoren gegeneinander auszuspielen. Prozentual hohe oder niedrige Erblichkeitsangaben erwecken den falschen Eindruck, Umweltfaktoren seien für eine Erkrankung unwichtig oder eben allein ausschlaggebend. Dabei benennt die Heritabilität immer nur die Erblichkeit eines Merkmals *unter ansonsten gleichartigen Umständen*, also zum Beispiel bei Menschen, die im selben Land und unter ähnlichen wirtschaftlichen Bedingungen aufwachsen, eine vergleichbare Schulbildung genießen usw.

Aussagekräftiger als eine lineare Erblichkeitsskala, die von 0 bis 100 Prozent reicht, finde ich die Antwort, die der Verhaltenspsychologe Donald Hebb auf die Frage gab, ob die menschliche Persönlichkeit eher durch ihre Gene oder durch ihre Umwelt geprägt sei: Er stellte die Gegenfrage, ob die Fläche eines Rechtecks eher durch seine Länge oder seine Breite festgelegt werde. Tatsächlich haben beide Größen einen maßgeblichen Einfluss – ganz gleich, welche Proportionen das Rechteck hat (**Abb. 18**).

Ein gutes Beispiel ist die Veranlagung zu Typ-1-Diabetes, mit der wir uns im Kapitel über die Epidemiologie der Autoimmunerkrankungen näher befassen werden: Zwar gibt es starke genetische Risiken, aber selbst in Ländern mit sehr vielen Typ-1-Diabetikern kommen die Hochrisiko-Genvarianten nur bei einem

Abb. 18

Links: Genetische Veranlagung und Umweltfaktoren tragen gemeinsam zu dem Risiko bei, an einer Autoimmunstörung zu erkranken. Die Darstellung als Rechteck geht auf den Verhaltenspsychologen Donald Hebb zurück. Aussagen wie »Merkmal X ist zu y Prozent erblich« bedeuten genau genommen: »Unter *vergleichbaren Bedingungen* sind y Prozent der beobachteten Varianz in diesem Merkmal auf Erbanlagen zurückzuführen.«

Rechts: Ob und wann eine Autoimmunerkrankung bei Personen mit einem Risiko-Allel ausbricht, hängt von Umweltfaktoren ab, die das Risiko verringern (zum Beispiel bestimmte Würmer im menschlichen Darm) oder erhöhen (etwa Rauchen). Eine Person mit dem Allel A, die einem schädlichen Umweltfaktor ausgesetzt ist, kann eine ebenso hohe Erkrankungswahrscheinlichkeit haben wie eine Trägerin des Hochrisiko-Allels B, die diesem Faktor nicht ausgesetzt ist: Die beiden rechten Recktecke haben etwa dieselbe Fläche.

kleinen Teil der Patienten vor. In Ländern mit wenig Typ-1-Diabetikern stellen dieselben Hochrisiko-Allele dagegen den Löwenanteil unter den Betroffenen: Schützende Umweltfaktoren führen hier dazu, dass die Krankheit wirklich nur bei einer sehr starken genetischen Veranlagung zum Ausbruch kommt.

Kontrollverlust

Vielleicht ist der Auslöser einer Autoimmunerkrankung gar nicht so wichtig, sondern die zentrale Frage lautet: Warum versagen die Mechanismen, mit denen Immunreaktionen normalerweise heruntergeregelt werden, bevor sie schwere Schäden anrichten? Die wichtigsten Aktivierungsschritte im Immunsystem sind eigentlich durch Doppelsignale gesichert, genau wie sich wichtige Schließfächer nur öffnen und Massenvernichtungswaffen nur aktivieren lassen, wenn zwei autorisierte Personen gleichzeitig unterschiedliche Schlüssel in die jeweiligen Schlösser stecken (**Abb. 19**).

Wie ich später noch genauer erklären werde, reicht es nicht, wenn eine sogenannte antigenpräsentierende Zelle ein Antigen, das sie aufgenommen und passend zurechtgeschnitten hat, auf ihrem »Präsentierteller« vorführt: Die Immunzelle, mit der sie interagiert, wird erst aktiv, wenn sie gleichzeitig ein sogenanntes Kostimulationssignal empfängt. Damit versichert die antigenpräsentierende Zelle, dass wirklich Gefahr im Verzug ist. Bei Autoimmunerkrankungen werden diese Kostimulationssignale oft überexprimiert, also aufgrund einer genetischen Veranlagung im Übermaß produziert. Oder die Alarmsignale werden im Zuge einer zufällig gleichzeitigen Infektion produziert und dann zusammen mit einem Autoantigen präsentiert, mit dem sie gar nichts zu tun haben.

Außerdem werden in Menschen mit einer erblichen Neigung zu Autoimmunstörungen viele weitere Gene entweder zu stark oder zu schwach abgelesen, was zum Beispiel dazu führen kann, dass beschädigte Zellen nicht ordnungsgemäß zurückgebaut und entsorgt werden (sogenannte Apoptose). Stattdessen sterben sie unkontrolliert ab und laufen dabei aus (sogenannte Nekrose). Außerhalb der Zellmembran haben Zellinnereien eigentlich nichts zu suchen, und so werden sie von Immunzellen als Fremdkörper erkannt. Besonders stark ist ihre Alarmwirkung, wenn sie während der Zellschädigung oder des Zelltods chemisch modifiziert wurden. Dann kann ein fataler Teufelskreis in Gang kommen, den ich bereits in Abb. 15 dargestellt habe: Das Immunsystem löst eine lokale Entzündung aus. Dadurch sterben noch mehr Zellen ab, die bei einer entsprechenden genetischen Veranlagung nicht geordnet entsorgt werden und das Immunsystem mit immer neuen vermeintlichen Fremdstoffen konfrontieren.

Selbst einen solchen Teufelskreis sollte das Immunsystem eigentlich durchbrechen können – mithilfe regulatorischer T- und B-Zellen (Tregs und Bregs

Abb. 19
Doppelte Sicherung: Immunzellen, die Schaden anrichten können, lassen sich normalerweise nur aktivieren, wenn sie gleichzeitig zwei Signale empfangen – etwa ein zu ihren Rezeptoren passendes Antigen und ein sogenanntes Kostimulationssignal, das auf eine System-störung hinweist.

genannt). Sie sind von Natur aus leicht autoreaktiv, binden also an Autoantigene. Aber sie senden daraufhin keine Alarmsignale an die Umgebung aus, sondern Beschwichtigungssignale. Immunzellen, die sich bereits am Ort des Geschehens versammelt haben, um die vermeintliche Gefahrenquelle abzustellen, werden dadurch deaktiviert und verlieren das Interesse an ihrer schädlichen Mission. Bei einigen Autoimmunstörungen sind Tregs und Bregs Mangelware. Bei anderen stimmt zwar ihre Zahl, aber sie sind nicht imstande, ihre aggressiven Nachbarn zu bändigen. Bei wieder anderen Störungen haben die übrigen Immunzellen ver-lernt, die Beruhigungssignale der regulatorischen Zellen wahrzunehmen. Auch dazu mehr im zweiten und dritten Teil.

Die Klassifikation der Autoimmunerkrankungen

Wenn wir es besser machen wollten als Borges' chinesische Beamten, wie könnten wir die unübersichtliche Vielzahl der Autoimmunerkrankungen sinnvoll gruppieren? Im Umlauf sind verschiedene Klassifikationskriterien, die alle ihre Vorzüge und ihre Tücken haben.

So unterscheidet man bei den sogenannten **Hypersensitivitäten** (also Überempfindlichkeiten), zu denen Autoimmunstörungen und Allergien gehören, je nach Art und Tempo der Immunreaktion vier Typen. **Typ I**, der Soforttyp, ist auf Allergien beschränkt. **Typ II** ist durch Antikörper geprägt, die an körpereigene Strukturen binden und dann z. B. Immunzellen anlocken, die Gifte ausscheiden und so die umliegenden Zellen schädigen. Das ist bei einer Penicillin-Allergie, aber auch bei der Autoimmunerkrankung Myasthenia gravis der Fall, die sich als Muskelschwäche äußert. Die Antikörper können auch Rezeptoren blockieren oder aber dauerhaft aktivieren. Zum Beispiel wird der Körper bei Morbus Basedow mit Schilddrüsen-Hormonen überschwemmt, weil die Rezeptoren auf den Schilddrüsen-Zellen, an die die Autoantikörper binden, permanent Produktionsbefehle ausgeben. Beim **Typ III** lagern sich Immunkomplexe aus Antikörpern und Antigenen an Gefäßwänden oder im Gewebe ab und ziehen schädliche Immunreaktionen nach sich, etwa beim systemischen Lupus erythematosus (kurz Lupus oder SLE). Bei einer Hypersensitivität vom **Typ IV**, auch verzögerter Typ genannt, entsteht der Schaden durch T-Zellen, die Zellen der angeborenen Abwehr anlocken und aktivieren. Diese wiederum lösen chronische Entzündungen aus. In diese Kategorie fallen zum Beispiel Kontaktekzeme oder Typ-1-Diabetes.

Viele Kliniker unterscheiden stattdessen einfach zwischen **organspezifischen** und **systemischen Autoimmunerkrankungen**. Bewährt hat sich das bei Tiermodellen, vor allem bei Mäuse- oder Rattenstämmen, die darauf hingezüchtet wurden, Störungen zu entwickeln, die menschlichen Erkrankungen ähneln. Beim Menschen ist das problematisch, weil man oft gar nicht weiß, ob eine allgemeine Fehlfunktion der Lymphozyten oder eine antigenspezifische Überreaktion eine Krankheit auslöst. Bei einigen organspezifischen Erkrankungen erkennt das Immunsystem durchaus ein ubiquitäres, also fast überall im Körper vorkommendes Autoantigen. Aber dieser Fehler richtet nur an bestimmten Orten Schaden an – entweder, weil diese Gewebe oder Organe bereits vorgeschädigt sind, oder weil die autoreaktiven Immunzellen aus anderen Gründen gezielt dorthin wandern.

Genau wie die Grenze zwischen Autoimmunstörungen und chronischen Entzündungen entpuppt sich auch diejenige zwischen den organspezifischen und den systemischen Erkrankungen als fließend. Etliche Patientinnen und Patienten durchlaufen eine regelrechte »Sammlerkarriere«, die beispielsweise mit einer auf die Schilddrüse beschränkten Hashimoto-Thyreoiditis beginnt, dann um eine zweite organspezifische Störung wie Nebennierenrindeninsuffizienz ergänzt wird und schließlich mit dem Ausbruch einer systemischen Erkrankung wie Lupus eine neue Qualität bekommt.

Andere Wissenschaftler ziehen eine Grenze zwischen **endokrinen** und **nicht endokrinen Autoimmunerkrankungen.** Hormonproduzierende Drüsen sind unter anderem bei Hashimoto-Thyreoiditis, Morbus Basedow (Schilddrüse), Immun-Hypoparathyreoidismus (Nebenschilddrüse), Typ-1-Diabetes (Bauchspeicheldrüse), Morbus Addison (Nebennierenrinde), Immun-Oophoritis oder -Orchitis (Eierstock bzw. Hoden) und Immun-Hypophysitis (Hirnanhangsdrüse) betroffen. Zu den nicht endokrinen Erkrankungen zählen Autoimmunhepatitis, rheumatoide Arthritis, Lupus, Vitiligo (Weißfleckenkrankheit), Zöliakie, perniziöse Anämie und das Sjögren-Syndrom. Auf diese Weise werden Autoimmunerkrankungen, die sich auf das Hormonsystem auswirken, besonders herausgestellt. Aber sobald eine Erkrankung aus der einen Kategorie eine Erkrankung aus der anderen nach sich zieht, wird auch diese Einteilung witzlos.

Schließlich kann man versuchen, Autoimmunerkrankungen, die durch fehlregulierte **T-Zellen** und andere Immunzellen dominiert werden, von denjenigen abzugrenzen, bei denen eher **Antikörper** im Vordergrund stehen. Von den beiden Autoimmunerkrankungen der Schilddrüse soll Hashimoto-Thyreoiditis zur ersten und Morbus Basedow eher zur zweiten Kategorie gehören. Bei den meisten Autoimmunerkrankungen gelten Autoantikörper bislang als diagnostisch nützliche Marker, die wenig zum Erkrankungsprozess beitragen. Je genauer man aber hinschaut, desto mehr verschwimmt auch diese Grenze: An nahezu allen Autoimmunstörungen scheinen sowohl Botenstoffe beteiligt zu sein, die für den zellulären Arm der adaptiven Abwehr typisch sind, als auch solche, die man dem Antikörper-Arm zurechnet. Und der experimentelle Einsatz von Medikamenten, die spezifisch die antikörperproduzierenden B-Zellen blockieren, scheint auch bei solchen Erkrankungen die Verschlimmerung zu verlangsamen, die man bisher für zellulär dominiert hielt.

So enttäuschend all diese Ungewissheiten in der Definition und Kategorisierung von Autoimmunerkrankungen für die Betroffenen auch sind: Die Wissenschaft hat im letzten halben Jahrhundert enorme Verständnisfortschritte erzielt. Noch 1960 galt ein Dogma, das Paul Ehrlich im 19. Jahrhundert in die Welt gesetzt hatte: Autoimmunität könne es schlicht nicht geben. Zeit für einen Blick in die Geschichte der Immunologie!

Geschichte der Immunologie und Autoimmunologie

Die Geburt der Immunologie

Es waren im Wesentlichen zwei Forscher und ihre konkurrierenden Schulen, die das Immunsystem entdeckten und die Disziplin der Immunologie begründeten. In den 1870er-Jahren kamen **Louis Pasteur** in Frankreich (**Abb. 20**) und **Robert Koch** in Deutschland (**Abb. 21**) zu dem Schluss, dass die meisten Krankheiten Infektionen sind, also durch die Übertragung von Mikroben verursacht werden. Sie konzentrierten sich auf den Nachweis, die Isolierung und die Kultur dieser Keime; die Abwehrreaktionen der befallenen Wirte interessierten sie zunächst weniger. So glaubte Pasteur noch 1880, Organismen würden gegen erneute Infektionen mit demselben Erreger immun, weil die Keime die zu ihrem Gedeihen nötigen Nährstoffe im Wirt verbraucht hätten. Entzündungen (also erhöhte Temperatur, Schwellungen, Rötungen usw.) galten nicht als Abwehrreaktion, sondern als Teil der Erkrankung. Die weißen Blutkörperchen, die man unter dem Mikroskop in entzündetem Gewebe herumkriechen und Bakterien aufnehmen sah, verstand man nicht als »Gesundheitspolizei«, sondern als Vehikel der Krankheitsausbreitung im Körper.

Der Embryologe **Elie Metchnikoff** (**Abb. 22**), der in Pasteurs Labor arbeitete, sah das anders. 1883 legte er die Phagozyten-Theorie vor. Die »Fresszellen«, die bei einfacheren Tieren wie Schwämmen der Nahrungsaufnahme dienen, wurden demnach bei den höheren Tieren, die einen eigenen Verdauungstrakt haben, als Ernährer überflüssig. Daher konnten sie eine neue Funktion als Körper-Patrouille übernehmen: Sie erkennen und eliminieren beschädigte, nicht mehr benötigte oder zu Tumorzellen mutierte Zellen sowie eingedrungene Keime. Begegen sie solchen Gefahrenquellen, lösen sie Entzündungen aus, die folglich Teil der Heilung und nicht der Erkrankung sind.

Hinter dieser Theorie stand ein völlig neues Verständnis des Organismus, den Metchnikoff als selbstregulierendes System begriff. Vor allem Mikrobiologen, aber auch andere Biologen klammerten sich an das alte Konzept, in dem ein infizierter Wirt den autonom handelnden Pathogenen passiv ausgeliefert sein sollte, und lehnten Metchnikoffs Ideen vehement ab. Unter dem Einfluss von Darwins Selektionstheorie erkannte Metchnikoff, dass Organismen, die Störungen ihres Stoffwechsels und ihrer Regelkreise passiv über sich ergehen ließen, gegenüber anderen Organsimen, die ihren Gleichgewichtszustand überwachen und Störungen zu beheben versuchen, im Nachteil wären und aussterben müssten. Das Immunsystem dient demnach der Homöostase (griechisch »Gleichstand«), also dem Erhalt des Fließgleichgewichts, das wir Leben nennen.

Abb. 20
Louis Pasteur, 1822–1895

Abb. 21
Robert Koch, 1843–1910

Abb. 22
Elie Metchnikoff, 1845–1916,
arbeitete in Pasteurs Institut.

Dabei erschöpft sich die Aufgabe des Immunsystems nicht im Kampf gegen Fremdkörper wie Mikroben: Zum einen bemerkte Metchnikoff, dass beispielsweise die probiotischen Milchsäurebakterien in unserem Verdauungstrakt zwar fremd, aber keineswegs schädlich sind, sondern uns bei der Pathogenabwehr helfen. Zum anderen laufen in unserem Körper ständig schädliche Prozesse wie unkontrollierte Zellteilungen oder mechanische Überstrapazierung ab, die nicht durch Keime verursacht werden und dennoch gestoppt werden müssen. Und die Entwicklung eines gesunden Organismus geht mit Umbaumaßnahmen einher, bei denen altes Gewebe abgebaut werden muss, um Platz für neue Strukturen zu schaffen. Auch dabei helfen Metchnikoffs Fresszellen.

Dieses sehr modern anmutende, geradezu ökologische und kybernetische Verständnis des Immunsystems als Mittel der Selbstregulierung unter ständigem Umweltdruck geriet lange Jahrzehnte ins Hintertreffen, weil die Forscher auf die Abwehr von Infektionskrankheiten fixiert waren. Heute setzt es sich allmählich durch, und es bildet das Fundament meines ökologischen und evolutionsbiologischen Verständnisses der Autoimmunstörungen.

Auf der Suche nach einer Tollwut-Impfung injizierte Louis Pasteur 1885 seinen Versuchskaninchen getrocknetes Rückenmark tollwutinfizierter Artgenossen. Einige der Tiere entwickelten Lähmungen und andere Symptome einer Enzephalomyelitis, also einer Hirn- und Rückenmarksentzündung. Lange rätselte man über einen Zusammenhang mit der Tollwut; dann stellte man fest, dass derselbe Effekt auch bei der Übertragung von Nervenmaterial gesunder Kaninchen auftrat. Im Grunde hatten Pasteur und seine Mitarbeiter eine experimentelle Autoimmun-Enzephalitis (EAE) ausgelöst, die heute als Modell für multiple Sklerose dient: Das Immunsystem der Empfänger hatte die Rückenmarksproteine der Spender als fremd erkannt und eine Immunreaktion eingeleitet. Diese geriet dann außer Kontrolle, sodass auch die eigenen Gehirnnerven angegriffen wurden. Es sollte allerdings noch viele Jahrzehnte dauern, bis dieser Vorgang richtig interpretiert wurde.

Im Labor von Robert Koch entdeckten **Emil von Behring (Abb. 23)** und **Kitasato Shibasaburō (Abb. 24)** 1891 die erworbene Immunität: Bei der Übertragung von Blutserum aus genesenen Tetanus- oder Diphtheriekranken wurden die Empfänger für die Erreger unempfänglich. Die mysteriösen Substanzen, die diese passive Immunität vermittelten, nannte man Antitoxine. Aus heutiger Sicht handelt es sich um Antikörper, die sich an die Erreger anheften und diese unschädlich machen. Auch in Pasteurs Institut wurde man auf die Antikörper aufmerksam, als **Jules Bordet (Abb. 25)** 1898 in Metchnikoffs Labor entdeckte, dass rote Blutkörperchen zerfallen, wenn man fremdes Blutserum hinzufügt.

Abb. 23
Emil von Behring, 1854–1917,
war ein Schüler von Robert Koch.

Abb. 24
Kitasato Shibasaburō , 1853–1931,
arbeitete ebenfalls bei Koch.

Abb. 25
Jules Bordet, 1870–1961,
arbeitete im Institut Pasteur.

Doch erst 1901 legte Robert Kochs Mitarbeiter und Freund **Paul Ehrlich** (**Abb. 26**) die sogenannte Seitenkettentheorie vor, mit der man sich die Rolle der Antikörper in der Immunabwehr erklären konnte: Der Kontakt mit fremdem Material regt demnach bestimmte Zellen zur Produktion von überaus vielfältigen Proteinen an, die sich in ihren Molekül-Seitenketten unterscheiden und die Fremdstoffe neutralisieren. Neben dem Begriff Antikörper führte Ehrlich auch die Bezeichnungen Antigen und Komplement ein (siehe Teil 2). An diesen Erkenntnisfortschritt koppelte er allerdings das Dogma vom »Horror autotoxicus«, das sich später als großes Hemmnis erweisen sollte: Ziegen, denen man ihre eigenen roten Blutkörperchen injizierte, reagierten auf diesen Eingriff nicht mit der Produktion von Antikörpern. Der Körper schien durch ein Gesetz vor Attacken auf das eigene Gewebe geschützt zu sein, das dem »Horror vacui«, also der Unnatürlichkeit eines Vakuums in der Physik entspricht. 1902 schrieb Ehrlich: »Es wäre im höchsten Grade dysteleologisch [also nicht zielführend], wenn unter diesen Umständen sich Eigengifte ..., Autotoxine, bilden würden.«

Einige Jahre später, 1908, teilten sich Ehrlich und Metchnikoff, die das Immunsystem grundverschieden auffassten und einander harsch kritisierten, einen Nobelpeis für ihre Pionierarbeit.

Die Entdeckung der Autoimmunität

Anfang des 20. Jahrhunderts mehrten sich zwar die Anzeichen, dass es sehr wohl Immunreaktionen geben kann, die mehr schaden als nützen: 1902 wurde der anaphylaktische Schock beschrieben, 1906 die allergische Reaktion. Doch beides war leichter zu akzeptieren als die Existenz von Autoimmunreaktionen, da das System in diesen Fällen zwar übermäßig, aber immerhin auf Fremdstoffe reagiert. 1904 untersuchten Julius Donath und **Karl Landsteiner** (**Abb. 27**) drei Patienten mit Blut und Eiweiß im Urin, in deren Blut sich die roten Blutkörperchen auflösten. Die Moleküle, die das bewirkten, tauften sie »Autoambozeptoren«; heute würde man Autoantikörper sagen.

August von Wassermann, ein Schüler Ehrlichs, versuchte 1906 einen serologischen Syphilis-Test zu entwickeln, bei dem er die infizierte Leber eines an erblicher Syphilis Verstorbenen als Antigen einsetzte. Überraschenderweise reagierten die getesteten Seren aber ebenso stark auf nicht infizierte Lebern: ein ähnliches und auch ähnlich verwirrendes Resultat wie bei Pasteurs Tollwut-Impfungsversuchen. Erst später konnte es mit Autoimmunreaktionen im Serum der Testpersonen erklärt werden, die durch das Lebergewebe ausgelöst oder verstärkt worden waren.

Abb. 26
Paul Ehrlich, 1854–1915,
 war ein Mitarbeiter Kochs.

Abb. 27
Karl Landsteiner, 1868–1943

Diese Beobachtungen führten zunächst ebenso wenig zur Anerkennung des Phänomens Autoimmunität wie 1911 die präzise, aber kaum beachtete Beschreibung einer starken Immunreaktion zwischen den Seren und den Schilddrüsenextrakten von Patienten mit Morbus Basedow, einer Schilddrüsenüberfunktion. Auch die 1912 veröffentlichte Dissertation des japanischen Pathologen **Hakaru Hashimoto (Abb. 28)** über die heute als Hashimoto-Thyreoiditis bekannte Autoimmun-Schilddrüsenunterfunktion änderte daran nichts: Zwar beschrieb er die Lymphknötchen in den Organen der Betroffenen, aber dass diese Neubildungen auf eine Invasion und Vermehrung autoreaktiver Immunzellen hindeuteten, erkannte er noch nicht.

In den 1920er- und 1930er-Jahren geschah wenig. Die verstörenden Beobachtungen gerieten fast in Vergessenheit, auch wenn Karl Landsteiner in den 1930er-Jahren über die Möglichkeit nachdachte, dass Autoantikörper an der von Metchnikoff skizzierten Selbstregulierung des Immunsystems beteiligt sein könnten.

Während des Zweiten Weltkriegs mussten viele Brandwunden versorgt werden. Bei den Hauttransplantationen beobachtete man regelmäßig Abstoßungsreaktionen, die nur dann nicht auftraten, wenn die Haut von einem eineiigen Zwilling stammte – genetisch betrachtet von einem zweiten Selbst. Im Kontext des Krieges lag es vermutlich besonders nahe, solche Beobachtungen mit dem Freund-Feind-Denken zu verquicken und der Immunologie eine kriegerische Fachsprache zu verpassen, die sich hartnäckig bis heute gehalten hat und unser Verständnis des Immunsystems prägt.

In den 1940er-Jahren experimentierten die Immunologen auch mit Adjuvanzien, Substanzen, die die Wirkung von Impfungen verstärken. Beliebt war zum Beispiel »Freunds Adjuvans«, eine Mischung aus Öl, Wasser und abgetöteten Tuberkulose-Erregern *(Mycobacterium tuberculosis)*. In einigen Versuchen löste es im zentralen Nervensystem Entzündungen aus, die allgemein als »allergisch« bezeichnet wurden. Erst in den 1970er-Jahren setzte sich die Einsicht durch, dass dieses Adjuvans tatsächlich eine Autoimmunreaktion auf das eigene Nervengewebe auslöst, und zwar durch die molekulare Ähnlichkeit zwischen bestimmten Bakterien- und Nervenzellproteinen.

In einer wegweisenden Monografie über die Spezifität serologischer Reaktionen beschrieb Karl Landsteiner 1947 – wenn auch beiläufig – eine Autoimmunerkrankung: Er zitierte den Ehrlich-Schüler Hans Sachs, der das oben geschilderte Phänomen beim Syphilis-Test als Folge einer Autoimmunisierung deutete. Offenbar können Antikörper unter bestimmten Umständen, ausgelöst zum Beispiel durch Proteine aus einem Erreger oder aus dem Gewebe anderer Menschen, eben doch auf körpereigene Zellen reagieren.

Abb. 28
Hakaru Hashimoto, 1881–1934

Im Jahr darauf, 1948, enteckte man im Knochenmark von Patienten mit einer Bindegewebserkrankung (wahrscheinlich systemischer Lupus erythematosus, kurz Lupus oder SLE) merkwürdig aussehende Zellen. Wenn man gesundes Knochenmark mit dem Blutplasma solcher Patienten zusammenbrachte, entstanden darin ebenfalls typische Lupus-Zellen – offenbar ausgelöst durch Autoantikörper. Ebenfalls 1948 fanden Harry Rose und seine Mitarbeiter im Serum von Menschen mit rheumatoider Arthritis einen Faktor, der die mit Antikörpern überzogenen rote Blutkörperchen von Schafen verklumpen lässt, und tauften ihn Rheumafaktor. Später erkannte man in ihm einen Autoantikörper vom IgM-Typ, der spezifisch an einen anderen Antikörper vom Typ IgG bindet. (Die Typen und den Aufbau von Antikörpern stelle ich in Teil 2 vor.) Die so entstehenden IgM-IgG-Immunkomplexe finden sich im Knorpel und in der Gelenkschmiere der entzündeten Gelenke von Rheumapatienten.

Wieder ein Jahr später, 1949, erschien die zweite Auflage eines Buchs von **Frank Macfarlane Burnet (Abb. 29)** über die Produktion von Antikörpern. Darin stellte er das wichtige Konzept der Immuntoleranz vor und erklärte, wenn diese Toleranz des Immunsystems gegenüber körpereigenem Gewebe ausnahmsweise versage, komme es zu Autoimmunreaktionen. Als einziges Beispiel nannte er die schon erwähnte experimentelle Autoimmun-Enzephalitis (EAE).

Von der ersten anerkannten Autoimmunkrankheit zum ersten Tiermodell

Anfang der 1950er-Jahre erkannte man, dass bei einem Zusammenbruch der Immuntoleranz nicht nur Autoantikörper, sondern auch autoreaktive Zellen der erworbenen Immunabwehr, sogenannte T-Zellen, an Attacken auf körpereigenes Gewebe beteiligt sein können. 1951 wurde zudem erstmals eine Erkrankung als »autoimmun-« bezeichnet: die autoimmunhämolytische Anämie, bei der Autoantikörper an rote Blutkörperchen binden und deren Auflösung bewirken. Außerdem beobachtete man gehäuft »Experimente der Natur«, bei denen Neugeborene mit schweren Erkrankungen wie dem kongenitalen kompletten Herzblock zur Welt kamen, weil Autoantikörper der Mütter die Plazenta durchdrungen hatten und nun das kindliche Gewebe angriffen.

Dennoch herrschte weiter die von Ehrlich formulierte Überzeugung vor, dass die Natur Autoimmunität ebenso stark verabscheue wie ein Vakuum. **Ernst Witebsky (Abb. 30)**, ein Schüler von Hans Sachs und damit auch von Paul Ehrlich, bezeichnete Antikörper, die auf Antigene desselben Individuums reagieren, noch 1954 als Unmöglichkeit. Ihre Verhinderung erklärte man sich nun anhand von Burnets »Selbst-Nichtselbst-Modell«: Unsere Immunzellen würden früh im Leben systematisch durchmustert, und alle autoreaktiven Zellen würden ausgemerzt. **Peter B. Medawar (Abb. 31)** und seine Mitarbeiter lieferten die ex-

Abb. 29
Frank Macfarlane Burnet, 1899–1985

Abb. 30
Ernst Witebsky, 1901–1969,
gehörte zur Paul-Ehrlich-Schule.

Abb. 31
Peter B. Medawar, 1915–1987

perimentelle Bestätigung: Mäuse, die als Neugeborene Injektionen mit Zellen anderer Mäuse erhalten hatten, stießen später Hauttransplantate dieser Spender nicht ab. Sie hatten in der kritischen Phase gelernt, dieses fremde Material zu tolerieren.

Mitte der 1950er-Jahre stellten Ernst Witebsky und **Noel R. Rose (Abb. 32)** fest, dass Kaninchen, die mit fremden oder eigenen Schilddrüsenproteinen immunisiert wurden, spezifische Antikörper gegen diese Proteine produzierten. Ihr Schilddrüsengewebe wurde zudem von bestimmten Immunzellen infiltriert, sogenannten Monozyten, die sich auch in den Schilddrüsen von Patienten mit Hashimoto-Thyreoiditis nachweisen lassen. Witebsky, der bis dahin an Ehrlichs Dogma vom »Horror autotoxicus« festgehalten hatte, ließ sich dadurch überzeugen, dass es eben doch Autoimmunstörungen gibt. Kurz darauf wurde die Hashimoto-Thyreoiditis als Prototyp der organspezifischen und zellulär dominierten Autoimmunerkrankungen anerkannt. 1957 formulierten Witebsky und Rose ihre vier Kriterien zur Anerkennung einer Krankheit als Autoimmunerkrankung, die ich im Kapitel »Was ist eine Autoimmunerkrankung?« zitiert habe (s. Abb. 13).

Ebenfalls Mitte der 1950er zeigte sich, dass die Schilddrüsen-Autoimmunerkrankung Morbus Basedow durch einen Bestandteil im Blutserum verursacht wird, der auf der Oberfläche der Schilddrüsenzellen an die Rezeptoren für das stimulierende Hypophysenhormon TSH bindet und diese dauerhaft aktiviert, sodass die Zellen zu viel Schilddrüsenhormon produzieren. Dieser Faktor, der anstelle von TSH an die Rezeptoren bindet, entpuppte sich als erster Vertreter einer Klasse von Autoantikörpern, die nicht durch Zerstörung ihrer Zielstrukturen Schaden anrichten, sondern durch die dauerhafte Stimulation oder Hemmung spezifischer Rezeptoren an der Oberfläche von Zellen.

Der dänische Immunologe **Niels Kaj Jerne (Abb. 33)** trug 1954 die Hypothese vor, dass der Körper schon vor jeder Infektion über eine immense Vielfalt von Lymphozyten – den weißen Blutkörperchen aus dem Lymphsystem – verfügt. Nach einer Infektion vermehren sich nur diejenigen Lymphozyten, die mit ihren Rezeptoren Bestandteile des jeweiligen Erregers erkennen. Sie produzieren dann Antikörper, die an den Eindringling binden und ihn direkt oder indirekt ausschalten. 1955 fasste er seine Überlegungen in dem bahnbrechenden Artikel »The natural-selection theory of antibody formation« zusammen. 1957 verknüpfte Burnet Jernes Überlegungen mit Ehrlichs Seitenkettentheorie zu seiner berühmten Klon-Selektionstheorie. Wir werden sie in Teil 2 näher kennenlernen, wenn es um den Thymus geht. Sie erklärt, warum Immunzellen gesunder Menschen auf fremde Antigene wohl, auf körpereigene Antigene aber normalerweise nicht reagieren: weil die Zellen, von denen sie abstammen, während unserer Kindheit eine doppelte Selektion durchlaufen haben.

Abb. 32
Noel R. Rose, geb. 1927

Abb. 33
Niels Kaj Jerne, 1911–1994

In der ersten Runde, der positiven Selektion, werden alle Ur-Lymphozyten ausgesiebt, die nicht imstande sind, auf die »Präsentationsteller« für Antigene, die sogenannten MHC-Moleküle, zu reagieren. Unter den übrig gebliebenen, reaktionsfähigen Immunzellen werden in der zweiten Runde, der negativen Selektion, diejenigen ausgeschaltet, die stark auf körpereigene Antigene reagieren und damit später Autoimmunreaktionen auslösen würden. Am Ende bleiben nach der Klon-Selektionstheorie nur Abkömmlinge (sogenannte Klone) von Immunzellen übrig, die fremde Antigene wohl, eigene Antigene aber nicht erkennen.

Dass es dennoch ab und zu Autoimmunerkrankungen gibt, erklärte sich Jerne mit »entkommenen Klonen«, die nicht eliminiert wurden, weil sie nicht mit den passenden Antigenen konfrontiert wurden, und mit sogenannten somatischen Mutationen, die sich später in einzelnen Nachkommen der auf Selbsttoleranz geprüften Immunzellen ereignen: Durch diese Umprogrammierung können doch noch Klone entstehen, die körpereigene Antigene attackieren. 1960 erhielten Burnet und Medawar für ihre Erforschung der immunologischen Toleranz einen Nobelpreis.

Dank neuer Mikroskopietechniken ließ sich diese Theorie in den späten 1950er- und den 1960er-Jahren empirisch unterfüttern: Erstmals wurden in den Seren und Organen von Menschen mit Autoimmunerkrankungen Autoantikörper nachgewiesen. So erkannte **Deborah Doniach (Abb. 34)**, dass die bereits in ihrem Geburtsjahr 1912 chrarakterisierte Hashimoto-Thyreoiditis eine Autoimmunerkrankung ist.

Auch die Tierzucht erleichterte die Erforschung solcher Entgleisungen: 1959 wurde mit der *New Zealand black mouse* der erste Mäusestamm vorgestellt, in dessen Blut, Nieren und Thymus regelmäßig Autoimmunreaktionen ablaufen. Bald kamen weitere Mäuse- und Rattenstämme hinzu, die bis heute als Modelle für menschliche Autoimmunerkrankungen dienen.

Ein systemtheoretisches Verständnis

Breite Anerkennung erfuhr das Phänomen der Autoimmunität mit der ersten internationalen Konferenz über Autoimmunerkrankungen, die 1964 in New York stattfand, und mit der Veröffentlichung der Konferenzdokumentation im Jahr darauf. Notgedrungen blieben noch viele Fragen offen: 1965 kannte man weder B-Zellen (die Produzenten der Antikörper) oder den Ort der T-Zell-Entstehung und -Selektion (den Thymus) noch die vielen Subtypen der T-Zellen mit ihren jeweiligen Aufgaben (der Unterstützung, der aktiven Durchführung und der Begrenzung von Immunreaktionen), die Natur der antigenpräsentierenden MHC-Moleküle, die dendritischen Zellen oder all die Botenstoffe des Immunsystems. Man ahnte, dass es neben der »zentralen Toleranz« durch Burnets doppelte Selektion im Lymphgewebe auch eine »periphere Toleranz« geben muss, also eine Unschädlichmachung oder Umprogrammierung autoreaktiver Immunzellen im Blut und Gewebe außerhalb der Immunsystemzentrale, aber man wusste nicht, wie das vonstattengeht.

Nach und nach wurden Bruchstücke dieses komplexen Regelnetzwerks bekannt: Man entdeckte die T-Helferzellen, ohne deren Unterstützung B-Zellen absterben, anstatt Antikörper gegen Antigene zu produzieren. Autoimmunerkrankungen können also nur entstehen, wenn zwei Zelltypen denselben Fehler machen, nämlich dasselbe körpereigene Antigen für gefährlich halten. Kurz darauf, 1975, zeigte sich, dass auch T-Zellen für ihre Aktivierung neben dem ihnen präsentierten Antigen ein zweites Signal benötigen; sonst sterben sie ab. Antigenpräsentierende Zellen bilden für gewöhnlich nur bei Vorliegen einer Infektion das benötigte Kostimulationssignal aus, sodass die zufällige Präsentation eines körpereigenen Antigens allein nicht ausreicht, um autoreaktive T-Zellen, die dieses Autoantigen erkennen, zu aktivieren (s. Abb. 19).

Abb. 34
Deborah Doniach, 1912–2004

Ab 1974 entwickelte Niels Kaj Jerne seine Netzwerk-Theorie. Sie hat einiges mit den Selbstorganisations- oder Autopoiesis-Theorien gemeinsam, die ebenfalls in den 1970er-Jahren in der Nichtgleichgewichtsphysik, der Chemie und der Biologie in Mode kamen. Nach dieser systemtheoretischen Sicht bestimmt das Netzwerk als Ganzes, welchen Gleichgewichtszustand es einnimmt und wie es auf Störungen reagiert. Das Gesamtsystem hat Eigenschaften wie ein Gedächtnis und ein Anpassungsvermögen, die keiner seiner Komponenten allein zukommen. Schon Metchnikoff hat dieses Verständnis eines selbstgesteuerten Immunsystems vorweggenommen – in einer Zeit, in der der Körper als weitgehend passives Substrat des Handelns der Krankheitserreger galt.

Versuche an keimfrei aufgezogenen Mäusen bestätigten, dass ihr Immunsystem insgesamt kaum weniger aktiv ist als bei normalen Mäusen. Wie schon Metchnikoffs Mitarbeiter Jules Bordet vermutet hatte, ist die Reaktion auf fremde Antigene nur eine von vielen Aufgaben unseres Immunsystems. Außerdem ist es zum Beispiel für die Überwachung von Alterungserscheinungen, die Ausschaltung von Tumorzellen und die Entsorgung von Zellmüll zuständig. Die Antikörper, die dabei zum Einsatz kommen, sind – da sie auf körpereigene Antigene reagieren – Autoantikörper. Aber wie wir bereits erfahren haben, machen sie gesunde Menschen nicht krank. Erst wenn eine genetische Veranlagung und bestimmte Umweltfaktoren zusammenkommen, zum Beispiel eine an sich harmlose Infektion zur falschen Zeit oder das plötzliche Fehlen von Parasiten, an die wir evolutionär angepasst sind, gehen Zellen des Immunsystems zu stark und zu lange gegen Autoantigene vor. Dann kommt es zu einer Autoimmunerkrankung.

Das Gewebe entscheidet: Matzingers *Danger Theory*

Trotz der Netzwerk-Theorie hielt man noch lange an der im Zweiten Weltkrieg geprägten Vorstellung fest, dass unser Immunsystem klar zwischen Freund und Feind unterscheidet und Fremdes bekämpft. Erst als sich in den 1970er-Jahren das ökologische Denken ausbreitete, entwickelte man ein integrativeres Konzept, in dem zwischen dem Selbst und der Umwelt keine Mauern oder Gräben liegen, sondern »grüne Grenzen«.

Mit diesem konzeptuellen Wandel gingen technische Fortschritte einher, die zur Entdeckung immer weiterer Immunzelltypen führten. Dadurch verschob sich gewissermaßen die Spitze der Befehlskette (**Abb. 35**): Welche Instanz im Organismus beschließt, dass Gefahr im Verzug ist, und setzt eine Immunreaktion in Gang? Anfangs kannte man nur die Antikörper und hielt sie für entscheidend. Dann rückten ihre Produzenten in den Fokus, die B-Zellen – und kurz darauf auch die T-Zellen, die zum Beispiel Keime töten können. Dann erkannte man, dass beide nur aktiv werden, wenn sie von T-Helferzellen dazu animiert werden. Danach richtete sich der Blick auf die antigenpräsentierenden Zellen (APCs), weil sie es sind, die die T-Helferzellen alarmieren.

Abb. 35
Je mehr man über das Immunsystem erfuhr, desto länger wurde die Befehlskette bis zu den Abwehrmaßnahmen. (a) Anfangs ging man davon aus, dass Pathogene wie dieses Bakterium von Antikörpern bemerkt und bekämpft werden. (b) Dann entdeckte man die Produzenten der Antikörper, die B-Zellen, und die hier nicht dargestellten zytotoxischen T-Zellen. (c) Diese Zellen werden aber nur aktiv, wenn T-Helferzellen (T_H) bestätigen, dass etwas im Argen liegt. (d) T-Helferzellen wiederum werden von antigenpräsentierenden Zellen (APC) aktiviert, die ihnen Antigene vorzeigen – hier die Pickelhaube des Bakteriums. (e) Später erkannte man, dass die APCs zugleich mit dem Antigen ein zweites Signal präsentieren müssen, das sie vom beschädigten Gewebe erhalten haben: einen Kostimulator. Hier liefert eine Zelle des Darmepithels (DE) dieses Alarmsignal (die Kerze). (f) Im Lauf der Koevolution mit unserer Darmflora haben wir einige Abwehr-Aufgaben an diese friedfertigen Bakterien ausgelagert: Im Idealfall warnen sie unser Darmepithel vor Eindringlingen, bevor diese überhaupt Schäden anrichten. Denn eine spätere und dann umso heftigere Immunreaktionen auf die Pathogene würde sowohl das Darmepithel als auch die Darmflora belasten.

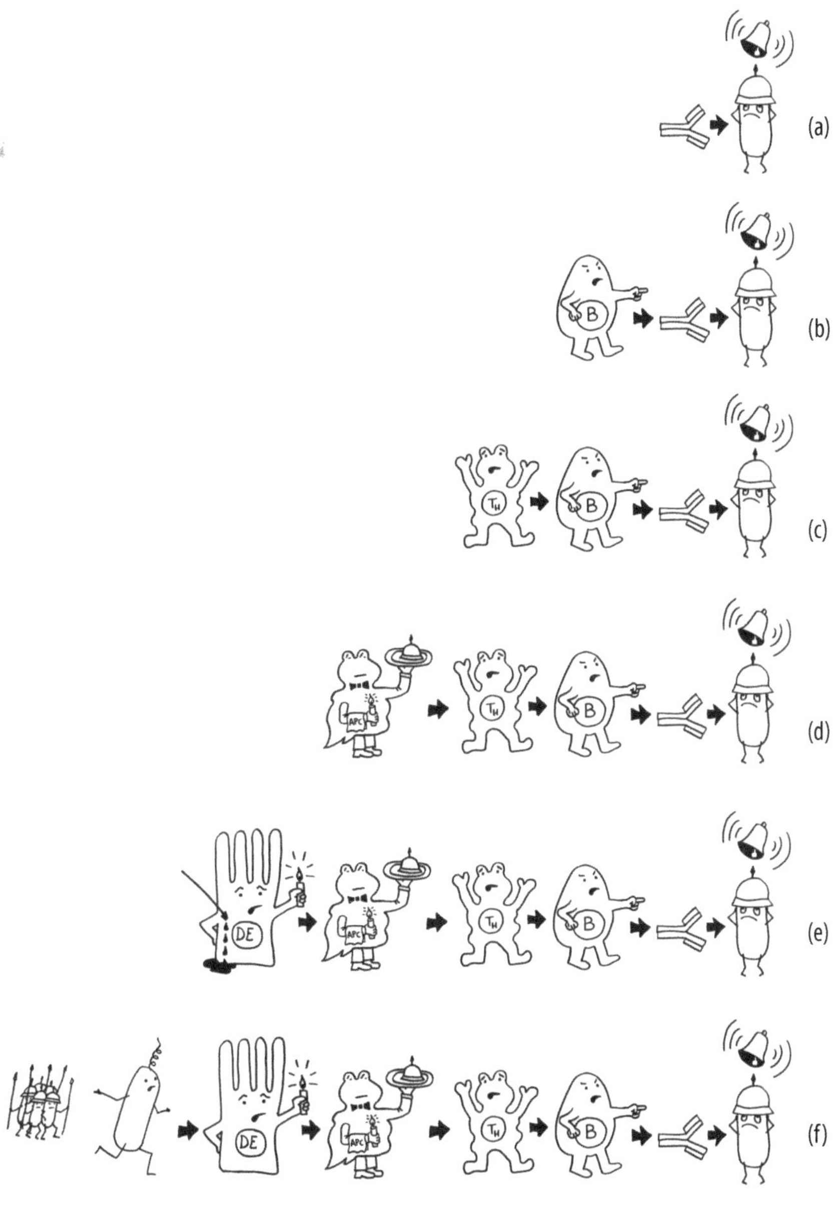
(a)
(b)
B
(c)
T_H
B
(d)
APC
T_H
B
(e)
DE
APC
T_H
B
(f)
DE
APC
T_H
B

Rätselhaft blieb zunächst, wie diese »dummen« Zellen, die zur angeborenen Abwehr gehören und gar keine antigenspezifischen Rezeptoren haben, zwischen potenziell gefährlichen Fremdstoffen und harmlosen körpereigenen Stoffen unterscheiden können. 1989 schlug **Charles A. Janeway (Abb. 36)** eine Lösung vor.

Ihm zufolge können die APCs getrost jedes Antigen präsentieren, das sie aufgabeln, ob nun fremd oder körpereigen: Alarm lösen sie nur dann aus, wenn sie gleichzeitig über sogenannte Mustererkennungsrezeptoren oder *pattern recognition receptors* (PRR) typische Strukturen erkennen, die ganz eindeutig nicht aus dem eigenen Körper stammen, sondern aus evolutionär sehr weit entfernten Organismen – zumeist Bakterien. Solche Strukturen oder molekularen Muster werden als *pathogen-associated molecular patterns* (PAMPs) bezeichnet.

Ein Beispiel sind Lipopolysaccharide, große Moleküle aus Fettsäuren (Lipo-) und Mehrfach-Zuckern (-polysaccharide), die an der Oberfläche sehr vieler Bakterien vorkommen. Sie haben immer denselben, auch für »dumme« Zellen leicht erkennbaren Aufbau. In Janeways Modell entscheidet also letztlich die Bindung solcher PAMPS an die Mustererkennungsrezeptoren der antigenpräsentierenden Zellen darüber, ob das Immunsystem alarmiert wird.

Aber dieses Modell erklärt nicht, warum das Immunsystem auch auf Transplantate oder Tumoren reagiert, die ja keine Bakterien-Bestandteile enthalten. Auch die meisten Autoimmunerkrankungen bleiben in diesem Modell rätselhaft. Daher schlug **Polly Matzinger (Abb. 37)** 1994 vor, dass Mustererkennungsrezeptoren nicht nur PAMPs binden, sondern auch sogenannte DAMPs, also *danger-associated molecuar patterns* oder *damage-associated molecular patterns*. Wie die PAMPs sollen DAMPs unabhängig von der genauen Art der Gefahr *(danger)* oder der Beschädigung *(damage)* immer gleich aussehen, da sie sich im Lauf der Evolution nicht verändern konnten.

Bei Transplantationen sterben zum Beispiel auf einen Schlag viele Zellen des Transplantats ab, sobald dieses wieder durchblutet wird. Auch bei Krebs kommt es zu einem massenhaften Zellsterben. Sogar viele Krankheitserreger fallen dem Immunsystem selbst gar nicht auf, aber sie verletzen zahlreiche Zellen, aus denen dann Substanzen austreten, die normalerweise nur im Zellinneren zu finden sind – etwa DNA oder Zellkern-Proteine. Zellkern-Substanzen außerhalb von Zellen sind also ein Anzeichen für eine starke Beschädigung, und sie sind für Mustererkennungsrezeptoren leicht wiederzuerkennen.

In diesem Modell hat das verletzte Gewebe die Kontrolle über die Immunreaktion. Denn welche Abwehrmaßnahme angemessen ist, das hängt vom jeweiligen Gewebe oder Organ ab: Im Auge oder anderen lebenswichtigen Organen sind zurückhaltende Reaktionen gefragt, etwa antibakterielle Substanzen in der Tränenflüssigkeit. Andernorts können ruhig viele Immunzellen ins Gewebe eindringen, um eine Gefahr einzudämmen.

Abb. 36
Charles A. Janeway, 1943–2003

Abb. 37
Polly Matzinger, geb. 1947

In einem Vortrag über die *Danger Theory* hat Polly Matzinger dafür ein eingängiges Bild gefunden: Das Immunsystem besteht nicht aus schießwütigen Cops, die auf jeden losgehen, den sie nicht spätestens seit der Schulzeit kennen (**Abb. 38**). Stattdessen ähnelt es Feuerwehrleuten im Bereitschaftsdienst, die in der Einsatzzentrale in aller Ruhe Karten spielen, bis ein Alarm eingeht. Dann rücken sie aus und löschen den Brand. Dabei ist es ihnen völlig egal, ob ein Nachbar die 112 angerufen hat, ein durchreisender Vertreter oder sogar der Brandstifter selbst (**Abb. 39**).

In den letzten Jahren hat sich gezeigt, dass die Befehlskette im Immunsystem sogar noch länger ist, als Matzinger meinte: Während der langen Koevolution mit unserer Darmflora und unseren Hautbakterien haben wir einige Aufgaben unserer Abwehr an diese Mitbewohner ausgelagert. Sie dienen uns als Frühwarnsystem und tragen auch zur Prävention bzw. zur Verteidigung bei, indem sie Pathogenen Nährstoffe und Lebensräume entziehen (s. Abb. 35, unterste Reihe).

Auch diese Darstellung ist noch extrem vereinfacht, denn tatsächlich gibt es keine lineare Befehlskette im Immunsystem, sondern ein Signalnetzwerk mit zahlreichen Rückkopplungen und Sicherungen. Jedes zusätzliche Glied macht die Kette oder das Netz aber auch verwundbarer: Überall kann ein Regelmechanismus versagen und das System in eine Schieflage bringen, sodass eine reale Gefahren zu schwach bekämpft oder aber mit Kanonen auf Spatzen geschossen wird – auf Kosten des eigenen Körpers.

Wäre ich ein allwissender und allmächtiger Gott, der ein Immunsystem erschaffen will, so würde ich mir eine einfachere Lösung ausdenken. Wann immer wir in der belebten Natur auf solche scheinbar übetrieben komplizierten Verhältnisse stoßen, gibt es nur eine logische Schlussfolgerung: Das System ist evolutionär gewachsen. Es war einmal einfach und wurde dann von anderen Lebensformen ausgenutzt. Daraufhin hatte eine Systemvariante, die eine weitere Sicherung enthielt, einen Überlebensvorteil und setzte sich durch – bis die nächste Lebensform das System kaperte, was wiederum einer Variante mit noch mehr Sicherungen einen Vorteil verschaffte, und so weiter.

Solche Anpassungsprozesse laufen sehr langsam ab, gerade in großen Populationen langlebiger Arten, wie wir Menschen eine sind. Unsere Lebensumstände verändern sich viel schneller. Ein System, das vor zweihundert Jahren noch gut an seine Umwelt angepasst war, kann so innerhalb weniger Generationen in eine Schieflage geraten. Genau wie Allergien nehmen Autoimmunerkrankungen weltweit dramatisch zu: Autoimmunstörungen sind kein Nischenthema mehr.

Abb. 38

Matzinger zufolge gehen Immunzellen in den klassischen Modellen der Immunologie wie wild gewordene Cops auf jeden los, den sie nicht kennen – sprich: auf jedes Antigen, das ihnen nicht schon im Thymus als harmlos vorgestellt wurde.

Abb. 39

Laut Matzinger verhalten sich Immunzellen eher wie Feuerwehrleute, die erst aktiv werden, wenn jemand ein Feuer meldet. Ob sie denjenigen kennen, ist ihnen dabei egal.

Vom Nischenthema zur Epidemie

Ein unterbelichtetes Bild

Die Menschheit scheint aus zwei Fraktionen zu bestehen: Die eine Gruppe kann aus dem Stand keine einzige Autoimmunerkrankung nennen, kann sich zum Teil auch nichts darunter vorstellen und wundert sich, dass man über ein solches Nischenthema ganzes Buch schreiben kann. Die anderen – darunter viele, die ich seit Jahren kenne, ohne etwas geahnt zu haben – rollen mit den Augen und sagen: »Hashimoto-Thyreoiditis? Ich auch.« Oder: »Ich *sammle* Autoimmunerkrankungen.« Oder: »Bei meiner Tochter wurden auch schon Typ-1-Diabetes-Autoantikörper nachgewiesen.« Oder: »Ich habe ja Morbus Bechterew; wenn du dazu Infos brauchst: jederzeit gern.« Oder: »Ah, interessant. Bei mir ist es multiple Sklerose.« Oder Rheuma. Oder Morbus Basedow. Oder perniziöse Anämie. Oder Morbus Crohn. Oder das Sjögren-Syndrom. Oder Nebennierenrindeninsuffizienz.

Wie viele Autoimmunerkrankungen gibt es eigentlich, und wie häufig sind sie? Je nach Definition geht es um etwa 60 bis weit über 100 Erkrankungen, die zusammen bei 5 bis 20 Prozent der Bevölkerung der westlichen Industriestaaten auftreten. Die höchsten Schätzungen stammen jeweils von der amerikanischen Vereinigung für Krankheiten mit Autoimmun-Bezug *(American Autoimmune Related Disease Association*, kurz AARDA). Sie zählt auch Zweifelsfälle mit, bei denen umstritten ist, ob die beobachteten Autoimmunreaktionen die Krankheit wirklich verursachen oder erst in deren Folge auftreten. Wenn wir von 10 Prozent ausgehen, wären in Deutschland gut acht Millionen Menschen betroffen. In anderen Weltgegenden, vor allem in den Entwicklungsländern, ist der Anteil kleiner – und zwar nicht nur wegen schlechterer Chancen auf eine korrekte Diagnose.

In den USA sind weitaus mehr Menschen von Autoimmunerkrankungen betroffen also von Krebs. 2011 waren es etwa 50 Millionen nach Schätzung der AARDA bzw. 23,5 Millionen nach Schätzung der *National Instititues of Health* – im Vergleich zu 11 Millionen Krebskranken. Auch die direkten Kosten für das Gesundheitssystem sind höher. Dennoch wird laut AARDA für die Krebsforschung viel mehr Geld bereitgestellt als für die Erforschung der Autoimmunerkrankungen **(Abb. 40)**. Für Deutschland liegen keine Zahlen vor, weil es kein zentrales Register und kaum systematische Übersichten über die Gesamtheit der Autoimmunstörungen gibt.

Hierzulande gibt es auch keine Ausbildung zum Facharzt für Immunologie. Die meisten Patientinnen und Patienten werden stattdessen von ihren Hausärzten behandelt, deren Wissen oft nicht auf dem neusten Stand ist, oder von

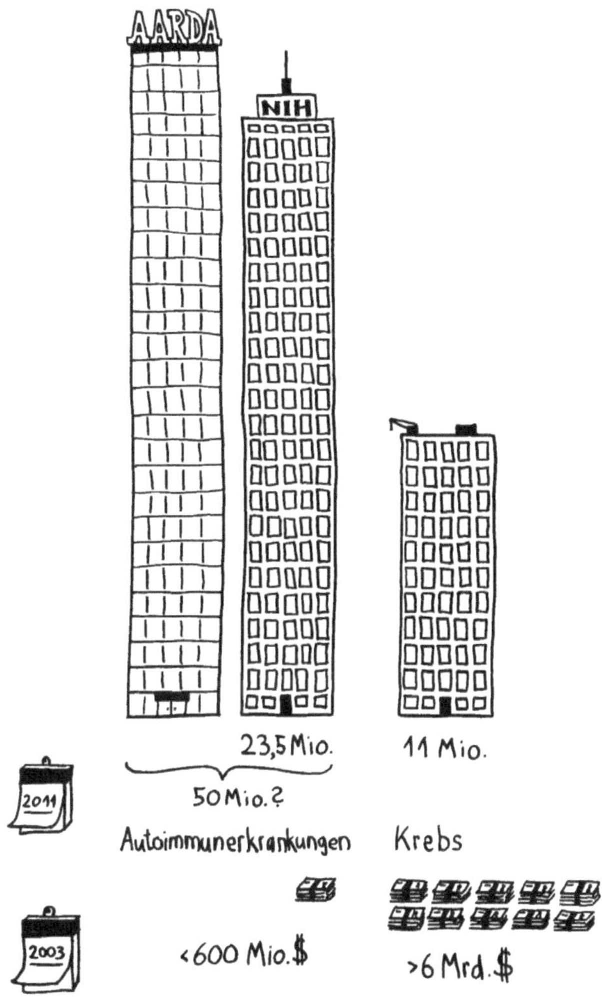

Abb. 40

In den USA gab es 2011 je nach Definition gut doppelt so viele oder sogar über viermal so viele Menschen mit Autoimmunerkrankungen wie Krebspatienten. 2003 steckten die *National Institutes of Health* mehr als zehnmal so viel Geld in die Onkologie wie in die Erforschung der Autoimmunerkrankungen. Vielleicht ist das Missverhältnis heute nicht mehr ganz so groß, aber neuere Zahlen hat die AARDA nicht veröffentlicht.

Pontius zu Pilatus geschickt, je nach betroffenem Organ. Da uns zudem eine schlagkräftige Interessenvertretung vom Typ der AARDA fehlt, hat sich in der Öffentlichkeit noch kein Bewusstsein für das Ausmaß des Autoimmunitätsproblems herausgebildet. Dass die meisten Betroffenen Frauen sind und ihre schwer zu fassenden, scheinbar unzusammenhängenden Beschwerden oft jahrelang als psychosomatisch abgetan werden, dürfte ebenfalls zur Unterschätzung des Problems beitragen. Je mehr wir über die Natur der Autoimmunerkrankungen wissen, desto deutlicher können wir eine angemessene Behandlung und intensivere Forschungsbemühungen einfordern.

Von A bis Z: Kein Teil des Körpers bleibt verschont

Kaum ein Organ oder Gewebe bleibt gänzlich von Attacken der eigenen Immunzellen oder Antikörper verschont. Die Folgen hängen von der Funktion des betroffenen Gewebes ab und reichen von harmlosen Schönheitsfehlern oder Befindlichkeitsstörungen bis zum Tod. Keine bekannte Therapie kann eine chronische Autoimmunerkrankung wirklich heilen, aber viele bremsen den Krankheitsfortschritt so stark, dass die Betroffenen eine normale Lebensspanne und eine gute Lebensqualität erreichen.

In **Abb. 41** sind einige dieser Erkrankungen den hauptsächlich betroffenen Körperregionen zugeordnet, von der Kopfhaut bis zur den Zehenspitzen. In der folgenden alphabetischen Auflistung, die bei weitem nicht vollständig ist, nenne ich jeweils den angegriffenen Zell- oder Gewebetyp und die Folgen.

Bei **Alopecia areata**, dem kreisrunden Haarausfall, fallen die Haare in etwa münzgroßen, runden Kopfhautregionen aus, weil das Immunsystem die Haarfollikel attackiert. Bei den Steigerungsformen Alopecia totalis und Alopecia universalis wird der ganze Kopf bzw. der gesamte Körper kahl. Die Angriffsziele könnten die Haarproteine Keratin und Trichohyalin sein.

Bei der **Autoimmunhepatitis** entzündet sich aufgrund von Autoimmunattacken die Leber, deren Grundgewebe daraufhin abstirbt und durch Bindegewebe ersetzt wird. Das führt zu einer Leberzirrhose. Unbehandelt ist sie tödlich.

Die sehr seltene **APECED** *(autoimmune polyendocrinopathy-candidiasis-ectodermal dystrophy)* tritt überwiegend bei Finnen auf. Als einzige Autoimmunerkrankung wird sie nach den Mendel'schen Regeln über ein einzelnes mutiertes Gen vererbt. Das Protein AIRE, das durch die Mutation verändert ist, sorgt normalerweise für die Ausbildung der Immuntoleranz: Es lässt nur solche B- und T-Zellen überleben, die keine körpereigenen Antigene angreifen. Bei einer APECED versagt diese Auslese, sodass das Immunsystem gleich mehrere Organe wie die Nebenschilddrüsen, die Bauchspeicheldrüse und die Nebennierenrinde attackiert.

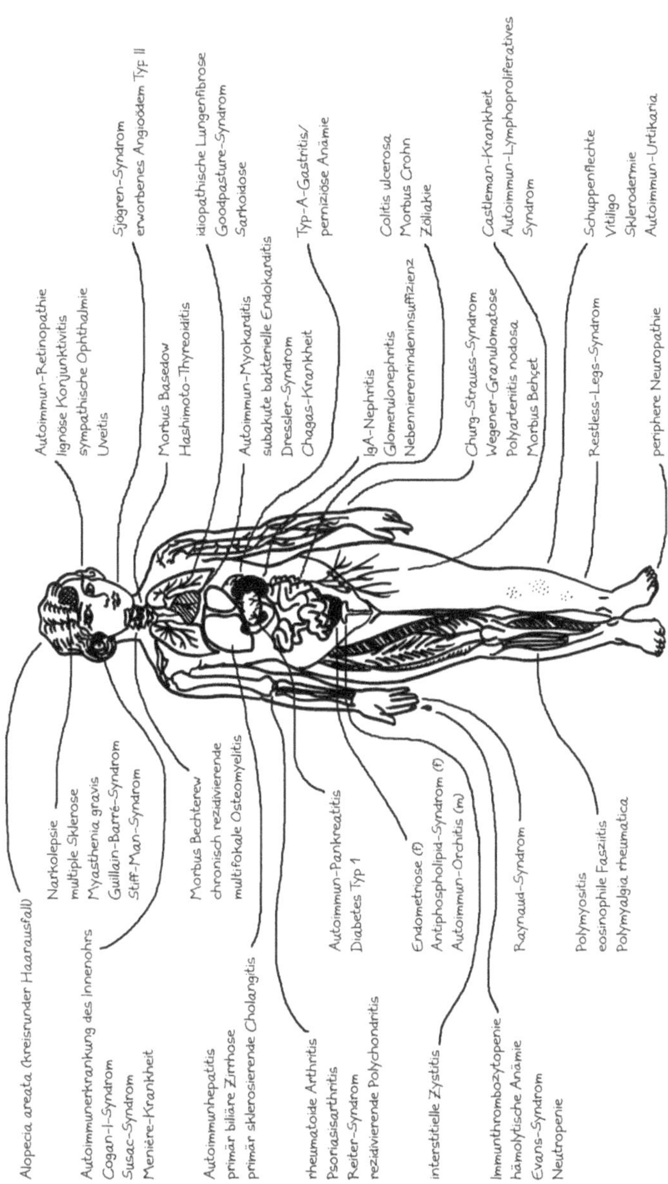

Abb. 41
Einige Autoimmunerkrankungen und die betroffenen Organe und Gewebe

Beim **bullösen Pemphigoid** bilden sich Blasen in der Haut, weil Autoantikörper an die Strukturen binden, die unsere Oberhaut-Zellen in der darunterliegenden Basalmembran verankern. Die von den Autoantikörpern angelockten Entzündungszellen zerstören dann diese Anker, sodass sich die Oberhaut von der tiefer liegenden Lederhaut löst.

Im Magen von Menschen mit **chronischer Typ-A-Gastritis** (A für Autoimmun) greifen Autoantikörper die Belegzellen in der Magenschleimhaut an. Dadurch wird die Magensäureproduktion verringert. Der steigende pH-Wert kurbelt die Produktion des Hormons Gastrin an. Das regt andere Magenschleimhautzellen, die den Botenstoff Histamin herstellen, zu einer übermäßigen Vermehrung an: Histamin steigert nämlich die Magensäureproduktion. Dieser Versuch des Körpers, trotz des Absterbens der Belegzellen das chemische Gleichgewicht wiederherzustellen, kann zu Magenkrebs führen. Da die Belegzellen außerdem für die Aufnahme des lebenswichtigen Vitamins B12 zuständig sind, kann es in der Folge zu einer perniziösen Anämie kommen: einer Blutarmut aufgrund von Vitamin-B12-Mangel, die unbehandelt tödlich verläuft.

Colitis ulcerosa zählt zu den chronisch-entzündlichen Darmerkrankungen (CED). Die Schleimhaut des Dickdarms geht zugrunde, weil das Immunsystem heftig auf die Darmflora reagiert. Ob diese Erkrankung als Autoimmunstörung gelten kann, ist umstritten, da die primären Antigene nicht aus körpereigenen Zellen stammen, sondern aus harmlosen Bakterien im Darm. Allerdings bilden viele Betroffene auch Autoantikörper gegen die Becherzellen der Darmschleimhaut oder gegen neutrophile Granulozyten (Immunzellen, die zur angeborenen Abwehr gehören): Das falsche Feindbild des Immunsystems weitet sich aus.

Beim **Diabetes mellitus vom Typ 1**, kurz Typ-1-Diabetes, werden die insulinproduzierenden Betazellen in der Bauchspeicheldrüse durch Autoimmunangriffe zerstört. Das Hormon Insulin ermöglicht unseren Zellen, den Energieträger Traubenzucker (Glukose) aufzunehmen. Der bei der Verdauung von Kohlenhydraten anfallende Traubenzucker tritt durch die Darmschleimhaut ins Blut über und wird zum Teil in den Zellen verbraucht, zum Teil in der Leber für Mangelzeiten eingelagert. Fehlt Insulin, so verbleibt der Zucker in der Blutbahn; außerdem produziert die Leber ungehemmt zusätzlichen Zucker. Beides führt zu einer Erhöhung des Blutzuckerspiegels. Gefährlich sind sowohl Über- als auch Unterzuckerungsphasen sowie Folgeerkrankungen in zahlreichen Organen, die unter anderem auf Blutgefäßschäden zurückzuführen sind.

Das **Guillain-Barré-Syndrom** ist eine krankhafte Veränderung des peripheren Nervensystems, bei der die Myelinscheiden, also die Isolierschichten um die Nervenzellfortsätze, durch Autoimmunattacken abgebaut werden. Dadurch wird die Weiterleitung der Signale gestört oder unterbrochen. Bei einer Schädigung motorischer Nerven kommt es zu einer Lähmung, die meist in den Beinen beginnt und sich in den Rumpf und die Arme fortsetzt. Erkranken dagegen Sinnesnerven, kann der Tast-, Seh- oder Hörsinn gestört werden. Ein klassisches akutes Guillain-Barré-Syndrom dauert einige Wochen bis Monate an, bildet sich bei vier von fünf Betroffenen vollständig zurück und kehrt dann nie wieder. Werden jedoch neben den Myelinscheiden auch die von ihnen umhüllten Nervenzellfortsätze geschädigt, bleiben Lähmungen zurück. Es gibt auch eine anhaltende Variante, die chronisch inflammatorische demyelinisierende Polyradikuloneuropathie (CIDP).

Nach Ansicht einiger Forscher ist die **idiopathische periphere Fazialisparese** eine mononeuritische (d. h. nur einen Nerv betreffende) Variante des Guillian-Barré-Syndroms. »Fazialisparese« heißt wörtlich Gesichtsnerv-Lähmung; »idiopathisch« bedeutet, dass die Ursache unbekannt ist, und »peripher« meint, dass ein Nerv außerhalb des zentralen Nervensystems betroffen ist. Die Lähmung legt sich bei den meisten Betroffenen innerhalb von etwa zwei Monaten und kehrt nicht wieder. Es gibt also auch Autoimmunstörungen, die nicht chronisch werden. Am Beispiel dieser Erkrankung erläutere ich in Teil 3 in Abb. 249, wie Autoimmunstörungen des Nervensystems ablaufen.

Bei der recht häufigen **Hashimoto-Thyreoiditis** greifen T-Zellen das Schilddrüsengewebe an. Das Immunsystem produziert auch Antikörper gegen Schilddrüsen-Antigene. Die absterbenden Schilddrüsenzellen werden durch Bindegewebe ersetzt, sodass die Produktion des Schilddrüsenhormons Thyroxin zurückgeht und der Körper in eine Hypothyreose gerät, also eine Thyroxin-Unterversorgung. Anfangs kann es aber auch Phasen der Hyperthyreose, also der Überversorgung geben, weil die Schilddrüse modular aufgebaut ist und das Hormon nicht nur herstellt, sondern auch speichert. Wenn ein Modul zerstört wird, überschwemmt es den Körper kurzfristig mit dem Hormon. Eine Hypothyreose kann sich als starke Gewichtszunahme, Frieren, Müdigkeit, vernebeltes Denken, Depression usw. äußern. Eine Hyperthyreose führt typischerweise zu Gewichtsverlust, Nervosität, Aggressivität, Unkonzentriertheit usw. Die Vielfalt und Unstetigkeit der scheinbar unzusammenhängenden Symptome erschweren die Diagnose.

Unsere Blutplättchen oder Thrombozyten sind das Angriffsziel bei einer **Immunthrombozytopenie**. Die Zerstörung der am Gerinnungssystem beteiligten Thrombozyten führt zu einer verstärkten Blutungsneigung. Man ist sich mittlerweile halbwegs sicher, dass eine meist unauffällige Viren- oder Bakterieninfektion die Attacken des Immunsystems auf die Blutplättchen auslöst. Daher wird die alte Bezeichnung »idiopathische thrombozytopenische Purpura« kaum noch verwendet: Idiopathisch heißt ja »unbekannter Ursache«.

Beim **Lichen sclerosus** (wörtlich: verhornende Flechte) vernarbt die Haut, meist die Schleimhaut an und in den Geschlechtsteilen, weil das Immunsystem ein Protein in der extrazellulären Matrix angreift. Diese faserig-klebrige Substanz verbindet Zellen zu einem zusammenhängenden Gewebe. In der Haut bilden sich weiße Flecken, und die betroffenen Regionen der Geschlechtsorgane können schrumpfen, was für die Betroffenen schmerzhaft und psychisch belastend sein kann.

An **Morbus Behçet**, einer Krankheit aus dem großen rheumatischen Formenkreis, erkranken mehr Männer als Frauen. Am Anfang steht eine Autoimmun-Vaskulitis, also eine Attacke des Immunsystems auf Blutgefäße – vor allem Venen und Kapillaren in der Haut oder in Schleimhäuten sowie an den Augen. Die Krankheit tritt vor allem bei Türken und Südostasiaten auf; die genetische Prädisposition hat sich vor einigen Jahrtausenden entlang der späteren Seidenstraße ausgebreitet. Darauf komme ich in Band 2 zurück.

Morbus Basedow ist gewissermaßen die zur Hashimoto-Thyreoiditis komplementäre Autoimmunerkrankung: Hier lagern sich Autoantikörper an die Rezeptoren der Schilddrüsenzellen an, die normalerweise das von der Hirnanhangsdrüse gebildete Hormon TSH (Thyroidea-stimulierendes Hormon) binden, das die Schilddrüse zur Produktion von mehr Thyroxin anregt. Die Autoantikörper führen zu einer Dauerstimulation und damit zu einer permanenten Thyroxin-Überproduktion. Viele Symptome sind die Gegenstücke zu den Hashimoto-Symptomen: Hitzeempfindlichkeit, Gewichtsverlust, Überaktivität, Nervosität usw. Typisch ist auch die endokrine Orbitopathie, umgangssprachlich Basedow-Augen genannt: Das Muskel-, Fett- und Bindegewebe in den Augenhöhlen entzündet sich und schwillt an, sodass die Augäpfel hervortreten.

Ob **Morbus Crohn**, der zu den chronisch-entzündlichen Darmerkrankungen (CED) zählt, wirklich eine Autoimmunerkrankung ist, ist umstritten. Hier steht offenbar eine Entgleisung des angeborenen und nicht des erworbenen Immunsystems im Vordergrund, obwohl man auch Autoantikörper nachweisen kann. Die Darmschleimhaut entzündet sich chronisch, weil die an sich nützliche Darmflora von den lokalen Immunzellen als feindlich interpretiert wird. Eventuell liegt das an einer anormalen Durchlässigkeit der Schleimschicht und der Darmschleimhaut selbst, durch die Bakterien in das Innere der Schleimhaut vordringen können. Im Unterschied zur Colitis ulcerosa, die sich typischerweise auf den Dickdarm beschränkt, kann die Schleimhaut im gesamten Verdauungstrakt zugrunde gehen.

Morbus Bechterew, auch Spondylitis ankylosans genannt, ist eine weitere Autoimmunerkrankung aus dem rheumatischen Formenkreis. Die Gelenke vor allem in der Brust- und Lendenwirbelsäule entzünden sich chronisch und versteifen sich. Offenbar greifen Immunzellen das Protein Aggrecan an, das unseren Knorpel elastisch macht. Typisch ist eine veränderte Körperhaltung, am auffälligsten ein nach vorn geneigter Hals.

Abb. 42
Von Alopecia areata bis Zöliakie: Das Spektrum ist breit.

Ähnlich wie beim Guillain-Barré-Syndrom attackieren auch bei der **multiplen Sklerose (MS)** T-Zellen die Myelinscheiden der Nerven, allerding nicht im peripheren, sondern im zentralen Nervensystem. Es gibt unterschiedliche Verlaufsformen. Wahrscheinlich ist nur die schubförmig remittierende MS eine Autoimmunerkrankung im engeren Sinne. Bei einer primär progredienten MS scheint die Neurodegeneration (also das Verkümmern der Nerven) dagegen nicht mit einer Entzündung einherzugehen. Die Symptome hängen davon ab, in welchen Hirnregionen die Schäden auftreten. Als erstes fällt oft eine einseitige Sehstörung auf, wenn einer der Sehnerven demyeliniert wird. Typisch sind eine leichte Ermüdbarkeit (Fatigue) und Bewegungsbeeinträchtigungen, die jahrelang unauffällig bleiben, aber irgendwann einen Rollstuhl erforderlich machen können.

Bei einer **Myasthenia gravis** ist die Signalübertragung zwischen Nerven und Muskeln gestört, weil Autoantikörper die motorischen Endplatten der Nerven an den quergestreiften Muskeln angreifen. An den motorischen Endplatten werden die elektrischen Nervensignale in das chemische Signal Acetylcholin umgewandelt, das die Muskeln zur Kontraktion veranlasst. Meistens blockieren Autoantikörper die Acetylcholin-Rezeptoren der Muskeln. Quergestreifte Muskeln bilden die Skelettmuskulatur, und wenn sie nicht richtig angesprochen werden, kann es beispielsweise zu Atemlähmungen oder einer raschen Ermüdung bei Bewegungsabläufen kommen. Typisch ist auch der »Schlafzimmerblick«: Die Augenlider hängen, weil die Lidhebermuskeln erlahmen.

Auch die **Narkolepsie,** bei der Menschen mitten im Tagesgeschehen Schlafattracken erleiden, hat sich als Autoimmunerkrankung erwiesen. Bei vielen Betroffenen ist der Rezeptor mutiert, mit dem T-Zellen Antigene erkennen. Auslöser der Erkrankung kann zum Beispiel eine Viruserkrankung wie die Schweinegrippe sein. Auch Grippeschutzimpfungen, bei denen nicht infektiöse Teile der Grippevirushülle zum Einsatz kommen, können bei einigen Menschen mit entsprechender genetischer Veranlagung eine Narkolepsie auslösen. Das Immunsystem greift bei den Betroffenen offenbar die »Schlafhormone« Orexin 1 und 2 an, die im Gehirn vom Hypothalamus ausgeschüttet werden: Die Immunzellen verwechseln die Hormone mit ähnlichen Substanzen aus den Viren. Dieser Mechanismus, die sogenannte molekulare Mimikry, wird uns in Teil 3 noch beschäftigen.

Bei einer **autoimmunen Nebennierenrindeninsuffizienz (Morbus Addison)** attackiert das Immunsystem die Kortikosteroid-produzierenden Zellen der Nebennieren. Daher wird der Körper nicht mehr ausreichend mit lebenswichtigen Hormonen wie Kortisol versorgt. Fatalerweise treten die Krankheitssymptome (darunter Gewichtsverlust, Verdauungsstörungen, Braunfärbung der Haut, Schwäche und Schwindel) erst auf, wenn bereits 90 Prozent der hormonproduzierenden Zellen zerstört sind.

Die **Polyarteriitis nodosa** ist eine Entzündung der Blutgefäße, also eine Vaskulitis. In den kleinen und mittleren Arterien der Unterarme, Unterschenkel und inneren Organe bilden sich Knötchen; die Betroffenen leiden unter anderem an Fieber, Muskel- und Gelenkschmerzen sowie organspezifischen Störungen. Die Autoimmunattacken auf die Gefäßwände werden oftmals durch eine Hepatitis-Infektion ausgelöst.

Die **Polymyositis** zählt zu den Bindegewebserkrankungen oder Kollagenosen und ist eine chronische Entzündung der Skelettmuskulatur. Sie äußert sich in Muskelschmerzen und allgemeinen Entzündungssymptomen wie Fieber, aber auch in Eigentümlichkeiten wie dem Raynaud-Phänomen: einer Gefäßstörung, die sich als Entfärbung der Finger-Endglieder äußert. Bei vielen Patienten ist auch die Haut betroffen, die sich verfärbt oder schuppig wird.

Die **primär biliäre Zirrhose** ist eine von drei Autoimmunerkrankungen der Leber. Das Immunsystem zerstört die kleinen Gallengänge. Das führt zu Erschöpfung und Juckreiz und kann mit rheumaähnlichen Symptomen und weiteren Autoimmunerkrankungen einhergehen. Wird die Krankheit nicht rechtzeitig diagnostiziert, kommt es zu einer Zirrhose, die eine Lebertransplantation erforderlich macht.

Auch die **primär sklerosierende Cholangitis** ist eine Autoimmunerkrankung der Leber. Bei ihr vernarben und verengen sich die großen Gallenwege. Ohne Lebertransplantation leben die Betroffenen noch 10 bis 20 Jahre. Während vor allem Frauen primär biliäre Zirrhose bekommen, sind die meisten Patienten mit primär sklerosierender Cholangitis Männer. Die möglichen Ursachen für einen solchen Frauen- oder Männerüberhang bei Autoimmunerkrankungen behandle ich ausführlich in Band 2.

Die **rheumatoide Arthritis** ist eine recht häufige chronische Entzündung der Gelenke. Einer gängigen Theorie zufolge interpretieren in die Gelenke eingedrungene Immunzellen körpereigene Proteine aufgrund einer chemischen Modifikation (der sogenannten Citrullinierung) als Fremdstoffe und schütten daher entzündungsfördernde Botenstoffe aus. Dadurch entstehen an den Gelenkinnenhäuten Schwellungen, und der Knorpel wird abgebaut, was mit Deformation und Schmerzen einhergeht. Auslöser der Immunreaktion könnten Bakterien oder Bakterienbruchstücke sein, die beispielsweise aus dem Mund über die Blutbahn in die Gelenke eindringen.

Bei einer **Sarkoidose** bilden sich im Bindegewebe verschiedener Organe aufgrund von Entzündungsreaktionen Granulome, kleine Knötchen. Besonders häufig sind die Lymphknoten und die Lunge betroffen. Atemnot, Erschöpfung und Gelenkschmerzen sind typische Symptome. In den meisten Fällen klingen die Entzündungen von selbst wieder ab, aber bei etwa fünf Prozent der Betroffenen bleibt die Immunreaktion chronisch übersteigert.

Auch die **Schuppenflechte** oder Psoriasis gilt als Autoimmunerkrankung: T-Zellen, Mastzellen, natürliche Killerzellen und dendritische Zellen (die ich alle noch ausführlich vorstelle) greifen Bestandteile der Haut an. Die Aminosäuresequenz des Autoantigens Keratin 17 hat Gemeinsamkeiten mit einem Protein aus Streptokokken, sodass man molekulare Mimikry als Auslöser vermuten kann. Bei einem Teil der Betroffenen greift die Erkrankung auf die Gelenke, die Augen oder die Blutgefäße über.

Das **Sjögren-Syndrom** ist eine Bindegewebserkrankung oder Kollagenose, bei der Immunzellen die Speichel- und Tränendrüsen angreifen, was zu ständiger Trockenheit des Mundes oder der Augen führt. Häufig geht diese Erkrankung mit weiteren Autoimmunstörungen wie rheumatoider Arthritis, Morbus Bechterew oder Hashimoto-Thyreoiditis einher.

Bei einer **Sklerodermie** vernarbt die Haut. Bei der zirkumskripten oder lokalisierten Sklerodermie (auch Morphea genannt) bilden sich einzelne unschöne, aber harmlose Flecken. Bei der systemischen Sklerodermie sind nicht nur größere Hautpartien betroffen, sondern auch innere Organe. Auch die vom Immunsystem attackierten Autoantigene unterscheiden sich. Unter anderem wird bei der systemischen Sklerodermie das Enzym Topoisomerase I angegriffen, während bei der zirkumskripten Sklerodermie die Topoisomerase IIa das Ziel ist. Beide Enzyme dienen der Entspannung zu stark oder zu schwach verdrillter DNA-Doppelstränge; sie kommen bei der Transkription (Ablesung der DNA bei der Proteinsynthese) und der Replikation (Verdopplung der DNA-Moleküle im Zuge der Zellteilung) zum Einsatz.

Das **Stiff-Man-Syndrom** ist eine seltene neurologische Autoimmunkrankheit, bei der die Muskelspannung so stark erhöht ist, dass man Krämpfe bekommt oder den Rumpf kaum noch beugen kann. Das Immunsystem greift das Enzym Glutamatdecarboxylase an, das an der Herstellung des Neurotransmitters Gamma-Aminobuttersäure (GABA) beteiligt ist. Fehlt dieser hemmende Botenstoff, so steigt der Muskeltonus.

Die **sympathische Ophthalmie** ist eine autoimmune Augenerkrankung, die durch die Verletzung eines Auges ausgelöst wird, dann aber auch das andere Auge betrifft. Das Augeninnere ist ein sogenannter immunologisch privilegierter Ort: Da eine Abwehrreaktion im Auge zwangsläufig mit einer Trübung des Glaskörpers oder gar Erblindung einherginge, werden augentypische Proteine normalerweise strikt vom Rest des Körpers abgeschirmt. Unsere Immunzellen werden nie mit Antigenen aus dem Augeninneren konfrontiert und lernen daher während ihrer Prägungsphase im Thymus auch nicht, sie als Bestandteile des Selbst zu tolerieren. Treten solche Antigene bei einer Augenverletzung oder -operation aus, können sie auf Immunzellen treffen, die genau auf diese Antigene reagieren. Die Zellen werden aktiviert, vermehren sich stark und dringen schließlich auch in das gesunde Auge ein, da sie dort dieselben Antigene »wittern«. Die Folge kann eine ein- oder beidseitige Erblindung sein.

Systemischer Lupus erythematosus ist eine systemische, also nicht auf einen Körperteil oder ein Organ beschränkte Autoimmunerkrankung, bei der vor allem das Bindegewebe und die Blutgefäße angegriffen werden. Typisch ist eine schmetterlingsförmige Rötung der Wangen und der Nase, die an ein Wolfsgesicht erinnern soll (lat. *lupus* = Wolf). Ausgelöst vermutlich durch eine Vireninfektion und UV-Licht, kommt es bei Menschen mit entsprechender genetischer Veranlagung zu einem massenhaften Absterben von Zellen, wobei unter anderem DNA aus den Zellkernen freigesetzt wird. Diese sonst im Zellinneren verborgenen Autoantigene lagern sich, wenn sie nicht rechtzeitig entsorgt werden, beispielsweise an den Wänden der Blutgefäße ab. Dort werden sie vom Immunsytem angegriffen, was zu einer Entzündung der Blutgefäße führt. Verschließen sich die entzündeten Adern, so werden die nicht mehr richtig versorgten Organe geschädigt. Lagern sich die Autoantigene auf Bindegewebszellen ab, so greifen Autoantikörper auch diese Zellen als vermeintliche Fremdkörper an.

Eine **Uveitis** ist eine Entzündung der Regenbogenhaut des Auges. Sie kann unterschiedliche Ursachen haben; oft steckt wohl ein Autoimmungeschehen dahinter. Da das Auge normalerweise vom Immunsystem abgeschirmt ist, fragte man sich lange, wie die autoreaktiven Immunzellen überhaupt aktiviert werden. Vermutlich sind die Auslöser der Immunreaktion Darmbakterien, deren Antigene den Regenbogenhaut-Antigenen sehr ähnlich sind. Häufig leiden die Patienten außerdem an weiteren Autoimmunstörungen wie multipler Sklerose oder rheumatischen Erkrankungen. Da die attackierten Proteine auch dann weiter hergestellt werden, wenn die Augen schon schwer geschädigt sind, kommt es bei vielen Betroffenen zu Rezidiven, also zum wiederholten Auftreten.

Bei der **Vitiligo** oder Weißfleckenkrankheit bringen T-Zellen die Melanozyten in der Haut zum Absterben, wodurch die Haut sich fleckenweise entfärbt, weil kein dunkles Melanin mehr hergestellt wird. Die Betroffenen haben oft weitere Autoimmunstörungen wie Hashimoto-Thyreoiditis oder Typ-1-Diabetes. Ob die vielen Autoantikörper gegen unterschiedliche Strukturen aus den Melanozyten, die man bei den Betroffenen nachweisen kann, die Krankheit vorantreiben oder nur Begleiterscheinungen der T-Zell-Attacken sind, ist umstritten – wie bei vielen anderen Autoimmunerkrankungen.

Zöliakie ist eine chronische Erkrankung des Dünndarms, bei der die Betroffenen keinen Getreidekleber (Gluten) und damit unter anderem keine Weizen-, Roggen-, Dinkel- und Emmer-Produkte mehr vertragen. Die Krankheit ist einerseits eher eine Nahrungsmittelunverträglichkeit als eine Autoimmunstörung. Andererseits ist sie mit einer genetischen Veranlagung in Immunsystem-Genen verbunden, und sie tritt nur auf, wenn die Dünndarmschleimhaut durchlässig wird – sonst käme das Gluten aus dem Darminhalt gar nicht mit dem Immunsystem in Kontakt. Auch kann man im Blut der Betroffenen Autoantikörper gegen Bindegewebsstrukturen in Muskeln nachweisen, und viele der Patientinnen und Patienten haben weitere Autoimmunerkrankungen.

Gemeinsamkeiten

Bei allen Unterschieden in den betroffenen Organen, Verläufen und Auswirkungen auf das Leben, in der Häufigkeit, der Verteilung auf die Geschlechter und Altersgruppen usw. haben diese Krankheiten einiges gemeinsam. Die Gemeinsamkeiten sprechen in meinen Augen dafür, die Autoimmunerkrankungen als Einheit zu betrachten, ohne ihre Unterschiede (und damit auch die Notwendigkeit unterschiedlicher Therapien) zu ignorieren.

Viele der bekannten Risiko-Genvarianten liegen im Haupthistokompatibilitätskomplex, einer großen Gengruppe auf dem kurzen Arm von Chromosom 6. Die Erkrankungen treten oft zu mehreren und auch familiär gehäuft auf, was auf eine gemeinsame genetische Veranlagung hindeutet. Dabei lassen sich mehrere Gruppen unterscheiden, sogenannte Cluster: Weitere Erkrankungen aus demselben Cluster treten bei Betroffenen häufiger, Krankheiten aus anderen Clustern unter Umständen sogar seltener auf als in der Allgemeinbevölkerung. Etliche Autoimmunerkrankungen sind bei Frauen häufiger als bei Männern, was auf eine Beteiligung des Hormonsystems oder eine Kopplung mit dem Geschlechtschromosom hinweist. Auch dass sie oft in Übergangsphasen wie der Pubertät oder den Wechseljahren zum Ausbruch kommen, spricht für eine Verflechtung mit dem Hormonsystem.

Häufig scheinen für sich genommen harmlose Infektionen die Auslöser der überschießenden Immunreaktionen zu sein. Meist ist sowohl der angeborene als auch der erworbene Arm des Immunsystems an der Reaktion beteiligt. Ist das Immunsystem erst einmal aus dem Lot geraten, können – zum Beispiel durch Gegensteuerungsversuche des Systems – Folgefehler auftreten. So können sich die Autoimmunreaktionen auf weitere Autoantigene im betroffenen Organ oder sogar auf andere Organe ausdehnen.

In manchen geschädigten Geweben steigt wegen der vielen sterbenden Zellen und der entsprechend höheren Zellteilungsrate das Tumorrisiko. Die Bildung von Narbengewebe oder der krankhafte Umbau der Blutgefäße führt unter Umständen zu Folgeschäden, die sogar gefährlicher sein können als die Zerstörung der angegriffenen Zellen. Viele der Erkrankungen verlaufen nicht linear, sondern in Form einer ansteigenden Sägezahnkurve (**Abb. 43**): Auf Schübe folgen längere Phasen der Erholung, in denen die Betroffenen Hoffnung schöpfen – bis der nächste Schub kommt.

Und wie ich im nächsten Kapitel zeige, gibt es auch in der sogenannten Geoepidemiologie Parallelen: Vor allem in der industrialisierten westlichen Welt, in den Städten und in den höheren Breitengraden der Erde sind viele Autoimmunerkrankungen seit einigen Jahrzehnten auf dem Vormarsch.

Abb. 43

Viele Autoimmunerkrankungen entwickeln sich schubweise. Oft baut sich die Erkrankung über Jahre hinweg auf, bevor sie manifest wird, also Symptome zeigt und dann auch diagnostiziert werden kann (gestrichelte Linie). Die vorübergehende Besserung (Remission) nach dem ersten Schub, der sich wirklich bemerkbar macht, wird in der Fachliteratur als *honeymoon phase* bezeichnet, also als Flitterwochen-Phase: Die Patienten fühlen sich wieder gesund. Allerdings liegt die Talsohle nach dem jeweils nächsten Schub typischerweise ein Stück oberhalb der vorigen. Die Krankheit schreitet also trotz der Erholungsphasen voran.

Die Epidemiologie der Autoimmunerkrankungen

Bei dem Wort Epidemiologie denkt man zunächst an Infektionskrankheiten, an Grippewellen, die über das Land schwappen. Aber Epidemiologen untersuchen auch die Verbreitung chronischer Erkrankungen – zum Beispiel, um aus dem räumlichen Muster, der zeitlichen Dynamik und der Verteilung auf Bevölkerungsgruppen Rückschlüsse auf die Ursachen zu ziehen (**Abb. 44**). Das gilt auch für Autoimmunerkrankungen: Wann tauchen sie erstmals in historischen Quellen auf, und sind sie seither auffällig häufiger oder auch seltener geworden? Sind mehr Männer oder mehr Frauen betroffen, mehr Afrikaner, Europäer, Asiaten oder amerikanische Ureinwohner? Werden auch Kinder krank oder vor allem Erwachsene ab einem bestimmten Lebensalter? Geht die Zunahme einer Autoimmunerkrankung mit einer Zu- oder Abnahme anderer Erkrankungen einher, beispielsweise Wurminfektionen, Malaria, Herzinfarkten, Allergien oder Krebs?

Und damit nicht genug: Sind Autoimmunerkrankungen mit der wirtschaftlichen Lage und den hygienischen Verhältnissen in einer Schicht oder Klasse gekoppelt? Mit der Ernährung der Menschen in einem Land? Mit einem städtischen oder ländlichen Lebensraum? Mit der Sonneneinstrahlung an ihrem Lebensort? Mit Luftverschmutzung oder belasteten Böden? Treten sie familiär gehäuft auf, und wenn ja, haben auch Adoptivkinder und Ehepartner von Erkrankten ein erhöhtes Risiko oder nur Blutsverwandte? Gehorcht der Erbgang den Mendel'schen Gesetzen oder ist er komplexer? Was passiert, wenn Menschen aus einer Region mit wenigen in eine Region mit vielen Autoimmunerkrankungen kommen? Was geschieht, wenn sie selbst oder ihre Nachfahren in die alte Heimat zurückkehren: Sinkt das Erkrankungsrisiko wieder?

Aus den beobachteten Mustern lässt sich im Idealfall ableiten, wie stark die genetische Veranlagung, das Hormonsystem und Umweltfaktoren das Risiko beeinflussen, eine Autoimmunerkrankung zu bekommen. Allerdings gleicht die Datenlage einem Flickenteppich oder einer Landkarte mit großen weißen Flecken. Und die Zahlen, die man findet, sind nicht immer leicht zu deuten.

Prävalenzen, Inzidenzen und Quotenverhältnisse

In der epidemiologischen Fachliteratur ist viel von Prävalenzen und Inzidenzen die Rede. Die **Prävalenz** einer Krankheit ist ihre Häufigkeit, zum Beispiel in der Bevölkerung eines Landes, bei den Frauen einer Region oder bei den bis zu sechs Jahre alten Kindern auf einer Insel. Sie wird meist pro 100.000 Personen angegeben. Im Beispiel (**Abb. 45**) beträgt die Prävalenz 4000 pro 100.000, also vier Prozent – untypisch hoch für eine einzelne Autoimmunerkrankung, zumindest wenn sie sich auf die Allgemeinbevölkerung bezieht und nicht auf besondere

Abb. 44

Epidemiologen untersuchen die räumliche und zeitliche Verteilung von Autoimmunerkrankungen und versuchen daraus auf Ursachen zurückzuschließen – zum Beispiel genetische Veranlagungen, natürliche Umweltfaktoren wie Sonneneinstrahlung und Krankheitserreger oder menschengemachte Umweltfaktoren wie hygienische Verhältnisse.

Risikogruppen. Die Bezeichnung leitet sich vom lateinischen *praevalere* = vorherrschen ab.

Die **Inzidenz** (vom lateinischen *incidere* = anfallen) gibt dagegen an, wie viele neue Fälle in einem Jahr auftreten. Im Bild hat die Beispielkrankheit derzeit eine Inzidenz von 1000 pro 100.000 oder einem Prozent pro Jahr. Prävalenzen und Inzidenzen sind ohne weitere Angaben kaum miteinander zu vergleichen. Klar ist, dass die Inzidenz bei chronischen Erkrankungen praktisch immer deutlich kleiner ist als die Prävalenz, da Letztere auch die in den vorangegangenen Jahren aufgetretenen Fälle umfasst, sofern die Betroffenen noch leben.

Wenn die Inzidenz im letzten Jahrzehnt größer ist als im vorletzten Jahrzehnt oder wenn die Prävalenz unter Kindern größer ist als unter Erwachsenen, deutet das darauf hin, dass die Krankheit häufiger wird. Wir werden gleich einige dramatische Beispiele kennen lernen. Beim Vergleich von Inzidenzen oder Prävalenzen zwischen Ländern oder Regionen der Erde muss man aufpassen: Wurden die Zahlen ungefähr zur selben Zeit und in vergleichbaren Stichproben erhoben? Und sind sie wirklich verschieden – oder wurde die Krankheit nur unterschiedlich gründlich diagnostiziert, oder nach unterschiedlichen Kriterien?

Häufig wird in der Fachliteratur auch ein sogenanntes **Odds Ratio (OR)** oder Quotenverhältnis genannt. Wie der Name schon sagt, werden hier zwei Quoten oder Wahrscheinlichkeiten (etwa Erkrankungsrisiken) in Beziehung gesetzt. Ein OR von 10 kann beispielsweise besagen, dass jemand, der bereits die Krankheit A hat, ein zehnmal höheres Risiko hat, auch noch die Krankheit B zu bekommen, als jemand, der nicht an A erkrankt ist. Und ein OR von 0,5 kann besagen, dass von den Personen mit einer bestimmten Genvariante nur halb so viele eine Krankheit bekommen wie von den Personen, die diese schützende Genvariante nicht geerbt haben. Ein OR in der Nähe von eins heißt, dass die beiden miteinander verglichenen Personengruppen etwa dasselbe Erkrankungsrisiko haben: Der untersuchte Faktor spielt offenbar keine große Rolle. Anstelle des OR wird manchmal das **relative Risiko (RR)** angegeben, das etwas anders definiert ist. Aber bei seltenen Erkrankungen liegen beide Maße dicht beieinander.

Beim OR kann es übrigens auf die Reihenfolge ankommen: Wenn eine Vorerkrankung A das Risiko, auch an B zu erkranken, um den Faktor 10 erhöht, muss das umgekehrt nicht genauso sein. Manche Autoimmunerkrankungen treten typischerweise im hohen Alter auf, andere bereits bei jungen Menschen. Zwischen Hashimoto-Thyreoiditis und Typ-1-Diabetes gibt es beispielsweise eine positive Assoziation; die Krankheiten haben einige Risiko-Genvarianten gemeinsam. Aber Typ-1-Diabetiker haben ein höheres Risiko, auch noch an Hashimoto-Thyreoiditis zu erkranken, als umgekehrt. Denn wer als erstes eine Hashimoto-Thyreoiditis bekommt, hat die Phase, in der ein Typ-1-Diabetes klassischerweise ausbricht, bereits hinter sich.

Abb. 45

Prävalenzen und Inzidenzen werden meist pro 100.000 Personen angegeben. Deutschland hat etwa 82 Millionen Einwohner, aber mit 100 Millionen lässt sich leichter rechnen: Jede Spielfigur vertritt dann eine Million Menschen. Vier dunkle Figuren stehen für eine Prävalenz von 4000 pro 100.000 oder vier Prozent. Die markierte Figur hinten steht für 1000 jährliche Neuerkrankungen pro 100.000 Personen: eine Inzidenz von einem Prozent pro Jahr. Nicht dargestellt sind die Todesfälle: Wenn jedes Jahr 1000 Patienten dazukommen, aber auch 1000 versterben (sei es an der Krankheit oder an etwas anderem), bleibt die Prävalenz gleich.

A propos **Assoziation**: Mit diesem Ausdruck vermeidet man Aussagen über ursächliche Zusammenhänge. Typ-1-Diabetes »macht« ja keine Hashimoto-Thyreoiditis. Daher beschreibt man ganz bewusst nur die statistische Korrelation: Bei einer positiven Assoziation treten A und B häufiger gemeinsam auf, als zu erwarten wäre, wenn sie gar nichts miteinander zu tun hätten. Und bei einer negativen Assoziation treten A und B seltener gemeinsam auf, als es die beiden Einzelwahrscheinlichkeiten vermuten lassen. Diese statistischen Aussagen bleiben auch dann richtig, wenn sich irgendwann herausstellt, dass eine bis dahin unbekannte Größe C sowohl A als auch B beeinflusst.

»Selten« ist relativ

Mit dem Quotenverhältnis oder OR hängt ein weiteres wichtiges Konzept zusammen: die **bedingte Wahrscheinlichkeit**, also die Wahrscheinlichkeit, dass B eintritt, wenn A gegeben ist. Viele Autoimmunerkrankungen sind in der Allgemeinbevölkerung sehr selten, aber das heißt nicht, dass Ärzte sie bei ihren Diagnosen außer Acht lassen können.

Ein Beispiel: Als bei mir wegen hartnäckiger Magenschmerzen eine Magenspiegelung anstand, habe ich die Ärztin darauf hingewiesen, dass ich Hashimoto-Thyreoiditis habe. Nach der Spiegelung fragte ich die Ärztin, ob es sich um eine Autoimmunstörung handeln könne. Ihre Antwort: »Eine Autoimmun-Gastritis gibt es nicht!« Im nächsten Satz relativierte sie das: Die Autoimmun-Gastritis sei so selten, dass man sie nicht in Betracht ziehen müsse. Offenbar hatte sie vergessen, was ich über meine Vorgeschichte gesagt hatte. Denn recht viele Hashimoto-Patientinnen und -Patienten bilden im Lauf ihres Lebens auch eine Autoimmun-Gastritis oder eine perniziöse Anämie aus, die durch Autoimmunattacken auf die Magenschleimhaut bedingt ist. Einige Experten empfehlen deswegen sogar, bei Hashimoto-Patienten routinemäßig alle paar Jahre einen Antikörpertest auf perniziöse Anämie durchzuführen.

Ein zweites Beispiel zeigt, wie schnell eine in der Allgemeinbevölkerung sehr seltene Erkrankung in den Bereich des Möglichen rücken kann, wenn bestimmte Voraussetzungen erfüllt sind: Die primär biliäre Zirrhose (PBC) ist eine Autoimmunerkrankung der Leber, deren Prävalenz in der Allgemeinbevölkerung mit etwa 1 pro 100.000 angegeben wird. Neuere Studien haben aber gezeigt, dass PBC in Nordengland bei bis zu einer von je 800 über 40-jährigen Frauen auftritt: eine Prävalenz von 125 pro 100.000. Das klingt auf einmal nicht mehr völlig abwegig – erst recht nicht, wenn die Betroffene bereits eine Autoimmunerkrankung hat, die positiv mit PBC assoziiert ist.

Geoepidemiologie: Der globale Norden liegt vorn

Besonders aufschlussreich sind geoepidemiologische Studien: Untersuchungen der Häufigkeit von Autoimmunerkrankungen in verschiedenen Weltgegenden. Von wenigen Ausnahmen abgesehen, sind die Prävalenzen in wohlhabenden Ländern mit westlichem Lebensstil und in den gemäßigten Klimazonen höher als in wirtschaftlich schwachen Ländern und in der Nähe des Äquators.

Die Autoimmunerkrankung mit den größten geografischen Häufigkeitsunterschieden ist die **multiple Sklerose (MS)**. Weltweit sind vermutlich zwei bis zweieinhalb Millionen an ihr erkrankt. In den Tropen und in Asien liegt die Prävalenzen bei unter 5, in den gemäßigten Klimazonen bei über 100 pro 100.000 Einwohner. Am höchsten sind die dort, wo viele Menschen nordeuropäischer Herkunft leben. Dieser Gradient lässt sich sowohl in Europa und Nordamerika auf der Nordhalbkugel als auch in Australien und Neuseeland auf der Südhalbkugel beobachten.

Eine auffällige Ausnahme vom allgemeinen Breitengrad-Gefälle bildet die Mittelmeerinsel Sardinien mit ihrer ganz eigenen, genetisch weit von den Festlanditalienern entfernten Bevölkerung, in der MS eine regelrechte Volkskrankheit ist. Auch fünf Kleinstädte in Illinois sind mit extrem hohen MS-Prävalenzen von bis zu 300/100.000 geschlagen. Das andere Extrem bilden die kanadischen Inuit, unter denen MS trotz des hohen Breitengrads sehr selten ist. Auch die nordnorwegischen Sámi, die neuseeländische Māori, einige Ethnien im Süden der ehemaligen Sowjetunion und nord- wie südamerikanische Indianer scheinen gegen MS weitgehend resistent zu sein.

Sogenannte Hotspots wie Sardinien sind am besten mit Risiko-Genvarianten zu erklären, die dort besonders häufig vorkommen. Die Sarden wurden früh von der übrigen europäischen Bevölkerung isoliert und haben sich bis heute kaum mit ihr vermischt, sodass sie sich genetisch deutlich von den umliegenden Populationen unterscheiden. Aber die Geoepidemiologie liefert auch klare Hinweise auf Umweltfaktoren, die einen Ausbruch von MS begünstigen. So ist MS in der Karibik insgesamt selten, aber recht häufig bei Migranten, die eine Weile in Europa gelebt haben und dann in ihre alte Heimat zurückgekehrt sind. Und während Israelis afrikanischer oder asiatischer Herkunft früher kaum mit MS zu kämpfen hatten, nähern sich ihre MS-Prävalenzen inzwischen rasch den viel höheren Werten der Israelis europäischer oder nordamerikanischer Herkunft an.

Das Breitengrad-Gefälle bei MS wird meistens mit der Sonneneinstrahlung und Vitamin D3 erklärt. Vitamin D ist ein Schlüsselelement des Hormon- und Immunsystems. Es entsteht in der UV-Licht-beschienenen Haut aus seinem Vorläufer 7-Dehydrocholesterol. An ein Transportprotein gebunden, wird es im Blut in die Leber verfrachtet. Dort wird es leicht umgebaut, dann erneut an ein

Transportprotein gebunden, über das Blut an seine Einsatzorte geschafft und schließlich aktiviert. Ein Vitamin-D-Mangel ist nicht nur mit MS, sondern auch mit systemischem Lupus erythematosus, Psoriasis und weiteren Autoimmunerkrankungen in Verbindung gebracht worden.

Das biologisch wirksame Vitamin $1,25(OH)_2D_3$, auch Calcitriol genannt, wird am Einsatzort von Immunzellen (Makrophagen, dendritischen Zellen, T- und B-Zellen) aktiviert und ist an der Regulierung sowohl der angeborenen als auch der adaptiven Immunabwehr beteiligt. Wo weniger UV-Licht auf die Haut trifft, entsteht weniger Vitamin D3, was das Immunsystem beeinträchtigen kann – so die gängige Hypothese. Daher raten einige Mediziner Menschen mit Autoimmunerkrankungen zu einer regelmäßigen Vitamin-D-Einnahme.

Womöglich ist es gar nicht die Sonneneinstrahlung, die in Äquatornähe vor MS schützt: Einer WHO-Studie zufolge liegt die durchschnittliche MS-Prävalenz in Ländern mit hohen Einkommen bei 89, in Ländern mit sehr niedrigem Einkommen dagegen bei 0,5 pro 100.000. Das Einkommen wiederum bestimmt, wie wir leben, was wir essen, wie sauber unser Wasser ist und so weiter. Dazu passt auch die allmähliche Abschwächung des Breitengrad-Gefälles: In Afrika, Asien und Lateinamerika steigen heute die Prävalenzen vieler Autoimmunerkrankungen, chronisch-entzündlicher Darmerkrankungen und Allergien vor allem in den urbanen Regionen an – genau wie im 19. und 20. Jahrhundert in Europa und Nordamerika, wo beispielsweise Asthma als Krankheit reicher Städter galt. Diese Zunahme in tropischen Städten mag zum Teil auf eine bessere medizinische Versorgung zurückzuführen sein: Betroffene erhalten jetzt häufiger die richtigen Diagnosen. Aber auch die Veränderungen des Lebensstils und der hygienischen Verhältnisse aufgrund steigender Einkommen dürften eine Rolle spielen.

Die Weltkarte der Prävalenzen von **Typ-1-Diabetes (Abb. 46)** stimmt weitgehend mit der MS-Karte überein, bis hin zum Hotspot Sardinien. Man weiß inzwischen, dass die beiden Erkrankungen einige Risiko-Genvarianten gemeinsam haben, zum Beispiel MHC-Klasse-II-*DRB1* und *-DQB1*, die in Sardinien besonders häufig sind, und einige Formen des Gens für den Interleukin-2-Rezeptor (IL2RA). Das Risikoallel des Gens *PTPN22*, das ein Schlüsselelement der Lymphgewebe-Signalketten codiert, ist im Norden Europas häufiger als im Süden – ziemlich genau wie die Prävalenzen und Inzidenzen. Mit einer Ausnahme: Sardinien. Nur wenige Sarden tragen das *PTPN22*-Risikoallel im Erbgut; dennoch ist Typ-1-Diabetes hier fünfmal so häufig wie auf dem benachbarten italienischen Festland. Bei sardischen Gastarbeiterfamilien in Deutschland passt sich das Erkrankungsrisiko dem neuen Umfeld nicht an; es bleibt auffällig hoch. MHC-Klasse-II-Risiko-Genvarianten wie *DR3* sind bei ihnen sehr häufig, vor Typ-1-Diabetes schützende Genvarianten wie *DR2* dagegen sehr selten.

In 100 untersuchten Populationen auf der Erde gehen die Prävalenzen für

Abb. 46

In hohen Breiten tritt Typ-1-Diabetes häufiger auf als in äquatornahen Ländern. Es gibt aber etliche Ausnahmen vom Breitengrad-Gradienten, zum Beispiel Sardinien oder Saudi-Arabien. 2011 überschritten die Inzidenzen in Großbritannien, Norwegen, Saudi-Arabien, Schweden und Finnland bei den 0- bis 14-Jährigen 24/100.000 (dunkelste Schraffur). Die USA, Australien, Kuwait, weite Teile Zentraleuropas (einschließlich Deutschlands), Neuseeland, Kanada und Island bildeten mit 14–24/100.000 das obere Mittelfeld. Inzidenzen von 9–14/100.000 fanden sich bei Kindern in Russland, Spanien und Portugal, Frankreich, Italien, aber auch im Sudan. In den weißen Ländern sind die Inzidenzen – sofern bekannt – kleiner als 9/100.000.

Typ-1-Diabetes bis zum Faktor 350 auseinander. Hoch sind sie bei weißen Europäern (vor allem Nordeuropäern) und ihren Nachfahren in den USA, Kanada, Australien und Neuseeland. In Asien sind sie erheblich niedriger, und zwar auch in wohlhabenden Regionen fern des Äquators.

Bei den meisten Migranten gleicht sich das Erkrankungsrisiko – anders als bei den Sarden – in der zweiten Generation zügig an die Verhältnisse im neuen Lebensumfeld an. Und in vielen äquatornahen Ländern steigen die Inzidenzen rasch. Beides geschieht viel zu schnell, um es mit veränderten Häufigkeiten erblicher Faktoren zu erklären. Auch die Zunahme der Typ-1-Diabetes-Inzidenzen bei schwedischen Kindern (**Abb. 47**) fiel in den letzten Jahrzehnten erheblich stärker aus als jede denkbare Verschiebung innerhalb des schwedischen Genpools.

Das Karelien-Rätsel

Also werden die Krankheiten wohl durch Umweltfaktoren häufiger. Weitere Unterstützung erhält diese Hypothese, wenn wir den Blick vom Nord-Süd-Gefälle abwenden und den West-Ost-Gradienten vieler Autoimmunerkrankungen in Europa betrachten. Besonders aufschlussreich ist ein Vergleich des finnischen und des russischen Teils von Karelien (**Abb. 48**).

Typ-1-Diabetes ist in Finnland häufiger als in jedem anderen Land der Welt; 2006 hat die Inzidenz 63 pro 100.000 pro Jahr erreicht. 1950 lag sie bei etwa 10, in den 1980ern bei etwa 30 neuen Fällen pro 100.000 Personen pro Jahr, und spätestens die Verdopplung seither lässt sich nicht mehr mit verbesserten Diagnosemethoden erklärten. Das Land hat eine lange Grenze zu Russland. Die Ethnie der Karelier lebt teils in der finnischen Region Karelien und teils in der russischen Republik Karelien. Finnisch-karelische Kinder bekommen viel häufiger Typ-1-Diabetes als russisch-karelische Kinder. Dabei ähneln sich die Teilpopulationen genetisch noch sehr; die bekannten Risiko-Genvarianten für Autoimmunerkrankungen sind ungefähr gleich stark vertreten.

Auch die Vitamin-D-Konzentrationen im Blut von Schulkindern und werdenden Müttern sind nahezu gleich, und sie nehmen etwa gleich viele glutenhaltige Getreideprodukte zu sich – in Russland sogar etwas mehr und eventuell auch früher, denn die russischen Kinder werden im Durchschnitt kürzer gestillt als die finnischen. Sie dürften anschließend auch seltener moderne Babynahrung erhalten, schon aus Kostengründen. Was die beiden Gruppen nämlich bei allen kulturellen und genetischen Gemeinsamkeiten trennt, sind die wirtschaftlichen Verhältnisse: Das Bruttosozialprodukt ist in Finnland pro Kopf drei- bis viermal höher als in der russischen Republik Karelien.

Mit der ökonomischen Schwäche der russischen Republik Karelien gehen eine (sogar im Vergleich zur übrigen Russischen Föderation) kürzere Lebenserwar-

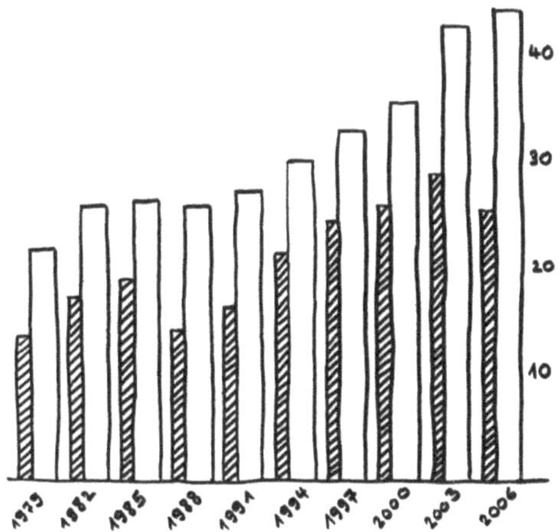

Abb. 47

Ein wachsendes Problem: Seit einigen Jahrzehnten erkranken
in den Industrieländern immer mehr Kinder an Typ-1-Diabe-
tes. In Schweden betrug die Inzidenz (jährliche neue Fälle pro
100.000 Personen) bei den 0- bis 14-Jährigen 2005-2007 etwa
44: doppelt so viel wie in den Jahren 1978–1980. Ein kleiner
Lichtblick: Bei den Allerjüngsten (0-4 Jahre, schraffierte Säulen)
scheint die Inzidenz in jüngster Zeit nicht weiter zu steigen.

tung einher und schlechtere hygienische Verhältnisse. Hier sind zum Beispiel Wurminfektionen erheblich häufiger als im finnischen Teil. Bei einer großen Untersuchung an Schulkindern zeigte sich, dass 73 Prozent der russisch-karelischen Kinder, aber nur fünf Prozent der finnisch-karelischen Kinder mit dem Magenbakterium *Helicobacter pylori* infiziert waren. Auch Infektionen mit dem Hepatitis-A-Virus, dem Einzeller *Toxoplasma gondii* und Enteroviren waren hier erheblich häufiger als im finnischen Teil. (Übrigens lösen viele Erreger, wenn sie bereits Kleinkinder infizieren, kaum Krankheitssymptome aus und werden daher nur bei systematischen Screenings bemerkt. Darauf komme ich in Band 2 zurück, wenn es um die Entwicklung des Immunsystems vom Fetus bis zur Greisin und um die Koevolution von Krankheitserregern und ihren Wirten geht.)

Im Jahr 2010 berichtete ein Forscherteam, dass unter den untersuchten russisch-karelischen Kindern, die sowohl Diabetes hatten als auch allergietypische Antikörper aufwiesen, nur fünf Prozent HAV-positiv waren, also Antikörper gegen Hepatitis A im Blut hatten. Unter den Kindern, die weder unter Diabetes litten noch Anzeichen für Allergien aufwiesen, waren dagegen 30 Prozent bereits mit dem Hepatitis-A-Virus in Berührung gekommen. Das heißt wohlgemerkt nicht, dass dieses Virus vor Autoimmunstörungen und Allergien schützt. Vielmehr sind Hepatitis-A-Infektionen ein gutes Maß für die hygienischen Verhältnisse im Lebensraum der Kinder. Denn das Virus verbreitet sich fäkal-oral, also durch die Aufnahme von Wasser oder Lebensmitteln, die mit virenhaltigem Kot verunreinigt sind. Auch andere Viren, Bakterien, Einzeller und Würmer, die sich auf diesem Wege verbreiten, sind im russischen Teil Kareliens häufiger nachzuweisen. Vermutlich prägen einige dieser Pathogene und Parasiten das Immunsystem der Kinder so, dass Autoimmunerkrankungen und Allergien trotz ganz ähnlicher genetischer Veranlagungen viel seltener zum Ausbruch kommen als in Finnland. Dieser Erklärungsansatz wird als Hygiene-Hypothese bezeichnet.

Nicht nur Typ-1-Diabetes ist bei finnischen Kareliern häufiger als bei ihren östlichen Nachbarn. Bei den untersuchten finnischen Schulkindern war auch die Prävalenz von Zöliakie 4,6-mal so groß wie im russischen Teil, und der Anteil der Kinder, die bereits Antikörper gegen Schilddrüsen-Autoantigene im Blut hatten, war 5,5- bis 6,5-mal so groß wie jenseits der Grenze. Allergien und Asthma sind westlich der Grenze ebenfalls viel häufiger, und das trotz sehr ähnlicher Umwelt, Lebensweise und Ernährung.

Interessanterweise bilden die russisch-karelischen Kinder etwa ebenso häufig Autoantikörper gegen die Betazellen in der Bauchspeicheldrüse aus wie ihre finnischen Altersgenossen. Die Ausnahme bildet ein Antikörper gegen das Enzym Tyrosinphosphatase IA-2, der in Finnland häufiger ist. Er tritt normalerweise erst kurz vor dem Ausbruch von Typ-1-Diabetes auf, während die übrigen Autoantikörper dem Krankheitsausbruch zum Teil viele Jahre vorangehen. Das heißt:

90

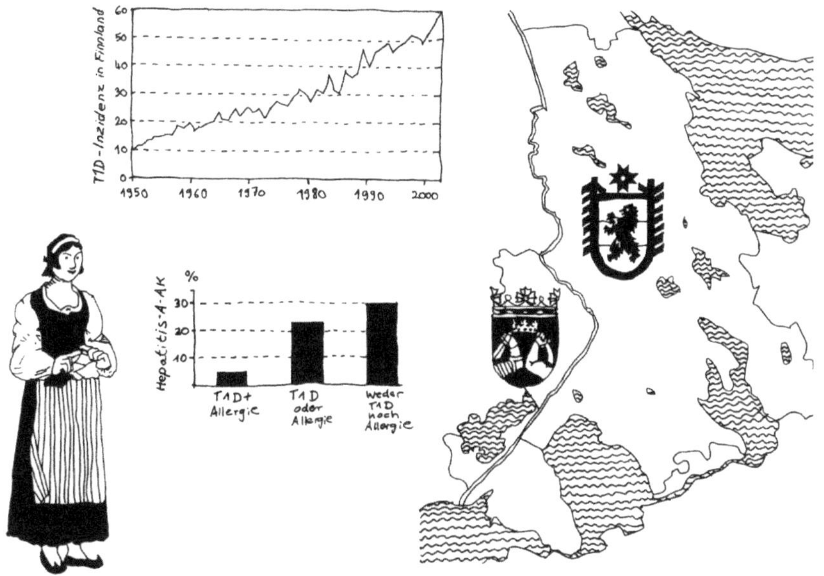

Abb. 48

Karte: Im finnischen Teil Kareliens (linkes Wappen) tritt Typ-1-Diabetes fast sechsmal so häufig auf wie im russischen Teil (rechtes Wappen). Oberes Diagramm: Bei finnischen Kindern lag die Typ-1-Diabetes-Inzidenz 2006 bei gut 63/100.000 – höher als in jedem anderen Land der Welt. 1950 waren es noch 10/100.000. Unteres Diagramm: In der russischen Republik Karelien weisen Kinder mit Diabetes und Allergien deutlich seltener Antikörper gegen Hepatitis A auf als Kinder, die weder Diabetes noch Allergien haben. Das untermauert die Hygiene-Hypothese.

Der Autoimmunprozess setzt bei den Kindern beiderseits der Grenze mit etwa derselben Quote ein. Aber in Finnland führt er rasch zu einer Erkrankung, während er in den russisch-karelischen Kindern viele Jahre lang von irgendetwas in Schach gehalten wird.

Demnach ist es nicht das bloße Aufkommen von Autoimmunreaktionen, das zu Typ-1-Diabetes und anderen Autoimmunerkankungen führt, sondern eher ein Versagen von Regulierungsmechanismen, die solche Vorgänge zwar nicht abschalten können, aber verzögern oder unschädlich machen. Darauf gehe ich in Teil 3 näher ein, wenn wir die Entstehung von Autoimmunerkrankungen unter die Lupe nehmen.

Häufig liest man, dass Stillen ein guter Schutz vor späteren Allergien und Autoimmunerkrankungen sei. Widersprechen die höheren Inzidenzen trotz längerer mittlerer Stillzeit in Finnland einer solchen Schutzwirkung des Stillens? Nicht unbedingt: Womöglich kommt es nur darauf an, dass die kindliche Darmflora möglichst früh um bestimmte Bakterien angereichert wird. Dafür reicht unter Umständen eine kurze Stillzeit wie in Russland oder anderer intensiver Haut- oder Mundkontakt völlig aus.

Ethnische Unterschiede

Das Beispiel der Karelier zeigt, dass zwei Populationen auch dann unterschiedlich stark zu Autoimmunerkrankungen neigen können, wenn sie sich genetisch sehr nahe stehen. Doch der Umkehrschluss gilt nicht: Unterschiede in der genetischen Veranlagung sind keineswegs unwichtig.

Ein frappierendes Beispiel liefert die Schuppenflechte oder Psoriasis, eine Hauterkrankung, die auch innere Organe befallen kann. Ihre Ursachen sind noch nicht vollständig aufgeklärt, aber Autoimmunreaktionen sind auf jeden Fall beteiligt. Während in Nordamerika schätzungsweise 3,15 Prozent der Bevölkerung betroffen sind, liegt die Prävalenz bei den Andenvölkern Südamerikas bei 0,0 Prozent. Und das ist nicht etwa eine Schätzung anhand ärtzlicher Diagnosen, die auch bedeuten könnte, dass man wegen so etwas in den Anden nicht zum Arzt geht. Vielmehr wurden 25.915 Indios systematisch dermatologisch untersucht, ohne dass sich ein einziger Fall fand. Auch von 12.569 untersuchten Samoanern hatte kein einziger eine Schuppenflechte. Am höchsten ist die Prävalenz wieder einmal unter Nordeuropäern und ihren Nachfahren in anderen Weltgegenden. Asiaten liegen im Mittelfeld: Von 670.000 untersuchten Chinesen hatten 0,3 Prozent Psoriasis.

Systemischer Lupus erythematosus (SLE), kurz Lupus, ist eine schwere organübergreifende Autoimmunerkrankung, unter der in den USA vor allem junge Afroamerikanerinnen leiden. Im Allegheny County in Pennsylvania haben

Afroamerikaner beispielsweise 2,5-mal häufiger SLE als Menschen europäischer Herkunft. In den westafrikanischen Herkunftsgebieten der nach Amerika verschleppten schwarzen Sklaven sind die SLE-Prävalenzen dagegen – soweit bekannt – sehr niedrig. Das spricht aber nicht gegen eine genetische Prädisposition. Vielmehr scheinen Umweltfaktoren in Westafrika das Immunsystem so zu lenken, dass SLE trotz einer Veranlagung nur selten zum Ausbruch kommt. Forscher tippen auf eine Prägung des Immunsystems durch Malaria und andere Parasiteninfektionen; dazu mehr in Band 2.

Auf Hawaii unterscheiden sich die SLE-Risiken der ethnischen Gruppen ebenfalls stark: Bei Menschen europäischer Herkunft beträgt die Prävalenz 5,8/100.000, bei den untersuchten Polynesiern dagegen 20,4/100.000. In Großbritannien haben karibische oder asiatische Einwanderer ein bis zu acht Mal höheres Erkrankungsrisiko als die Briten europäischer Herkunft.

Auch die systemische Sklerose (eine Bindegewebsverhärtung, die neben der Haut auch innere Organe befällt) ist ungleich über die Völker verteilt. Die meisten Prävalenzen liegen zwischen 3 und 24 von 100.000. Bei den Choctaw-Indianern in Oklahoma soll sie dagegen ungeheuerliche 469 pro 100.000 erreichen; allerdings beruht diese Hochrechnung auf nur wenigen diagnostizierten Fällen. Afroamerikaner haben ein höheres Risiko als weiße Amerikaner; sie erkranken jünger, und ihre Krankheitsverläufe sind im Allgemeinen schwerer. Daneben gibt es aber auch regionale Häufungen, die auf zusätzliche Risikofaktoren in der Umwelt hindeuten.

Bei etlichen Autoimmunerkrankungen kennt man bereits die wichtigsten Risiko-Genvarianten und kann nachweisen, dass diese in den Ethnien mit den höchsten Prävalenzen und Inzidenzen tatsächlich häufiger vertreten sind. Bei den sogenannten Spondylarthropathien, deren wichtigste Morbus Bechterew ist, weisen 90 bis 95 Prozent der Betroffenen eine bestimmte Variante des Gens *HLA-B27* auf. Auch hier muss man vorsichtig sein mit dem Umkehrschluss: Höchstens sechs Prozent aller Menschen, die diese Genvariante geerbt haben, erkranken tatsächlich an einer Spondylarthropathie. Während die Prävalenz bei Europäern und ihren Nachfahren zwischen 0,1 und 1,4 Prozent liegt, beträgt sie bei den Haida- und Bella-Indianern bis zu 6,1 Prozent.

Autoimmunerkrankungen der Schilddrüse (Hashimoto-Thyreoiditis und Morbus Basedow, die in der Fachliteratur trotz vieler Unterschiede oft unter dem Label *autoimmune thyroid disease* oder AITD zusammengefasst werden) sind bei Asiaten etwas häufiger als bei Europäern und ihren Nachfahren. Bei Afrikanern und Afroamerikanern sind sie bislang selten.

Die chronisch-entzündliche Darmerkrankung Morbus Crohn ist bei nordamerikanischen Indianern seltener als bei Nordamerikanern nordeuropäischer, asiatischer, spanischer oder afrikanischer Herkunft. Nordamerika und Nordeuropa haben die höchsten Inzidenzen und Prävalenzen für Morbus Crohn und Colitis ulcerosa. Südasiatische Immigranten in Großbritannien behalten ihre niedrige Prävalenz bei, aber bei ihren Kindern nivellieren sich die Unterschiede, und in der übernächsten Generation ist das Erkrankungsrisiko sogar mehr als doppelt so hoch wie bei alteingesessenen Briten: ein weiteres Beispiel für eine genetische Veranlagung, die entweder in der alten Heimat durch einen Umweltfaktor neutralisiert wurde oder in der neuen Heimat durch einen anderen Faktor, an den das Immunsystem genetisch nicht angepasst ist, noch gefördert wird.

Vieles deutet darauf hin, dass Bakterien, Viren, Pilze, Einzeller oder Würmer, die eine Population über Jahrtausende hinweg immer wieder befallen haben, einen starken Selektionsfaktor für das Immunsystem darstellen. Beeinflusst haben sie zum Beispiel die Gene für die Interleukine, entzündungsfördernde oder -hemmende Botenstoffe, die unsere Immunzellen bei der Wahrnehmung einer Infektion oder einer anderen Bedrohung ausscheiden. Im Genpool breiten sich mit der Zeit solche Genvarianten aus, die in Gegenwart der Erreger Vorteile haben, weil sie zum Beispiel eine Infektion in Schach halten. Entfällt dieser Selektionsdruck, weil die Menschen entweder in erregerfreie Regionen auswandern oder sich wegen verbesserter hygienischer Bedingungen nicht mehr infizieren, kann das über Jahrtausende angepasste Immunsystem aus dem Gleichgewicht geraten. In Band 2 sehen wir uns diese evolutionäre Dynamik, die hinter den ethnischen Unterschieden in der Anfälligkeit für Autoimmunerkrankungen stecken dürfte, genauer an.

Das Auf und Ab der rheumatoiden Arthritis

Viele Autoimmunerkrankungen scheinen in den letzten 60 Jahren häufiger geworden zu sein. Bei sehr seltenen Erkrankungen, die früher womöglich oft undiagnostiziert blieben, lässt sich dieser Effekt kaum nachweisen oder gar beziffern. Aber zum Beispiel die oben zitierte Zunahme von Typ-1-Diabetes in Skandinavien und auf niedrigerem Niveau auch in Deutschland ist nicht von der Hand zu weisen. Auch Hashimoto-Thyreoiditis hat in den letzten Jahrzehnten zugenommen – in vielen Ländern parallel zur Iodierung des Speisesalzes, was für sich genommen natürlich noch keinen kausalen Zusammenhang belegt.

Mit einer Prävalenz von etwa 0,1 bis 1,1 Prozent in Nordeuropa und Nordamerika und 0,3 bis 0,7 Prozent in Südeuropa zählt die rheumatoide Arthritis zu den häufigeren Autoimmunerkrankungen. Sie hat einen ungewöhnlichen historischen Verlauf genommen: In der gesamten Alten Welt gibt es bis zum 17. Jahrhundert keine eindeutige Schilderung von Rheuma, weder in Schriftzeugnissen noch in Bildern, obwohl die Krankheit eindeutige, leicht zu beschreibende und zu illustrierende Symptome hat. Auch alte europäische Grabstätten liefern kei-

Abb. 49

Peter Paul Rubens (1577–1640) litt vermutlich unter rheumatoider Arthritis –
hier angedeutet durch die deformierte Hand.

ne Hinweise, obwohl die Skelette von Rheumakranken typische Deformationen aufweisen. Unter 688 gründlich untersuchten Skeletten, die 3600 bis 500 Jahre alt waren, wies kein einziges Rheuma-Merkmale auf: Von der Bronzezeit bis zu den großen Pest-Epidemien war Europa vermutlich rheumafrei. Spondylarthropathien wie Morbus Bechterew waren dagegen bei einem bis drei Prozent der Skelette nachzuweisen.

Zu den ältesten europäischen Quellen zählen einige Gemälde des flämischen Barockmalers Peter Paul Rubens (1577–1640), der vermutlich selbst unter schwerer rheumatoider Arthritis litt – auch wenn er sein Leiden als Gicht bezeichnete (**Abb. 49**). In seinem Atelier übernahmen zahlreiche Helfer die Ausführung großer Teile der Gemälde, aber für die Gesichter und Hände blieb er selbst zuständig. Kunsthistoriker nehmen an, dass er in seinen Vorstudien oftmals die eigenen Hände porträtierte. Die eigentümliche, an eine sogenannte Schwanenhalsdeformität erinnernde Handhaltung einer der »Drei Grazien«, die geschwollenen Fingergelenke einer Figur auf »Die Wunder des Heiligen Ignatius von Loyola« und die Muskelatrophie in der Hand eines Trägers in »Die Anbetung der Könige« könnten also Indizien für Rubens' eigene neuartige Erkrankung sein. Allerdings sind solche nachträglichen Diagnosen anhand von Gemälden immer unsicher.

Etwa drei Generationen vor Rubens' Geburt war die Neue Welt entdeckt worden, und mit den Schiffen, die zwischen Europa und Amerika verkehrten, erreichten auch Krankheitserreger Neuland (**Abb. 50**) – mit fatalen Folgen: In Europa breitete sich bald die Syphilis aus, in Amerika wüteten Masern, Pocken und die Grippe. Da das Immunsystem der Menschen nicht an die neuen Erreger angepasst war, verliefen die Erkrankungen in den ersten Jahrzehnten bis Jahrhunderten schwerer als an ihren Herkunftsorten. Einer plausiblen Hypothese zufolge kam auch die rheumatoide Arthritis aus Amerika. Sechs Skelette aus Nordwest-Alabama, die aus der Zeit von 6000 bis 3000 v. Chr. stammen, zeigen eine symmetrische, erosive, periphere Polyarthritis (also eine Entzündung von mindestens fünf Gelenken) ohne Einbeziehung der Wirbelsäule oder der äußersten Fingergelenke: typische Rheuma-Symptome. Durch eine Untersuchung weiterer Skelette konnte das Entstehungsgebiet der Krankheit auf die Green-River-Region in Kentucky und den westlichen Arm des Tennessee River in Nordwest-Alabama und Tennessee eingegrenzt werden.

Nach und nach breitete sich die Erkrankung aus. Vor etwa 1100 bis 800 Jahren war sie beispielsweise in Ohio angelangt; auch das lässt sich an deformierten Skeletten ablesen. Die höchste Rheuma-Prävalenz finden wir noch heute bei den Chippewa, Pima und Tiglit. Auch Christoph Kolumbus selbst soll 1498 während seiner dritten Atlantiküberquerung an etwas erkrankt sein, das der Beschreibung nach eine rheumatoide Arthritis gewesens ein könnte – oder eine andere durch Infektionen ausgelöste Arthritis (Morbus Reiter). Bei afrikanischen und asiati-

Abb. 50
Mit der Santa Maria und den übrigen Schiffen Kolumbus' kamen neue
Krankheitserreger und Allergene nach Europa – darunter vielleicht der
immer noch unbekannte Auslöser der rheumatoiden Arthritis.

schen Völkern, die erst spät mit Europäern in Kontakt kamen (und damit, so die Hypothese, auch mit deren aus Amerika eingeschleppten Krankheitserregern), ist rheumatoide Arthritis noch heute viel seltener als in Europa.

Als im Lauf des 20. Jahrhunderts immer mehr Antibiotika zum Einsatz kamen, sank die Häufigkeit der rheumatoiden Arthritis, um sich schließlich zu stabilisieren: ein Hinweis auf einen bakteriellen Erreger. Allerdings liefern Langzeitstudien uneinheitliche Ergebnisse, was auch an veränderten Diagnosekriterien liegen mag: Ohne Antikörpertests ist die rheumatoide Arthritis nicht leicht von anderen Formen der Polyarthritis zu unterscheiden. Manchenorts scheint die Erkrankungshäufigkeit zyklisch zu schwanken, was ebenfalls auf einen Zusammenhang mit Infektionen hindeuten kann. In Rochester, Minnesota (US), sank die Inzidenz beispielsweise zwischen 1955 und 1994 von gut 60 auf gut 30 pro 100.000 Einwohner und Jahr. In fünf finnischen Distrikten sank sie zwischen 1980 und 1990 um etwa 15 Prozent. Hier und da werden ungefähr seit der Jahrtausendwende wieder steigende Tendenzen registriert.

Ein Bakterium, das im Verdacht steht, bei entsprechender genetischer Veranlagung rheumatoide Arthritis auszulösen, ist der Parodontitis-Erreger *Porphyromonas gingivalis*, der normalerweise in den sauerstoffarmen Taschen zwischen unseren Zahnhälsen und unserem Zahnfleisch lebt. Entweder breitet er sich selbst gelegentlich über die Blutbahn im Körper aus, oder die Autoantikörper gegen Kollagen, die bei seiner Bekämpfung im Mund entstehen, richten später auch in den Gelenken Schaden an.

Nicht nur der Kontakt zur Neuen Welt, sondern auch andere Wanderungsbewegungen und historische Ereignisse haben in der Verbreitung von Autoimmunerkrankungen und ihren Risiko-Genvarianten Spuren hinterlassen. Ich komme im zweiten Band darauf zurück, wenn wir die Ausbreitung des modernen Menschen und seiner mikrobiellen Begleiter über die Kontinente nachvollziehen.

Risikofaktoren Geschlecht und Alter

Der Rheuma-Rückgang im 20. Jahrhundert war bei Frauen besonders ausgeprägt – womöglich wegen einer Schutzwirkung der Antibabypille. Das Hormonsystem ist neben dem Nerven- und dem Immunsystem das dritte umfassende, nicht auf einzelne Organe beschränkte System in unserem Körper und steht mit den anderen beiden in ständiger Wechselwirkung. Insofern ist es nicht verwunderlich, dass die Sexualhormone unsere Anfälligkeit für Infektionen und Autoimmunerkrankungen beeinflussen. Aber auch andere Aspekte wie unterschiedliche Lebensumstände und Ernährungsgewohnheiten, Schwangerschaften oder der sogenannte X-Dosis-Effekt (Frauen haben zwei, Männer nur ein X-Chromosom) könnten die stark asymmetrische Verteilung vieler Autoimmunerkran-

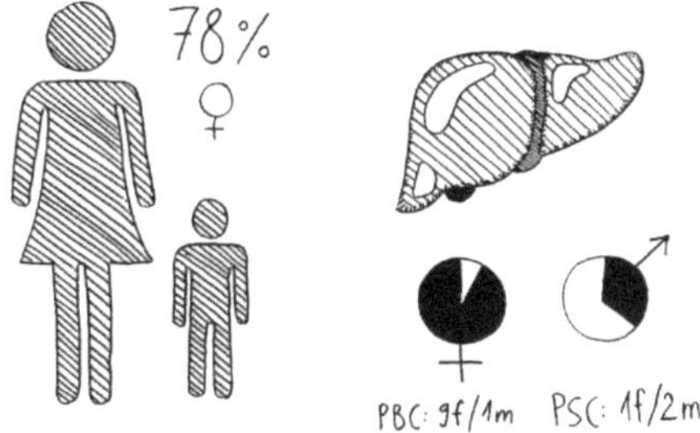

Abb. 51
Frauen haben insgesamt ein höheres Risiko als Männer, eine Autoimmunerkrankung zu bekommen. Unter den Autoimmunerkrankungen der Leber trifft die primär biliäre Zirrhose (PBC) zu etwa 90 Prozent, die primär sklerosierende Cholangitis (PSC) aber nur zu gut 30 Prozent Frauen.

kungen auf die beiden Geschlechter erklären.

Autoimmun-Myokarditis, Wegener-Granulomatose, idiopathische Lungenfibrose, Autoimmungastritis, Typ-1-Diabetes und Morbus Bechterew sind bei Männern häufiger als bei Frauen. Frauen überwiegen dagegen bei multipler Sklerose (etwa im Verhältnis 2:1), Dermatomyositis (2:1), Immunthrombozytopenie (3:1), Myasthenia gravis (3:1), rheumatoider Arthritis (3:1), systemischer Sklerose (4:1), Autoimmunhepatitis (4:1 bis 6:1), Morbus Basedow (7:1), Lupus (9:1), Sjögren-Syndrom (9:1) und Hashimoto-Thyreoiditis (3:1 bis 8:1, bei über 50-Jährigen sogar 10:1 bis 20:1). Die Relationen in den Klammern sind lediglich grobe Anhaltspunkte: Je nach Quelle findet man auch andere Zahlen, zum Beispiel ein etwa gleich großes Typ-1-Diabetes-Risiko beider Geschlechter.

Sogar zwischen den Autoimmunerkrankungen, die ein und dasselbe Organ befallen, können sich die Geschlechtsverhältnisse stark unterscheiden. Unter den drei bekannten Autoimmunerkrankungen der Leber trifft die primär biliäre Zirrhose zu etwa 90 Prozent Frauen, die Autoimmunhepatitis zu etwa 80 Prozent, die primär sklerosierende Cholangitis aber nur zu gut 30 Prozent (**Abb. 51**). Das Immunsystem greift dabei jeweils andere Zelltypen in der Leber an.

Der *American Autoimmune Related Disease Foundation* (AARDA) zufolge sind etwa 78 Prozent aller Menschen mit Autoimmunerkrankungen weiblichen Geschlechts. Obwohl fast alle dieser Erkrankungen für sich genommen selten sind, bilden sie gemeinsam die achthäufigste Todesursache bei Frauen – bei Frauen mittleren Alters sogar die häufigste.

Während Typ-1-Diabetes oft schon bei Kleinkindern und Lupus bei Teens und Twens ausbricht, machen sich viele andere Autoimmunerkrankungen erst im vierten oder fünften Lebensjahrzehnt bemerkbar – vielleicht aufgrund der Hormonumstellung im Zuge der Wechseljahre. Auch die Ermittlung der typischen Altersverteilungen beim Ausbruch gehört zu den Aufgaben der Autoimmun-Epidemiologen. Allerdings sind die Daten, die sie erheben, schwer zu interpretieren, da die ersten krankheitsspezifischen Autoantikörper oft Jahrzehnte vor der Diagnose auftauchen: Der schleichende Erkrankungsprozess bis zum Auftreten der ersten klaren Symptome erschwert die Aufklärung der Ursachen.

Besonders lang ist dieser Vorlauf bei der Hashimoto-Thyreoiditis. Obwohl sie oft erst nach dem 40. Lebensjahr diagnostiziert wird, waren Schilddrüsen-Autoantikörper bei einer groß angelegten Untersuchung von Schulkindern mit einem Durchschnittsalter von 11 Jahren bei den Mädchen bereits fast achtmal so häufig wie bei den Jungen. Das ist etwa dasselbe Verhältnis wie zwischen den Zahlen der erwachsenen Patientinnen und Patienten. Der starke Frauenüberhang bei Hashimoto-Thyreoiditis scheint also in einer Entwicklungsphase angelegt zu werden, in der Sexualhormone noch keine große Rolle spielen und Schwangerschaften als Auslöser oder Ursachen ausgeschlossen werden können.

Bei anderen Erkrankungen wie rheumatoider Arthritis oder Sklerodermie sind unter den Personen mit Autoantikörpern im Blut dagegen erst im dritten oder vierten Lebensjahrzehnt deutlich mehr Frauen. Das kann an alterstypischen Veränderungen des Immunsystems liegen, auf die ich – ebenso wie auf die Unterschiede zwischen weiblichem und männlichem Immunsystem – in Band 2 näher eingehe.

Saisonalität

Noch schwieriger als die Identifizierung der Lebensphase, in der die Weichen in Richtung einer Autoimmunerkrankung gestellt werden, ist die Zuordnung zu einer Jahreszeit. Doch auch daran haben sich Epidemiologen versucht: Sie haben die Verteilung der Geburtsmonate zahlreicher Männer und Frauen mit Autoimmunerkrankungen mit der Geburtenverteilung in der Allgemeinbevölkerung verglichen. Die Idee dahinter: Abweichungen in diesen Mustern könnten auf Infektionserkrankungen hinweisen, die zu bestimmten Jahreszeiten gehäuft auftreten, oder auf andere periodisch schwankende Umweltfaktoren wie die

UV-Licht-Exposition. Da unser Immunsystem in den Wochen um die Geburt maßgeblich geprägt wird, könnte sich das Risiko einer späteren Autoimmunerkrankung zum Beispiel erhöhen, wenn sich die Mutter in der Schwangerschaft oder das Kind nach der Geburt mit irgendeinem Keim infiziert.

Die Ergebnisse solcher Untersuchungen sind unspektakulär und schwer zu interpretieren, aber immerhin: Die Geburtenverteilung von Menschen mit Typ-1-Diabetes, multipler Sklerose, Hashimoto-Thyreoiditis und Morbus Basedow weicht tatsächlich von der Verteilung in der Allgemeinbevölkerung ab – zumindest bei einem der beiden Geschlechter und bei Betroffenen mit besonders auffälligen Autoantikörper-Werten. Es kann also sein, dass eine saisonale Viruserkrankung kurz vor oder nach der Geburt bei Menschen mit einer entsprechenden genetischen Veranlagung die Wahrscheinlichkeit erhöht, dass sie Jahre oder Jahrzehnte später eine Autoimmunerkrankung ausbilden.

Auch bei der peripheren idiopathischen Fazialisparese, die ich oben im A-bis-Z-Überblick vorgestellt habe, fanden einige Forschergruppen jahreszeitliche Schwankungen. Die halbseitige Gesichtslähmung kommt vermutlich durch eine Autoimmunattacke auf die Myelinscheiden des Fazialisnervs zustande und geht zum Glück bei den meisten Betroffenen nach ein bis zwei Monaten zurück. Was die Attacke auslöst, ist nicht bekannt. Aber dass die Lähmungen zum Beispiel in der Türkei gehäuft im Frühjahr auftreten und in den USA im Winter, kann auf eine Virusinfektion der oberen Atemwege als Auslöser hinweisen. Für Deutschland liegen keine aussagekräftigen Zahlen vor; daher sei mir eine Anekdote erlaubt. Als ich im November 2012 eine periphere Fazialisparese bekam, meinte der Neurologe: »Ach ja, die hat wieder Saison. Sie sind diese Woche die Dritte.«

»Epidemie-Zyklen« sind auch bei der multiplen Sklerose bekannt, bei der das Immunsystem ebenfalls die Myelinscheiden der Nerven attackiert, allerdings im zentralen und nicht im peripheren Nervensystem. In vielen Ländern weichen die Zeitpunkte der Geburt, des Krankheitsausbruchs oder der Krankheitsschübe von MS-Kranken periodisch von einer Gleichverteilung über den Jahresverlauf ab. Das kann auf Infektionen als Auslöser hindeuten – oder auf einen Einfluss des Sonnenlichts, das wiederum den Vitamin-D-Spiegel beeinflusst.

Auf den Färöer blieb die einheimische Bevölkerung vor dem Zweiten Weltkrieg weitgehend von MS verschont, aber nachdem 1940 britische Soldaten auf der Insel stationiert waren, erkrankten bis 1960 25 Einheimische: ein weiterer Hinweis auf einen infektiösen Auslöser. Andererseits geht es vielen MS-Patienten in Argentinien im Herbst und Winter besser, was ein Forscherteam auf eine erhöhte Produktion des »Schlafhormons« Melatonin in der dunklen Jahreszeit zurückführt: Versuche an Mäusen haben gezeigt, dass Melatonin das Nervensystem der Tiere vor MS-typischen Schäden schützen kann.

Sondermüll und inhaliertes Schweinehirn

Auch auf der räumlichen Skala versuchen Epidemiologen über grobe Maße wie den Breitengrad oder Ländergrenzen hinauszugehen und kleinteiligere Analysen anzustellen. So gibt es in der Stadt Buffalo im amerikanischen Bundesstaat New York auffällige Lupus-Cluster: Mitte der 1980er-Jahre erkrankten in einigen vor allem von Afroamerikanern bewohnten Stadtvierteln viel mehr Mädchen und junge Frauen, als statistisch zu erwarten gewesen wäre. Es folgten selbstorganisierte Nachforschungen in den Vierteln, Bürgerproteste, politische Abwiegelei und jahrelanges Kompetenzgerangel zwischen der Stadt, dem Bundeststaat und den Vereinigten Staaten.

Wie sich zeigte, gab es mitten in der Stadt frei zugängliche Brachflächen, die massiv mit Blei und polychlorierten Biphenylen (PCB) verseucht waren, da dort vor Jahrzehnten industrieller Sondermüll eingelagert worden war. Hätten sich die Lupus-Fälle nicht in einem überwiegend von Schwarzen bewohnten Armenviertel gehäuft, sondern in einem Stadtviertel wohlhabender Weißer, so hätten die Betroffenen sicherlich früher die richtige Diagnose und eine bessere Therapie erhalten. Die gefährlichen Industriebrachen wären früher gesperrt, die Bevölkerung wäre besser aufgeklärt und der verseuchte Boden wäre zügig abgetragen worden.

Auch in der Nähe von Ölfeldern, Raffinerien und ehemaligen PCB-Fabriken können sich Autoimmunerkrankungen häufen. Kausale Zusammenhänge sind aber schwer zu erhärten. Ganz eindeutig lag der Fall bei zwei Schlachthöfen in Minnesota und Indiana, in denen Arbeiter, die dort am Fließband Schweine zerlegten, eine seltsame neurologische Erkrankung mit Lähmungen bekamen: Wie die Untersuchung zeigte, hatten sie bei der Entfernung der Schweinegehirne mithilfe von Druckluftpistolen ein Aerosol aus Nervenzellgewebe inhaliert, das eine Autoimmunattacke auf ihre eigenen Neuronen auslöste.

Lehrer leben gefährlich

Epidemiologen haben weitere Berufe ausfindig gemacht, die offenbar das Risiko von Autoimmunerkrankungen erhöhen. So ist auf den Totenscheinen von Lehrern, die 1985 bis 1995 in den USA verstorben sind, häufiger als in der Allgemeinbevölkerung eine rheumatische Erkrankung oder multiple Sklerose als Todesursache angegeben. Diese »Übersterblichkeit« fällt bei Lehrern an weiterführenden Schulen, die größer sind und ältere Schüler haben, stärker aus als bei Grundschullehrern. Je älter die Lehrer, desto unauffälliger war die Verteilung der Todesursachen. Zu Beginn ihrer Laufbahn waren junge Lehrer offenbar einem Faktor ausgesetzt, der das Erkrankungsrisiko vergrößerte und 15 bis 20 Jahre später zu ihrem Tod beitrug.

Wahrscheinlich sind dafür Infektionen verantwortlich, die bei Menschen mit entsprechender genetischer Veranlagung Autoimmunvorgänge lostreten. Über Schulen breiten sich beispielsweise Influenza-, Varizella-, Epstein-Barr- und Rhinoviren sowie Streptokokken aus. Epstein-Barr-Viren stehen im Verdacht, multiple Sklerose, rheumatoide Arthritis, das Sjögren-Syndrom, Lupus usw. zu fördern. In den Industrieländern infizieren sich viele Menschen erst als Teenager oder junge Erwachsene mit diesem Virus, während das in Entwicklungsländern meist bereits im Kleinkindesalter geschieht und dann kaum Spätfolgen hat.

Enger Kontakt zu vielen Menschen mit akuten Erstinfektionen bringt nicht nur bei Lehrern, sondern beispielsweise auch in der Armee, bei Friseuren, Krankenpflegern, Universitätsdozentinnen und Studenten eine erhöhte MS-Sterblichkeit mit sich. An rheumatoider Arthritis und Autoimmunerkrankungen des Bindegewebes erkranken auch Liftboys und Sozialarbeiter häufiger als Menschen in weniger geselligen Berufen. Es gibt allerdings Gegenbeispiele: deutlich erhöhte Erkrankungs- und Sterberisiken in Berufen ohne intensiven Menschenkontakt, also mit mutmaßlich niedrigem Infektionsrisiko.

Alles in allem zeichnet die Epidemiologie ein komplexes Bild: Einige Autoimmunerkrankungen scheinen – wie Allergien – besonders häufig Menschen in wirtschaftlich starken Ländern mit guten hygienischen Verhältnissen zu treffen. Andere gehen mit schlechten Wohn- und Arbeitsverhältnissen einher. Infektionen scheinen sie teils auszulösen, teils aber vor ihnen zu schützen, je nach Pathogen und Zeitpunkt der Infektion. Wir müssen also viel genauer hinsehen, um die Zusammenhänge zu verstehen. Dafür sind solide biologische Grundkenntnisse vonnöten.

Crashkurs Biologie

Um Autoimmunerkrankungen zu verstehen, muss man wissen, wie das Immunsystem aufgebaut ist. Dazu wiederum sind Grundkenntnisse in Biologie erforderlich. Autorinnen, die sich darum herumdrücken, lassen ihre Leser im Dunkeln oder schreiben sogar selbst Unsinn. So werden in einem ansonsten guten amerikanischen Sachbuch über die Ausbreitung der Autoimmunerkrankungen Antikörper als Immunzellen bezeichnet: Autsch! Tatsächlich sind Antikörper Proteine, also Eiweiße, die von Immunzellen hergestellt werden.

Vor solchen Kategorienfehlern soll dieser Crashkurs Sie bewahren. Ein Biologie-Lehrbuch kann er natürlich nicht ersetzen. Wer solides Vorwissen mitbringt, kann die nächsten Seiten überblättern. Ist das Wissen über Zellbiologie, Biochemie, Genetik, Evolution und Ökologie schon ein wenig eingerostet, sollte man das Kapitel zumindest überfliegen und bei Bedarf später genauer nachlesen. Und wenn die chemischen Formeln schlimme Erinnerungen an Unterrichtsstunden wecken, die ebensogut auf Chinesisch hätten gehalten werden können: Nur Mut! Sie haben hier die Chance, dieses Trauma zu überwinden.

Abb. 52
Unsere Zellen – hier als amöboide Figuren mit rundem Zellkern dargestellt – kommunizieren durch Botenstoffe. Links eine Zelle, die Signale aussendet, rechts mehrere Empfänger. Manche Botenstoffe wirken nur auf kurze Distanz, zum Beispiel, weil sie schnell zerfallen. Andere können auch in größerer Entfernung empfangen werden.

Zellen kommunizieren

Zellen sind die Grundeinheiten des Lebens. Sowohl die zellkernlosen Bakterien als auch unsere kernhaltigen Zellen können nur dank ihrer Hüllen existieren, mit denen sie ihr Innenleben gegen die Umwelt abgrenzen. Nur lebende Zellen können wachsen, sich teilen, Stoffe herstellen und so weiter. All unsere Gewebe und Organe bestehen aus solchen Zellen, dem Kitt, mit dem sie sich mit ihren Nachbarn verbinden, und der sogenannten Extrazellularflüssigkeit, die die Zwischenräume füllt.

Wir beherbergen aber auch frei bewegliche Zellen, die entweder passiv im Blut oder in der Lymphe treiben oder aktiv zwischen den Gewebezellen herumkriechen können – so ähnlich wie Amöben. Das ist typisch für die Zellen des Immunsystems.

Genau wie Amöben können unsere Immunzellen auf Reize reagieren, vor allem auf chemische Substanzen – vorausgesetzt, ihre Zelloberfläche ist mit den passenden Empfängern ausgestattet, sogenannten Rezeptoren. Sind zum Beispiel irgendwo im Gewebe Zellen in einem schlechten Zustand, so schütten sie Alarmsignale aus, mit denen sie bestimmte Immunzellen anlocken. Diese Fresszellen beseitigen die beschädigten oder überalterten Zellen, bevor sie Schaden anrichten – etwa aufplatzen oder sich unkontrolliert vermehren.

Einige Botenstoffe zerfallen schnell oder reagieren rasch mit anderen Substanzen in der Extrazellularflüssigkeit, sodass sie nur kurz und nur in der Nähe ihres Herkunftsortes wahrnehmbar sind. Andere Signalstoffe sind chemisch so stabil, dass sie Zeit haben, sich über ein größeres Gewebegebiet auszubreiten oder sogar in der Blutbahn durch den Körper zu reisen.

Diesen Unterschied veranschaulicht **Abb. 52**: Kurzlebige Signale wirken auf kurze Distanz, im Extremfall nur bei direktem Kontakt zwischen Sender und Empfänger. Andere können größere Strecken zurücklegen und erfordern keinen direkten Kontakt. Jede Zelle, die in der Blutbahn, im Lymphsystem oder im Gewebe auf ein solches Signal stößt und die passenden Rezeptoren hat (im Bild: Hände, um den Ballon einzufangen), kann auf eine solche Botschaft reagieren.

Einen besonders einfach aufgebauten Botenstoff des Immunsystems zeigt der obere Teil von **Abb. 53**: Stickstoffmonoxid (NO) besteht aus nur zwei Atomen. Das Molekül zerfällt schnell und hat daher eine geringe Reichweite. Da es sehr klein ist, muss es nicht aktiv aus der Absenderzelle heraus- oder in die Empfängerzelle hineingeschleust werden: Es diffundiert einfach durch die Hülle (die sogenannte Zellmembran) hindurch. Im Immunsystem spielt es eine große Rolle, weil es zum Beispiel Blutgefäße weitet und damit Entzündungsreaktionen beschleunigt: Durch die weiteren Adern gelangen mehr Immunzellen in kürzerer Zeit an die Stelle im Körper, an der sie gebraucht werden. Produziert wird Stickstoffmonoxid unter anderem von bestimmten Bakterien, von denen man annimmt, dass sie bis zur Einführung von Seife auf unserer Haut weit verbreitet waren. Ihre Zurückdrängung durch die moderne Körperhygiene dürfte das Gleichgewicht der Botenstoffe in unserer Haut nachhaltig verändert haben, und das nicht nur zum Guten.

Das andere Ende des Spektrums vertritt der Botenstoff Interleukin-10, kurz IL-10, im unteren Teil der Abbildung. Er hemmt Entzündungen und dämmt Immunreaktionen ein. Die Interleukine stelle ich in Teil 2 näher vor, da sie an vielen Autoimmunreaktionen beteiligt sind. IL-10 ist ein Protein aus zweimal je 160 Aminosäuren – und damit viel zu groß, um einfach durch eine Membran zu diffundieren. (Was Proteine und Aminosäuren sind, erkläre ich im übernächsten Abschnitt.) Um in einer Zelle Wirkung zu entfalten, muss das Protein daher an einen IL-10-Rezeptor andocken. Der Rezeptor – ebenfalls ein Protein – ist in die Membran der Empfängerzelle eingebettet. Sobald IL-10 an seine Außenseite bindet, setzt er an der Innenseite der Membran innerzelluläre Signalmoleküle frei, die die Nachricht zum Beispiel an die Kommandozentrale im Zellkern weitergeben. Diese Kommandozentrale sehen wir uns jetzt näher an.

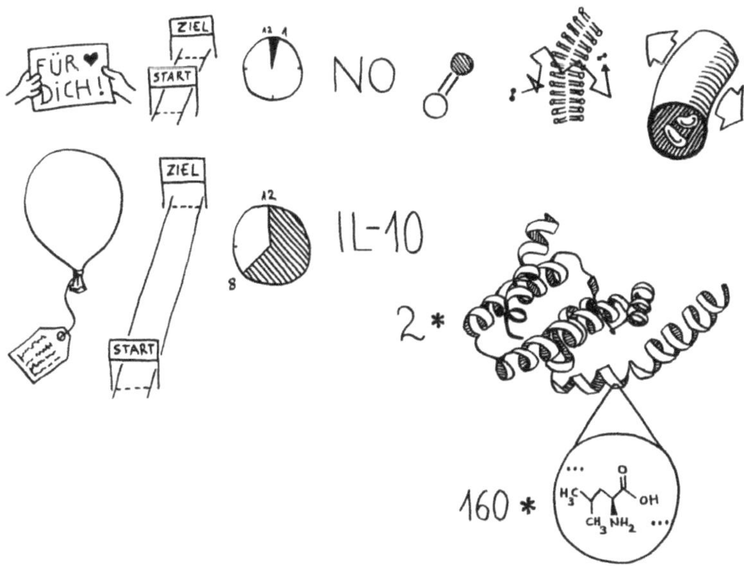

Abb. 53

Oben: Einige Botenstoffe des Immunsystems können nur von Zellen in der direkten Nachbarschaft empfangen werden: Sie legen nur kurze Strecken zurück, da sie kurzlebig sind. Zu ihnen zählt Stickstoffmonoxid (NO), ein Molekül, das nur aus einem Stickstoff- und einem Sauerstoff-Atom besteht. Es ist so klein, dass es durch Zellmembranen diffundiert (Zickzackpfad). Blutgefäße weiten sich, wenn sie NO wahrnehmen, zum Beispiel bei einer Entzündung.

Unten: Andere Botenstoffe setzen keinen direkten Kontakt zwischen Sender und Empfänger voraus. Sie können weitere Strecken zurücklegen, da sie chemisch stabiler sind. Zu ihnen zählt Interleukin-10 (IL-10), ein Protein aus zwei Ketten mit je 160 Aminosäuren. Da es so groß ist, kann es nicht durch eine Zellmembran diffundieren, sondern muss an einen spezifischen Rezeptor in der Membran binden. Dazu später mehr.

Die Kommandozentrale: Zellkern und Erbgut

In ihrem Zytoplasma – dem Bereich innerhalb der Zellmembran, aber außerhalb des Zellkerns – produzieren Zellen Stoffe, die als Bausteine, Energiespeicher oder Signale dienen. Wenn nötig, vermehren sie sich durch Zweiteilung. Fast alle Zellen verfügen über eine Kommandozentrale: den Zellkern. Dort sind alle Produktionsanleitungen in langen doppelsträngigen Kettenmolekülen niedergelegt. Diese Desoxyribonukleinsäure oder DNA (A vom englischen *acid*, also Säure) sieht wie eine verdrillte Leiter aus, ist also eine Doppelhelix. Alle Zellen eines Organismus enthalten im Prinzip dieselben Erbinformationen, da sie alle durch wiederholte Teilung aus derselben befruchteten Eizelle hervorgegangen sind. Beim Menschen ist das Erbgut auf 23 Chromosomen verteilt, und wir erben je einen Satz von der Mutter und vom Vater. Die meisten unserer Zellen haben also 46 Chromosomen. Nur unsere Keimzellen – Eizellen oder Spermien – enthalten nach einer besonderen Zellteilung die Hälfte, also 23 Chromosomen. Und reife rote Blutkörperchen haben gar keinen Zellkern, sodass sie sich auch nicht mehr teilen können.

Chromosomen bestehen nicht nur aus den beiden DNA-Strängen, die sich in einer rechtsgängigen Doppelhelix (d. h. im Uhrzeigersinn, wie eine normale Baumarktschraube) umeinanderdrehen, sondern enthalten auch Proteine, vor allem sogenannte Histone. Diese lagern sich zu Komplexen zusammen, den Nukleosomen, die wie dicke Scheiben aussehen und gewissermaßen als DNA-Kabelrollen dienen (**Abb. 54 a**): Die Doppelhelix windet sich gegen den Uhrzeigersinn, also linksgängig, um sie herum. Die Kombination aus DNA und Histonen nennt man Chromatin. Je nach der Phase im Zellteilungszyklus ist es mehr oder weniger eng aufgewickelt; man sagt: kondensiert.

Zur Ablesung von Genen muss das Chromatin in entspannter, fädiger Form vorliegen. Denn dazu müssen ziemlich voluminöse Enyzmkomplexe direkt an die DNA binden, die Doppelhelix vorübergehend in Einzelstränge trennen und lesend an ihr entlangkrabbeln. Andere Enzyme bereiten die Ablesung vor, indem sie die Nukleosomen – die eben erwähnten Kabelrollen – beiseiteschieben oder vorübergehend ganz von der DNA lösen (**Abb. 54 b** und **c**).

Man darf sich den Zellkern dabei nicht wie einen Suppentopf vorstellen, in dem sich lange Fadennudeln gnadenlos ineinander verheddern. Vielmehr nimmt jedes Chromosom einen eigenen Bereich im Kern ein, meistens am Rand, an der sogenannten Kernhülle (**Abb. 55**). Muss ein Chromosom intensiv bearbeitet werden, so rückt es in die Mitte, damit Enzyme und andere Moleküle einen guten Zugang zu ihm haben, und die anderen weichen beiseite. Das Ganze ähnelt einem Tanz mit einer komplexen Choreografie.

Dass die Chromosomen unsere Erbinformation speichern können, liegt am

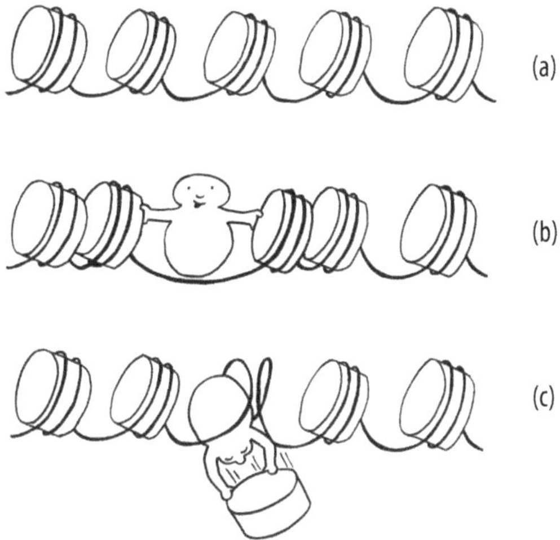

Abb. 54

Das Chromatin in unseren Zellkernen besteht aus DNA (hier als schwarzes Kabel dargestellt; bei höherer Auflösung wäre die Doppelhelix zu erkennen) und Nukleosomen: kurzen Zylindern aus verschiedenen Histonen, die als Kabelrollen dienen. (a) Die DNA ist im Ruhezustand knapp zweimal gegen den Uhrzeigersinn um jedes Nukleosom gewickelt. Soll ein Gen abgelesen werden, lösen Zellkern-Enzyme die DNA von den Nukleosomen (sogenannte Dekondensation): Entweder rollen sie die Nukleosomen beiseite (b), oder sie drücken sie aus den DNA-Windungen heraus (c).

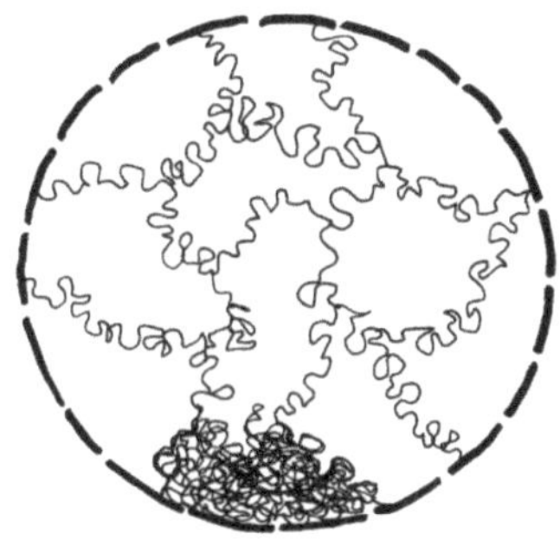

Abb. 55

Im entspannten, fädigen Zustand nimmt jedes Chromosom einen eigenen Bereich im Zellkern ein, überwiegend am Rand, also an der Kernhülle. Hier habe ich nur ein Chromosom als Faden dargestellt und ansonsten nur die Grenzen der Bereiche. Die Unterbrechungen in der Kernhülle sind die Kernporen, durch die Kern und Zytoplasma Stoffe austauschen.

Feinaufbau der DNA-Doppelhelix. Die beiden Holme der DNA-Leiter bestehen aus einer langweiligen, immer gleichen Abfolge von alternierenden Zucker- und Phosphat-Molekülen. Die Information ist dagegen in den Sprossen der Leiter niedergelegt, die aus je zwei in der Mitte locker miteinander verbundenen organischen Basen bestehen, sogenannten Nukleobasen. Insgesamt gibt es vier Basen: Adenin, Thymin, Cytidin und Guanin, die mit den Buchstaben A, T, C und G abgekürzt werden (**Abb. 56**). A paart sich stets mit T, C dagegen mit G. Beide DNA-Stränge enthalten somit dieselbe Information, was ihre Verdopplung oder Replikation vor jeder Zellteilung ermöglicht: Der Doppelstrang löst sich in zwei Einzelstränge, an denen jeweils ein neues Gegenstück synthetisiert wird. So entstehen zwei neue Doppelhelices, die in jeweils einem alten und einem neu zusammengesetzten Strang dieselbe Erbinformation enthalten (**Abb. 57**).

Bevor sich eine Zelle teilt, muss sich ihr Zellkern teilen: Die Chromsomen werden verdoppelt, wie eben beschrieben. Im Biologieunterricht lernt man zu diesem Thema ein Kreisschema auswendig, das die Phasen einer solchen Teilung zeigt (**Abb. 58**). Es beginnt mit der sogenannten Prophase (sozusagen bei 1 Uhr) und läuft über die Metaphase (3 Uhr) und die Anaphase (7 Uhr) zur Telophase (8 Uhr). In diesen Phasen ist die Kernhülle aufgelöst, damit die bereits verdoppelten, stark kondensierten DNA-Doppelhelices auseinandergezogen werden können. Anschließend schnürt sich die Zelle durch, und beide Tochterzellen bauen wieder Kernhüllen auf. Zwischen zwei Teilungen, in der sogenannten Interphase (12 Uhr, Sternchen), sind die Chromosomen zu dünnen Schnüren dekondensiert.

Abb. 57

An einer sogenannten Replikationsgabel entstehen aus einem DNA-Doppelstrang zwei, die genau dieselben Erbinformationen enthalten: Die Abfolge der Puzzleteile – Nukleotide genannt – bleibt gleich. Jedes Nukleotid besteht aus einem Zucker, einer Phosphatgruppe und einer Base (s. o.). An der Verdopplung sind zahlreiche Enzyme beteiligt: Die Topoisomerase (T) windet die Doppelhelix auseinander, damit der Doppelstrang zugänglich wird. Die Helikase (H) mach aus dem Doppelstrang zwei Einzelstränge. Die Polymerasen (P) ergänzen jedes Nukleotid um das passende Gegenstück. Dabei wachsen beide neuen Einzel-

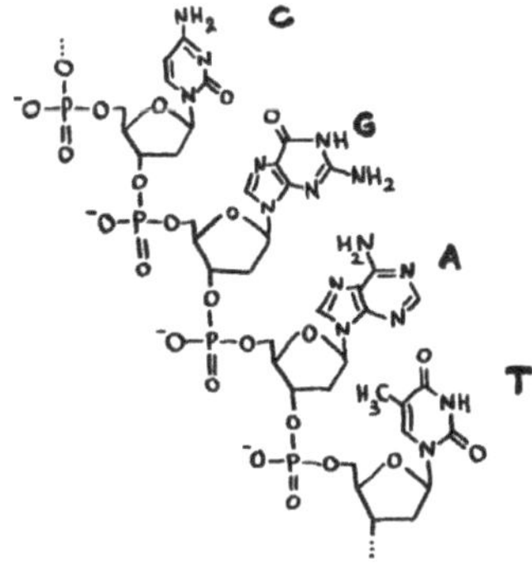

Abb. 56

Ausschnitt aus einem DNA-Einzelstrang mit den immer gleichen verketteten Zucker- und Phosphat-Einheiten (links) sowie vier unterschiedlichen Nukleobasen (rechts). Das obere Ende, an dem eine Phosphatgruppe am 5. Kohlenstoffatom des letzten Zuckers hängt, wird 5'-Ende genannt. Am 3'-Ende unten ist das 3. Kohlenstoffatom des Zuckers mit der nächsten Phosphatgruppe verknüpft. An den DNA-Strang mit der Basenfolge TAGC kann sich ein komplementärer Strang anlagern: T verbindet sich stets mit A, C mit G. Da die Basen nicht genau plan zu den Zuckern stehen, windet sich der Doppelstrang zur Schraube auf, der berühmten Doppelhelix.

stränge in 5'-zu-3'-Richtung: in Richtung der Puzzleteil-Pfeile. Die Gabelung verschiebt sich allmählich nach links. Der obere der beiden neuen DNA-Stränge wächst einfach in dieselbe Richtung. Der untere neue Strang muss von links nach rechts wachsen, also notgedrungen stückchenweise. Dazu stellt die Primase (PR) in bestimmten Abständen sogenannte Primer bereit, an denen jeweils ein neues Fragment beginnt. Wenn ein Fragment an den vorhergehenden Primer stößt, werden die Stücke verbunden. Weiter rechts (nicht im Bild) winden sich die beiden neuen Doppelstränge wieder zu Doppelhelices.

Die Interphase dauert aber viel länger, als es dieses klassische Diagramm suggeriert: Von den etwa 19,5 Stunden eines menschlichen Zellteilungszyklus entfallen etwa 18,5 Stunden auf diese Phase, in der die Gene abgelesen werden können. Nur während einer einzigen Stunde sind unsere Chromosomen so eng zusammengepackt, dass sie wie ein I oder wie ein X aussehen (**Abb. 59**).

Während dieser Zellkernteilung sind die DNA-Fäden um den Faktor 50.000 komprimiert, und zwar ganz ordentlich: Die DNA-Doppelhelix ist perlschnurartig um die Nukleosomen gewickelt, die Nukleosomen lagern sich dicht zusammen, und das Chromatin bildet Schlaufen erster und zweiter Ordnung, bis das Chromosom schließlich 700-mal dicker ist als eine Doppelhelix (**Abb. 60**).

Die in Chromosomen-Abbildungen so beliebte X-Form kommt durch einen Knotenpunkt zustande: Vor ihrer Trennung hängen die beiden Tochterchromosomen hier noch zusammen. Dieses sogenannte Zentromer sitzt nicht genau in der Mitte. Von ihm gehen die beiden Arme eines Chromosoms ab, der kürzere p-Arm (vom französischen *petit* = klein) und der längere q-Arm. Mit einer bestimmten Färbemethode lassen sich unter dem Mikroskop Streifenmuster erkennen, die bei jedem unserer 23 Chromosomen anders, bei allen Exemplaren desselben Chromosoms aber gleich ausfallen. Diese sogenannten Banden werden vom Zentromer aus zu den beiden Enden hin durchnummeriert und ermöglichen grobe Ortsangaben für Gene. Zum Beispiel liegen die meisten der für das Immunsystem wichtigen Gene des Haupthistokompatibilitätskomplexes (MHC) bei 6p21.31, also in der 31. Unterbande der 21. Bande auf dem kurzen Arm von Chromosom 6 (s. Abb. 16).

Mit der Desoxyribonukleinsäure oder DNA verwandt ist die Ribonukleinsäure oder RNA. Anstelle des Zuckers Desoxyribose enthält ihr Gerüst den Zucker Ribose, der an einer Stelle statt eines Wasserstoffatoms (H) eine sogenannte Hydroxylgruppe (OH) trägt (**Abb. 61**). Genau das besagt der DNA-Namensbestandteil »Desoxy«: ein Sauerstoffatom weniger. Außerdem ist bei RNA die Base Thymin (T) durch die ähnliche Base Uracil (U) ersetzt. Ansonsten gleichen sich die Molekülstrukturen, weshalb RNA dieselbe Erbinformation tragen kann wie DNA. Allerdings bildet RNA in der Regel keine Doppelstränge, und sie ist weniger stabil als DNA. Daher wird zur langfristigen Informationsspeicherung im Zellkern DNA eingesetzt.

Die in den Basensequenzen unserer Chromosomen codierten Erbinformationen sind – abgesehen von Ausnahmen wie neuen Mutationen – in jeder Zelle unseres Körpers ein Leben lang gleich. Aber andere Elemente der DNA sind veränderlich; sie stehen gewissermaßen »neben der Genetik« (Epigenetik, vom griechischen *epi* = zusätzlich). Bestimmte DNA-Basen können von Enzymen methyliert, das heißt mit Methylgruppen versehen werden (**Abb. 62**). Auch die Histone – die Proteine, aus denen sich die Nukleosomen zusammensetzen –

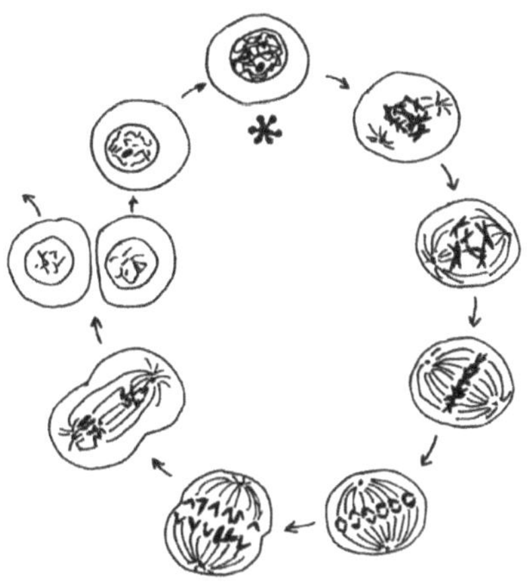

Abb. 58
Der Zellteilungszyklus beginnt mit der Prophase (bei 1 Uhr) und läuft über die Metaphase (3 Uhr) und die Anaphase (7 Uhr) zur Telophase (8 Uhr). In diesen Phasen ist die Kernhülle aufgelöst, damit die Tochterchromosomen auseinandergezogen werden können. Das besorgen die sogenannten Spindeln. Anschließend schnürt sich die Zelle durch, und beide Tochterzellen bauen wieder Kernhüllen auf (9 Uhr). In der langen Zeit zwischen zwei Zell- und Zellkernteilungen, der Interphase (12 Uhr, Sternchen), liegen die Chromosomen nicht in ihrer kompakten Transportform vor, sondern als dünne Schnüre, die den Kern ausfüllen.

Abb. 59
X-förmige Darstellungen von Chromosomen haben einen hohen Wiedererkennungswert, aber eigentlich ist diese stark kondensierte Transportform die Ausnahme: In jedem Zellteilungszyklus, der beim Menschen ungefähr 19,5 Stunden dauert, entfallen etwa 18,5 Stunden auf die Interphase, in der die Chromosomen fädig sind.

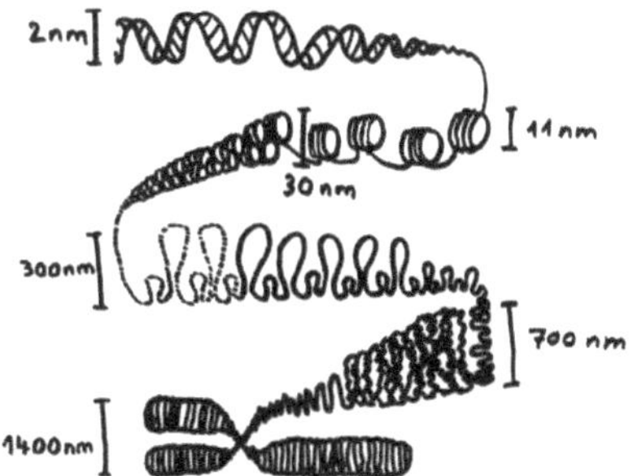

Abb. 60
Geordnete Kondensation: In ihrer kompakten Transportform während der Zellkernteilung ist die DNA um den Faktor 50.000 komprimiert. Die Chromosomen sind dann etwa 700-mal dicker als eine Doppelhelix. Die von DNA umwundenen Nukleosomen lagern sich dicht zusammen, und dieses Chromatin bildet Schlaufen erster und zweiter Ordnung.

können chemisch modifiziert werden, beispielsweise durch Acetylierung, also Anhängen einer Acetylgruppe, oder ebenfalls durch Methylierung (**Abb. 63**). Viele dieser sogenannten epigenetischen Markierungen sind so stabil, dass sie an die nächste Generation vererbt werden. Andere Markierungen ändern sich im Lauf des Lebens eines Menschen oder sogar im Lauf des Lebens einer Zelle – teils regelhaft, zum Beispiel vor jeder Ablesung eines Gens, teils im Zuge von Erkrankungen oder extremen Umwelteinflüssen wie Hungerperioden, Infektionen oder Zellgiften.

Epigenetische Markierungen stellen also ein Bindeglied zwischen Erbe und Umwelt dar. Längst nicht jeder Mensch, der eine Risiko-Genvariante für eine Autoimmunerkrankung geerbt hat, wird tatsächlich krank. Daher vermuten viele Forscher, dass epigenetische Markierungen an diesen Genen einen starken Einfluss auf die Erkrankungen haben, zum Beispiel, indem sie eine Gen-Ablesung zur falschen Zeit oder in den falschen Zellen bewirken – oder aber verhindern.

Abb. 63

Auch die Histone aus den Nukleosomen, um die die DNA gewickelt ist, können epigenetisch modifiziert werden: durch Phosphorylierung (P) der Aminosäuren Serin (S) oder Tyrosin (T), durch Methylierung (Me) der Aminosäuren Lysin (K) oder Arginin (R) sowie durch Acetylierung (Ac) oder Ubiquitinierung (Ub) von Lysin (K). Phosphoryliertes Serin und acetyliertes Lysin sind auch als Strukturformeln dargestellt. Bei einer Phosphorylierung wird eine Phosphatgruppe angehängt, wie wir sie schon aus den vorigen Abbildungen kennen. Eine Acetylierung fördert die Ablesung des DNA-Abschnitts, der um das Nukleosom gewunden ist. Die meisten modifizierbaren Aminosäuren liegen in den »Schwänzen« der Histone, den sogenannten N-Termini. Der N-Terminus des Histons H3 ist am längsten und enthält die meisten epigenetisch modifizierbaren Aminosäuren.

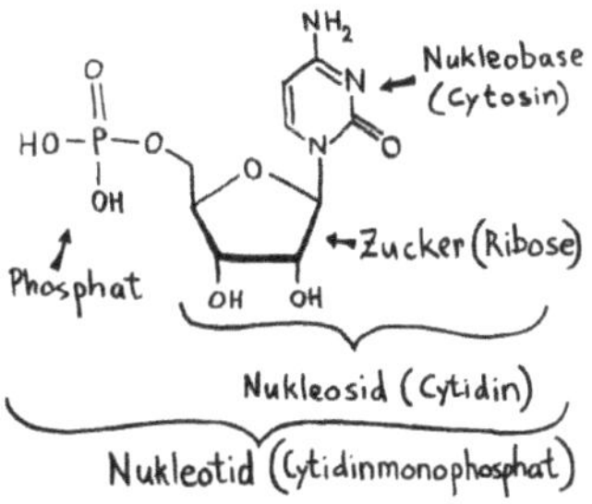

Abb. 61

Ein RNA-Baustein oder RNA-Nukleotid besteht aus einer Phosphatgruppe, einem Zucker und einer Nukleobase, genau wie bei der DNA. Der Zucker heißt Ribose. Er hat unten rechts eine weitere Hydroxylgruppe (OH), wo die Desoxyribose aus der DNA nur ein Wasserstoffatom hat. Die Kombination aus Zucker und Nukleobase heißt Nukleosid; mit der Phosphatgruppe wird daraus ein Nukleotid.

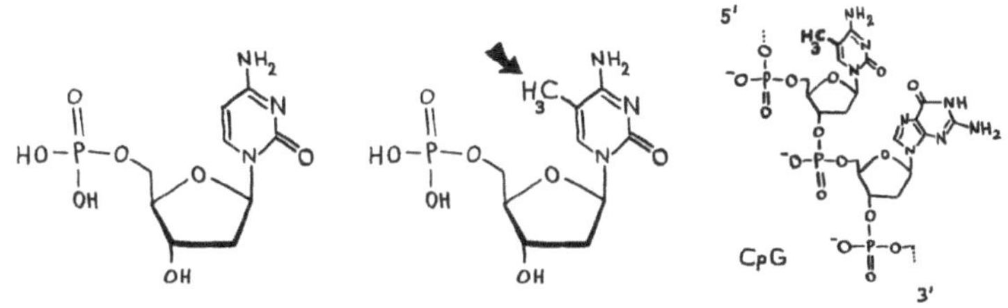

Abb. 62

Das DNA-Nukleotid Desoxycytidinphosphat (links) ist die Entsprechung zum RNA-Nukleotid aus der vorigen Abbildung. Seine Base Cytosin (C) kann von einem Enzymen methyliert werden. Dabei wird ein Wasserstoffatom an einem der Kohlenstoffatome des Rings durch eine Methylgruppe (CH_3) ersetzt (Mitte). Das Enzym methyliert allerdings nur Cytosin in Nukleotiden, an die sich ein Nukleotid mit der Base Guanin (G) anschließt (rechts, CpG; das p steht für die Phosphatgruppe zwischen den beiden Nukleosiden). Durch diese Methylierung wird das entsprechende Gen schwer ablesbar.

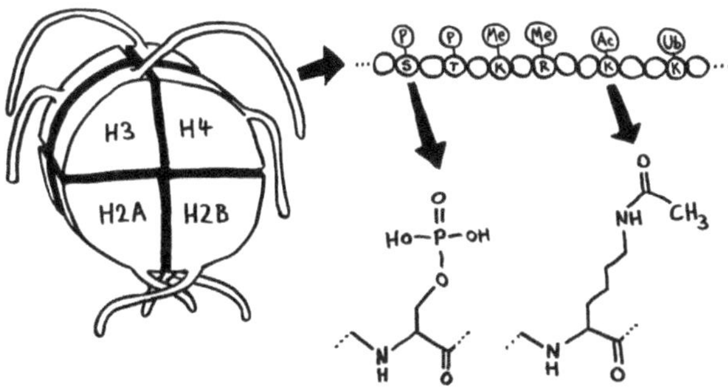

Die Bausteine der Zellen

Neben den Nukleinsäuren gibt es in unseren Zellen weitere Klassen von Makromolekülen: Kohlenwasserstoffketten namens Lipide, Zuckerketten, die als Kohlenhydrate oder Polysaccharide bezeichnet werden, und schließlich Aminosäureketten namens Peptide, die, wenn sie lang sind, Polypeptide oder Proteine heißen. Wie alle organischen Verbindungen bestehen sie zu einem Großteil aus Kohlenstoff- und Wasserstoffatomen (**Abb. 64**). Aber deren genaue Anordnung und weitere Atome wie Sauerstoff, Stickstoff oder Phosphor sorgen für ganz unterschiedliche chemische Eigenschaften, zum Beispiel aufgrund der Ladungsverteilung im Molekül (**Abb. 65**). Je nach ihrer Stuktur und Stabilität, ihrer Reaktionsfreudigkeit und ihrem Energiegehalt übernehmen die Makromoleküle in den Zellen zahlreiche Aufgaben.

Abb. 65

Polarität: An einer einfachen Atombindung sind stets zwei Elektronen beteiligt, eines von jedem Atom. Manche Atome wie hier links der Sauerstoff sind »elektronegativ«: Sie ziehen das bindende Elektronenpaar an und sind daher leicht negativ geladen, während ihr Bindungspartner (hier ein Wasserstoffatom) leicht positiv wird. Eine Hydroxylgruppe (OH) ist also polar. Hielte das Sauerstoffatom an seiner anderen Hand ebenfalls ein Wasserstoffatom, so hätten wir ein Wassermolekül (H_2O) vor uns, das ebenfalls polar ist: Die Seite, an der die beiden Wasserstoffatome stehen, ist positiver als die Sauerstoff-Seite. Polare Moleküle sind hydrophil: Sie vertragen sich gut mit dem ebenfalls polaren Wasser; die negative Seite des einen Stoffes lagert sich an die positive des anderen an. Halten dagegen zwei Wasserstoffatome Händchen (H_2), bleibt das Elektronenpaar genau in der Mitte zwischen ihnen; das Molekül ist unpolar. Auch reine Kohlenwasserstoffe sind unpolar. Solche unpolaren Stoffe stoßen Wasser ab; sie sind hydrophob. Stoffe mit einem polaren und einem unpolaren Teil, zum Beispiel Alkohole, sind gute Lösungsmittel, da sie beide Welten – die hydrophile und die hydrophobe – verbinden.

Abb. 66

Fettsäuren sind Kohlenwasserstoffketten mit einer Säuregruppe (COOH) am Ende: Ein Kohlenstoffatom stellt mit einem Arm den Kontakt zur Kette her, hält mit zwei weiteren Bindungsstellen ein Sauerstoffatom (O) fest und mit der vierten eine Hydroxylgruppe (OH). Die Gestalt und damit die Eigenschaften hängen von Zahl und Anordnung der Doppelbindungen ab. Haben alle Kohlenstoffatome der Kette neben den beiden Nachbar-Kohlenstoffen zwei Wasserstoffatome gebunden, ist die Fettsäure ist gesättigt (nämlich mit Wasserstoff) und verläuft gestreckt. Bei weniger Wasserstoffatomen ist sie ungesättigt. Da freie Bindungsstellen ihrer chemischen Natur zuwiderlaufen, bilden benachbarte Kohlenstoffatome dann Doppelbindungen (DB). Sie sorgen für einen Knick in der Kette. Während sich gesättigte Fettsäuren gerne dicht zusammenlagern, halten ungesättigte Fettsäuren deswegen mehr Abstand.

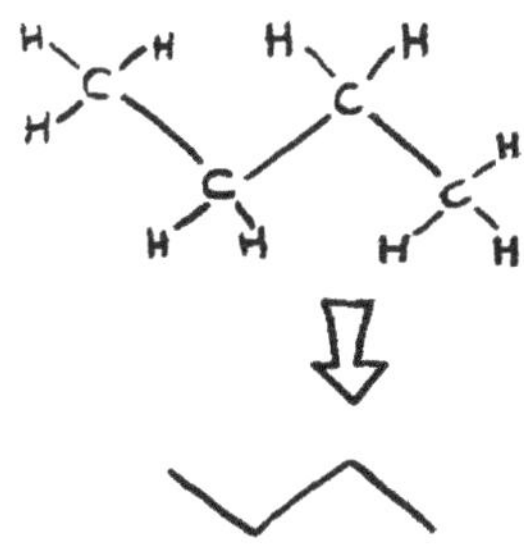

Abb. 64

Strukturformeln in der Biochemie: In den meisten Darstellungen größerer organischer Verbindungen werden die Buchstaben C (Kohlenstoffatome, hier vier) und H (Wasserstoffatome, hier zehn) der Einfachheit halber weggelassen. Denn Kohlenstoff bildet das Grundgerüst aller organischen Stoffe, und jede der vier Bindungsstellen eines Kohlenstoffatoms, die nicht von einem anderen Atom belegt wird, ist mit Wasserstoff besetzt. In der unteren Darstellung, die als Skelettformel bezeichnet wird, denke man sich also an jedem Knick und beiden Enden je ein Kohlenstoffatom.

So bestehen **Lipide** größtenteils aus **Fettsäuren**, und diese bestehen zum größten Teil aus wasserabweisenden oder hydrophoben Kohlenwasserstoffketten, die sich in einer wässrigen Umgebung gerne eng nebeneinander anordnen, um dem Wasser zu entgehen (**Abb. 66**). Damit sind sie ideal für den Aufbau von Zellmembranen geeignet, die das Zellinnere gegen den extrazellulären Raum abgrenzen. Die Lipide in den Zellmembranen sind sogenannte Phospholipide, genauer Phosphoglyceride, die hydrophile, also wasseranziehende Köpfchen haben. Die Köpfchen bilden die beiden Außenseiten, die hydrophoben Schwänze das Innere einer Doppelschicht (**Abb. 67**). Solche Lipiddoppelschichten sind einerseits nur sehr schwer zu zerreißen, also etwa in zwei Einzelschichten aufzutrennen, weil die Schwänze vom wässrigen Milieu auf beiden Seiten stark abgestoßen werden. Andererseits haben sie den Charakter von Flüssigkeitsfilmen: Die einzelnen Lipidmoleküle wechseln seitlich ständig die Position, ohne dabei den Film zu verlassen. In diesen Doppelschichten schwimmen wie Bojen oder Flöße andere Makromoleküle, etwa Proteine oder sogenannte Glykoproteine: gemischte Makromoleküle mit Protein- und Kohlenhydrat-Anteilen.

Polysaccharide oder **Kohlenhydrate** bestehen aus **Zuckern** (**Abb. 68**). Zuckermoleküle können linear oder ringförmig geschlossen vorliegen, wobei das wässrige Milieu in und zwischen unseren Zellen die Ringform fördert. Zucker mit fünf Kohlenstoffatomen heißen Pentosen, solche mit sechs Kohlenstoffatomen Hexosen. In DNA und RNA (siehe oben), aber auch im Energieträger ATP (siehe unten) ist eine Pentose enthalten: die Ribose. Zu den Hexosen zählt die Glukose, der wichtigste Energiespeicher in tierischen Organismen. In der Leber wird Glukose als Polysaccharid eingelagert: als Glykogen.

Einige Polysaccharide können von Tieren (und damit auch Menschen) gar nicht auf- oder abgebaut werden, spielen aber gerade deshalb für das Immunsystem eine große Rolle. Am wichtigsten sind die Lipopolysaccharide (LPS), die an der Oberfläche der sogenannten gramnegativen Bakterien vorkommen. Diese gemischten Makromoleküle haben eine hydrophobe (wasserabstoßende) Lipid- und eine hydrophile (wasseranziehende) Polysaccharid-Seite (**Abb. 69**). Viele Rezeptoren der angeborenen Immunität erkennen Lipopolysaccharide als Fremdstoffe und damit als Zeichen für eine Infektion.

Besonders vielfältig sind die **Polypeptide** oder **Proteine**: lange Ketten aus 20 verschiedenen **Aminosäuren**, deren Abfolge in unserer DNA codiert ist (**Abb. 70**). Die Aminosäuresequenz bestimmt, wie sich die Ketten zusammenfalten, und das wiederum legt ihre Funktion fest. Einige Aminosäuren sind neutral, andere sind in einer wässrigen Lösung wie dem Zytosol (der flüssigen Grundsubstanz des Zytoplasmas) positiv oder negativ geladen. Einige haben ganz kurze, andere recht große Seitenketten. Die Gestalt und elektrische Ladung der Seitenketten, auch Reste genannt, sind die entscheidenden Faktoren bei der Zusammenfaltung des

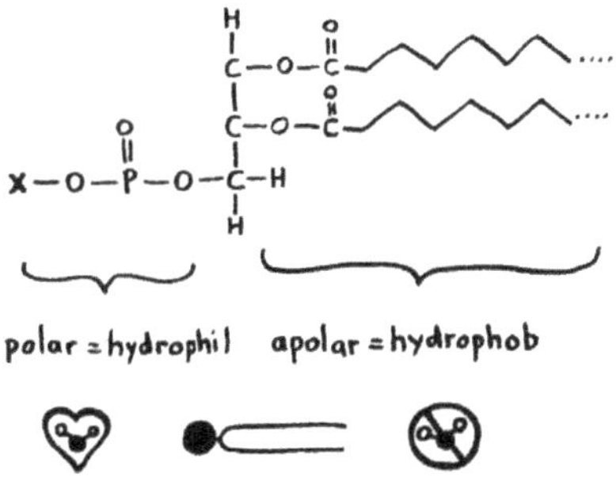

Abb. 67

Zellmembranen bestehen aus Phosphoglyceriden: Am Glycin-Molekül in der Mitte hängt links eine Phosphatgruppe, an die sich wiederum ein Alkoholrest (X) anschließt. Diese Seite bildet den polaren, hydrophilen Kopf des Moleküls. Rechts hängen zwei Fettsäuren am Glycin-Gerüst; sie bilden den unpolaren, hydrophoben Schwanz. Vereinfacht werden Phosphoglyceride als Kreis (Kopf) mit zwei angehängten Linien (Schwanz) dargestellt.

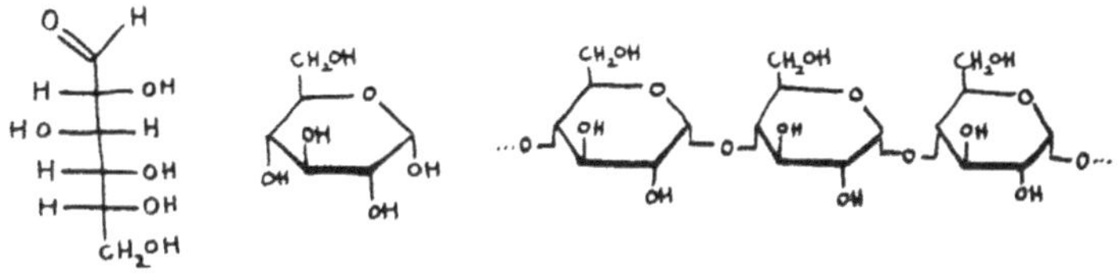

Abb. 68

Zucker kann linear (ganz links) oder ringförmig (daneben) vorliegen. Hier ist Glukose dargestellt, ein Zucker mit sechs Kohlenstoffatomen. Einzelzucker schließen sich unter Wasserabgabe zu Polysacchariden zusammen. Rechts ist ein Ausschnitt aus dem Energiespeicher-Polysaccharid Glykogen zu sehen, das in der Leber oder in den Muskeln aufgebaut wird. Es ähnelt der pflanzlichen Stärke

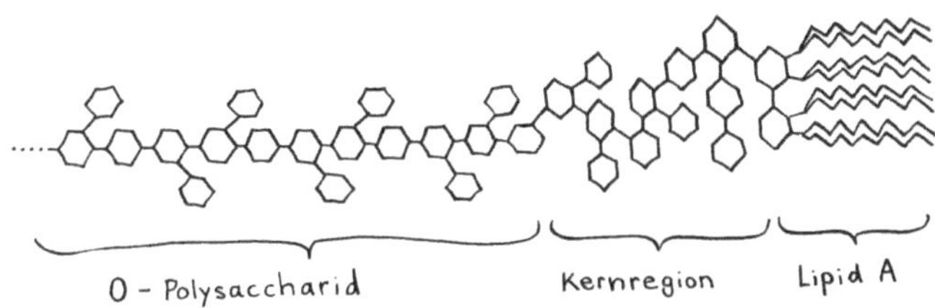

Abb. 69

Lipopolysaccharide (LPS) haben einen wasserabstoßenden Lipid- und einen wasseranziehenden Polysaccharid-Anteil. Die Sechsecke stehen hier für Zucker, die sich in einer charakteristischen Abfolge wiederholen. Die Zickzacklinien stellen wie in Abb. 66 Fettsäureketten dar. Für das angeborene Immunsystem sind Lipopolysaccharide Anzeichen einer Bakterieninfektion.

Peptidstrangs zu einem dreidimensionalen Gebilde: Polypeptide, die im wässriges Milieu des Zytosols treiben, tragen die meisten ihrer geladenen Aminosäuren an der Oberfläche, während die neutralen und damit wasserabstoßenden Aminosäuren überwiegend im Inneren des Knäuels landen. Mithilfe von Schutz- und Hilfsproteinen, sogenannten Chaperonen, können neutrale Aminosäuren bei der Faltung aber auch an der Oberfläche eines neuen Proteins landen. Das erleichtert die Einbettung dieses Proteins in eine Biomembran, deren Inneres ja aus ebenfalls wasserabstoßenden Fettsäureketten besteht (**Abb. 71**).

Man unterscheidet zwischen Strukturproteinen und Proteinen mit Enzymfunktion. Strukturproteine bilden zum Beispiel das Zytoskelett, ein Gerüst, das der Zelle ihre typische Gestalt gibt. Enzyme katalysieren (beschleunigen, erleichtern, ermöglichen) biochemische Reaktionen. Man erkennt sie an der Endung »-ase«, und es gibt sechs Klassen. Im nächsten Abschnitt gebe ich einen Überblick über einige Enzyme, die im Immunsystem eine Rolle spielen.

Größere Proteine haben oft mehrere Funktionsbereiche, sogenannte Domänen – zum Beispiel Erkennungsstellen für andere Moleküle, Bereiche mit besonderen mechanischen Eigenschaften, etwa Gelenke, und enzymatische Domänen, die chemische Reaktionen katalysieren.

Enzyme und ihre Funktion

Enzyme werden in sechs Klasse eingeteilt:

- **Oxidoreduktasen** katalysieren Redoxreaktionen (Oxidation und Reduktion), also die Abgabe bzw. Aufnahme von Elektronen.
- **Transferasen** übertragen eine funktionelle Gruppe (d. h. den für die Funktion maßgeblichen Teil eines größeren Moleküls) von einem Molekül auf ein anderes.
- **Hydrolasen** spalten Bindungen unter Einsatz von Wasser.
- **Isomerasen** katalysieren die Umwandlung von chemischen Isomeren (d. h. Molekül-Varianten mit identischer Zusammensetzung, aber unterschiedlicher räumlicher Struktur – z. B. spiegelbildlich).
- **Ligasen** katalysieren den Zusammenbau eines komplexeren Moleküls unter Verbrauch des Energielieferanten ATP; früher Synthetasen genannt.
- **Lyasen** katalysieren die Spaltung von Molekülen.

Die Klassen lassen sich weiter in Enzymfamilien mit konkreteren Funktionen untergliedern:

Im Immunsystem sind die Proteinkinasen besonders wichtig. Das sind Transferasen, die energiereiche Phosphatgruppen auf ein Protein übertragen (**Abb. 72**).

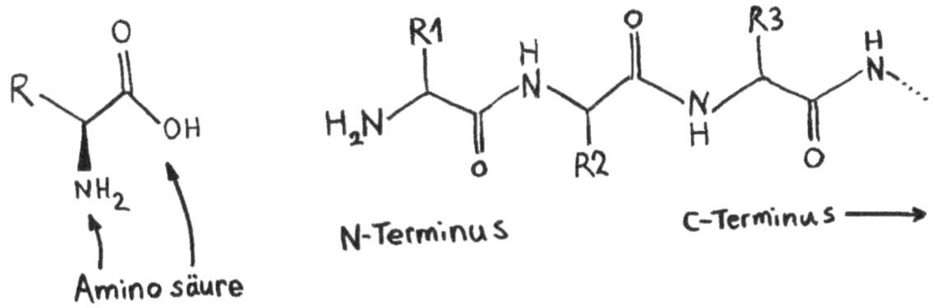

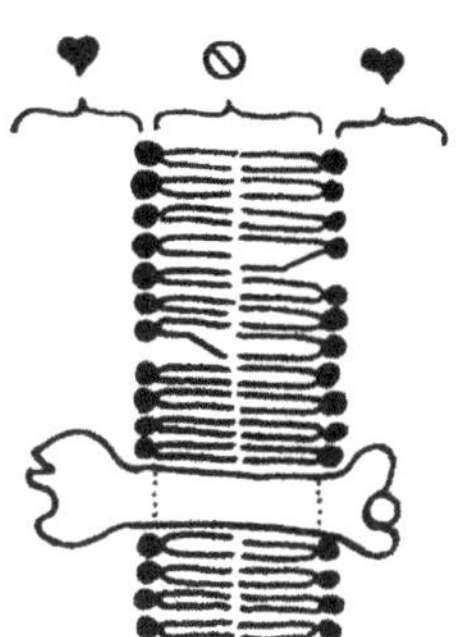

Abb. 70

Links: Jede Aminosäure hat eine Amino- und eine Säuregruppe. Die 20 üblicherweise in Proteinen vorkommenden Aminosäuren unterscheiden sich im Rest (R). Rechts: Durch Verbindung der Säuregruppe einer Aminosäure mit der Aminogruppe der nächsten Aminosäure entstehen unter Wasserabscheidung Peptide wie dieses. Wie die Nukleinsäurestränge haben auch Peptide zwei unterschiedliche Enden: den N-Terminus, der mit einem Stickstoffatom (N) endet, und den C-Terminus, an dem das Kohlenstoffatom der letzten Säuregruppe steht. Peptide winden sich zu dreidimensionalen Gebilden zusammen, deren Form durch die Abfolge der Aminosäuren festgelegt wird.

Abb. 71

Transmembranproteine haben normalerweise eine hydrophobe Mittelregion aus unpolaren Aminosäuren und hydrophile Enden aus polaren Aminosäuren, sodass sie sich gut in die Lipiddoppelschicht einfügen. Sie haben oft die Aufgabe, an einer Seite einen Botenstoff zu binden (hier rechts die kleine Kugel), um auf der anderen Seite ein neues Signal loszuschicken. Oder sie bilden zu mehreren einen Kanal in der Zellmembran, durch den bestimmte Stoffe ein- oder ausgeschleust werden.

Abb. 72

Das Energieträger-Molekül Adenosintriphosphat wird meist als ATP abgekürzt. Es besteht aus der Base Adenin und dem Zucker Ribose (zusammen Adenosin genannt) und einer Kette von drei Phosphatgruppen (-triphosphat). Die beiden Bindungen zwischen diesen Phosphatgruppen sind sehr energiereich. Proteinkinasen sind Enzyme, die die äußere dieser Bindungen kappen und die Phosphatgruppe auf eine Aminosäure in einem Protein übertragen. Dadurch wird das Protein energiereicher.

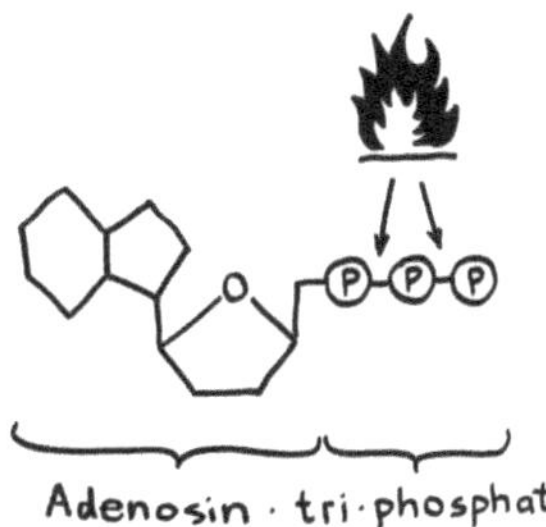

Diese sogenannte Phosphorylierung erhöht den Energiegehalt des Proteins und verändert seine Gestalt, wodurch es entweder aktiviert oder deaktiviert wird. Zum Beispiel übertragen Tyrosinkinasen Phosphatgruppen auf die Aminosäure Tyrosin, die in Proteinen vorkommt. Phosphatasen sind die Gegenspieler der Kinasen: Sie spalten Phosphatgruppen ab.

Methyl- und Acetyltransferasen übertragen Methyl- bzw. Acetylgruppen und verändern so im Zellkern die epigenetische Markierung der DNA (s. Abb. 62). Zu den Hydrolasen zählen die Proteasen, die Proteine in Bruchstücke (Peptide) zerlegen (**Abb. 73**). Polymerasen bauen aus Nukleotiden Nukleinsäuren auf, also DNA oder RNA. Transkriptasen lesen einen DNA-Strang ab und synthetisieren den korrespondierenden RNA-Strang.

Die Liste ließe sich lange fortsetzen: Im menschlichen Körper gibt es Abertausende von Enzymen, und auch die Mikroorganismen auf und in uns verfügen über ein enormes Enzym-Repertoire.

Vom Gen zum Protein: Transkription und Translation

Während die vergleichsweise monoton aufgebauten Lipide und Kohlenhydrate mithilfe von Enzymen aus ihren Grundbausteinen synthetisiert werden, sind für die Synthese von Proteinen neben ihren Grundbausteinen (den Aminosäuren) auch Erbinformationen notwendig. Am Anfang des Prozesses steht daher die Ablesung eines Gens im Zellkern, die Transkription (vom lateinischen *transcribere* = abschreiben). Das dafür zuständige Enzym, eine Transkriptase, landet – von sogenannten Transkriptionsfaktoren unterstützt – kurz vor dem Anfang des Gens auf der DNA (**Abb. 74**). Dieser Landeplatz wird Promotor genannt.

Die Transkriptase baut vor Ort einen RNA-Strang auf, die Messenger-RNA (mRNA), und kopiert dabei eins zu eins die Erbinformation aus dem Gen – so, wie man vielleicht aus einem umfangreichen Handarbeitsbuch eine Arbeitsanleitung abschreibt. Statt der Base Thymin (T), die in RNA-Strängen nicht vorkommt, wird dabei die ähnliche Base Uracil (U) eingebaut.

Noch im Zellkern wird die unreife mRNA zurechtschnitten. Bei diesem sogenannten Spleißen (englisch *splicing)* werden RNA-Abschnitte, die keine Befehle für die Proteinherstellung enthalten (sogenannte Introns), aussortiert und die informationshaltigen RNA-Abschnitte (die Exons) zusammengefügt. Die gespleißte mRNA verlässt den Zellkern durch eine der Poren in der Kernhülle. Die DNA verbleibt dagegen die ganze Zeit im Zellkern. Gelangt doch einmal DNA ins Zytoplasma, so ist dies ein Alarmsignal für eine Bakterien- oder Vireninfektion oder für einen beschädigten Zellkern. Eine Zelle, die ein solches Alarmsignal registriert, löst eine kontrollierte Selbstzerstörung mithilfe des Immunsystems aus, um den Organismus nicht zu gefährden.

Abb. 73
Ananas-Enzyme sind Proteasen, also Proteinzerleger,
und zählen zu den Hydrolasen.

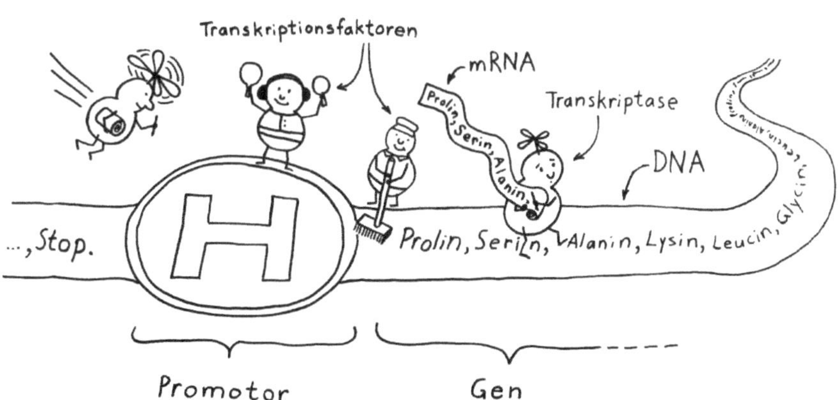

Abb. 74
Knapp vor jedem Gen liegt ein Promotor; dort landen die Transkriptasen. Transkriptionsfaktoren
beeinflussen, wie gut die Transkriptasen das Gen ablesen können.

Im Zytoplasma kommt es an speziellen Proteinkomplexen, den Ribosomen, zur Translation: So, wie man anhand einer abgeschriebenen Anleitung etwa einen Pullover strickt, wird die Erbinformation vom mRNA-Strang in einen Polypeptidstrang übersetzt (**Abb. 75**). Dabei codieren jeweils drei RNA-Basen (ein Triplett oder Codon) eine Aminossäure oder ein Start- oder Stoppsignal. Die Aminosäuren werden von sogenannten Transfer-RNA-Molekülen (tRNA) herbeigeschafft. Jede tRNA trägt eine Aminosäure und ein spezifisches Anticodon: eine Abfolge von drei Basen, die in einer Kuhle des Ribosoms an das passende Gegenstück auf der mRNA binden kann und so genau die richtige Aminosäure zum Einbau in den wachsenden Polypeptidstrang abliefert.

Es gibt 64 unterschiedliche Dreiergruppen von vier Basen (4 hoch 3), aber in unseren Proteinen kommen nur 20 verschiedene Aminosäuren vor. Die Zuordnung der 64 möglichen Basen-Tripletts zu diesen 20 natürlichen Aminosäuren und den Start- und Stoppsignalen wird als genetischer Code bezeichnet und kann zum Beispiel als sogenannte Code-Sonne (**Abb. 76**) dargestellt werden. Die codierte Aminosäure wird in der Fachliteratur entweder durch eine Drei-Buchstaben-Abkürzung angegeben (zum Beispiel Arg für Arginin) oder durch einen einzelnen Buchstaben (zum Beispiel R für Arginin). Wie man sieht, werden einige Aminosäuren und auch das Translationsstoppsignal durch mehrere Tripletts codiert. Vor allem die dritte Base ist oft nicht entscheidend.

Wenn eine Mutation eine einzelne Base in der DNA so verändert, dass trotzdem noch dieselbe Aminosäure in ein entstehendes Protein eingebaut wird, so spricht man von einer stummen oder stillen Mutation. Lange hielt man sie für unbedeutend, aber am Beispiel der chronisch-entzündlichen Darmerkrankung Morbus Crohn zeigte sich vor wenigen Jahren, dass das nicht immer stimmt: Das Protein IRGM ist an der Vernichtung schädlicher Bakterien in Darmschleimhautzellen beteiligt. Um seine Aufgabe zu erfüllen, muss es zur richtigen Zeit im rechten Maß erzeugt werden – und die Proteinherstellung kann durch Transkriptionsfaktoren beeinflusst werden, die die Ablesung eines Gens hemmen (»inhibieren«) oder fördern. Eine Genvariante, bei der das Triplett CTG (für die Aminosäure Leucin) durch das Triplett TTG (ebenfalls Leucin) ersetzt ist, wird zu stark abgelesen. Der Grund: Ein Steuerungselement, das die Transkription bremsen soll, bindet an TTG schlechter als an CTG. Auffällig viele Morbus-Crohn-Patienten tragen diese nach klassischer Definition stumme, aber keineswegs wirkungslose Mutation in ihrem Genom.

Abb. 75

Bei der **Transkription** wird die Erbinformation im Zellkern von DNA auf mRNA übertragen – so, wie man eine Anleitung aus einem Buch abschreibt. Bei der **Translation** wird außerhalb des Zellkerns mithilfe der mRNA ein Protein synthetisiert, Aminosäure für Aminosäure – so, wie man auf der Basis einer Strickanleitung einen Pullover strickt.

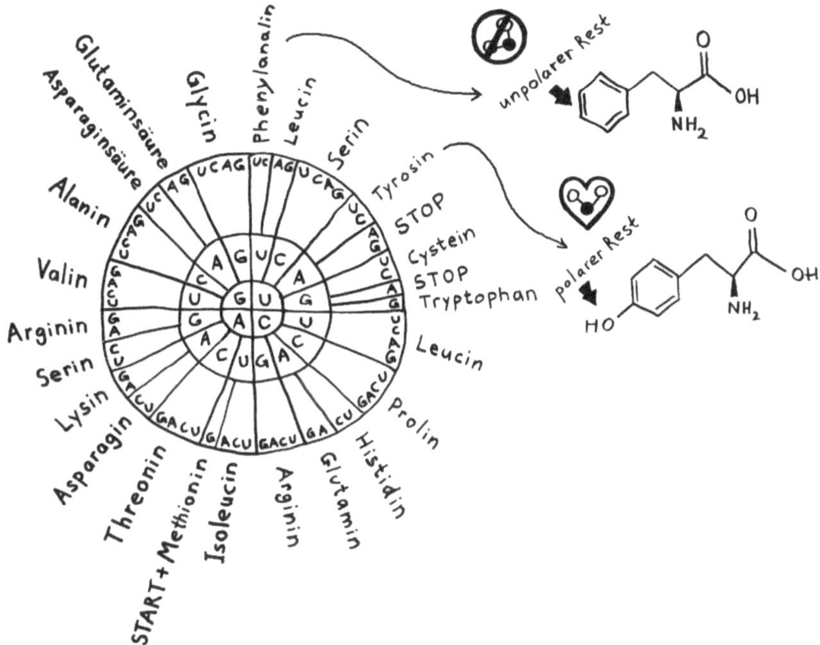

Abb. 76

Eine Code-Sonne wird von innen nach außen gelesen. Sie zeigt, welches RNA-Basentriplett bei der Translation in welche Aminosäure übersetzt wird. Das Triplett AUG steht im Inneren eines mRNA-Strangs für die Aminosäure Methionin, am Anfang aber für den Start der Translation.

Für zwei der 20 Aminosäuren sind auch die Strukturformeln zu sehen. Rechts steht jeweils der bei allen Aminosäuren identische Teil, links die variable Seitenkette: der sogenannte Rest. Die Reste von Phenylalanin und Tyrosin sehen einander sehr ähnlich, aber der eine ist unpolar und damit hydrophob, der andere polar und damit hydrophil. Phenylalanin liegt daher oft im Inneren des fertig zusammengesetzten und gefalteten Proteins, Tyrosin dagegen an der Oberfläche, die dem wässrigen Zytoplasma zugewandt ist.

Apoptose: Leben durch kontrolliertes Sterben

Lebewesen befinden sich in einem Fließgleichgewicht: Sie können ihre Identität nur wahren, indem sie sich ständig verändern. Sie nehmen Stoffe auf und scheiden andere Stoffe aus; sie gewinnen und verbrauchen Energie; sie bauen alte, kranke oder nicht mehr benötigte Zellen ab und ersetzen sie per Zellteilung durch junge und gesunde. Jeden Tag werden im menschlichen Organismus Abermilliarden Zellen ausgetauscht. Was für die Zellteilung und das Zellwachstum nötig ist, haben wir in den letzten Abschnitten über das Ergbut, den Zellkern und die Herstellung der Zellbausteine schon erfahren. Aber wohin verschwinden die alten Zellen? Sie sterben – auf die eine oder andere Weise.

Im gesunden Organismus begehen sie gewissermaßen kontrolliert Selbstmord, unterstützt von Zellen des Immunsystems. Der programmierte Zelltod wird als Apoptose bezeichnet, vom griechischen *apopiptein* = »abfallen«. In einem kranken Organismus, zum Beispiel bei einer schweren Verletzung oder einer Infektion, sterben dagegen zahlreiche Zellen unkontrolliert ab. Dieser Vorgang wird Nekrose genannt, vom griechischen *nékrōsis* = »das Töten«.

Der wesentliche Unterschied besteht darin, dass bei der Apoptose keine Substanzen aus dem Inneren der Zelle in den extrazellulären Raum gelangen, während eine nekrotische Zelle einfach aufplatzt oder ausläuft (**Abb. 77**). Substanzen aus dem Zellinneren, vor allem die Nukleinsäuren aus dem Zellkern, werden vom Immunsystem als alarmierende Fremdkörper wahrgenommen und lösen heftige Abwehrreaktionen und Entzündungen aus. Schließlich bestehen viele Viren vor allem aus DNA oder RNA. Auch andere Zellinhalte werden von Immunzellen und Antikörpern als fremde Antigene aufgefasst, weil sie im gesunden Organismus nicht frei im Gewebe oder gar im Blut herumtreiben. Solche Immunreaktionen können einen Teufelskreis in Gang setzen, wenn Immunzellen mit ihrer Abwehrreaktion weitere Zellen in der Umgebung töten, die wiederum noch mehr Autoantigene freisetzen. Das kann zu einer chronischen Entzündung oder einer Autoimmunerkrankung führen.

Bei der Apoptose, dem programmierten Zelltod, steht der sterbenden Zelle eine Immunzelle zur Seite, die mit ihr zahlreiche Signale austauscht, sodass sie sich Schritt für Schritt selbst verdauen, viele Inhaltsstoffe in harmlose Grundbausteine zerlegen und gefährliche Überreste sicher in Membranbeutelchen verpacken kann. Diese sogenannten apoptotischen Blebs sind klein genug, um von der assistierenden Immunzelle oder herbeigerufenen Fresszellen mühelos verschlungen zu werden. So gelangen keine Autoantigene in den extrazellulären Raum; alle Bestandteile der apoptotischen Zelle werden in zwei Stunden vertilgt. Außerdem werden bei diesem kontrollierten Rückbau entzündungshemmende Botenstoffe ausgeschieden, um andere Immunzellen in der Nachbarschaft zu beruhigen.

126

Abb. 77

Links: Die Apoptose ist ein geregelter Prozess, der von der beschädigten oder infizierten Zelle selbst in Gang gesetzt wird: Sie sendet Notsignale aus und lockt damit eine sogenannte zytotoxische T-Zelle an, die mit ihr verhandelt und bei Bedarf einen Auflösungsvertrag abschließt. Dann recycelt sich die betroffene Zelle so weit wie möglich, wobei sie gefährliche Inhaltsstoffe und Pathogene in harmlose Grundbausteine zerlegt. Schließlich markiert sie sich selbst als Abfall und lockt Fresszellen wie Makrophagen an, die sie vertilgen.

Unten: Die Nekrose verläuft ungeregelt. Gefährliche Inhaltsstoffe können ins Gewebe austreten.

Ein weiterer Vorteil der Apoptose: Wenn eine Zelle wegen einer Infektion sterben muss, nimmt die helfende Immunzelle mit den Blebs Antigene auf, also wertvolle Informationen über die Art des Erregers. Indem sie anschließend Immunzellen aktiviert, die auf diesen Erregertyp spezialisiert sind, kann sie die passende Abwehrreaktion in Gang setzen.

Tatsächlich sind die Grenzen zwischen Apoptose und Nekrose nicht ganz so scharf, wie hier dargestellt, und es gibt weitere Formen des Zelltods. Ich komme auf dieses Thema zurück, denn bei vielen Autoimmunerkrankungen scheint die hochkomplexe Choreografie der Apoptose, an der Hunderte von Rezeptoren, Botenstoffen und Enzymen beteiligt sind, an der einen oder anderen Stelle gestört zu sein.

Leben ist Selbstregulierung

Nicht nur das wohlgeordnete Werden und Vergehen von Zellen im Organismus zeigt: Lebewesen sind selbstregulierende Systeme. Im einfachsten Fall geht es darum, eine Größe wie die Temperatur, den pH-Wert oder die Konzentration einer chemischen Substanz an einem bestimmten Ort innerhalb einer gewissen Bandbreite zu halten. Ist der Wert zu niedrig, wird das System hochreguliert; ist er zu hoch, wird es heruntergeregelt. Ganz wie beim Einstellen einer Heizung kommt es auch in biologischen Regelsystemen wegen Zeitverzögerungen leicht zum Überschießen, sodass nachgeregelt werden muss (**Abb. 78**).

Oft beeinflussen mehrere Parameter eine Größe. Positive Einflüsse (Erhöhung, Aktivierung usw.) kann man mit einem Plus und negative Einflüsse (Verringerung, Hemmung usw.) mit einem Minus kennzeichnen. In vielen Diagrammen in der Fachliteratur steht aber ein normaler Pfeil für einen positiven Einfluss und ein in einem Querstrich endender Pfeil für einen negativen Einfluss – wie in dem Netzwerk in **Abb. 79**: Die Substanz A wird hier durch mehrere andere Substanzen beeinflusst, etwa aktiviert oder hergestellt.

Da einige dieser Substanzen umgekehrt auch durch A beeinflusst werden und sich gegenseitig beeinflussen, ist die Dynamik eines solchen Stoffwechsel- oder Signalnetzwerks aus einem abstrakten Diagramm nicht zu ersehen: Die Einflüsse sind unterschiedlich stark, werden unterschiedlich schnell wirksam und halten verschieden lang an. Ihre Wirkung hängt vom genauen zeitlichen und räumlichen Muster ab.

Biologische Signale wirken nur selten binär (»an« oder »aus«), sondern meistens konzentrationsabhängig und stochastisch: Mit der Signalstärke steigt die Wahrscheinlichkeit, dass das System reagiert. Eine Immunzelle, an die nur wenige Signalmoleküle binden, bleibt ruhig, aber mit jeder weiteren Bindung steigt die Wahrscheinlichkeit, dass sie aktiv wird. Ein einzelnes Molekül eines Transkriptionsfaktors in einem Zellkern kurbelt die Ablesung eines Gens nicht merklich an, aber je mehr Transkriptionsfaktoren in den Zellkern einwandern, desto stärker wird das Gen transkribiert, desto mehr identische mRNA-Stränge verlassen den Zellkern und desto mehr Exemplare des entsprechenden Proteins werden im Zytoplasma hergestellt. Feedback-Schleifen und Querverbindungen zwischen den Signalwegen in einer Zelle verhindern, dass das Produkt zu früh oder zu spät, im Übermaß oder zu knapp hergestellt wird.

Biologische Regulierungsnetzwerke können sehr verwickelt sein und auf den ersten Blick ein bisschen absurd wirken. So können Enzyme selbst Substrate enzymatischer Reaktionen sein. Zum Beispiel phosphoryliert ein Enzym namens MAP-Kinase-Kinase-Kinase das Enyzm MAP-Kinase-Kinase und aktiviert es dadurch, sodass es seinerseits das Enzym MAP-Kinase aktivieren kann. Die

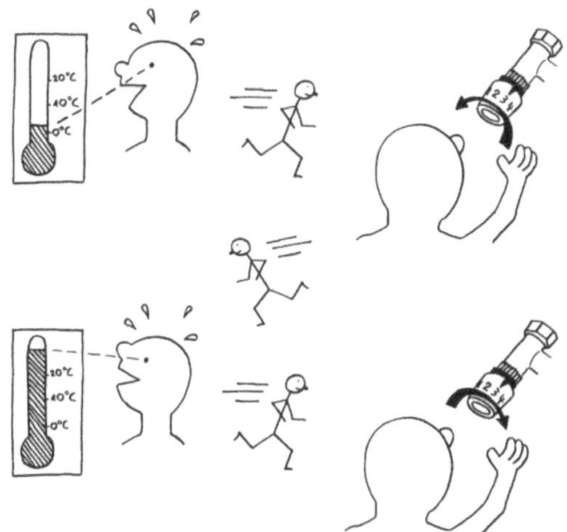

Abb. 78
Regelungssysteme reagieren oft mit einer Zeitverzögerung, die zum Überschießen führt und Nachregulierung erforderlich macht: Dreht man wegen Kälte die Heizung auf, wird es oft nach einer Weile zu heiß, und man muss die Heizkörperventile wieder schließen. Ähnlich läuft es im Zellstoffwechsel, Hormon- oder Immunsystem.

Abb. 79
In Darstellungen von Netzwerken werden positive Einflüsse (Verstärkung, Aktivierung) oft durch Pfeilspitzen und negative Einflüsse (Hemmung, Blockierung) durch Querstriche gekennzeichnet. Eine Substanz A kann beispielsweise ihre eigene weitere Produktion hemmen – direkt, aber auch indirekt über die Aktivierung anderer Substanzen.

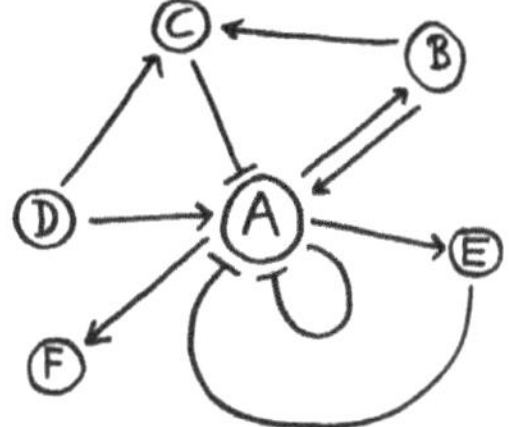

MAP-Kinase beeinflusst schließlich die Transkription von Genen im Zellkern, deren Produkte zum Beispiel für eine Immunreaktion benötigt werden.

Ein weiteres Beispiel für solche Regulierungsnetzwerke sind Antikörper, die an andere Antikörper binden und sie dadurch inaktivieren. Diese Anti-Antikörper können – Sie ahnen es! – Zielobjekte wieder anderer Antikörper werden. Durch die Bildung und Wiederauflösung der Antikörper-Knäuel können Immunreaktionen fein justiert werden. Die kaskadenartige Bildung von Anti-Antikörpern könnte aber auch zu Autoimmunerkrankungen beitragen – dazu mehr in Teil 3.

Kompartimente: Parallelgesellschaften und wie man sie überwindet

Enzymatische Reaktionen, Immunreaktionen und andere Wechselwirkungen zwischen Biomolekülen setzen allerdings voraus, dass sie einander berühren oder einander zumindest sehr nahe kommen können. Nur dann kann die Verteilung der Massen und elektrischen Ladungen an der Oberfläche des ein Moleküls die Konfiguration des anderen Moleküls beeinflussen. Nicht genug damit, dass alle Zellen nach außen durch eine Biomembran abgegrenzt sind: Auch im Zellinneren gibt es sogenannte Kompartimente, also durch Memranen voneinander getrennte Reaktionsräume. Der Zellkern ist von einer doppelschichtigen Kernhülle umgeben, Mitochondrien (die Energiefabriken der Zellen) haben ebenfalls eine äußere und eine innere Membran, das endoplasmatische Retikulum durchzieht die Zelle wie ein membrangeschütztes Labyrinth, und so weiter.

In Abb. 79 sind wir davon ausgegangen, dass alle Substanzen A-F im Reaktionsnetzwerk miteinander wechselwirken können, zum Beispiel, weil wir sie in einem Gefäß zusammengemischt haben. Aber *in vivo* (im lebenden Organismus) stellt sich die Situation meist anders dar als *in vitro* (im Reagenzglas). Die Zeichnung der Zelle (**Abb. 80**) zeigt es: C, D und F befinden sich außerhalb der Zelle, A kann von Kanälen in der Zellmembran auch in die Zelle eingeschleust werden; B und E kommen nur im Zytoplasma bzw. – nach dem Transport durch eine Kernpore – im Zellkern vor. Wir haben es mit zwei getrennten Netzwerken zu tun; B kann C also gar nicht aktivieren.

Substanz D kann zwar von der Zelle aufgenommen werden, ist dann aber von einer Membran umgeben und daher von A, B und C isoliert. Obwohl D tief im Zellinneren zu liegen scheint, ist es der Außenwelt im Grunde näher als B oder E. Membranbläschen, Vesikel genannt, können zwar mit der Zellmembran oder miteinander verschmelzen, ergießen ihren Inhalt aber niemals einfach ins Zytosol. Denn dazu müsste die Membran ja zerreißen, sodass ihr hydrophobes Inneres mit dem wässrigen Zytosol in Berührung käme: ein No-go, wie wir im Abschnitt über die Lipide gelernt haben. Das Innere von Vesikeln und dem Membranlabyrinth des endoplasmatischen Retikulums ist gewissermaßen eine Parallelgesellschaft innerhalb der Zelle.

Wie können Biomoleküle angesichts dieser vielen Grenzen überhaupt miteinander in Kontakt treten? Am Anfang dieses Kapitels haben wir am Beispiel des Botenstoffs Stickstoffmonoxid (NO) gelernt: Sehr kleine Moleküle können, wenn ihre Ladungsverteilung es zulässt, durch Biomembranen hindurchdiffundieren. Aber ungerichtete Diffusion ist für weitere Strecken zu langsam, und die meisten biochemisch wirksamen Moleküle sind außerdem zu groß. Dann kommen porenbildende Transportmembranproteine ins Spiel, in der Abbildung z. B. bei Substanz A. Ionen werden zum Teil passiv durch sogenannte Ionenkanäle

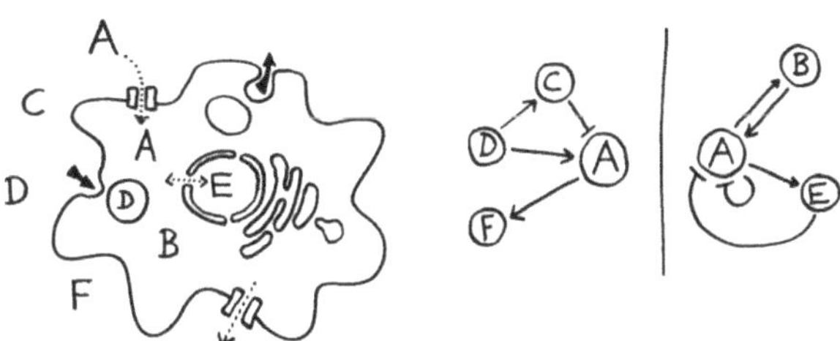

Abb. 80
Biomembranen wie die Zellmembran, Vesikelhüllen, die Kernhülle und die Hüllen um die Organellen unterteilen eine Zelle in Kompartimente. Transportproteine schaffen manche Substanzen (hier: A) über die Grenzen. Das vermeintliche Regulierungsnetzwerk aus Abb. 79 zerfällt also in der lebenden Zelle in zwei Teile, die erst durch einen aktiven Transport von Substanz A verbunden werden.

ein- oder ausgeschleust, die nur von Atomen oder kleinen Molekülen mit der richtigen Ladung passiert werden können. Müssen sie gegen einen Konzentrations- oder Ladungsgradienten transportiert werden, kommen dagegen Ionenpumpen zum Einsatz, die Energie verbrauchen. Oft müssen solche Kanäle durch Bindung spezifischer Signalstoffe oder ganzer Proteinkomplexe aktiviert werden; sonst bleiben sie geschlossen.

Zellen können Stoffe auch durch Endozytose oder Phagozytose (Einstülpung der Zellmembran) aus ihrer Umgebung aufnehmen und durch Exozytose (Verschmelzung von Vesikeln mit der Zellmembran) in ihre Umgebung absondern. Aber wie wir am Beispiel der Substanz D gesehen haben, bleiben das Zytosol und der extrazelluläre Raum dabei strikt voneinander getrennt. Nur an eigens dafür vorgesehenen Orten können Substanzen unter kontrollierten Bedingungen von einer Seite auf die andere geschleust werden. Beispielsweise müssen einige der im Zytoplasma synthetisierten Proteine aus der Zelle ausgeschleust werden, um ihre Arbeit zu erledigen – etwa um die Zelle gegen Angriffe zu verteidigen. Ihre Aminosäuresequenz enthält ein spezifisches Erkennungssignal, das einen Transportproteinkomplex in der Membran des endoplasmatischen Retikulums veranlasst, sie in dessen Inneres zu schleusen. Vom endoplasmatischen Retikulum schnüren sich dann, durch weitere Signale veranlasst, Vesikel ab, die mit der Zellmembran verschmelzen und ihre Fracht nach außen abgeben.

Auch Eindringlinge wie Viren oder Bakterien, die sich im Inneren von Zellen vermehren, müssen beim Infektionsvorgang elementare physikalisch-chemische Spielregeln einhalten: Wenn sie die Zellmembran einfach zerstören würden, um ins Innere zu gelangen, würden sie ihren Wirt töten, bevor er ihnen nützlich werden kann. Daher imitieren sie häufig zelleigene Transportsignale, um unbemerkt ins Zellinnere zu gelangen. Andere Pathogene bleiben in den Vesikeln, in die sie die Zelle bei der Aufnahme eingeschlossen hat, und verhindern lediglich ihre Verdauung durch aggressive Stoffe, mit denen Zellen solche »aufgefressenen« Feinde normalerweise zersetzen. Wieder andere ersparen sich den Kompartimentwechsel und leben außerhalb der Zellen, zum Beispiel auf der Haut oder im Darmlumen. (Das Lumen ist das Innere eines Hohlorgans.) Und sogar in Zellkernen finden wir Parasiten, nämlich Viren, die beim Eindringen in die Zelle ihre verräterische Proteinhülle abgestreift haben und sich als nackte RNA oder DNA unbemerkt unter das Erbgut der Zelle mischen (**Abb. 81**).

Rezeptoren und Liganden: eine Frage der Perspektive

Um mit ihrer Umwelt zu kommunizieren, haben Zellen Rezeptoren. Diese Proteine haben an einem Ende eine durch ihre Aminosäuresequenz festgelegte Oberflächenstruktur, an die nur bestimmte Moleküle (die Liganden) andocken können, während die meisten anderen Moleküle nicht passen. Nur dann, wenn sozusagen der richtige Schlüssel ins Schloss gesteckt wird, ändert sich die Struktur und Ladungsverteilung des Rezeptors so, dass etwas geschieht: Der Ligand wird in die Zelle eingeschleust, andere Substanzen werden aus der Zelle ausgeschieden oder ein an der Innenseite der Zellmembran wartendes Signalmolekül wird aktiviert, um zum Beispiel die Ablesung eines bestimmten Gens in die Wege zu leiten oder irgendeinen Prozess in der Zelle zu stoppen.

Viele Krankheitserreger machen sich den Umstand zunutze, dass jeder Rezeptor seinerseits anderen Rezeptoren als Ligand dienen kann. Wenn zwei Proteine aneinander binden und damit Reaktionsketten auslösen, kann es eine Frage der Perspektive sein, welches davon wir als Rezeptor bezeichnen. Ein Mikroorganismus, der innerhalb des Körpers an einen weit entfernten Ort gelangen muss, um sich zu vermehren, kann zum Beispiel an Rezeptoren auf Blutzellen andocken, die sonst eine ganz andere Funktion haben, und so als blinder Passagier durch die Blutbahn reisen. Und ein Virus, das ins Zellinnere gelangen muss, kann ein Signalmolekül imitieren, das an den passenden Rezeptor auf der Zellaußenseite bindet und die Zelle zur Endozytose veranlasst. Anschließend muss es noch aus dem Vesikel ins Zytosol gelangen. Auch dazu kann es »molekulare Mimikry« einsetzen – ein Konzept, von dem wir in diesem Buch noch öfter hören werden (**Abb. 82**).

Der *Danger Theory* zufolge sind die sogenannten Mustererkennungsrezeptoren auf Wirbeltier-Immunzellen ursprünglich entstanden, um zum Beispiel nach einer Verletzung körpereigene Gefahrensignale zu erkennen und Reparaturmaßnahmen einzuleiten. Pathogene könnten sich dann an die Gestalt dieser Rezeptoren angepasst haben, um ebenfalls an sie zu binden: eine provozierende Hypo-

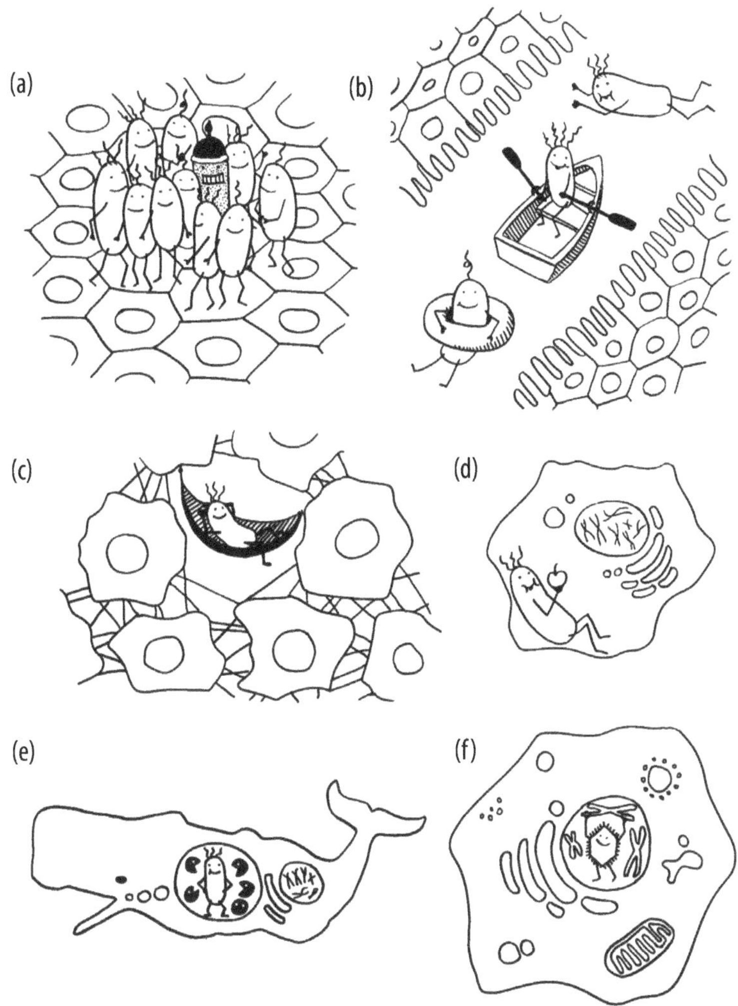

Abb. 81
Pathogene können in unterschiedlichen Räumen oder Kompartimenten leben, zum Beispiel auf der Haut inmitten unserer Hautflora (a), im Darmlumen (b), im extrazellulären Raum (c), im Zytosol (d), nach der Endozytose in Vesikeln, wo sie ihrer Verdauung trotzen (e) oder im Zellkern, unter unser Erbgut gemischt (f). Je nach Aufenthaltsort sind sie für unterschiedliche Teile des Immunsystems sichtbar und erreichbar.

these, die die herkömmliche Vorstellung auf den Kopf stellt, dass die Bindung an Immunzell-Rezeptoren den Krankheitserregern schadet.

Aber die Wirte der Krankheitserreger sind solcher Ausbeutung nicht schutzlos ausgeliefert; sie entwickeln im Lauf der Evolution Abwehrmechanismen – was bei höheren Organsimen mit ihrer längeren Generationsdauer allerdings eine Weile dauert. Um sich gegen allzu viele Fehlalarme und allzu leichte Ausbeutung durch Pathogene zu schützen, reagieren viele Immunzellen nur dann, wenn mehrere Rezeptoren die gleichen Liganden binden (Kooperativität) oder wenn zwei unterschiedliche Rezeptoren zwei Liganden binden, die beide auf eine Gefahr hindeuten (Kostimulation). So funktioniert beispielsweise die Aktivierung von T-Helferzellen durch antigenpräsentierende Zellen oder von B-Zellen durch T-Helferzellen, wie wir in Teil 3 sehen werden.

Manche Zellen stellen Pathogenen sogar regelrechte Fallen: Sie stellen molekulare Lockenten her, beobachten diese genau und lösen eine starke Abwehrreaktion aus, sobald dort erregertypische Moleküle andocken. Diese Verteidigungsstrategie ist typisch für das Immunsystem der Pflanzen, deren Zellen wegen ihrer starren Zellwände nicht beweglich sind: Wenn die Polizei nicht zum Einbrecher vordringen kann, muss der Einbrecher eben zur Polizei gelockt werden. Mehr dazu in Band 2, in dem ich die Evolution des Immunsystems von der ersten Zelle bis zum modernen Menschen darstelle – mit einem kleinen Abstecher in die Welt der Pflanzen.

Komplexe Merkmale und ihre Vererbung

Die mit Abstand komplexesten Erkennungsvorgänge in unserem Körper laufen im Immunsystem ab, dessen Zellen unzählige körpereigene und fremde Substanzen binden und richtig auf sie reagieren müssen. Eine Schlüsselrolle spielen dabei die MHC-Klasse-II-Moleküle, die ich in Teil 2 vorstelle. So viel vorab: Die Moleküle sitzen an der Oberfläche sogenannter antigenpräsentierender Zellen, deren Name Programm ist: Sie präsentieren den T-Zellen des Immunsystems Peptide, also Proteinbruchstücke, die aus körpereigenen Proteinen oder aus Krankheitserregern stammen. Welche Peptide sie vorführen können, hängt von der genauen Gestalt dieser Präsentierteller ab.

Es gibt Abermillionen unterschiedlicher körpereigener und körperfremder Antigene, die von antigenpräsentierenden Zellen präsentiert werden müssen. Dafür sind zahllose MHC-Klasse-II-Molekül-Varianten mit jeweils etwas anderen Bindungspräferenzen nötig – und damit zahllose Varianten der Gene, die diese Moleküle codieren. Etliche dieser Genvarianten (auch Allele genannt) sind mit Autoimmunerkrankungen assoziiert: Im Erbgut von Menschen, die zum Beispiel Typ-1-Diabetes haben, sind einige der zahllosen MHC-Klasse-II-Allele häufi-

Abb. 82

Oben Mimikry im Tierreich: Eine essbare Schmetterlingsart (Mitte) ahmt mit ihrem Flügelmuster einen giftigen Schmettering (links) nach, um seltener gefressen zu werden als eine essbare Art, die keinem giftigen Schmetterling ähnelt (rechts).

Darunter molekulare Mimikry bei Pathogenen: Ein gefährliches Bakterium (Mitte) tarnt sich chemisch als körpereigene Zelle (Maske), um von der Immunzelle ebenso toleriert zu werden wie die körpereigenen Zellen (links). Pathogene, die auf eine solche Tarnung verzichten, werden von den Immunzellen eher als fremd erkannt und angegriffen (rechts). Die Nachahmung muss nicht perfekt sein; nur das Element, das der zu täuschende Vogel oder die in Sicherheit zu wiegende Immunzelle wahrnimmt, muss übereinstimmen. Schließlich passt ein nachgemachter Schlüssel auch dann ins Schloss, wenn sein Griff ganz anders aussieht, solange nur der Bart dieselbe Form hat wie beim Original.

In der Fachliteratur wird auch eine zufällige Ähnlichkeit zwischen einem Antigen und einem Autoantigen, die sich gar nicht wegen eines Selektionsvorteils entwickelt hat, als molekulare Mimikry bezeichnet.

ger als bei Menschen, die keinen Diabetes haben. (Allerdings weisen auch viele gesunde Menschen diese Allele auf. Ob die Krankheit wirklich ausbricht, hängt von weiteren Faktoren ab.) Manche dieser Allele scheinen nur das Risiko einer einzigen Autoimmunerkrankung zu erhöhen, während andere Risikoallele mit mehreren Erkrankungen assoziiert sind.

In der Schule lernen wir die Grundregeln der Vererbung anhand von Mendels Erbsenexperimenten, bei denen ein Merkmal genau zwei Zustände annehmen kann: Die Erbse ist runzlig oder glatt, und sie ist grün oder gelb. Die Farbe Gelb und die glatte Erbsenoberfläche sind dominante Merkmale, die sich in Pflanzen mit zwei unterschiedlichen Allelen (sogenannten heterozygoten Pflanzen) gegen die rezessiven Merkmale Grün und Runzeln durchsetzen. Das heißt, wenn eine Pflanze von einem Elternteil zum Beispiel ein Runzel-Allel und ein Gelb-Allel erbt und vom anderen Elternteil ein Glatt-Allel und ein Grün-Allel, werden alle Erbsen dieser Pflanze glatt und gelb sein (Uniformitätsregel). Aber auch wenn sie ihre rezessiven Allele – grün und runzlig – nicht ausprägt, vererbt sie sie mit derselben 50-Prozent-Wahrscheinlichkeit an den Nachwuchs weiter wie die dominanten Allele. Wenn der andere Elternteil der nächsten Generation ebenfalls rezessive Allele mitbringt, wird ein Viertel des Nachwuchses für die rezessiven Allele homozygot sein, sie also von beiden Eltern geerbt haben und folglich runzlige bzw. grüne Erbsen tragen (Spaltungsregel). Für Gärtner, die nur die Elternpflanzen mit ihren glatten, gelben Erbsen kennen, kann dieses Auftauchen der scheinbar neuen Merkmale überraschend sein.

Es gibt auch sogenannte intermediäre Erbgänge, bei denen ein heterozygoter Organismus einen Mischtyp ausprägt. In **Abb. 83** zeige ich das an Mäusen, die schwarzes, weißes oder eben graues Fell haben können.

Die Erbsenmerkmale Form und Farbe werden unabhängig voneinander vererbt, weil die zuständigen Gene auf unterschiedlichen Chromosomen liegen. Bei der Fortpflanzung werden die Karten neu gemischt, und so können im Beet schließlich Erbsenpflanzen mit gelben und glatten, mit gelben und runzligen, mit grünen und glatten sowie mit grünen und runzligen Erbsen stehen (Unabhängigkeitsregel). Allele auf demselben Chromosom werden dagegen nicht unabhängig voneinander vererbt, sondern gekoppelt. Getrennt werden sie nur, wenn sich während der Entwicklung der Keimzellen. also der Eizellen oder Spermien, das mütterliche und das väterliche Chromosom irgendwo zwischen ihnen überkreuzen und neu zusammengestückelt werden (**Abb. 84**). Dieses sogenannte Crossing-over findet an zufälligen Orten auf dem Chromosom statt. Je größer der Abstand zwischen zwei Genen auf dem Chromosom, desto größer die Wahrscheinlichkeit, dass sie durch ein Crossing-over neu kombiniert werden.

Leider sind Mendels Erbsen eher die Ausnahme als die Regel. Sehr viele Merkmale haben mehr als zwei Zustände. Manche sind kontinuierlich wie unsere Kör-

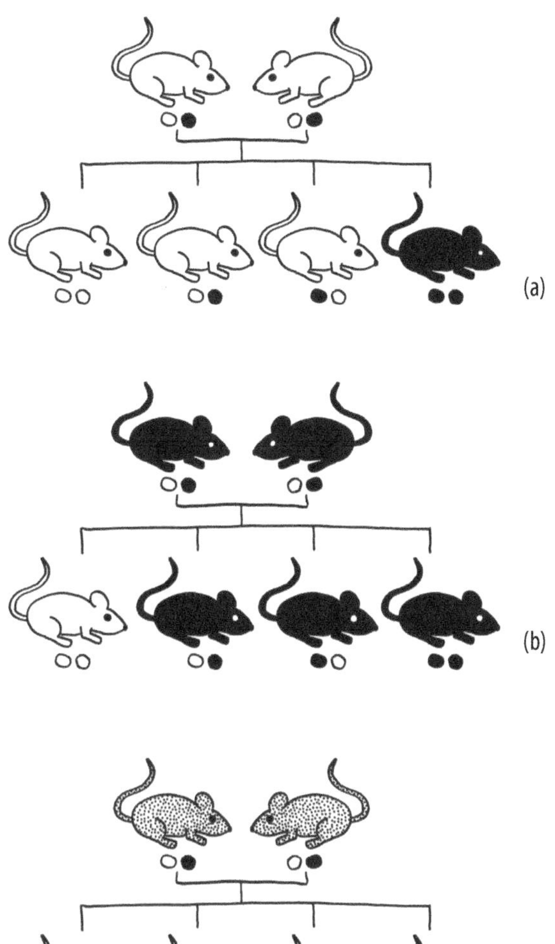

Abb. 83

Mendel'sche Erbgänge: (a) Wenn das Weiß-Allel dominant ist, werden Mäuse mit einem Weiß- und einem Schwarz-Allel (Heterozygote) weiß. (b) Ist Weiß dagegen eine rezessive Eigenschaft, werden nur Mäuse mit zwei Weiß-Allelen (Homozygote) weiß. (c) Bei einem intermediären Erbgang werden dagegen alle heterozygoten Mäuse grau.

pergröße, die von sehr vielen Genen zugleich beeinflusst wird. Ein Genprodukt kann auch in zahlreichen leicht unterschiedlichen Varianten vorkommen, wie eben die MHC-Klasse-II-Moleküle. Zudem liegen viele MHC-Klasse-II-Gene auf Chromosom 6 unmittelbar nebeneinander, sodass sie sich gekoppelt vererben.

Diese Häufung von Immungenen in bestimmten Chromosomenabschnitten erschwert auch die eindeutige Zuordnung von Genvarianten zu Erkrankungen: Wenn Forscher entdecken, dass bei vielen Menschen mit – sagen wir – Hashimoto-Thyreoiditis ein bestimmtes Basenpaar in der DNA eines Chromosoms verändert ist, sprechen sie von einem sogenannten Einzelnukleotid-Polymorphismus. Die englische Abkürzung lautet SNP (S von *single* = einzeln). Das muss aber nicht heißen, dass genau dieser SNP, genau dieser eine veränderte Buchstabe in der DNA-Basensequenz, die Krankheit wirklich verursacht. Vielleicht ist stattdessen eine Abweichung in einem eng benachbarten Gen schuld, das wegen seiner Nähe fast immer zusammen mit dem entdeckten SNP vererbt wird. Daher können die Forscher nur darauf hinweisen, dass SNP X an Stelle Y auf Chromosom Z mit Hashimoto-Thyreoiditis assoziiert ist, nicht aber behaupten, diese Erbgutvariante verursache die Erkrankung.

Die Stammbäume von Familien, in denen mehrere Personen Autoimmunerkrankungen haben, haben mit den einfachen Mendel'schen Stammbäumen wenig gemeinsam: Manchmal hat ein Elternteil eine andere Autoimmunerkrankung als seine Kinder, oder beide Eltern sind gesund, während mehrere ihrer Kinder teils unterschiedliche, teils gleiche Krankheiten bekommen (**Abb. 85**). Solche Stammbäume sprechen für allgemeine, krankheitsübergreifende Risikoallele. Wie erwähnt, liegen viele dieser Genvarianten im Haupthistokompatibilitätskomplex (MHC) auf Chromosom 6.

Mit den Details der Vererbung komplexer Merkmale müssen wir uns nicht belasten. Wichtig ist vor allem, dass Sie sich den Unterschied zwischen Gen und Allel einprägen, der für das Verständnis unerlässlich ist. In populärwissenschaftlichen Texten wird er gerne unterschlagen. Dadurch kommt es zu unsinnigen Formulierungen wie »das Gen für Krankheit X«: Es gibt keine Gene »für« Krankheiten, denn eine Krankheit hat im Allgemeinen keinen positiven Selektionswert. Gene codieren Proteine, und diese Proteine haben eine Funktion, zum Beispiel als Rezeptoren auf einer Immunzelle. Unser Gen ist also »das Gen für Rezeptor Y«, und gewisse Varianten oder Allele dieses Gens, in denen an bestimmten Positionen andere Basenpaare auftauchen als üblich, erhöhen das Risiko, an X zu erkranken – zum Beispiel, weil das codierte Protein ein klein wenig anders zusammengefaltet ist und der Rezeptor daher irgendein körpereigenes Antigen besser bindet als üblich.

138

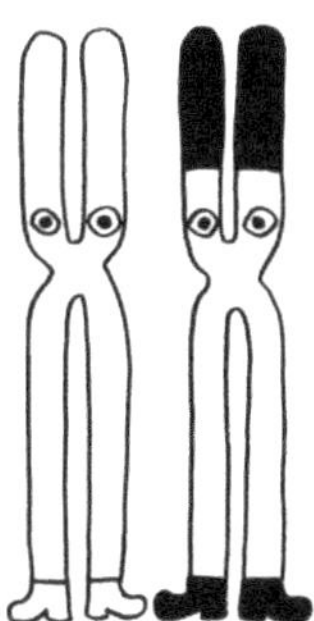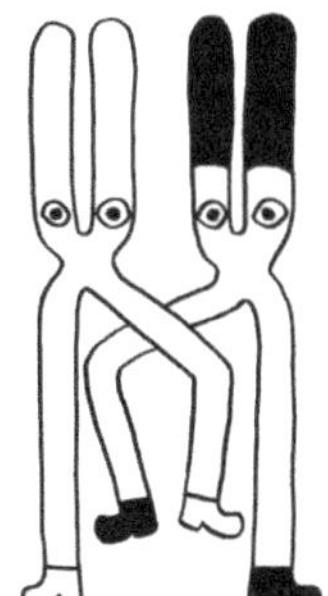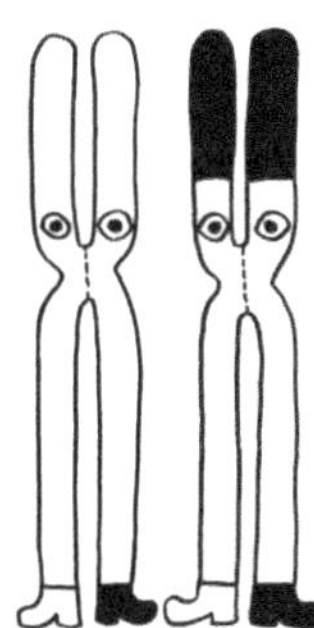

Abb. 84

Crossing-over: Keimzellen-Vorläufer enthalten zwei Chromosomsätze, wie alle anderen Zellen des Organismus. Hier sind die Allele auf dem von der Mutter geerbten Chromosom weiß, die Allele auf dem vom Vater geerbten Chromosom schwarz (links). Die Chromosomen bestehen in diesem Moment aus zwei gleichen Hälften, haben sich also schon verdoppelt. Während der sogenannten Reifeteilung oder Meiose werden die Hälften beider Chromosomen zufällig auf die vier entstehenden Keimzellen verteilt, die dann jeweils einen einfachen Chromosomensatz haben. Vorher können sie aber noch Material austauschen – hier zwei »Beinchen« (Mitte). Nach dem Crossing-over gibt es vier Merkmalskombinationen: weiß + weiß, weiß + schwarz, schwarz + weiß sowie schwarz + schwarz (rechts). Ein Chromosom in einer meiner Keimzellen kann also von meinem Vater und von meiner Mutter geerbte Allele enthalten.

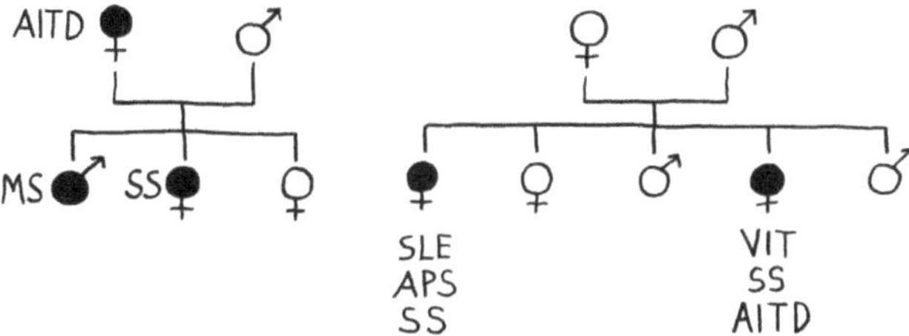

Abb. 85

Familienstammbäume offenbaren komplexe Erbgänge und Häufungen von Autoimmunerkrankungen. In der linken Familie hat die Mutter eine Autoimmunerkrankung der Schilddrüse (AITD), der Sohn multiple Sklerose (MS) und eine Tochter das Sjögren-Syndrom (SS). Rechts sind beide Eltern gesund, aber von den fünf Kindern haben zwei Töchter jeweils drei Autoimmunerkrankungen: die eine systemischen Lupus erythematodes (SLE), Antiphospholipid-Syndrom (APS) und Sjögren-Syndrom, die andere Vitiligo (VIT), ebenfalls Sjögren-Syndrom und eine Autoimmunerkrankung der Schilddrüse.

Vier der fünf Erkrankten sind weiblich. Tatsächlich erkranken an vielen Autoimmunerkrankungen Frauen häufiger (s. Abb. 51). In beiden Familien gibt es weniger Söhne als Töchter. Auch das ist typisch für Autoimmunerkrankungen mit deutlichem Frauenüberhang – ein Indiz für eine Beteiligung der Geschlechtschromosomen an den Erkrankungen. Ich komme in Band 2 darauf zurück.

Mutationen

Erbinformationen ändern sich nicht durch Gewohnheiten, sondern nur durch Mutationen. An das klassische Beispiel für die widerlegte Vererbung erworbener Eigenschaften erinnert sich wohl jeder noch aus dem Schulunterricht: Nach der Vorstellung von Jean-Baptiste de Lamarck wurde der Hals der Giraffe im Lauf der Evolution länger, weil jede Giraffe sich auf der Suche nach frischem Laub möglichst weit nach oben in die Baumkronen gereckt hat. Demgegenüber war Charles Darwin (**Abb. 86**) überzeugt, dass unter den zahlreichen Giraffen einer neuen Generation diejenigen etwas bessere Überlebens- und Fortpflanzungschancen hatten, deren Hälse aufgrund zufälliger Variation in ihrem Erbgut ein wenig länger ausfielen als bei der Konkurrenz.

Die Genetik hat Darwins Sicht später bestätigt. DNA hat einerseits ein stabiles Grundgerüst; sonst könnte sie unsere Erbinformationen nicht zuverlässig speichern. Andererseits sind die Nukleobasen leicht zu beschädigen, etwa durch Strahlung oder chemische Substanzen, sogenannte Mutagene. Die meisten Mutationen beschränken sich auf die Veränderung oder den Verlust einer einzigen DNA-Base an einer bestimmten Stelle auf einem Chromosom. Das wird dann entweder gleich repariert, oder die Änderung etabliert sich bei den folgenden Zellteilungen dauerhaft in den Tochterzellen. Es gibt auch umfassendere Mutationen, etwa Verdopplungen oder Verluste von ganzen Genen, größeren Chromosomenabschnitten oder sogar ganzen Chromosomen. So etwas passiert bei fehlerhaften Zellkernteilungen.

Zum Glück ist längst nicht jede Mutation in einem Organismus erblich. Nur Veränderungen in der Keimbahn, also in der DNA der Keimzellen (Spermien oder Eizellen und ihre Vorläufer), werden weitergegeben. Auch in unseren übrigen Körperzellen, den sogenannten somatischen Zellen, kommt es im Lauf des Lebens ständig zu Mutationen. Aber diese wirken sich nicht auf die Keimbahn aus, sondern nur auf die Nachkommen der jeweils betroffenen Zellen. Im schlimmsten Fall lösen sie dort Krebs aus, meist bleiben sie aber unbemerkt und unschädlich (**Abb. 87**). Viele Zellen mit größeren Mutationen sterben einfach, zum Beispiel beim nächsten Teilungsversuch, der wegen der Mutation misslingt. Zum Beispiel lassen sich zwei gleichartige Chromosomen wunderbar auf zwei Tochterzellen verteilen, nicht aber drei gleichartige.

In einigen Zellen des Immunsystems sind Mutationen sogar Voraussetzung für ihre Funktionsfähigkeit: In den Lymphknoten spielt sich nach einer Infektion eine Evolution im Schnelldurchgang ab, bei der B-Zellen, die besonders wirkungsvolle Antikörper produzieren, überleben und sich teilen, während andere B-Zellen mit etwas weniger bindungsfreudigen Antikörpern absterben. So wird die Erkennung eines Antigens immer effizienter. Dazu mehr in Teil 2. Da diese

Abb. 86
Kein anständiges biologisches Sachbuch ohne
ein Porträt von Charles Darwin (1809–1882)!

Turboevolution aber in Körperzellen und nicht in Keimzellen abläuft, haben unsere Kinder nichts davon, wenn wir zum Beispiel die Windpocken schon durchlitten und entsprechende Abwehr-Arsenale angelegt haben.

Von der Vererbung zur Evolution

Vereinfacht ließe sich sagen: Evolution = Mutation + Selektion. Durch Mutationen entsteht im Genpool immer neue Vielfalt. Da der Nachwuchs bei allen Lebensformen um knappe Ressourcen wie Lebensraum, Nahrung oder Paarungspartner konkurriert, wirken sich zufällige Veränderungen auf die Überlebens- und Fortpflanzungschancen aus. Im Lauf mehrerer Generationen werden diejenigen Varianten, die ihren Trägern in der aktuellen Umwelt einen kleinen Vorsprung gegenüber der Konkurrenz verschaffen, im Genpool allmählich häufiger. Die vielen Mutationen, die Funktionsausfälle und damit Überlebens- und Fortpflanzungsnachteile mit sich bringen, verschwinden dagegen wieder aus dem Bestand. Da die Umwelt von Lebewesen veränderlich ist, kann eine Merkmalsausprägung, die eine Weile vorteilhaft war, ihren Vorsprung auch wieder einbüßen; dann werden andere Varianten im Genpool häufiger. Die Evolution erreicht also nie ein fixes Optimum.

Manche Genvarianten bringen weder einen klaren Vorteil noch einen spürbaren Nachteil mit sich. Sie sind daher weder einer positiven noch einer negativen Selektion ausgesetzt. Dennoch kann sich ihre Häufigkeit im Genpool verändern, und zwar durch Zufallsprozesse – die sogenannte genetische Drift. Zum Beispiel kann in einer Krise ein Großteil der Population aussterben, und wenn die wenigen Übelebenden zufällig fast alle eine Genvariante in sich tragen, wird sie in der wiedererstarkten Population dominieren.

Einige Genvarianten vereinen auch Vor- und Nachteile in sich. Eines der bekanntesten Beispiele ist die genetische Anlage für Sichelzellenanämie. Zwar bringt diese schwere Krankheit Überlebens- und Fortpflanzungsnachteile mit sich, aber die Anlage ist rezessiv: Sie kommt nur zur Ausprägung, wenn das Genom den Defekt des Allels nicht durch ein zweites, gesundes Allel kompensieren kann. Krank wird also nur, wer sowohl vom Vater als auch von der Mutter ein schadhaftes Allel geerbt hat. Heterozygote, die zum Beispiel vom Vater das Sichelzellen-Allel und von der Mutter die intakte Genvariante geerbt haben, bekommen nicht nur keine Sichelzellenanämie, sondern sind auch vor Malaria geschützt. Wenn beide Eltern je ein defektes Allel mitbringen, wird statistisch nur eines von vier Kindern erkranken. Ein weiteres hat von beiden Eltern das gesunde Allel geerbt, und zwei der vier Geschwister haben in einem Malaria-Gebiet Überlebensvorteile gegenüber Menschen ohne Sichelzellen-Allel.

Ähnlich liegt der Fall auch bei einigen Autoimmunerkrankungen, wie wir in Band 2 sehen werden. Bestimmte Risikoallele sind nach ihrer zufälligen Entstehung nicht gleich wieder wegselektiert worden, weil das Risiko, dass die Autoimmunstörung wirklich ausbricht und die Fortpflanzungschancen ihrer Träger drastisch verringert, weniger ins Gewicht fiel als der Vorteil, der mit diesen Allelen einherging: größere Resistenz gegen eine Infektionskrankheit. In solchen Fällen kommt es zu einer sogenannten ausgleichenden Selektion (englisch: *balancing selection*), die die Allel-Vielfalt in einer Population bewahrt, weil die Vielfalt als solche ein Vorteil ist. Dafür werden gewisse Nachteile für einzelne Individuen in Kauf genommen: Eine Population, in der alle möglichen Ausprägungen von Immunsystem-Genen vorkommen, ist auch gegen eine große Vielfalt an Krankheitserregern gewappnet.

Wie schnell ein evolutionärer Anpassungsprozess abläuft, hängt von der Generationendauer und der typischen Nachkommenzahl ab. Einige Bakterien teilen sich unter idealen Bedingungen alle 20 Minuten. Eine per Mutation eingeführte evolutionäre Neuerung kann sich daher in einer Petrischale oder auch in unserem Darm binnen kurzer Zeit in der Population durchsetzen. Ein Wildkaninchen kann fünf bis sieben Mal im Jahr fünf bis sechs Junge werfen, die ihrerseits nach wenigen Monaten geschlechtsreif sind, sodass sie sich meist nach ihrem ersten Winter fortpflanzen – sofern sie ihn überleben. Produziert ein Lebewe-

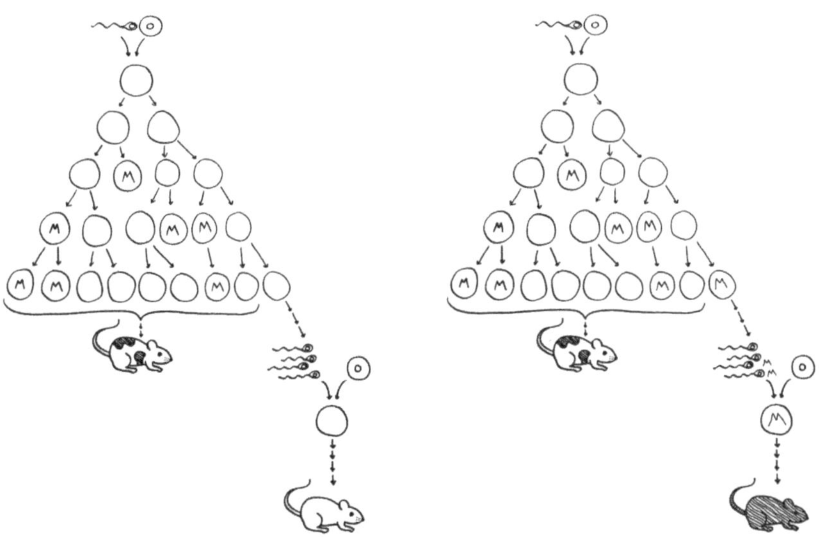

Abb. 87

Mutationen im Körper (Soma) und in der Keimbahn: Alle Zellen des Körpers entstehen durch wiederholte Zweiteilung aus der Zygote, dem Verschmelzungsprodukt einer Samen- und einer Eizelle. Einige Zellen (am rechten Rand der Zellteilungspyramide) sind Vorläufer von Keimzellen, also Samen- oder Eizellen. Alle anderen bilden im Laufe der Embryonalentwicklung den Körper.

Links: Mutationen in den Vorläufern der Körperzellen können Eigenschaften von Organen oder Körperteilen prägen, zum Beispiel für dunkle Flecken in einem hellen Fell sorgen. Eine mutierte Zelle gibt die Veränderung nämlich an ihre Tochterzellen weiter. Viele Mutationen lassen die Zelle aber absterben oder führen zu einer weniger effizienten Zellteilung. Auf die Eigenschaften der nächsten Generation haben somatische Mutationen keinen Einfluss.

Rechts: Nur Mutationen in den Vorläufern der Keimzellen werden vererbt. Im Beispiel mutiert ein Spermienvorläufer so, dass die Hälfe aller Spermien die veränderte Genvariante enthält. Verschmilzt ein solches Spermium mit einer Eizelle, erbt jede Zelle im Embryo das mutierte Gen, sodass das ganze Tier die darin codierte Eigenschaft ausprägt. Hier hat die Maus dunkles Fell.

sen sehr viele Nachkommen, in die es jeweils relativ wenig Energie (Geburtsgewicht, Futter, Schutz, Erziehung usw.) investiert, so sprechen Ökologen von einer r-Strategie (**Abb. 88**). Diese Strategie ist nach dem mathematischen Symbol r für die (hohe) Wachstumsrate der Lebensform benannt. Sie lohnt sich vor allem in einer instabilen Umwelt, in der Chancen schnell ergriffen und Nischen schnell besiedelt werden müssen.

Das andere Extrem, die sogenannte K-Strategie, verfolgen beispielsweise Elefanten oder Primaten wie der Mensch: lange Generationsdauer, lange Embryonalentwicklung und Kindheit, wenig Nachwuchs, hohe Investitionen der Eltern in die nächste Generation. Das Symbol K steht in der mathematischen Gleichung, mit der man die Veränderung einer Populationsgröße im Lauf der Zeit beschreiben kann, für die Kapazitätsgrenze eines relativ stabilen Lebensraums: In einem Wald- oder Savannengebiet einer bestimmten Größe kann nur eine begrenzte Zahl von Elefanten oder Menschenaffen überleben. Sehr viele Junge in die Welt zu setzen, wäre dann Energieverschwendung.

Neben Bakterien, Kaninchen und samenreichen Pflanzen wie dem Löwenzahn zählen auch die Mäuse zu den r-Strategen. Ihre kurze Generationsdauer und ihre großen Würfe machen Mäuse einerseits zu beliebten Labortieren. Andererseits ist das Immunsystems eines r-Strategen wie einer Labormaus in vieler Hinsicht anders aufgebaut und justiert als das Immunsystem eines K-Strategen wie des Menschen. Grob gesagt investieren die langlebigen K-Strategen viel mehr Ressourcen in den Aufbau und Unterhalt eines aufwändigen Immunsystems als die kurzlebigen r-Strategen, die ihre Energie eher der zügigen Fortpflanzung zukommen lassen. An Mäusen oder Ratten gewonnene Erkenntnisse über Immunprozesse und Autoimmunstörungen sind daher nur mit großer Vorsicht auf den Menschen zu übertragen.

Gelegentlich wird die lange Generationsdauer und entsprechend langsame Evolution des Menschen als Argument gegen unsere heutigen Lebensbedingungen und Ernährungsweisen angeführt, zum Beispiel von einigen Anhängern der sogenannten Paläo-, Primal- oder Steinzeitdiät. Demnach ist der menschliche Organismus zum Beispiel für die Verdauung von Getreide oder Kuhmilch nicht geeignet; Substanzen aus der modernen Kost sollen von unserem »steinzeitlichen« Immunsystem als Fremdstoffe erkannt und bekämpft werden, was zu vielerlei Gesundheitsproblemen führe. Dabei fällt oft unter den Tisch, dass wir mit zahlreichen Bakterien und anderen Mikroorganismen in Symbiose leben, die einen Großteil der Verdauungsarbeit übernehmen und sich aufgrund ihrer sehr kurzen Generationsdauer längst an die heutige Kost angepasst haben. Für Menschen mit bestimmten Autoimmunerkrankungen oder chronisch-entzündlichen Darmerkrankungen ist Paläo-Kost dennoch einen Versuch wert, da sie entzündungshemmend wirken kann.

Abb. 88

In der Formel für logistisches Wachstum (zum Beispiel von Bakterien, mit denen man eine Petrischale animpft) kommen die Buchstaben r und K vor. Die Wachstumsrate r gibt die Steilheit der Kurve an, solange noch kein Gedränge herrscht. Die Kapazitätsgrenze K bestimmt, wie viele Organismen (N) der Lebensraum höchstens unterstützen kann, und macht sich im hinteren Teil der Kurve bemerkbar.

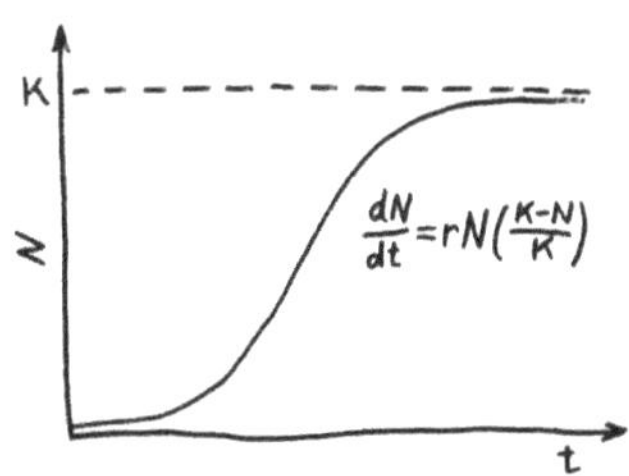

Bakterien, Fische oder Mäuse sind r-Strategen: Sie bekommen viele Junge, von denen die meisten jung sterben: Ihre Überlebenskurve fällt anfangs steil ab. K-Strategen wie Elefanten oder Menschen setzen wenig Nachwuchs in die Welt, und ihre Überlebenskurve fällt erst im hohen Alter steil ab. Um das Fortpflanzungsalter zu erreichen und sich lang genug um ihren wertvollen Nachwuchs zu kümmern, brauchen sie ein starkes Immunsystem.

Die Evolution der erworbenen Abwehr

In Band 2 gehe ich ausführlich auf die Entwicklungsgeschichte des Immunsystems ein. Einen Vorgeschmack auf die Erklärungskraft einer evolutionsbiologischen Sicht gibt der folgende kleine Ausschnitt aus dem Stammbaum des Lebens. Biologen ordnen alle Lebewesen, deren Zellen Kerne haben, sogenannte Eukaryoten, nach ihren Verwandtschaftsbeziehungen in Reichen, Stämmen, Klassen, Ordnungen, Familien, Gattungen und Arten an – sozusagen von der allerweitesten Sippschaft bis zur engsten Kernfamilie. Es gibt auch Zwischenstufen, etwa Über- und Unterstämme. So gibt es im Reich der Metazoa (also der vielzelligen Tiere) den Stamm der Chordatiere. Eine Chorda ist eine Art Wirbelsäulen-Vorläufer aus Knorpel. Innerhalb der Choratiere bilden die Wirbeltiere einen Unterstamm. Zu den Wirbeltieren zählt die Überklasse der Kiefermäuler. Nur diese Tiere haben neben einer angeborenen auch eine erworbene Immunabwehr.

Aber warum haben ausgerechnet Kiefermäuler eine zweisträngige Immunabwehr – und damit auch wir, die Primatenart *Homo sapiens* aus der Klasse der Säugetiere? Kiefermäuler haben als einzige Tiere einen Kiefer, ein Werkzeug, um feste Nahrung festzuhalten und zu zerkleinern. Dieses Werkzeug konnte sich erst entwickeln, als die Wirbelsäule und der knöcherne Schädel entstanden waren. Es eröffnete neue Möglichkeiten der Ernährung, aber es machte auch einen komplexen Verdauungstrakt erforderlich, in dem die Nahrungsbissen weiterverarbeitet werden. Dieser abgeschottete Innenraum hat eine große Oberfläche, durch die der Körper Nährstoffe aus dem Nahrungsbrei aufnehmen kann. Der Verdauungstrakt erwies sich als üppiger, warmer und sicherer Lebensraum für zahlreiche Mikroorganismen. Um als Untermieter geduldet zu werden, mussten sie ihren Wirten etwas bieten: Sie halfen bei der Verdauung von Nahrungsbestandteilen, die die Tiere selbst nicht abbauen konnten.

Aber selbst Untermieter, die sich nützlich machen, können für den Wirt zum Problem werden, wenn sie sich zu stark vermehren und sich aus dem Darminneren in das umliegende Gewebe verirren. Zugleich ist die Schleimhaut des Verdauungstrakts auch ein Einfallstor für Krankheitserreger, die gezielt ins Gewebe einzudringen versuchen. Der Körper kann diese riesige Grenzschicht aber nicht einfach ganz abdichten, denn die Nährstoffe müssen ja hindurch kommen. Daher haben sich Immunzellen entwickelt, die in und unter der Schleimhaut Wache halten und sehr genau zwischen Freund und Feind unterscheiden – genauer, als es die Zellen der alten angeborenen Abwehr können (**Abb. 89**).

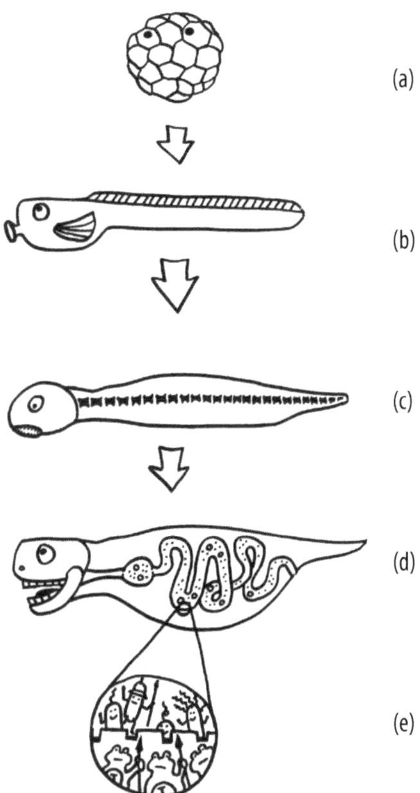

Abb. 89

Zu den Metazoa oder vielzelligen Tieren (a) gehören die Chordatiere (b), die eine starre Körperachse haben – darunter auch die Wirbeltiere (c) mit ihrer knöchernen Wirbelsäule. Ein Teil von ihnen hat einen Kiefer, der gegenüber dem Schädel beweglich ist: die Kiefermäuler (d). Sie können feste Nahrung zerbeißen und brauchen einen langen Verdauungstrakt, in dem die Kost aufgeschlossen wird. In diesem Schutzraum haben sich viele Mikroorganismen angesiedelt. Die Grenzfläche zwischen dem Darminneren und dem Gewebe dient der Aufnahme von Nährstoffen und ist daher groß und durchlässig. Sie muss gut gegen Eindringlinge verteidigt werden (e). Deshalb haben Kiefermäuler eine erworbene Immunabwehr entwickelt.

Ökologie

Die Kooperation zwischen unseren Darmbakterien und uns ist ein Erfolgsmodell. Aber wieso, wo doch in den meisten Lebensräumen die Ressourcen so knapp sind, dass niemand etwas zu verschenken hat?

Wie groß eine Population werden kann, hängt davon ab, wie gut sie sich die Ressourcen erschließt. Und da kommen die anderen Arten im selben Lebensraum ins Spiel: Konkurrieren sie mit einer Art; nehmen sie ihr etwas weg? Leben sie gar von ihr? Dienen sie ihr umgekehrt als Nahrung? Oder beeinflussen sie sie überhaupt nicht?

Wenn es um Menschen und ihr Immunsystem geht, sind die interessantesten anderen Arten im Ökosystem nicht etwa Wölfe oder Schafe, also potenzielle Fressfeinde und potenzielle Nahrung, sondern Mikroben und andere Kleinlebewesen wie Würmer, die um uns herum und auf und in uns leben, sodass wir selbst ihr Lebensraum sind. Jeder Mensch ist so gesehen ein Ökosystem. Jedes dieser Systeme ist etwas anders zusammengesetzt als beim Partner oder bei den Familienangehörigen – und erst recht anders als bei Menschen, die irgendwo weit weg leben, in einer anderen Klimazone und mit einer anderen Lebens- und Ernährungsweise. Rauben uns die »Mitbewohner« wertvolle Ressourcen, ohne sich zu revanchieren, so nennen wir sie Parasiten (vom grichischen *para* = neben und *sitein* = sich ernähren; **Abb. 90**). Machen sie uns krank, heißen sie Pathogene (vom griechischen *páthos* = Leiden und *genesis* = Ursprung). Nützt das Zusammenleben sowohl uns als auch ihnen, so reden wir von Symbionten (von *sýn* = zusammen und *bíos* = Leben) oder Mutualisten (vom lateinischen *mutuus* = gegenseitig; **Abb. 91**). Leben sie von Ressourcen, die wir bereitstellen, ohne uns damit zu schaden, so heißen sie Kommensalen, vom lateinischen *cum* = mit und *mensa* = Tisch: Sie sitzen also mit am Tisch und essen die Krumen (**Abb. 92**).

Im Englischen ist der Sprachgebrauch etwas anders. Als Symbiose wird dort jede Form des Zusammenlebens bezeichnet, nicht nur der Mutualismus, bei dem beide Seiten profitieren, sondern auch Gemeinschaften, bei denen eine Seite die andere ausbeutet. Diese Neutralität, dieser Verzicht auf ein gewissermaßen moralisches Urteil ist gar nicht so dumm. Denn oft ist unser Wissen über das jeweilige System unvollständig, sodass wir zum Beispiel aus dem Fehlen einer offensichtlichen Gegengabe auf ein Ausbeutungsverhältnis oder einen Kommensalismus schließen. Oder wir klassifizieren eine ganze Bakterienart als Pathogen, nur weil bestimmte Stämme dieser Art unter bestimmten, womöglich hochgradig künstlichen Bedingungen Krankheiten auslösen. Wer *Helicobacter pylori* hört, denkt sofort an Magengeschwüre; bei *Escherichia coli* assoziieren viele nur EHEC. Dabei gibt es von beiden Bakterienarten auch Stämme, die Erkrankungen vorbeugen oder sie abschwächen können – wohl weil sie andere, schädliche Bakterien in

Abb. 90
Parasiten schaden uns, indem sie unseren Körperzellen (links und rechts) Nährstoffe entziehen.

Abb. 91
Symbionten oder Mutualisten leben eng mit uns zusammen und beziehen von unseren Zellen zum Beispiel Schutz oder Nahrung, liefern ihnen im Gegenzug aber auch etwas, das unsere Zellen brauchen.

Abb. 92
Kommensalen (wörtlich Tischgenossen) leben mit unseren Zellen zusammen, ohne uns zu schaden – sofern sie nicht überhandnehmen. Wir sind aber auch nicht auf sie angewiesen, oder ihr Nutzen ist zumindest noch nicht bekannt.

unserem Verdauungstrakt zurückdrängen.

Manche Erreger sind, wenn sie von ihrer bisherigen Wirtsart auf einen neuen Wirt überspringen, zunächst einige Jahrzehnte bis Jahrhunderte extrem virulent, also schädlich. Doch dann setzt die Koevolution ein, und ihre Virulenz schwächt sich zunächst ab, um sich schließlich in eine Symbiose zu verwandeln: Der Eindringling ist zum Mitbewohner und Mitstreiter geworden, der beispielsweise Aufgaben im Immunsystem übernimmt. Sogar eindeutige Parasiten wie Fadenwürmer können durch ihre Anwesenheit Schlimmeres verhindern. Darauf komme ich in Band 2 in Zusammenhang mit der sogenannten Alte-Freunde-Hypothese zurück.

Im zweiten Band werden wir uns auch ausführlich mit dem Mikrobiom befassen, jener ungeheuer komplex zusammengesetzten Mikroben-Welt auf und in unserem Körper, die unsere Immunreaktionen von Geburt an stark prägt und je nach den Umständen entzündungsfördernd oder entzündungshemmend wirken kann. Störungen der Mikrobiom-Zusammensetzungen werden als Dysbiose bezeichnet. Wie in anderen Ökosystemen haben Eingriffe, die auf ein bestimmtes Mitglied abzielen, also zum Beispiel einen Krankheitserreger ausrotten sollen, oft unbeabsichtigte Nebenwirkungen. Diese werden unter Umständen erst Jahre oder Jahrzehnte später offenkundig und lassen sich dann – wenn überhaupt – nur schwer korrigieren.

Auch im Mikrobiom ist Artenvielfalt wichtig für unser Wohlergehen. Ein dynamisches System hat eine umso größere Resilienz oder Rückstellkraft nach Störungen, je größer seine Biodiversität ist – je mehr Arten also in ihm vorkommen. Der Systemzustand wird gerne durch eine Kugel in einem Tal versinnbildlicht, das bei hoher Resilienz tief und bei geringer Resilienz flach ist. Eine Störung, etwa eine akute Erkrankung, führt in einem bereits erodierten, zum Beispiel durch mehrfachen Antibiotika-Einsatz oder einseitige Ernährung verarmten System leichter dazu, dass die Kugel aus ihrer Kuhle herauskullert (**Abb. 93**).

Die größere Widerstandskraft artenreicher Ökosysteme ist vermutlich auf ihre sogenannte funktionelle Redundanz zurückzuführen: Jede für den Erhalt des Ganzen wichtige Aufgabe – beispielsweise die Herstellung eines Stoffwechselprodukts, das andere Arten im Mikrobiom oder die Zellen des Wirts benötigen – kann durch mehrere Angehörige des Systems erledigt werden. Wie bei einem Klappbuch für Kinder, in dem man aus mehreren Köpfe, Rümpfen und Fortbewegungsorganen alle möglichen Fabelwesen zusammensetzen kann, macht es nicht viel aus, wenn ein Element verloren geht: Reißt man ein Kopf-Blatt heraus, sind immer noch andere Köpfe übrig, sodass das Wesen komplett bleibt **(Abb. 94)**. Gibt es dagegen nur ein Kopf-Blatt, steht und fällt die Fähigkeit, ganze Wesen zu bilden, mit dem Erhalt dieses einen Blattes.

Ebenfalls wie in anderen Ökosystemen kann eine bisher harmlose oder nütz-

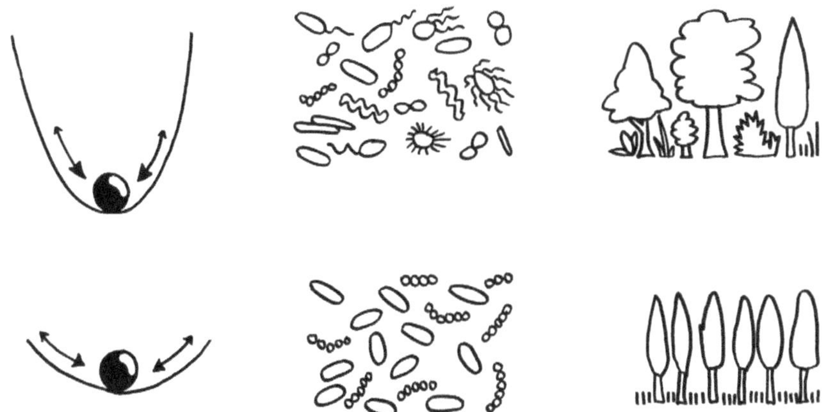

Abb. 93
Oben: Ein artenreiches Ökosystem hat eine hohe Resilienz oder Rückstellkraft: Nach Störungen nimmt es bald den alten Zustand wieder ein. Unten: Ein verarmtes Ökosystem verkraftet Störungen schlechter; der alte Zustand wird langsamer oder gar nicht mehr erreicht. Das gilt nicht nur für Wälder usw., sondern auch für unser Mikrobiom, dessen Verarmung sich auf das Immunsystem auswirkt.

Abb. 94
Die Resilienz artenreicher Ökosysteme ist wohl auf ihre funktionelle Redundanz zurückzuführen: Jede Aufgabe kann durch mehrere Arten übernommen werden; es macht nicht viel, wenn eine Art ausfällt.

liche Art, die einen neuen Lebensraum erobert (etwa einen neuen Abschnitt unseres Verdauungstrakts besiedelt), dort auf einmal schädlich wirken. Solche Symbionten, die am falschen Ort oder bei übermäßiger Vermehrung zu Pathogenen werden, nennt man Pathobionten. Auch der umgekehrte Fall kommt vor: Bakterienarten, die man aufgrund des Kontexts, in dem man sie erforscht hat, bisher für eindeutig schädlich hielt, können sich unter anderen Umständen als nützlich erweisen.

Mit dieser Grundausstattung an biologischen Konzepten können wir uns jetzt an einen systematischen Überblick über das Immunsystem heranwagen.

TEIL 2

DAS IMMUNSYSTEM IM ÜBERBLICK

Großes Theater: Handlungsorte, Akteure und Vokabeln

Aus welchen Organen und Zellen besteht das Immunsystem? Welche Rollen haben diese Akteure im gesunden Organismus? Wie kommunizieren sie dabei miteinander und mit dem restlichen Körper? Erst wenn diese Fragen beantwortet sind, können wir Autoimmunreaktionen einordnen: Die Immunzellen fallen aus der Rolle, werden taub für die Botschaften ihrer Umgebung und geben ihrerseits unpassende Befehle – am falschen Ort, zur falschen Zeit, zu laut oder zu leise.

Die Schar der Akteure ist groß. Manche spielen gleich mehrere Rollen, und sie sprechen in fremden Zungen. Um sie zu verstehen, müssen wir Vokabeln pauken. Wie beim Fremdsprachenlernen kommt man dabei ab und zu an einen toten Punkt. Verlangen Sie sich nicht zu viel ab: Wenn Sie genug haben von all den Sowiesozyten, XYkinen und Irgendwiezeptoren, stöbern Sie ein bisschen in den Zeichnungen und kehren Sie später zu der Stelle zurück, an der Sie ausgestiegen sind. Sie werden sich jedes Mal ein bisschen mehr merken. Und wenn Sie danach einen Fachartikel zu einer Autoimmunerkrankung lesen, werden Sie vieles wiedererkennen und richtig einordnen können.

Die Organe des Immunsystems

Das Knochenmark als primäres lymphatisches Organ

Alle Immunzellen sind Leukozyten, also weiße Blutkörperchen (griechisch *leukós* = »weiß« und *kýtos* = »Gefäß«, also Zelle). Genau wie die übrigen Blutzellen, nämlich rote Blutkörperchen (Erythrozyten) und Blutplättchen (Thrombozyten), haben sie ihren Ursprung im sogenannten roten Knochenmark, dem Organ der Blutbildung oder Hämatopoese (griechisch *haímatos* = »des Blutes« und *poíēsis* = »Herstellung«). Beim Menschen sind die Beckenknochen und das Brustbein, bei Kleinkindern auch noch die großen Röhrenknochen in den Armen und Beinen mit rotem Knochenmark gefüllt. Es ist gewissermaßen der Jungbrunnen des Körpers: Hier sind Stammzellen zu Hause, die im Unterschied zu den Zellen in unseren übrigen Organen und Geweben noch pluripotent, also »zu vielem fähig« sind: Aus ihnen können unterschiedliche Zelltypen hervorgehen.

Fast all unsere Blutzellen gehen aus diesen Stammzellen im Knochenmark hervor. Wenn sich eine der hämatopoetischen, also »blutbildenden« Stammzellen teilt, bleibt im Allgemeinen eine Tochterzelle als Stammzelle erhalten, während die andere zu einer Blutkörperchen-Vorläuferzelle wird. Es gibt zwei Typen solcher frühen Vorläufer, die beide nicht mehr *pluri*potent sind, sondern nur noch *multi*potent: Aus ihnen können noch mehrere Blutzelltypen werden, aber nicht mehr alle.

An dieser Stelle teilt sich der Stammbaum der Blutzellen in zwei Äste – und damit in die Entwicklung von Zellen der angeborenen Abwehr und der erworbenen Abwehr. Zum myeloischen Ast gehören alle Blutzellen, die ausschließlich im Knochenmark (griechisch *myelós* = Mark) reifen. Die Zellen auf dem lymphatischen Ast, Lymphozyten genannt, entwickeln sich dagegen im lymphatischen System, kurz Lymphsystem, noch weiter. Es ist nach seiner klaren Flüssigkeit benannt, der Lmphye (lateinisch *lympha* = Quellwasser).

Welchen Entwicklungsweg eine Tochterzelle einer der Vorläuferzellen letzten Endes einschlägt, das wird durch Botenstoffe gelenkt, sogenannte Zytokine. Im Kapitel über die Moleküle des Immunsystems stelle ich sie vor. Ein Rest an Wandlungsfähigkeit, Plastizität genannt, bleibt einigen Immunzellen aber erhalten, sodass sie sich auf Anregung ihrer Umgebung in einen anderen Untertyp verwandeln können: eine Möglichkeit zur bedarfsgerechten Feinabstimmung des Systems.

Ein Mensch hat ungefähr 400 Gramm rotes Knochenmark. Davon sind etwa 180 Gramm mit der Herstellung roter Blutkörperchen und 180 Gramm mit der Produktion weißer Blutkörperchen beschäftigt; der Rest entfällt auf die Blutplättchen (**Abb. 95**). Dieses Verhältnis kann sich bei Blutkrebs verschieben. Bei einer Leukämie (wörtlich »weißes Blut«) vermehren sich die weißen Blutkörperchen so stark, dass sie die Entstehung der roten Blutkörperchen behindern. Dann kann das Blut zum Beispiel nicht mehr genug Sauerstoff transportieren. Aber nicht jede Veränderung des Verhältnisses oder der Gesamtmenge ist krankhaft: Das System regelt sich je nach Bedarf selbst. Nach einem Blutverlust wird die Produktion ebenso angekurbelt wie bei einem langsamen Aufstieg ins Hochgebirge.

Betrachtet man Knochenmark unter dem Mikroskop, so erkennt man zwischen großen Fetteinlagerungen zahlreiche kleine Blutzellen in verschiedenen Entwicklungsstadien, von Stammzellen bis zu auswanderungsreifen weißen und roten Blutkörperchen (**Abb. 96**). Mit steigendem Lebensalter nimmt die Zahl der blutbildenden Zellen im Knochenmark allmählich ab, und rotes verwandelt sich in gelbes Knochenmark – gelb, weil die wegfallenden Stamm- und Blutzellen durch Fettgewebe ersetzt werden. Aber bei gesunden Menschen bleiben immer noch genug Stammzellen übrig, um bis über das 100. Lebensjahr hinaus neue Immunzellen zu bilden. Warum das Immunsystem sehr alter Menschen neue Infektionen dennoch schlechter abwehren kann und zugleich stärker zu Entgleisungen wie Autoimmunstörungen neigt, zeigt sich gleich, wenn wir den Thymus unter die Lupe nehmen. Näher beleuchte ich die Alterung des Immunsystems im zweiten Band, wenn es um die Entwicklung des Immunsystems von der Wiege bis zur Bahre geht.

Außerdem sieht man unter dem Mikroskop kleine Blutgefäße mit einer fensterartig durchbrochenen Auskleidung. Durch diese Fenster gelangen die fertigen Blutzellen aus dem Knochenmark in die Blutbahn, um ihre Arbeit aufzunehmen oder zur Weiterentwicklung in den Thymus, die Milz oder einen Lymphknoten zu reisen. Und schließlich fallen sogenannte Plasmazellen auf, antikörperproduzierende B-Zellen. Sie sind zunächst vom Knochenmark zu den Lymphknoten gereist und dort durch die zu ihnen passenden Antigene aktiviert worden. Dann sind sie – von Signalstoffen angelockt – ins Mark zurückgekehrt, um diese lebenswichtige Blutzellen-Produktionsstätte vor Infektionen zu schützen.

Der Thymus als Ort der T-Zell-Reifung

Neben dem Knochenmark gibt es noch ein primäres oder zentrales Lymphorgan: den Thymus. Die meisten Menschen wissen nichts von seiner Existenz und seiner lebenswichtigen Funktion. Aufbau und Arbeitsweise ergeben sich aus einem Grundprinzip der erworbenen Abwehr, das in stark vereinfachten Darstellungen leider oft unter den Tisch fällt: Das Immunsystem richtet sich nicht gezielt gegen Krankheitserreger, sondern entwickelt einfach eine gigantische Auswahl an Rezeptor-Zufallsvarianten, die an alle möglichen Antigene binden. Um Auto-

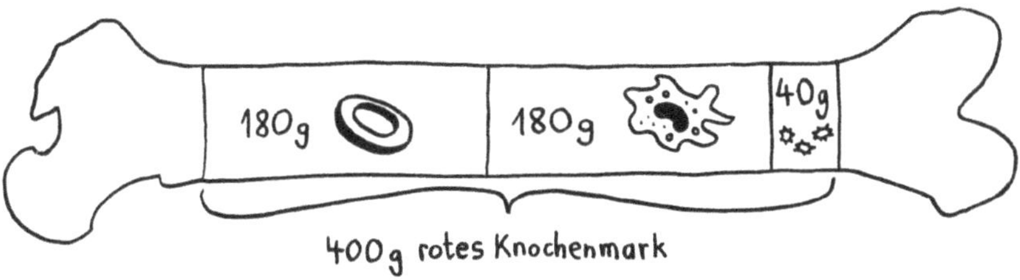

Abb. 95

Die Knochen eines Menschen enthalten etwa 400 Gramm rotes Knochenmark. Davon sind etwa 180 Gramm mit der Produktion roter Blutkörperchen (Erythrozyten) und ebenfalls 180 Gramm mit der Produktion weißer Blutkörperchen (Leukozyten), also Immunzellen, beschäftigt. Die restlichen 40 Gramm stellen Blutplättchen her, die für die Blutgerinnung benötigt werden.

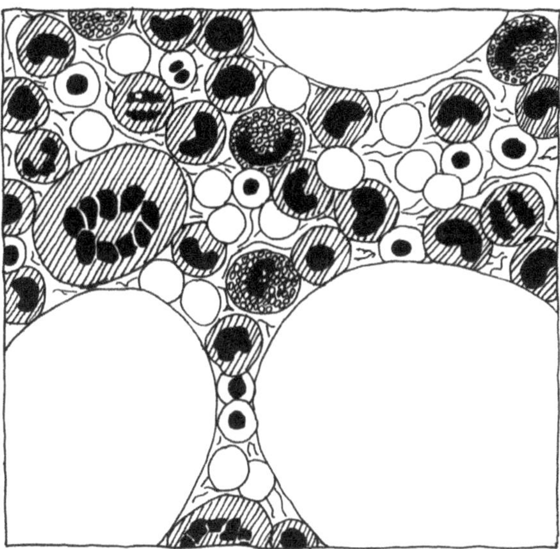

Abb. 96

Unter dem Mikroskop fällt im Knochenmark zunächst das Fett (weiße Bereiche) auf. Die vielkernige Zelle links ist ein Megakaryozyt: eine Riesenzelle, von der sich zahlreiche Blutplättchen abschnüren. Die schraffierten kernhaltigen Zellen sind verschiedene weiße Blutkörperchen (Leukozyten) und deren Vorläuferzellen. Unter ihnen finden sich einige vesikelgefüllte Granulozyten, z. B. ganz oben rechts. Die kleinen Zellen mit den runden Kernen sind frühe Vorläufer roter Blutkörperchen (Erythrozyten). Wenn sie ihren Kern verlieren, werden sie zu Retikulozyten, also jungen Erythrozyten. Zwischen den Zellen sehen wir Bindegewebsfasern. (Vorlage: Tafel 72 aus »Gray's Anatomy«, 1918)

immunreaktionen zu verhindern, werden anschließend alle T-Zellen ausgeschaltet, deren Rezeptoren stark an körpereigene Antigene binden.

Anders geht es logischerweise nicht: Unser Körper weiß a priori nichts über die Gefahren der Außenwelt, die sich ja ständig verändern. Er kennt nur sich selbst; also bildet er die Differenz aus allen erdenklichen Erkennungsmustern und den Erkennungsmustern für die eigenen Bestandteile. Beide Aufgaben – die Generierung der immensen Vielfalt an T-Zell-Rezeptoren und die Eliminierung stark autoreaktiver T-Zellen – übernimmt der Thymus.

Beim Menschen ist er ein unauffälliges, in zwei Lappen unterteiltes Organ, das knapp über dem Herzen ungefähr mittig hinter dem Brustbein sitzt, ein Stück unterhalb der Schilddrüse (**Abb. 97**). Als Bries ist er für Freunde von Innereien eine Leckerei: Man isst Kalbs- oder Lammsbries, niemals aber Rinder- oder Schafsbries, weil sich das Organ bei allen Wirbeltieren mit dem Eintritt der Geschlechtsreife zurückbildet. Während dieser sogenannten Involution (vom lateinischen *involvere* = »sich einrollen«, im Gegensatz zu »sich ent-wickeln«) wird das Funktionsgewebe nach und nach durch Fett und Bindegewebe ersetzt. Ein Rest bleibt aber bis ins hohe Alter aktiv.

Die beiden Lappen des Thymus sind in kleinere Läppchen unterteilt, die jeweils aus einer Rinde und einem Mark bestehen (**Abb. 98**). In der Rinde drängen sich zahlreiche Thymozyten, also werdende T-Zellen. Im Mark findet man neben Thymozyten weitere aus dem Knochenmark eingewanderte Immunzellen: Makrophagen und dendritische Zellen. Das Gerüst des Thymusgewebes bilden zahlreiche sternförmige Epithelzellen – im Grunde Hautzellen, die viel Zytoplasma enthalten.

Die Entwicklung der künftigen T-Zellen im Thymus lässt sich in mehrere Phasen einteilen, die teils mit starker Vermehrung durch Zellteilung, teils mit einem kontrollierten Absterben ungeeigneter Zellen einhergehen. Die aus dem Knochenmark eingewanderten Thymozyten durchlaufen die Läppchen von außen nach innen und bauen währenddessen die Gene für ihre T-Zell-Rezeptoren um, sodass aus einem begrenzten genetischen Sortiment eine Vielzahl individueller Rezeptoren entsteht.

Am Ende der ersten Vermehrungsphase werden zunächst die Gene für eine Hälfte des T-Zell-Rezeptors durch das Herausschneiden von Zwischensequenzen neu zusammengesetzt oder rekombiniert. Die Feinheiten dieser sogenannten somatischen Rekombination erkläre ich später anhand eines ähnlichen Vorgangs in den B-Zellen. Die daraufhin produzierte Rezeptorhälfte wird an einen provisorischen Platzhalter gekoppelt, der später durch die zweite Rezeptorhälfte ersetzt wird. Nur diejenigen Thymozyten, deren erste Rezeptorhälften funktionstüchtig sind, also korrekt in die Zelloberfläche eingebaut werden und von dort Signale ins Zellinnere leiten können, erhalten vom Thymus ein Überlebenssignal. Die

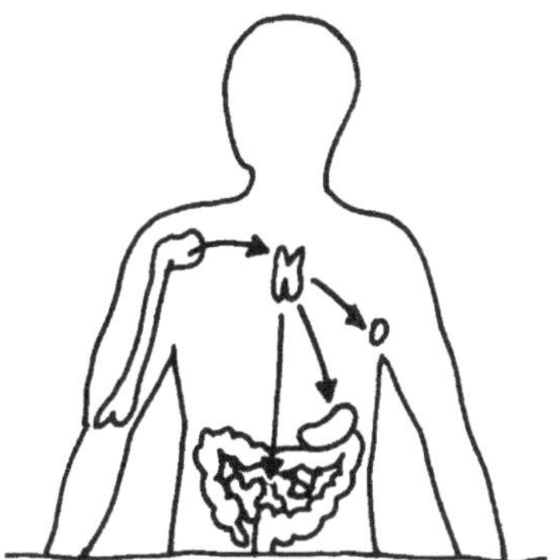

Abb. 97

Der Thymus ist ein kleines Organ hinter dem Brustbein. Unreife T-Zell-Vorläufer wandern aus dem Knochenmark in ihn ein. Nach ihrer Reifung und Selektion wandern sie weiter ins periphere Lymphsystem, etwa in den Verdauungstrakt, die Milz oder die Lymphknoten.

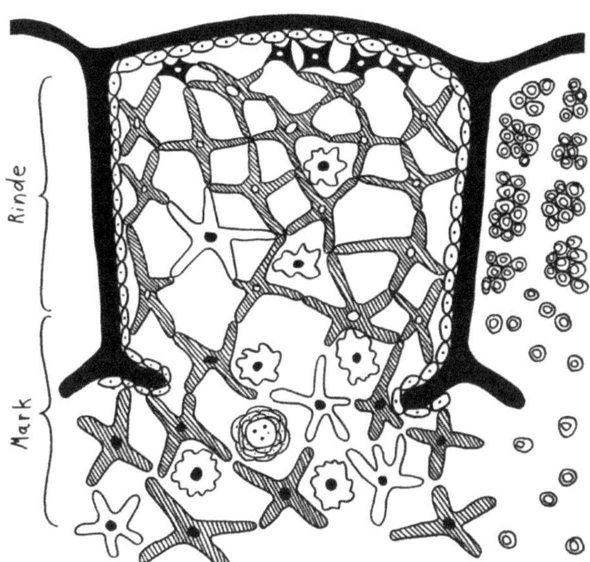

Abb. 98

Der Thymus besteht aus Läppchen, in denen man Rinde und Mark unterscheidet. Sie sind von einer Bindegewebskapsel umhüllt und durch Septen (schwarz) voneinander getrennt. In den Hohlräumen des Netzwerks, das die Thymus-Epithelzellen (schraffiert) aufspannen, drängen sich Thymozyten, also die T-Zell-Vorläufer – besonders dicht in der Rinde. Um die Zeichnung übersichtlich zu halten, sind sie nur im rechts angeschnittenen Läppchen eingezeichnet, in dem dafür alle übrigen Zellen ausgeblendet sind. In der Rinde halten die Epithelzellen engen Kontakt, während das Netz im Mark lockerer ist. Auf die übrigen Strukturen und Zelltypen im Thymus komme ich in Band 2 zurück.

übrigen verkümmern.

Anschließend vermehren sich die überlebenden T-Zell-Vorläufer wieder stark und schneiden nun die Gene für die zweite Hälfte des T-Zell-Rezeptors neu zusammen, um ein möglichst breites Spektrum an Antigen-Bindungsfähigkeiten zu erzeugen. Sie haben drei Tage Zeit, um einen funktionsfähigen T-Zell-Rezeptor herzustellen. Überprüft wird das von den kortikalen Thymus-Epithelzellen (cTEC, c für *cortical* und C für *cell*) in der Thymus-Rinde, die ihnen die typischen Gegenstücke zu T-Zell-Rezeptoren präsentieren: die MHC-Moleküle. Thymozyten, deren Rezeptoren nicht an diese Moleküle andocken können, gehen ein. Nur Thymozyten mit funktionstüchtigem Rezeptor überleben diese sogenannte positive Selektion – positiv, weil die Zellen etwas können müssen, um zu überleben. Sie wandern ins Thymus-Mark weiter.

Nun müssen noch die autoreaktiven T-Zellen ausgesondert werden. Dazu präsentieren die Epithelzellen im Mark der Läppchen, die medullären Thymus-Epithelzellen (mTEC), ihnen alle möglichen körpereigenen Antigene – auch solche, die normalerweise von Epithelzellen gar nicht hergestellt werden. Ein Enzym namens AIRE ermöglicht diese sogenannte ektopische Expression, also eine Herstellung von Proteinen außerhalb (griechisch *ektós*) des üblichen Ortes (*topós*).

Alle Thymozyten, deren Rezeptoren stark auf eines der vielen Selbst-Antigene reagieren, sind für den Körper gefährlich und werden eliminiert, damit sie später keine Autoimmunreaktionen auslösen (**Abb. 99**). Das ist die negative Selektion – negativ, weil nur solche Zellen weiterleben, die *nicht* stark auf die präsentierten Antigene anspringen. Eine schwache Reaktion auf Selbst-Antigene führt dagegen nicht zur Eliminierung. Bestimmte schwach autoreaktive T-Zellen sind für die Regulierung des Immunsystems sogar unentbehrlich; dazu später mehr. Die überlebenden, nunmehr reifen T-Zellen wandern über eines der zahlreichen Äderchen, die den Thymus durchziehen, in die anderen Teile des Lymphsystems aus, etwa die Milz, die Lymphknoten oder das Lymphgewebe des Verdauungstrakts. Dort nehmen sie ihre Arbeit auf: die Suche nach fremden Antigenen.

Beide Selektionsschritte zusammen führen zur sogenannten zentralen Toleranz (**Abb. 100**) – zentral, weil sie gleich zu Anfang der T-Zell-Laufbahn in einem zentralen lymphatischen Organ etabliert wird und nicht erst später in der Peripherie, also dem restlichen Körper. Und Toleranz, weil nur solche T-Zellen übrigbleiben, die körpereigene Stoffe tolerieren, also keinen Alarm auslösen, wenn sie solchen Autoantigenen begegnen. Der ganze Vorgang ist als Klon-Selektionstheorie bekannt und wurde in groben Zügen erstmals von Frank Macfarlane Burnet beschrieben, den wir in Teil 1 im Kapitel über die Geschichte der Immunologie kennen gelernt haben.

Als Klon bezeichnet man alle Nachfahren einer Zelle, die genetisch identisch sind – so wie eineiige Mehrlinge. Nach dem genetischen Umbau, der Vermeh-

Abb. 99

Im Thymus-Mark findet die negative Selektion statt: Medulläre Thymus-Epithelzellen (mTEC) zaubern alle möglichen körpereigenen Stoffe aus dem Hut und beobachten, welche jungen T-Zellen ein solches Autoantigen erkennen. Solche T-Zellen müssen noch im Thymus ausgeschaltet werden, weil sie sonst Autoimmunreaktionen auslösen würden.

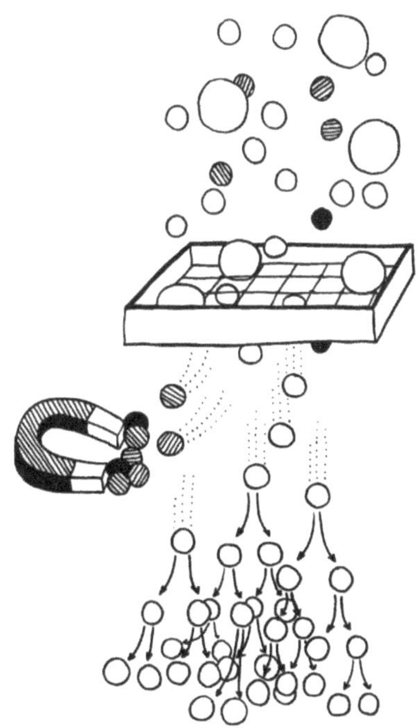

Abb. 100

Die doppelte Selektion im Thymus führt zur zentralen Toleranz. Bei der positiven Selektion in der Rinde (Sieb) sondern kortikale Epithelzellen T-Zellen aus, die keine MHC-Moleküle binden können. Bei der negativen Selektion im Mark (Magnet) ziehen medulläre Epithelzellen T-Zellen aus dem Verkehr, die stark auf Autoantigene ansprechen und daher Autoimmunreaktionen auslösen würden. Übrig bleiben nur solche T-Zellen, die an MHC-Moleküle mit fremden Antigenen binden.

rung und der doppelten Selektion der Thymozyten im Thymus ist jeder individuelle T-Zell-Rezeptor mit dem ihm eigenen Antigen-Erkennungsmuster beim Menschen auf schätzungsweise 1000 bis 10.000 T-Zellen vertreten, die jeweils einen Klon bilden. Sobald einige dieser T-Zellen bei ihren Patrouillen im Körper ein Antigen erkennen, setzt eine weitere starke Vermehrung ein; man sagt: Der Klon expandiert. So kann das Immunsystem die Gefahr schnell und gründlich eindämmen. Dazu später mehr in Teil 3.

Das Lymphsystem

Neben dem Knochenmark und dem Thymus, den beiden primären oder zentralen Lymphorganen, sind auch die sekundären oder peripheren Lymphorgane für eine funktionierende Immunabwehr unentbehrlich. Zu ihnen zählen neben den Lymphgefäßen die Lymphknoten und Lymphknötchen (Follikel), die Milz und einige spezialisierte Organe, die die größten Einfallstore für Infektionen bewachen, nämlich die Atmungs- und Verdauungsorgane: die Mandeln des lymphatischen Rachenrings und die Peyer-Plaques in der Darmschleimhaut, vor allem im Wurmfortsatz des Blinddarms und im Krummdarm oder Ileum (**Abb. 101** links). Außerdem können in chronisch entzündetem Gewebe sogenannte tertiäre Lymphorgane entstehen, die im Aufbau den Lymphknötchen ähneln.

Die **Lymphgefäße** durchziehen fast den gesamten Körper. Anders als unsere Blutgefäße mit ihrem geschlossenen Kreislauf entspringen sie mitten im Gewebe, wie lauter Bächlein im Gelände, die sich dann zu breiteren Bächen vereinigen. Die Lymphe, eine wässrige Flüssigkeit, die letztlich aus dem Blut stammt, wird durch sanfte Muskelkontraktionen ständig aus dem Gewebe in diese Quellbäche und in diesen flussabwärts gespült.

Dringt irgendwo, zum Beispiel an einer Hautwunde, ein Erreger in den Körper ein, so wird im Rahmen der lokalen Entzündungsreaktion vermehrt Gewebsflüssigkeit freigesetzt. Immunzellen, die vor Ort im Gewebe Wache geschoben, den Erreger registriert und Teile von ihm als Antigene aufgenommen haben, werden durch die Lymphgefäße zum nächsten flussabwärts gelegenen Lymphknoten gespült – ebenso wie ganze Mikroben, Mikrobenbruchstücke und chemische Botenstoffe. Jeder Lymphknoten empfängt also Alarmsignale aus einem bestimmten Einzugsgebiet (**Abb. 101** rechts). Hinter den Lymphknoten wird die Lymphe, die nun ihre Aufgabe erfüllt hat, in die obere Hohlvene eingescheust, die ins Herz mündet, und so recycelt. Bei einem gesunden Erwachsenen gelangen auf diesem Weg täglich etwa zwei Liter Lymphe in die Blutbahn.

Die meisten **Lymphknoten** sind nicht zufällig am Übergang der verletzungsanfälligen Körperanhänge (Arme, Beine und Kopf) zum Rumpf angesiedelt: So kann das Immunsystem einen peripheren Entzündungsherd leicht orten und die

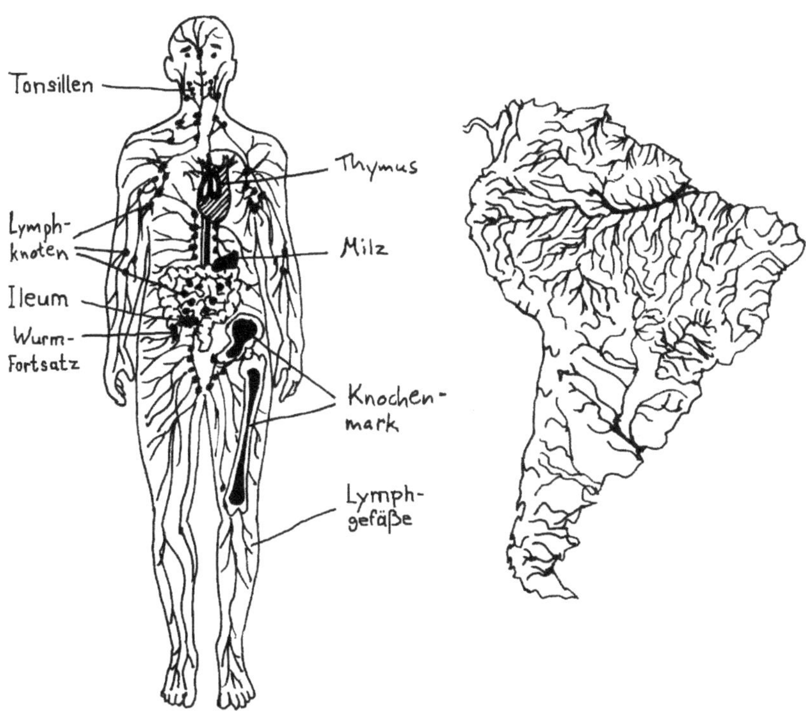

Abb. 101

Der Thymus (vor dem Herzen) und das rote Knochenmark (bei Erwachsenen in den Schulterblättern und Beckenknochen, bei Kindern auch in den Röhrenknochen) sind die primären Lymphorgane. Zu den sekundären Lymphorganen zählen die Lymphgefäße, die Milz und die Lymphknoten, in denen den Immunzellen Antigene präsentiert werden. Besonders viele Lymphknoten finden sich an den Übergängen zum Rumpf, also in der Leistengegend, unter den Achseln und im Hals, und in der Darmschleimhaut (v. a. im Krummdarm oder Ileum und im Wurmfortsatz oder Appendix).

So, wie sich ein Kontinent aus den Einzugsgebieten seiner Flüsse zusammensetzt, ist der Körper in Lymph-Einzugsgebiete untergliedert. In einem Lymphknoten landen also Antigene aus immer demselben Körperteil, sodass die Immunzellen am richtigen Ort aktiviert werden.

Abwehr in die richtige Richtung lenken, um das Problem einzudämmen, bevor es sich in den Rumpf und damit zu den lebenswichtigen inneren Organen ausbreitet. In die konvexe Seite der kleinen nierenförmigen Organe münden die aus der Peripherie kommenden Lymphgefäße ein; an der leicht konkaven Seite leitet ein abführendes Lymphgefäß die Lymphe weiter in Richtung Zentrum, also zu weiteren Lymphknoten und schließlich zur oberen Hohlvene. Jeder Knoten ist von einer Bindegewebskapsel umhüllt und gliedert sich in das zentrale Mark, eine mittlere T-Zell-Zone und die außen gelegene Rinde, die eine Reihe von Follikeln oder B-Zell-Zonen enthält (**Abb. 102**).

Außerdem sind die Lymphknoten von feinen Blutgefäßen durchzogen, die Lymphozyten an- und abtransportieren. Die angelieferten naiven, d. h. noch nie mit Antigenen konfrontierten Lymphozyten treten durch die Gefäßwände in die Lymphknoten über. Dann scheiden sich die Wege: T-Zellen wandern aufgrund spezifischer Lockstoffe (Chemokine) in die T-Zell-Zone ein, B-Zellen aufgrund anderer Chemokine in die Follikel. Sie werden sich erst später am Ort der Abwehrreaktion wiederbegegnen, um einander bei der Vernichtung von Erregern zu unterstützen. Bis dahin bleiben sie getrennt wie die beiden Komponenten eines Zwei-Komponenten-Klebers oder einer chemischen Waffe, die nicht zu früh miteinander reagieren dürfen, um nicht am falschen Ort Schaden anzurichten oder ihre Kraft zu vergeuden.

Die T-Zellen werden in ihren Zonen von dendritischen Zellen erwartet, die ihnen Antigene präsentieren. Diejenigen T-Zellen, die die passenden Rezeptoren auf ihrer Oberfläche tragen, werden für die Bekämpfung der Erreger aktiviert. Die meisten stark autoreaktiven T-Zellen sind ja bereits im Thymus aussortiert worden, aber einige dieser für den eigenen Körper gefährlichen Zellen sind der negativen Selektion dort durch die Lappen gegangen. In den T-Zell-Zonen der Lymphknoten findet daher eine zweite Sicherheitsüberprüfung statt, die zur sogenannten peripheren Toleranz führt: T-Zellen, die stark auf körpereigene Antigene anspringen, werden beseitigt oder deaktiviert. Vermutlich tragen Pannen bei diesem Vorgang zur Entstehung von Autoimmunstörungen bei.

Die B-Zellen treffen in den Follikeln in der Lymphknoten-Rinde auf eine andere Population denritischer Zellen, deren Ausläufer ein dichtes Netz bilden. Ein Teil der Follikel enthält sogenannte Keimzentren, deren Entstehung durch Antigene stimuliert wird. In den Keimzentren vermehren sich die B-Zellen massiv. Sie entwickeln sich zu Plasmazellen weiter, produzieren also Antikörper gegen die ihnen präsentierten Antigene. Und sie werden anhand der Bindungsstärke ihrer Antikörper an die Antigene selektiert: Die Besten vermehren sich am stärksten, die Schlechtesten sterben ab. Außerdem werden einige von ihnen in langlebige Gedächtniszellen umgewandelt. Sowohl diese Zelltypen als auch die Vorgänge in den Keimzentren werden wir uns noch genauer ansehen: in den Kapiteln über die

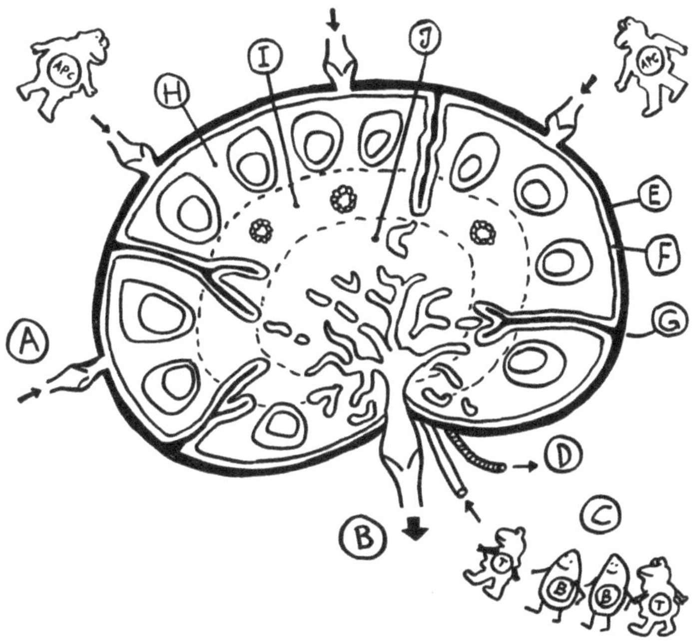

Abb. 102
Lymphknoten sind im Normalzustand einen halben bis einen Zentimeter groß und nierenförmig. Bei der Krankheitsabwehr schwellen sie an. Sie dienen dem Kontakt zwischen antigenpräsentierenden Zellen (APC) und den T- und B-Zellen.

A afferentes (hineinführendes) Lymphgefäß

B efferentes (herausführendes) Lymphgefäß

C Arterie als Zulieferer für naive B- und T-Zellen

D Vene

E Bindegewebskapsel

F Randsinus (Lymphkanal)

G Septum aus Bindegewebe mit kortikalem Sinus (Lymphkanal)

H Rinde, darin Follikel (B-Zell-Zonen) mit Keimzentren

I T-Zell-Zone mit dünnen venösen Blutgefäßen (im Querschnitt)

J Mark

B-Zellen hier in Teil 2 und über die B-Zell-Aktivierung in Teil 3.

Die Lymphknoten mit ihren Keimzentren ermöglichen den warmblütigen Wirbeltieren (also den Vögeln und Säugern) wegen der effizienten Antigenpräsentation eine schnelle und robuste adaptive Immunantwort. Nur in solchen Begegnungsstätten kann das System aus der immensen Vielfalt an antigenspezifischen B-Zellen in kurzer Zeit die zur jeweiligen Bedrohung passenden Exemplare herauspicken, zu einer starken Vermehrung anregen und dabei noch weiter optimieren. B- und T-Zellen, die in den Lymphknoten nicht auf die richtigen Antigene treffen, wandern über die Lymphe ins Blut zurück und zirkulieren weiter durch den Körper, bis sie gebraucht werden oder sterben.

Trotz ihres sehr ähnlichen Aufbaus und Aussehens sind die Lymphknoten aus verschiedenen Körperregionen unterschiedlich »gestimmt«: Solche am Darm neigen unter dem Einfluss der Darmflora zur Bildung regulatorischer T-Zellen (Tregs), die beruhigend auf andere Immunzellen einwirken, wenn diese auf normale Darmbakterien reagieren. Auch Lymphknoten in der Nähe der Leber, in der unzählige körperfremde Antigene aus der Nahrung vorkommen, produzieren (wohl unter dem Einfluss von Vitamin A aus der Leber) viele Tregs, die Abwehrreaktionen auf Nahrungsbestandteile verhindern. In Lymphknoten unter der Haut entstehen dagegen kaum Tregs. Ihre ortstypische Prägung erfahren die Lymphknoten im Neugeborenen. Wenn dabei etwas schiefgeht, wenn sich zum Beispiel die Darmflora nicht richtig entwickelt, kann es Jahrzehnte später zu Autoimmunstörungen oder chronisch-entzündlichen Darmerkrankungen kommen, weil die Lymphknoten nicht genug Tregs bilden und das Immunsystem daher zu heftig auf harmlose Darmbakterien reagiert.

Auch die **Milz,** die bei einem Erwachsenen etwa 150 Gramm wiegt und oberhalb der linken Niere liegt, zählt zu den lymphatischen Organen. Ihre Hauptaufgabe ist die Beseitigung von alten und schadhaften Blutzellen und Abfällen von Immunreaktionen, zum Beispiel Mikrobenresten oder Immunkomplexen: Klumpen aus miteinander vernetzten Antikörpern und Antigenen. Außerdem stößt sie Immunreaktionen auf Pathogene an, die sich im Blut aufhalten. Sie ist mit zwei Gewebetypen gefüllt: Für die Abfallbeseitigung ist die rote Pulpa zuständig, für die Immunreaktionen die weiße Pulpa (vom lateinischen *pulpa* = Brei). Die weiße Pulpa verdankt ihre Farbe den zahlreichen weißen Blutkörperchen, die sich in ihr aufhalten, und ist in Form sogenannter Milzknötchen in das rote Gewebe eingestreut. Die Knötchen sind von feinen Adern durchzogen und ähnlich wie die Lymphknoten in T-Zell- und B-Zell-Zonen untergliedert. Darin präsentieren dendritische Zellen und Makrophagen den T- und B-Zellen Antigene, die aus dem Blut stammen.

Hinter jeder Epithelbarriere des Körpers, zum Beispiel der Haut, der Atemwegsschleimhaut oder der Darmschleimhaut, sind Lymphknoten, einzelne Follikel und freie Immunzellen versammelt, um in diesen besonders gefährdeten Grenzregionen Infektionen abzublocken. Diese regionalen Immunsysteme sind im Detail jeweils etwas anders aufgebaut. So gibt es in unserem Darm Peyer-Plaques: Ansammlungen von je 10-50 Lymphfollikeln unterhalb sogenannter M-Zellen, die Antigene aus dem Darmlumen kontrolliert in die Plaques hineinschleusen. In Teil 3 sehen wir uns ihren Aufbau und ihre Aufgaben genauer an.

Gelingt es dem Immunsystem nicht, eine Antigen-Quelle wie z. B. eingedrungene Pathogene rasch zu beseitigen, kann eine akute Entzündung chronisch werden. In chronisch entzündetem Gewebe entstehen durch den Einfluss entzündungstypischer Zytokine sogenannte **tertiäre lymphatische Organe**: weitere Follikel mit Keimzentren, die ähnlich aufgebaut sind wie die in den Lymphknoten. So werden direkt vor Ort immer neue naive B- und T-Zellen mit den Antigenen konfrontiert. Was im Idealfall wegen der kurzen Wege zu einer effizienteren Gefahrenbekämpfung führt, bereitet bei einer Autoimmunerkrankung große Schwierigkeiten: In den Follikeln im betroffenen Organ wird die Autoimmunreaktion immer aufs Neue angeheizt. In Teil 3 nehmen wir daher auch diese tertiären Lymphorgane genauer unter die Lupe.

Die sieben Lebensstationen der Immunzellen

Um den Zusammenhang zwischen den Organen und den Zellen des Immunsystems zusammenzufassen: Immunzellen durchlaufen ihre Lebensphasen an verschiedenen Orten (**Abb. 103**). Im Knochenmark kommen sie zur Welt und erfahren sie ihre erste Prägung. Einige von ihnen, die T-Zellen, erhalten anschließend im Thymus eine Ausbildung. Sobald sie reif sind, wandern Immunzellen über die Blutbahn an ihr Ziel. Im Fall einer Infektion oder einer anderen Gefahr eilen die T- und B-Zellen in die Lymphknoten, die so etwas wie Speed-Dating-Lokale sind: Hier finden dendritische Zellen, die Antigene präsentieren, die passenden Zellen zur spezifischen Immunabwehr.

In praktisch allen Geweben und Organen des Körpers verrichten Immunzellen ihre Arbeit – zum Teil direkt im Anschluss an ihre Entstehung im Knochenmark, zum Teil erst nach ihrer weiteren Reifung im Thymus und ihrer Auswahl und Aktivierung in den Lymphknoten. Die meisten Immunzellen werden nach einiger Zeit – entweder »unbenutzt« oder nach ihrem Einsatz in der Gefahrenabwehr – in der Milz oder in der Leber abgebaut. Einige wenige nisten sich als langlebige Gedächtniszellen in den Überlebensnischen im Knochenmark oder in der Milz ein.

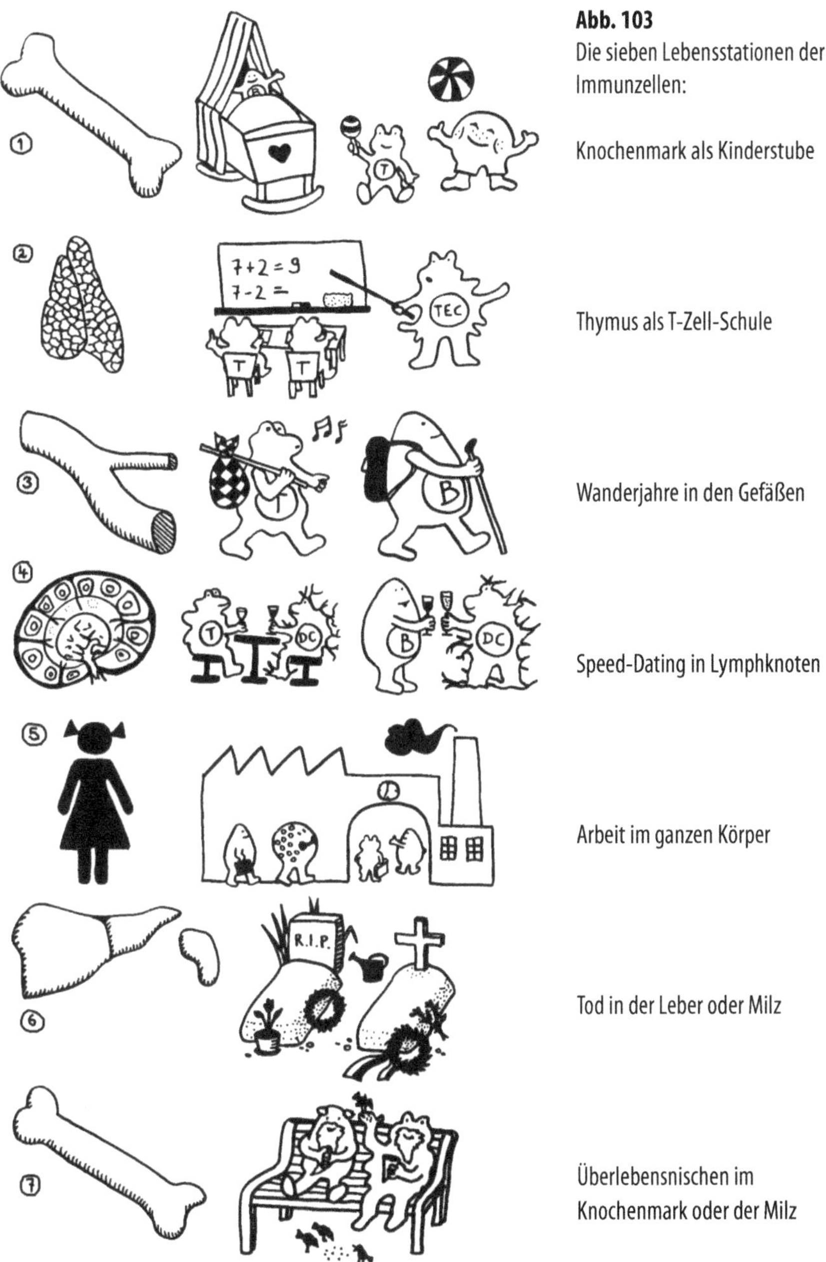

Abb. 103
Die sieben Lebensstationen der
Immunzellen:

Knochenmark als Kinderstube

Thymus als T-Zell-Schule

Wanderjahre in den Gefäßen

Speed-Dating in Lymphknoten

Arbeit im ganzen Körper

Tod in der Leber oder Milz

Überlebensnischen im
Knochenmark oder der Milz

Die Zellen des Immunsystems

In einem Mikroliter, also einem millionstel Liter Blut eines gesunden Menschen treiben neben fünf bis sechs Millionen roten Blutkörperchen und etwa 200.000 Blutplättchen auch ungefähr 7400 Leukozyten oder weiße Blutkörperchen: die Immunzellen (**Abb. 104**).

Bis vor wenigen Jahren war die Lage klar: Anhand ihres Erscheinungsbilds unter dem Mikroskop unterschied man eine Handvoll Blutzelltypen. Die Immunzellen unter ihnen waren eindeutig entweder der evolutionär alten, nicht antigenspezifischen, aber schnellen angeborenen Abwehr oder der jüngeren, antigenspezifischen, aber langsamen erworbenen Abwehr zuzuordnen. Die angeborene Abwehr wurde von Zellen auf dem sogenannten myeloischen Ast des hämatopoetischen Stammbaums bestritten, die sich komplett im Knochenmark (griechisch *myelós* = Mark) entwickeln und mit etwa 4900 der 7400 Leukozyten pro Mikroliter die Mehrheit der Immunzellen im Blut stellen. Die erworbene Abwehr war dagegen die Aufgabe der Lymphozyten auf dem lymphatischen Ast des hämatopoetischen Stammbaums.

Aber dann traten Probleme auf: Wie verhielten sich die sogenannten NK-Zellen oder natürlichen Killerzellen zu den Lymphozyten, also den B- und T-Zellen? Die Indizien waren widersprüchlich. Gab es womöglich mehrere Formen von NK-Zellen, die teils den Lymphozyten und teils eher den Zellen der angeborenen Abwehr ähnelten? Allmählich zeigte sich, dass längst nicht alle Zellen, die man für NK-Zellen gehalten hatte, tatsächlich welche waren. Heute können wir viel mehr Zelltypen unterscheiden – zum Beispiel anhand ihrer Oberflächenmoleküle oder Marker, zum Beispiel ihrer Rezeptoren, und anhand ihrer Produkte, darunter Interleukine und andere Botenstoffe.

Das äußere Erscheinungsbild erwies sich als untauglich zur Einteilung. So enthalten zwar alle drei Granulozyten-Typen, die seit langem anhand ihrer Einfärbbarkeit mit unterschiedlichen Farbstoffen in basophile, neutrophile und eosinophile Granulozyten eingeteilt werden, viele Bläschen oder Körnchen (Granula). Aber wie sich zeigte, stammen die neutrophilen Granulozyten von einem anderen Vorläufer ab. Sie sind also trotz ähnlicher Gestalt auf einem anderen Zweig des hämatopoetischen Stammbaums angesiedelt als die beiden anderen.

Zudem wurden weitere Zelltypen wie die regulatorischen T-Zellen (Tregs) und die sogenannten *innate lymphoid cells* (ILCs) entdeckt, die den Stammbaum immer unübersichtlicher machten. Im Folgenden will ich all diese altbekannten und neu entdeckten Mitspieler vorstellen, die jeweils eine eigene, wichtige Rolle im Immungeschehen spielen. Fast alle sind auch an Entgleisungen wie Autoimmunstörungen beteiligt.

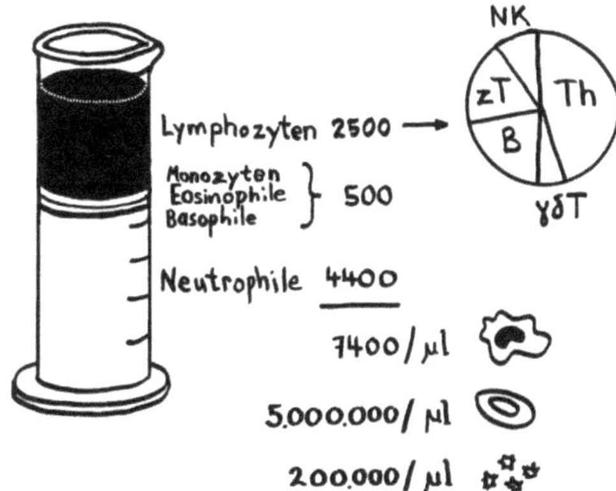

Abb. 104

Unter den etwa 7400 Leukozyten (weißen Blutkörperchen) in einem Mikroliter Blut eines gesunden Menschen sind ungefähr 2500 Lymphozyten. Von diesen wiederum sind etwa 46 Prozent T-Helferzellen (Th), 19 Prozent zytotoxische T-Zellen (zT), 7 Prozent natürliche Killerzellen (NK), 5 Prozent γδ-T-Zellen und 23 Prozent B-Zellen. Einige Leukozytentypen wie die dendritischen Zellen kommen im Blut kaum vor, da sie nach ihrer Entstehung gleich ins Gewebe einwandern. Die roten Blutkörperchen und die Blutplättchen sind viel zahlreicher als die Leukozyten.

All diese Werte haben auch bei Gesunden große Spannbreiten. Abweichungen von den hier genannten Zahlen sind noch kein Grund zur Sorge.

1. Der myeloische Ast: alte, schnelle Generalisten

Alle Zellen der klassischen angeborenen Immunität (Stammbaum: **Abb. 105**) gehen vermutlich auf einen makrophagenähnlichen Urtyp zurück, der bereits bei den einfachsten wirbellosen Urtieren vorkam. Die Rezeptoren auf ihrer Oberfläche erkennen ein begrenztes Spektrum typischer Infektions- und Alarmsignale, zum Beispiel Lipopolysaccharide, also Verbindungen aus Fett- und Zucker-Bestandteilen, die in der Hülle vieler Bakterien vorkommen, oder die Proteine des Komplementsystems, mit dem unser Immunsystem eingedrungene Keime beschichtet, um sie für die Vernichtung zu markieren. Alle Rezeptoren und Wirkstoffe der Zellen der angeborenen Abwehr werden von normalen Genen abgelesen, die sie genau so von ihren Vorläufern im Embryo geerbt haben. Ihre Eigenschaften sind also tatsächlich angeboren. Die Zellen der erworbenen Immunität bauen dagegen ihre Rezeptor-Gene während ihrer Entwicklung noch um, wie wir vorhin im Kapitel über den Thymus erfahren haben. Dazu später mehr bei den B-Zellen.

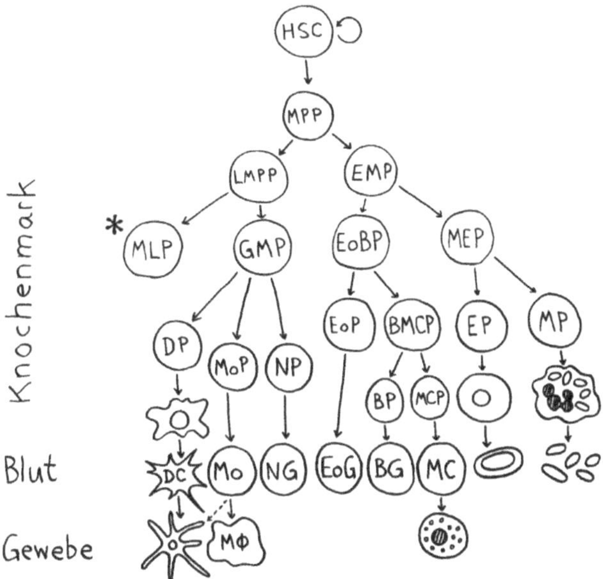

Abb. 105

Der hämatopoetische Stammbaum zeigt, wie die Blutzellen miteinander verwandt sind. Alle gehen aus hämatopoetischen Stammzellen (HSC) hervor. Hier ist der myeloische Ast dargestellt. Die Entstehung der Lymphozyten und ihrer Verwandten aus dem *multilineage progenitor* (*) folgt in Abb. 120. Die fertigen Blutzellen sind unten in den Zeilen »Blut« und »Gewebe« aufgereiht. Rechts in der Blut-Reihe stehen die roten Blutkörperchen und die winzigen Blutplättchen, die beide nicht zu den Immunzellen zählen. Dendritische Zellen und Mastzellen findet man im Blut kaum, weil sie nach ihrer Entstehung gleich ins Gewebe einwandern. Makrophagen entstehen ohnehin erst im Gewebe, und zwar aus eingewanderten Monozyten.

Die neutrophilen Granulozyten (NG) sind offenbar nicht näher mit den eosinophilen Granulozyten (EoG) und den basophilen Granulozyten (BG) verwandt. Außerdem stehen die basophilen Granulozyten den Mastzellen (MC) näher als den eosinophilen Granulozyten. Die klassische Einteilung anhand des mikroskopischen Erscheinungsbilds (zahlreiche Vesikel oder »Körnchen« = *granula* in allen Granulozyten) führt also in die Irre.

V. o. n. u. und v. l. n. r.: HSC = hämatopoetische Stammzelle, MPP = *multipotent progenitor*, LMPP = *lymphoid-primed multipotent progenitor*, EMP = *erythro-myeloid progenitor*, MLP = *multilineage progenitor*, GMP = *granulocyte/monocyte progenitor*, EoBP = *eosinophil/basophil progenitor*, MEP = *myeloid-erythroid progenitor*, DP = *dendritic cell progenitor*, MoP = *monocyte progenitor*, NP = *neutrophil progenitor*, EoP = *eosinophil progenitor*, BMCP = *basophil/mast cell progenitor*, EP = *erythrocyte progenitor*, MP = *megakaryocyte progenitor*, BP = *basophil progenitor*, MCP = *mast cell progenitor*; DC = dendritische Zelle, Mo = Monozyt, NG = neutrophiler Granulozyt, EoG = eosinophiler Granulozyt, BG = basophiler Granulozyt, MC = Mastzelle, MΦ = Makrophage. *Progenitor* heißt Vorläufer.

Mastzellen: Wächter, Notfallapotheken und Verstärker

Ihr Name beruht auf einem Missverständnis: Der Immunologe Paul Ehrlich (1854–1915) hat sie als Medizinstudent in Gewebepräparaten entdeckt und hielt die vielen kleinen Granula, die membranumhüllten Bläschen in ihrem Zytoplasma, für Überbleibsel üppiger Mahlzeiten. Dabei mästen sich Mastzellen keineswegs. Die Bläschen enthalten vielmehr selbstproduzierte Wirkstoffe wie Histamin, die bei Immunreaktionen in die Umgebung ausgeschüttet werden und dort Entzündungsreaktionen hervorrufen (**Abb. 106**).

Als Zellen der angeborenen Abwehr reifen Mastzellen im Knochenmark heran. Dann wandern sie über die Blutgefäße in Schleimhäute und Bindegewebe ein, vor allem rings um den Darm, in den Atemwegen und in der Haut. Dort suchen sie die Nähe zu Nervenknoten und Adern, um bei Bedarf möglichst schnell auf Fremdstoffe reagieren und Alarmsignale an das Nervensystem und die Blutgefäße senden zu können. Ihr endgültiges Aufgabenprofil finden sie erst im Zielgewebe, denn je nach Ort fallen die Bedrohungen, die sie bekämpfen sollen, anders aus. Sie dienen vor allem als Wächter an den Grenzen und in den Außenbezirken des Körpers, in der sogenannten Peripherie, und werden wie einst römische Legionäre im fernen Gallien oder Germanien selten abgelöst: Zum Teil erreichen sie eine hohe Lebensdauer von mehreren Monaten.

Zwar haben sie – wie alle Zellen der angeborenen Abwehr – keine hochspezifischen Rezeptoren für unzählige unterschiedliche Antigene. Durch eine besondere Fähigkeit beteiligen sie sich dennoch an Reaktionen der erworbenen Immunabwehr: Werden B-Zellen mit Antigenen aus Einzellern oder Würmern konfrontiert und von T-Helferzellen aktiviert, stellen sie massenhaft Antikörper vom Typ Immunglobulin E (kurz IgE) her. Dieses Protein ist ungefähr wie ein Y geformt. Die beiden oberen Enden sind antigenspezifisch und binden an die Oberfläche von Parasiten. Das untere Ende, Fc-Region genannt, ist dagegen bei allen IgE-Molekülen gleich aufgebaut und eignet sich zur Verankerung in der Membran von Mastzellen – oder von basophilen Granulozyten, die wir gleich kennenlernen werden. Mastzellen, die mithilfe der IgE-Fc-Rezeptoren an ihrer Oberfläche IgE-Moleküle eingefangen haben, leben vermutlich länger als »nackte« Mastzellen.

Das IgE dient als Adapter, als ausgeborgter antigenspezifischer Rezeptor. Dadurch können sich Mastzellen an der Bekämpfung von Einzellern oder Würmern beteiligen, die sie von sich aus nicht wahrnehmen könnten. Da ihre Oberfläche viele IgE-Rezeptoren trägt, können sie an mehrere Antigene zugleich binden, sodass große Komplexe aus Mastzellen und Antigenen entstehen. Diese Vernetzung löst eine rasante Verschmelzung ihrer Membranbläschen mit der Zellmembran und die Freisetzung der Inhaltsstoffe in die Umgebung aus. Ganz ähnlich verhält

Abb. 106
Mastzellen, die durch die Bindung von Antikörpern aktiviert werden, bekämpfen Eindringlinge wie Würmer mit den Wirkstoffen aus ihren Granula.

es sich mit dem IgG-Rezeptor der Mastzellen, der das konstante Ende von Antikörpern des Typs IgG erkennt, die beispielsweise an ein Stück eines Bakteriums andocken.

Zu den Inhaltsstoffen der Granula zählt der Botenstoff Histamin, der vor Ort eine akute Entzündung auslöst: Er weitet in Sekundenschnelle die Blutgefäße, sodass mehr Blut in die Region strömt, und macht die Gefäßwände durchlässig, sodass Flüssigkeit in das anschwellende Gewebe eindringt. Außerdem regt er die glatte Muskulatur der Atemwege zu Kontraktionen an, was zu Husten führt: eine gute Methode, eingeatmete Keime und Schadstoffe wieder loszuwerden. Im Verdauungstrakt steigert Histamin die Ausschüttung von Magensäure, die Keime abtötet, und die Darmperistaltik, sodass Erreger und Gifte schneller ausgeschieden werden. Durch Einwirkung auf das zentrale Nervensystem kann es Erbrechen und Fieber auslösen, beides ebenfalls Methoden, Krankheitserreger loszuwerden. (Allerdings erhöhen Husten und Erbrechen zugleich die Gefahr, dass sich andere anstecken.)

Außerdem lockt Histamin andere Immunzellen an, die sich an der Gefahrenabwehr beteiligen. Und es beeinflusst das Gleichgewicht zwischen den beiden Hauptarmen der erworbenen Immunabwehr, der Typ-1- und der Typ-2-Antwort, von denen wir noch hören werden: Histamin deaktiviert T-Helferzellen von Typ 1 (Th1), und da die beiden Arme sich gegenseitig hemmen, kurbelt es dadurch die Aktivität der T-Helferzellen vom Typ 2 (Th2) an. Gemeinsam bekämpfen Th2-Zellen, Mastzellen und Antikörper vom Typ IgE vor allem Infektionen durch Würmer. Leider bewirken sie, wenn sie nicht rechtzeitig von regulatorischen T-Zellen gestoppt werden, auch heftige allergische Reaktionen wie Asthma, Heuschnupfen oder Hautausschlag.

Neben Histamin speichern die Granula der Mastzellen viele weitere Wirkstoffe, die im Notfall schneller wirken als irgendwelche Substanzen, deren Produktion erst in die Wege geleitet werden muss. Am wichtigsten sind die Proteasen und die antimikrobiellen Peptide. Mastzellen im Bindegewebe enthalten andere

Proteasen als solche in der Haut und Schleimhaut, je nach vorherrschender Gefahrenlage. Proteasen sind Enzyme, die Proteine zerlegen. Viele Schlangen- und Insektengifte sind Proteine, ebenso viele der Giftstoffe, die krankheitserregende Bakterien oder Einzeller ausschütten oder die bei einer Infektion im Gewebe selbst entstehen. Im Inneren der Mastzell-Granula sind die aggressiven Enzyme an chemische Schutzkappen gebunden, die eine Selbstbeschädigung verhindern.

Mastzellen-Granula enthalten auch Cathelicidin, ein Peptid, also ein kleines Protein, das aus einer einzigen Aminosäurekette besteht. Es wirkt antimikrobiell, und zwar gegen Bakterien, Virushüllen, Pilze und Einzeller. Außerdem lockt es wie Histidin weitere Immunzellen zum Ort der Infektion.

Auch nach der schnellen Ausschüttung vorproduzierter Stoffe beteiligen sich Mastzellen noch an der Gefahrenabwehr: Angeregt durch alle möglichen Botenstoffe und durch die Antigene, die an die angedockten IgE- oder IgG-Moleküle gebunden sind, werden innerhalb von Minuten sogenannte Eikosanoide produziert und ausgeschüttet, darunter Leukotriene und Prostaglandine. Sie gehören chemisch zu den Lipiden oder Fetten, sind wasserabstoßend und wirken hormonähnlich. Genau wie Histamin erhöhen sie die Durchlässigkeit kleiner Blutgefäße in der Umgebung und heizen so die Entzündungsreaktion an. Außerdem locken sie weitere Immunzellen an, die Erreger töten oder auffressen.

Und schließlich produzieren Mastzellen Zytokine, Chemokine und Wachstumsfaktoren. Diese Botenstoffe des Immunsystems regen die andere Immunzellen zur Vermehrung an, aktivieren sie oder locken sie an die richtigen Orte – vor allem in die Lymphknoten, wo T-Zellen und antigenpräsentierende Zellen sich begegnen müssen, damit die T-Zellen anschließend genau die richtigen B-Zellen zur Antikörper-Produktion anregen können. Welche Botenstoffe eine Mastzelle produziert, hängt von den Signalen ab, die sie mit den Rezeptoren auf ihrer Oberfläche empfängt, und damit von ihrem Aufenthaltsort und der Art der Bedrohung.

Außerdem steigert der gleichzeitige Empfang mehrerer Signale die Produktion erheblich. So werden besonders viele entzündungsfördernde Zytokine hergestellt, wenn eine Mastzelle über die eingefangenen IgG-Moleküle ein bakterienspezifisches Antigen, über ihren sogenannten Toll-like-Rezeptor (TLR) ein für viele Bakterienarten tyisches Molekül und über einen sogenannten Korezeptor vielleicht noch ein drittes Alarmsignal registriert: Dann kann sie ganz sicher sein, dass eine Bakterieninfektion vorliegt, die energisch bekämpft werden muss.

Solche Absicherungen sind typisch für das Immunsystem und überaus sinnvoll, da jede Immunreaktion zugleich den eigenen Organismus schädigt. Die Substanzen, die eine Mastzelle ausschüttet, können zum Beispiel das umliegende gesunde Gewebe auflösen oder zum Wachstum eines Tumors beitragen. Wenn diese Sicherheitsabfragen aufgrund einer genetischen Veranlagung oder

176

einer veränderten Umwelt entfallen oder nicht richtig ausgewertet werden, kann es außerdem zu Allergien oder zu Autoimmunerkrankungen kommen, also zu dauerhaften Immunreaktionen auf harmlose Antigene.

Aus dem Ruder gelaufene Mastzellen wurden unter anderem mit bullösem Pemphigoid, rheumatoider Arthritis, multipler Sklerose, Typ-1-Diabetes, dem Guillain-Barré-Syndrom, Sklerodermie, Colitis ulcerosa, Morbus Crohn, dem Sjögren-Syndrom, chronischer Nesselsucht und Morbus Basedow in Verbindung gebracht. Bei einigen dieser Autoimmunerkrankungen sind die Belege allerdings dürftig: Im geschädigten Organ oder Gewebe wurden besonders viele Mastzellen angetroffen, aber ist das wirklich eine Ursache oder eher eine Folge der Erkrankung? Die stärksten Indizien für eine ursächliche Beteiligung von Mastzellen – zumindest als Krankheitsverstärker – gibt es beim bullösen Pemphigoid, einer blasenbildenden Hauterkrankung, bei der sich die Oberhaut (Epidermis) von der Lederhaut (Dermis) löst, und bei der rheumatoiden Arthritis, die umso schwerer ausfällt, je mehr Mastzellen gerade Zytokine und den Inhalt ihrer Granula in die Gelenksflüssigkeit ausschütten.

Aber auch an der Eindämmung einer Entzündung und den anschließenden Aufräum- und Reparaturarbeiten können sich Mastzellen beteiligen. So findet man sie in Narbengewebe und am Rande heilender Wunden, wo sie vermutlich Haut- und Bindegewebszellen zum Wiederaufbau anregen und durch Ausschüttung von Botenstoffen und direkte Zellkontakte dazu beitragen, dass neue Äderchen das frische Gewebe versorgen.

Basophile Granulozyten: rare Zeckenkiller

Eng mit den Mastzellen verwandt sind die basophilen Granulozyten, kurz: die Basophilen (**Abb. 107**). Wie ihr Name schon sagt, enthalten auch sie kleine Membranbläschen oder Granula. Deren Inhalt lässt sich mit basischen Farbstoffen anfärben. Entdeckt wurden auch sie von Paul Ehrlich. Wie Mastzellen binden sie das konstante Ende von Antikörpern des Typs IgE, die vor allem bei Wurmbefall und Allergien auftreten, und IgG, die gegen Viren und Bakterien zum Einsatz kommen. Wie Mastzellen produzieren sie viel Histamin. Wie Mastzellen schütten sie bei Hinweisen auf eine Infektion Botenstoffe aus, die andere Immunzellen anlocken – vor allem Eosinophile, die ich gleich im Anschluss vorstelle. Wie Mastzellen und Neutrophile, der dritte Granulozyten-Typ, können sie Keime fesseln und vergiften, indem sie ihr eigenes Erbgut und daran befestigte Giftstoffe herausschleudern – eine gefährliche Kampftechnik, die ich im Abschnitt über die Neutrophilen vorstelle.

Im Unterschied zu den Mastzellen, die ihren letzten Schliff erst im Zielgewebe erhalten, reifen Basophile vollständig im Knochenmark heran. Außerdem ist ihr Zellkern anders als bei den Mastzellen in zwei oder drei Lappen unterteilt. Wie die anderen Granulozyten kreisen Basophile nur etwa einen Tag durch die Blutbahn; dann ziehen sie sich zum Sterben in die Leber zurück, wo sie von Fresszellen (Phagozyten) kontrolliert beseitigt werden. Werden sie dagegen durch ein chemisches Notsignal in ein entzündetes Gewebe gelockt und dort dem Zytokin Interleukin-3 (IL-3) ausgesetzt, halten sie ein paar Tage durch. Die kurze Lebensdauer der Granulozyten ist durch ihre gefährliche Fracht bedingt: Wenn sie im Blut oder Gewebe allmählich »inkontinent« würden, könnte der giftige Inhalt ihrer Granula gewaltige Schäden anrichten.

Welche einzigartige Aufgabe mögen Basophile im Immunsystem erfüllen? Für ein reines Backup-System, das einspringt, wenn die Mastzellen aus irgendeinem Grund ausfallen, sind sie viel zu selten: Nur etwa jedes zweihundertste weiße Blutkörperchen in unseren Adern ist ein Basophiler. Da man bis vor wenigen Jahren dachte, Basophile kämen in Mäuse und Ratten – den wichtigsten Versuchstieren der Immunologen – gar nicht vor, sind sie vergleichsweise schlecht erforscht. Neuerdings wird ihnen eine Schlüsselrolle bei Abwehrreaktionen gegen Zecken zugeschrieben. Viele Tiere entwickeln eine Resistenz gegen wiederholte Zeckenangriffe: Bei einer zweiten oder dritten Angriffswelle trinken Zecken viel weniger Blut oder sterben sogar. Bei Meerschweinchen wurden direkt an den Bissstellen Basophile entdeckt, die offenbar die konstanten Enden von zeckenspezifischen Antikörpern binden und Wirkstoffe absondern, die die Zecken abschrecken oder vergiften. Welche Substanzen das sind, ist noch nicht genau bekannt, aber vermutlich handelt es sich um Proteasen: proteinspaltende Enzyme,

Abb. 107
Basophile Granulozyten sind vermutlich an der Zeckenabwehr beteiligt.

die Baspohile in ihren Granula speichern.

Die Mastzellen unterstützen die Basophilen bei der Zeckenbekämpfung, allerdings mit einem gewissen Sicherheitsabstand zur Bisstelle. Eine Zeckenabwehr ist nicht nur wegen des sonst drohenden Blutverlusts sinnvoll, sondern auch, weil Zecken viele Krankheitserreger wie Bakterien, Viren, Protozoen oder Würmer übertragen – man denke nur an Borreliose oder Frühsommer-Meningoenzephalitis beim Menschen. Ob Basophile beim Menschen eine ähnliche Funktion haben wie bei den Meerschweinchen, ist aber noch nicht bekannt.

Basophile, die irgendwo Feindkontakt hatten und entsprechende Antigene auf ihrer Oberfläche präsentieren, können auch in Lymphknoten einwandern und dort T-Helferzellen aktivieren. Diese Funktion haben Basophile mit den dendritischen Zellen gemeinsam, die ich weiter unten vorstelle. Die so ausgelöste Th2-Antwort ist vor allem zur Bekämpfung von Würmern wichtig, aber auch an Allergien und Asthma beteiligt.

Neben IgE binden menschliche basophile Granulozyten auch Antikörper vom Typ IgD, die oft zu Beginn einer Bakterieninfektion der oberen Atemwege gebildet werden. Dann schütten die Zellen ein breites Spektrum antibakterieller Substanzen aus und regen B-Zellen zur Vermehrung, zur Produktion weiterer Antikörper und zu einer effektivitätssteigernden Maßnahme an: zum Klassenwechsel, den ich im B-Zell-Kapitel bespreche. Auch alle Antikörper-Klassen stelle ich im Kapitel »Die Moleküle des Immunsystems« noch einmal systematisch vor.

Eosinophile Granulozyten: eifrige Giftsprüher

Wenn die Mastzellen und die basophilen Granulozyten Geschwister sind, sind eosinophile Granulozyten (kurz: Eospinophile, **Abb. 108**) ihre Cousins: Sie haben unterschiedliche Vorläuferzellen, die aber wiederum einen gemeinsamen Vorgänger haben. Mit etwa 200 Zellen pro Mikroliter Blut sind sie ebenfalls selten, aber doch fünfmal so häufig wie die Basophilen. Wie die anderen Granulozyten auch enthalten sie zahlreiche Granula. Ihr Kern ist in zwei Lappen unterteilt. Die Funktion dieser seltsamen Kerngestalt ist nicht ganz klar. Sie könnte mit der Fähigkeit zum DNA-Netz-Auswurf zusammenhängen, die ich gleich bei den Neutrophilen schildern werde, oder mit der Notwendigkeit, sich im Gewebe in enge Zwischenräume zu quetschen.

Von den Alarmsignalen der Mastzellen und Basophilen angelockt, begeben sich Eosinophile häufig in Schleimhäute, um dort Eindringlinge zu bekämpfen – vor allem Würmer, die von außen chemisch attackiert werden müssen, weil sie zu groß sind, um von Makrophagen oder anderen Immunzellen aufgefressen zu werden. Auch die Eosinophilen tragen Rezeptoren für das konstante Ende von IgE. Ihre Lebensspanne beträgt normalerweise wenige Tage, kann aber durch Entzündungssignale wie Interleukin-3 oder Interleukin-5 auf bis zu zwei Wochen erhöht werden. Auch die Ansäurerung von entzündetem Gewebe (pH-Wert 5,5 bis 7,0 statt etwa 7,5) verlängert ihr Leben.

Eosinophile enthalten besonders viele Granula, die zum Teil zur Verschmelzung mit Phagosomen gedacht sind. Das sind membranumhüllte Bläschen, die beim Verschlingen (der Phagozytose) von Keimen, anderen Zellen oder unbelebten Fremdkörpern entstehen. Aufgelöst oder »lysiert« werden solche Mahlzeiten mithilfe von Verdauungsenzymen aus den Granula. Zum Teil verschmelzen die Granula aber auch mit der Plasmamembran der Zelle, sodass sich ihr Inhalt in den extrazellulären Raum ergießt. Der Inhalt ist zytotoxisch: Er schädigt Parasiten, aber auch das umliegende Körpergewebe. Zu den Giften zählen sogenannte reaktive Sauerstoff- und Stickstoffspezies, zum Beispiel Wasserstoffperoxid oder Stickstoffmonoxid, aber auch positiv geladene Proteine, die die Plasmamembranen anderer Zellen durchlöchern, sodass die Zellen sterben. Auch das entzündungsfördernde Prostaglandin Arachidonsäure und zahlreiche mit ihm verwandte Gewebshormone schütten aktivierte Eosinophile aus.

Eine übermäßige Produktion und Abgabe antimikrobieller Stoffe aus Eosinophilen wird mit den chronisch-entzündlichen Darmerkrankungen Morbus Crohn und Colitis ulcerosa in Verbindung gebracht. Bei diesen Krankheiten geraten offenbar harmlose Darmbakterien zu nah an oder sogar in die Darmschleimhaut, wo sie von den Eosinophilen erkannt und unkontrolliert bekämpft werden. Dadurch entsteht eine chronische Entzündung. Je heftiger die Erkrankung und je häufiger

Abb. 108
Eosinophile Granulozyten haben einen
zweigeteilten Kern und viele Granula,
die Zellgifte enthalten.

die Krankheitsschübe, desto mehr Eosinophile werden bei Biopsien im Gewebe gezählt. Auch andere chronische Entzündungen und Autoimmunerkrankungen wie rheumatoide Arthritis werden mit außer Rand und Band geratenen Granulozyten in Verbindung gebracht. Aber ob die Ursache in den Granulozyten selbst liegt, ist nicht leicht zu klären. Es könnte auch an anderen Zellen liegen, die mit ihren entzündungsfördernden Signalen die Granulozyten überhaupt erst herbeirufen oder die nicht genug entzündunghemmende Signale produzieren.

Um frisch eingedrungene Krankheitserreger an der Ausbreitung zu hindern, können Eosinophile schlagartig die Nukleinsäure aus ihren Mitochondrien (den Energiefabriken unserer Zellen) auswerfen, die mit zytotoxischen Stoffen besetzt ist. Neutrophile sind ebenfalls Netzwerfer, wie ich gleich zeige. Aber bei ihnen stammt die Nukleinsäure aus dem Zellkern.

Neutrophile Granulozyten: schnelllebige Netzwerfer

Auch die Neutrophilen verdanken ihren Namen einer mikroskopischen Färbetechnik: Ihre Granula nehmen weder die sauren noch die basischen Farbstoffe an, mit denen sich Eosinophile und Basophile in einem Gemisch verschiedener weißer Blutkörperchen hervorheben lassen. Mit durchschnittlich 4400 von etwa 7400 weißen Blutkörperchen pro Mikroliter Blut sind sie die häufigsten Leukozyten – gefolgt von den Lymphozyten, also den Zellen der erworbenen Immunität. Aber die Bandbreite ist groß; bei manchen Gesunden werden bis zu 9000 Neutrophile pro Mikroliter gezählt.

Neutrophile sind rundlich, sie haben einen Durchmesser von 12 bis 15 Mikrometern, also gut einem Hundertstel Millimeter, und ihr Kern oder Nukleus besteht aus drei bis fünf Lappen, die durch dünne Stege verbunden sind. Wie die anderen Granulozyten sind sie also »polymorphnukleär«, im Unterschied zu den

»mononukleären« Leukozyten, kurz: Monozyten, die ich als Nächste vorstellen werde. Im Knochenmark haben Neutrophile gemeinsame Vorläufer mit den Monozyten, Makrophagen und dendritischen Zellen; mit den anderen beiden Granulozytentypen sind sie nur weitläufig verwandt.

Sie zirkulieren ständig im Blut, um bei einer aufkommenden Gefahr schnell ans Ziel zu gelangen, wo sie sich an den frühen angeborenen Immunreaktionen beteiligen. Werden sie nirgends benötigt, verlassen sie nach nur etwa sechs Stunden den Kreislauf und werden von Makrophagen in der Leber oder der Milz kontrolliert abgebaut. Auch nach einem Einsatz im Gewebe sterben sie schnell ab. Der Grund ist – wie bei den Basophilen erläutert – ihr gewaltiges Chemiewaffenkontingent: Die Gefahr, dass ältere Granulozyten allmählich leck schlagen, ist einfach zu groß; die Inhaltsstoffe der Granula würden das eigene Gewebe zerstören. (Bei vielen Autoimmunerkrankungen geschieht genau das; dazu später mehr.) Um den notwendigen hohen Pegel zu halten, muss das Knochenmark jeden Tag etwa 10^{11} neue Neutrophile produzieren, also 100 Milliarden dieser Zellen, die zusammen etwa 100 Gramm wiegen.

Die neutrophilen Granulozyten sind fleißige Phagozyten, also Fresszellen, genau wie die Makrophagen: Sie verschlingen Bakterien, kleine Parasiten und beschädigte oder infizierte körpereigene Zellen und lösen sie dann auf, wie eben bei den Eosinophilen beschrieben. Mit den Makrophagen haben sie so viele Gemeinsamkeiten, zum Beispiel in ihrer Ausstattung mit Antikörper-, Bakterienbaustein- und Chemokinrezeptoren und in ihrer Zytokinproduktion, dass viele Forscher sie für ein Backup-System halten: Wenn bei einer sehr starken Entzündung alle Makrophagen verbraucht sind und immer noch Erreger verschlungen und abgetötet werden müssen, können Neutrophile einspringen – und umgekehrt.

Darüber hinaus arbeiten die beiden Zelltypen eng zusammen: Makrophagen können antimikrobielle Wirkstoffe von benachbarten Neutrophilen übernehmen. Und wenn ein Makrophage selbst mit Mikroben infiziert ist oder Mikroben gefressen hat, gegen die seine eigenen chemischen Waffen nicht ankommen, kann er einige Neutrophilen-Granula oder gleich einen ganzen Neutrophilen aufnehmen, um die Plagegeister mit dessen Giftstoffen zu bekämpfen (**Abb. 109**). Makrophagen übernehmen auch das Verschlingen und den Abtransport von Neutrophilen, die sich bei der Erregerbekämpfung verausgabt haben und bei ihrem Zerfall Schaden im Gewebe anrichten würden. Außerdem können ruhende Makrophagen durch Neutrophilen-Alarmsignale aktiviert werden und umgekehrt.

Die Granula der Neutrophilen enthalten unter anderem antimikrobielle Enzyme wie Lysozym, das Peptidoglykane spaltet. Diese Makromoleküle aus Aminosäuren (Peptido-) und Zuckerketten (-glykan) sind ein Hauptbestandteil von Bakterienzellwänden. Aber auch Kollagenase gehört zu ihrem Repertoire, ein Enzym, das Kollagen abbaut – ein Strukturprotein im Bindegewebe von Tieren,

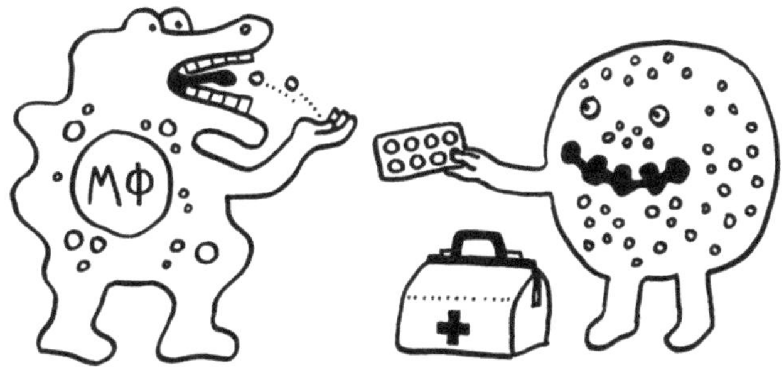

Abb. 109
Wird ein Makrophage mit einem verschlungenen Krankheitserreger nicht fertig,
kann er Gifte aus Neutrophilen-Granula als Verdauungshilfe aufnehmen.

zum Beispiel Würmern. Solche Granula verschmelzen bei der sogenannten Exozytose mit der Zellmembran der Neutrophilen, sodass der aggressive Inhalt freigesetzt wird und auf die Parasiten einwirken kann.

Daneben gibt es in Neutrophilen sogenannte azurophile Granula, die nach der Phagozytose, dem Verschlingen kleinerer Gegner, mit dem Phagosom verschmelzen. Sie enthalten andere Enyzme und antimikrobielle Stoffe, darunter Peptide, denen man ihre Funktion in der Gefahrenabwehr schon anhört: Defensine bekämpfen vor allem Bakterien und Pilze, indem sie deren Zellmembranen durchdringen. Tierische und damit auch menschliche Zellmembranen haben eine etwas andere chemische Zusammensetzung, sodass die Defensine den Neutrophilen selbst nichts anhaben.

Wenn Neutrophile erst einmal aktiviert wurden, sondern sie außerdem Prostaglandine und andere Stoffe ab, die die lokale Entzündungsreaktion verstärken: Die Blutgefäße werden weiter und ihre Wände durchlässiger, sodass zum Beispiel Überreste von Erregern und beschädigten Zellen rasch abtransportiert werden können. Außerdem kommt dann das wichtige Enzym NADPH-Oxidase, kurz NOX, zum Einsatz. NADPH steht für die reduzierte Form des Nicotinsäureamid-Adenin-Dinukleotid-Phosphats. Aus diesem in vielen Zellen vorrätigen Molekül und Sauerstoff (O_2) erzeugt das Enzym NOX bei Bedarf $NADP^+$ und Wasserstoffperoxid (H_2O_2).

Wasserstoffperoxid und weitere aus ihm hervorgehende Sauerstoffverbindungen sind sogenannte reaktive Sauerstoffspezies, kurz ROS – nach dem englischen *reactive oxygen species*. Sie werden in speziellen Granula gesammelt und ausgeschieden, um Bakterien und andere Zellen in der unmittelbaren Umgebung zu vergiften. Neben den ROS erzeugen Neutrophile auch reaktive Stickstoffspezies wie das kurzlebige Stickstoffmonoxid (NO), das sowohl als Zellgift als auch als Botenstoff wirkt. Der Einsatz solcher instabiler Sauerstoff- und Stickstoffradikale ist ein Spiel mit dem Feuer: Geschädigt werden nicht nur die in den Körper eingedrungenen Krankheitserreger, sondern auch das eigene Gewebe. Zeitlich und örtlich begrenzte Kollateralschäden verkraftet der Organismus, aber bei chronischen Störungen wie Autoimmunerkrankungen kippt die Bilanz.

Gefährlich für das eigene Umfeld werden Neutrophile auch dann, wenn sie Erreger verschlingen, die sich ihrer Verdauung entziehen können. So legen es einige Stämme des Bakteriums *Staphylococcus aureus* regelrecht darauf an, von Neutrophilen gefressen werden. Dann blockieren sie mit eigenen Signalstoffen ihre Abtötung und nisten sich in diesem geschützten Raum ein – unsichtbar für den Rest des Immunsystems. Zugleich blockieren sie die Signalketten, mit denen das kontrollierte Absterben alter Neutrophiler eingeleitet wird. Die gekaperten Zellen leben weiter, verstreuen die Krankheitserreger im Körper und schädigen mit den Giftstoffen aus ihren unkontrolliert auslaufenden Granula auch noch das umliegende Gewebe.

Vor einigen Jahren wurde eine weitere radikale Abwehrmaßnahme entdeckt, zu der neben den Neutrophilen offenbar auch einige Mastzellen, Eosinophile und Makrophagen imstande sind: Ausgelöst durch die Bindung von Gefahrensignalen an ihre Rezeptoren, schleudern sie in Sekundenschnelle die Nukleinsäure aus ihrem Kern (bzw. aus Eospinophilen-Mitochondrien) durch die aufplatzende Zellmembran nach außen (**Abb. 110**). Die DNA ist dabei mit Zellkern-Proteinen und allerlei Granula-Proteinen wie Enzymen vermischt.

Bakterien, Pilze, Virenpartikel oder Einzeller, die ins Gewebe oder ins Blut eingedrungen sind, kleben an dem Netz fest, das zehn- bis fünfzehnmal so groß ausfallen kann wie der ganze Neutrophile. Sie werden durch die antimikrobiellen Wirkstoffe abgetötet oder geschwächt oder zumindest so lange festgehalten, bis weitere Immunzellen ihnen den Rest geben. Wenn solche Netze in kleinen Äderchen aufgespannt werden, filtern sie das Blut und bremsen vor allem darin treibende oder schwimmende Bakterien so weit ab, dass die langsamen Zellen des Immunsystems eine Chance haben, sie einzuholen.

In der englischen Fachliteratur heißt eine solche Falle *neutrophile extracellular trap*, abgekürzt passenderweise als NET. Ob die »Spiderman-Granulozyten« bei diesem Manöver sterben oder vielleicht doch noch einige Stunden weiterleben, ist umstritten. Nach Ansicht der meisten Forscher opfern sie sich wie Bienen,

Abb. 110
Neutrophile können mit Zellgiften präparierte DNA-Netze auswerfen, an denen Krankheitserreger festkleben.

die nach dem Stich sterben. Da ihre Lebensspanne ohnehin kurz ist, spielt das kaum eine Rolle für die Stärke des Immunsystems. Angesichts der Schäden, die die giftigen Netze anrichten können, ist die Frage wichtiger, ob NETs tatsächlich eine Abwehrwaffe sind, eine unbeabsichtigte Nebenwirkung des Absterbens von Neutrophilen oder sogar ein Trick, mit dem bestimmte Krankheitserreger ihre Überlebens- und Fortpflanzungschancen erhöhen, indem sie die Immunzellen Körpergewebe zerstören lassen.

Zumindest gegen Pathogene, die zu groß sind, um sie aufzufressen, könnten NETs eine nützliche Waffe sein. So erleiden Menschen, die zu wenig Neutrophile haben oder deren Neutrophile keine Netze auswerfen können, nach einer Infektion mit dem Schimmelpilz *Aspergillus fumigatus* öfter eine tödliche Lungeninfektion. Die Pilzsporen sind noch klein genug, um von Makrophagen oder Neutrophilen gefressen zu werden, aber sie können sich durch eine Oberflächenbeschichtung tarnen, sodass die Fresszellen sie schlecht erkennen. Nach der Keimung der Sporen fliegt die Tarnung auf, doch schon bald sind die Pilzfäden zu lang, um sie durch Phagozytose zu vernichten. Dann schleudern einige Neutrophile DNA-Netze aus, die mit Fungiziden präpariert sind. Die Giftnetze sind meist nicht stark genug, um Aspergillus-Fäden zu töten, aber sie stoppen ihr Wachstum und ihre Ausbreitung.

185

Andere Pilze wie *Candida albicans* sterben dagegen, wenn sie mit einem NET in Berührung kommen. Aber auch sehr kleine Krankheitserreger wie Viren können durch NETs behindert oder abgetötet werden. Zum Beispiel deaktivieren die Netze HIV-1-Partikel. Dafür sind das Enzym Myeloperoxidase und einige Defensine zuständig.

Zur Verblüffung der Wissenschaft erwiesen sich auch die Bausteine der Nukleosomen – der Proteinscheiben, um die die DNA im Zellkern herumgewickelt ist – in den NETs als antimikrobielle Wirkstoffe. Ein Nukleosom besteht, wie wir im Biologie-Chrashkurs gesehen haben, aus acht Histon-Molekülen: Je zwei Moleküle vom Typ H2A, H2B, H3 und H4 bilden zusammen eine Scheibe von gut zehn Nanometern Durchmesser und fünf Nanometern Dicke. Der DNA-Doppelstrang ist im Zellkern über die Länge von jeweils 147 Basenpaaren gut anderthalb Mal um ein Nukleosom herumgewickelt und wird von einem weiteren Histon, H1, an der Scheibe festgehalten.

Zu Beginn der NET-Bildung wird diese Klammer abgespalten, sodass die DNA sich von den Nukleosomen abwickeln kann. Drei der vier übrigen Histone werden chemisch auf eine Weise verändert, die auch bei etlichen Autoimmunerkrankungen eine Rolle zu spielen scheint: Sie werden citrulliniert. In ihren Aminosäureketten wird Arginin zu Citrullin umgebaut, das nicht zu den 20 »kanonischen«, also allgemein in Proteinen vorkommenden Aminosäuren gehört (**Abb. 111**). Die so veränderten Histone wirken in den NETs antimikrobiell. So greift citrulliniertes H2B sowohl Bakterien als auch Pilze an. Da ähnliche histonhaltige Abwehrnetze auch bei Insekten und sogar in Pflanzenwurzeln gefunden wurden, scheinen Histone generell eine Doppelfunktion zu erfüllen: Sie organisieren unser Erbgut im Zellkern zu ordentlich aufgewickelten Chromosomen – und sie verteidigen Organismen gegen Eindringlinge (**Abb. 112**).

Manche Krankheitserreger wehren sich erfolgreich gegen NETs. Bakterien kleben vor allem aufgrund elektrostatischer Wechselwirkungen zwischen den negativ geladenen Netzen und den positiven Ladungen auf ihrer eigenen Oberfläche fest. Ist ihre Oberfläche aufgrund einer evolutionären Anpassung an die NETs nicht positiv geladen, können sie entkommen. Außerdem bewaffnen sich einige Bakterien mit DNAsen, also DNA zersetzenden Enzymen, die die Netzfäden zerschneiden. Unter den Staphylokokken werden uns zum Beispiel nur solche Stämme gefährlich, die DNAsen herstellen.

Nur ein kleiner Anteil der Neutrophilen bildet Netze – vielleicht ein Sicherheitsmechanismus gegen übermäßige Schäden im eigenen Gewebe und gegen Autoimmunerkrankungen. Denn die Proteine in den Netzen sind zum Teil chemisch so verändert (etwa citrulliniert), dass sie vom Immunsystem als Fremdkörper wahrgenommen werden könnten. Auch die Netz-DNA kann starke Autoimmunreaktionen auslösen, wenn sie durch Netz-Proteine stabilisiert wird,

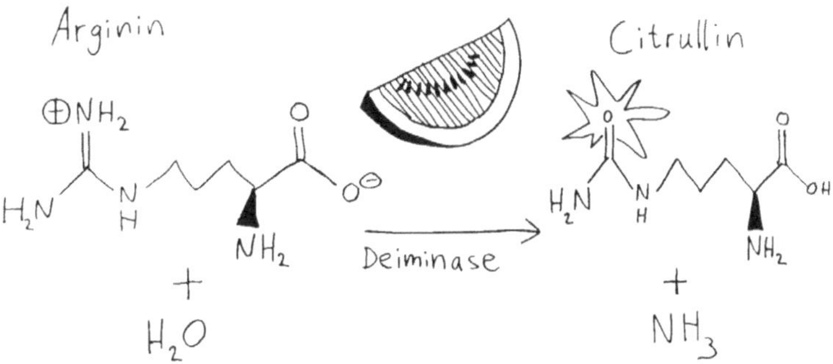

Abb. 111

Bei der Citrullinierung wird die Aminosäure Arginin in die Aminosäure Citrullin umgebaut, die normalerweise nicht in Proteinen vorkommt. Der Name leitet sich von der Wassermelone (*Citrullus vulgaris*) ab, die viel Citrullin enthält.

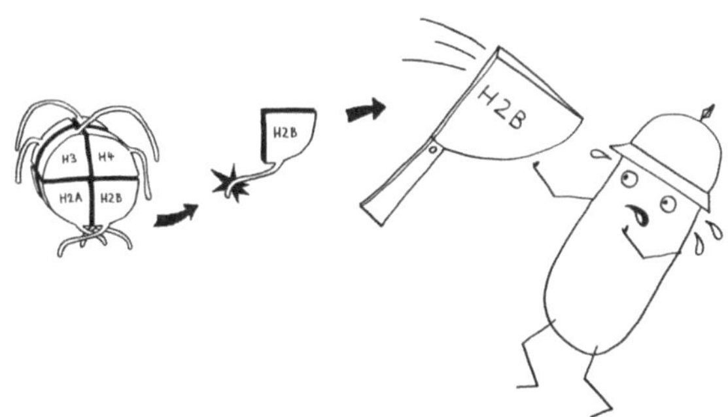

Abb. 112

Einige der Histone, aus denen die Nukleosomen zusammengesetzt sind, wirken antimikrobiell, wenn sie citrulliniert werden. H2B greift dann zum Beispiel Bakterien an.

vor allem durch das antimikrobielle Peptid LL-37. Dann kann das körpereigene DNA-Abbau-Enzym DNAse 1, das vor allem in der Bauchspeicheldrüse produziert wird, die Netze nicht rechtzeitig zerlegen.

Eine übermäßige Neigung von Neutrophilen zur NET-Bildung oder ein verzögerter Abbau der NETs wird mit etlichen Autoimmunstörungen in Verbindung gebracht, darunter rheumatoide Arthritis, Lupus, primäre Vaskulitis kleiner Gefäße, bullöses Pemphigoid, Psoriasis (Schuppenflechte) und Colitis ulcerosa. Offenbar werden besonders NET-freudige Neutrophile durch Autoantikörper, die sie mit ihren Antikörperrezeptoren binden, zum Netzauswurf angeregt, was zum einen das umliegende Gewebe schädigt und zum anderen dendritische Zellen zur Aufnahme und Präsentation von Autoantigenen aus den NETs bewegt. Das wiederum hält B-Zellen zur Produktion von Autoantikörpern gegen Neutrophilen-DNA und -Proteine an: ein Teufelskreis, durch den ein harmloser Irrtum des Immunsystems wie die Herstellung einiger Autoantikörper zu einer chronischen Entzündung eskalieren kann.

Monozyten: Vorläufer der Makrophagen

Etwa fünf bis zehn Prozent der Leukozyten im menschlichen Blut sind Monozyten. Ihren Namen verdanken sie dem nierenförmig gekrümmten, aber nicht unterteilten Kern: Im Unterschied zu den Granulozyten sind sie »mononukleäre« Leukozyten – kurz: Monozyten. Sie gehen aus demselben Vorläufer hervor wie die Neutrophilen und die dendritischen Zellen. Noch bevor sie ganz ausgereift sind, verlassen sie das Knochenmark (**Abb. 113**). Im Ruhezustand haben sie eine Lebensdauer von mehreren Monaten, was nur möglich ist, weil sie über einen gut ausgebauten Proteinsyntheseapparat verfügen, mit dem sie verbrauchte Proteine ersetzen können.

Monozyten zirkulieren ständig im Blut, sodass sie bei Bedarf schnell an ihr Ziel gelangen: Kommt irgendwo im Gewebe eine Entzündung auf, werden sie chemotaktisch (also durch den »Duft« von Lockstoffen) zum Entzündungsherd gelockt, wo sie zu Makrophagen ausreifen. Neben diesen sogenannten inflammatorischen Monozyten bzw. Makrophagen, die vor allem Mikroben vertilgen, gibt es mindestens einen zweiten Typ: die residenten, d. h. sesshaften Monozyten. Diese sind langlebiger, wandern in gesundes Gewebe ein und reifen dort zu residenten Makrophagen oder auch zu dendritischen Zellen heran.

Zumindest bei Mäusen (deren Immunsystem sich leider in vielen Details von unserem unterscheidet) übernehmen Monozyten offenbar auch die Routinekontrolle der Gefäßwände: Wie Kanalroboter kriechen sie in den Adern herum und rufen andere Immunzellen herbei, sobald sie ein Leck oder einen Eindringling entdecken.

Abb. 113
Monozyten sind unreife Immunzellen, die im Gewebe bei Bedarf zu Makrophagen oder auch zu dendritischen Zellen heranreifen.

Makrophagen: urtümliche Fresszellen

Die stammesgeschichtlich ältesten Immunzellen dürften den Makrophagen geähnelt haben. Auch bei wirbellosen Tieren wie den Insekten, mit denen wir nur sehr weitläufig verwandt sind, gibt es makrophagenartige Zellen. Der Name bedeutet wörtlich »große Fresser« und wird oft als MΦ abgekürzt; das Φ ist der griechische Buchstabe Phi. Tatsächlich sind Makrophagen mit einem Durchmesser von gut 20 Mikrometern erheblich größer als Granulozyten oder Monozyten – überhaupt als die meisten anderen Zellen in unserem Körper. Sie sind eifrige Phagozyten, also Fresszellen. Amöbenartig quetschen sie sich auch in engste Zwischenräume und strecken lange Ausläufer aus, um an ihr »Futter« zu gelangen.

Makrophagen entstehen erst im Zielgewebe, und zwar entweder aus Monozyten oder aus anderen Vorläuferzellen (siehe Kasten »Gewebsmakrophagen und Mikroglia: Aliens aus dem Dottersack« auf S. 195). Daher kommen sie im Blut kaum vor, abgesehen von einigen verbrauchten Zellen auf dem Weg zur Leber oder Milz, wo sie abgebaut werden. Residente Makrophagen in gesundem Gewebe übernehmen ortstypische Funktionen, passen auch ihr Aussehen an und tragen zum Teil eigene Namen. Beispielsweise sind die Kupffer-Zellen in der Leber für die Beseitigung alter roter Blutkörperchen zuständig und die Osteoklasten in den Knochen für den Ab- und Umbau von Knochenmaterial.

Besonders viele Makrophagen finden sich in der Haut und in den Schleimhäuten, die großflächig mit der Außenwelt in Kontakt stehen und daher Einfallstore für Krankheitserreger sind, die möglichst früh entdeckt und eingedämmt werden müssen. Dasselbe gilt für die Milz: Das gesamte Blut des Körpers passiert regelmäßig deren feine Blutgefäße und wird dort nicht nur gereinigt und aufgefrischt, sondern auch von den örtlichen Makrophagen auf Pathogene untersucht, die den Blutkreislauf zur Vermehrung oder zum Transport in andere Körperteile nutzen.

Ihre Aufgaben im Immunsystem lassen sich drei Hauptfeldern zuordnen:

- **Phagozytose**: Aufnahme und Verdauung von Bakterien, Pilzen, Einzellern, geschädigten Körper- und Immunzellen, alten roten Blutkörperchen und Immunkomplexen, also Klumpen aus Antigenen und Antikörpern, bevor diese Objekte eine Entzündung auslösen können,
- **Zytotoxizität**: Vergiften von großen Parasiten, Tumorzellen, virusinfizierten Zellen oder transplantierten Zellen durch die Ausschüttung von Säure, reaktiven Sauerstoff- und Stickstoffspezies, Enzymen usw.,
- **Immunregulierung**: Antigenverarbeitung und -präsentation, Auslösen von Entzündungen durch Weitstellen der Blutgefäße und Anlocken von Immunzellen, unspezifische Hemmung von Entzündungen und Abwehrvorgängen, spezifische Hemmung der Abwehrtätigkeit einzelner Zelltypen durch Zytokine und andere Boten- und Wirkstoffe.

Auch unbelebte Fremdkörper werden nach Möglichkeit verschlungen. Einmal schob Elie Metchnikoff einen Rosenstachel in eine Seesternlarve und beobachtete, wie Phagozyten ihn umhüllten und zu fressen versuchten. Wenn das zu beseitigende Objekt zu groß ist, um von einer einzelnen Zelle gefressen zu werden, können mehrere Makrophagen zu einer Riesenzelle verschmelzen, die dann mehrere Zellkerne hat: eine Fähigkeit, die nur wenige Säugetier-Zelltypen haben. Ein solches Monstrum kann Objekte vertilgen, die bis zu 100 Mikrometer ($^1/_{10}$ Millimeter) lang sind. Noch größere Fremdkörper versuchen die Makrophagen stattdessen durch die Ausschüttung ihrer »Verdauungssäfte« abzubauen, worunter allerdings auch die Zellen in der Nachbarschaft zu leiden haben.

Unbelebte Objekte und manche Pathogene werden im Körper rasch mit sogenannten Komplementfaktoren beschichtet, die ich im Kapitel »Die Moleküle des Immunsystems« vorstelle, oder mit unspezifischen Antikörpern. Eine solche Opsonierung (vom griechischen *ópson* = Speise) regt Fresszellen wie die Makrophagen zur Phagozytose an (**Abb. 114**). Weitere Anreize für die Phagozytose sind typische Mikrobenmoleküle wie Lipopolysaccharide, die aus Bakterienhüllen stammen, und körpereigene Alarmsignale, die zum Beispiel auf eine Infektion oder die Entstehung eines Tumors hinweisen.

Abb. 114
Die Beschichtung von Fremdkörpern mit bestimmten Molekülen des Immunsystems nennt man Opsonierung. Auf Makrophagen wirken diese Markierungen wie Sahnehäub-chen oder Schokostreusel: Opsonierte Krankheitserreger fressen sie besonders gern.

Makrophagen, die bereits durch ein allgemeines Warnsignal wie Gamma-Interferon (einen sogenannten Primer) in eine Habtachtstellung versetzt wur-den, werden bei Empfang eines zweiten, spezifischeren Signals (des sogenannten Triggers) schnell aktiviert und bilden dann sowohl Stoffe, die ihnen bei der Ver-dauung der gefressenen Objekte helfen, als auch neue Signale für andere Immun-zellen – je nach Situation entzündungsfördernde oder entzündungshemmende Substanzen. Eine solche zweischrittige Aktivierung durch einen Primer und einen Trigger (**Abb. 115**) ist typisch für das Immunsystem und stellt eine Sicher-heitsmaßnahme gegen schädliche und verschwenderische Überaktivität dar.

Bei der Phagozytose stülpen die amöbenartigen Makrophagen einen breiten Ausläufer um das Objekt, bis sich dessen Ränder dahinter begegnen und mit-einander verschmelzen. Jetzt ist das Objekt in eine Membranblase eingeschlos-sen, das sogenannte Phagosom. Dieses verschmilzt dann mit kleinen, mit Säu-re und Verdauungsenzymen gefüllten Bläschen, sogenannten Lysosomen (vom griechischen *lysis* = Auflösung). Das Objekt wird zu kleinen Bausteinen zerlegt, die ungefährlich sind und idealerweise gleich zum Aufbau neuer Stoffe wieder-verwendet werden können. Dann löst sich das Bläschen auf.

Bestimmte verschlungene Proteinbruchstücke fassen die Makrophagen aber als Antigene auf. Sie befördern sie wieder nach draußen, und zwar auf ihre MHC-Klasse-II-Moleküle: jene Präsentierteller, auf denen Antigene den T-Zellen vorgeführt werden. Passt ein Antigen zum Rezeptor einer T-Zelle, wird diese aktiviert. Manche Makrophagen zählen also zu den professionellen antigenpräsentierenden Zellen, kurz APCs – auch wenn sie in dieser Funktion nicht ganz mit den dendritischen Zellen mithalten, die ich weiter unten vorstelle.

Makrophagen beteiligen sich auch an der Blutgefäß-Neubildung und an der Wundheilung, indem sie nicht mehr benötigte Zellen zum Sterben und andere Zellen durch die Ausschüttung von Wachstumsfaktoren zur Vermehrung und zur Produktion von Bindegewebsfasern (Kollagen) anregen. Und sie unterstützen die Heilung, indem sie sterbende Zellen vertilgen, bevor diese auslaufen und dadurch Autoimmunreaktionen und Entzündungen hervorrufen können.

Schon Elie Metchnikoff erkannte, dass Fresszellen nicht nur Krankheitserreger bekämpfen, sondern auch am Auf- und Umbau des Körpers beteiligt sind. Bei der Metamorphose einer Kaulquappe in einen Frosch vertilgen sie zum Beispiel die nicht mehr benötigten Schwanzzellen (**Abb. 116**). In den Hoden schützen sie die Spermien vor Angriffen des eigenen Immunsystems, dem diese Zellen fremd vorkommen, da sie erst ab der Pubertät hergestellt werden – lange nach der Lernphase, in der dem Immunsystem die körpereigenen Zellen vorgestellt werden. In der Schwangerschaft sorgen sie für den Umbau der Blutgefäße in der Plazenta, über die der Embryo mit Nährstoffen versorgt wird. Ohne ihr Zutun entwickeln sich weder unsere Netzhäute noch unsere Brustdrüsen richtig. Im Herzen übernehmen residente Makrophagen Schrittmacher-Funktion, indem sie elektrische Impulse an die Herzmuskelzellen weiterleiten und sie so zu rhythmischen Kontraktionen anhalten. Und im Fettgewebe steuern sie mit ihren Botenstoffen unser Körpergewicht.

Welche dieser Aufgaben sie übernehmen, hängt vor allem von den Aktivierungssignalen ab, die sie vor Ort von den T-Zellen empfangen. Bei einer Aufforderung zum Abtöten anderer Zellen spricht man von klassischer Aktivierung, bei einem Befehl zum Gewebeumbau oder zu Reparaturarbeiten von alternativer Aktivierung. Klassisch aktivierte Makrophagen werden oft als M1, alternativ aktivierte als M2 bezeichnet. Diese Klassifikation kommt aber gerade etwas aus der Mode, da man Makrophagen entdeckt hat, die sowohl entzündungsfördernde als auch – gleichzeitig! – reparaturfördernde Substanzen produzieren. Entfernt man im Tierversuch alle Makrophagen eines Typs aus einem Organ, so werden sie häufig durch andere Makrophagen ersetzt, die ihr Genexpressionsprofil ändern und so die neue Aufgabe übernehmen. Im Grunde sind M1 und M2 also nur zwei Extreme in einer ganzen Schar von Makrophagen-Typen, die stark von ihrer jeweiligen Umgebung und den anstehenden Aufgaben geprägt sind. Allein in der Milz tummeln sich zum Beispiel drei unterschiedliche Makrophagen-Typen.

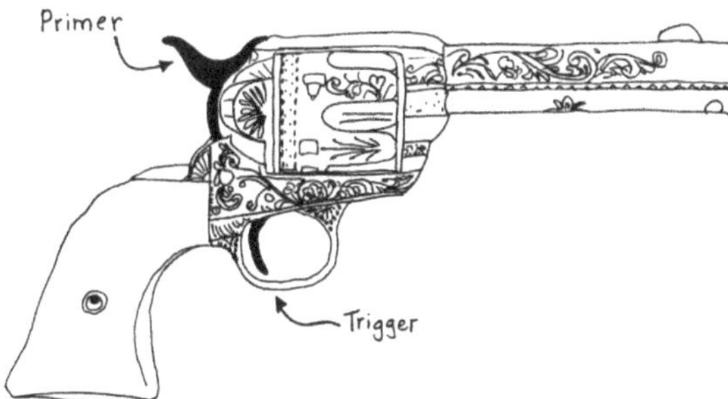

Abb. 115

Viele Immunzellen werden in zwei Schritten aktiviert. Das erste Signal, der Primer, versetzt sie in Bereitschaft. Beim zweiten Signal, dem Trigger, schlagen sie zu.

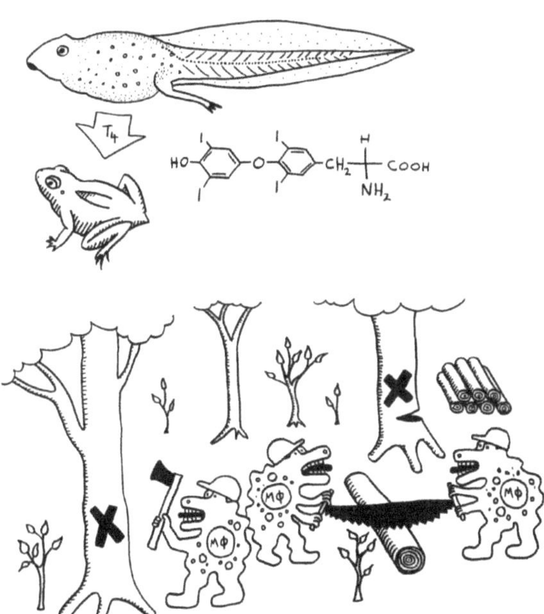

Abb. 116

Makrophagen sind nicht nur in der Abwehr tätig, sondern auch beim Umbau des Körpers während der Entwicklung – zum Beispiel bei der Metamorphose der Kaulquappe zum Frosch, die durch das Hormon Thyroxin (T_4) ausgelöst wird. Wie Waldarbeiter schaffen sie Platz für Neues.

Anders als die Neutrophilen, mit denen sie sonst viel gemeinsam haben und kooperieren, leben Makrophagen recht lang – oft Monate. Sie können sich auch noch durch Teilung vermehren, sodass das entzündete Gewebe nach einigen Tagen oft dicht mit ihnen durchsetzt ist. Wenn die Makrophagen der Lage nicht Herr werden, rufen sie Verstärkung herbei: Mit Zytokinen befehlen sie den Endothelzellen, die die nächstgelegenen Blutgefäße auskleiden, mehr Monozyten anzulocken, aus denen dann weitere Makrophagen entstehen. Und Makrophagen, die es nicht schaffen, alle verschlungenen Erreger abzutöten, präsentieren den T-Zellen Antigene aus diesen Erregern. Dann können die T-Zellen mit den passgenaueren Waffen der erworbenen Immunabwehr die Aufgabe zu Ende bringen.

Problematisch wird es, wenn im Gewebe so viele körpereigene Zellen – zum Beispiel Neutrophile – auf einmal sterben, dass die Makrophagen mit der Aufräumarbeit nicht hinterherkommen. Dann springen unreife dendritische Zellen ein, die ebenfalls Phagozytose betreiben können. Ich stelle sie im übernächsten Abschnitt vor. Sie neigen dazu, auf ihrer Oberfläche Antigene aus den verschlungenen körpereigenen Zellen zu präsentieren, was zur Aktivierung autoreaktiver T-Zellen und damit zu Autoimmunreaktionen führen kann.

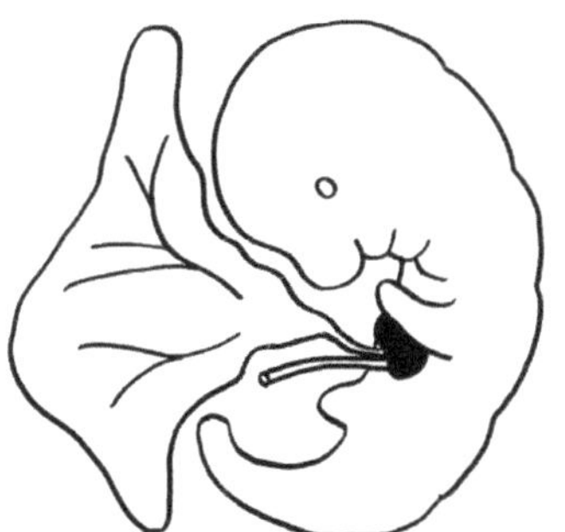

Abb. 117
Säugetier-Embryonen ernähren sich anfangs von Dotter. Aus dem Dottersack – hier links – wandern auch Makrophagen-Vorläufer in den Embryo ein, solange es noch kein Knochenmark gibt.

Gewebsmakrophagen und Mikroglia: Aliens aus dem Dottersack

Bis vor wenigen Jahren hielt man alle Immunzellen für Nachfahren der hämatopoetischen Stammzellen im Knochenmark. Dann entdeckte man eine erste Ausnahme: die Mikroglia, makrophagenähnliche Zellen in unserem Gehirn, die ich im nächsten Abschnitt vorstelle. Deren Vorläuferzellen wandern während der frühen Embryonalentwicklung aus dem Dottersack ins entstehende Gehirn ein.

Nicht nur Vogel- und Fisch-, sondern auch Säugetier-Embryonen ernähren sich anfangs, bevor die Nabelschnur fertig ist und die Versorgung übernimmt, von Dotter **(Abb. 117)**. Bei einer der ersten Zellteilungen nach der Befruchtung einer Eizelle wird eine der Tochterzellen zur Vorläuferin der Dottersackzellen. Der gesamte Embryo geht aus der anderen Tochterzelle hervor. Fast alle Zelltypen im ausgewachsenen Körper stammen von dieser ersten Embryozelle ab – fast!

Die Bildung von Blutzellen setzt beim Menschen etwa an Tag 19 der Schwangerschaft im Dottersack ein, wird dann in der vierten und fünften Woche vorübergehend von der Embryoleber übernommen und ist ab Mitte der zehnten Woche im Knochenmark angesiedelt. Die meisten Blutzellen und Blutzellvorläufer aus dem Dottersack oder aus der Leber werden später durch Zellen aus dem Knochenmark ersetzt – aber eben nicht alle. Neben den Mikroglia im Gehirn, die bis ins hohe Alter ausnahmslos auf Ahnen aus dem Dottersack zurückgehen, gibt es zum Beispiel im Herzmuskel residente Makrophagen, die das Gewebe überwachen und im Gleichgewicht halten. Sie gehen teils direkt auf Vorläufer im Dottersack, teils auf Dottersackzellen-Nachfahren aus der fetalen Leber zurück und sind ebenfalls imstande, sich ein Leben lang durch Teilung selbst zu erhalten.

Offenbar hängt es vom Organ oder Gewebe ab, ob das Knochenmark Zellen zur örtlichen Makrophagen-Population beisteuert. In erwachsenen Mäusen stammen die meisten residenten Makrophagen in der Leber, im Gehirn und in der Haut größtenteils noch immer von Dottersack- und Leber-Vorfahren ab, während sich das Verhältnis in den Lungen mit zunehmendem Alter zugunsten von Makrophagen mit Knochenmark-Ahnen verschiebt.

Bei einer Entzündung wandern zusätzlich aus dem Knochenmark stammende Monozyten ins Gewebe ein und reifen zu Makrophagen heran. Diese Notfall-Makrophagen siedeln sich aber meist nicht dauerhaft an, sondern werden nach der Entzündung von örtlichen Gewebsmakrophagen beseitigt.

Mikroglia: Aufpasser im Nervensystem

Unser Gehirn besteht lägst nicht nur aus Nervenzellen: Auf jedes Neuron kommen etwa zehn Begleiter, sogenannte Gliazellen. Zu ihnen zählen zum Beispiel die Schwann-Zellen, die die Myelinscheiden bilden, also die fettreichen Isolierschichten um die Ausläufer oder Axone von Nervenzellen. Etwa 10 bis 15 Prozent der Gliazellen, die sogenannten Mikroglia, haben Immunfunktionen: Sie beherrschen die Phagozytose, scheiden Botenstoffe aus und können auf den MHC-Molekülen an ihrer Oberfläche Antigene präsentieren. Bei Verletzungen oder Infektionen aktivieren sie nicht nur andere Immunzellen, sondern dämpfen auch überschießende Immunreaktionen und Entzündungen, die gerade im Gehirn sehr gefährlich werden können.

Die Gestalt und das Verhalten von Mikroglia hängen von der Art der Verletzung oder Infektion ab, die sie bekämpfen. Auf kleine Objekte wie beschädigte Nervenzellen oder Bakterien kriechen sie zu, um dann einen dicken Ausläufer zu bilden, sie zu verschlingen und abzubauen. Bei großen Eindringlingen wie Parasiten verhindern sie dagegen eine heftige Entzündung, die dem Gehirn schaden würde, und sorgen mit ihren Signalstoffen dafür, dass sie stattdessen in Bindegewebe eingekapselt werden, damit sich die Schädlinge nicht ausbreiten. Bei Anzeichen für einen Befall von Gehirnzellen mit Viren senden sie Hilferufe an T-Zellen aus, die daraufhin ins Gehirn einwandern, sich von den Mikroglia bestimmte Antigene präsentieren lassen und die befallenen Gehirnzellen kontrolliert abtöten.

Wie die Makrophagen haben Mikroglia aber auch andere, nicht immunologische Aufgaben, etwa den Umbau des umliegenden Gewebes: Mit ihren tentakelartigen Ausläufern tasten sie ständig ihre Umgebung ab und verstärken oder eliminieren Synapsen, also die Verbindungen zwischen Nervenzellen (**Abb. 118**). Das ist zum einen im Mutterleib und in der Kindheit wichtig. Während der Entwicklung des Gehirns stirbt etwa die Hälfte aller unreifen Neuronen kontrolliert ab, zum Beispiel weil sie keine funktionsfähigen Synapsen ausbilden können. Die Mikroglia steuern diesen Prozess und beseitigen die toten Zellen durch Phagozytose, damit sie keine Entzündung auslösen. Beim sogenannten synaptischen Pruning, also dem Abbau wenig genutzter Synapsen, umhüllen die Ausläufer der Mikroglia die Ausläufer der Nervenzellen und bauen sie ab. Erhaltenswerte Synapsen unterstützen sie dagegen mit Wachstumsfaktoren.

Mit ihrer selektiven Unterstützung und Beseitigung von Synapsen tragen Mikroglia auch zur neuronalen Plastizität bei, und zwar auch noch im erwachsenen Gehirn, das auf diese Weise lernfähig bleibt.

Lange hielt man Mikroglia für spezialisierte Makrophagen, hervorgegangen aus Monozyten. Doch tatsächlich sind sie »Aliens aus dem Dottersack« (s. Kasten

Abb. 118
Multitasking: Mikroglia übernehmen mit ihren tentakelartigen Ausläufern im Gehirn Überwachungs-, Aufräum-, Wartungs- und Umbauaufgaben. Sie bauen überflüssige Synapsen ab, stärken viel genutzte Synapsen, heilen verletzte Nervenzellen, bekämpfen Krankheitserreger und rufen bei Bedarf andere Immunzellen zur Hilfe.

auf S. 195): Ihre Vorfahren waren nie im Knochenmark oder in einem anderen blutbildenden Organ des Körpers. Trotz ihrer Ähnlichkeit mit den Makrophagen tauchen sie daher im hämatopoetischen Stammbaum (s. Abb. 105) nicht auf. Ab der fünften Schwangerschaftswoche dringen ihre Ahnen aus dem Dottersack in das entstehende Gehirn des Embryos ein, und zwar kriechend wie Amöben. Dort wird ihr Zellkörper sesshaft; zugleich bilden sie zahlreiche Ärmchen aus, mit denen sie ständig ihre Umgebung abtasten. Sie bleiben ein Leben lang teilungsfähig. Bei Entzündungen und Beschädigungen des zentralen Nervensystems vermehren sie sich stärker als sonst.

Außerdem werden in solchen Notlagen Monozyten aus dem Blutkreislauf angefordert, die dann die Blut-Hirn-Schranke überwinden, zu Makrophagen reifen und sich an Immunreaktionen beteiligen – auch an Autoimmunreaktionen, zum Beispiel bei MS. Nach ihrem Einsatz sterben diese Nothelfer ab; dann sind die Mikroglia wieder unter sich.

Wie viele andere Komponenten des Immunsystems können auch Mikroglia dem Organismus schaden, wenn sie zu lange aktiv bleiben. Bei neurodegenerativen Erkrankungen wie Alzheimer-Demenz, Parkinson-Krankheit, Chorea Huntington und amyotropher Lateralsklerose scheinen sie das Gehirn in der Anfangsphase vor überzogenen Entzündungsreaktionen zu schützen, zum Beispiel indem sie Aggregate falsch gefalteter Proteine (sogenannte Plaques) vertilgen.

Später aber tragen sie zur Chronifizierung bei – dann nämlich, wenn sie die vielen verschlungenen Aggregate selbst nicht mehr abbauen können, unter Zellstress geraten und ständig entzündungsfördernde Subtsanzen ausscheiden. Bei MS präsentieren Mikroglia Autoantigene auf ihren MHC-Molekülen und aktivieren so autoreaktive T-Zellen, die durch die Nervenentzündung in das Gehirn gelockt wurden.

Im Alter lässt sich ein Teil der Mikroglia nicht mehr richtig aktivieren. Ein anderer Teil wird dagegen überaktiv: Auch ohne Erkrankung bilden die Zellen mehr aktivierende Rezeptoren und mehr entzündungsfördernde Wirkstoffe als zuvor. Zugleich stellen sie weniger entzündungshemmende Wirkstoffe und weniger aktivitätshemmende Rezeptoren her. Beides begünstigt chronische Entzündungen im zentralen Nervensystem.

Auch an chronischen Schmerzen sind daueraktive Mikroglia beteiligt, offenbar aber nur bei Männern und männlichen Tieren. Im weiblichen Organismus tragen ebenfalls Immunzellen zur Chronifizierung von Schmerzen bei; dort sind es aber T-Zellen. All diese Differenzierungen – nach der Art der Verletzung oder Infektion des Gehirns, nach dem Alter des Organismus, nach der Phase der jeweiligen Erkrankung und nach dem Geschlecht der Betroffenen – machen es unmöglich, die Mikroglia einfach als Helfer oder als Mitschuldige einzustufen. Diese Ambivalenz ist typisch für die Rolle vieler Immunzellen bei einem Systemversagen, etwa einer Autoimmunerkrankung.

Dendritische Zellen: vielseitige Antigen-Präsentatoren

»Dendritisch« heißt verzweigt oder verästelt, und tatsächlich erkunden dendritische Zellen (kurz DC, nach dem englischen *dendritic cells*) ihre Umgebung gerne mit zahlreichen tentakelartigen Ausläufern. Im Blut sind sie nur auf ihrem kurzen Weg vom Knochenmark in ihr Zielgewebe anzutreffen. Im Gewebe kommen sie vor allem dort vor, wo viele Pathogene oder in die Irre gelaufene Kommensalen zu erwarten sind, zum Beispiel in der Oberhaut oder in den Schleimhäuten, wo sie als Langerhans-Zellen bezeichnet werden.

Dendritische Zellen sind mit Monozyten bzw. Makrophagen und Neutrophilen verwandt. Die Langerhans-Zellen entstehen sogar aus Monozyten. Sie ähneln Makrophagen, können wie diese Phagozytose betreiben, bleiben aber meistens passiv, bis sie ein Antigen aufnehmen, zum Beispiel ein Bruchstück einer Bakterienhülle. Dann wandern sie aus der Haut in einen Lymphknoten und präsentieren dort den T-Zellen das Antigen. Auch die inflammatorischen dendritischen Zellen, die bei einer Infektion entstehen, gehen aus Monozyten hervor, die in das entzündete Gewebe einwandern.

Eine weitere Sonderform ist die relativ seltene plasmazytoide dendritische

Zelle oder pDC, die viel Zytoplasma enthält und kaum Dendriten ausbildet. Sie dient vor allem der schnellen Abwehr einer Vireninfektion: Mit speziellen Rezeptoren erkennt sie Nukleinsäuren, zum Beispiel aus dem Erbgut von Viren, und produziert daraufhin vor allem Interferone (siehe Kapitel »Die Moleküle des Immunsystems«). Eine pDC kann nach ihrer Aktivierung innerhalb von 24 Stunden eine Milliarde Alpha-Interferon-Moleküle herstellen. Da ihre Rezeptoren auch auf körpereigene Nukleinsäuren reagieren, die zum Beispiel bei einer Hautwunde aus den zerstörten Epithelzellen austreten, tragen sie auch zur Wundheilung bei, die ebenfalls durch Interferone initiiert wird. Zur falschen Zeit am falschen Ort können pDC mit ihren entzündungsfördernden Interferonen aber auch Autoimmunreaktionen verstärken. So könnten sie im Zusammenspiel mit Neutrophilen und B-Zellen in der Bauchspeicheldrüse Typ-1-Diabetes zum Ausbruch bringen. Auch an der Entstehung von Lupus oder Schuppenflechte sollen sie beteiligt sein.

Erheblich häufiger als pDC sind die mDC oder myeloiden dendritische Zellen. Unreif sind sie fleißige Phagozyten, die vor allem Mikroben verschlingen. Wie oben erwähnt, können sie auch Schaden anrichten, wenn sie bei einem massiven Zellensterben den Makrophagen unter die Arme greifen und beschädigte oder tote Zellen verschlingen. Indem sie deren Bestandteile auf ihren MHC-Klasse-II-Molekülen als Antigene präsentieren, können sie Autoimmunreaktionen auslösen.

Im reifen Zustand betreiben mDC kaum noch Phagozytose. Stattdessen werden sie professionelle antigenpräsentierende Zellen (kurz APC, **Abb. 119**): Sie nehmen Erreger oder Erreger-Bruchstücke auf, verarbeiten die Antigene im Zytoplasma weiter und präsentieren sie dann in den Lymphknoten den T-Zellen, wobei die MHC-Klasse-II-Moleküle auf ihrer Oberfläche als Präsentierteller dienen. Wenn gleichzeitig auf ihrer Oberfläche Kostimulationssignale erscheinen, die belegen, dass wirklich Gefahr droht, werden die passenden T-Zellen und in der Folge auch die entsprechenden B-Zellen aktiviert. Außerdem schütten dendritische Zellen Zytokine aus, um die T-Zellen optimal anzuregen. Sie stellen also – wie die Makrophagen – ein Bindeglied zwischen angeborener und erworbener Abwehr dar.

Auch im Thymus kommen dendritische Zellen vor, offenbar sowohl mDC als auch pDC. Hier sind sie wohl an der Ausbildung der Selbsttoleranz des Immunsystems durch die negative Selektion der jungen T-Zellen beteiligt, und sie regen die Entstehung regulatorischer T-Zellen oder Tregs an. Die Autoantigene, die sie den T-Zellen bei der negativen Selektion präsentieren, haben sie entweder vor ihrer Einwanderung in den Thymus irgendwo im Körper aufgenommen oder im Thymus von den medullären thymischen Epithelzellen übernommen. Deren Aufgabe besteht ja – wie oben im Thymus-Kapitel beschrieben – in der Herstellung aller möglicher körpereigener Antigene.

Ein möglicher Grund für das Versagen der Selbsttoleranz und den Ausbruch von Autoimmunerkrankungen, insbesondere MS und Typ-1-Diabetes, ist die enzymatische Verarbeitung der Antigene im Zytoplasma der dendritischen Zellen im Thymus. Die aufgenommenen Proteine werden von Proteasen an allen möglichen Stellen zerschnitten, um Bruchstücke zu erzeugen, die die richtige Länge für die Präsentation auf den MHC-Klasse-II-Molekülen haben. Die Protease Cathepsin S zerschneidet die für MS und Typ-1-Diabetes charakteristischen Autoantigene ausgerechnet an den Stellen, die für die Erkennung durch die T-Zellen wichtig wären. Menschen, deren dendritische Zellen im Thymus zu viel Cathepsin S herstellen, haben ein erhöhtes MS- und Typ-1-Diabetes-Risisko – vermutlich, weil den T-Zellen im Thymus keine intakten Autoantigene präsentiert und folglich autoreaktive T-Zellen nicht eliminiert wurden.

Und dann gibt es noch einen »falschen Fünfziger«: Die sogenannten follikulären dendritischen Zellen in den Lymphfollikeln haben zwar Dendriten, sind aber nicht mit echten dendritischen Zellen verwandt. Ihr Ursprung ist unbekannt. Sie wandern nicht, sondern sitzen stationär in den Keimzentren der Lymphfollikel in den Lymphknoten, der Milz und der Darmschleimhaut. Im Unterschied zu echten DC präsentieren sie auch keine zurechtgeschnittenen Antigene auf MHC-Klasse-II-Molekülen. Stattdessen fangen sie unbearbeitete Antigene ein: An ihrer Oberfläche tragen sie Rezeptoren für die konstanten Enden von Antikörpern und für Komplementfaktoren, mit denen sie Antigen-Antikörper-Komplexe und Antigen-Komplement-Komplexe binden. Außerdem scheiden sie Zytokine aus, die unter anderem zur Aktivierung, Teilung und Differenzierung von B-Zellen beitragen. Und sie scheinen für den Erhalt der Follikelstruktur notwendig zu sein.

Abb. 119
Die dendritischen Zellen gehören zu den antigenpräsentierenden Zellen,
in diesem Buch an ihren Präsentiertellern zu erkennen.

2. Lymphozyten: wirbeltiertypische Spezialisten

Im herkömmlichen hämatopoetischen Stammbaum wurde dem myeloischen Hauptast der angeborenen Immunzellen ein zweiter Hauptast gegenübergestellt: die Zellen der erworbenen Immunität, auch adaptive Immunität genannt. Sie ist evolutionär jünger, langsamer, aber wegen ihrer Antigenspezifität auch wirksamer als die unspezifisch, aber schnell zuschlagende angeborene Abwehr. Wie bereits erwähnt, sprengen die neu entdeckten ILCs dieses schöne Schema, denn sie sind im hämatopoetischen Stammbaum auf demselben Ast angesiedelt wie die Lymphozyten (**Abb. 120**), haben aber keine hochspezifischen Antigen-Rezeptoren und zählen so gesehen auch nicht zur erworbenen Abwehr. Ich komme auf sie zurück. Aber erst einmal stelle ich die länger bekannten und gründlicher erforschten Lymphozyten vor.

Wie oben erläutert, wird das Erbgut der Zellen der *angeborenen* Abwehr nicht umgebaut: Sie enthalten genau dieselben Abfolgen von Basenpaaren wie fast alle anderen Körperzellen, nur dass die meisten Immungene in Nichtimmunzellen nicht abgelesen werden, sondern ein Leben lang auf eng zusammengerollten Chromosomenabschnitten schlummern.

Die Schlüsselgene der *erworbenen* oder adaptiven Abwehr werden dagegen während der Reifung der Lymphozyten individuell umgebaut. Dieser Vorgang heißt somatische Rekombination, abgeleitet vom griechischen *soma* = Körper und vom lateinischen *recombinare* = neu zusammensetzen. Danach enthält jeder Zellkern nur noch je eines von mehreren ähnlichen, aber eben nicht identischen Modulen. Beim Aneinanderkoppeln dieser Module werden außerdem an den Verbindungsstellen einzelne Basen ausgetauscht, was die Vielfalt der Genvarianten weiter ehöht. In **Abb. 121** demonstriere ich das Prinzip anhand einer Eisenbahn. Erst durch diesen Umbau »erwerben« die Zellen ihr endgültiges Genom; sie »adaptieren« sich damit an ihre Aufgabe, die spezifische Abwehr. Teilt sich eine solcherart gereifte Zelle, so haben beide Tochterzellen und im Folgenden auch alle ihre Nachfahren (ein sogenannter Lymphozyten-Klon) dasselbe umgebaute Genom.

Das Wort »erworben« führt leicht in die Irre, weil es an Lamarcks widerlegte Theorie der Vererbung erworbener Eigenschaften erinnert. Man sollte sich unbedingt klarmachen, dass die Passung zwischen den Immunzellen und den von ihnen erkannten Antigenen nicht erst durch die Begegnung zustande kommt: Die Rezeptoren der Immunzellen passen sich nicht an die Antigene der Eindringlinge an, genau wie ein Giraffenhals nicht erst durch den Versuch der Tiere lang wird, das Laub besonders hoher Bäume zu fressen. Die Varianten entstehen vielmehr schon vorher durch die zufallsgesteuerte Neukombination und Mutation vorhandener Genbausteine in den Zellen.

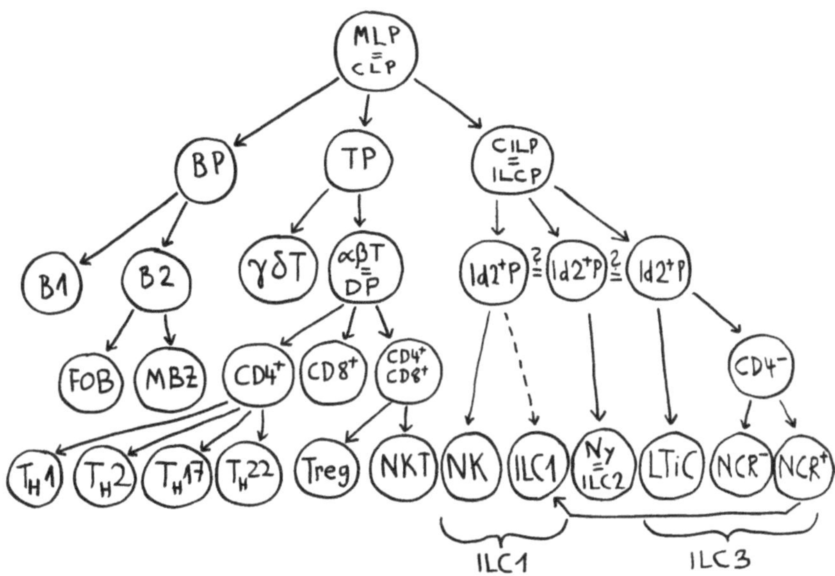

Abb. 120

Nach heutigem Kenntnisstand entstehen aus den *multilineage progenitors* (MLP), auch *common lymphoid progenitors* (CLP) genannt, nicht nur die klassischen B- und T-Lymphozyten, sondern auch die *innate lymphoid cells* (ILCs), die noch keinen etablierten deutschen Namen haben.

Aus einem B-Zell-Progenitor (BP) können B1-Zellen, follikuläre B-Zellen (FOB) oder Marginalzonen-B-Zellen (MZB) werden. Aus einem T-Zell-Progenitor (TP) entwickeln sich entweder Gamma-Delta-T-Zellen (γδT) oder Alpha-Beta-T-Zellen (αβT). Letztere tragen zunächst zwei typische Oberflächenmarker, CD4 und CD8, und heißen daher »doppelt positiv« (DP). Im Thymus reifen sie zu einfach positiven $CD4^+$- oder $CD8^+$- oder aber zu weiterhin doppelt positiven $CD4^+CD8^+$-T-Zellen heran. Aus den $CD4^+$-Zellen werden T-Helferzellen des Typs Th1, Th2, Th17 oder Th22. Die $CD8^+$-T-Zellen heißen auch zytotoxische T-Zellen. Aus den doppelt positiven T-Zellen werden entweder regulatorische T-Zellen (Treg) oder natürliche Killer-T-Zellen (NKT).

Die Entwicklungswege der ILCs sind noch nicht ganz aufgeklärt. Natürliche Killerzellen (NK) gehören offenbar zur ILC1-Gruppe. Die *nuocytes*, die auf Deutsch Nyozyten heißen müssten, sind ILC2-Zellen. Zu den ILC3-Zellen gehören die lymphgewebsinduzierenden Zellen (*lymphoid tissue-inducing cells* = LTiC) und sowohl eine NCR-negative als auch eine NCR-positive Subpopulation, wobei NCR für natürliche zytotoxische Rezeptoren steht. NCR^+-Zellen können sich offenbar zu ILC1-Zellen weiterentwickeln.

Die Proteine, die von den umgebauten Genen abgelesen werden, dienen als Antigen-Rezeptoren und als Antikörper. Da die Berührungsflächen der Rezeptoren und Antikörper zu den Antigenen in jedem Zellklon der erworbenen Immunität etwas anders geformt sind, kann jeder Klon andere Antigene erkennen und bekämpfen. Bei einer adaptiven Immunreaktion werden in der immensen Vielfalt genau die Immunzellen aufgespürt, die den gerade zu bekämpfenden Erreger, Tumor oder Fremdstoff am besten erkennen und binden. Diese wenigen Zellen werden zu einer massiven Vermehrung angeregt, um dann mit geballter Kraft gegen den Feind vorzugehen. Das dauert seine Zeit, ist aber viel effektiver als die relativ undifferenzierten Haudrauf-Methoden der angeborenen Immunität.

Da die Auswahl und Aktivierung der passenden Zellen in den Lymphknoten stattfindet, heißen diese Zellen Lymphozyten. Nach ihrer Reifung durchlaufen sie drei Lebensphasen: Bevor sie den zu ihren Rezeptoren passenden Antigenen begegnen, heißen sie »naiv.« Nach der Begegnung vermehren sie sich und werden zu »Effektorzellen«. Anschließend bleiben einige wenige »Gedächtniszellen« übrig (Lebensstationen 3, 5 und 7 in Abb. 103). Naive Lymphozten leben länger als die Zellen der angeborenen Abwehr – bis zu drei Monaten. Zum einen ist ihre Herstellung aufwändiger, zum anderen sind sie für das Gewebe nicht so gefährlich wie die »tickenden Zeitbomben« aus der angeborenen Abwehr. Naive Lymphozyten und Gedächtniszellen werden als ruhend bezeichnet, weil sie sich nicht vermehren und auch keine Immunaktivitäten entfalten. Beide sind klein (Durchmesser 8 bis 10 Mikrometer) und äußerlich nicht zu unterscheiden. Aktivierte Lymphozyten sind größer (10 bis 12 Mikrometer), da sie aufgrund ihrer Zellteilungs- und Immunaktivitäten mehr Zytoplasma und mehr sogenannte Organellen enthalten, also mit Membranen abgegrenzte Funktionsbereiche wie Mitochondrien.

Man unterscheidet zwei Hauptzelltypen, die B- und T-Lymphozyten, oft einfach B- und T-Zellen genannt.

Abb. 121

(a) Aus vier Lokomotiven, drei Personenwagen und drei Güterwagen lassen sich 4*3*3 = 36 unterschiedliche Züge zusammenstellen, in denen jedes der drei Elemente einmal vorkommt. (b) Einer der 36 Zugtypen. Wären die Elemente fest verbunden, bräuchte man gut zehnmal so viel Stellplatz, um alle 36 Typen anzubieten.

Die enorme Vielfalt an Lymphozyten, die mit ihren Rezeptoren und Antikörpern alle möglichen Antigene spezifisch erkennen, kommt ähnlich zustande: durch somatische Rekombination. Antikörper bestehen zum Beispiel aus zwei unterschiedlichen Bausteinen, den schweren und leichten Ketten. Schwere Ketten sind aus je einer V-, D- und J-Region zusammengesetzt. Auf unserem Chromosom 14 liegen hintereinander 40 unterschiedliche V-Elementen, 25 D-Elemente und 6 J-Elemente. In jeder B-Zelle, die im Knochenmark entsteht, findet eine Rekombination statt, bei der die Elemente zufällig ausgesucht und zusammengeschnitten werden. So entstehen aus relativ wenig Erbgut 40*25*6 = 6000 unterschiedliche schwere Ketten. Von den leichten Ketten gibt es 320 Varianten. Durch zufällige Paarung je einer schweren und einer leichten Kette kommen 6000*320, also knapp zwei Millionen unterschiedliche Kombinationen zustande.

Außerdem werden beim Zusammenschneiden der Genelemente einzelne Basen zusätzlich eingebaut oder weggelassen (somatische Hypermutation). Dadurch erhöht sich die Antikörper-Vielfalt theoretisch auf etwa 10 Billionen (10^{13}). Bei den T-Zell-Rezeptoren sorgen diese beiden Mechanismen – somatische Rekombination und Hypermutation – sogar für ein noch breiteres Spektrum.

B-Zellen: die Antikörperproduzenten

Knapp ein Viertel aller Lymphozyten im Blut eines gesunden Menschen sind B-Lymphozyten. Sie sind die einzigen Immunzellen, die Antikörper oder Immunglobuline herstellen können (**Abb. 122**). Antikörper bilden die sogenannte humorale Abwehr – nach dem lateinischen *humor* = Körpersaft, weil diese Stoffe frei im Blut und in der Gewebsflüssigkeit treiben.

B-Zellen entstehen im Knochenmark aus einem B-Zell-Progenitor. Aus diesem gehen sogenannte B1- und B2-Zellen hervor, und die B2-Zellen differenzieren sich weiter aus zu **follikulären B-Zellen (FOB)** und **Marginalzonen-B-Zellen (MZB)**, wie oben in Abb. 120 dargestellt. Sie unterscheiden sich durch den Zeitpunkt ihres Auftretens, ihre Größe, ihren Aufenthaltsort, die chemischen Marker auf ihrer Oberfläche, ihre Funktion und ihre Lebensdauer. B1-Zellen, die schlichte, sogenannte natürliche Antikörper herstellen, treten vor allem kurz vor und nach der Geburt auf. Später herrschen die schlagkräftigeren und langlebigeren B2-Zellen vor. (Ob es beim Menschen wirklich B1-Zellen gibt, ist nach wie vor umstritten. Bei Mäusen sind sie eindeutig nachgewiesen.)

Bevor die B-Zellen in die Blutbahn übergehen, durchlaufen sie unter dem Einfluss des Knochenmark-Grundgewebes eine Reifung: die oben in Abb. 121 beschriebene somatische Rekombination. Dabei werden die Immunglobulin-Gene, von denen sowohl die B-Zell-Rezeptoren als auch die Antikörper abgelesen werden, neu arrangiert. Dann werden zunächst B-Zell-Rezeptoren hergestellt und in der Zelloberfläche verankert. Neigen sie zu einer starken Bindung an Autoantigene, mit denen die Knochenmarkszellen sie konfrontieren, so wird ein Teil der Immunglobulin-Gene noch einmal umgebaut. Sind die Rezeptoren auch nach diesem sogenannten Rezeptor-Editing noch autoreaktiv, so stirbt die junge B-Zelle kontrolliert ab, bevor sie dem Körper gefährlich werden kann. Dieses Aussortieren trägt zur zentralen Toleranz bei, da nur B-Zellen übrigbleiben, die sich mit körpereigenen Antigenen vertragen.

Die reifen B-Zellen verlassen nun das Knochenmark und wandern durch die Blutgefäße und den Körper. Sie werden als naiv bezeichnet, da sie noch nicht mit Antigenen konfrontiert wurden, an die ihre Rezeptoren binden. Sie bleiben am liebsten in dem Gewebe, in das sie einmal eingewandert sind, und kehren nur selten in die Blutbahn zurück, um sich weitertransportieren zu lassen. Hat eine B-Zelle nach etwa drei Tagen immer noch kein passendes Antigen gefunden, stirbt sie ab. Eine B-Zelle, deren Rezeptor ein Antigen erkennt, wird dagegen aktiviert.

Die relativ seltenen B1- und Marignalzonen-B-Zellen produzieren Antikörper von vergleichsweise geringer Vielfalt und mäßigem Antigen-Bindungsvermögen, sogenannte natürliche Antikörper. Diese Zellen stellen ein Bindeglied

Abb. 122
Während der Antikörperproduktion enthalten B-Zellen viel Zytoplasma; sie werden daher Plasmazellen genannt. In dieser Phase sind sie ungefähr eiförmig. In meinen Zeichnungen sind alle B-Zellen, ganz gleich in welcher Phase, solche »Eiermännchen« mit einem B im Zellkern.

zwischen angeborener und erworbener Abwehr dar: Sie brauchen keine Unterstützung durch T-Helferzellen, sondern reagieren schnell auf eindeutige Bedrohungen und halten mit ihren Antikörpern der ersten Generation eine Infektion so lange in Schach, bis die optimierten, passgenaueren Antikörper der follikulären B-Zellen fertig sind. B1-Zellen halten sich in der Bauchhöhle neugeborener Mäuse auf und sprechen vor allem auf bakterientypische DNA-Bruchstücke an, sogenannte CpG-reiche Sequenzen, und auf Lipopolysaccharide aus Bakterienmembranen. Marginalzonen-B-Zellen sitzen in Randbereich der Milz und können daher schnell auf Erreger im Blutkreislauf reagieren.

Meistens ist für die volle Aktivierung der humoralen Abwehr aber ein zweiter Schritt nötig, um Überreaktionen des Immunsystems zu verhindern: Durch den Antigenkontakt wird die B-Zelle voraktiviert. Dann wandert sie in den nächstgelegenen Lymphknoten ein, wo sie einer Vielzahl von T-Helferzellen begegnet. Das Antigen, das ihr B-Zell-Rezeptor gebunden hatte, hat sie mittlerweile in ihr Zytoplasma aufgenommen, weiterverarbeitet und auf einem MHC-Klasse-II-Molekül wieder an die Zelloberfläche transportiert.

Nur wenn eine T-Helferzelle genau dieses Antigen auf einem MHC-Klasse-II-Präsentierteller erkennt und sie der follikulären B-Zelle zugleich ein sogenanntes Kostimulationssignal präsentiert, das auf eine echte Gefahr wie eine Infektion hinweist, wird die B-Zelle voll aktiviert: Sie wird zur Vermehrung angeregt und reift zudem zu einer sogenannten Plasmazelle heran, die auf die Antikörperherstellung spezialisiert ist. Die ersten produzierten Antikörper gleichen den B-Zell-Rezeptoren; nur das Ende der konstanten Region – der Fuß des ungefähr Y-förmigen Moleküls – ist so verändert, dass es nicht mehr in der Zellmembran verankert wird. Die Antikörper, die eine B-Zelle herstellt, erkennen also dieselben Antigene wie zuvor die B-Zell-Rezeptoren.

Voll aktivierte follikuläre B-Zellen durchlaufen in den Keimzentren der Lymphfollikel eine sogenannte Affinitätsreifung, eine rasante Miniatur-Evolution: Sie teilen sich lebhaft, wobei die Gene für den variablen Teil der B-Zell-Rezeptoren und Antikörper immer wieder ein klein wenig verändert werden, sodass die Tochterzellen teils besser, teils schlechter an die Antigene binden. Durch eine rigide Selektion überleben immer nur diejenigen Zellen, deren Immunglobuline am besten passen, sodass die Immunreaktion mit jeder neuen Zellgeneration schlagkräftiger wird (**Abb. 123**). Den nötigen Selektionsdruck liefern offenbar die bereits hergestellten Antikörper: Sie docken an die Antigene an, die die dendritischen Zellen in den Keimzentren präsentieren. Nur B-Zellen, deren B-Zell-Rezeptoren eine höhere Affinität zu den Antigenen haben, können diese Antikörper verdrängen.

Haben sie diesen ersten Test bestanden, präsentieren die verbesserten B-Zellen ihr Antigen sogenannten follikulären T-Helferzellen, die ich im nächsten Abschnitt vorstelle. Kommt auch dieser Kontakt zustande, lösen die T-Helferzellen in den B-Zellen einen sogenannten Klassenwechsel aus: Die Gene der Immunglobuline (kurz: Ig) werden so umgelagert, dass der variable, antigenspezifische Teil der Antikörper jetzt auf einen anderen konstanten Teil montiert wird (**Abb. 124**). Statt IgM und IgD entsteht nun IgG, IgA oder IgE. Die Unterschiede zwischen diesen Immunglobulin- oder Antikörper-Klassen erkläre ich weiter unten im Kapitel über die Moleküle des Immunsystems.

Abb. 123

In den Follikeln der Lymphknoten und des tertiären Lymphgewebes kommt es zur **Affinitätsreifung**. Sie erhöht die Antigen-Bindungsstärke der Immunglobuline, also der B-Zell-Rezeptoren und der Antikörper. Im Uhrzeigersinn, bei 4 Uhr beginnend:

A Eine B-Zelle, die bereits ein Antigen aufgenommen hat, präsentiert ihren Fund einer T-Helferzelle (T_H) und wird vollends aktiviert, sofern der T-Zell-Rezeptor das Antigen erkennt. Sie erhält von der T-Helferzelle die Lizenz, in das Keimzentrum des Follikels einzutreten.

B Im Keimzentrum des Follikels vermehrt sich die B-Zelle stark durch Teilung. Währenddessen verändert ein Enzym nach dem Zufallsprinzip einzelne Basen (A, T, C, G) in dem Gen, das die antigenspezifische Bindungsstelle des Immunglobulins codiert. Diesen Vorgang nennt man **somatische Hypermutation**.

C Die mutierten B-Zellen treten aus der dunklen Zone des Keimzentrums in die helle Zone über, wo sie von dendritischen Zellen (DC) erwartet werden. Diese sind für die Selektion zuständig.

D Die dendritischen Zellen präsentieren ihnen das Antigen, um die Bindungsstärke des mutierten B-Zell-Rezeptors zu prüfen.

E Hat die Mutation die Bindung der Immunglobuline an das Antigen geschwächt, stirbt die B-Zelle durch Apoptose kontrolliert ab.

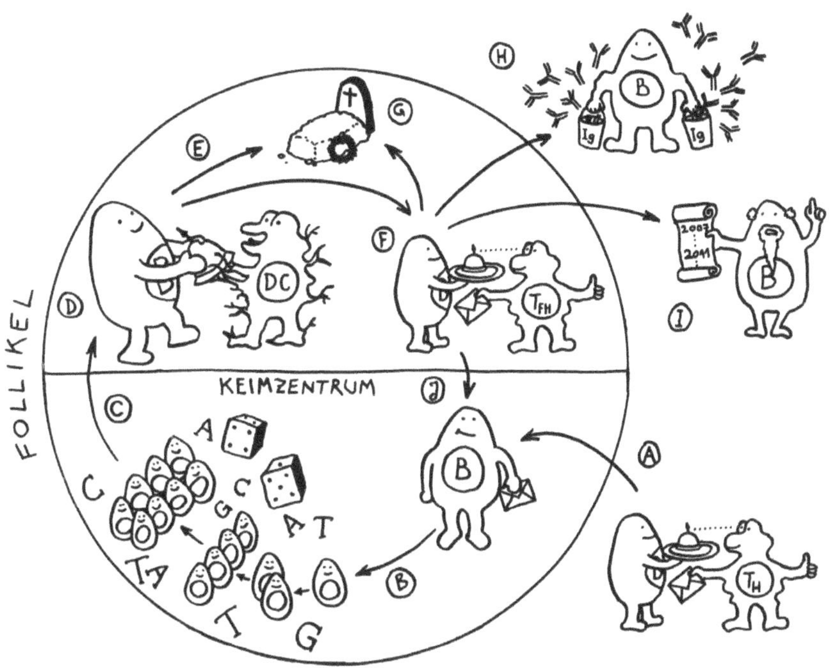

F Hat die Mutation die spezifische Bindung an das Antigen gestärkt, so führt die B-Zelle dieses Antigen nun auf ihrem MHC-Klasse-II-Molekül einer follikulären T-Helferzelle (T_{FH}) vor, die es mit ihrem spezifischen T-Zell-Rezeptor erkennt. Durch diesen Kontakt wird der **Klassenwechsel** bei den Immunglobulinen ausgelöst, sodass die B-Zelle nun kein IgM mehr herstellt, sondern IgG, IgE oder IgA – je nachdem, welchen Botenstoff die follikuläre T-Helferzelle ausschüttet. Dazu mehr in der nächsten Abbildung.
Je nach dem Ergebnis dieser zweiten Prüfung schlägt die B-Zelle einen von vier Wegen ein:
G Die B-Zelle ist unbrauchbar, weil sie der T-Zelle ihr Antigen nicht effizient präsentiert, und stirbt.
H Die B-Zelle ist zur humoralen Abwehr geeignet, verlässt das Keimzentrum und entwickelt sich zur Plasmazelle weiter, die massenhaft Antikörper erzeugt.
I Einige B-Zellen reifen stattdessen zu Gedächtniszellen heran, die mit ihrem Wissen um die aktuelle Infektion dafür sorgen, dass das Immunsystem auf ein späteres erneutes Auftreten desselben Antigens schneller und stärker reagiert.
J Einige besonders schlagkräftige B-Zellen erhalten die Order, erneut in das Keimzentrum einzutreten, um sich zu vermehren und durch Mutation und Selektion weiter zu verbessern. So steigert der Organismus die Affinität der Immunglobuline zu einem bestimmten Antigen mit der Zeit.

Nach der Affinitätsreifung und dem Klassenwechsel verlassen die meisten follikulären B-Zellen die Lymphknoten und werden zu Plasmazellen: Die Produktion der Antikörper wird stark gesteigert; daher nimmt das Zytoplasma viel mehr Platz ein als in anderen Immunzellen. Dafür stellen die Zellen fast alle anderen Aktivitäten ein. Zum Beispiel können sie sich nicht mehr fortbewegen. Sie tragen kaum noch Rezeptoren, sodass sie nur noch auf wenige Signale reagieren. Und sie teilen sich nicht mehr (**Abb. 125**). Einige B-Zellen bleiben aber im Follikel und durchlaufen einen weiteren Zyklus aus Teilung, Affinitätsreifung und so weiter, sodass jede neue Antikörper-Generation besser an das Antigen bindet als die vorige.

Ist die Infektion besiegt, sterben die antigenspezifischen Plasmazellen, die sich zuvor massenhaft vermehrt hatten, kontrolliert ab. Einige B-Zellen hatten zwar die Affinitätsreifung und den Klassenwechsel vollzogen, sich aber nicht in Plasmazellen verwandelt, sondern ihre ursprüngliche Gestalt beibehalten. Sie dienen nun als **Gedächtniszellen**, die Jahrzehnte alt werden können. Sie haben eine niedrigere Aktivierungsschwelle als naive B-Zellen und sorgen so dafür, dass die schlagkräftige erworbene Abwehr bei einem erneuten Auftreten derselben Antigene viel schneller in die Gänge kommt als bei der ersten Infektion. Überdauern können Gedächtniszellen nur in speziellen Überlebensnischen, zum Beispiel im Knochenmark und in der Milz, wo sie mit allem Nötigen versorgt werden. Zytokine wie Interleukin-6 locken die Zellen an diese Orte. Die Zahl der Überlebensnischen ist im gesunden Körper begrenzt, sodass neue Gedächtniszellen mit alten konkurrieren (**Abb. 126**).

Erst vor kurzem wurde entdeckt, dass auch einige wenige Plasmazellen zu Gedächtniszellen werden, statt abzusterben. Auch diese **Plasmagedächtniszellen** brauchen Überlebensnischen, um Jahrzehnte zu überdauern und weiterhin Antikörper zu produzieren. Entstehen beim Ausbruch einer Autoimmunerkrankung wie Lupus massenhaft autoreaktive Plasmazellen und damit auch einige autoreaktive Plasmagedächtniszellen, so können sie andere Gedächtniszellen aus ihren Nischen verdrängen (**Abb. 127**). Außerdem entstehen im chronisch entzündeten Gewebe tertiäre lymphatische Organe mit neuen Keimzentren – und damit weitere Überlebensnischen (**Abb. 128**). Da sich Plasmagedächtniszellen nicht mehr vermehren, können die Immunsuppressiva, mit denen man Lupus normalerweise zu stoppen versucht, ihnen nichts anhaben: Diese Mittel greifen nur Zellen an, die sich teilen. Daher können die langlebigen autoreaktiven Plasmazellen weiterhin große Mengen an Autoantikörpern produzieren.

Ein weiterer neu entdeckter B-Zell-Typus ist noch so schlecht erforscht, dass ich ihn nur der Vollständigkeit halber erwähne: **Regulatorische B-Zellen** oder **Bregs** dämpfen Immunreaktionen, analog zu den weitaus bekannteren regulatorischen T-Zellen oder Tregs, die im nächsten Kapitel vorgestellt werden.

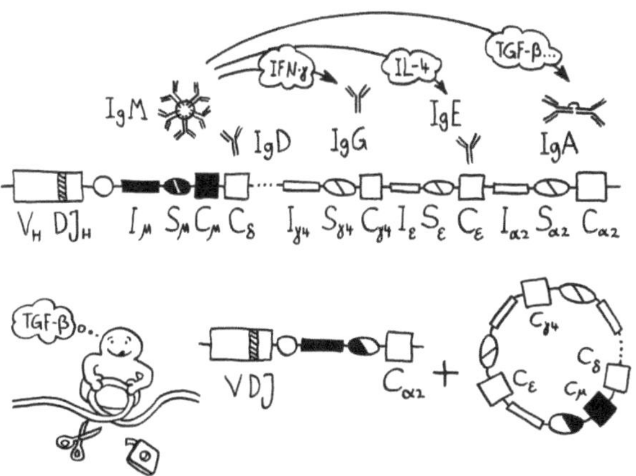

Abb. 124

Der Immunglobulin-Klassenwechsel verändert nur das konstante Ende am »Stamm« der Y-förmigen Moleküle. Die Gene für diese Proteine sind auf unserem Chromosom 14 in zahlreichen ähnlichen Kopien aufgereiht, und zwar hinter den sogenannten VDJ-Genen für das variable Ende. Anfangs stellt die B-Zelle IgM her, ein sogenanntes Pentamer aus fünf gleichen Y-förmigen Molekülen, die am Stamm miteinander verbunden sind.

Die künftige Antikörper-Klasse wird durch Botenstoffe festgelegt, die wiederum von der Art der zu bekämpfenden Gefahr abhängen. Je nachdem schneiden Enzyme kleinere oder größere Teile aus der Gen-Perlenkette heraus, wobei sie die Schnitte in den S-Genen (für *switch*, also Wechsel) setzen. Die herausgeschnittenen, nicht mehr benötigten Gene bilden dabei einen funktionslosen DNA-Ring.

Unter dem Einfluss des Botenstoffs TGF-β kann zum Beispiel der vordere Teil des Gens S_μ mit dem hinteren Teil des Gens $S_{\alpha 2}$ verbunden werden. Von da an wird immer das dahinterliegende Gen $C_{\alpha 2}$ (für *constant*) abgelesen. Folglich entsteht Immunglobulin A (IgA), ein Antikörper aus zwei Y-förmigen Molekülen.

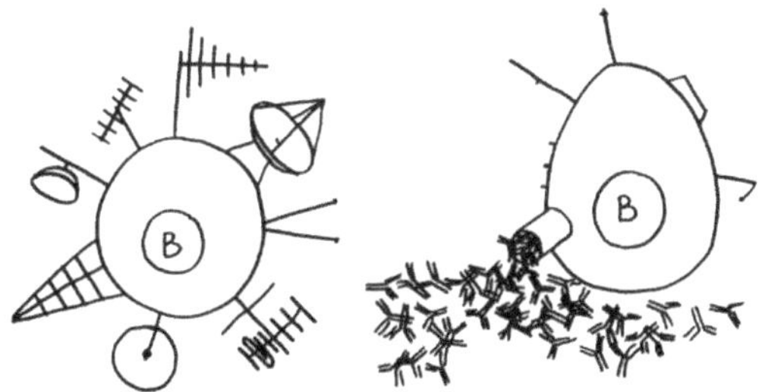

Abb. 125

Während naive B-Zellen (links) zahlreiche Rezeptoren tragen und folglich auf verschiedene Signale reagieren, sind Plasmazellen (rechts) »dumm«: Sie schwellen an, empfangen kaum noch Signale und widmen sich ganz der massenhaften Antikörper-Produktion.

Aber nicht nur Bregs beteiligen sich an der Regulation des Immunsystems, sondern im Grunde alle B-Zellen. Denn sie alle exprimieren MHC-Klasse-II-Moleküle, die sie mit Bruchstücken der Antigene beladen, die sie aufgenommen haben. Somit sind sie auch antigenpräsentierende Zellen, die – genau wie dendritische Zellen oder Makrophagen – T-Zellen aktivieren können. Immer wieder haben Forscher verwundert festgestellt, dass auch bei T-Zell-dominierten Autoimmunerkrankungen große Mengen an B-Zellen in die betroffenen Organe oder Gewebe einwandern und dort verbleiben. Bei vielen dieser Erkrankungen, etwa Hashimoto-Thyreoiditis oder Typ-1-Diabetes, werden zwar Autoantikörper nachgewiesen. Diese gelten aber in erster Linie als Marker und nicht als Mitverursacher oder Verstärker der Krankheit. Dennoch geht es vielen Betroffenen besser, wenn sie ein Arzneimittel nehmen, das gezielt B-Zellen bekämpft. Warum? Vieles deutet darauf hin, dass autoreaktive B-Zellen bei diesen Erkrankungen nicht primär durch ihre Antikörperproduktion, sondern durch ihre Autoantigen-Präsentation, durch die Weitergabe von Antigenen an dendritische Zellen, durch Kostimulation von T-Zellen und durch Zytokinausschüttung Unheil anrichten (**Abb. 129**).

Abb. 129

(a) Wenn am Himmel Geier kreisen, weist das auf tote Tiere am Boden hin.

(b) Manche Geier schlagen ihre Beute aber selbst. Ähnlich ist es mit autoreaktiven B-Zellen: Bei vielen Autoimmunerkrankungen galten sie und die von ihnen produzierten Autoantikörper früher als reine Marker, die nur auf eine durch T-Zellen vorangetriebene Gewebszerstörung hinweisen. In den letzten Jahren häufen sich aber die Anzeichen, dass autoreaktive B-Zellen selbst aktiv an der Zerstörung mitwirken – etwa indem sie in das betroffene Organ einwandern und dort durch ständige Autoantigen-Präsentation und Zytokin-Produktion T-Zellen aktivieren.

Abb. 126
Gedächtniszellen konkurrieren miteinander um Überlebensnischen im Knochenmark und in der Milz.

Abb. 127
Bei Autoimmunstörungen können so viele autoreaktive Plasmagedächtniszellen entstehen, dass sie ältere Gedächtniszellen aus den Überlebensnischen verdrängen

Abb. 128
Bei einer chronischen Entzündung entstehen im entzündeten Gewebe tertiäre Lymphorgane und damit neue Überlebensnischen für Gedächtniszellen.

(a)

(b)

T-Zellen: im Thymus gereift

Die Anfangsbuchstaben geben den Ort der Reifung an: Während B-Zellen im Knochenmark (englisch *bone marrow*) entstehen, vollzieht sich der letzte Entwicklungsschritt der T-Zellen im Thymus, in den ihre Progenitoren oder Vorläufer aus dem Knochenmark einwandern. Die reifen T-Zellen reisen dann über das Blut in die Lymphknoten in der Peripherie weiter. Werden sie dort nicht benötigt, kehren sie in den Kreislauf zurück, um die Körperregion zu wechseln und den nächsten Lymphknoten zu besuchen: Sie »rezirkulieren« und sind daher im Blut viel stärker vertreten als die B-Zellen.

Im Unterschied zu B-Zellen können T-Zellen Antigene nur wahrnehmen, wenn sie ihnen in den Lymphknoten von antigenpräsentierenden Zellen vorgeführt werden (**Abb. 130**). Die antigenpräsentierenden Zellen nehmen den T-Zellen die Arbeit ab, den Körper nach Antigenen zu durchsuchen. Das ist nötig, da es zu jedem möglicherweise auftretenden Antigen nur wenige naive T-Zellen gibt, die es erkennen können, und da diese Antigene an jedem Ort im Körper auftreten können. Ohne spezialisierte Begegnungsstätten würden die passenden T-Zellen nicht rechtzeitig aktiviert.

Es gibt mehr T-Zell-Typen als B-Zell-Typen, und leider haben die meisten keine anschaulichen Namen (siehe Stammbaum in Abb. 120). Unterschieden werden sie anhand von Oberflächenmarkern, darunter dem T-Zell-Rezeptor, mit dem sie Antigene erkennen.

Bei den **γδ-T-Zellen** setzt sich dieser Rezeptor aus zwei Untereinheiten zusammen, die mit den griechischen Buchstaben Gamma und Delta bezeichnet werden. Diese Untereinheiten sind viel variantenärmer als die T-Zell-Rezeptor-Module Alpha und Beta. γδ-T-Zellen sind relativ selten und kommen vor allem in der Haut und den Schleimhäuten vor. Dort spüren sie Gewebsveränderungen auf, zum Beispiel Tumoren oder Schäden durch Infektionen. Da sie bereits voraktiviert ins Gewebe einwandern, können sie auf solche Gefahren vergleichsweise schnell reagieren: Zum einen schütten sie Alarmsignale an andere Immunzellen aus, zum anderen töten sie mit ihren Wirkstoffen schadhafte oder gefährliche Zellen.

Die T-Zell-Rezeptoren aller anderen T-Lymphozyten setzen sich aus α- und β-Einheiten zusammen. Diejenigen αβ-T-Zellen, die den Oberflächenmarker CD8 tragen, aber nicht den Marker CD4, werden als **CD8⁺-T-Zellen** oder **zytotoxische T-Zellen** bezeichnet. Ihre durch die CD8-Moleküle stabilisierten T-Zell-Rezeptoren reagieren auf Peptide, die ihnen auf den MHC-Klasse-I-Molekülen anderer Zellen präsentiert werden. (Das ist kein Tippfehler: Klasse-II-Moleküle gibt es nur auf Immunzellen, Klasse-I-Moleküle dagegen auf fast allen Körperzellen. Näheres im Kapitel »Die Moleküle des Immunsystems«.) Sie

Abb. 130
T-Zellen werden von antigenpräsentierenden Zellen aktiviert. In meinen Zeichnungen haben T-Zellen einen unregelmäßigen, »ausgebeulten« Umriss, und antigenpräsentierende Zellen sehen wie Kellner aus.

haben die Aufgabe, Zellen zu vergiften, die mit Viren infiziert sind oder sich in Tumorzellen verwandelt haben. Auch an der Abstoßung von Transplantaten sind sie beteiligt. Sie brauchen acht bis zehn Tage, um ihre volle Wirkung zu entfalten.

Zu ihren Signalstoffen zählt der Tumornekrosefaktor (TNF), der hier seinem Namen alle Ehre macht: Er bindet an Körperzellen, die zu Krebszellen mutiert sind, und bringt sie zum Absterben. Die toten Zellen werden anschließend von Phagozyten wie den Makrophagen vertilgt. Ein paar der antigenspezifischen zytotoxischen Zellen wandeln sich in langlebige Gedächtniszellen um, sodass die Reaktion beim nächsten Auftreten derselben Bedrohung viel schneller erfolgt.

Die übrigen T-Zellen exprimieren CD4, aber kein CD8 und heißen daher **CD4⁺-T-Zellen**. Sie sind sehr zahlreich und vielfältig. Die meisten von ihnen dienen als **T-Helferzellen**, kurz T_H- oder Th-Zellen. Ihre T-Zell-Rezeptoren erkennen – durch die CD4-Moleküle stabilisiert – Peptide, die auf den MHC-Klasse-II-Molekülen anderer Immunzellen präsentiert werden. T-Helferzellen haben Unterstützungsfunktion: Durch die Ausschüttung von Zytokinen locken sie andere Immunzellen dorthin, wo sie gebraucht werden, und durch Botenstoffe, Wachstumsfaktoren sowie direkte Zellkontakte tragen sie zur vollen Aktivierung dieser Immunzellen bei. Ohne diese Hilfe sterben die bereits voraktivierten anderen Immunzellen dagegen geregelt ab: ein Sicherheitsmechanismus gegen schädliche Fehlalarme des Immunsystems. Auch Th-Zellen bilden Gedächtniszellen, um das nächste Mal schneller auf eine Gefahr reagieren zu können.

Bis vor wenigen Jahren kannte man nur zwei Typen, die man einfach durchnummerierte: Th1- und Th2-Zellen. Man entwickelte ein Standardmodell der zweiarmigen erworbenen Immunität, das sich bis heute in vielen nicht ganz taufrischen Lehrbüchern gehalten hat. Demnach halten sich im gesunden Organismus die Th1-dominierte zelluläre oder Typ-1-Immunität und die Th2-dominierte humorale oder Typ-2-Immunität gegenseitig in Schach: Die Botenstoffe im Th1-Arm hemmen den Th2-Arm und umgekehrt.

Bei einer Infektion mit einem innerzellulären Krankheitserreger, zum Beispiel einem Virus, entstehen aus den Vorläuferzellen (Th0 genannt) **Th1-Zellen**, die mit ihren Botenstoffen – vor allem Gamma-Interferon (IFN-γ) und Tumornekrosefaktor (TNF) – Immunzellen wie Makrophagen, Granulozyten oder zytotoxische T-Zellen anlocken. Diese Zellen vernichten und vertilgen dann die infizierten Körperzellen. Außerdem schütten Th1-Zellen den Wachstumsfaktor IL-2 aus, der alle T-Zellen zur Vermehrung anregt.

Bei einer Infektion mit einem extrazellulären Erreger entwickeln sich die Th0-Zellen dagegen überwiegend zu **Th2-Zellen**, die wiederum die passenden B-Zellen aktivieren und zur Vermehrung sowie zum Ig-Klassenwechsel anregen. Die daraufhin massenhaft produzierten Antikörper binden dann an die Erreger und machen sie so unschädlich. In **Abb. 131** sind diese Vorgänge zusammengefasst.

Auch die Krankheiten, an denen das Immunsystem beteiligt ist, wurden in Typ 1 und Typ 2 eingeteilt. Bei Allergien und anderen Typ-2-Störungen gewinnt demnach der Th2-Arm die Oberhand, was zur übermäßigen Produktion von Antikörpern führt. Bei vielen Autoimmunerkrankungen schießt dagegen die zelluläre oder Typ-1-Immunantwort übers Ziel hinaus, angeheizt durch überaktive oder zu zahlreiche Th1-Zellen.

Doch etliche Erkrankungen passen nicht recht ins Schema. So sind an vielen Autoimmunstörungen beide Arme der Abwehr beteiligt: Autoantikörper binden an körpereigene Antigene, und Immunzellen greifen Körperzellen an. Und je genauer die Nachweismethoden wurden, desto mehr Helferzellen entdeckte man, die weder Th1- noch Th2-typische Botenstoff-Produktionsprofile hatten. **Th17-Zellen** beispielsweise zeichnen sich durch die Produktion von Interleukin-17 (IL-17) aus. Sie haben sich evolutionsbiologisch vermutlich als Schutz vor extrazellulären Bakterien und Pilzen entwickelt.

Aber IL-17 bekämpft nicht nur Mikroben, sondern animiert auch Bindegewebs- und Hautzellen usw. zur Anlockung von Neutrophilen. Th17-Zellen stellen also ein weiteres Bindeglied zwischen der erworbenen und der angeborenen Abwehr dar. Sie scheinen auch maßgeblich an Autoimmunerkrankungen wie MS und allergischen Erkrankungen wie Asthma und Heuschnupfen beteiligt zu sein. Das könnte erklären, warum ein Mensch – im Widerspruch zum simplen Typ-1-versus-Typ-2-Modell – durchaus unter Autoimmunerkrankungen *und* Allergien leiden kann.

Eine weitere Neuentdeckung sind die **Th22-Zellen**. Sie sind ein wichtiger Bestandteil der Bakterienabwehr in der Haut und in der Darmschleimhaut, und sie produzieren – Sie ahnen es – den Botenstoff Interleukin-22. (Wie bereits im Kapitel über das konfuse Vokabular der Immunologen erwähnt, führt der Analogieschluss leider in die Irre: Interleukin-2 wird keineswegs von Th2-Zellen her-

Abb. 131

Links: Bei Immunreaktionen vom Typ 1 unterstützen Th1-Zellen die zelluläre Abwehr, mit der vor allem innerzelluläre Pathogene bekämpft werden. Hier beseitigen z. B. Makrophagen bakteriell infizierte Zellen. Rechts: Bei Immunreaktionen vom Typ 2 helfen Th2-Zellen bei der humoralen Abwehr, die sich vor allem gegen extrazelluläre Pathogene richtet. Die beiden Arme der Abwehr verstärken sich selbst und hemmen sich gegenseitig (Botenstoff-Luftballons). Aber die Vorstellung, dass immer nur ein Arm aktiv ist, ist überholt: Es gibt kombiniert zellulär-humorale Immunreaktionen.

gestellt, sondern von Th1-Zellen.) Einige Forscher meinen weitere T-Zell-Typen identifiziert zu haben, zum Beispiel Th3 und Th9, aber vielleicht sind das einfach andere Entwicklungsstufen der bereits genannten Typen – oder Varianten, die durch bestimmte Krankheitserreger oder Signale aus dem Gewebe entstehen. Außerdem sind bestimmte in Mäusen nachgewiesene Zelltypen beim Menschen entweder mit heutigen technischen Mitteln nicht aufzuspüren oder wirklich nicht vorhanden.

In den Follikeln unserer Lymphknoten und des tertiären Lymphgewebes tun follikuläre T-Helferzellen oder **Tfh-Zellen** Dienst. Sie entstehen aus naiven T-Zellen, vielleicht auch aus umprogrammierten anderen T-Helferzellen. Bei einer Infektion werden sie von einem Chemokin zum nächstgelegenen Lymphorgan gelockt. In der T-Zell-Zone des Lymphorgans präsentieren follikuläre dendritische Zellen diesen T-Zellen das Antigen, um dessen Bekämpfung es gerade geht. T-Zellen, deren Rezeptoren dieses Antigen binden können, reifen dann zu Tfh-Zellen heran und wandern weiter an die Grenze zwischen T- und B-Zell-Zone. Hier nehmen sie über allerlei Rezeptoren und Liganden innigen Kontakt mit follikulären B-Zellen auf (**Abb. 132**). Einen Teil der B-Zellen weisen sie an, sich zu Plasmazellen weiterzuentwickeln und IgM herzustellen. Der andere Teil wird stattdessen mit dem Botenstoff IL-21 angeregt, im Follikel eine Affinitätsreifung und einen Immunglobulin-Klassenwechsel zu durchlaufen. Außerdem prüfen die Tfh-Zellen, ob die B-Zellen womöglich auf Autoantigene reagieren. Dann wird ihnen der Zugang zum Keimzentrum verwehrt – im Normalfall. Im tertiären Lymphgewebe, das bei einer chronischen Entzündung entsteht, funktioniert diese Zugangskontroll leider schlecht; darauf komme ich in Teil 3 im Kapitel »Tertiäres Lymphgewebe: gefährliche Feldlager« zurück.

Es gibt also zahlreiche T-Helferzellen, die alle auf ihre Art die Abwehr stärken, indem sie mit anderen Immunzellen Kontakt aufnehmen und ihnen aktivitätsfördernde und lebensverlängernde Signale geben. Aber wie wird eine solcherart verstärkte Immunreaktion rechtzeitig gestoppt? Diese Aufgabe übernehmen die regulatorischen T-Zellen, kurz **Tregs**, die Mitte der 1990er-Jahre entdeckt wurden. Tregs sind leicht autoreaktiv; ihre T-Zell-Rezeptoren erkennen also Autoantigene. Man unterscheidet natürliche Tregs (nTregs), die bereits im Thymus entstehen und unspezifisch dämpfend wirken, und induzierte Tregs (iTregs), die sich später in den Lymphknoten mit Hilfe von dendritischen Zellen oder Th1-Zellen aus naiven T-Zellen entwickeln. Sie sind antigenspezifisch, dämpfen also nur Immunreaktionen gegen bestimmte Antigene.

In beiden Fällen stoßen Botenstoffe in den Vorläuferzellen die Bildung des Transkriptionsfaktors FoxP3 an, der die Zellen in Tregs verwandelt. Tregs binden später an aktive Immunzellen und üben einen beruhigenden Einfluss auf sie aus. Daher werden sie als toleranzinduzierend oder tolerogen bezeichnet. Sie

Abb. 132
Follikuläre T-Helferzellen nehmen mit follikulären B-Zellen Kontakt auf und testen zunächst deren Qualität. Dann versorgen sie die B-Zellen mit Informationen und Überlebenssignalen und regen sie zu Zellteilungen, zur Affinitätsreifung und zum Immunglobulin-Klassenwechsel an. Für einen erfolgreichen Kontakt müssen mindestens acht verschiedene Signale ausgetauscht werden.

beenden also Immunreaktionen, bevor diese den Organismus zu sehr schädigen (**Abb. 133**). Dabei sind die nTregs auf die Unterbindung von Autoimmunreaktionen spezialisiert, während iTregs auch überzogene Reaktionen auf körperfremde, aber harmlose Antigene verhindern.

Tregs produzieren viel Interleukin-10 oder IL-10, ein entzündungshemmendes Zytokin, das Immunreaktionen herunterregelt und so zur Wiederherstellung eines Gleichgewichtszustands (Homöostase) im Immunsystem beiträgt. Im Verdauungstrakt ist das besonders wichtig, da trotz der Auskleidung des Darms mit zähem Schleim und der dicht miteinander verzahnten Darmepithelzellen immer wieder Nahrungspartikel oder Kommensalen, also harmlose Darmbakterien, in das Gewebe unterhalb der Epithelschicht geraten. Diese Fremdkörper müssen zwar beseitigt werden, sollten aber keine heftigen Immunreaktionen auslösen.

Menschen, deren FoxP3-Gen durch eine Mutation nicht richtig abgelesen werden kann, sterben an entfesselten Entzündungsreaktionen in der Darmschleimhaut, und zwar auch ohne gefährliche Krankheitserreger: Tregs sind offenbar nötig, um Dauerreaktionen des Immunsystems auf die normale, harmlose Darmflora zu verhindern. Entsprechend viele Tregs halten sich bei gesunden Menschen in der Nähe des Dünndarms auf.

Während der Schwangerschaft entstehen im Körper der Mutter iTregs, die spezifisch auf väterliche Antigene ansprechen. Da der Embryo zur Hälfte väterliches Erbgut hat und diese Gene auch exprimiert, würde er vom mütterlichen Immunsystem als Fremdkörper bekämpft, wenn die iTregs in der Plazenta das System nicht beschwichtigen würden.

Bei Neugeborenen und Kleinkindern, die zunächst Muttermilch und Bakterien aus der mütterlichen Haut-, Mund- und Darmflora und später andere Nahrung aufnehmen, ist das Darmepithel anfangs noch durchlässig, damit die Immunzellen mit möglichst vielen harmlosen Antigenen konfrontiert werden und lernen, diese zu tolerieren. Die zelluläre Basis für diese sogenannte orale Toleranz sind Tregs, die in den Lymphknoten des Verdauungstrakts induziert werden und dann gewissermaßen beruhigend auf die Immunzellen in der Darmschleimhaut einreden. Auch Erwachsene benötigen noch Tregs, um chronisch-entzündliche Darmerkrankungen wie Colitis ulcerosa zu verhindern. In Teil 3 gehe ich ausführlicher auf solche Entgleisungen des Systems ein, an denen neben der Darmflora, der Schleimhautbarriere und den Tregs weitere Immunzellen wie Makrophagen beteiligt sind.

Eng mit den regulatorischen T-Zellen verwandt sind die **natürlichen Killer-T-Zellen**, kurz **NKT-Zellen** – nicht zu verwechseln mit den natürlichen Killerzellen oder NK-Zellen, die zwar ähnliche Oberflächenmarker tragen, aber im hämatopoetischen Stammbaum zu einem anderen Zweig des lymphatischen Hauptasts gehören: zu den ILCs, die ich im Anschluss vorstelle. Wie die nTregs entstehen NKT-Zellen im Thymus aus Vorläufern, die sowohl CD4 als auch CD8 exprimieren. Binden solche Vorläuferzellen nach ihrer T-Zell-Rezeptor-Rekombination an körpereigene Lipide, die ihnen im Thymus von antigenpräsentierenden Zelle serviert werden, reifen sie zu NKT-Zellen heran. Diese agieren im Körper – obwohl sie echte Lymphozyten sind – ähnlich wie die Zellen der angeborenen Abwehr. Das soll das Adjektiv »natürlich« zum Ausdruck bringen (lateinisch *natus* = geboren).

»Killer« heißen sie, weil sie mit ihren Zellgiften vireninfizierte Zellen oder Tumorzellen töten können. Eine dieser zytotoxischen Substanzen mit dem anschaulichen Namen Perforin durchlöchert die Membran der Zielzelle. Durch die Löcher dringen dann sogenannte Granzyme (Granula-Enzyme) ein, die die Zelle kontrolliert sterben lassen, sodass sie gefahrlos entsorgt werden kann (**Abb. 134**).

Außerdem können NKT-Zellen sehr schnell große Mengen an Th1- oder Th2-typischen Zytokinen herstellen, die zahlreiche andere Immunzellen aktivieren oder deaktivieren und damit Immunreaktionen je nach Situation fördern oder dämpfen. Offenbar gibt es mehrere NKT-Unterklassen, die zum Teil an der Bekämpfung von Tumoren oder Infektionen, zum Teil aber auch an der Verhinderung von Autoimmunreaktionen, Allergien und anderen Überreaktionen beteiligt

Abb. 133
Regulatorische T-Zellen oder Tregs beenden
Immunreaktionen, indem sie andere T-Zellen und
B-Zellen deaktivieren und vom Platz schicken.

Abb. 134
Das Protein Perforin, das unter anderem von natürlichen Killer-T-Zellen (NKT-Zellen) produziert wird, erzeugt in Zellmembranen Löcher, durch die dann andere Wirkstoffe eindringen und die Zellen zum Absterben bringen. Meist perforieren NKT-Zellen wohl körpereigene Zellen wie Makrophagen, die von innerzellulären Pathogenen befallen sind, oder Tumorzellen.

sind. Menschen, die an Krebs oder an einer Autoimmunstörung erkrankt sind, haben oftmals zu wenige funktionsfähige NKT-Zellen im Blut.

Natürliche Killer-T-Zellen erkennen im Unterschied zu den meisten anderen T-Zellen keine Antigene aus Proteinen, sondern ausschließlich Lipide, die zum Beispiel aus Bakterienmembranen oder aus den beschädigten Membranen virenbefallener Zellen stammen. Am besten sind die sogenannten invarianten NKT-Zellen charakterisiert, deren T-Zell-Rezeptoren alle aus denselben Bausteinen bestehen und nicht die große Varianz zeigen, die für andere T-Zellen typisch ist.

3. ILCs: das Schattenkabinett

ILC steht für *innate lymphoid cell*, also angeborene lymphatische Zelle. Diese Zelltypen sind – mit wenigen Ausnahmen – erst kürzlich entdeckt worden. Der Titel eines Fachartikels aus dem Jahr 2013 gibt die Bestürzung gut wieder: »Innate lymphoid cells – how did we miss them?« Wie es scheint, hat jeder Th-Zelltyp einen Doppelgänger: einen Zelltyp, der ähnliche Oberflächenmarker aufweist, durch die gleichen Zytokine aktiviert wird, die gleichen Signal- und Botenstoffe produziert und im Immunsystem eine ähnliche Funktion erfüllt (**Abb. 135**).

Einige Evolutionsbiologen haben sich schon lange gewundert, woher die stammesgeschichtlich relativ jungen Lymphozyten bei der Entstehung der Wirbeltiere schlagartig so viele neue Rezeptoren und Signalwege genommen haben. Nun vermuten sie, dass ein Großteil dieses Rüstzeugs zur Pathogenabwehr schon bei den »Ur-ILCs« in wirbellosen Tieren entstanden ist und an der Schwelle zu den Wirbeltieren nur noch um die hochspezifischen Lymphozyten-Rezeptoren ergänzt wurde.

Diese variantenreichen Lymphozyten-Rezeptoren, die in den B- und T-Zellen durch somatische Rekombination entstehen, fehlen den ILCs nämlich. Sie erkennen also keine spezifischen Antigene, sondern reagieren auf relativ allgemeine Gefahrensignale – genau wie die Zellen der angeborenen Abwehr. Dabei sind sie eindeutig mit den Lymphozyten verwandt; sie bilden neben den B- und T-Zellen den dritten Zweig am lymphatischen Hauptast des hämatopoetischen Stammbaums. Der gemeinsame Vorläufer der B- und T-zellen und der ILCs ist der sogenannte *multilineage progenitor* (MLP, siehe Abb. 120).

Die ILCs werden in drei Gruppen eingeteilt: ILC1-Zellen, die den Th1-Zellen entsprechen, ILC2-Zellen, die Parallelen zu den Th2-Zellen aufweisen, und ILC3-Zellen, die den Th17- und Th22-Zellen ähneln. Darüber hinaus wurden 2016 und 2017 im entzündeten Dünndarm auch ILCs entdeckt, die ein ähnliches Profil wie Tregs haben, entzündungshemmendes IL-10 ausschütten und andere ILCs deaktivieren. Über diese Zellen weiß man aber noch sehr wenig. Die bereits seit 1975 bekannten natürlichen Killerzellen (NK-Zellen) werden heute zu den ILC1-Zellen gezählt und die in den 1990er-Jahren entdeckten Lymphgewebe-Induktor-Zellen (LTi-Zellen) zur Gruppe ILC3.

Dass die ILCs im Lauf der Wirbeltier-Evolution erhalten blieben (»konserviert wurden«, wie die Evolutionsbiologen sagen), weist auf wichtige Funktionen hin, die Lymphozyten allein offenbar nicht erfüllen können. Zum Beispiel reagieren sie bei einer Infektion schneller als die Zellen der erworbenen Abwehr mit ihrem aufwändigen Auswahl- und Vermehrungsverfahren. B-Zellen brauchen oft Wochen, bis die Produktion der pathogenspezifischen Antikörper voll angelaufen ist. ILCs hindern mit ihren sofort verfügbaren Waffen die Erreger so

Abb. 135
Jeder T-Helferzellen-Typ hat einen Doppelgänger unter den ILCs, der
ihn bei der Bekämpfung unterschiedlicher Pathogene unterstützt.

lange an der Ausbreitung, bis die T- und B-Zellen ihnen den Rest geben können. Als geborene Grenzschützer halten sie sich vor allem in unseren Schleimhäuten auf, in denen die Gefahr einer Infektion besonders groß ist – sei es im Verdauungstrakt, in den Fortpflanzungsorganen oder in den Atemwegen. ILCs sind so »heimatverbunden«, dass man sie kaum je in der Blutbahn antrifft. Offenbar vermehren sie sich sogar in ihrem jeweiligen Heimat-Gewebe, sodass Nachschub aus dem Knochenmark nur nach besonderen Belastungen nötig wird, etwa in der Heilungsphase einer Infektion.

Wenn die Schlacht geschlagen ist und B- und T-Zellen sich zurückziehen, beteiligen sich ILCs am Wiederaufbau: Sie regen das umliegende Gewebe zur Reparatur an. Aber ihr Beitrag zu unserer Gesundheit setzt schon viel früher ein, nämlich während der Schwangerschaft: Ohne sie würde sich die Plazenta nicht richtig entwickeln, und es entstünden keine Lymphknoten und Lymphfollikel – dazu gleich mehr. Außerdem bewachen sie die sogenannten Peyer-Plaques, Ansammlungen von Lymphfollikeln rings um den Darm, die für die Toleranz des Immunsystems gegenüber der Darmflora nötig sind. ILCs sorgen dafür, dass die in diese Plaques eingeschleusten gutartigen Bakterien nicht in das umliegende Gewebe entweichen, wo sie Entzündungen auslösen würden.

Wenn die ILCs dabei versagen und Bakterien das Darmepithel oder die Ränder der Peyer-Plaques durchdringen, kann es zu chronisch-entzündlichen Darmerkrankungen (CED) wie Morbus Crohn oder Colitis ulcerosa kommen. Bei vielen CED-Patienten stellt man tatsächlich Anomalien in der Zahl oder Funktionsfähigkeit der ILCs fest. Auch bei einer chronischen Nasenschleimhautentzündung wimmelt es in den Polypen von ILCs. Sie scheinen solche chronischen Erkrankungen nicht auszulösen, aber durch ihre Verstärkerfunktion zu verschlimmern. – Sehen wir uns die unterschiedlichen ILC-Typen näher an:

Die **ILC1-Gruppe** setzt sich aus den bereits lange bekannten natürlichen Killerzellen (NK-Zellen) und den weitaus schlechter erforschten Nicht-NK-ILC1 zusammen. Gemeinsam haben sie ihr Hauptprodukt, nämlich Gamma-Interferon (IFN-γ). Nicht-NK-ILC1 sind vor der Geburt noch nicht nachweisbar; offenbar sind für ihre Bildung sowohl eine Darmflora als auch Entzündungssignale nötig. Vermutlich entstehen sie im Falle einer Darmentzündung aus ILC3-Zellen. Viel mehr ist über sie noch nicht bekannt.

Bei den NK-Zellen unterscheidet man zwischen Leber- und Knochenmarks-NK-Zellen einerseits, die in der Embryonalentwicklung früh angelegt werden und zu den ersten funktionsfähigen Immunzellen überhaupt zählen, und Thymus-NK-Zellen andererseits, die später in Reaktion auf Infektionen im Thymus entstehen und dort mit anderen Immunzellen Kontakt haben. Sobald sie reif sind, wandern sie in Organe wie Milz, Leber, Lunge, Haut oder Uterus, wo sie ein gewebespezifisches Aussehen und Aufgabenspektrum annehmen. Im Blut stellen sie 5 bis 10 Prozent aller Lymphozyten. Obwohl sie traditionell zur angeborenen Abwehr gezählt werden, haben sie Fähigkeiten, die man sonst nur mit B- und T-Zellen verbindet. So bilden sie ein Gedächtnis aus, das ihnen bei einer erneut auftretenden Gefahr eine stärkere und schnellere Reaktion ermöglicht.

Natürliche Killerzellen sind, wie ihr Name andeutet, zytotoxisch. Sie werden aktiv, wenn sie auf krankhaft veränderte Zellen treffen – etwa solche, die von Herpes- oder Influenza-Viren oder Parasiten wie dem Malaria-Erreger *Plasmodium falciparum* befallen sind, oder Tumorzellen. Dann töten sie die Zellen kontrolliert ab, bevor der Erreger oder der Krebs sich ausbreiten kann. Dazu setzen sie eine ganze Batterie von Effektormolekülen ein, darunter Perforin, Granzyme, Gamma-Interferon und Tumornekrosefaktor.

Aber woran erkennen NK-Zellen krankhafte Veränderungen in ihrer Umgebung, wenn sie doch keine antigenspezifischen Lymphozyten-Rezeptoren haben? Sie tragen eine Vielzahl anderer Rezeptoren an ihrer Oberfläche, die bei Bindung ihres Gegenparts eine Reaktion teils stimulieren, teils hemmen. Von den Genen, die diese Rezeptoren codieren, wird in jeder Zelle nur eine zufällige Teilmenge abgelesen, sodass es in jedem Individuum zahlreiche NK-Zelltypen mit unterschiedlichen Rezeptor-Kombinationen gibt. Eine NK-Zelle verrechnet alle empfangenen aktivierenden und hemmenden Signale, und wenn die Bilanz positiv ausfällt, schlägt sie los (**Abb. 136**). Spektrum und Menge der Rezeptoren sind situationsabhängig. So haben viele NK-Zellen in der Lunge, in der eine Überreaktion die Atmung behindern und so den ganzen Organismus schädigen würde, eine höhere Aktivierungsschwelle als an anderen Orten.

Unter den aktivierenden Rezeptoren ist CD16, der an die konstanten Enden von Antikörpern bindet, die wiederum an Antigene andocken. Die wichtigsten inhibitorischen Rezeptoren gehören zur Familie der KIR oder *killer cell immunoglobulin-like receptors*, die an MHC-Klasse-I-Moleküle binden. Fast alle gesunden Körperzellen tragen MHC-Klasse-I-Moleküle an der Oberfläche. Auf ihnen präsentieren sie den vorbeikommenden zytotoxischen T-Zellen ständig Peptide aus ihrem Inneren. Wenn sie von Viren infiziert werden oder zu Tumorzellen mutieren, sind darunter Virenbruchstücke oder krankhaft veränderte zelleigene Peptide.

Viele Viren tricksen diesen Schutzmechanismus aus, indem sie die MHC-Klasse-I-Moleküle von der Oberfläche verschwinden lassen. Auch viele Krebszellen tragen keine MHC-Klasse-I-Moleküle mehr, um sich nicht zu verraten. Das wiederum »wissen« die NK-Zellen: Begegnet ihnen eine Körperzelle, suchen sie nach MHC-Klasse-I-Molekülen. Finden die KIR ihre Bindungspartner, so ist alles in Ordnung, und sie geben der NK-Zelle ein reaktionshemmendes Signal. Finden die KIR dagegen keinen Bindungspartner, so bleibt das hemmende Signal aus, sodass die Wahrscheinlichkeit steigt, dass die NK-Zelle zytotoxisch reagiert. Dieser Mechanismus wird als Missing-self-Hypothese bezeichnet, weil die NK-Zelle dann angreift, wenn ihrem Gegenüber gewissermaßen der Ausweis fehlt.

Je nach Organ übernehmen NK-Zellen unterschiedliche Rollen. In der Leber sind sie besonders zahlreich – wohl deshalb, weil sie zum Teil hier entstehen und nicht im Knochenmark wie die meisten anderen Immunzellen. Hier werden sie zudem ständig mit Bakterienresten und anderen Antigenen aus dem Darm versorgt und können schnell auf eine Infektion reagieren. In der Lunge schütten sie viele entzündungshemmende Zytokine wie IL-10 aus und beteiligen sich durch den Botenstoff IL-22 an der Wiederherstellung von beschädigtem Lungenepithel. Zur Bekämpfung von Influenza-Viren, den Grippe-Erregern, sind sie lebensnotwendig.

Einen lebenswichtigen Beitrag leisten sie auch ganz zu Beginn des Lebens, bei der Einnistung in die Gebärmutter. Sie sammeln sich in der Dezidua an, also in der Schicht der Gebärmutterschleimhaut, die mit der äußersten Schicht des ganz jungen Embryos verwächst, um gemeinsam die Plazenta zu bilden. Durch die Ausschüttung von Zytokinen und Wachstumsfaktoren fördern sie dieses Hineinwachsen des embryonalen Teils der Plazenta in den mütterlichen Teil. Manche genetischen Varianten der Rezeptoren auf den mütterlichen NK-Zellen vertragen sich allerdings schlecht mit bestimmten Varianten der MHC-Klasse-I-Moleküle auf den fetalen Zellen, was zu Fehlgeburten führen kann.

Auch an einigen Autoimmunerkrankungen und den chronisch-entzündlichen Darmerkrankungen scheinen NK-Zellen beteiligt zu sein. Dabei ist oft schwer herauszufinden, ob ihr gehäuftes bzw. reduziertes Auftreten im Gewebe oder Blut Ursache, Verstärker oder Folge einer Störung ist. NK-Zellen stehen in den Lymphknoten und in entzündetem Gewebe in engem Austausch mit anderen Immunzellen wie dendritischen Zellen, Makrophagen und T-Zellen und können diese zum Beispiel zerstören, deaktivieren, aktivieren oder zur Vermehrung anhalten.

Die Toleranz der NK-Zellen gegenüber körpereigenen Zellen kann auf zwei Wegen zusammenbrechen: durch zu schwache hemmende Signale oder durch zu starke aktivierende Signale, zum Beispiel ein Übermaß an Substanzen, die Zellstress anzeigen. Wegen des Zufallselements in der Expression der NK-Zell-Rezeptoren gibt es in jedem Menschen einige NK-Zellen, die gar keine inhibitorischen Rezeptoren für MHC-Klasse-I-Moleküle tragen und daher eigentlich ständig Rot sehen müssten. Entweder fallen sie durch ihre Dauerstimulation in eine Art Überlastungskoma, die sogenannte Anergie, oder ihre Angriffe auf körpereigene Zellen werden wegen ihrer geringen Zahl als Kollateralschäden einer effektiven Viren- und Tumorbekämpfung in Kauf genommen.

Abb. 136

Links: Natürliche Killerzellen verrechnen die reaktionsfördernden und -hemmenden Umgebungssignale, die an ihren zahlreichen Rezeptoren eingehen. Rechts: Überwiegen die Aktivierungssignale, werden Gene für die Produktion zytotoxischer Substanzen abgelesen, mit denen die Gefahrenquelle ausgeschaltet werden soll.

Einige Risiko-Genvarianten für Autoimmunerkrankungen wie Lupus, Typ-1-Diabetes oder Rheuma codieren offenbar NK-Zell-Rezeptoren. Bei der rheumatoiden Arthritis scheinen NK-Zellen in der Gelenkschmiere die Gelenkentzündung zu verstärken, indem sie durch die Ausschüttung von Gamma-Interferon und entzündungsfördernden Interleukinen die Reifung zusätzlicher dendritischer Zellen und damit eine überzogene Typ-1-Antwort fördern. Zugleich zirkulieren bei Rheuma und anderen Erkrankungen wie Lupus oder dem Sjögren-Syndrom weniger natürliche Killerzellen im Blut als bei Gesunden, und diese Zellen sind zudem weniger zytotoxisch. Bei multipler Sklerose scheinen NK-Zellen eher zu schützen als zu schaden: Je mehr von ihnen gerade im Blut zirkulieren, desto schwächer sind die Krankheitserscheinungen. Alles in allem scheint die Toleranz der NK-Zellen gegenüber körpereigenen Strukturen nicht so leicht zusammenzubrechen wie die der T- und B-Zellen: NK-Zellen allein verursachen wohl keine Autoimmunerkrankungen.

Zur **Gruppe ILC2** zählen die erst kürzlich entdeckten Nyozyten in den Lymphknoten und der Milz sowie die natürlichen Helferzellen, die vor allem in den Lymphfollikeln des Fettgewebes anzutreffen sind. »Nyozyt« ist meine eigene behelfsmäßige Eindeutschung von *nuocyte*. Der Name leitet sich vom 13. Buchstaben des griechischen Alphabets ab, der im Englischen *nu* und im Deutschen Ny heißt – weil die Zellen IL-13 produzieren. Beide ILC2-Zelltypen schütten Th2-typische Interleukine aus, die andere Immunzellen wie Mastzellen, Basophile und Eosinophile aktivieren: neben IL-13 vor allem IL-5.

Auf diese Weise beteiligen sie sich vermutlich wie die Th2-Zellen an der Bekämpfung von Würmern und anderen Darmparasiten. Und genau wie die T-Helferzellen vom Typ 2 fördern sie leider auch Asthma und Allergien sowie weitere Typ-2-Krankheiten wie chronische Nasenschleimhaut- und Nebenhöhlenentzündungen. Andererseits bekämpfen sie Atemwegsinfektionen und tragen nach einer Influenza zur Wiederherstellung der Atemwegsschleimhaut bei. Und wie ILC1- und Th1-Zellen im Typ-1-Arm des Immunsystems unterstützen sich auch ILC2- und Th2-Zellen gegenseitig, da sie durch genau die Zytokine stimuliert werden, die sie auch produzieren.

Aus der **Gruppe ILC3** waren bis vor kurzem nur die Lymphgewebe-Induktor- oder LTi-Zellen bekannt, die für den Aufbau von Lymphknoten und einzelnen Lymphfollikeln unter unseren Schleimhäuten zuständig sind. Sie haben kein bekanntes Pendant unter den T-Zellen. Während der Embryonalentwicklung besiedeln LTi-Zellen – durch spezielle Zytokine angelockt – die Anlagen für sekundäres Lymphgewebe. Dort aktivieren sie über Rezeptorwechselwirkungen Bindegewebszellen, die daraufhin Lymphozyten anlocken und prägen. Gemeinsam mit den LTi- und Bindegewebszellen bilden die Lymphozyten dann die typischen Lymphgewebsstrukturen der Nasen-, Atemwegs-, Verdauungstrakt- und

Urogenitalschleimhäute, kurz: MALT *(mucosa-associated lymphoid tissue)*.

Während der mikrobiellen Besiedlung der Haut und des Darms nach der Geburt vermehren sich sowohl LTi-Zellen als auch weitere ILCs rasch. Sie induzieren die Bildung von Keimzentren in den Lymphfollikeln, die bei Entzündungen die Produktion von Antikörpern und den Antikörper-Klassenwechsel fördern. Auch während des gesamten weiteren Lebens beteiligen sich LTi-Zellen an der Bildung zusätzlicher Follikel in entzündetem Gewebe, mit denen das Immunsystem eingedrungene Pathogene noch effektiver bekämpfen kann.

Neben den LTi-Zellen kommen in unseren Schleimhäuten sogenannte ILC22- oder NCR$^+$-ILC3-Zellen vor, die einen natürlichen Zytotoxizitätsrezeptor (*natural cytotoxicity receptor*, NCR) tragen. Sie stellen IL-22, aber kein IL-17 her und ähneln damit den Th22-Zellen. Ein dritter Zelltyp, ILC17 oder NCR$^-$-ILC3, exprimiert diesen Rezeptor nicht; daher das hochgestellte Minus hinter NCR. Diese Zellen stellen sowohl IL-17 als auch IL-22 her, genau wie Th17-Zellen.

Wie ILC3 wirken, hängt von ihrem Umfeld ab. In den Atemwegen verhindern sie, dass bei einer Infektion zu viele Th2-Zellen rekrutiert werden. Im Darm empfangen sie ständig Signale aus der Darmflora, der Nahrung und dem Darmepithel, und im Normalfall wirken sie stabilisierend auf ihr Umfeld ein: Sie sorgen dafür, dass die Darmschleimhaut intakt bleibt, dass harmlose Bakterien das Darmlumen und ihre Nischen in den Peyer-Plaques nicht verlassen und dass das Immunsystem trotz der vielen Bakterien ruhig bleibt.

Bei einer Entzündung aufgrund pathogener Bakterien regen die ILCs dagegen die Darmepithelzellen mit IL-22 zur vermehrten Produktion antimikrobieller Substanzen an. Ihr IL-17 wirkt entzündungsfördernd: Es lockt Neutrophile an und aktiviert sie, um eingedrungene Bakterien zu vernichten. Eine übermäßige Produktion dieser Interleukine kann zu chronisch-entzündlichen Darmerkrankungen oder Darmkrebs beitragen.

Gestaffelte Abwehr

Um die Beschreibung der Immunzellen und ihrer Aufgaben zusammenzufassen: Wie eine Fußballmannschaft in der Defensive stellen sie sich in mehreren Reihen auf (**Abb. 137**). An vorderster Front stehen Zellen der angeborenen Immunität, die sich bevorzugt an infektionsgefährdeten Grenzen wie unseren Schleimhäuten aufhalten und gleich losschlagen können, ohne vorher noch eine Reihe von Genen ablesen und Abwehrstoffe herstellen zu müssen.

In der zweiten Verteidigungsreihe stehen zum Beispiel die unterschiedlichen Granulozyten, die ebenfalls zur angeborenen Abwehr zählen. Mit ihren Giften und Netzen hindern sie Eindringlinge an der weiteren Ausbreitung, und mit ihren Botenstoffen alarmieren sie die Zellen der erworbenen Abwehr. Diese stehen in der dritten Reihe: Sie sind aufgrund ihrer Antigen-Spezifität besonders wirksam, brauchen aber Zeit, um sich zu vermehren und aktiv zu werden. Ihnen stehen die ILCs zur Seite, die zwar keine hochspezifischen Rezeptoren haben, aber ansonsten als regelrechte Spiegelbilder der unterschiedlichen T-Zell-Typen deren Arbeit unterstützen.

Am längsten benötigen die Plasmazellen, also B-Zellen, die große Mengen passgenauer Antikörper produzieren. Sie geben den Eindringlingen den Rest. Und damit die Immunreaktion keine allzu großen Kollateralschäden anrichtet, pfeifen regulatorische T-Zellen das Spiel rechtzeitig ab.

Abb. 137
Bei einer Immunreaktion stehen die Zellen der angeborenen Abwehr vorn und Plasmazellen ganz hinten. Tregs pfeifen das Spiel ab.

Die Moleküle des Immunsystems

Nach Betrachtung der Organe und der Zellen zoomen wir jetzt noch näher an das System heran und sehen uns die Moleküle an, mit denen die Zellen kommunizieren und ihre Abwehrleistung vollbringen. Aus der immensen Vielzahl picke ich die nach heutigem Kenntnisstand wichtigsten Moleküle heraus, um die Prinzipien zu veranschaulichen. Wir fangen mit den Stoffen außerhalb der Immunzellen an, gehen dann zu den Molekülkomplexen in den Zellmembranen über und behandeln am Schluss die innerzellulären Moleküle. Innerhalb dieser drei Gruppen versuche ich die Moleküle anhand ihrer Hauptfunktion anzuordnen. Allerdings können viele Stoffe je nach Lage unterschiedliche Funktionen haben, die wir noch gar nicht alle kennen.

1. Extrazelluläre Moleküle

Wie bei den Immunzellen könnte ich mit den Molekülen der angeborenen Abwehr anfangen. Aber Antikörper gelten als die Immunsystem-Moleküle schlechthin und spielen bei Autoimmunerkrankungen eine prominente Rolle. Daher stelle ich sie an den Anfang.

Antikörper

Ausschließlich B-Zellen können Antikörper herstellen. Diese Proteine werden auch Immunglobuline genannt. In ihrer einfachsten Form bestehen sie aus vier fest verbundenen Polypeptiden, also Aminosäureketten: zwei längeren, den sogenannten schweren Ketten, und zwei kürzeren, den leichten Ketten. Von beiden Kettentypen gibt es zahlreiche Varianten, aber die beide schweren bzw. die beiden leichten Ketten, die sich zu einem Antikörper zusammenfügen, sind stets vom selben Typ. Die linke Hälfte eines Antikörpers gleicht also der rechten. Immunglobuline sind – wie ihr vom lateinischen *globulus* = Kügelchen abgeleiteter Name andeutet – ziemlich kompakt zusammengefaltet (**Abb. 138**). Dennoch wird die Gestalt der Antikörper meist als Y-förmig beschrieben.

Der Stamm des Y besteht aus den unteren Enden der beiden schweren Ketten und ist bei allen Antikörpern desselben Typs identisch aufgebaut – konstant, wie die Immunologen sagen. Er vermittelt die sogenannten Effektorfunktionen: die Wirkung der Antikörper auf Zellen oder andere Immunsystem-Moleküle. Zwischen Stamm und Ärmchen des Y liegt eine Gelenkregion, durch die sich der Antikörper etwas verformen kann, um mit beiden Ärmchen zugleich an ein Antigen zu binden (**Abb. 139**).

Die Ärmchen des Y bestehen jeweils aus einer leichten Kette und dem oberen

Abb. 138

Immunglobuline sind recht kompakt gebaute Proteine. Die beiden schweren Ketten sind weiß bzw. schwarz dargestellt, die beiden leichten Ketten schraffiert. Die Pfeile markieren die extrem variablen Antigenbindungsstellen, an denen schwere und leichte Ketten beteiligt sind. Der Stamm des grob Y-förmigen Immunglobulins besteht dagegen ausschließlich aus den schweren Ketten.

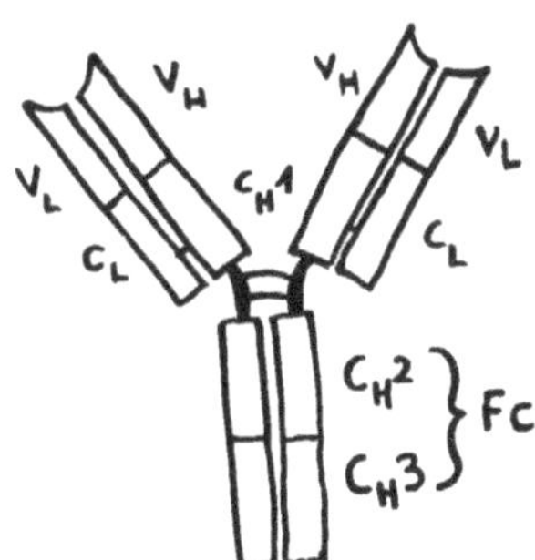

Abb. 139

Zwischen den Ärmchen mit den Antigen-Bindungsstellen und dem Stamm des Antikörpers gibt es eine Gelenkregion. Durch diese Elastizität können beide Ärmchen an ein Antigen binden. V = variable Domänen mit Antigen-Bindungsstellen, C = konstante Domänen; Fc = *fragment crystallizable*, der Stamm des Antikörpers, an den sogenannte Fc-Rezeptoren binden können; H = *heavy* (schwere Kette), L = *light* (leichte Kette).

Teil einer schweren Kette. Ihre Enden sind hochgradig variabel und binden in den meisten Fällen spezifisch an bestimmte kleine Strukturen oder Orte auf den Antigenen: die sogenannten Epitope – vom griechischen *epi* = auf und *topos* = Ort (**Abb. 140**). Als Antigene kommen alle möglichen Makromoleküle mit charakteristischen Strukturen infrage: Proteine ebenso wie Kohlenhydrate, Lipide, Nukleinsäuren und auch synthetisch hergestellte Polymere, also Kunststoffe. Da Antikörper Proteine sind, können sie sogar selbst Antigene für andere Antikörper sein.

Wie das hypervariable Ende eines Antikörpers genau aussieht, an welche Epitope es also gut bindet, hängt von der DNA-Basenabfolge in den Genen für die variablen Bereiche der schweren und leichten Ketten ab. Die Gene für die schwere Kette liegt beim Menschen auf Chromosom 14. Von der leichten Kette gibt es zwei Typen, Kappa ($\varkappa$) und Lambda (λ) genannt, die auf unseren Chromosomen 2 und 22 codiert sind.

Wie die immense Vielfalt an Antikörper-Bindungsstellen zustande kommt, habe ich im Kapitel über die Lymphozyten erklärt: durch somatische Rekombination, also das zufällige Zusammenschneiden von Gensegmenten in den einzelnen B-Zellen und ebenso zufällige kleine Veränderungen an den Schnittstellen. Die Antikörper eines Menschen können theoretisch an über 10^{13} verschiedene Epitope binden, also 10.000 Milliarden Strukturen unterscheiden. Diese Fähigkeit zur spezifischen Bindung an alle möglichen Antigene zeichnet die adaptive oder erworbene Immunantwort aus. Die angeborene Abwehr reagiert dagegen auf einfache Strukturen, die auf allen möglichen Zellen, Krankheitserregern und harmlosen Eindringlingen vorkommen können.

Es gibt mehrere Typen oder Klassen von Immunglobulinen, die sich im Aufbau ihrer schweren Ketten, ihrer Funktion und ihren Einsatzorten unterscheiden. Beim Menschen werden sie als IgA, IgD, IgE, IgG und IgM bezeichnet, wobei Ig jeweils für Immunglobulin steht. Die Gene für ihre schweren Ketten werden mit den entsprechenden griechischen Buchstaben bezeichnet, also α, δ, ε, γ und μ. Drei der Antikörper-Klassen sind in **Abb. 141** dargestellt.

Im Darm finden wir vor allem **IgA** (links in der Abbildung), und zwar meistens als Dimer: Zwei Antikörper sind an ihrem konstanten Ende miteinander verbunden und mit einer Peptidkette umwickelt. Es tritt aber auch als Monomer auf, also einzeln. Nicht nur im Schleim des Verdauungs-, Atmungs- und Genitaltrakts, sondern auch in unseren übrigen Sekreten (Speichel, Tränen und Muttermilch) kommt viel IgA vor. IgA erkennt und neutralisiert vor allem Bakterien. Mit seinen vier Bindungsstellen kann das Dimer große Komplexe aus mehreren Bakterien und Antikörpern bilden. So verhindert es, dass Bakterien durch die Schleimhäute in unser Gewebe eindringen. In unseren Sekreten löst IgA keine Entzündungen aus, denn eine Entzündung könnte das Epithel durchlässig

Abb. 140
Ein Antigen, hier ein krankheitserregendes Bakterium, kann anhand unterschiedlicher Strukturen (sogenannter Epitope) von verschiedenen Antikörpern erkannt werden.

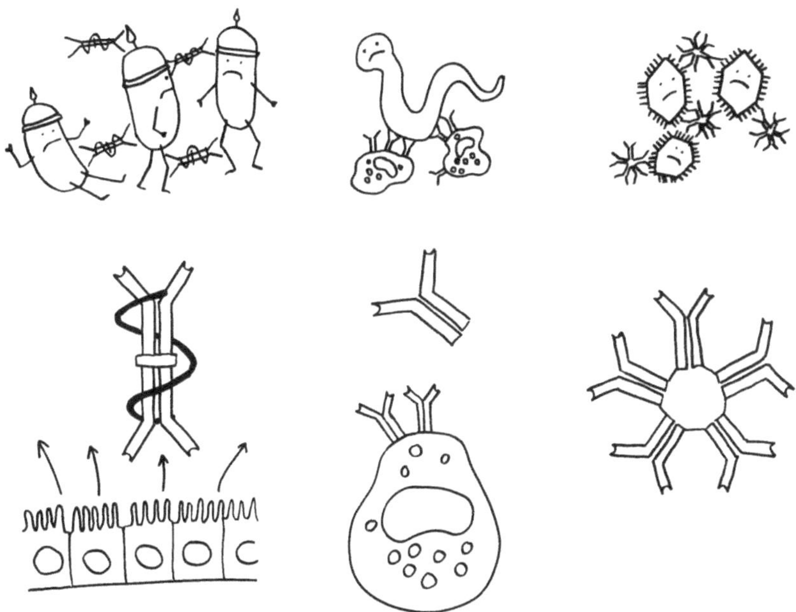

Abb. 141
Dimeres IgA (links) bindet vor allem an Bakterien, zellgebundenes monomeres IgE (Mitte) an Würmer und IgM als Pentamer (rechts) an Viren.

machen. Freies IgA im Blutserum kann dagegen entzündungsfördernd wirken.

IgE (Mitte) kommt als Monomer zum Einsatz und ist zumeist an Mastzellen oder eosinophile Granulozyten gebunden, also mit dem konstanten Ende in deren Membran verankert – wie oben im Kapitel über die Immunzellen beschrieben. Es bekämpft vor allem vielzellige Parasiten wie Würmer, die zu groß sind, um von Fresszellen beseitigt zu werden. Außerdem ist es typisch für allergische Reaktionen wie Heuschnupfen, Asthma oder Überreaktionen auf Insektenstiche, an denen ja ebenfalls Mastzellen beteiligt sind. Das im übernächsten Kapitel vorgestellte Komplementsystem, das vor allem Bakterien bekämpft und gegen Würmer machtlos wäre, wird durch IgE nicht aktiviert.

IgD und **IgG** – hier nicht abgebildet – ähneln dem IgE. Sie treten ebenfalls als Monomere auf; allerdings haben sie einen kürzeren Stamm. IgD kommt im Serum kaum vor. IgG ist dagegen mit etwa 75 Prozent das häufigste Immunglobulin im Blut, und mit einer Halbwertzeit von drei Wochen ist es auch das langlebigste. Es dient unter anderem der Neutralisierung von Giften: Die Antikörper binden an toxische Substanzen und verhindern so, dass diese an ihre Zielstrukturen im Organismus andocken. IgG ist vor allem in den Schleimhäuten der Geschlechtsorgane und der Atemwege sowie in der Galle stark vertreten.

IgM (rechts im Bild) tritt meist als Pentamer, gelegentlich auch als Hexamer auf: Fünf oder sechs Antikörper sind miteinander verbunden. Es wird vor allem in der Frühphase einer Virusinfektion ausgeschüttet, da es gut an Viren bindet, die sich in der Blutbahn aufhalten und noch nicht in Zellen eingedrungen sind. Die großen Komplexe aus den Virenhüllen und den IgM-Pentameren werden anschließend von Fresszellen wie den Makrophagen beseitigt.

Das Bindungsverhalten und damit die Wirksamkeit von Antikörpern ist durch ihre Affinität und ihre Avidität geprägt. Affinität ist die Stärke der Bindung eines einzelnen Antikörpers an sein Antigen, Avidität ist die Summe der Affinitäten in einem Dimer, Pentamer usw. Im Verlauf einer Immunreaktion steigt die Affinität der produzierten Antikörper an, und zwar durch den Klassenwechsel und die Affinitätsreifung in den Keimzentren, die ich im Kapitel über die B-Zellen beschrieben habe.

Im Blut gesunder Personen kreisen permanent Immunglobuline mit geringer bis mittlerer Affinität zu ihren Antigenen, sogenannte natürliche Antikörper. Sie werden ständig auf niedrigem Niveau von langlebigen B1-Zellen hergestellt, und zwar ohne Unterstützung durch aktivierte T-Helferzellen. Die Bezeichnung »natürlich«, also angeboren, deutet darauf hin, dass man diese Antikörper im Grunde zur angeborenen Abwehr zählen kann. Es sind überwiegend IgM-Pentamere. Mit ihren 10 Bindungsstellen haben sie trotz niedriger Affinität eine hohe Avidität.

Natürliche Antikörper erkennen bestimmte evolutionär konservierte Poly-

Abb. 142

Kreuzreaktion: Manchmal erkennen Antikörper dieselben Epitope, an die sie auf einem gefährlichen Antigen binden, auch auf harmlosen Antigenen wie einem friedlichen Darmbakterium oder auf Autoantigenen wie einer Epithelzelle.

saccharide – große Kohlenhydrate, die an der Oberfläche zahlreicher Bakterien, Pilze und Viren vorkommen – und lassen die Eindringlinge gleich zu Beginn einer Infektion in der Blutbahn zu großen Komplexen verklumpen. Außerdem lösen sie durch ihre Bindung an die Pathogene das Komplementsystem aus, das ich weiter unten vorstelle: eine Kettenreaktion aus Molekülen der angeborenen Immunabwehr, die mit der Auflösung der Pathogene endet.

Aufgrund seiner Größe kann natürliches IgM aber nicht durch die Gefäßwände ins Gewebe oder ins Darmlumen übertreten, um die Pathogene auch dort zu bekämpfen. Zusammen mit den Zellen der angeborenen Abwehr verschafft es den B-Zellen in der Frühphase einer Infektion die nötige Zeit, um kleinere Antikörper mit einer höheren Affinität herzustellen, die die Erreger auch außerhalb der Blutbahn aufspüren und ausschalten können.

Mit ihren relativ unspezifischen Bindungsstellen docken natürliche Antikörper auch an Autoantigene an, also an Substanzen aus dem eigenen Körper. Eine solche Bindung nicht nur an ein spezielles Epitop, sondern auch an andere, ähnliche Strukturen wird als Kreuzreaktion bezeichnet und spielt bei vielen Autoimmunerkrankungen eine unrühmliche Rolle (**Abb. 142**). Dass natürliche Antikörper auch an Autoantigene binden, ist nicht immer schädlich – im Gegenteil: Sie markieren zum Beispiel Lipide oder Proteine, die durch Oxidation beschädigt wurden, und lädierte Zellen, die das Immunsystem kontrolliert abbauen muss, um Entzündungen vorzubeugen. Die Beseitigung von beschädigten Zellen und Zellbestandteilen übernehmen Fresszellen. Diese Phagozyten können den

Abfall leichter verschlingen, wenn er mit natürlichen Antikörpern gespickt ist. Würden absterbende Zellen nicht rechtzeitig beseitigt, so würden sie auslaufen, und die freigesetzten Stoffe könnten Autoimmunreaktionen auslösen.

Den natürlichen Antikörpern stehen die induzierten Antikörper gegenüber, deren massenhafte Herstellung – wie ihr Name andeutet – erst durch die Konfrontation der Lymphozyten mit einem spezifischen Antigen induziert oder ausgelöst wird. In den Keimzentren der Lymphknoten durchlaufen die B-Zellen die oben beschriebene Affinitätsreifung: Durch Mutations- und Selektionszyklen erhöht sich die Affinität der Antikörper zu ihren Antigenen immer weiter.

Außerdem kommt es in den Keimzentren zum Klassenwechsel: Das Gensegment für die konstante Region der schweren Ig-Kette wird durch ein anderes Gensegment auf demselben Chromosom ersetzt, sodass nun IgG, IgA oder IgE anstelle von IgM produziert wird. Im Unterschied zu den großen IgM-Pentameren können die neuen Antikörper, da sie als Mono- oder Dimere auftreten, die Blutgefäße verlassen und im Gewebe wirken. (Mütterliches IgG kann sogar die Plazenta durchdringen und so dem Neugeborenen ein Starterkit mitgeben, das es vor Infektionen schützt, bis die Antikörper-Eigenproduktion in Gang kommt.) Außerdem können Antikörper-Monomere mit ihren neuen konstanten Enden an Immunzellen wie Mastzellen oder natürliche Killerzellen binden und diese aktivieren.

Obwohl das antigenspezifische, variable Ende der Antikörper vom Klassenwechsel eigentlich nicht betroffen sein sollte, verändert er gelegentlich auch das Antigen-Bindungsverhalten – vielleicht durch eine leichte Verformung, die vom Stamm des Antikörpers auf die Spitzen der Ärmchen durchschlägt. Dann können neue Kreuzreaktionen auftreten, zum Beispiel die Bindung an körpereigene Antigene. Auf diese Weise ist der Antikörper-Klassenwechsel vielleicht an der Entstehung von Autoimmunerkrankungen beteiligt.

In den Lymphknoten der Atemwege verläuft der Klassenwechsel bei einer Infektion etwas anders als im restlichen Körper: Hier wird von IgM auf IgD umgeschaltet. Während die Funktion der übrigen Ig-Klassen gut erforscht ist, herrscht bei dem relativ seltenen und schwer nachzuweisenden IgD noch Unklarheit. In vieler Hinsicht ähnelt es dem IgM, und es wird zum Teil in denselben B-Zellen hergestellt. Aber wenn es keine eigene Aufgabe hätte, wäre es in der Evolution nicht seit den Fischen erhalten geblieben. IgD kommt kaum frei im Blut oder Gewebe vor. Fast immer dockt es mit seinem konstanten Ende an bislang unbekannte Rezeptoren auf Zellen der angeborenen Abwehr wie den Basophilen an. So befähigt es diese sonst unspezifisch handelnden Immunzellen, spezifisch auf Antigene zu reagieren. Vermutlich ist es an der Bekämpfung von besonders gefährlichen, stark veränderlichen Atemwegspathogenen wie den Influenza-Viren beteiligt, die eine Grippe auslösen.

Antikörper wirken auf mehreren Wegen. Bis vor wenigen Jahren hielt man sie für eher passive, handlungsvorbereitende Bestandteile des Immunsystems: Indem sie an Antigene binden, machen sie andere Komponenten auf Pathogene oder kranke Zellen aufmerksam, die vernichtet werden müssen. So bilden zum Beispiel Antikörper-Dimere und -Pentamere mit den von ihnen erkannten Objekten große Komplexe, die aus dem Blut ausgefällt und dann von Fresszellen vertilgt werden. Wenn allerdings zu wenige Fresszellen im Blut sind, lagern sich die Komplexe an den Gefäßwänden ab, was der erste Schritt zu Gefäßschäden wie einer Arteriosklerose sein kann.

Binden Antikörper (vor allem IgM) an Antigene, so kann das auch die Reaktionskaskaden des Komplementsystems auslösen: Die Objekte werden mit Komplementfaktoren bedeckt, eine Entzündungsreaktion wird ausgelöst, und schließlich wird das Objekt durch Phagozytose beseitigt. Außerdem regt die Bindung von Antikörpern vor allem der Klasse IgG zytotoxische Immunzellen wie neutrophile Granulozyten zur Ausschüttung von Zellgiften an.

In den letzten Jahren zeigt sich aber, dass Antikörper auch selbst antimikrobiell wirken: Wenn sie massenhaft auftreten, können sie die Signalverarbeitung, die Genexpression und den Stoffwechsel bestimmter Mikroben stören und so deren Vermehrung und Ausbreitung behindern. So binden Antikörper zum Beispiel an ein Protein auf der Oberfläche des Borreliose-Erregers *Borrelia burgdorferi* und zerstören seine äußere Membran, sodass das Bakterium aufplatzt. Durch die Bindung an die Hülle des Bakteriums *Streptococcus pneumoniae* wird dessen Kommunikation innerhalb der Bakterienkolonie so manipuliert, dass die Bakterien »Brudermord« begehen. Und Antikörper, die an Sporen des Pilzes *Candida albicans* binden, können diese teils direkt töten, teils an der Auskeimung, also an der Bildung von Pilzfäden hindern.

Das Vorkommen von IgA in den Schleimhautsekreten im Mund, im Darm und in der Vagina gab lange Rätsel auf, weil sich dort normalerweise kaum Immunzellen und Zytokine finden, die den Alarm schlagenden Antikörpern zur Hilfe eilen könnten. Vermutlich wirken die Antikörper auch hier autonom: Sie halten die Kommensalen im Mikrobiom vom Epithel fern, ohne Entzündungsreaktionen auszulösen.

Einige IgA-Antikörper kehren aber wohl aus dem Darmlumen ins Gewebe zurück, indem sie das Darmepithel erneut durchqueren, und zwar mit Bakterien der Gattung *Alcaligenes* im Schlepptau. Vermutlich fangen die Antikörper die Bakterien im Darm ein, regen die sogenannten M-Zellen in der Schleimhaut zum Transport nach innen an und liefern die Bakterien unversehrt in den Peyer-Plaques in der Darmschleimhaut ab. Dort werden die Alcanigenes-Zellen wie Vieh in einem Pferch gehalten und den örtlichen Immunzellen vorgeführt, um das Immunsystem tolerant zu stimmen. Bei dieser Symbiose zwischen gutartigen Bakterien und dem spezialisierten Lymphgewebe unseres Darms scheinen Antikörper also als Schlepper oder Cowboys zu dienen (s. Abb. 191 in Teil 3).

Außerdem ist das Dogma gefallen, dass Antikörper nur im extrazellulären Raum, also außerhalb von Zellen wirken: Bestimmte Antikörper werden routinemäßig durch das Innere der Darmepithelzellen ins Darmlumen transportiert und können während dieser Passage Viren in den Epithelzellen abfangen und ausschalten. Auch in Lungenepithelzellen machen sie sich nützlich, zum Beispiel bei der Bekämpfung des Tuberkulose-Erregers *Mycobacterium tuberculosis.*

Etliche Immunzellen können, wie oben beschrieben, mit den Fc-Rezeptoren an ihrer Oberfläche das konstante Ende von Antikörpern einfangen. Wie die Antikörper in diesen Fällen wirken, hängt zum einen davon ab, ob sie bereits ein Antigen gebunden haben oder die Ärmchen noch frei sind, und zum anderen davon, ob sie von einem aktivierenden oder einem inhibitorischen Rezeptor eingefangen wurden: Zum Teil löst die Bindung in der Zelle Entzündungsreaktionen aus, zum Teil wirkt sie aber auch beruhigend. Vielleicht sind Antikörper in der Frühphase einer Immunantwort entzündungsfördernd und in der Spätphase entzündungshemmend.

Auch B-Zellen haben Rezeptoren, um Antikörper in ihrer Umgebung wahrzunehmen. So registrieren zum Beispiel B-Zellen, die in der Frühphase einer Infektion IgM herstellen, das von anderen B-Zellen hergestellte IgG. Sobald genug IgG im Blut kreist und daher viele ihrer IgG-Rezeptoren besetzt werden, schränken sie die IgM-Produktion ein. Auf dieselbe Weise erkennen B-Zellen, die mit ihren spezifischen B-Zell-Rezeptoren gerade ein Antigen gebunden haben, ob dieses frei unterwegs ist oder bereits Teil eines Immunkomplexes ist, also schon von Antikörpern gebunden wurde. Dann kann die B-Zelle das konstante Ende eines solchen Antikörpers mit einem benachbarten Fc-Rezeptor einfangen, sodass der Komplex doppelt an die Zelloberfläche gebunden ist (sogenanntes Crosslinking, **Abb. 143**). Da das Antigen offenbar schon unschädlich gemacht wurde, versteht die B-Zelle dieses Crosslinking als Stoppsignal für die Antikörperproduktion. Bleiben die Fc-Rezeptoren in der Nachbarschaft des B-Zell-Rezeptors dagegen unbesetzt, versteht die Zelle dies als Aufforderung zur Produktion weiterer Antikörper.

Dieser Sicherungsmechanismus verhindert eine Überproduktion von Antikörpern (**Abb. 144**). Denn die Menge der Antikörper, die an einen Krankheitserreger binden, beeinflusst das Ergebnis der Immunreaktion: Sind es zu wenige, so wird unter Umständen keine Reaktion ausgelöst. Ist dagegen die ganze Oberfläche des Erregers mit Antikörpern bedeckt, so können keine Komplementfaktoren mehr binden, Zellgifte gelangen nicht an ihr Ziel usw. Außerdem steigt bei einer Antikörper-Überproduktion die Gefahr von Autoimmunreaktionen.

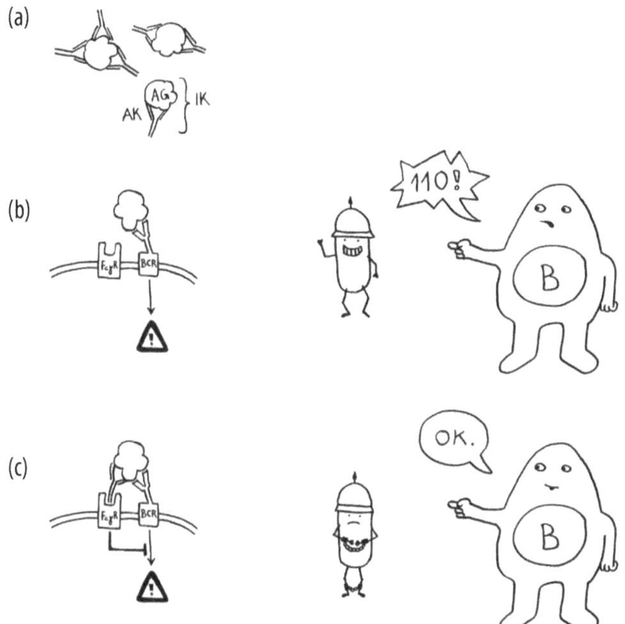

Abb. 143

Crosslinking als Kontrollmechanismus: (a) Haben bereits Antikörper (hier IgG) an ein Antigen gebunden, spricht man von einem Immunkomplex. (b) Wenn ein B-Zell-Rezeptor an ein Antigen bindet, das noch keine Antikörper trägt, bleibt der benachbarte Antikörper-Rezeptor (hier FcγR) leer. Das ist für die B-Zelle ein Alarmzeichen: Sie produziert Antikörper gegen das Antigen. (c) Bindet dagegen der Fcγ-Rezeptor neben dem B-Zell-Rezeptor das konstante Ende eines IgG-Antikörpers, heißt das, dass die Abwehr bereits effektiv gegen dieses Antigen vorgeht. Daher hemmt das Signal des Fcγ-Rezeptors die Antikörper-Produktion.

Abb. 144

Damit eine Immunreaktion nicht durch eine Antikörper-Schwemme behindert wird oder den Körper zu viel Energie kostet, messen B-Zellen mit ihren Fc-Rezeptoren die Menge der Antikörper im Blut und fahren ihre Produktion herunter, sobald genug im Umlauf ist.

Zytokine

Zytokin heißt wörtlich »Zellbeweger«, nach *zyto* = Zelle und *kinein* = bewegen. Diese löslichen Proteine werden von Immun- und anderen Zellen ausgeschieden und dienen dem Immunsystem als hormonartige Botenstoffe. Die Moleküle sind etwa ein Fünftel bis Zehntel so groß wie Antikörper. Sie regen Immunzellvorläufer zur Differenzierung und Immunzellen zur Vermehrung oder zur Ausübung ihrer jeweiligen Funktion an.

Anhand ihrer Aufgaben werden sie in drei Gruppen eingeteilt. Die erste Gruppe bilden die Wachstums- und Differenzierungsfaktoren für T-Zellen. Darunter sind Interleukin-2 (IL-2), das fast nur von Th1-Zellen hergestellt wird, und Alpha-, Beta- sowie Gamma-Interferon (IFN-α, IFN-β, IFN-γ), die von verschiedenen Zelltypen hergestellt werden und antiviral bzw. antimikrobiell wirken. Die zweite Gruppe sind die Wachstums- und Differenzierungsfaktoren für B-Zellen, zum Beispiel IL-4, IL-6 oder IL-13, die primär von Th2-Zellen produziert werden und in den Lymphknoten unter anderem den Antikörper-Klassenwechsel anstoßen. Inhibitorische, also Immunreaktionen hemmende Zytokine wie IL-10 werden in der dritten Gruppe zusammengefasst.

Die mittlerweile unüberschaubare Schar – man kennt weit über 100 Zytokine – kann aber auch anders untergliedert werden, zum Beispiel in die »Großfamilien« Interferone, Interleukine, Chemokine, koloniestimulierende Faktoren, Wachstumsfaktoren und Tumornekrosefaktoren (siehe Kasten »Zytokine und ihre Wirkungen«). Einige dieser Bezeichnungen sind allerdings irreführend. So tragen Tumornekrosefaktoren (kurz: TNF) zwar in bestimmten Experimenten zum Absterben von Tumoren bei, aber im lebenden Organismus übernehmen sie je nach Ort und Situation ganz unterschiedliche Funktionen.

Um auch die Herkunft der übrigen Familiennamen aufzuklären: Interferone stören (englisch to *interfere*) Viren, die Zellen infizieren. Interleukine dienen der Kommunikation zwischen (lateinisch *inter*) Leukozyten, also weißen Blutkörperchen (griechisch *leukos* = weiß). Chemokine sind Zytokine, die der Chemotaxis dienen, also der Bewegung von Zellen entlang chemischer Gradienten. Koloniestimulierende Faktoren fördern die Vermehrung von Blutzellen, Wachstumsfaktoren die Vermehrung anderer Zelltypen.

Zytokine haben eine Halbwertzeit von einigen Minuten. Sie verbreiten sich passiv durch Diffusion und die Strömung des Blutes oder der Gewebsflüssigkeit und werden von ihren Zielzellen über spezifische Rezeptoren in der Zellmembran wahrgenommen. Die Vielfalt dieser Rezeptoren kann zum Teil die entgegengesetzte Wirkung eines Zytkins in zwei Situationen erklären: Mal wirkt es entzündungsfördernd, mal entzündungshemmend; im einen Kontext bringt es eine Zelle zum kontrollierten Absterben, in einem anderen Kontext (und über

Zytokine und ihre Wirkungen

Zytokin-Typ	hauptsächliche Wirkung
Interferone (IFN)	Regulierung der angeborenen Abwehr, Aktivierung antiviraler Mechanismen, Verhinderung der Zellteilung (z. B. in Tumoren)
Interleukine (IL)	Wachstum und Differenzierung von Leukozyten
Chemokine	Chemotaxis, Anlockung von Leukozyten, meist entzündungsfördernd
koloniestimulierende Faktoren	Vermehrung und Differenzierung hämatopoetischer Vorläuferzellen
Wachstumsfaktoren	Vermehrung und Differenzierung anderer Zelltypen
Tumornekrosefaktoren (TNF)	Aktivierung zytotoxischer Lymphozyten, entzündungsfördernd

einen anderen Rezeptor) schützt es dagegen vor dem Zelltod.

Normalerweise wirken mehrere Zytokine zugleich auf eine Zelle ein. Ihre Wirkungen können sich addieren, synergistisch verstärken, aufheben oder unbeeinflusst nebeneinanderstehen. Die gegenseitige Hemmung des zellulären (Th1-dominierten) und des humoralen (Th2-dominierten) Zweigs der erworbenen Abwehr (s. Abb. 131) wird zum Beispiel durch IL-2 und IFN-γ auf der einen und IL-4 sowie TGF-β auf der anderen Seite vermittelt. Zytokine wirken aber auch auf Zellen der angeborenen Abwehr ein.

Eine gefürchtete Form der Zytokin-Synergie ist der Zytokinsturm, auch anaphylaktischer Schock genannt: eine Ausschüttung großer Mengen von Zytokinen, die zum Beispiel durch Insekten- oder Bakteriengifte, eine Transplantation, eine H1N1- oder eine SARS-Infektion ausgelöst werden kann. Die Zytokine stellen die Blutgefäße so weit, dass der Blutdruck stark absinkt und lebenswichtige Organe nicht mehr richtig durchblutet werden. Dies kann zu einem Multiorganversagen und damit zum Tode führen.

Näher vorstellen möchte ich hier nur ein Beispiel: **Interleukin-10 (IL-10)**, ein vorwiegend hemmendes Zytokin, dessen Mangel mit vielen Autoimmunstörungen in Verbindung gebracht wird (**Abb. 145**). Interleukin-10 besteht aus zwei identischen Proteineinheiten, die jeweils 160 Aminosäuren lang sind. Viele der Aminosäuren im IL-10 bilden stabile stabförmige Strukturen, sogenannte Alpha-Helices, die die dreidimensionale Gestalt des Proteins prägen.

Mit dieser Gestalt passt das Protein nur auf IL-10-spezifische Rezeptoren in den Zellmembranen bestimmter Zellen, was in der Abbildung durch die beiden Puzzleteile versinnbildlicht wird. Proteine sind viel zu groß, um durch eine Membran zu diffundieren. Um in einer Zelle eine Reaktion auszulösen, müssen sie entweder von einem spezifischen Kanal in die Zelle eingeschleust werden oder – wie hier – an einen Rezeptor in der Zellmembran andocken. Der verformt sich daraufhin ein wenig, was an der Innenseite der Membran etwas auslöst: die Abspaltung von innerzellulären Signalstoffen oder das Andocken von Enyzmen zum Beispiel. Die im Zellinneren ausgelöste Reaktionskette endet oft im Zellkern, wo bestimme Gene ein- oder ausgeschaltet werden.

IL-10 wird zum Beispiel von Monozyten produziert, den Vorläuferzellen der Makrophagen und dendritischen Zellen, die bei einer Infektion oder Autoimmunerkrankung Antigene aufnehmen und sie anderen Zellen des Immunsystems präsentieren. Der Botenstoff hemmt die Reifung weiterer Monozyten und verkürzt ihre Lebensdauer: ein Beispiel für eine negative Rückkopplung, die zu heftige oder zu lange Immunreaktionen verhindert. Auch auf andere Zellen der angeborenen Immunität wirkt IL-10 hemmend. So werden lokale Entzündungen rechtzeitig beendet, bevor sie das Gewebe übermäßig schädigen.

Darüber hinaus fördert IL-10 die Reifung regulatorischer T-Zellen oder Tregs,

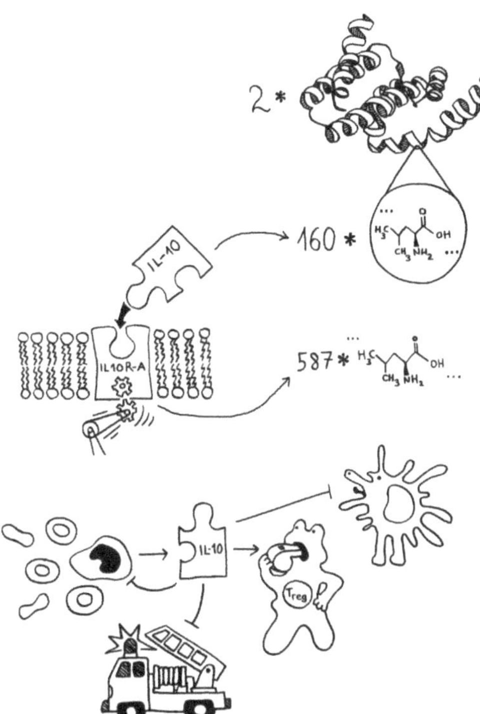

Abb. 145

IL-10 besteht aus zwei Hälften mit je 160 Aminosäuren. Mit seinen schraubigen Strukturen (sogenannten Alpha-Helices) passt es genau in den extrazellulären Teil des Rezeptors IL10R-A, ein Transmembranprotein aus 587 Aminosäuren.

IL-10 wird unter anderem von Monozyten produziert. Es regt die Bildung regulatorischer T-Zellen (Treg) an und hemmt die Reifung weiterer Monozyten, die Aktivität anderer Immunzellen und die Entzündungsreaktion im umliegenden Gewebe.

die dafür sorgen, dass auch die Zellen der erworbenen Immunantwort rechtzeitig beim Abpfiff vom Platz gehen. Bei chronisch-entzündlichen Darmerkrankungen wie Morbus Crohn oder Colitis ulcerosa herrscht ein Mangel an IL-10 und Tregs.

Eine der großen Leistungen des Immunsystems besteht darin, die richtigen Zellen zur rechten Zeit am rechten Ort zu versammeln, um eine Gefahr auszuschalten, bevor sie auf den ganzen Körper übergreift. Die Wege der Immunzellen können ziemlich lang und gewunden ausfallen: vom Entstehungsort über den Reifungsort und einen Aktivierungsort zu ihrem Einsatzort und schließlich zum Organ, in dem sie abgebaut werden (s. Abb. 103). Woher »wissen« die Zellen, an welcher Aderverzweigung sie abbiegen und wo sie schließlich die Gefäßwand durchdringen müssen, um ans Ziel zu gelangen? Dieses Wanderungsverhalten wird durch **Chemokine** gesteuert.

Chemokine sind kleiner als die übrigen Zytokine und diffundieren daher leichter durch die Zellzwischenräume im Gewebe, sodass sich rings um den Ort ihrer Ausschüttung ein Gradient aufbaut: Je höher die lokale Konzentration, desto näher die Quelle – bzw. das Ziel der angelockten Zellen (**Abb. 146**). Man kennt mittlerweile über 50 dieser Lockstoffe, die teils von Leukozyten, teils vom Bindegewebe, der Haut oder den Blutgefäßwänden produziert werden. Anhand ihrer chemischen Struktur unterscheidet man vier Familien, unter denen die CXC- und die CC-Chemokine die wichtigsten sind. Die Cs stehen dabei für die Aminosäure Cystein und das X für eine beliebige andere Aminosäure dazwischen.

CXC-Chemokine ziehen vor allem Neutrophile und T-Zellen an (**Abb. 147**); CC-Chemokine locken Monozyten, Makrophagen und Eosinophile. Die Zellen nehmen die Lockstoffe über spezifische Rezeptoren in ihrer Membran wahr. Bei einer lokalen Entzündung locken Chemokine die Immunzellen nicht nur an, sondern aktivieren sie auch stark. Und sie tragen zur Polarisierung der Immunantwort in Richtung einer zellulär oder einer humoral dominierten Abwehr bei, indem sie entweder an Th1- oder an Th2-Zellen binden und deren Zytokinproduktion verstärken. Auch an der Entstehung der Lymphorgane und an der Wanderung Antigen-beladener dendritischer Zellen in die Lymphknoten sind Chemokine als Wegweiser beteiligt.

Abb. 146
Chemokine leiten Immunzellen über einen Konzentrationsgradienten an ihren Einsatzort, zum Beispiel zu einem Entzündungsherd.

Abb. 147
Chemokine sind löslich: In der Gewebsflüssigkeit oder im Blut werden sie schnell verdünnt oder fortgespült. Wie schaffen es beispielsweise zytotoxische T-Zellen trotzdem, bei einer Grippe schnell an den Infektionsort in den Atemwegen zu gelangen? Neutrophile Granulozyten, die erste Verteidigungslinie gegen eine Influenza, schnüren bei ihrem geschäftigen Kommen und Gehen ständig kleine Membransäckchen ab, die mit CXCL12 gefüllt sind. Das Chemokin diffundiert langsam aus den Säckchen heraus und steigt den T-Zellen gewissermaßen in die Nase: Es bindet an deren CXCL12-Rezeptor. Je näher der Infektionsort, desto deutlicher ist die Spur – wie auch die Duftspuren von Ameisen in der Nähe ihres Nests am intensivsten sind.

Das Komplementsystem

Schon Paul Ehrlich fiel 1890 auf, dass es neben den Immunzellen und den Antikörpern weitere Stoffe im Blut gibt, die sich an einer Immunreaktion auf Pathogene beteiligen – sozusagen als Ergänzung oder Komplement. Heute kennt man über 30 Komplementfaktoren: lösliche Proteine, die über drei unterschiedlich ausgelöste Reaktionskaskaden zur Vernichtung von Mikroben beitragen.

Die Kaskaden werden als klassischer Weg, Lektinweg und alternativer Weg bezeichnet, je nachdem, ob die Mikroben zur Auslösung der Kettenreaktion zunächst mit Antikörpern oder mit Lektinen markiert werden müssen oder der erste Komplementfaktor selbst direkt an die Mikroben bindet. (Lektine sind Glykoproteine, also Eiweiße mit Kohlenhydratketten, die sich leicht an Zelloberflächen anlagern.)

Die Komplementfaktoren tragen leider wenig anschauliche Namen wie C1q, C3a, C5b, C9 und so weiter. Die Faktoren, die die Kettenreaktionen auslösen, haben eine chemische Affinität zu Kohlenhydraten, die auf vielen Keimen vorkommen. Nach ihrer Anlagerung an deren Oberfläche aktivieren sie bestimmte Proteasen, also proteinspaltende Enzyme, die wiederum die nächsten Glieder in der Reaktionskette durch Spaltung aktivieren, und so weiter.

Das Komplementsystem bekämpft Infektionen gleich mehrfach. Zum einen können Fresszellen Mikroben leichter vertilgen, wenn sie mit Komplementfaktoren opsoniert, also beschichtet sind (s. Abb. 114 im Kapitel über die Makrophagen). Zum anderen bilden einige der Faktoren gemeinsam einen Membranangriffskomplex: eine Art Stanzmaschine, die Löcher in die Mikrobenmembran stanzt, durch die Flüssigkeit in die Keime eindringt und sie abtötet (**Abb. 148**). Außerdem lösen Abbauprodukte der Komplementfaktoren eine Entzündungsreaktion aus, die Immunzellen an den Ort der Infektion lockt – vor allem Neutrophile und Mastzellen, die dann vor Ort aktiviert werden und den giftigen Inhalt ihrer Granula ausscheiden. Diese Immunreaktionen laufen sekundenschnell ab, sodass sie sogar Mikroben mit einem sehr schnellen Vermehrungszyklus rechtzeitig stoppen können.

Komplementfaktoren sind aber auch an krankhaften Immunreaktionen wie Autoimmunstörungen beteiligt, da sie fälschlich auch aktiv werden und Immunzellen zur Phagozytose anregen können, wenn sich lösliche Immunkomplexe aus Antikörpern und Antigenen im Gewebe ablagern, zum Beispiel an den Gefäßwänden, im Herzmuskel oder in der Niere. Bei Gesunden werden solche Attacken auf körpereigene Zellen durch Komplement-Inhibitoren vermieden, die entweder im Serum gelöst oder in die Oberflächen der Körperzellen eingebaut sind.

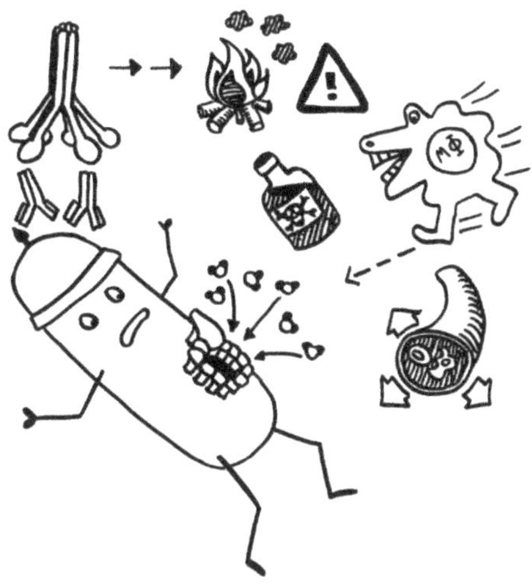

Abb. 148

Der Komplementfaktor C1 (oben links) bindet an Antikörper, die
sich an Antigene auf Pathogenen wie diesem Bakterium angelagert
haben, und löst Reaktionskaskaden aus. Die dabei gebildeten
Membranangriffskomplexe aus C9 stanzen Löcher in Pathogen-
Membranen. Wasser dringt ein und bringt sie zum Platzen. Außerdem
werden Gefäße geweitet, sodass Immunzellen schneller zum Ort
der Infektion gelangen. Mastzellen schütten Histamin aus, das die
Entzündungsreaktion fördert. Phagozyten wie Makrophagen werden
angelockt und fressen die Pathogene.

Defensine und weitere lösliche Abwehrstoffe

An der Immunabwehr sind zahlreiche weitere lösliche Proteine beteiligt, die teils ständig im Serum präsent sind, teils erst im Zuge einer Abwehrreaktion hergestellt und ausgeschüttet werden. Zum Beispiel lassen sich die **Defensine** (vom lateinischen *defendere* = abwehren) in ständig ausgeschüttete α-Defensine und erst nach Aktivierung von Neutrophilen oder Epithelzellen freigesetzte β-Defensine unterteilen. Defensine schützen vor allem unsere Haut und unsere Schleimhäute, zum Beispiel im Darm, vor der Besiedlung durch schädliche Bakterien oder Pilze. Zum einen greifen sie die Zellmembranen von Mikroorganismen direkt an, zum anderen unterstützen sie Immunzellen und verstärken Entzündungsreaktionen.

Eingeatmete Mikroben treffen auf der Lungenschleimhaut auf sogenannte **Surfactant-Proteine.** Diese überziehen die Keime und machen sie so für Fresszellen attraktiver. Diesen bereits beim Komplementsystem beschriebenen Vorgang nennt man Opsonierung (vom griechischen *ópson* = Speise). Zu den ständig produzierten Abwehrstoffen gehört auch das Enzym **Lysozym**, das in Tränen und anderen Körperflüssigkeiten enthalten ist und Bakterienhüllen zersetzt.

Erst nach einem Alarmsignal für eine Infektion, nämlich der Ausschüttung von Interleukin-6, springt dagegen in unserer Leber die Produktion und Ausschüttung von **Akutphase-Proteinen** an, die die Zellen der angeborenen Abwehr unterstützen oder Schäden durch Entzündungen begrenzen, indem sie zum Beispiel gewebeschädigende Enzyme hemmen. Zu ihnen zählt das C-reaktive Protein (CRP), dessen Konzentration oft in Blutproben gemessen wird, um herauszufinden, wie stark eine Entzündung ist.

Die **Prostaglandine** und **Leukotriene** erleichtern Immunreaktionen, indem sie die Blutgefäße weiten und deren Wände durchlässig machen. So gelangen mehr Immunzellen und Komplementfaktoren an einen Entzündungsherd, und sie können leichter ins Gewebe eindringen, um dort Erreger zu bekämpfen. Prostaglandine heißen so, weil man ursprünglich glaubte, sie würden in der Prostata *(prostate gland)* produziert. Tatsächlich entstehen sie in allen möglichen Gewebetypen. Leukotriene werden von weißen Blutkörperchen (griechisch *leukós* = weiß) hergestellt und haben drei benachbarte Kohlenstoff-Doppelbindungen (*tria* = drei). Beides sind keine Proteine, sondern Stoffwechselprodukte der Arachidonsäure, die zu den ungesättigten Fettsäuren zählt (**Abb. 149**). Körpereigene Abwehrstoffe können also zu ganz unterschiedlichen chemischen Stoffklassen gehören.

Abb. 149
Aus Arachidonsäure (hier die Strukturformel) entstehen Prostaglandine und Leukotriene, die Immunreaktionen fördern. Bei chronischen Entzündungen und Autoimmunstörungen wird daher oft von arachidonsäurereicher Kost wie Schweineschmalz oder Schweineleber abgeraten.

Gase als Botenstoffe: Stickstoffmonoxid und reaktive Sauerstoffspezies

So überraschend es klingen mag: Das winzige Allerweltsmolekül **Stickstoffmonoxid (NO)**, das nur aus einem Stickstoff- und einem Sauerstoffatom besteht, zählt zu den wichtigsten Botenstoffen des Immunsystems. Mit einer Halbwertzeit von fünf bis zehn Sekunden ist es ziemlich instabil – und gerade dadurch als kurzer Signalimpuls geeignet, der nur in der unmittelbaren Umgebung seines Entstehungsorts wahrgenommen werden kann. Im »Crashkurs Biologie« habe ich es dem eben beschriebenen Interleukin-10 (IL-10) gegenübergestellt: Wenn Interleukine Luftballons sind, die auch fern vom Entstehungsort eingefangen werden können, ist Stickstoffmonoxid eine Notiz, die der Verfasser dem Empfänger direkt in die Hand drücken muss (s. Abb. 52). Es ist so klein, dass es durch Zellmembranen hindurchdiffundiert, sodass es ohne spezifischen Rezeptor im Zellinneren wirken kann.

Zellen stellen Stickstoffmonoxid mithilfe von Enzymen, den NO-Synthasen, aus der Aminosäure Arginin her. Zellen der angeborenen Abwehr können durch entzündungsfördernde Botenstoffe zur Produktion dieser Enzyme und damit auch zur NO-Produktion angeregt werden. Das Molekül ist durch sein ungepaartes Elektron sehr reaktionsfreudig. In der Empfängerzelle – zum Beispiel einem Bakterium – verändert es Proteine, Lipide oder Nukleinsäuren und macht sie so zumeist funktionsunfähig. Das Bakterium stirbt ab oder kann sich zumindest nicht mehr so schnell vermehren (**Abb. 150**). Außerdem stellt NO die Blutgefäße weit, sodass Immunzellen schneller an den Ort einer Infektion gelangen.

Nicht nur tierische Zellen stellen NO her, sondern auch bestimmte Mikroorganismen. Vor der Einführung moderner Seifen und Waschmittel hatte unsere Hautflora eine andere Zusammensetzung: Die sogenannten Ammoniak-oxidierenden Bakterien (AOB), die Ammoniak (NH_3) oder Harnstoff (CH_4N_2O) aus unserem Schweiß zu Nitriten und NO umbauen können, sind heute vermutlich viel seltener als früher, da sie besonders empfindlich auf Detergenzien reagieren. Manche Forscher gehen davon aus, dass ihretwegen in unserer Haut früher ein anderes, stabileres immunologisches Gleichgewicht herrschte – zum Beispiel, weil ihr NO Pathogene in Schach hielt.

Reaktive Sauerstoffspezies (*reactive oxygen species*, kurz **ROS**) entstehen vor allem in Neutrophilen, aber auch in Makrophagen. Das in der Zellmembran verankerte Enzym NADPH-Oxidase produziert Hyperoxid-Anionen, also $O_2^{\cdot-}$, wobei der Punkt für ein ungepaartes, sehr reaktionsfreudiges Elektron steht und das Minus für eine überzählige negative Ladung. Es wird in die Lysosomen eingespeist, also die »Verdauungsorgane« von Fresszellen. Dort reagiert es rasch zu Wasserstoffperoxid (H_2O_2) weiter, das wiederum zu zwei Hydroxylradikalen ($HO\cdot$) zerfällt. Diese sehr reaktionsfreudigen Radikale greifen in den Lysosomen

Abb. 150
Stickstoffmonoxid (NO) hat viele
Wirkungen. Unter anderem schädigt
es bakterielle Eindringlinge.

Abb. 151
Kommissar Vitamincé jagt freie Radikale – Tribute to Seyfried. Antioxidantien
wie Vitamin C fangen reaktionsfreudige
Moleküle ein, die z. B. durch reaktive
Sauerstoffspezies entstehen. Allerdings
sind solche Radikalfänger nicht per se
gesund.

die Membranlipide, die DNA und die Proteine von vertilgten Keimen oder kranken Zellen an. Sie können aber auch ausgeschieden werden und dann auf die Umgebung einwirken.

Die Wirkung solcher Radikale hängt vom Kontext ab: Lange wurden sie nur mit einer beschleunigten Alterung und der Verschlimmerung von Entzündungen in Verbindung gebracht, weshalb Menschen mit chronischen Entzündungen oder Autoimmunerkrankungen zu einer Kost geraten wurde, die reich an Antioxidantien oder Radikalfängern ist, mit denen sich ROS neutralisieren lassen. Aber in manchen Situationen scheinen sie Entzündungen und auch Autoimmunreaktionen eher zu unterbinden. Dazu passen die Ergebnisse neuerer Studien, in denen Versuchstiere, die regelmäßig die Antioxidantien Vitamin C oder Vitamin E zu sich nahmen, nicht etwa länger, sondern kürzer lebten als die Tiere in der Kontrollgruppe. Die einfache Parole »Sauerstoffradikale entzündungsfördernd und damit schlecht – Radikalfänger entzündungshemmend und damit gut« (**Abb. 151**) stimmt also nicht.

2. Membrangebundene Moleküle

Die gesamte moderne Klassifikation der Immunzellen beruht auf membrangebundenen Molekülen, nämlich den sogenannten Unterscheidungsgruppen oder *clusters of differentiation* (CD), die von 1 bis (derzeit) 339 durchnummeriert sind. Allerdings gibt es in dieser Reihe sowohl Lücken als auch feinere Unterscheidungen, die durch Kleinbuchstaben markiert sind, z. B. 49a, 49b usw. Einige Beispiele haben wir bereits kennen gelernt: Anhand ihrer CD-Marker kann man äußerlich ganz ähnliche T-Zell-Typen unterscheiden. CD4$^+$CD8$^-$-Zellen exprimieren CD4, nicht aber CD8; CD4$^+$CD8$^+$-Zellen exprimieren beide Marker und so weiter.

Im Lauf ihrer Entwicklung können Immunzellen die Expression bestimmter Marker abschalten; dafür können andere hinzukommen. Viele CD-Marker haben bekannte Funktionen, zum Beispiel als Rezeptoren, membranständige Enzyme, Zellkontaktvermitteler usw. Bei anderen ist die Aufgabe bislang unbekannt. Chemisch handelt es sich durchgängig um Glykoproteine, also Proteine mit angehängten Zuckern.

Alle Substanzen, die zu groß sind, um durch die Zellmembran zu diffundieren, können nur dann auf das Zellinnere einwirken, wenn sie über **Rezeptoren** wahrgenommen oder über Transportproteine ins Innere eingeschleust werden. In die Zellmembran von Immunzellen sind zahllose unterschiedliche Rezeptoren eingebaut. Manche entfalten nach der Bindung ihres extrazellulären Liganden an der Innenseite der Membran eine Kinase-Aktivität und setzen durch die Übertragung einer Phosphatgruppe eine Signalkette in Gang (**Abb. 152**). Andere locken durch die Bindung eine benachbarte Kinase an, die die Phosphatgruppe überträgt und damit ein Signalmolekül aktiviert. (Die Kinasen und andere wichtige Enzyme habe ich im Biologie-Crashkurs vorgestellt.) Manche Rezeptoren arbeiten allein, andere müssen gemeinsam an denselben Liganden binden, um etwas zu bewirken (sogenanntes Crosslinking, s. Abb. 143).

Wie im Crashkurs Biologie schon erwähnt, können eindeutige Funktionszuschreibungen wie »Rezeptor« auch den Blick verstellen. Jeder Rezeptor kann seinerseits anderen Rezeptoren – zum Beispiel denen eines Krankheitserregers – als Ligand dienen und damit als Informationslieferant oder Angriffspunkt. Gerade die Rezeptoren auf Immunzellen sind beliebte Ziele für Unterwanderungsstrategien: Wo könnte sich ein Pathogen besser verstecken als im Inneren einer Immunzelle, die eigentlich seiner Bekämpfung dient? Das wohl bekannteste Beispiel ist das Humane Immundefizienz-Virus (HIV), das sich in T-Helferzellen einschleicht, indem es an deren Rezeptor CD4 bindet, woraufhin die Virushülle mit der Zellmembran verschmilzt.

Weitere sehr wichtige membrangebundene Immunsystem-Moleküle sind

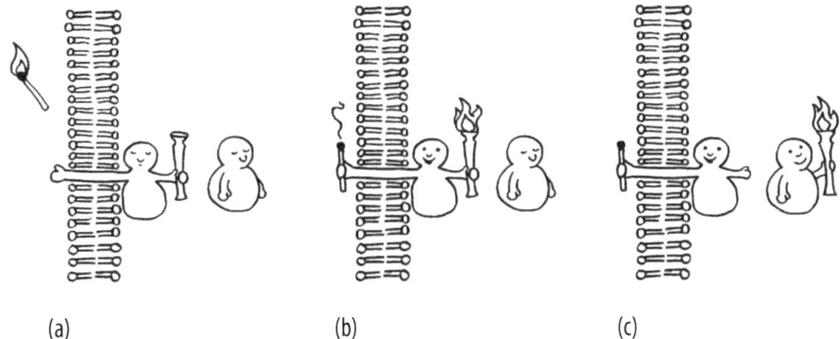

(a)   (b)   (c)

Abb. 152

So funktionieren Transmembran-Rezeptoren:

(a) Der Rezeptor wartet darauf, dass an der Außenseite der Membran ein Ligand (Streichholz) bindet.

(b) Durch Bindung des Liganden ändert sich die Konfiguration des Rezeptors auch an der Membran-Innenseite, und er wird aktiv (Fackel).

(c) Er aktiviert das nächste Glied der innerzellulären Signalkette, zum Beispiel durch Übertragung einer energiereichen Phosphatgruppe.

die **Haupthistokompatibilitätskomplexe** (**MHC**, von *main histocompatibility complex*). Sie weisen ihre Träger zum einen als körpereigene Zellen aus und präsentieren zum anderen Antigene aus dem Zellinneren. Wenn man Rezeptoren als Signalempfänger auffasst, sind MHC-Molekülkomplexe Signalgeber – allerdings solche, die nicht auf Distanz funktionieren, sondern direkten Kontakt voraussetzen.

Nicht als Signalgeber oder -empfänger, sondern als Zellkontaktvermittler dienen die **Adhäsionsmoleküle** an der Oberfläche von Immunzellen. Dank ihnen können die Zellen nach ihrer Aktivierung langsam an den Wänden der Blutgefäße entlangrollen, um dann an der richtigen Stelle durch die Gefäßwand ins Gewebe einzudringen.

Viele Autoimmunerkrankungen beginnen offenbar mit missglückten Erkennungsvorgängen, an denen diese membrangebundenen Moleküle maßgeblich beteiligt sind. Sehen wir uns die Immunzell-Rezeptoren, MHC-Komplexe und Adhäsionsmoleküle also näher an.

Rezeptoren der angeborenen Abwehr

Mustererkennungsrezeptoren

Mustererkennungsrezeptoren (kurz PRR, von *pattern recognition receptors*) erreichen bei weitem nicht die Spezifität der B- und T-Zell-Rezeptoren. Stattdessen binden sie an einige Dutzend weit verbreitete Strukturen, die evolutionär konserviert sind, also nicht durch Mutation verändert werden können, ohne ihre lebenswichtige Funktion einzubüßen. Solche Strukturen werden als PAMPs *(pathogen-associated molecular pattern)*, MAMPs *(microbe-associated molecular pattern)* oder DAMPs *(danger-associated molecular patterns)* bezeichnet, je nachdem, ob sie typisch für Krankheitserreger, für Mikroben im Allgemeinen oder für die Reaktionen unserer Zellen auf Verletzungen, Infektionen und ähnliche Gefahren sind.

Ein Beispiel für ein konserviertes Muster auf vielen Bakterien ist das Protein Flagellin in der Bakteriengeißel, einem Fortbewegungsorgan von einheitlichem Aufbau. Auch die Lipopolysaccharide (LPS) aus der äußeren der beiden Membranen sogenannter gramnegativer Bakterien sind immer gleich aufgebaut, nämlich aus einem fettähnlichen und einem zuckrigen Bestandteil. Bakterielle DNA hat ebenfalls eine charakteristische, leicht erkennbare Struktur. Unter den körpereigenen Molekülen, die auf Gefahren hinweisen, sind zum Beispiel die sogenannten Hitzeschockproteine, die für die korrekte Faltung von Proteinen sorgen und vermehrt bei starkem Zellstress auftreten (durchaus nicht nur bei Hitze).

Auch ohne Antigenspezifität können die Erkennungsvorgänge auf angeborenen Immunzellen durch die Kombination mehrere Rezeptortypen ziemlich komplex werden. Wenn zum Beispiel eine Fresszelle wie ein Makrophage an eine beschädigte Körperzelle andockt, um einen programmierten Zelltod (Apoptose) einzuleiten und die Reste sauber zu beseitigen, sind daran auf Seiten der sterbenden Zelle mindestens 13 Signale und auf Seiten der Fresszelle ebenso viele Rezeptortypen beteiligt. Dadurch wird die Gefahr einer Fehlinterpretation von Signalen verringert.

Die wichtigsten Mustererkennungsrezeptoren, mit denen unsere Immunzellen extrazelluläre Erreger wahrnehmen, gehören zur **TLR-Familie** (*toll-like receptors* – abgeleitet von einem Rezeptor-Gen bei der Taufliege *Drosophila*, das von seiner begeisterten deutschsprachigen Entdeckerin »toll« getauft wurde). Es gibt sie auf Makrophagen, dendritischen Zellen, Neutrophilen und B-Zellen, aber auch auf Nicht-Immunzellen wie den Epithelzellen in unserer Haut. TLRs erkennen Moleküle aus Bakterien, Viren und Pilzen. Allerdings fällt es ihnen schwer, wirklich gefährliche Pathogene von harmlosen Eindringlingen zu unterscheiden, weil sie an weit verbreitete Strukturen binden, der Rezeptor TLR4 zum Beispiel an die eben erwähnten Lipopolysaccharide. Genau wie ihre Liganden sind TLRs evolutionär konserviert; man findet sie in ganz ähnlicher Form schon bei den Schwämmen – und eben den Taufliegen.

Dockt ein Ligand an die Bindungsdomäne eines TLR an der Außenseite der Membran an, so wird dies über den Transmembran-Bereich des Rezeptors an die Innenseite – die sogenannte TIR-Domäne – übermittelt. So wird eine Signalkette ausgelöst, an deren Ende eine Abwehrmaßnahme wie die Ausschüttung von Zytokinen steht. TLRs regen außerdem die Antigenpräsentation auf Makrophagen und dendritischen Zellen an und tragen so zur Aktivierung antigenspezifischer Lymphozyten bei.

Einige Zellen der erworbenen Abwehr tragen auch selbst TLRs, neben ihren antigenspezifischen Rezeptoren. Bei den B-Zellen dienen sie der Ankurbelung der Antikörperproduktion in der Frühphase einer Infektion, in der es noch keine spezifischen T-Helferzellen gibt, die die B-Zellen unterstützen könnten. Hergestellt wird dann zunächst natürliches IgM, das mäßig gut an konservierte Mikroben-Strukturen bindet und meistens ausreicht, um einige wenige Eindringlinge auszuschalten. In den Schleimhäuten des Verdauungstrakts, die ständig mit der normalen Darmflora in Berührung kommen, regen B-Zell-TLRs außerdem die Produktion von natürlichem IgA an.

Wenn ein Pathogen oder ein Pathogen-Bruchstück sowohl an die TLRs als auch an die antigenspezifischen Rezeptoren einer B-Zelle bindet, bewirken beide Signale zusammen – »synergistisch«, wie man sagt – die typischen Keimzentren-Reaktionen: eine starke Vermehrung durch Zellteilung, die Weiterentwicklung der B-Zellen zu Plasmazellen und den Ig-Klassenwechsel, also die Produktion effektiverer Antikörper. Gekoppelt werden die beiden Signale über einen wichtigen Signalweg, den ich im Kapitel über die innerzellulären Immunmoleküle vorstelle: den NF-$\varkappa$B-Weg.

Fc-Rezeptoren

Bei der Vorstellung der Mastzellen und der Granulozyten sprach ich schon davon, dass auch Immunzellen, die selbst keine Antikörper oder antigenspezifischen Rezeptoren herstellen, an antigenspezifischen Abwehrreaktionen teilnehmen können. Dazu setzen sie sogenannte Fc-Rezeptoren ein, die an den Stamm von Antikörpern binden. Der besteht, wie oben beschrieben, aus den Enden der beiden schweren Ketten, die bei jeder Antikörper-Klasse etwas anders aufgebaut sind. Fast alle Fc-Rezeptoren binden stärker an Antikörper, deren Ärmchen bereits an ein passendes Antigen gebunden haben, als an freie Antikörper.

Am anderen, innerzellulären Ende der Fc-Rezeptoren wird bei Bindung des Antikörpers meist eine Signalkette in Gang setzt. Nur der Rezeptor FcγRIIB auf IgG-produzierenden B-Zellen wirkt als Inhibitor: Wenn er an Antikörper des Typs IgG bindet, den die Zelle selbst herstellt, wird die weitere Herstellung zurückgefahren. Diese negative Rückkopplung verhindert eine kostspielige und schädliche Überproduktion. Versagt dieser Mechanismus, kann es zu Autoimmunerkrankungen kommen. Bestimmte FcγRIIB-Genvarianten kommen zum Beispiel bei Menschen mit Lupus vor.

Der kleine griechische Buchstabe im Namen eines Fc-Rezeptors verrät, an welche Ig-Klasse er bindet: Bei FcγRI, FcγRIIa usw. ist es IgG, bei FcεR IgE und bei FcαR IgA. Die Fc-Rezeptoren auf Mastzellen, Granulozyten und Monozyten dienen vor allem der Zellaktivierung, zum Beispiel zur Ausschüttung der Zellgifte aus den Granula. Fcγ-Rezeptoren auf Makrophagen und Granulozyten regen ihre Träger auch zur Phagozytose an: Mit IgG bedeckte (also opsonierte) Objekte werden viel leichter vertilgt als »nackte« Partikel. Binden die Fcγ-Rezeptoren natürlicher Killerzellen zahlreiche IgG-Antikörper, die eine fremde Zelle bedecken, so löst das eine zytotoxische Reaktion aus: Die NK-Zellen schütten entzündungsfördernde Zytokine wie IFN-γ und den giftigen Inhalt ihrer Granula aus.

Würmer sind zu groß, um von Fresszellen vertilgt zu werden, aber sie können mit einem basischen Protein vergiftet werden, das eosinophile Granulozyten in ihren Granula speichern. Antikörper der Klassen IgE, IgG und IgA binden an die Würmer und werden dann ihrerseits von Fc-Rezeptoren auf den Eosinophilen gebunden, die daraufhin ihre Granula entleeren. Entdecken Mastzellen in der Darm- oder Atemwegsschleimhaut über ihre Fc-Rezeptoren und das daran gebundene IgE Würmer, so schütten sie zudem Stoffe aus, die die Peristaltik verstärken, sodass die Würmer ausgeschieden werden.

Eine Sonderrolle spielen die sogenannten neonatalen Fc-Rezeptoren, kurz FcRn. Im Unterschied zu den meisten anderen Fc-Rezeptoren fangen sie freie Antikörper ein, die nicht an Antigene gebunden sind. Wie ihr Name schon sagt, prägen sie das Immunsystem von Neugeborenen: Sie transportieren mütterliches IgG durch die Plazenta oder später beim Stillen durch die Darmschleimhaut, um das Neugeborene vor Infektionen zu schützen.

Aber auch in Erwachenen bleiben diese Fc-Rezeptoren aktiv, und zwar in den Endothelzellen, aus denen unsere Gefäßwände bestehen: Diese Zellen »trinken« ständig kleine Mengen Blut (sogenannte Mikropinozytose) und schließen es in Membranbläschen oder Vesikel ein, deren Inhalt anschließend stark angesäuert wird. In diesem extrem sauren Milieu binden die FcRn an der Innenseite der Vesikel die frei im Blut gelösten IgG-Moleküle und halten sie zurück, während der Rest des Vesikelinhalts (altes Serumprotein usw.) in Lysosomen vernichtet wird. Das gebundene IgG bleibt noch eine Weile in den Vesikeln; dann verschmelzen diese wieder mit der Zellmembran, sodass der Inhalt ins Blut freigesetzt wird. Diese Ruhepausen in geschützten innerzellulären Räumen ermöglichen Antikörpern vom Typ IgG eine ungewöhnlich lange Halbwertzeit von etwa drei Wochen.

Auch am Transport von sekretorischem IgA in das Darmlumen, durch die Darmepithelzellen hindurch, sind Fc-Rezeptoren beteiligt: Sogenannte Poly-Ig-Rezeptoren binden die IgA-Dimere an der basalen, also dem Gewebe zugewandten Seite der Epithelzellen, verfrachten sie ins Zellinnere und liefern sie an der apikalen, also dem Darmlumen zugewandten Seite der Zellen ab. Sie transportieren auch Komplexe aus IgA und gebundenen Antigenen und beteiligen sich damit an der sogenannten stillen, also nicht entzündlichen Beseitigung von Kommensalen, die sich unter die Epithelschicht verirrt haben.

NK-Zell-Rezeptoren

Schon bei der Vorstellung der natürlichen Killerzellen erwähnte ich, dass sie eine Vielzahl ziemlich antigenunspezifischer Rezeptoren haben, deren aktivierende und inhibitorische Signale sie orts- und situationsabhängig miteinander verrechnen. Neben den eben vorgestellten Fcγ-Rezeptoren und einigen Rezeptoren, die charakteristische Zuckerverbindungen (Lektine) an der Oberfläche von Krankheitserregern erkennen, sind vor allem die *killer cell immunglobulin-like receptors* oder **KIRs** typisch für NK-Zellen. Sie sind strukturell mit den Immunglobulinen, also den Antikörpern und den antigenspezifischen B-Zell-Rezeptoren verwandt. Alle 14 KIRs sind beim Menschen auf Chromosom 19 codiert, und von jedem dieser Gene gibt es zahlreiche Varianten, sodass jeder Mensch über ein individuelles NK-Zell-Rezeptor-Repertoire verfügt.

Der extrazelluläre Teil dieser Rezeptoren besteht aus zwei oder drei Immunglobulin-Domänen. Er bindet an MHC-Klasse-I-Moleküle auf allen möglichen Zelltypen, die ein Peptid präsentieren, das auf eine innerzelluläre Infektion oder ein anderes Problem wie das Entstehen von Tumorzellen hinweist. An die innerzelluläre Domäne aktivierender Rezeptoren docken aktivierende Tyrosinkinasen an. Inhibitorische KIR haben dagegen an der Innenseite eine Tyrosinphosphatase. Diese stoppt Abwehrreaktionen, indem sie Phosphatgruppen von den innerzellulären Signalmolekülen abtrennt (siehe »Enzyme und ihre Funktion« im Crashkurs Biologie).

Welche und wie viele inhibitorische Rezeptortypen eine NK-Zelle exprimiert, hängt vom Zufall ab; meist sind es ein oder zwei. NK-Zellen mit einem inhibitorischen KIR-Typ sind – so paradox es klingt – leichter zu aktivieren als solche ohne. Diejenige mit drei verschiedenen inhibitorischen Rezeptoren zeigen die größte Reaktivität. Die Aktivierungsschwelle wird vermutlich schon während der Entwicklung – der sogenannten Erziehung – der NK-Zellen festgelegt: Die Zellen regeln sich so ein, dass sie bei der Begegnung mit einer normalen, gesunden

Körperzelle gerade eben *nicht* aktiviert werden. Erst wenn eine reife NK-Zelle mehr Alarmsignale oder weniger Beruhigungssignale empfängt als sonst, schlägt sie los.

Chemokinrezeptoren und andere Zytokinrezeptoren

Chemokine sind – wie oben erläutert – Zytokine, die als Wegweiser im Gewebe den Immunzellen die Reise an ihr jeweiliges Ziel ermöglichen. Einige von ihnen werden ständig exprimiert, andere nur bei Bedarf, etwa bei einer lokalen Entzündung, zu deren Bekämpfung Verstärkung benötigt wird. Damit die Verstärkung auch wirklich an ihrem Einsatzort ankommt, ist das Chemokinsystem redundant: Die Chemokinrezeptoren von Immunzellen sprechen auf mehrere Chemokine an.

Chemokinrezeptoren sind aber nicht nur an der Einwanderung von Immunzellen in ein Gewebe oder Organ beteiligt, sondern auch an ihrer Aktierung. Wenn bei einer Immunreaktion aktivierte Th1-Zellen Gamma-Interferon (IFN-γ) abgeben, regt das die Monozyten und Endothelzellen in ihrer Nähe zur Ausschüttung bestimmter Chemokine an, die wiederum an einen Chemokinrezeptor auf Th1-Zellen und NK-Zellen binden und in ihnen die IFN-γ-Produktion verstärken. Geht der Startschuss dagegen von Th2-Zellen aus, die IL-4 absondern, so werden die Monozyten zur Produktion anderer Chemokine angeregt, die von anderen Rezeptoren erkannt werden. Diese lösen in den Th2-Zellen die Produktion von weiterem IL-4 aus und aktivieren Eosinophile und Basophile. Die Chemokinrezeptoren tragen also maßgeblich zur Polarisierung der Immunantwort in Richtung Typ 1 oder Typ 2 bei (s. Abb. 131).

Alle ungefähr 20 bekannten Chemokinrezeptoren gehören zu den sogenannten G-Protein-gekoppelten Rezeptoren. Wenn ein Chemokin an ihre Außenseite bindet, wird das Signal an ein GTP-bindendes Protein (kurz G-Protein) im Zellinneren weitergeleitet. Das Energiespeichermolekül GTP ähnelt dem ATP und funktioniert auch ähnlich: Durch Abspaltung einer seiner Phosphatgruppen wird Energie frei, die eine Signalkette in Gang setzt.

In **Abb. 153** sind die Funktionen der vorgestellten Rezeptortypen der angeborenen Abwehr zusammengefasst. Weitere Details erspare ich uns; wichtig ist nur: Es gibt eine ungeheure Vielzahl unterschiedlicher Botenstoffe und Botenstoff-Rezeptoren, die alle das Ergebnis einer Immunreaktion beeinflussen und im Fall einer Mutation zu Erkrankungen beitragen können. Sie alle sind potenzielle Ansatzpunkte für therapeutische Eingriffe – Eingriffe, die bei unvollständiger Kenntnis des Aufbaus, der Arbeitsweise und der Wechselwirkungen der vielen Komponenten nach hinten losgehen können.

Abb. 153

Zellen der angeborenen Abwehr nehmen mit allerlei Rezeptoren – gewissermaßen mit allen Sinnen – Umgebungssignale wahr: Mit Mustererkennungsrezeptoren wie den TLRs spüren sie Pathogene auf. Mit KIRs prüfen NK-Zellen die Zugehörigkeit und den Gesundheitszustand anderer Zellen. Mit Chemokinrezeptoren erschnüffeln sie sich ihren Weg. Mit Komplementrezeptoren erkennen sie opsonierte Objekte, die vertilgt werden müssen. Und mit Fc-Rezeptoren fangen sie Antikörper ein.

Rezeptoren der erworbenen Abwehr

Was die antigenspezifischen B- und T-Zell-Rezeptoren von den Rezeptoren der angeborenen Immunität unterscheidet, ist ihre extrazelluläre Domäne. Die Signalweiterleitung durch die Transmembran-Domäne und eine innerzelluläre Kinase läuft dagegen ähnlich ab, wie oben beschrieben. Alle antigenspezifischen Rezeptoren gehören zur Immunglobulin-Superfamilie; sie sind also mit den Antikörpern verwandt. Wenden wir uns zunächst den B-Zell-Rezeptoren zu, da wir ihren Aufbau und den Mechanismus, der für ihre enorme Vielfalt sorgt, im Grunde schon kennen.

B-Zell-Rezeptoren

B-Zell-Rezeptoren bestehen wie Antikörper aus zwei schweren und zwei leichten Ig-Ketten, die zusammen ungefähr ein Y bilden. Allerdings ist das Ende des Y-Stamms bei ihnen länger, denn es dient der Verankerung in der Zellmembran. Direkt neben diesem Stamm ist ein weiteres Immunglobulin in der Membran verankert, dessen innerzelluläres Ende mit seiner enzymatischen Aktivität die Signalkette in Gang setzt (**Abb. 154**).

Alle B-Zell-Rezeptoren auf einer reifen B-Zelle haben exakt dieselbe Antigen-Spezifität – genau wie die Antikörper, die sie produziert. Die Rezeptoren unterschiedlicher B-Zellen reagieren aber auf unterschiedliche Antigene – aufgrund der oben bei den Antikörpern beschriebenen somatischen Rekombination und Hypermutation. Theoretisch könnten die B-Zell-Rezeptoren eines Menschen etwa 10^{13} bis 10^{14} Antigene unterscheiden. Tatsächlich sind in einem Individuum aber nur etwa 10^6 bis 10^8 B-Zell-Rezeptor-Varianten realisiert, also etwa eine bis 100 Millionen. Diese können sowohl an intakte Pathogene wie Bakterienzellen oder Virenpartikel binden als auch Pathogen-Bruchstücke oder Makromoleküle. Außerdem docken sie an Strukturen auf körpereigenen Zellen an, die auf eine Erkrankung hinweisen. Die erkannten Strukturen müssen nicht unbedingt Peptide sein: Als Antigene kommen auch Nukleinsäuren, Kohlenhydrate, Lipide oder kleine chemische Verbindungen infrage.

Ob und wie stark ein Antigenkontakt eine B-Zelle zur Vermehrung und Antikörperproduktion anregt, hängt vom Ambiente ab. Kommt es an einer großen Antigen-Struktur zum Crosslinking, also zur Bindung mehrerer in der Zellmembran benachbarter B-Zell-Rezeptoren, so werden viele Kinase-Einheiten gleichzeitig aktiv und senden ein starkes Signal aus. Auch die Beteiligung eines sogenannten Korezeptors, CR2, steigert die Intensität der Aktivierung: Dieser Korezeptor bindet an einen Komplementfaktor, der sich im Rahmen der oben beschriebenen Komplementsystem-Reaktion auf einem Fremdkörper festgesetzt

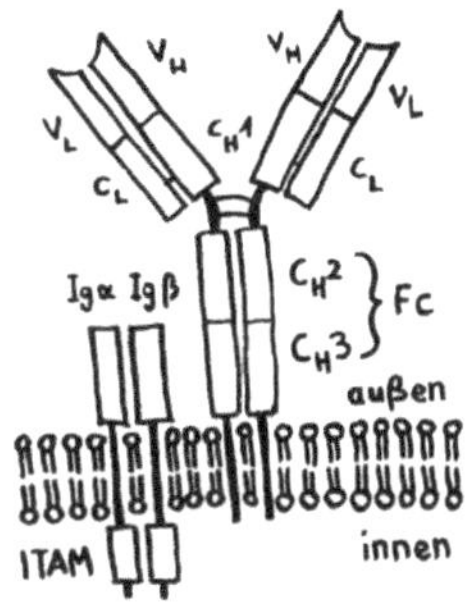

Abb. 154
Der B-Zell-Rezeptorkomplex besteht aus einem Antikörper (siehe Abb. 139), der mit den Enden seiner schweren Ketten in der Zellmembran verankert ist, und dem zweiteiligen Immunglobulin CD79. Dessen Enden ragen in das Zellinnere hinein und enthalten kurze Aminosäuresequenzen namens *immunoreceptor tyrosine-based activation motif* (ITAM). Sobald die variablen Enden des Antikörpers einen passenden Liganden binden, wird die Aminosäure Tyrosin in den beiden ITAM-Sequenzen phosphoryliert, sodass weitere Proteine an sie andocken können und dann die B-Zelle aktivieren.

hat, und aktiviert damit zwei benachbarte Kinasen. Binden ein Korezeptor und ein B-Zell-Rezeptor gleichzeitig an ein Antigen, fällt das Aktivierungssignal in der B-Zelle viel stärker aus als ohne Beteiligung des Korezeptors.

Gedämpft oder abgeschaltet wird eine durch B-Zell-Rezeptoren ausgelöste Aktivität dagegen durch gleichzeitige Stimulation inhibitorischer Rezeptoren. Neben dem bereits vorgestellten FCγRIIB, der an das konstante Ende von IgG bindet, wirkt vor allem der Rezeptor CD22 inhibitorisch. CD22 erkennt den Zucker Mannose, der oft in die Membranen körpereigener Zellen eingebaut ist. Fehlt dieser Rezeptor, kommt es zu Autoimmunerkrankungen, weil die B-Zellen körpereigene Zellen für Fremdkörper halten.

Sobald eine B-Zelle ihr Aktivierungssignal empfangen hat und zur antikörperproduzierenden Plasmazelle heranreift, braucht sie ihre B-Zell-Rezeptoren nicht mehr. Die mRNA, die von ihren Immunglobulin-Genen abgelesen wird und bisher als Blaupause für die B-Zell-Rezeptoren diente, wird nun so zurechtgeschnitten (»gespleißt«), dass die Transmembran-Domäne am konstanten Ende des Immunglobulins entfällt. Nun dient die RNA als Blaupause für Antikörper mit derselben Spezifität, d. h. denselben variablen Domänen der schweren und leichten Ketten. Ihre Antikörper-Produktionsrate reguliert die Zelle über die bereits vorgestellten Fc-Rezeptoren, die freie Antikörper aus der Umgebung einfangen und so deren lokale Konzentration messen können.

T-Zell-Rezeptoren

Auch die antigenspezifischen Rezeptoren auf T-Zellen erkennen eine immense Vielfalt an Antigenen, allerdings (mit wenigen Ausnahmen) ausschließlich Peptide, also Protein-Bruchstücke. Körpereigene Zellen müssen die Peptide zurechtschneiden und den T-Zellen auf ihren MHC-Molekülen präsentieren. Anders als B-Zell-Rezeptoren und Antikörper untersuchen T-Zell-Rezeptoren die Aminosäuresequenz und nicht die räumliche Stuktur des Antigens, die beim Zerschneiden ohnehin zerstört wurde (**Abb. 155**). Sie binden auch viel schwächer an die Antigene als B-Zell-Rezeptoren. Im Unterschied zu B-Zell-Immunglobulinen durchlaufen T-Zell-Rezeptoren zudem keinen Klassenwechsel und keine somatische Hypermutation. Die Rezeptoren eines T-Zell-Klons (d. h. einer T-Zelle und aller ihrer Nachfahren) bleiben also gleich, statt mit der Zeit immer besser an ihre Antigene zu binden. Und anders als bei den B-Zellen mit ihren Antikörpern gibt es keine lösliche Variante der T-Zell-Rezeptoren.

Auf den T-Zellen eines Menschen tummeln sich etwa 10^6 bis 10^8 T-Zell-Rezeptor-Varianten. Die Vielfalt ist also ungefähr so groß wie bei den B-Zell-Rezeptoren, reicht aber bei weitem nicht aus, um alle erdenklichen Kombinationen aus einem MHC-Molekül und dem darauf präsentierten Antigen hochspezifisch zu erkennen. Stattdessen bindet jeder T-Zell-Rezeptor eine ganze Reihe solcher Komplexe, und umgekehrt kann jeder MHC-Antigen-Komplex an etliche T-Zell-Rezeptoren binden: Hauptsache, das Peptid weist an einigen wenigen Schlüsselpositionen die passenden Aminosäuren auf. Diese Ungenauigkeit bei der Bindung wird als Degeneration bezeichnet. Sie trägt dazu bei, dass manche T-Zellen auch auf körpereigene Antigene reagieren (**Abb. 156**).

Die Gene der T-Zell-Rezeptoren sind anders aufgebaut als die der B-Zell-Rezeptoren bzw. Antikörper, sind aber mit ihnen verwandt: Auch T-Zell-Rezeptoren gehören zur Immunglobulin-Superfamilie. Wie die B-Zell-Immunglobuline sind T-Zell-Rezeptoren aus zwei verschiedenen Proteinketten zusammengesetzt, aber im Unterschied zu den schweren und leichten Ketten sind diese gleich lang. In den meisten T-Zellen kommen α- und β-Ketten zum Einsatz, nur in den γδ-T-Zellen sind es γ- und δ-Ketten. Sie lagern sich parallel zu einem Heterodimer (einem Molekülverbund aus zwei unterschiedlichen Ketten) zusammen. Mit einem Ende sind sie in der Zellmembran verankert, am anderen Ende bilden sie gemeinsam die Antigen-Bindungsstelle.

Wie bei den B-Zell-Rezeptoren ist die Kinase-Funktion, die bei einer Antigen-Bindung die innerzelluläre Signalkette in Gang setzt, nicht auf dem Rezeptor selbst untergebracht, sondern auf benachbarten Transmembran-Proteinen. Von diesen gibt es in T-Zellen allerdings drei unterschiedliche Typen: zwei Heterodimere aus einer γ- und einer ε- bzw. einer δ- und einer ε-Kette, die jeweils eine

Abb. 155

Ein Protein besteht aus aneinandergereihten Aminosäuren. Die Aminosäuresequenz legt die dreidimensionale Gestalt des Proteins fest. B-Zell-Rezeptoren erkennen – wie freie Antikörper – die räumliche Gestalt eines kleinen Teils eines solchen Antigens (links). T-Zell-Rezeptoren erkennen dagegen kurze Aminosäure-Sequenzen, die ihnen präsentiert werden (rechts).

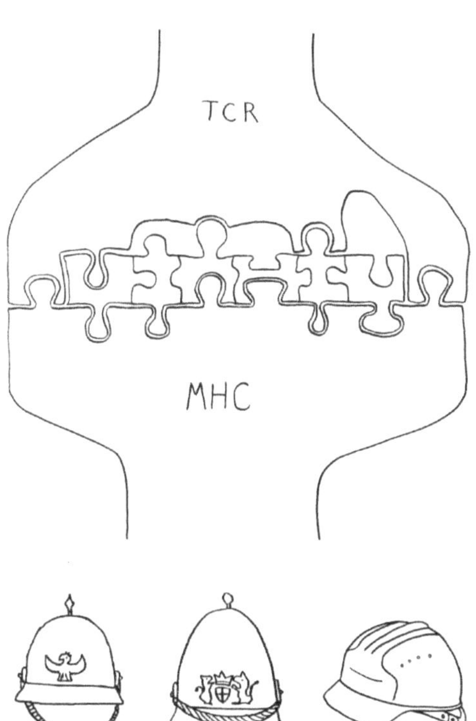

Abb. 156

Die T-Zellen eines Menschen haben bei weitem nicht genug unterschiedliche T-Zell-Rezeptoren, um jedes präsentierte Antigen hochspezifisch zu binden. Stattdessen erkennt ein T-Zell-Rezeptor mehrere MHC-Peptid-Kombinationen; das Rezeptor-Repertoire ist also »degeneriert«.

Oben: Eine Bindung kommt zustande, wenn einige wenige Schlüsselpositionen im MHC-Molekül (unten) und im präsentierten Antigen-Peptid (Puzzleteile in der Mitte) die richtigen Aminosäuren enthalten. Die Aminosäuren an den übrigen Peptid-Positionen sind dem T-Zell-Rezeptor gleichgültig (Hohlräume).

Unten: Auf diese Weise kann eine T-Zelle mit ihren Rezeptoren unterschiedliche Antigene (Pickelhauben) erkennen, aber auch Autoantigene, die in dasselbe Schema passen (Bauhelm).

Kinase-Domäne mitbringen, sowie ein Homodimer aus zwei langen ζ-Ketten, die jeweils drei Kinasen enthalten. Auch diese Proteinketten gehören zur Immunglobulin-Superfamilie. Sie sind zwar an der Antigen-Erkennung nicht direkt beteiligt, aber wenn sie fehlen, kann sich das dafür zuständige αβ-Dimer nicht richtig in der T-Zell-Membran verankern. Nur alle gemeinsam bilden einen funktionsfähigen T-Zell-Rezeptorkomplex (**Abb. 157**).

Da einerseits ein T-Zell-Rezeptorkomplex relativ viel Platz in der Membran einnimmt und andererseits manche T-Zell-Bindungspartner nur wenige MHC-Moleküle tragen, ist Crosslinking bei T-Zell-Rezeptoren weniger wichtig für die Erzeugung robuster Aktivierungssignale als bei B-Zell-Rezeptoren. Stattdessen rekrutieren sowohl der T-Zell-Rezeptorkomplex als auch das MHC-Molekül, an das er gebunden hat, nach der Kontaktaufnahme weitere Membranproteine, die die Bindung verstärken und gemeinsam eine sogenannte immunologische Synapse zwischen den beiden Zellen bilden. Darunter sind auf Seiten der T-Zelle Korezeptoren und Kostimulator-Rezeptoren, auf Seiten der antigenpräsentierenden Zelle Kostimulatoren sowie auf beiden Seiten Adhäsionsmoleküle, die aneinander andocken: Die beiden Zellen saugen sich regelrecht aneinander fest.

Die wichtigsten Korezeptoren sind CD8 und CD4, die für die meisten T-Zell-Populationen charakteristischen Oberflächenmarker (**Abb. 158**). Sie binden seitlich an konstante Bereiche der MHC-Moleküle: Die T-Zell-Rezeptoren von CD8⁺-T-Zellen binden nur an MHC-Klasse-I-Moleküle und die von CD4⁺-T-Zellen nur an MHC-Klasse-II-Moleküle. Die Unterschiede zwischen diesen beiden Antigenpräsentationskomplexen sind für das Verständnis der Autoimmunerkrankungen sehr wichtig; ich erkläre sie im nächsten Abschnitt.

Kostimulations-Rezeptoren binden dagegen an andere Proteine auf der antigenpräsentierenden Zelle, nämlich die Kostimulatoren. Diese sind eine Art Rückversicherung, denn eine irrtümliche Aktivierung von zytotoxischen T-Zellen oder T-Helferzellen kann fatale Folgen haben. Eine antigenpräsentierende Zelle trägt normalerweise nur dann Kostimulatoren an ihrer Oberfläche, wenn sie wirklich Kontakt zu gefährlichen Pathogenen hatte. Während das Peptid auf dem MHC-Molekül der bindenden T-Zelle Fremdheit signalisiert, was aber aufgrund der Kürze der präsentierten Aminosäuresequenz ein Irrtum sein kann, zeigt ein Kostimulator Gefahr an. Erst beide Signale zusammen (»vermutlich fremd« und »gefährlich«) lösen eine starke T-Zell-Reaktion aus.

Die enge und relativ langlebige immunologische Synapse zwischen T-Zelle und antigenpräsentierender Zelle ist nötig, um die geringe Affinität der T-Zell-Rezeptoren zu ihren Liganden – den MHC-Molekülen und den darauf präsentierten Peptiden – auszugleichen. Nach einigen Sekunden aktivieren die beteiligten Kinasen die T-Zelle nachhaltig, sofern sie nicht durch inhibitorische Signale

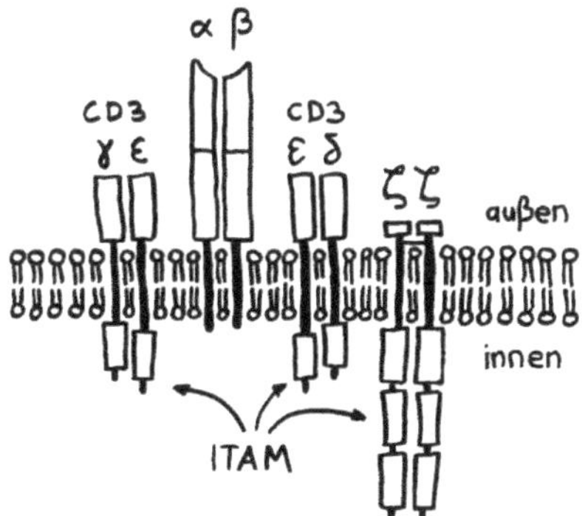

Abb. 157

Der T-Zell-Rezeptorkomplex besteht aus vier Proteinen. Genau wie beim B-Zell-Rezeptor sind es die Begleitproteine, die mit ihren ITAM-Sequenzen die innerzelluläre Signalkette starten, sobald die zentrale Einheit mit dem variablen Ende ihrer α- und β-Kette an ein MHC-Molekül bindet, das mit einem passenden Antigen beladen ist.

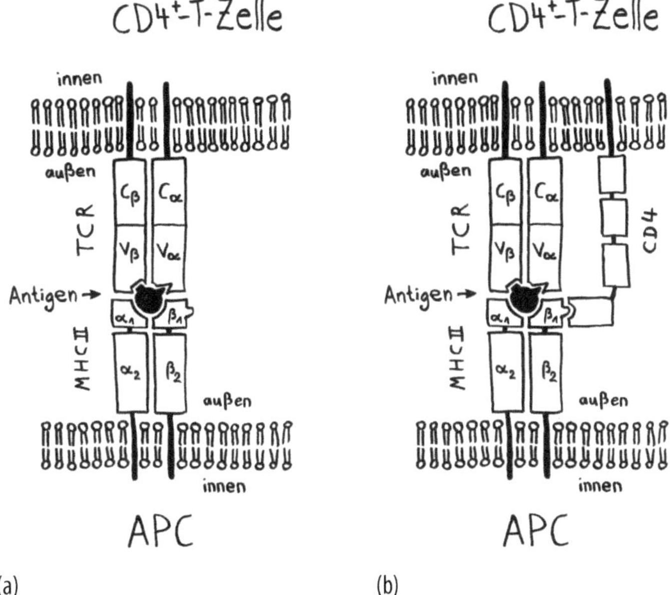

(a)   (b)

Abb. 158

(a) Eine Bindung zwischen einem T-Zell-Rezeptor (oben) und einem Komplex aus MHC-Molekül und Antigen-Peptid (unten) alleine ist instabil. (b) Korezeptoren wie CD4, die seitlich an das MHC-Molekül binden, stabilisieren die Bindung.

daran gehindert werden. Außerdem können zytotoxische T-Zellen während dieser stabilen Verbindung Giftstoffe und chemische Botenstoffe ausscheiden, die die antigenpräsentierenden Zellen zur kontrollierten Selbstvernichtung anhalten.

Von der normalen Struktur und Arbeitsweise der T-Zell-Rezeptoren gibt es einige Ausnahmen. Die T-Zell-Rezeptoren der natürlichen Killer-T-Zellen (NKT-Zellen) haben ein viel kleineres Antigen-Repertoire als die übrigen T-Zellen und erkennen keine Peptide, sondern bakterielle Glykosphingolipide: Membranbestandteile mit Fettsäuren am einen und Kohlenhydraten am anderen Ende. Diese werden ihnen zudem nicht auf den üblichen MHC-Molekülen, sondern auf einer Variante namens CD1 präsentiert. $\gamma\delta$-T-Zellen tragen T-Zell-Rezeptoren aus je einer γ- und δ-Kette, die bakterielle Phospholipide, also Membranbausteine, erkennen. Auch ihnen werden diese Antigene auf CD1-Molekülen präsentiert.

Die dritte wichtige Ausnahme sind die sogenannten Superantigene: Giftstoffe zum Beispiel aus Staphylokokken oder Streptokokken, die bis zu zehn Prozent aller T-Zellen zugleich aktivieren können. Auf normale Antigene reagiert dagegen nur etwa jede hunderttausendste T-Zelle. Superantigene binden nicht an die antigenspezifischen Vertiefungen der MHC-Klasse-II-Moleküle und der T-Zell-Rezeptoren. Stattdessen greifen sie um diese hochspezifischen Domänen herum und binden an die konstanten Regionen (**Abb. 159**). Mit diesem Klammergriff lösen sie in zahlreichen T-Zell-Rezeptoren eine Gestaltänderung und damit ein Aktivierungssignal aus. Das kann zu einer gewaltigen Zytokinausschüttung und damit zu einem lebensgefährlichen toxischen Schocksyndrom führen.

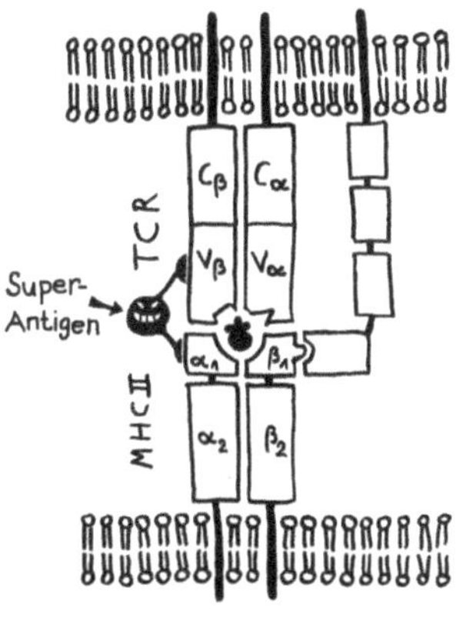

Abb. 159
Superantigene lagern sich nicht an die Bindungsstellen von MHC-Molekülen und T-Zell-Rezeptoren an, sondern an deren Außenseiten. Sie können zahlreiche unterschiedliche T-Zellen zugleich aktivieren, weil sie die Prüfung des Antigens durch die Bindungsstelle des T-Zell-Rezeptors umgehen. Das macht sie gefährlich.

Die Moleküle des Haupthistokompatibilitätskomplexes

Für eine energische Immunreaktion müssen sowohl die B-Zellen als auch die Zellen der angeborenen Abwehr von aktivierten T-Zellen unterstützt werden. T-Zellen reagieren aber im Unterschied zu B-Zellen nur auf Antigen-Bruchstücke, die ihnen von antigenpräsentierenden Zellen mundgerecht dargereicht werden. Deren »Präsentationsgeschirr« sind die Moleküle des Haupthistokompatibilitätskomplexes, kurz MHC – vom englischen *main histocompatibility complex*. Beim Menschen heißen sie auch HLA, von *human leukocyte antigen*. Histokompatibilität oder Gewebsverträglichkeit spielt in der Transplantationsmedizin eine große Rolle: Stammt ein Transplantat von einem unpassenden Spender, stößt der Körper es ab, da die Spenderorgan-MHC-Moleküle für das Empfänger-Immunsystem fremde Antigene sind. So kamen die MHC-Moleküle zu ihrem Namen. Uns interessiert aber ihre eigentliche Aufgabe: die Antigenpräsentation.

Man unterscheidet zwei Typen: MHC-Klasse-I-Moleküle sitzen auf fast allen gesunden Körperzellen, mit Ausnahme der roten Blutkörperchen, und präsentieren den zytotoxischen T-Tellen (CD8$^+$-T-Zellen) in einer kleinen, an den Enden geschlossenen Grube Proteinbruchstücke aus ihrem Zytoplasma. In **Abb. 160** habe ich sie als Becher dargestellt. MHC-Klasse-II-Moleküle kommen dagegen im gesunden Organismus nur auf antigenpräsentierenden Zellen vor, also auf dendritischen Zellen, Makrophagen, B-Zellen und ein paar anderen Immunzellen. Die Grube, in der sie den T-Helferzellen (CD4$^+$-T-Zellen) Antigen-Bruchstücke präsentieren, ist länger und an beiden Seiten offen, sodass die Enden längerer Peptidstücke herausragen können, ohne die sequenzspezifische Erkennung zu stören. In Abb. 160 sind sie durch Tabletts symbolisiert.

Die MHC-Gene liegen beim Menschen fast alle auf Chrosmosom 6. Zusammen machen sie fast ein Prozent unserer genetischen Information aus, und sie sind extrem polymorph. Es gibt also sehr viele leicht unterschiedliche Varianten (Allele), sodass in einer großen Population praktisch immer einige Individuen MHC-Moleküle herstellen, die den T-Zellen ein erstmals auftretendes, zum Beispiel aus einem neuen Virus stammendes Antigen besonders gut präsentieren können. Diese Vielfalt schützt große Populationen bei Epidemien vor dem Aussterben. Weltweit waren Ende 2017 gut 17.000 MHC-Allele bekannt, von denen die allermeisten zu nur sechs Genen gehören. Die Allele sind in verschiedenen Ethnien unterschiedlich stark verbreitet, was zur unterschiedlichen Häufigkeit vieler Autoimmunerkrankungen bei Weißen, Schwarzen, Asiaten usw. beiträgt. Wie die Wissenschaftler die Varianten auseinanderhalten, erkläre ich im Kasten »Die Benennung der MHC-Allele«.

Die Zahl der Kombinationsmöglichkeiten all dieser MHC-Genvarianten in einem Individuum ist etwa doppelt so groß wie die derzeitige Weltbevölkerung.

Abb. 160
Die Grube, in der ein MHC-Klasse-I-Molekül ein Antigen-Bruchstück aufnimmt und präsentiert, ist zu allen Seiten begrenzt. Bei MHC-Klasse-II-Molekülen ist sie an den Enden offen, sodass auch längere Peptide präsentiert werden können, die über die Grube hinausragen wie ein Baguette über ein Tablett. Jeder Mensch verfügt über ein großes, individuelles Repertoire an MHC-Molekülen.

Die Benennung der MHC-Allele

Die wichtigste Gene des Haupthistokompatibilitätskomplexes sind *HLA-A*, *HLA-B* und *HLA-C* in der MHC-Klasse-I-Region sowie *HLA-DP*, *HLA-DQ* und *HLA-DR* in der MHC-Klasse-II-Region.

Zur Identifikation des sogenannten **Serotyps** wird dem Namen des Gens eine Zahl angehängt. So ist ***HLA-DR4*** der Serotyp 4 des Gens *HLA-DR*. Ein Serotyp umfasst meist eine ganze Gruppe von Allelen, die serologisch nicht zu unterscheiden sind: Die von ihnen codierten Proteine werden im Labor von denselben Antikörpern gebunden.

Neben dieser groben serologischen, also anhand von Antikörper-Bindungen vorgenommenen Einteilung kann man durch Gensequenzierung das genaue **Allel** ermitteln, das durch eine zweistellige Zahl am Ende benannt wird. So ist ***HLA-A*0201*** das Allel 1 des Serotyps 2 des Gens *HLA-A*. Das Sternchen zwischen Gen und Zahl ist reine Konvention und wird manchmal weggelassen.

Oft werden aber auch die Serotypen wie *HLA-A2* als Allele bezeichnet und die genauen Varianten (z. B. *HLA-A*0201*) als **Subtypen**.

Jedes Individuum erbt von seinen Eltern ein individuelles Set an MHC-Allelen, und im Unterschied zu den meisten anderen Genen, bei denen entweder die mütterliche oder die väterliche Variante stillgelegt wird, werde in unseren Zellen beide MHC-Fassungen abgelesen. Diese sogenannte kodominante Vererbung verdoppelt das individuelle MHC-Repertoire. Die MHC-Gene vererben sich nicht unabhängig voneinander: Da sie auf dem kurzen Arm von Chromosom 6 eng benachbart sind, bleiben sie meist gekoppelt. Eine solche gemeinsam vererbte MHC-Allelkombination wird als Haplotyp bezeichnet. Jeder Mensch hat also zwei MHC-Haplotypen (**Abb. 161**).

Bei vielen Tierarten und womöglich auch beim Menschen spielt die Wahrung eines großen individuellen MHC-Variantenreichtums sogar eine Rolle bei der Partnerwahl: Bevorzugt werden Partner, deren MHC-Haplotypen stark vom eigenen Spektrum abweichen, sodass der Nachwuchs Infektionskrankheiten möglichst effektiv bekämpfen kann. Unbewusst wahrgenommen wird das MHC-Allel-Spektrum des Gegenübers offenbar über den Geruchssinn. In Band 2 bespreche ich dieses Phänomen ausführlicher.

Im Unterschied zu den Rezeptoren der T- und B-Zellen können die MHC-Moleküle nicht zwischen Selbst und Fremd unterscheiden. Sie präsentieren den T-Zellen wahllos alle möglichen Proteinschnipsel – ob die Proteine nun vom Körper selbst hergestellt wurden oder nicht. Die Unterscheidung zwischen Selbst und Fremd obliegt den T-Zellen: Da stark autoreaktive T-Zellen bereits im Thymus aussortiert wurden und weitere T-Zellen mit einer Neigung zur Bindung an Autoantigene im Rahmen der peripheren Toleranz unschädlich gemacht werden, sollten nur solche MHC-Moleküle einen T-Zell-Bindungspartner finden, ein Fremdpeptid präsentieren.

Leider funktioniert diese Unterscheidung nicht perfekt. Die meisten bekannten genetischen Risiken für Autoimmunerkrankungen sind in den MHC-Genen verortet. Welche Peptide ein MHC-Molekül bindet, hängt von der exakten Aminosäuresequenz an seiner Bindungsstelle und damit von der exakten DNA-Sequenz an bestimmten Stellen in seinem Gen ab. Im Kasten »MHC-Risikoallele für Autoimmunerkrankungen« sind einige Beispiele aufgeführt.

Es gibt nicht nur Varianten, die ein Erkrankungsrisiko erhöhen, sondern auch solche, die vor einer Erkrankung schützen. Offenbar erhöhen viele MHC-Allele, die das Risiko einer Autoimmunerkrankung mit sich bringen, zugleich die Abwehrkraft gegenüber gefährlichen Parasiten, die die frühe Menschheit während langer Phasen ihrer Evolution bedroht haben. Das beantwortet die Frage, warum die Risikoallele für Autoimmunstörungen nicht längt aus unserem Genpool hinausselektiert wurden.

Wegen ihrer großen Bedeutung für Autoimmunerkrankungen stelle ich die beiden MHC-Klassen im Folgenden genauer vor.

Abb. 161

Die meisten MHC-Gene liegen auf unserem Chromosom 6 so eng nebeneinander, dass sie gemeinsam vererbt werden. Die ganze Serie aus MHC-Genvarianten wird als Haplotyp bezeichnet. Jeder Mensch hat zwei Chromosomensätze und damit zwei Haplotypen, je einen auf einem der beiden Chromosomen – hier als zwei Ketten mit je vier unterschiedlichen Perlen (den einzelnen MHC-Genen) dargestellt. Bei der Fortpflanzung erbt jedes Kind einen väterlichen und einen mütterlichen Haplotyp, was vier gleich wahrscheinliche Kombinationen ergibt. Nur etwa zwei Prozent aller Kinder haben einen veränderten Haplotyp, weil bei der Entstehung der Keimzellen eines Elternteils dessen beide Haplotypen durch Rekombination überkreuzt wurden (Crossing-over, s. Abb. 84).

MHC-Klasse I

Vom Haupthistokompatibilitätskomplex auf Chromosom 6 werden normalerweise drei MHC-Klasse-I-Gene abgelesen: *HLA-A*, *HLA-B* und *HLA-C*. Die in ihren codierten Polypeptidketten – die α-Ketten – heißen genauso, werden aber nicht kursiv geschrieben. Eine α-Kette enthält drei Immunglobulin-Domänen: α1 und α2 bilden gemeinsam die polymorphe Peptidbindungsstelle, α3 bindet an den T-Zell-Korezeptor CD8. Zytotoxische T-Zellen exprimieren CD8, T-Helferzellen nicht. Domäne α3 sorgt also dafür, dass ein Peptid, das auf einem MHC-Klasse-I-Molekül präsentiert wird, nur von zytotoxischen T-Zellen erkannt wird.

Zum Komplex gehört außer einer α-Kette ein zweites, erheblich kürzeres und nicht polymorphes Polypeptid: die β2-Kette, deren Gen auf einem anderen Chromosom liegt. Diese Kette paart sich mit jeder der drei α-Ketten (HLA-A, -B, -C) gleich gut. Nur eine α-Kette, eine β-Kette und ein passendes Peptid gemeinsam bilden einen stabilen Komplex, der aus dem Zellinneren an die Oberfläche der Zelle verfrachtet werden kann. In der linken Hälfte von **Abb. 162** ist der Aufbau des Komplexes stark vereinfacht dargestellt. Die Bindungsstelle kann Antigen-Bruchstücke von acht bis elf Aminosäuren Länge aufnehmen.

Im Inneren von Zellen werden ständig falsch zusammengefaltete oder beschädigte Proteine abgebaut. Wenn eine Zelle von Viren befallen oder zur Krebszelle mutiert ist, wird ihre Proteinproduktion so bescheunigt und durcheinandergebracht, dass besonders viele Proteine falsch gefaltet werden. Für ihren Abbau ist ein Enzymkomplex zuständig, das Proteasom. Beim Zerlegen erzeugt das Proteasom möglichst viele Bruchstücke mit einer Länge von acht bis elf Aminosäuren, die sich für die Präsentation eignen und gemeinsam das zelluläre Proteinspektrum gut repäsentieren.

Die Bruchstücke werden in das endoplasmatische Retikulum verfrachtet, ein membranumhülltes Labyrinth. Dort fügen sich Peptide, die an zwei Schlüsselpositionen gut passen, in die Bindungsgruben neu synthetisierter MHC-Klasse-I-Moleküle ein. Danach werden die Komplexe so in die Zelloberfläche eingebaut, dass die Peptidbindungsstelle mit dem gebundenen Peptid nach außen zeigt (**Abb. 163**).

Die präsentierten Peptide stellen ein Abbild des aktuellen Zustands der Zelle dar. An MHC-Klasse-I-Moleküle, die Peptide aus normalen körpereigenen Proteinen präsentieren, werden T-Zellen für gewöhnlich nicht binden. Wenn aber körperfremde Peptide aus Viren oder innerzellulären Bakterien oder tumortypisch veränderte Peptide präsentiert werden, binden rasch die passenden zytotoxischen T-Zellen an die Komplexe und lösen einen kontrollierten Abbau der erkrankten Zellen aus.

Eine weitere Funktion der MHC-Klasse-I-Moleküle habe ich bereits im Kapitel über die ILCs vorgestellt, als es um die natürlichen Killerzellen (NK-Zellen) ging: MHC-Klasse-I-Moleküle werden in allen Körperzellen hergestellt, die einen Zellkern haben, und stellen daher ein Zugehörigkeitszeichen dar. Zellen, denen diese Ausweise fehlen und die zugleich NK-Zell-aktivierende Marker tragen, werden als fremd oder krank aufgefasst und vernichtet (Missing-self-Hypothese). Bei diesem Test ignorieren die NK-Zellen die Natur des gebundenen Peptids; sie prüfen nur, ob MHC-Klasse-I-Moleküle vorhanden sind.

Neben den Genen *HLA-A*, *HLA-B* und *HLA-C* enthält die MHC-Klasse-I-Region auf Chromosom 6 einige weitere Gene, die weniger polymorph sind. Einige von ihnen werden nur während der Schwangerschaft in der Plazenta

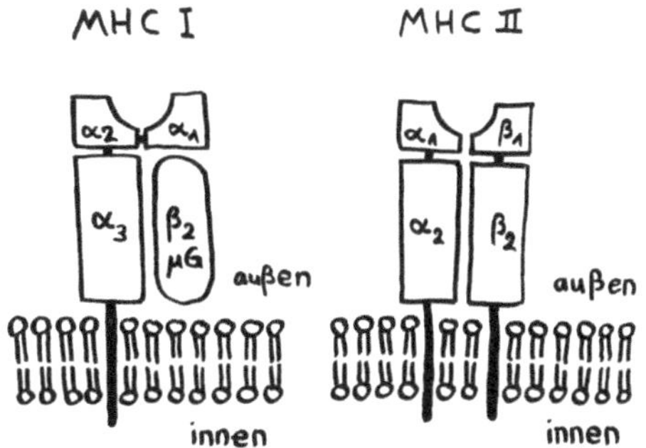

Abb. 162
Die beiden Klassen der MHC- Moleküle sind erkennbar verwandt. Allerdings hat ein MHC-Klasse-I-Molekül nur eine Transmembran-Domäne; das β2-Mikroglobulin ist nicht in der Zellmembran verankert. Die β-Kette eines MHC-Klasse-II-Moleküls hat dagegen eine Transmembran-Domäne und beteiligt sich auch an der variablen Antigenbindungsstelle (Kuhle oben).

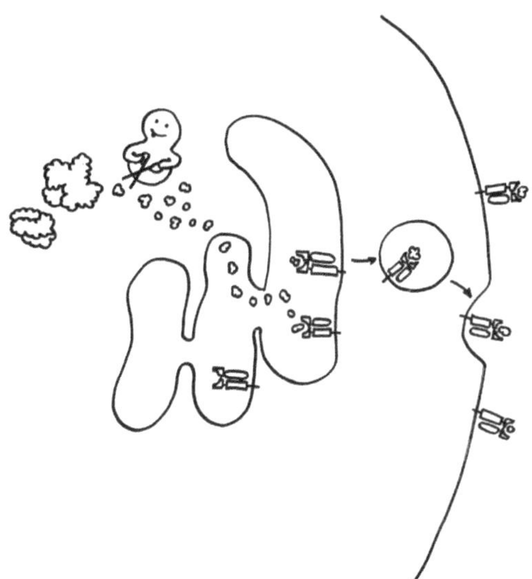

Abb. 163
Falsch gefaltete oder nicht mehr benötigte Proteine werden in unseren Zellen von Proteasomen in kleine Stücke zerschnitten, die ins endoplasmatische Retikulum eingeschleust werden und dort an die passenden MHC-Klasse-I-Moleküle binden. In Membranbläschen werden diese Komplexe an die Zelloberfläche verfrachtet, wo zytotoxische T-Zellen (nicht im Bild) das Spektrum der präsentierten Proteinbruchstücke analysieren, um kranke Zellen zu identifizieren und zu beseitigen.

abgelesen; ihre Produkte verhindern – wie die mütterlichen MHC-Klasse-I-Moleküle im übrigen Körper – Angriffe der NK-Zellen. Andere Proteine werden im Thymus produziert und präsentieren den unreifen T-Zellen dort außer Peptiden auch andere Antigene, die für Bakterien typisch sind. Wieder andere werden vor allem hergestellt, wenn eine Zelle zum Beispiel durch eine Infektion oder eine Mutation zur Krebszelle unter Stress gerät. Sie aktiveren dann natürliche Killerzellen.

MHC-Klasse II

Es gibt drei Typen von MHC-Klasse-II-Molekülen, nämlich DP, DQ und DR, die aus je einer α- und einer β-Polypeptidkette bestehen. Die sechs Gene, die diese polymorphen Ketten codieren, heißen *DPA1, DPB1, DQA1, DQB1, DRA1* und *DRB1*. Außerdem enthält die MHC-Klasse-II-Region auf Chromosom 6 einige Gene für das im vorigen Anschnitt erwähnte Proteasom: den protein-zerlegenden Enyzmkomplex, der die Peptide für die MHC-Klasse-I-Moleküle produziert. Und manche Menschen haben neben *DRB1* noch ein weiteres DRB-Gen, das eine etwas andere β-Kette codiert (*DRB3, DRB4* oder *DRB5*).

Die α-Ketten eines Typs (DP, DQ, DR) lagern sich bevorzugt mit den β-Ketten desselben Typs zusammen. Gemischte Dimere sind seltener, aber nicht ausgeschlossen. Außerdem kann die DQα-Kette, die auf dem einen Chromosom 6 codiert ist, auch mit der DQβ1-Kette vom anderen Chromosom 6 einen stabilen Komplex bilden, wenn beide Chromosomen gleichzeitig abgelesen werden. Daher kann eine Zelle deutlich mehr als sechs unterschiedliche Typen von MHC-Klasse-II-Molekülen hervorbringen: normalerweise zehn bis zwanzig.

Die Domänen α1 und β1 bilden gemeinsam die polymorphe Peptidbindungsstelle. Beide steuern den halben Boden und eine seitliche Begrenzung der Rinne bei. Die Rinne ist – anders als bei MHC-Klasse I – an den Enden offen, sodass sie Peptide bis zu gut 30 Aminosäuren Länge aufnehmen kann. Die konstante α2-Domäne hat keine besondere Funktion, während die ebenfalls konstante β2-Domäne eine Bindungsstelle für den T-Zell-Korezeptor CD4 ist, den wir vor allem auf T-Helferzellen finden. Daher gehen MHC-Klasse-II-Moleküle Kontakte mit T-Helferzellen ein, nicht aber mit zytotoxischen T-Zellen. An diese Domänen schließen sich in beiden Ketten die Transmembranregion und ein kurzer innerzellulärer Wurmfortsatz an (s. Abb. 162, rechte Hälfte).

Wie bei der MHC-Klasse I ist nur der gesamte Komplex aus beiden Ketten und dem gebundenen Peptid so stabil, dass er an die Zelloberfläche gelangt. Und wie die MHC-Klasse-I-Moleküle sind auch die MHC-Klasse-II-Moleküle nicht sehr anspruchsvoll, was die Peptide angeht: Wenn an einigen wenigen Schlüsselpositionen die richtigen Aminosäuren sitzen, kommt eine Bindung zustande.

Im Unterschied zu den MHC-Klasse-I-Molekülen erfolgt ihre Beladung nicht im endoplasmatischen Retikulum, sondern in den Membranbläschen, mit denen die Zellen nach einer Phagozytose die Bruchstücke verschlungener Objekte wie extrazellulärer Bakterien, Virenhüllen oder körpereigener Serumproteine umhüllen. In diesen sogenannten Phagolysosomen werden die Proteine enzymatisch zu unterschiedlich langen Peptiden verdaut. Erst wenn ein neues MHC-Klasse-II-Molekül aus dem endoplasmatischen Retikulum in ein Phagolysosom eingeschleust wird, verliert es aufgrund des dort herrschenden sauren Milieus die Schutzkappe, die seine Bindungsstelle bis dahin abgeschirmt hat, und bindet an eines der Peptide.

Anschließend wird der beladene und stabilisierte Komplex an die Zelloberfläche transportiert, wo er sein Antigen präsentiert und auf eine passende CD4$^+$-T-Zelle wartet. Die Oberfläche einer typischen antigenpräsentierenden Zelle enthält vermutlich mehr als 100.000 MHC-Klasse-II-Moleküle mit zahlreichen unterschiedlichen Peptiden. Die Bindung einer T-Helferzelle an einen einzelnen Komplex reicht nicht aus, um eine T-Zell-Antwort in Gang zu setzen. Das geschieht erst, wenn etwa 100 Komplexe auf einer antigenpräsentierenden Zelle dieselben Peptide tragen.

Für eine Erstantwort des Immunsystems müssen die naiven T-Helferzellen ihr spezifisches Antigen von einer dendritischen Zelle präsentiert bekommen, um aktiviert zu werden und dann ihrerseits andere Immunzellen zu unterstützen. Bei einer Sekundärantwort (also der erneuten, aber schnelleren und energischeren Reaktion auf dieselbe Bedrohung) können auch Makrophagen, B-Zellen und andere Zellen die Antigene auf ihren MHC-Klasse-II-Molekülen präsentieren. Die bindenden T-Helferzellen regen dann Makrophagen zur Vernichtung extrazellulärer Mikroben und B-Zellen zum Klassenwechsel an, also zur Produktion noch wirksamerer Antikörper.

Ist schon eine Immunreaktion in Gang, kann das entzündungsfördernde Gamma-Interferon (IFN-γ), das T-Zellen ausscheiden, auch Endothelzellen, also Blutgefäßwandzellen und andere Nichtimmunzellen zur Expression von MHC-Klasse-II-Molekülen anregen. Die Funktion einer solchen »unprofessionellen« Antigenpräsentation (**Abb. 164**) ist unklar. Dabei kann jedenfalls einiges schiefgehen, da diese Zellen nicht so streng überwacht und reguliert werden wie Immunzellen. So geht die Autoimmunerkrankung Hashimoto-Thyreoiditis offenbar mit einer Expression von MHC-Klasse-II-Molekülen auf Schilddrüsenzellen einher. Darauf komme ich in Teil 3 zurück.

MHC-Moleküle sind wiederverwendbar; sie können einfach mit einem neuen Peptid beladen werden. Entweder nimmt die Zelle einen Teil ihrer Zellmembran mitsamt der darin eingebetteten MHC-Moleküle durch Endozytose auf, also durch Einstülpung und Abschnürung eines Vesikels, um anschließend im Inneren dieses Membranbläschens die alten Peptide durch neue zu ersetzen und die Komplexe an die Oberfläche zurückzuschicken. Oder der Wechsel findet direkt an der Oberfläche statt: Das MHC-Molekül verliert sein Peptid und bindet stattdessen ein neues, außerhalb der Zelle entstandenes.

Sehen wir uns abschließend die Bindung zwischen Peptid, MHC-Molekül und T-Zell-Rezeptor aus der Nähe an. Denn genau hier nehmen offenbar etliche Autoimmunreaktionen ihren Anfang, etwa bei Typ-1-Diabetes, rheumatoider Arthritis oder multipler Sklerose. Das Peptid wird durch sogenannte Wasserstoffbrückenbindungen in der Rinne festegehalten. Diese Bindungen sind einzeln schwach, ergeben aber gemeinsam einen sehr stabilen Komplex. Einige der Aminosäure-Seitenketten des Peptids stecken zudem in Taschen des MHC-Moleküls. In diese Taschen, deren Gestalt von besonders polymorphen, also variantenreichen Stellen in den MHC-Genen festgelegt wird, passen nicht alle, aber meist mehrere unterschiedliche Seitenketten.

Wegen der vielen Wasserstoffbrückenbindungen und der Arretierung in den MHC-Molekül-Taschen kann das Peptid in der Rinne nicht frei herumrutschen oder sich drehen. Die gegenüberliegende Seite des Peptids bietet sich den spezifischen Rezeptoren der vorbeikommenden T-Helferzellen zur Bindung an. Ein T-Zell-Rezeptor stellt den Kontakt zum Komplex über sechs Aminosäureschlaufen her, von denen drei zu seiner α-Kette und drei zu seiner β-Kette gehören. Diese Teile der Rezeptorfront bilden einen Doppelstreifen, der sich bei der Bindung diagonal über das Peptid und die beiden Ränder der Rinne erstreckt. Dabei kommen die Schlaufen α3 und β3 am engsten mit dem Peptid in Kontakt, während die Schlaufen α1, β1, α2 und β2 vor allem die beiden MHC-Rinnenränder berühren (**Abb. 165**).

Von dieser normalen Konfiguration gibt es bei MHC-Klasse-II-Allelen, die mit Autoimmunerkrankungen assoziiert sind, charakteristische Abweichungen. Lange glaubte man, es komme vor allem dann zu Autoimmunreaktionen, wenn ein ungefährliches körpereigenes Peptid »zu gut« an ein MHC-Molekül bindet, das durch eines dieser Risiko-MHC-Allele codiert ist. Ein solches Peptid würde den vorüberziehenden T-Zellen öfter und länger als gewöhnlich präsentiert – so oft oder lang, bis es auf eine T-Zelle träfe, die trotz nur schwacher Affinität an dieses Autoantigen bindet und dadurch aktiviert wird. Allerdings hat man trotz aufwändiger Suche kaum Komplexe aus körpereigenen Peptiden und MHC-Klasse-II-Molekülen gefunden, an die T-Helferzellen von Menschen oder Versuchstieren mit Autoimmunerkrankungen besonders gut binden.

Das gibt der gegenteiligen Hypothese Aufwind: Vielleicht sind nicht zu gut, sondern leicht veränderte und daher besonders *schlecht* bindende Peptide Schuld an der Aktivierung autoreaktiver T-Helferzellen. Solche sogenannten Neoantigene sollen nicht im Inneren der antigenpräsentierenden Zellen entstehen, sondern

Abb. 164

Neben den professionellen antigenpräsentierenden Zellen (APCs) wie Makrophagen und dendritischen Zellen können während einer Entzündung oder einer Autoimmunerkrankung auch »unprofessionelle« APCs auftreten: Körperzellen, die ebenfalls MHC-Klasse-II-Moleküle herstellen, aber schlechter reguliert werden können als Immunzellen.

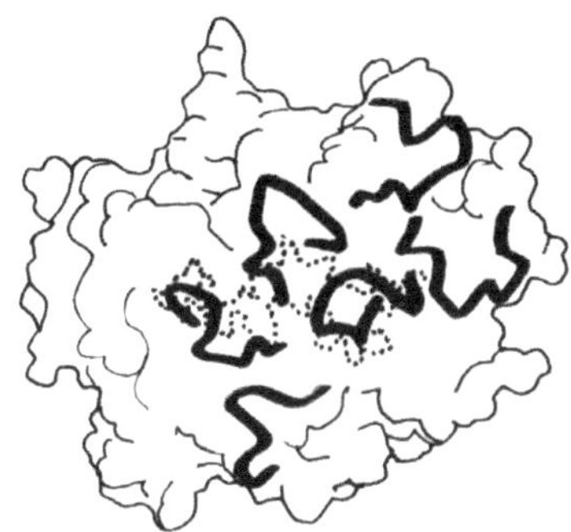

Abb. 165

Eine etwas weniger schematische Darstellung der Bindung eines T-Zell-Rezeptors an ein Antigen-Peptid und ein MHC-Molekül. Wir blicken aus der Perspektive der T-Zelle auf die Bindungsfläche (das »Präsentationstablett«) des MHC-Moleküls. Die Kontur des präsentierten Peptids ist gepunktet. Vom T-Zell-Rezeptor sind lediglich die sechs Schlaufen zu sehen, mit denen er an den Komplex andockt. Die äußeren vier Schlaufen erkennen vor allem Teile des MHC-Moleküls, die mittleren beiden auch Teile des präsentierten Antigens. Die Antigenspezifität eines T-Zell-Rezeptors wird vor allem durch die Aminosäuresequenz dieser Schlaufen (α3 und β3) festgelegt. Von den Genen, in denen diese T-Zell-Rezeptorschlaufen codiert sind, gibt es zahlreiche Varianten – wenn auch nicht ganz so viele wie von den Genen, die die Bindungsfläche der MHC-Klasse-II-Moleküle codieren.

im umliegenden Gewebe, und sie sollen – wie eben beschrieben – direkt an der Zelloberfläche an MHC-Moleküle binden, die ihre ursprünglichen Peptide verloren haben. Weil solche Neoantigene nur unter atypischen Umständen und nur in einzelnen Organen oder Gewebetypen entstehen, werden sie den reifenden T-Zellen im Thymus nicht präsentiert. Daher werden stark auf sie reagierende T-Zellen nicht eliminiert; das Immunsystem entwickelt ihnen gegenüber also keine zentrale Toleranz.

Durch eine gleichzeitige Infektion oder Entzündung können auch die übrigen Kontrollmechanismen des Immunsystems versagen, die normalerweise für eine periphere Toleranz gegenüber körpereigenen Antigenen sorgen: Die antigenpräsentierenden Zellen senden wegen der Infektion oder Entzündung Kostimulationssignale aus, die gar nichts mit dem zufällig gerade präsentierten Neoantigen zu tun haben, aber von der T-Zelle als Bestätigung für das Vorliegen einer Gefahr gedeutet werden. Dazu passt, dass Autoimmunerkrankungen oft kurz nach einer Virusinfektion ausbrechen.

Die Veränderung des Peptids kann beispielsweise von einer posttranslationalen Modifikation des Proteins herrühren, von dem es ein Bruchstück ist – etwa von einer Citrullierung, also der Umwandlung der Aminosäure Arginin in die Aminosäure Citrullin (s. Abb. 111). Auch Metalle wie Nickel stehen im Verdacht, manchmal so an ein körpereigenes Peptid und seine MHC-Bindungsrinne zu binden, dass der Komplex eine etwas andere Form annimmt und das Peptid von T-Zell-Rezeptoren als fremd wahrgenommen wird. Oder eine gewebespezifische Protease (ein proteinzerlegendes Enzym) zerschneidet ein Protein an ungewöhnlichen Stellen, sodass Peptide mit untypischen Aminosäuresequenzen entstehen, die in die Rinnen der meisten MHC-Moleküle nicht hineinpassen. Nur MHC-Moleküle, die von einigen seltenen MHC-Allelen codiert werden, können diese atypischen Peptide überhaupt – wenn auch schwach – binden; daher die Assoziation dieser Allele mit Autoimmunerkrankungen.

Untersuchungen an solchen deformierten Komplexen haben gezeigt, dass die T-Zell-Rezeptoren anders an das Peptid und die MHC-Bindungsstelle binden als im Normalfall. Verwendet man ein beispielsweise ein verändertes Peptid aus dem Myelin-basischen Protein, das bei der multiplen Sklerose vom Immunsystem attackiert wird, so bindet die Front des T-Zell-Rezeptors seitlich verschoben und in einem anderen Winkel an den Komplex. Dadurch halten die T-Zellen das Peptid fälschlich für fremd (**Abb. 166**).

MHC-Risikoallele für Autoimmunerkrankungen

Das relative Risiko (RR) gibt an, wie groß das Erkrankungsrisiko von Menschen mit dem entsprechenden Allel gegenüber dem Erkrankungsrisiko von Menschen ohne dieses Allel ist. Ein Risikoallel ist in den meisten Fällen weder notwendige noch hinreichende Bedingung für die entsprechende Erkrankung: Weder haben alle Menschen mit der Erkrankung das Allel, noch werden alle Menschen mit dem Allel krank.

Werte um 1 zeigen an, dass das Allel kaum einen Einfluss auf das Risiko hat. Ein RR von 10 besagt, dass das Erkrankungsrisiko durch das Allel um das Zehnfache erhöht ist. Ein RR < 1 deutet auf eine Schutzwirkung des Allels hin. Ein Allel kann auch das Risiko für eine Krankheit erhöhen und zugleich das Risiko für eine andere Erkrankung verringern.

Einige MHC-Genvarianten kommen nur bei Menschen mit einer bestimmten Autoimmunstörung gehäuft vor. Andere wie *HLA-DR3* erhöhen das Erkrankungsrisiko für eine ganze Reihe von Autoimmunerkrankungen.

In der Tabelle sind einige der vielen bekannten Risikoallele aufgeführt. Man erkennt beispielsweise, dass die Kombination zweier Risikoallele das relative Risiko noch einmal deutlich erhöhen kann.

MHC-Serotyp oder -Allel	Krankheit	RR
HLA-A30	Lichen ruber planus (Knötchenflechte)	0,2
HLA-B27	Morbus Bechterew	87
*HLA-DQB1*0602*	Narkolepsie	> 100
HLA-DR2	multiple Sklerose	4
HLA-DR3	Sjögren-Syndrom	10
HLA-DR3	Morbus Basedow	3
HLA-DR3	Zöliakie	11
*HLA-DR4*0405*	Typ-1-Diabetes	49
HLA-DR4 oder *HLA-DR5*	Hashimoto-Thyreoiditis	3
HLA-DR4	rheumatoide Arthritis	10
HLA-DR5	perniziöse Anämie	5
HLA-DR7	Zöliakie	12
HLA-DR7 und *HLA-DR3*	Zöliakie	52

Adhäsionsmoleküle

Die letzte Gruppe der membrangebundenen Moleküle des Immunsystems, die ich vorstellen möchte, sind die Adhäsionsmoleküle. Sie sorgen dafür, dass Immunzellen an anderen Zellen oder an einer extrazellulären Matrix – etwa Bindegewebsfasern – haften können. Zum Beispiel verkleben sie zwei Zellen vorübergehend miteinander, sodass sich zwischen ihnen eine stabile immunologische Synapse ausbilden kann. Oder sie bremsen Immunzellen im Blutstrom beim Kontakt mit den Gefäßwandzellen ab.

Immunzellen reisen zu verschiedenen Gelegenheiten über die Blutbahn. So locken Botenstoffe Zellen der angeborenen Abwehr, beispielsweise Neutrophile und Monozyten, an den Ort einer Verletzung oder Infektion. Diese Zellen müssen die Adern dort verlassen, wo die Gefäßwandzellen ihnen signalisieren, dass hinter ihnen im Gewebe Hilfe benötigt wird. Naive B- und T-Zellen wandern über die Blutgefäße in Lymphknoten ein, um dort von ihren Antigenen aktiviert zu werden. Die aktivierten T-Zellen werden dann wiederum vom Blut an den Ort einer Infektion verfrachtet und müssen ebenfalls an der richtigen Stelle anhalten und ins Gewebe eindringen können.

Das Abbremsen der Immunzellen übernehmen zwei Klassen von Membranproteinen, Selektine und Integrine. Die Selektine mit ihrer relativ schwachen Bindung leiten die Adhäsion ein. P-Selektin wird in den Endothelzellen in Granula gespeichert und kann daher in Reaktion auf Zytokine, Mikrobenmoleküle oder Histamin, das von Mastzellen ausgeschüttet wurde, sehr rasch an die Zelloberfläche verfrachtet werden. E-Selektin muss in den Endothelzellen erst synthetisiert werden, was durch die Zytokine IL-1 und TNF oder durch Mikrobenmoleküle wie Lipopolysaccharide ausgelöst wird. Nach ein bis zwei Stunden steht es an der Zelloberfläche bereit. Die Liganden dieser beiden Selektine sind komplexe Kohlenhydrate auf der Oberfläche von Neutrophilen, Monozyten und T-Zellen.

Beim L-Selektin läuft es umgekehrt: Es ist auf der Oberfläche der Immunzellen verankert, und seine Liganden sind Moleküle auf den Endothelzellen der Äderchen in den Lymphknoten und in entzündetem Gewebe, die Adressine (so genannt, weil sie den Immunzellen den Weg weisen). Naive T-Zellen auf dem Weg vom Thymus zu den Lymphknoten sind wie noppen- oder stachelbesetzte Kugeln geformt. Das L-Selektin und die Liganden für das P- und das E-Selektin sitzen an den Spitzen ihrer Ausläufer, sodass die Moleküle gut mit ihren Gegenstücken auf den Gefäßwänden in Kontakt kommen (**Abb. 167**).

Auch Integrine dienen der Adhäsion von Zellen an andere Zellen. Einige der über bekannten 30 Varianten, die unterschiedliche Liganden binden, sind auf Immunzellen zu finden. Ihr extrazellulärer Teil ist im Ruhezustand zusammengeklappt: Die kugeligen Enden, die später an den Liganden haften sollen, befin-

Abb. 166

Links: Ein Autoantigen lässt T-Zellen normalerweise kalt, wenn es ihnen auf MHC-Klasse-II-Molekülen präsentiert wird: Alle darauf reagierenden T-Zellen sind ja schon im Thymus aussortiert worden.

Rechts: Wird ein Autoantigen modifiziert, zum Beispiel durch Nickelatome oder durch eine posttranslationale Modifikation, kann es u. U. an eine seltene MHC-Klasse-II-Variante binden, die sich den T-Zellen aus einem untypischen Winkel darbietet. Dann binden womöglich einige T-Zellen an den Komplex und schlagen Alarm. Das kann der Beginn einer Autoimmunstörung sein.

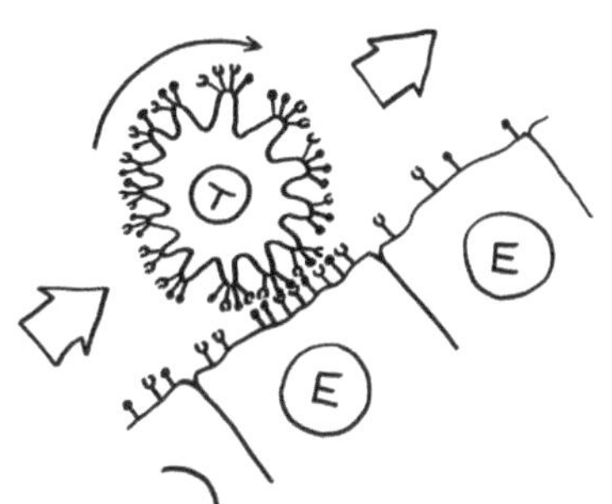

Abb. 167

Naive T-Zellen haben im Blut die Gestalt von Stachelkugeln. Auf den Stacheln sitzen Selektine und Selektin-Liganden, deren Gegenstücke sich auf den Endothelzellen finden, aus denen die Gefäßwände bestehen. Die Bindung zwischen Selektinen und Liganden bremst die T-Zellen in den Blutgefäßen ab, sodass sie an den richtigen Stellen ins Gewebe eindringen können.

den sich dann nah an der Zellmembran.

Werden die Integrine durch ein innerzelluläres Signal aktiviert, das wiederum durch eine Chemokin- oder eine Antigen-Bindung an Zellrezeptoren ausgelöst wurde, so falten sie sich auseinander: Die kugeligen Domänen stehen dann weit über der Zellmembran für einen Ligandenkontakt bereit. Passende Liganden finden sich unter anderem auf Endothelzellen in entzündetem Gewebe, auf verschiedenen anderen Immunzellen und auf Bindegewebszellen.

Wie eine Immunzelle in einem Blutgefäß bei einer Entzündung durch Selektine abgebremst und durch Integrine an der Gefäßwand verankert wird, das Endothel durchdringt und im entzündeten Gewebe ihre Arbeit aufnimmt, zeige ich später noch genauer: In Teil 3 werden wir eine Immunreaktion von Anfang bis Ende nachvollziehen und dabei die Elemente, die ich hier in Teil 2 vorstelle, zu einem Gesamtbild zusammensetzen.

3. Innerzelluläre Moleküle

Viele Signalketten und Stoffwechselvorgänge laufen in Immunzellen genauso ab wie in anderen Zellen. Wir konzentrieren uns hier auf die Signalübertragung von den Immunzell-Rezeptoren in den Zellkern und andere Zellregionen, durch die Vorgänge ausgelöst werden, die der Bekämpfung von Infektionen und den übrigen Aufgaben des Immunsystems dienen: der Abgabe von gespeicherten Zellgiften, der Phagozytose und Verdauung von Pathogenen oder kranken Zellen, der Herstellung von antigenverarbeitenden Proteinkomplexen, der Vermehrung und Differenzierung von Immunzellen, der Produktion und Ausschüttung von Zytokinen, der Einleitung eines programmierten Zelltods usw. Aus der verwirrenden Vielzahl von Signalwegen greife ich einige wenige Beispiele heraus. Dabei beginne ich mit der evolutionär älteren angeborenen Abwehr.

Signalwege in Zellen der angeborenen Immunität

Wie im vorigen Kapitel dargestellt, löst die Bindung eines Liganden (beispielsweise eines Antigens oder eines Zytokins) an einen Immunzell-Rezeptor an dessen innerzellulärem Ende eine kleine Gestaltänderung aus, durch die eine Enzymdomäne aktiviert wird – entweder am Rezeptor selbst oder in der unmittelbaren Nachbarschaft. Das Enzym katalysiert dann eine chemische Reaktion, oftmals die Übertragung einer Phosphatgruppe. Enzyme, die einem Molekül eine Phosphatgruppe anhängen und es damit in einen energiereicheren, aktiven Zustand versetzen, heißen Kinasen (s. Abb. 152). Ihre Gegenspieler sind die Phosphatasen: Enzyme, die einem Molekül eine Phosphatgruppe abnehmen, sie damit inaktivieren und so zumeist eine Signalkette unterbrechen (**Abb. 168**). Kinasen sind also überwiegend Aktivatoren, Phosphatasen dagegen Inhibitoren. Die Enzymdomäne kann aber auch ein Protein spalten oder es durch Anheftung eines anderen Proteins namens Ubiquitin (die sogenannte Ubiquitinierung) zur Vernichtung freigeben.

Bei den *toll-like receptors* (TLRs) der angeborenen Abwehr ist es die TIR-Domäne, die auf diese Weise eine Signalkette startet. Das gilt nicht nur für TLRs, die in der Zellmembran verankert sind, sondern auch für TLR3, TLR7, TLR8 und TLR9. Diese Rezeptoren halten sich in den Membranen der Lysosomen auf, also der Bläschen, in die eine Fresszelle ihre »Mahlzeit« bei der Phagzytose einschließt, um sie durch Verdauung unschädlich zu machen und ihr dabei Informationen über eine Gefahrenquelle zu entnehmen. Diese innerzellulären TLRs binden vor allem Nukleinsäuren aus vertilgten Viren oder Bakterien und lösen je nach Art der Bedrohung den passenden Abwehrmechanismus aus.

Im Zytosol treiben lösliche, nicht membrangebundene Mustererkennungs-

Abb. 168
Eine Phosphatase (rechts) ist ein Enzym, das einem anderen Protein eine energiereiche Phosphatgruppe (Fackel) abnimmt und dadurch zum Beispiel eine Signalkette stoppt.

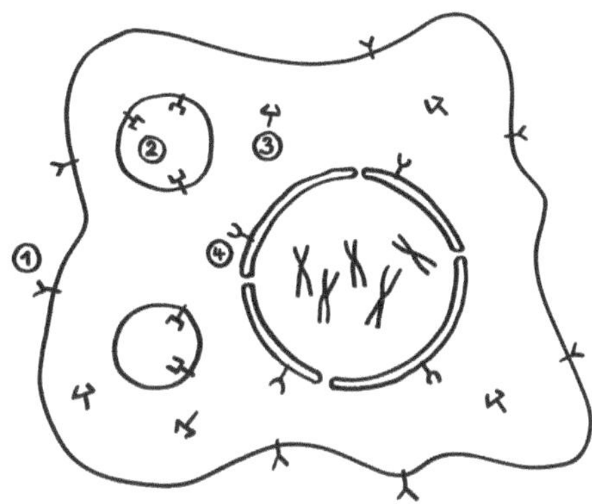

Abb. 169
Rezeptor-Orte: Nicht nur auf der Zellmembran (1) suchen Rezeptoren nach passenden Liganden, sondern auch in Vesikeln (2), ungebunden im Zytoplasma (3) oder auf der äußeren Membran der Kernhülle (4).

rezeptoren, sogenannte NLRs *(nucleotide binding and oligomerization domain-like receptors)*. Wenn sie Moleküle erkennen, die für innerzellulär lebende Bakterien typisch sind, lösen sie die Bildung entzündungsfördernder Zytokine aus. Andere Zytosol-Rezeptoren binden Nukleinsäuren aus Viren und regen die Produktion von Interferonen an. Und schließlich sind auch in die Kernhülle Rezeptoren eingebettet, an die vor allem fettlösliche Hormone wie Glukokortikoide oder Vitamin D andocken. Die Bindung solcher Liganden bewirkt, dass im Zellkern zum Beispiel bestimmte Zytokin-Gene stärker oder schwächer abgelesen werden als bisher (**Abb. 169**).

Wenn es brennt: Eimerketten bilden

Innerzelluläre Signalwege erinnern an Eimerketten: Jedes Glied hat mindestens zwei »Hände« oder Module. Der Impuls wird weitergegeben, indem ein Molekül enzymatisch auf das eine Ende des nächsten Moleküls einwirkt oder daran bindet. Dadurch wird eine Gestaltänderung, eine Abspaltung oder eine Zusammenlagerung mit einer weiteren Komponente auslöst. Das aktiviert am anderen Ende des Moleküls beispielsweise die nächste enzymatische Domäne. Signalketten können sich auch verzweigen, indem beide Teilstücke eines aufgespaltenen Kettenglieds weiterreagieren, oder zusammenlaufen, sofern es an einer Stelle nur weitergeht, wenn zwei Signale auf das nächste Kettenglied einwirken.

Eine Signalkette in einer Immunzelle kann an Organellen im Zytoplasma enden, zum Beispiel an wirkstoffgefüllten Membranbläschen, die dann mit der Zellmembran verschmelzen, oder am Golgi-Apparat, einem Organell, in dem frisch hergestellte Proteine vor ihrem Einsatz modifiziert werden. Oft steht am Ende einer Signalkette aber ein Transkriptionsfaktor, also ein Protein, das nach seiner Aktivierung in den Zellkern einwandert. Dort bindet es an eine DNA-Sequenz auf einem Chromosom, um die Ablesung eines Gens (zum Beispiel für ein Zytokin) zu starten, zu verstärken, abzuschwächen oder zu stoppen.

Am Ende einer Signalkette können aber auch DNA-Stränge oder die Histone, um die sie herumgewickelt sind, epigenetisch verändert werden. So lockert eine DNA-Demethylierung oder eine Histon-Acetylierung Chromosomen örtlich auf und erhöht damit die Ablesbarkeit von Genen. Die Methylierung von DNA und die Deacetylierung von Histonen packen dagegen die DNA fester zusammen und erschweren ihre Ablesung. Dadurch ändert sich das Transkriptionsprofil einer Zelle und ihrer Tochterzellen nachhaltig – etwa bei der Differenzierung einer Vorläuferzelle zu einem bestimmten Immunzelltyp.

Ein besonders wichtiger Immunzellsignalweg soll exemplarisch genauer vorgestellt werden: die NF-$\varkappa$B-Aktivierung.

Die Aktivierung des Transkriptionsfaktors NF-κB

NF-$\varkappa$B steht zwar für *nuclear factor kappa-light-chain-enhancer of activated B cells*, aber dieser Transkriptionsfaktor kommt bei weitem nicht nur in B-Zellen vor. Es gibt ihn in fünf Varianten, die alle über eine DNA-Bindungsstelle und eine Transkriptionsstart-Domäne verfügen. Je nach Variante und Kontext werden am Ende unterschiedliche Gene abgelesen. Die meisten Genprodukte sind entzündungsfördernd, manche wirken aber auch entzündungshemmend. Am Anfang des Signalwegs steht die Bindung eines extrazellulären Signals an einen TLR, einen Zytokinrezeptor oder einen Antigenrezeptor.

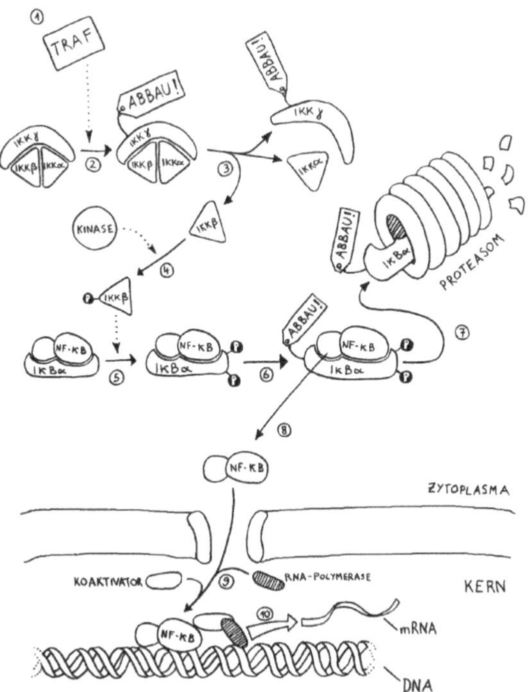

Abb. 170

Der kanonische NF-κB-Signalweg:

1. Ein TNF-Rezeptor-assoziierter Faktor (TRAF) wurde an der Innenseite eines Rezeptors in der Zellmembran aktiviert und löst den weiteren Signalweg aus.
2. Er ubiquitiniert die Kinase IKKγ im IKK-Komplex, der daraufhin seine Gestalt ändert.
3. Die Kinase IKKβ löst sich von IKKα und IKKγ.
4. IKKβ kann nun durch eine andere Kinase phosphoryliert und damit aktiviert werden.
5. Der zweiteilige Transkriptionsfaktor NF-κB ist noch an den Inhibitor IκBα gebunden. Aber jetzt phosphoryliert die aktivierte Kinase IKKβ den Inhibitor doppelt.
6. Daraufhin wird der Inhibitor ubiquitiniert und damit zum Abbau freigegeben.
7. Der Komplex zerfällt; der Inhibitor wird in einem Proteasom zerlegt.
8. Der Transkriptionsfaktor NF-κB ist befreit und kann durch eine Pore in der Kernhülle vom Zytoplasma in den Zellkern einwandern.
9. Im Zellkern lagern sich ein Koaktivator und das Enzym RNA-Polymerase mit dem Transkriptionsfaktor zusammen.
10. Der Komplex dockt am abzulesenden Gen an und startet dessen Transkription: Es entsteht Messenger- oder mRNA, die die Informationen für die Synthese eines Proteins enthält, z. B. eines Zytokins.

Die mRNA wandert dann ins Zytoplasma, wo sie als Vorlage für die Proteinsynthese (Translation) dient.

Beim sogenannten kanonischen NF-κB-Weg (**Abb. 170**) wird dann über mehrere Zwischenschritte im Zytoplasma die Kinase IKKβ aktiviert. Die NF-κB-Moleküle sind zu diesem Zeitpunkt noch an einen Inhibitor gebunden und damit inaktiv. Die Kinase IKKβ phosphoryliert nun den Inhibitor und gibt ihn so zur sogenannten Ubiquitinierung frei – und damit zum Abbau. Das Protein Ubiquitin, das den Abbau vorbereitet, liegt in fast allen Zelltypen reichlich vor, ist also »ubiquitär«. Wenn es an ein anderes Protein angeheftet wird, wirkt es wie ein Schild mit der Aufschrift »Bitte zerlegen!«. Abgelesen wird das Schild vom Proteasom, einem Proteinkomplex, der Proteine zerkleinert. Sind die NF-κB-Moleküle erst einmal von ihrem Inhibitor befreit, können sie in den Zellkern einwandern. Dort binden sie an die DNA und kurbeln die Produktion von Zytokinen an, die nach ihrer Ausschüttung Entzündungsreaktionen fördern oder Lymphozyten aktivieren.

Zu diesem Signalweg gibt es Varianten, sogenannte alternative NF-κB-Aktivierungswege. In dendritischen Zellen wird zum Beispiel nach Ligandenbindung an den Rezeptor TLR9 nicht IKKβ aktiviert, sondern eine andere Kinase, woraufhin im Kern das Gen des immunsuppressiven Enzyms IDO (Indolamin-2,3-Dioxygenase) abgelesen wird. Dieser alternative Weg ist auch für die Entstehung von Lymphknoten und für das Überleben naiver B-Zellen wichtig. Während der kanonische NF-κB-Weg schnelle, reversible Prozesse wie akute Entzündungen anstößt, löst dieser nichtkanonische Weg langsamere, unumkehrbare Entwicklungsvorgänge aus.

Das Inflammasom

Längst nicht jede Immunzellen-Signalkette endet im Zellkern. Die ersten Entzündungsreaktionen von Zellen der angeborenen Immunität setzen Sekunden bis Minuten nach der Bindung eines Gefahrensignals ein – viel zu schnell für die Transkription und Translation neuer Proteine. Stattdessen bewirken viele Gefahrensignale im Zytoplasma von Makrophagen oder Granulozyten den Zusammenbau und die Aktivierung eines bereits vorliegenden Proteinkomplexes: des Inflammasoms (vom lateinischen *inflammatio* = Entzündung). Es gibt mehrere Formen von Inflammasomen. Die Bausteine, den Zusammenbau und die Funktionsweise der am besten erforschten Variante, des NLRP3-Inflammasoms, zeige ich in **Abb. 171**.

Sobald ein Inflammasom zusammengesetzt und aktiviert wurde, spaltet es inaktive Zytokin-Vorläufer, die die Immunzelle auf Vorrat produziert hat, und schüttet das so aktivierte Zytokin aus. Dieses aktiviert seinerseits weitere Immunzellen. Da eine starke Entzündungsreaktion auch das eigene Gewebe schädigt, steht die Zytokinproduktion unter einer scharfen Kontrolle: Nur, wenn die

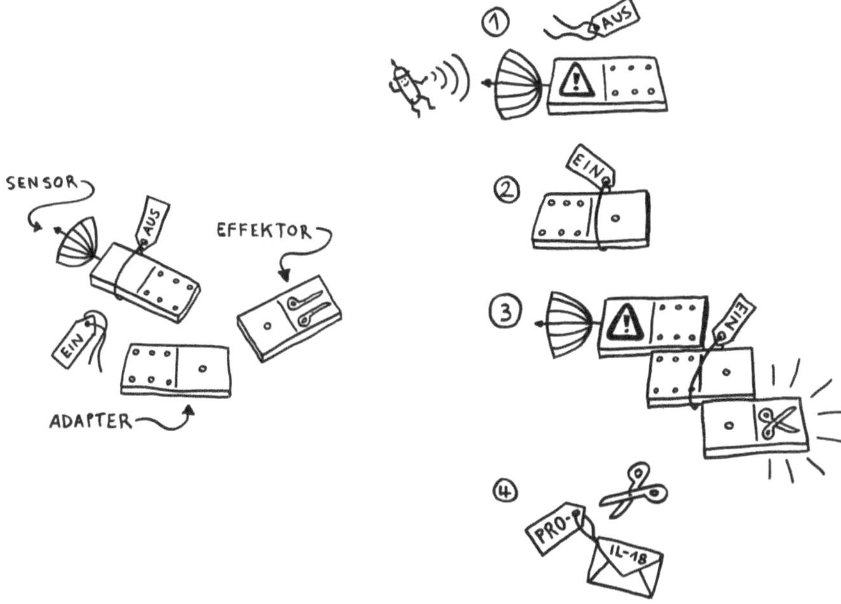

Abb. 171

Links: Ein NLRP3-Inflammasom besteht aus drei Baustein-Typen. Das namensgebende Protein NLRP3 enthält den Sensor, der das Inflammasom aktiviert. Das Adapterprotein ASC enthält zwei Domänen, die auch in den anderen beiden Proteinen vorkommen und sich gerne mit ihresgleichen zusammenlagern. Der Enzymvorläufer Pro-Caspase 1 schließlich ist der Effektor. Solange sie einzeln im Zytoplasma der Zelle herumliegen, sind die Bausteine inaktiv – der Sensor, weil er durch ein Protein-Anhängsel inhibiert wird, der Adapter, weil ihm zwei für die Aktivität nötige Anhängsel fehlen, und der Effektor, weil er in dieser Gestalt nicht als Enzym arbeiten kann.

Rechts: Das ändert sich, sobald der Sensor einen Reiz empfängt, etwa Alarmsignal, das für Bakterien typisch ist:

1. Der Sensor-Baustein verliert das Label, das ihn inaktiv hält.

2. Dem Adapter werden dagegen die Label angehängt, die ihn aktivieren.

3. Über die in beiden Bausteinen vorkommende PYD-Domäne lagert sich der Sensor mit dem Adapter zusammen. Diesem wiederum lagert sich über die beiden gemeinsame CARD-Domäne der Effektor an. Dadurch ändert sich die Gestalt des Effektors so, dass er seine Enzymfunktion ausüben kann: Aus Pro-Caspase 1 ist Caspase 1 geworden.

4. Dieses Enzym schneidet die Vorformen entzündungsfördernder Botenstoffe zurecht: Aus Pro-IL-18 wird IL-18, aus Pro-IL1β wird IL-1β.

Immunzelle neben einem Bakterienbestandteil oder einem anderen Alarmauslöser weitere Gefahrensignale von infizierten Zellen empfängt, wird das Inflammasom aktiviert. So werden Überreaktionen verhindert, etwa Angriffe auf harmlose Darmbakterien.

Auch wenn Makrophagen selbst von innerzellulären Bakterien infiziert werden, treten ihre Inflammasomen in Aktion. Sie lösen dann einen programmierten Zelltod aus: die Pyroptose, wörtlich »Feuertod«, eine Sonderform der Apoptose. Durch dieses kontrollierte Absterben machen die erkrankten Makrophagen die in ihnen verborgenen Pathogene unschädlich und für den Rest des Immunsystems sichtbar. Neutrophile Granulozyten übernehmen dann die Vernichtung der Bakterien.

Signalübertragung in Zellen der erworbenen Abwehr

Im Unterschied zu den Zellen der angeborenen Immunität reagieren Zellen der evolutionär jüngeren erworbenen Immunität auf Antigene, die sie mit ihren hochspezifischen B- und T-Zell-Rezeptoren erkennen. Daneben verfügen sie aber auch über unspezifische Rezeptoren und entsprechende innerzelluläre Signalwege. Es war daher nicht nötig, zur innerzellulären Weiterleitung der Signale, die von den antigenspezifischen Rezeptoren ausgehen, neue Wege zu entwickeln. Stattdessen haben die Zellen Adapterproteine hervorgebracht, die die Signale von den antigenspezifischen Rezeptoren auf Bestandteile der althergebrachten Signalwege übertragen.

T-Zellen stellen allein sieben unterschiedliche Transmembran-Adapterproteine (TRAPs) her, die bei ihrer Aktivierung durch benachbarte T-Zell-Rezeptoren weitere Adapter und Enzyme aktivieren. So werden dann alte Signalketten wie die MAP-Kinase-Kaskade gestartet, die im Zellkern mit dem Andocken eines Transkriptionsfaktors an die DNA enden. In der MAP-Kinase-Kaskade sind mehrere Enzyme hintereinandergeschaltet, die jeweils durch Phosphorylierung aktiviert werden und dann das nächste Kettenglied phosphorylieren. Am Schluss wird ein Transkriptionsfaktor phosphoryliert und dadurch aktiviert, sodass er die Ablesung zahlreicher Gene steuern kann (**Abb. 172**). An weiteren Signalwegen in T-Zellen sind beispielsweise Kalziumionen beteiligt, die im endoplasmatischen Retikulum gespeichert sind. Die Bindung des Zuckers IP3 an das endoplasmatische Retikulum löst die Ausschüttung des Kalziums ins Zytoplasma aus, wo es Abwehrvorgänge in Gang setzt. Anschließend wird es ins endoplasmatische Retikulum zurückgepumpt. Da für diesen Signalweg keine neuen Komponenten synthetisiert werden müssen, ist er sehr schnell.

In B-Zellen müssen die evolutionär neueren, antigenspezifischen B-Zell-Rezeptoren mit den älteren, unspezifischen TLRs kooperieren, um einen

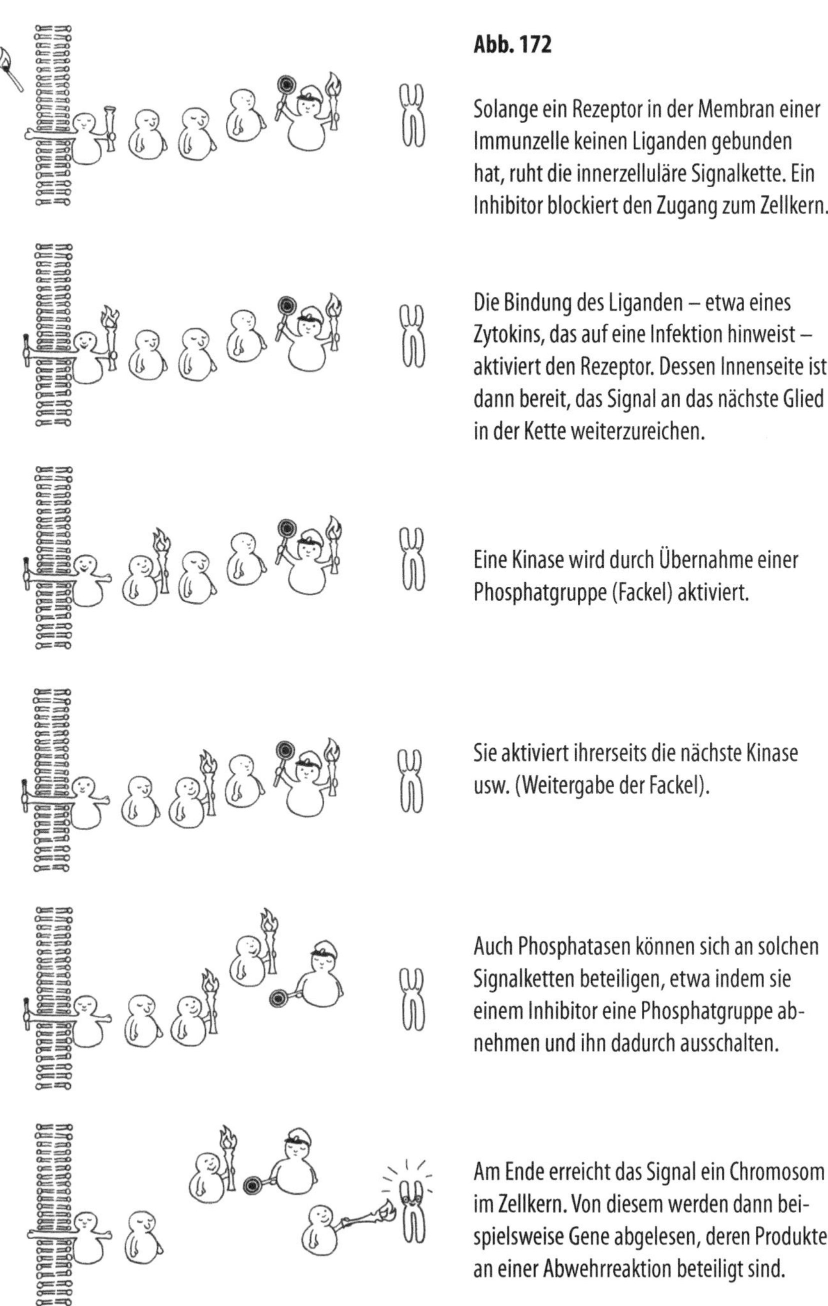

Abb. 172

Solange ein Rezeptor in der Membran einer Immunzelle keinen Liganden gebunden hat, ruht die innerzelluläre Signalkette. Ein Inhibitor blockiert den Zugang zum Zellkern.

Die Bindung des Liganden – etwa eines Zytokins, das auf eine Infektion hinweist – aktiviert den Rezeptor. Dessen Innenseite ist dann bereit, das Signal an das nächste Glied in der Kette weiterzureichen.

Eine Kinase wird durch Übernahme einer Phosphatgruppe (Fackel) aktiviert.

Sie aktiviert ihrerseits die nächste Kinase usw. (Weitergabe der Fackel).

Auch Phosphatasen können sich an solchen Signalketten beteiligen, etwa indem sie einem Inhibitor eine Phosphatgruppe abnehmen und ihn dadurch ausschalten.

Am Ende erreicht das Signal ein Chromosom im Zellkern. Von diesem werden dann beispielsweise Gene abgelesen, deren Produkte an einer Abwehrreaktion beteiligt sind.

Immunglobulin-Klassenwechsel und damit die Produktion effektiverer Antikörper auszulösen. Beim T-Zell-abhängigen Klassenwechsel in einem Lymphknoten-Keimzentrum müssen sogar noch Signale aus einer dritten Quelle, nämlich Zytokine aus T-Helferzellen, in den Signalweg integriert werden. B-Zellen stellen mindestens acht verschiedene TLRs her, die zum Beispiel an Lipopolysaccharide aus Bakterien binden. Erst wenn solche Gefahrensignale an die TLRs, Zytokine an Zytokinrezeptoren und spezifische Antigene an die passenden B-Zell-Rezeptoren binden, werden die für einen Klassenwechsel benötigten Enzyme in nennenswerter Menge produziert.

Neben solchen synergistischen Mechanismen gibt es in B-Zellen auch Signalwege, die durch einen Rezeptor alleine ausgelöst werden. Die Signalketten können sich an bestimmten Schlüsselkomponenten verzweigen, etwa in den oben vorgestellten kanonischen und nichtkanonischen NF-$\varkappa$B-Weg. Der kanonische Weg wird im Allgemeinen schnell durchlaufen, da alle Komponenten bereits in der Zelle vorliegen. An seinem Ende wird dann unter anderem ein zentraler Bestandteil des nichtkanonischen Signalwegs hergestellt, der daher langsamer vollendet wird. Auf diese Weise können komplexe Vorgänge wie der Klassenwechsel in den B-Zellen koordiniert ablaufen: Erst werden die zuerst benötigten Stoffe hergestellt, danach die später benötigten. Durch die Synthese eines Inhibitors bremst sich der kanonische NF-$\varkappa$B-Weg außerdem selbst aus, bevor er zu viel Schaden im Gewebe anrichten kann: eine negative Rückkopplung, die für das Immunsystem typisch ist.

Nicht nur Chemie, sondern auch Mechanik

Bisher habe ich einige chemische Rekationsketten vorgestellt, über die Signale in Zellen an ihr Ziel gelangen. Es gibt aber auch mechanische Signalleitungen. Das sogenannte Zytoskelett besteht aus langen Fasern, von denen einige wie die Mikrotubuli starr und andere wie die Aktinfilamente kontraktil sind, sich also zusammenziehen können. Solche kontraktilen Fasern können mit einem Ende an scheibenförmigen Ankern in der Zellmembran festgemacht sein, die mit der benachbarten extrazellulären Matrix verbunden sind. Wenn die Fasern mit dem anderen Ende entweder direkt an der Zellkernhülle oder an einem Protein im Zytosol befestigt sind, das wiederum mit dem Zellkern vernetzt ist, können sie wie Seilzüge funktionieren. Das starre Mikrotubuli-Gerüst bildet dabei das Widerlager.

Eine durch extrazelluläre Vorgänge oder Botenstoffe aufgebaute Zugspannung löst dann im Zellkern eine Reaktion aus, beispielsweise die Ablesung eines Gens. Beim Sjögren-Syndrom, einer Autoimmunerkrankung der Tränen- und Speicheldrüsen, wird diese mechanische Signalübertragung offenbar durch eine Verformung der Drüsenepithelzellen gestört. Dadurch verändert sich das Transkriptionsprofil in den Zellkernen, was wiederum zu Autoimmunreaktionen gegen die Drüsenepithelzellen führt.

Auch in Immunzellen spielt die Mechanik eine Rolle. So können Signale, die von Rezeptoren ausgehen, den Zustand des Zytoskeletts verändern – und damit zum Beispiel das Bewegungsverhalten von Immunzellen, die im Gewebe herumkriechen oder eine Gefäßwand durchdringen müssen. Und bei der Ausbildung der immunologischen Synapse zwischen einer antigenpräsentierenden Zelle und einer T-Zelle halten sich allerlei Transmembran-Proteine zunächst aufgrund unterschiedlicher chemischer Bindungsvorlieben in getrennten Membranbereichen auf: in sogenannten *rafts*, also Flößen. Nach ihrer Aktivierung werden die Flöße von Zytoskelettfasern aufeinander zu gezogen, sodass sie gemeinsam einen Komplex bilden können, der die notorisch schwache Bindung von T-Zell-Rezeptoren an die Antigene und MHC-Moleküle stabilisiert.

Mit dieser Beschreibung einiger innerzellulärer Signalwege ist unser Überblick über das Personal und die Schauplätze des Immungeschehens abgeschlossen. Er hat uns vom Großen (Organe des Immunsystems) bis zum Kleinsten (einzelne Moleküle im Zellinneren) geführt. Im nächsten Teil werden wir vielen dieser Akteure und Orte wiederbegegnen – in der Reihenfolge ihres üblichen Auftritts bei einer Immunreaktion, ergänzt um die Beschreibung ihrer mutmaßlichen Rollen bei Autoimmunstörungen.

TEIL 3

IMMUNANTWORTEN UND AUTOIMMUNSTÖRUNGEN

Wie das Immunsystem arbeitet – und wie es entgleist

Um zu verstehen, warum das Immunsystem bei einigen Menschen übers Ziel hinausschießt und körpereigenes Gewebe vernichtet, muss man seine normale Arbeitsweise kennen. In den folgenden Kapiteln schildere ich den typischen Ablauf einer Infektion und der dadurch ausgelösten Immunreaktion Schritt für Schritt. Anschließend stelle ich dar, was bei dem jeweiligen Schritt schiefgehen kann und wie das zu Autoimmunerkrankungen führen könnte.

Je nach Angreifer die passende Verteidigungsstrategie

Unser Körper reagiert nicht auf alle Infektionen gleich. Die wichtigsten Invasoren und die Kompartimente oder Räume, in denen sie sich aufhalten, habe ich im Biologie-Crashkurs vorgestellt. Viele Pathogene sind Bakterien, aber die meisten Bakterien sind keine Pathogene. Sie gehören zu den zellkernlosen Prokaryoten, genau wie die schlecht erforschten Archaeen. In meinen Zeichnungen sind Bakterien »Ovale auf Beinen«, wobei Pickelhauben andeuten, dass es sich um aggressive, krankheitserregende Keime handelt (**Abb. 173**, oben).

Da man über die Rolle von Archaeen für die menschliche Gesundheit und über die Reaktion des Immunsystems auf sie noch wenig weiß, kommen sie in diesem Buch kaum vor. Vermutlich werden sie in den nächsten Jahren für die eine oder andere Überraschung sorgen, den wie sich in den letzten Jahren zeigte, leben durchaus methanproduzierende Archaeen in uns, zum Beispiel die Art *Methanobrevibacter smithii* im menschlichen Darm und die Art *Methanobrevibacter oralis* in den tiefen Zahnfleischtaschen von Parodontitis-Patienten. Ob sie Krankheiten (mit)verursachen können oder harmlose Nutznießer sind, bleibt abzuwarten.

Ebenfalls ohne Zellkern kommen die Viren aus, die ich meist als »Sechsecke auf Beinen« darstelle. Sie bestehen aus kaum mehr als einer Hülle, etwas Ergbut und einigen wenigen Enzymen (**Abb. 173**, 2. Reihe). Alle Viren sind zum Überleben und zu ihrer Vermehrung auf Zellen angewiesen, aber die wenigsten Arten machen Menschen krank: Viele Viren leben zum Beispiel in Bakterien- oder Pflanzenzellen, und wenn sie ein Bakterium befallen, das dem Menschen schadet, stehen sie gewissermaßen auf unserer Seite. Andere Viren haben es sich in unserem Erbgut gemütlich gemacht und verzichten auf ein Ausbreitungsstadium mit Proteinhüllen, sodass sie für unser Immunsystem unsichtbar bleiben und normalerweise keine Krankheitssymptome auslösen.

Alle anderen Krankheitserreger sind Eukaryoten; ihre Zellen haben also einen Kern, den ich in meinen Zeichnungen meistens durch einen Kreis andeute. Neben Pilzen und Einzellern wie Amöben oder dem Malaria-Erreger *Plasmodium falciparum* können uns auch Würmer befallen, die aus sehr vielen Zellen bestehen

Abb. 173

1. Reihe: Bakterien sind vielgestaltig, aber ich stelle sie meist als Ovale auf Beinen dar. 2. Reihe: Dasselbe gilt für Viren, die ich fast immer als Sechsecke zeichne, weil ihre Proteinhüllen oft eine geometrische Form haben. Darunter: Auch Pilze, Einzeller und Würmer können uns krankmachen. Sie gehören zu den Eukaryoten: Ihre Zellen haben einen Kern.

(**Abb. 173,** unten).

Würmer sind – abgesehen von ihren Eiern und sehr jungen Larven – zu groß, um von Fresszellen verschlungen zu werden. Sie müssen aus dem Körper herausgespült, in Bindegewebe eingekapselt oder langsam vergiftet werden. Dafür sind T-Helferzellen von Typ 2 (Th2), IgE-produzierende B-Zellen und Eosinophile nötig. Pilze können sowohl außerhalb als auch innerhalb von Zellen leben und werden daher sowohl von Zellen der angeborenen Abwehr wie Neutrophilen oder Makrophagen als auch vom zellulären Arm der erworbenen Abwehr bekämpft.

Kleine Pathogene, die zum Beispiel im Blut oder im Bindegewebe leben und dort Entzündungen auslösen oder umliegende Zellen vergiften, können mit Antikörpern und Komplementfaktoren bedeckt und so für die Phagozytose markiert werden.

Gegen innerzelluläre Pathogene, zu denen neben den Viren auch manche Bakterien und Einzeller zählen, sind die Antikörper der humoralen Abwehr die meiste Zeit machtlos. Infizierte Zellen müssen von der zellulären Abwehr kontrolliert abgetötet und vertilgt werden. Um die Ausbreitung einer Vireninfektion zu verhindern, produzieren Phagozyten, die virenverseuchte Zellen gefressen haben, Interferone. B-Zellen stellen Antikörper her, die sich an extrazelluläre Virenhüllen anheften und sie an der Verschmelzung mit den Membranen gesunder Zellen hindern.

Es ist gar nicht so leicht, die relativ wenigen Pathogene unter all unseren nützlichen oder harmlosen Mitbewohnern zu identifizieren. Selbst von vermeintlich ausgemachten Bösewichten wie dem Magenbakterium *Helocibacter pylori* oder dem Darmbakterium *Escherichia coli* gibt es nützliche Stämme, die zum Beispiel Nischen besetzen, auf die es ihre gefährlichen Verwandten abgesehen haben.

Manche Organismen verhalten sich im gesunden Menschen völlig unauffällig, schalten aber unter Stress auf einen anderen Daseinsmodus um und werden virulent. Manche bleiben harmlos, so lange unser Immunsystem ein anderes Pathogen bekämpft; aber sobald die Gefahr – zum Beispiel ein Wurmbefall – ausgeschaltet ist, treiben sie das Immunsystem in zerstörerische Überreaktionen wie Autoimmunerkrankungen. Wieder andere Mikroorganismen sind eindeutig Pathogene, können aber nicht komplett ausgetilgt werden, weil sie sich in Überlebensnischen zurückziehen: Das Immunsystem hält sie die meiste Zeit in Schach, aber hin und wieder brechen sie aus. Ein bekanntes Beispiel sind Herpesviren.

Nicht alle diese Arten in und auf uns leben auf derselben Ebene der ökologischen Pyramide. Sie treten auch Babuschka-artig verschachtelt auf: zum Beispiel Viren in Bakterien, die in Einzellern leben, die in Würmern gedeihen (**Abb. 174**). Dabei können die Parasiten ihren jeweiligen Wirt entweder schwächen und so dem Wirt auf der übernächsten Ebene nützen – oder sie steigern die Schädlichkeit ihrer Wirte sogar noch, indem sie ihnen zum Beispiel Gifte zur Verfügung stellen.

Es hängt also ganz vom Kontext ab, ob ein Organismus in uns als Krankheitserreger oder als Verbündeter auftritt oder neutral bleibt. Unser Immunsystem muss Eindringlinge oder Mitbewohner nicht nur korrekt identifizieren, sondern die gesamte Situation berücksichtigen: ihre Menge, ihre Aufenthaltsorte, die An- oder Abwesenheit anderer Organismen, den Gesundheitszustand des Körpers, die Entwicklungsphase (Schwangerschaft, Neugeborenes usw.): eine immense Leistung, die nicht immer gelingt.

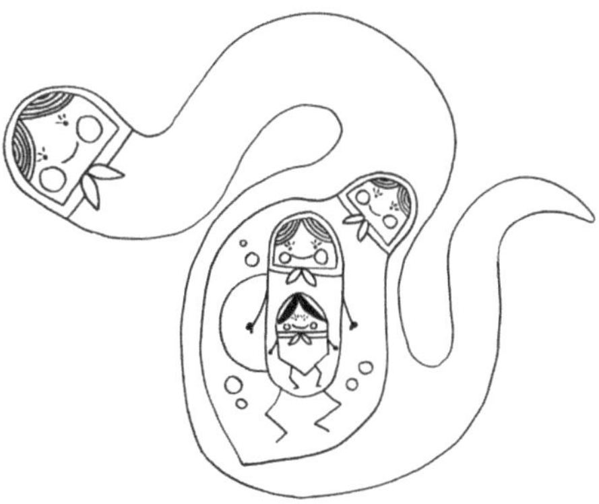

Abb. 174
Das Babuschka-Prinzip: Ein Wurm, der uns befällt, kann
von Einzellen befallen sein, in denen Bakterien leben, die
Viren beherbergen.

Infektionen vermeiden: Verhalten als Teil der Immunabwehr

Die sicherste Verteidigung gegen eine Infektion ist ihre Vermeidung. Tiere wie Menschen haben zahlreiche Verhaltensweisen entwickelt, die zum Erhalt der Gesundheit beitragen, beispielsweise die Körperpflege: Blutsauger und andere Schädlinge werden abgesammelt; Speichel desinfiziert Haut, Haare und Gefieder; Bäder im Wasser, Schlamm oder Staub schützen vor Parasiten; am Ort der Nahrungsaufnahme oder der Nachtruhe werden Ausscheidungen vermieden.

Bei vielen sozialen Arten, die in engen Gemeinschaften leben, beobachten wir zum einen gegenseitige Körperpflege, zum anderen die Absonderung ansteckender Individuen, um eine Ausbreitung zu vermeiden. So lecken Ameisen einander ab, um sich von Pilzsporen usw. zu befreien. Termiten sperren infizierte Individuen in spezielle Kammern, die sie mit antimikrobiellem Kot verschließen. Infizierte Ameisen oder Bienen verlassen den Bau und sterben allein. Tiere, die im Bau sterben, werden auf abseits gelegenen »Friedhöfen« entsorgt, die von Arbeiterinnen bei der Nahrungssuche gemieden werden. Arbeitsteilung in Insektenkolonien kann ebenfalls das Infektionsrisiko senken. Beispielsweise kümmern sich junge Arbeiterinnen im Nest um den Nachwuchs, während ältere Arbeiterinnen auf Nahrungssuche gehen.

Mechanische, chemische und physiologische Barrieren

Krankheitserreger, die in unseren Körper einzudringen versuchen, müssen alle möglichen Hindernisse überwinden und Verteidigungsmaßnahmen überstehen – ähnlich wie Angreifer, die eine gut gesicherte Burg erobern wollen.

All unsere Oberflächen – auch die inneren wie die Auskleidung der Atemwege, des Verdauungstrakts und der Geschlechtsorgane – bestehen aus geschlossenen Epithelien, also Deckgeweben oder Häuten, deren Zellen so eng miteinander verzahnt sind, dass sich niemand zwischen ihnen hindurchmogeln kann. Luft- oder Flüssigkeitsströme (Husten, Tränen, Speichel usw.) spülen potenzielle Eindringlinge weg. Bewegliche Flimmerhärchen (Zilien) befördern mit ihren La-Ola-Wellen Fremdkörper aus den Atemwegen; die Darmperistaltik macht dasselbe im Verdauungstrakt. Auch die regelmäßige Erneuerung der Haut und der Schleimhäute, also das Nachwachsen neuer Zellen und das Absterben und Abschilfern der alten, reinigt unsere Oberflächen.

Zudem sind diese Barrieren mit chemischen Substanzen präpariert: Fettsäuren auf unserer Haut und in unserem Schweiß machen Bakterien ebenso zu schaffen wie die Lysozyme, also Enzyme im Schweiß, in Tränen, Speichel, Milch und anderen Sekreten, die Bakterienzellwände zersetzen. Lactoferrin in der Milch entzieht Bakterien das zum Wachstum benötigte Eisen. Die Magensäure und das Enzym Pepsin schaffen im Magen Bedingungen, unter denen nur wenige Bakterien gedeihen. In den Schleim unserer Schleimhäute – beispielsweise im Darm – sind antimikrobielle Substanzen eingebettet.

Nicht zuletzt schützt uns auch die gutartige Haut- und Darmflora, indem sie mit schädlichen Eindringlingen um Raum und Nährstoffe konkurriert und sie zum Teil auch aktiv bekämpft. Und sobald Epithel- oder Immunzellen Pathogene wahrnehmen, schütten sie Abwehrstoffe wie vorproduzierte Antikörper (IgA) aus, die ebenfalls eine Überwindung der Barrieren verhindern sollen.

Zu so ziemlich jeder dieser Verteidigungsmaßnahmen haben Pathogene im Lauf der Evolution Gegenmaßnahmen entwickelt, von Schutzschirmen bis zu trojanischen Pferden (**Abb. 175**). Daher lässt sich eine Infektion nicht immer verhindern. In den folgenden Abschnitten sehen wir uns die Barrieren, die sie dabei überwinden müssen, genauer an.

Haut und Haar: Schutzanzug und Alarmsystem

Die meisten Krankheitserreger sind so klein, dass wir sie nicht direkt wahrnehmen – zumindest nicht einzeln: Fäulnisgeruch weist auf einen massiven Bakterienbefall hin, zum Beispiel in verdorbenen Lebensmitteln, die wir instinktiv vermeiden.

Abb. 175

Pathogene müssen, um in den Körper einzudringen, mechanische, chemische und physiologische Barrieren überwinden. Zum Beispiel verteidigt unsere gutartige Haut- oder Darmflora ihren Lebensraum; Haut- und Schleimhautzellen bilden geschlossene Schichten ohne Schlupflöcher; Flüssigkeiten spülen Keime weg; chemische Substanzen greifen sie an und warnen das Immunsystem vor der Gefahr. Im Lauf der Evolution haben Pathogene Methoden entwickelt, diese Hindernisse und Frühwarnsysteme auszutricksen – zum Beispiel durch biochemische Tarnung, die sie für das Immunsystem unsichtbar macht.

Viele Pathogene dringen mithilfe von Überträgern wie blutsaugenden Insekten in unseren Körper ein. Im Vergleich zu den meisten anderen Säugetieren ist unser Haarkleid sehr dünn. Zum Ersatz für ein schützendes Fell tragen wir aber Kleidung. Moskitonetze über unseren Schlafstätten oder Fliegengitter vor den Fenstern halten Plagegeister fern. Wer sich regelmäßig wäscht, verströmt weniger Gerüche, an denen sich einige Insekten orientieren. (Kohlendioxid – das Hauptlockmittel für Stechmücken – atmen wir aber ständig aus.) Auch Mythen und Schauergeschichten sorgen dafür, dass viele Menschen notorische Krankheitsüberträger wie Fledermäuse fürchten und meiden.

Landet trotz aller Vorbeugung ein Blutsauger auf uns, stehen die Chancen gut, dass seine Bewegungen oder sein Stich Druck-, Berührungs-, Schmerz- oder Haarfollikelsensoren in der Haut reizen, die daraufhin einen Juckreiz auslösen (**Abb. 176**, oben). Wenn wir den Überträger rechtzeitig erschlagen oder vertreiben, verhindern wir eine Infektion.

Auch Sekrete wie Schweiß, Speichel oder Tränen verringern die Infektionsgefahr: Sie spülen Keime fort, machen sie unbeweglich (**Abb. 176**, unten) oder rücken ihnen mit antimikrobiellen Substanzen oder Verdauungsenzymen zu Leibe. Schweiß ist außerdem mit einem pH-Wert um 4,5 so sauer, dass etliche Mikroorganismen in ihm nicht gedeihen können.

Lebendiger Schutzwall: die Haut- und Schleimhautflora

Auch die Kommensalen und Symbionten auf unserer Haut und in der Schleimschicht über unseren Schleimhäuten schützen uns vor Gefahren. Diese unschädlichen, zum Teil sogar lebensnotwendigen Bakterien besetzen zum einen Nischen, die den Pathogenen dann nicht mehr offenstehen (**Abb. 177**). Zum anderen produzieren einige von ihnen Substanzen, die für Pathogene schädlich sind. Außerdem sorgt ihre ständige Anwesenheit dafür, dass das örtliche angeborene Immunsystem in Habtachtstellung bleibt und bei einer Invasion schnell zuschlagen kann.

Im Laufe von Jahrhunderttausenden hat unser Körper sogar wichtige Immunsystem-Funktionen wie die Produktion von Alarmsignalen an unsere ständigen Begleiter ausgelagert. Auf die Rolle des Mikrobioms in der Abwehr und auf die mögliche Beteiligung von Mikrobiom-Veränderungen an Autoimmunerkrankungen gehe ich in Band 2 näher ein. Ein Beispiel haben wir bereits kennen gelernt: Vor der Einführung moderner Seifen und Waschmittel lebten auf unserer Haut mehr Ammoniak-oxidierende Bakterien. Sie stellen aus dem Ammoniak oder Harnstoff in unserem Schweiß Stickstoffmonoxid her, einen wichtigen Botenstoff, der die Entzündungsneigung der Haut beeinflussen kann.

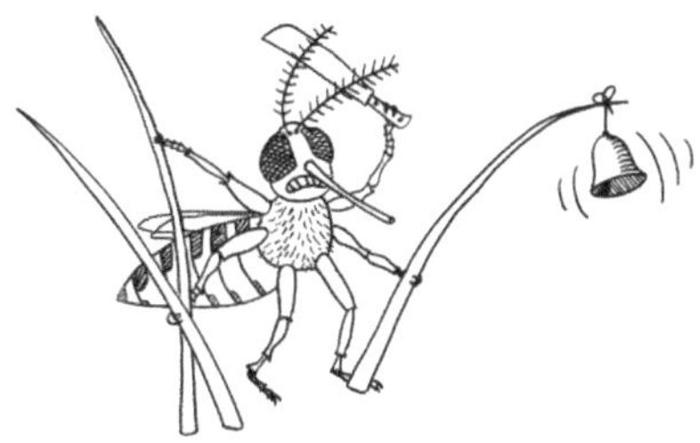

Abb. 176
Bewegungssensoren an unseren Haarwurzeln machen uns auf Insekten aufmerksam, die bei ihrem Stich Keime übertragen könnten. Zähe Schleimhaut-Sekrete behindern die Fortbewegung von Bakterien und anderen Eindringlingen.

Abb. 177
Die Bakterien auf der Haut und den Schleimhäuten konkurrieren um Raum und Ressourcen. Je besser es gutartigen Bakterienstämmen gelingt, Claims abzustecken, desto schlechter können sich Pathogene vermehren.

Durchlässig und undurchlässig zugleich: Schleimhäute

Etwa zwei Quadratmeter Haut hat ein Erwachsener. Sie ist bei weitem nicht die wichtigste Angriffsfläche für Krankheitserreger. Mit etwa 100 bis 10.000 Mikroorganismen pro Quadratzentimeter ist sie eher dünn besiedelt; weite Teile sind wegen ihres chemischen Milieus, der Kühle und der Trockenheit unattraktive Lebensräume – Wüsten gewissermaßen.

Über die großflächigen, weichen, feuchten und warmen Schleimhäute, die unsere Atemwege von der Nase bis in die Lunge, den Verdauungstrakt von den Lippen bis zum After, den Urogenitaltrakt und Drüsenausgänge wie die Tränenkanäle auskleiden, gelangen viel mehr Pathogene in den Körper – darunter die Verursacher oftmals tödlicher Erkrankungen wie Lungenentzündung, Diarrhö und Aids. Allein unsere Darmschleimhaut hat wegen ihrer starken Fältelung (**Abb. 178**) eine Fläche von etwa 300 Quadratmetern (**Abb. 179**). Schleimhäute dienen dem kontrollierten Austausch mit der Umwelt: Sauerstoff aus der Luft und Nährstoffe aus der Nahrung müssen ins Blut gelangen, Kohlendioxid und toxische Abfälle entsorgt werden. Daher kann sich unser Körper nicht vollständig abschotten.

Die für den Stoffaustausch notwendigen Grenzflächen sind zugleich Einfallstore für Pathogene. Entsprechend aufwändig sind die Verteidigungsmaßnahmen in den Schleimhäuten. So sind die Zellen der obersten Schleimhautschicht, die Epithelzellen, seitlich eng miteinander verzahnt. Durch diese sogenannten *tight junctions*, die wie Steppnähte aufgebaut sind, können keine Mikroben aus dem jeweiligen Hohlraum – dem sogenannten Lumen – in das Gewebe eindringen (**Abb. 180**). Die »Steppnähte« befinden sich knapp unterhalb der apikalen, also dem Hohlraum zugewandten Seite der Epithelzellen. Sie bestehen aus speziellen Proteinen, die zusammen wie ein Klettverschluss funktionieren. Einige der Proteine tragen sprechende Namen wie Claudin (vom lateinischen *claudere* = schließen, versperren) oder Occludin (von *occludere* = zuschließen).

Claudin ist ein Transmembranprotein, dessen beide Enden – wie der Querschnitt in Abb. 180 zeigt – im Zytoplasma der Epithelzelle liegen. Im Spalt zwischen den Zellen bildet es zwei Schlaufen, die sich mit den Schlaufen der Nachbarzelle »verhakeln«, aber auf bestimmte Signale hin den Durchgang freigeben. Solche Sesam-öffne-dich-Signale geben zum Beispiel dendritische Zellen, wenn sie sich über die Vorgänge außerhalb der Epithelschicht informieren wollen.

Dendritische Zellen halten in unseren Schleimhäuten Wache. Sie können sich stark verformen und schlanke Ausläufer (Dendriten) zwischen zwei Epithelzellen hindurchdrängen, um in der Schleimschicht Bakterien oder Bakterienbruchstücke aufzunehmen. Diese präsentieren sie dann den lokalen Lymphozyten, um bei Bedarf eine adaptive Immunantwort auszulösen. Dabei bleibt das

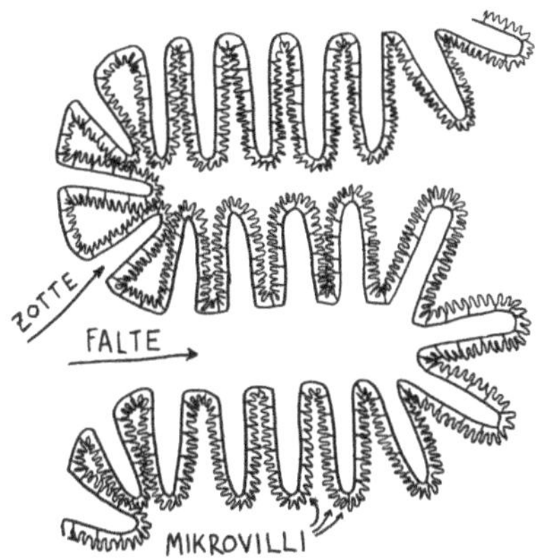

Abb. 178
Unsere Darmschleimhaut hat durch zahlreiche Falten, Zotten (auch Villi genannt) und Mikrovilli (Ausläufer der einzelnen Schleimhautzellen) eine riesige Oberfläche. Links im Bild das Gewebe, rechts das Darmlumen, das mit dem Nahrungsbrei und Bakterien gefüllt ist.

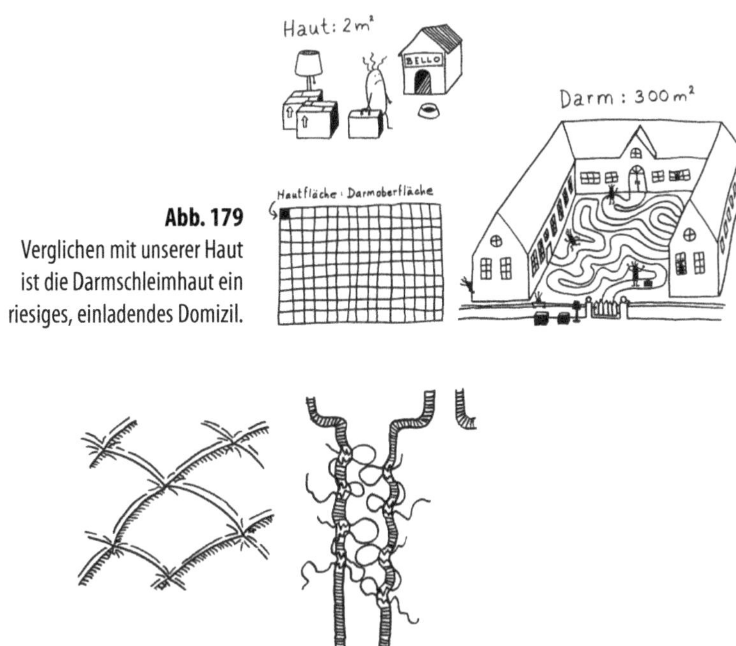

Abb. 179
Verglichen mit unserer Haut ist die Darmschleimhaut ein riesiges, einladendes Domizil.

Abb. 180
Prinzip Steppdecke: Unsere Epithelzellen sind seitlich durch enge Kontaktstellen, sogenannte Tight Junctions, miteinander verbunden, sodass sich normalerweise keine Keime zwischen ihnen hindurchzwängen und in das Gewebe eindringen können. Im Querschnitt erkennt man Proteinschlaufen, die in den Zellmembranen verankert sind und sich wie bei einem Klettverschluss miteinander verhaken.

Epithel im Normalfall absolut dicht, da die Membranen der dendritischen Zellen ebenfalls Klettverschluss-Proteine enthalten, die sich während des Vorstoßes eng mit ihren Gegenstücken auf den Epithelzellen verbinden (**Abb. 181**).

Die Tight Junctions im Darmepithel schließen sich erst etliche Wochen nach der Geburt. Vorher gibt es einen regen Stoffaustausch zwischen dem Darmlumen und dem Gewebe unterhalb des Epithels. So lernt das Immunsystem, die gutartige Darmflora und harmlose Nahrungsbestandteile nicht zu bekämpfen, sondern ein Leben lang zu tolerieren. Ein vorzeitiger Verschluss der Tight Junctions kann zum Beispiel durch Gendefekte, durch Hormonstörungen und eventuell auch durch Xenohormone (hormonartige Verbindungen etwa aus Kunststoffen) ausgelöst werden. Er beeinträchtigt diese Lernphase des Immunsystems und kann zu Autoimmunerkrankungen und chronischen Entzündungen beitragen. Darauf komme ich in Band 2 zurück, wenn ich die Entwicklung des Immunsystems im Lauf eines Lebens schildere.

Wenn doch einmal Krankheitserreger eine Epithelschicht durchdringen oder die Epithelzellen selbst beschädigen, reagiert das Immunsystem schnell: Es muss das Problem örtlich und zeitlich begrenzen, also eine systemische oder chronische Erkrankung verhindern. Das geht nur mit dezentralen Einsatzkräften und kurzen Dienstwegen. Daher gibt es in jeder Schleimhaut ein spezialisiertes Lymphgewebe, das *mucosa-associated lymphoid tissue* (MALT): in den Atemwegen zum Beispiel das BALT *(bronchus-associated lymphoid tissue)*, im Darm das GALT *(gut-associated lymphoid tissue)* und in der Nase das NALT *(nose-associated lymphoid tissue)*. Im Folgenden konzentriere ich mich auf das GALT in der Darmschleimhaut, da diese an besonders vielen Infektionen und auch an Autoimmunerkrankungen beteiligt ist.

Das Immunsystem des Darms

Schleim: zäh, fesselnd und antibakteriell

Ein Krankheitserreger, der in die Darmschleimhaut einzudringen versucht, gerät im Darmlumen zunächst an eine Schleimschicht. Schleimmoleküle oder Mucine (vom lateinischen *mucus* = Schleim) bestehen aus einem Protein-Mittelstrang und zahlreichen Zuckerketten, die seitlich von ihm abzweigen. Kurze Zuckerketten werden als Oligosaccharide (*oligo* = wenige) bezeichnet, längere als Polysaccharide (*poly* = viele). Da diese Kohlenhydrate mit sogenannten glykosidischen Bindungen am Proteinstrang befestigt sind, zählen Mucine zu den Glykoproteinen. Je nachdem, wie lang die Seitenketten sind und welche Zucker in ihnen vorkommen, vernetzen sich diese großen Moleküle in wässriger Umgebung stärker oder schwächer, und sie binden mehr oder weniger Wasser. So entstehen dichte oder

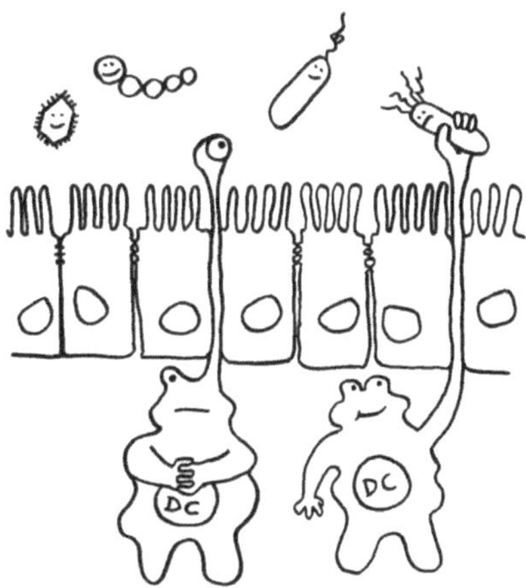

Abb. 181

In der Darmschleimhaut halten sich dendritische Zellen (DC) auf. Sie schieben ab und zu Ausläufer durch die äußerste Schleimhautschicht, um den Darminhalt zu überwachen und Bakterien oder Bakterienbruchstücke aufzunehmen, die sie später anderen Immunzellen präsentieren können. Beim Vorschieben der Ausläufer geben sie den Tight Junctions zwischen den Epithelzellen Auflösesignale und bilden dafür selbst Tight Junctuions mit den Epithelzellen aus. So bleibt die Schutzschicht während der Sondierung dicht.

auch lockere Polymere. Bestimmte Zucker, vor allem Sialinsäuren an den Kettenenden, schützen das Protein auch vor einem Abbau durch bakterielle Enzyme.

Beim Menschen gibt es mindestens 16 verschiedene Mucine. Einige, darunter MUC1, bleiben in der Zellmembran verankert. Sie bilden die sogenannte Glykokalyx der Epithelzellen, einen 30 bis 500 Nanometer (Millionstel Millimeter) dicken Schutzpanzer, der durch die eingebauten Sialinsäuren negativ geladen ist. Andere wie MUC2 oder MUC3 werden vollständig in das Darmlumen abgegeben und bilden dort die Schleimschicht, die beim Menschen mit 300 bis 700 Mikrometern (Tausendstel Millimetern) etwa um den Faktor 1000 dicker ist als die Glykokalyx.

Produziert werden sie vor allem von Becherzellen im Darmepithel, die ihren Namen einer großen Vertiefung verdanken, in die sie die Moleküle abgeben. Durch Veränderung der Produktionsmengen der einzelnen Mucine können die Becherzellen auf aktuelle Umweltbedingungen wie eine veränderte Kost oder die Vermehrung von Pathogenen reagieren und beispielsweise mehr Schleim absondern oder den Zuckeranteil und damit die Festigkeit erhöhen. Zum Teil reagieren die Becherzellen direkt auf bakterielle Moleküle an ihren Rezeptoren, die auf eine zu dichte bakterielle Besiedlung der inneren Schleimschicht hinweisen. Zum Teil erhalten sie ihre Produktionsanweisungen aber auch vom alarmierten Immunsystem, beispielsweise in Form von Interleukinen oder Interferonen.

Die äußeren Teile der Schleimschicht und die darin eingebetteten Organismen und Partikel werden vom Darminhalt mitgerissen, einige Moleküle auch von gutartigen Bakterien als Nahrung abgebaut. Schleimmoleküle haben eine mittlere Lebensdauer von nur sechs bis zwölf Stunden. Unser Darm produziert täglich ungefähr einen Liter Schleim: eine komplette, ehrlich eingeschenkte Maß (**Abb. 182**). Das Darmepithel ist also eine selbstreinigende Oberfläche.

Im Dünndarm hat die Schleimschicht Lücken – vor allem an den Spitzen der Zotten oder Villi, an denen alte Darmepithelzellen abschilfern, und am Grund der sogenannten Krypten. In diesen tiefen Tälern zwischen den Villi sitzen, wie ich im nächsten Abschnitt zeige, die Stammzellen, aus denen neue Epithelzellen hervorgehen. Im Dickdarm mit seiner schwächer gefältelten Schleimhaut ist die Schleimschicht dagegen geschlossen und strukturiert: Die äußere Lage ist locker und wird von unserer Darmflora besiedelt. Die innere, dichter am Epithel liegende Schicht ist kompakt und bei Gesunden unbesiedelt (**Abb. 183**). Versuchen Pathogene diese Schicht dennoch zu durchdringen, werden sie von bestimmten Mucinen ausgebremst und abgelenkt: Die Schleimstoffe lagern sich an die Adhäsine an, Strukturen auf den Bakterienoberflächen, die eigentlich zum Andocken an Epithelzellen dienen.

In die innere Schleimschicht sind zudem antibakterielle Substanzen eingebettet, die das Epithel produziert. Sie bekämpfen schädliche Bakterien, die dem Epithel trotz der Zähigkeit des Schleims allzu nahekommen. Zu ihnen gehören z. B. das »klebrige« Lektin RegIIIy und das Peptid α-Defensin, das wegen seiner vielen positiv geladenen und hydrophoben Aminosäuren besonders gern an negativ geladene Bakterienmembranen andockt (**Abb. 184**). Defensine sind Peptide, die die äußere Membran von Bakterien zerstören. Einige werden in geringen Mengen permanent hergestellt, andere erst, wenn das Immunsystem Alarm schlägt. Bei Menschen mit Morbus Crohn ist die Defensinproduktion in den entzündeten Darmabschnitten beeinträchtigt, vermutlich aufgrund einer genetischen Anlage. Daher kommt die normale Darmflora dem Epithel zu nahe, sodass das Immunsystem in einen Daueralarmzustand gerät.

Die Darmschleimschicht ist aber weit mehr als eine Sperrzone, die Bakterien vom Epithel fernhalten soll: Das Mucin MUC2 ist auch ein wichtiges Signalmolekül für das Immunsystem. Wenn dendritische Zellen Antigene aus dem Darmlumen einsammeln oder sich von den M-Zellen, die ich gleich noch vorstellen werde, solche Antigene anreichen lassen, reagieren sie auf MUC2-umhüllte Bakterien friedlich, weil sie diese als gutartige Kommensalen interpretieren, die in der Schleimschicht leben. Vom MUC2 konditioniert, senden sie entzündungshemmende Signale an das Immunsystem. Fehlt die MUC2-Hülle, schlagen sie

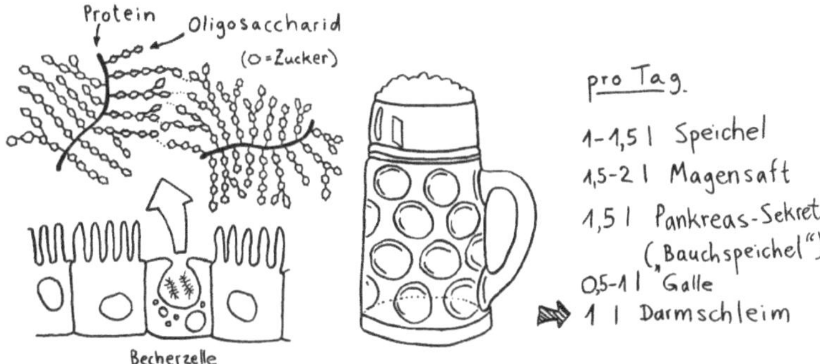

Abb. 182

Becherzellen produzieren Glykoproteine und scheiden sie ins Darmlumen aus. Über ihre Zucker-Seitenketten vernetzen sich die Moleküle; das macht den Schleim zäh. Pro Tag stellt unser Körper neben einigen Litern anderer Sekrete etwa einen Liter Darmschleim her.

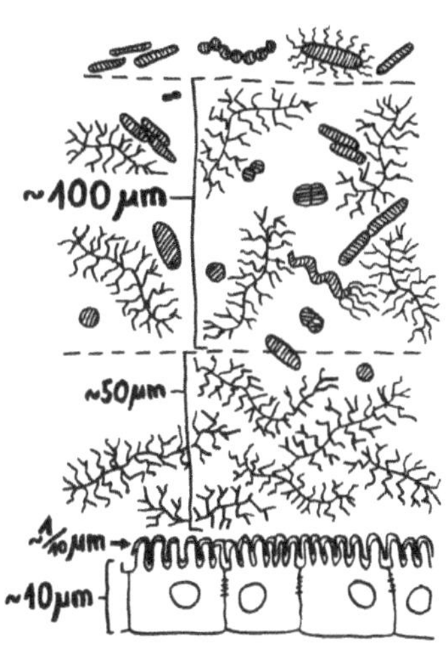

Abb. 183

Ein Ausschnitt aus dem Dickdarm-Epithel und der darüberliegenden Schleimschicht. Die Mikrovilli der etwa zehn Mikrometer dicken Epithelzellen sind mit einer dünnen Glykokalyx (wörtlich »Zuckerhülle«) überzogen. Darüber liegt eine etwa 50 Mikrometer dicke sehr zähe Schleimschicht, die kaum Mikroorganismen enthält. Die äußere Schleimschicht ist etwa 100 Mikrometer dick und weniger dicht, sodass in ihr Bakterien leben können. Andere Mikroorganismen – im Bild ganz oben – dringen nicht in die Schleimschicht ein, sondern werden mit dem Darminhalt mitbewegt.

dagegen Alarm, weil es sich vermutlich um Pathogene handelt.

Die Zuckermoleküle des MUC2 binden dabei an einen Rezeptorkomplex auf den dendritischen Zellen, woraufhin in ihnen ein Transkriptionsfaktor aktiviert wird, der in den Zellkern einwandert. Gemeinsam mit dem Transkriptionsfaktor NF-$\varkappa$B, den wir in Teil 2 kennen gelernt haben, hemmt er dort die Ablesung der Gene für entzündungsfördernde Zytokine wie IL-12.

Ohne entzündungsfördernde Botenstoffe können die naiven T-Helferzellen im lokalen Immunsystem nicht zu Th1-Zellen heranreifen, die für eine ordentliche Entzündung nötig sind. Stattdessen stellen dendritische Zellen unter dem Einfluss des Mucins und typischer Bakterienproteine wie der Lipopolysaccharide viel IL-10 und TGF-β1 her: Zytokine, die an der Reifung junger T-Lymphozyten zu regulatorischen T-Zellen (Tregs) beteiligt sind. Außerdem produzieren die friedlich gestimmten dendritischen Zellen das Enzym Retinaldehyd-Dehydrogenase. Es wandelt das Vitamin A aus der Nahrung in den Botenstoff Retinsäure um und trägt so ebenfalls zur Bildung von Tregs bei.

Die vom MUC2 friedlich gestimmten dendritischen Zellen regen B-Zellen zur Produktion von Antikörpern des Typs sIgA (sekretorisches Immunglobulin A) an. Diese Antikörper werden von den Epithelzellen ins Darmlumen geschleust: Die Zellen sammeln sie an der dem Gewebe zugewandten Seite mithilfe von Rezeptoren ein, transportieren sie in Vesikeln an die gegenüberliegende Seite und setzen sie in das Darmlumen frei. Dort lagern sich die Antikörper an Kommensalen an, die sich zu nah am Epithel aufhalten. So verhindern sie einen direkten Kontakt zwischen den Bakterien und den Epithelzellen – und damit weitere Immunreaktionen.

Ein anderes Produkt der Becherzellen, ein Molekül mit dem Namen RELMb, fördert bei einem Wurmbefall nicht nur die Schleimbildung, sondern hindert die Würmer auch an der Ortung der Darmschleimhaut, indem es die Chemotaxis – den molekularen Geruchssinn – der Tiere stört (**Abb. 185**).

Auch Zellen der angeborenen Immunabwehr beteiligen sich an der Verteidigung der Sperrzone außerhalb des Schleimhautepithels. Würden sie ihre Waffen innerhalb der Schleimhaut einsetzen, nähme das umliegende Gewebe Schaden, wodurch die Barriere erst recht undicht würde. Daher werden solche Verteidigungsmaßnahmen angeborener Immunzellen im Darmgewebe normalerweise unterdrückt. Aber außerhalb des Gewebes, im Darmlumen, können sich Neutrophile oder Monozyten schadlos austoben. Wenn sich zum Beispiel im Darm einer Maus an sich harmlose Kommensalen zu stark vermehren und dabei zu nah an die Schleimhaut kommen, durchdringen diese Immunzellen die Epithelschicht und schirmen sie ab, indem sie allzu vorwitzige Bakterien töten (**Abb. 186**).

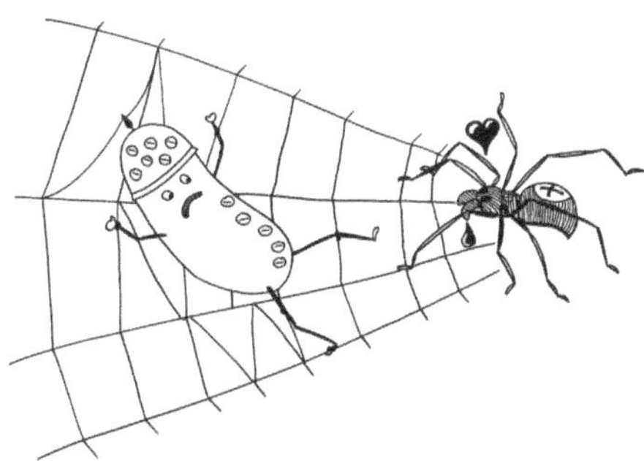

Abb. 184
Der Schleim auf der Darmschleimhaut enthält neben klebrigen auch antibakterielle Substanzen wie das positiv geladene Peptid α-Defensin, das sich mit negativ geladenen Bakterienmembranen verbindet und sie zerstört.

Abb. 185
Desorientiert: Becherzellen produzieren einen Wirkstoff, der das chemische Orientierungsvermögen von Würmern stört. So können sich die Parasiten schlechter in der Darmschleimhaut ansiedeln.

Abb. 186
Bitte Abstand halten! Solange sich Kommensalen von der Darmschleimhaut fernhalten, haben sie vom Immunsystem nichts zu befürchten. Dringen sie allerdings in die Sperrzone der innersten Schleimschicht vor, geht ein Alarm los. Dann rücken Zellen der angeborenen Immunabwehr aus und töten sie ab, ohne dabei eine Entzündung auszulösen.

Die Epithelschicht

Nehmen wir einmal an, unser Pathogen hat das Unwahrscheinliche geschafft: Es hat dem Konkurrenzdruck durch die zahlenmäßig weit überlegenen Kommensalen und Symbionten getrotzt und genug Ressourcen gefunden, um zu überleben und sich zu vermehren. Es hat irgendwie die klebrige Schleimschicht durchdrungen oder eine Lücke im Schleim entdeckt. Es ist nicht von den dendritischen Zellen entdeckt worden, die ständig in der Schleimhaut patrouillieren und gelegentlich Dendriten ins Darmlumen ausstrecken, um die Lage zu peilen. Und es ist allen sIgA-Antikörpern, antimikrobiellen Substanzen und Neutrophilen entwischt, die das Epithel vor Angreifern und allzu kontaktfreudigen Kommensalen schützen.

Vor ihm liegt nun eine lückenlos geschlossene Wand aus unterschiedlichen Epithelzellen. Wie soll es diese Wand durchdringen?

Die meisten Steine in der Mauer sind **Enterozyten**, deren apikale, also dem Darminneren zugwandte Seite mit Mikrovilli besetzt ist. Sie vergrößern die Oberfläche und erleichtern damit die Aufnahme von Nährstoffen aus dem Darminhalt. Sie nehmen die Nährstoffe auf, indem sie ihre apikale Membran nach innen einstülpen und kleine Vesikel abschnüren (Pinozytose, vom griechischen *pínein* = trinken). Der Schleim stört sie dabei nicht, da die löslichen Nährstoffe sein Molekülnetzwerk mühelos durchdringen. Seitlich sind sie mit den bereits vorgestellen Tight Junctions – den Klettverschlüssen – so eng miteinander verzahnt, dass sich niemand zwischen ihnen hindurchmogeln kann.

In die Membran von Darmepithelzellen sind zahlreiche Rezeptoren eingebaut, die Bakterienbestandteile erkennen. Typisch für Bakterien ist zum Beispiel CpG-DNA, also DNA mit einem hohen Anteil der Nukleobasen Cytosin und Guanin. Die Stimulation ein und desselben Rezeptortyps, zum Beispiel TLR-9, hat unterschiedliche Folgen, je nachdem, an welcher Seite der Epithelzelle sie stattfindet. Sporadischer Bakterienkontakt an der apikalen Seite bedeutet meist nur, dass ein paar harmlose Darmbewohner zu tief in die Schleimschicht eingedrungen sind. Eine Entzündung wäre eine gefährliche Überreaktion. Daher signalisiert die Epithelzelle den Immunzellen im Gewebe, dass sie Ruhe bewahren sollen (**Abb. 187**).

Sehen wir uns die Vorgänge in der Epithelzelle näher an (**Abb. 188a**): Nehmen Rezeptoren vom Typ TLR-9 an der apikalen Seite ein Bakterium, ein Bakterienbruchstück oder bakterielle DNA wahr (1), wird im Zytoplasma ein Transkriptionsfaktor enzymatisch von seinem Inhibitor abgetrennt (2). Der so aktivierte Transkriptionsfaktor wandert in den Zellkern und dockt an die DNA an (3). Daraufhin werden bestimmte Gene transkribiert; es entstehen also bestimmte mRNA-Moleküle (4).

Abb. 187
Darmepithelzellen sind Dolmetscher: Nehmen sie mit Rezeptoren wie TLR-9 im Darminneren Bakterien wahr, so schütten sie Zytokine ins Gewebe aus, die eine Entzündung verhindern. Zugleich regen sie B-Zellen zur Herstellung von Antikörpern an, mit denen sie die Bakterien auf Abstand halten können.

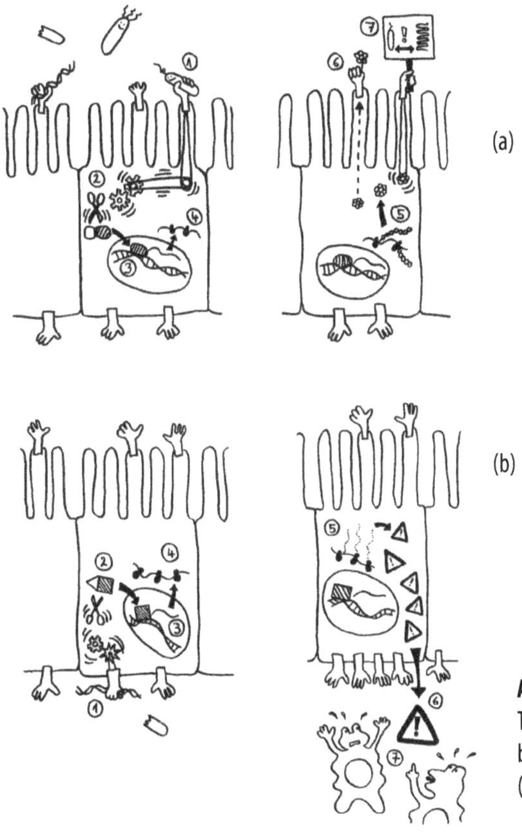

(a)

(b)

Abb. 188
Toleranz (a) oder Entzündung (b):
bei TLR-9 eine Frage der Position.
(Erläuterungen im Fließtext)

Diese mRNA wird aus dem Kern ins Zytoplasma geschleust und dort von der Translationsmaschinerie in Polypeptide übersetzt (5). Die Polypeptidketten falten sich zu Proteinen zusammen und werden an ihren Wirkungsort transportiert. Im Falle einer apikalen Stimulation der Rezeptoren durch die harmlose Darmflora sorgen sie dafür, dass die Rezeptoren auf weitere Reize nicht mehr reagieren (Toleranz, 6) und dass die Bakterien mehr Abstand zum Epithel halten (7).

Bei einer basalen Reizung reagieren die Enterozyten ganz anders (**Abb. 188b**): Nehmen die Rezeptoren an der dem Gewebe zugewandten Seite Bakterienbestandteile wahr (1), weist das auf eine Infektion hin. Daher wird ein anderer Transkriptionsfaktor aktiviert (2) und bewirkt im Zellkern (3) die Ablesung anderer Gene. Die mRNA gelangt ins Zytoplasma (4) und wird dort zu anderen Proteinen transkribiert (5), z. B. zu entzündungsfördernden Zytokinen. Diese werden ins Gewebe abgeschieden (6) und alarmieren die Immunzellen (7), sodass eine Abwehrreaktion in Gang kommt.

Andere Rezeptoren lösen immer eine Immunrekation aus, wenn sie ihren Liganden binden, und sind daher ausschließlich an den Unterseiten der Enterozyten zu finden. TLR-5 reagiert zum Beispiel auf Flagellin, ein bakterielles Protein aus der Flagelle oder Geißel, mit der sich viele Bakterien fortbewegen. Flagellin hat unterhalb der Epithelschicht nichts zu suchen und deutet auf ein Leck hin, das unbedingt abgedichtet werden muss – ganz gleich, ob es von einem Pathogen oder einem sonst harmlosen Kommensalen stammt.

Nach solchen Alarmsignalen werden die Tight Junctions noch einmal verstärkt, und zwar durch Phosphorylierung ihrer Proteine. Die Mikrovilli und Zotten bewegen sich stärker, um verseuchten Schleim und Darminhalt schneller abzutransportieren. Und der Lebenszyklus der Epithelzellen beschleunigt sich: In den Krypten werden viele neue, intakte Zellen nachproduziert, die nach oben wandern und dabei Lücken schließen, und an den Spitzen der Zotten werden zahlreiche alte, womöglich beschädigte Zellen abgestoßen (**Abb. 189**). Auf etwa zehn Enterozyten kommt ein sogenannter **intraepithelialer Lymphozyt**: eine kleine zytotoxische T-Zelle, die sich nahtlos in die Mauer einfügen kann und beobachtet, ob Mikroben an das Epithel anzudocken versuchen. Diese Immunzellen entstehen vor allem in den Lymphknoten des Darms. Wenn ihnen eine dendritische Zelle das zu ihren Rezeptoren passende Antigen präsentiert, werden sie aktiv. Sie vermehren sich und wandern zunächst in die Blutbahn, um durch den Körper zu zirkulieren und sich schließlich in alle Schleimhäute zu verteilen, die unter den Mikroben leiden könnten.

Wenn sie dort ihre Antigene erkennen oder von den benachbarten Epithelzellen alarmiert werden, töten sie die Eindringlinge mit antimikrobiellen Substanzen ab, ohne dabei eine Entzündungsreaktion auszulösen, die das Epithel erst recht beschädigen könnte. Sie bauen sogar Bruchstücke von Bakterienzellwänden

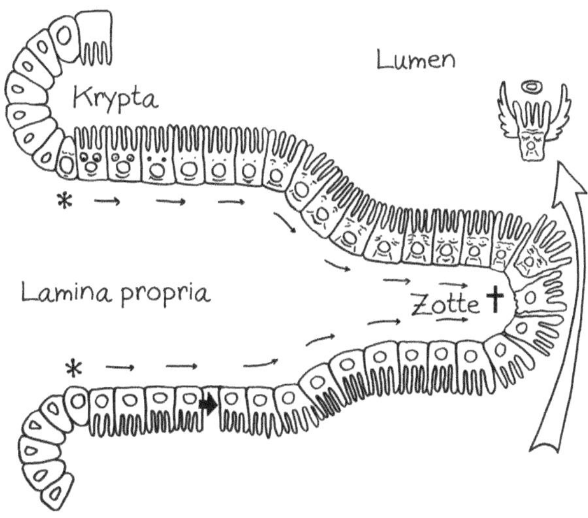

Abb. 189

In den Krypten, den engen Schluchten der Darmschleimhaut, liegen Stammzellen (*), aus denen alle Darmepithelzellen durch Teilung hervorgehen. Die jungen Epithelzellen wandern zunächst an den Wänden der Krypten und dann an den Darmzotten oder Villi entlang. An den Spitzen der Zotten (†) schilfern die ältesten Zellen ab und werden vom Darminhalt mitgerissen. Reißt eine Infektion oder eine mechanische Verletzung irgendwo eine Lücke in das Epithel, wird diese durch nachrückende Zellen geschlossen, damit keine Bakterien oder Fremdstoffe in das Bindegewebe der Darmschleimhaut (Lamina propria) eindringen.

in ihrer Umgebung enzymatisch ab, damit andere Immunzellen diese nicht finden und dann überreagieren. Außerdem spüren intraepitheliale Lymphozyten mit ihren T-Zell-Rezeptoren und NK-Zell-Rezeptoren gestresste, verletzte oder infizierte Epithelzellen auf, die sie dann ebenso stillschweigend zum Absterben bringen. Die Lücken werden durch nachrückende neue Epithelzellen ersetzt, bevor die Barriere undicht wird.

Zwischen die Enterozyten sind auch die bereits erwähnten **Becherzellen** eingestreut, die Mucine absondern (**Abb. 190**, D). Sie reagieren auf Bedrohungen, indem sie die Schleimmenge und -zusammensetzung verändern. Manche Bakterien können allerdings mithilfe besonderer Enzyme Mucine verdauen. Sie missbrauchen das Becherzellen-Signalsystem regelrecht zur Nahrungsbestellung.

Antimikrobielle Substanzen werden vor allem von den Paneth-Zellen produziert, die in den Talsohlen der Krypten liegen, der tiefen Täler in der Dünndarmwand (**Abb. 190**, J). Sie geben ständig inaktive Vorläufer von α-Defensinen ins Darmlumen ab, die dort von einem Verdauungsenzym gespalten und aktiviert werden, das ebenfalls aus den Paneth-Zellen stammt: Trypsin. Bei ihrer Massenproduktion antimikrobieller Proteine sind Paneth-Zellen darauf angewiesen, dass die korrekte Faltung der entstehenden Peptidketten und die Beseitigung falsch gefalteter Ketten wie am Schnürchen laufen. Sammeln sich zum Beispiel aufgrund einer genetischen Disposition falsch gefaltete Proteine in ihrem endoplasmatischen Retikulum (ER) an, gerät die Produktion der Sekrete aus dem Takt. Dieser sogenannte ER-Stress tritt in den Paneth-Zellen von Menschen mit chronisch-entzündlichen Darmerkrankungen wie Morbus Crohn häufiger auf als bei Gesunden.

Aber wie so oft sind Ursache und Wirkung der Störung schwer zu unterscheiden. So verschwindet bei Crohn-Patienten das Bakterium *Faecalibacterium prausnitzii*, das zu den Clostridien gehört, in demselben Maße, wie die Produktion einiger α-Defensine zurückgefahren wird. Wie beim Henne-Ei-Problem stellt sich die Frage, was zuerst da ist: Gerät das Mikrobiom durch Umweltfaktoren in eine Dysbiose, in der bestimmte Bakterienarten die Paneth-Zellen zu ihren Gunsten manipulieren? Oder bringt eine Kombination aus erblicher Anlage und Umweltfaktoren die Paneth-Zellen dazu, das Produktionsprofil ihrer antimikrobiellen Substanzen zu verändern, woraufhin einige Bakterienarten ins Hintertreffen geraten und andere Oberwasser bekommen?

Neben den Zotten und Krypten fällt in der Dünndarmwand eine dritte »Landschaftsformation« auf: Hügel oder Dome von etwa etwa einem Zentimeter Durchmesser (**Abb. 190**, K). Etwa jede zehnte Epithelzelle auf diesen Domen ist eine **M-Zelle**. Das M steht für *microfold:* Die Zellen haben an ihrer apikalen Seite nur wenige kurze Mikrovilli, während ihre basale Seite fein geriffelt oder gefaltet ist. An der apikalen, dem Darmlumen zugewandten Seite ist auch die

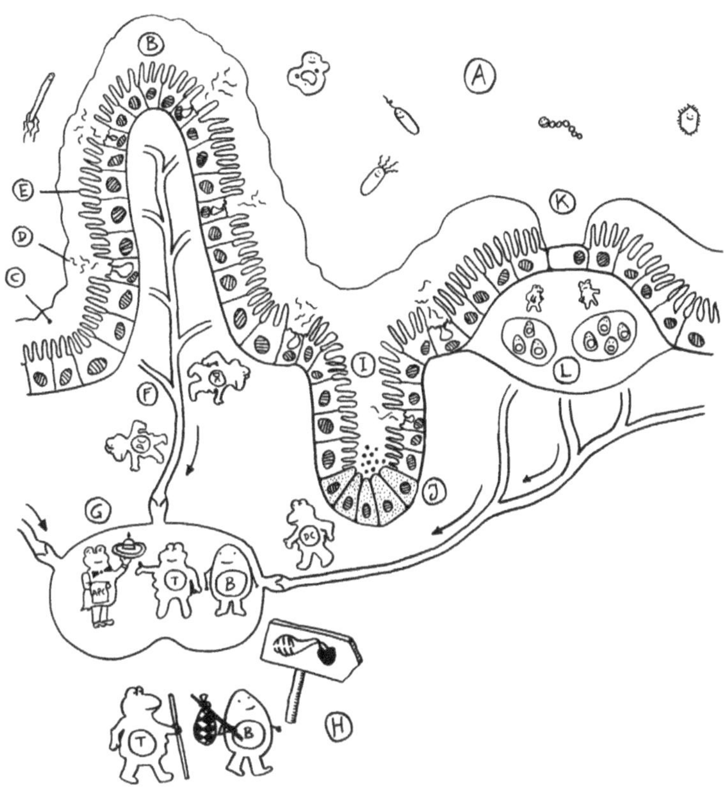

Abb. 190

Die Darmschleimhaut und das örtliche Lymphsystem

A   Dünndarmlumen

B   Dünndarmzotte

C   Schleimschicht

D   Becherzelle mit ihren schleimbildenden Ausscheidungen

E   Darmepithelzelle (Enterozyt)

F   zuführende Lymphgefäße

G   mesenterialer Lymphknoten: Präsentation von Antigenen

H   Auswanderung aktivierter Lymphozyten in den Blutkreislauf

I   Krypta

J   Paneth-Zellen, die antibakterielle Substanzen absondern

K   M-Zelle, die Antigene aus dem Lumen einschleust

L   Peyer-Plaque mit Lymphfollikeln

schützende Glykokalyx sehr dünn. Die Membran hat regelrechte Fenster, was mit der Aufgabe der M-Zellen zusammenhängt. Sie schleusen ständig kleine Proben des Darminhalts in Vesikeln durch sich hindurch: Bakterien, Viren, Bakterienbruchstücke, Nahrungsbestandteile – was auch immer sie an ihrer apikalen Seite vorfinden.

Einige Pathogene haben sich darauf spezialisiert, die Offenheit der M-Zellen in Richtung Darmlumen auszunutzen. So bindet etwa der Gastroenteritis-Erreger *Salmonella typhimurium* an die apikale Seite von M-Zellen. Die Zellen nehmen ihn auf und werden von ihm abgetötet. Durch die so entstehenden Löcher im Epithel können weitere Keime ins Gewebe eindringen. Andere Bakterien lassen sich lebend durch die M-Zellen hindurchschleusen, um im Lymphsystem des Darms zu leben. Das kann für uns sogar vor Vorteil sein, wie ich gleich am Beispiel der Bakteriengattung *Alcaligenes* zeige.

Im Normalfall aber transportieren M-Zellen die aufgenommenen Proben einfach durch die Epithelschicht und übergeben sie an ihrer Basis an dendritische Zellen. Diese verarbeiten die Antigene und präsentieren sie im Lymphsystem den Lymphozyten.

Das örtliche Lymphsystem

Das Bindegewebe unter dem Darmepithel wird als Lamina propria bezeichnet, als »Eigenschicht« der Schleimhaut. In ihm liegen die Lymphfollikel: im Dünndarm überwiegend in den eben erwähnten Domen als sogenannte Peyer-Plaques (**Abb. 190**, L), im Dickdarm dagegen einzeln. Jenseits der Lamina propria, im Mesenterium (dem Aufhängeband des Darms), gibt es außerdem etwa 100 bis 150 Lymphknoten, die über Lymphgefäße mit ihren Einzugsgebieten in der Darmschleimhaut verbunden sind.

Eine Peyer-Plaque enthält etwa 10 bis 50 Lymphfollikel, in denen sich naive T- und B-Zellen mit den dendritischen Zellen treffen. Diese präsentieren Antigene und aktivieren die dazu passenden Lymphozyten, ganz ähnlich wie in den Lymphknoten. Im Unterschied zu Lymphknoten sind die Peyer-Plaques aber nicht von einer festen Bindegewebskapsel umhüllt, und das Verhältnis von B- zu T-Zellen ist in ihnen fünfmal größer. Denn um im extrem antigenreichen Darm permanente Entzündungen zu vermeiden, sind eher die B-Zellen mit ihren Antikörpern gefragt als T-Zellen.

Als antigenpräsentierende Zellen treten im Lymphsystem des Darms überwiegend dendritische Zellen auf. Haben sie ihre Antigene unterhalb der M-Zellen eingesammelt, bringen sie sie in die Peyer-Plaques. Haben sie stattdessen bei ihren Patrouillen durch die Darmschleimhaut, zum Beispiel in den Zotten, ihre Dentriten zwischen den Enterozyten hindurchgeschoben und im Darmlumen

Antigene eingesammelt, so wandern sie über die Lymphgefäße überwiegend in die Lymphknoten des Mesenteriums.

Die Grundstimmung der dendritischen Zellen, die ihre Antigene von den M-Zellen erhalten, ist tolerogen (toleranzfördernd) und regulatorisch (entzündungshemmend), um eine Beschädigung des Epithels durch überzogene Immunreaktion zu vermeiden. Ein stark entzündetes Epithel wird nämlich undicht – und damit erst recht zum Einfallstor für Keime aller Art. Daher reift im Normalfall nur ein kleiner Teil der aktivierten T-Zellen zu Helferzellen heran, die Mehrheit aber zu regulatorischen T-Zellen (Tregs). Und die meisten aktivierten B-Zellen spezialisieren sich durch ihren Klassenwechsel auf die Herstellung von Antikörpern des Typs sIgA.

Die Reifung der T-Zellen zu Tregs und der B-Zellen-Klassenwechsel von IgM zu IgA wird unter anderem durch TGF-β und Vitamin-A- oder Retinsäure aus den dendritischen Zellen gefördert, zum Teil auch durch Signale von den Epithelzellen und von den Kommensalen selbst. Auch die Bindegewebszellen in den Lymphfollikeln stellen TGF-β her und unterstützen so die moderate Immunreaktion. Eine weitere Besonderheit der B-Zellen im Darm: Sie bilden keine langlebigen Gedächtniszellen aus – ebenfalls eine Maßnahme gegen chronische Überreaktionen auf unsere Verbündeten aus der Darmflora.

Was aber, wenn doch einmal Pathogene das Epithel durchdrungen haben und sich im Körper auszubreiten drohen? Zunächst versuchen die in der Schleimhaut patrouillierenden Phagozyten, vor allem Makrophagen, die Keime in aller Stille zu vertilgen. Gelingt das nicht vollständig, senden die Epithelzellen Alarmsignale aus, sobald ihre Rezeptoren an den »falschen Seiten« Bakterien wahrnehmen, wie oben beschrieben. Diese Alarmsignale legen in den dendritischen Zellen einen Schalter um: Statt entzündungshemmender Zytokine produzieren sie nun IL-12, das wiederum die Reifung der T-Zellen zu T-Helferzellen fördert.

Der Helferzelltyp hängt maßgeblich von der Art der Bedrohung ab. Würmer, die die Epithelzellen beschädigen, aber nicht in den restlichen Körper einzudringen drohen, lösen zum Beispiel eine weitgehend entzündungsfreie Reaktion aus: Th2-Zellen produzieren IL-4 und IL-13. Daraufhin gibt die Schleimhaut viel Flüssigkeit und Schleim ins Darmlumen ab. Die Darmperistaltik verstärkt sich. Und die B-Zellen stellen IgE her, das an die Würmer andockt und sie so für andere Immunzellen als Angriffsziele markiert.

Epithelzellen, die von Bakterien oder Viren befallen wurden, produzieren IL-8 und locken so Granulozyten an, die die Eindringlinge mit dem Inhalt ihrer Granula zu vernichten versuchen, was aber zwangsläufig mit einer Enzündung einhergeht. Viele pathogene Bakterien lösen dagegen die Reifung von Th17-Zellen aus, die vor allem IL-17 und IL-22 produzieren und so die Epithelbarriere stärken: Die Zytokine kurbeln in den Epihtelzellen die Produktion und Ausschüttung von Mucinen und antimikrobiellen Peptiden an.

Der Normalfall ist aber eine gegenüber Kommensalen tolerante Stimmung des gesamten Darmschleimhaut-Immunsystems: Hier gibt es mehr Tregs und mehr entzündungshemmendes IL-10 als im restlichen Körper. Vor einigen Jahren hat man eine eigentümliche Symbiose entdeckt, die zur Entstehung und Aufrechterhaltung dieser Toleranz beiträgt: die Besiedlung unserer Peyer-Plaques durch Bakterien der Gattung *Alcaligenes*. Unser Immunsystem verhindert das nicht, sondern fördert es sogar: Es hält diese Bakterien wie Vieh in Corrals (**Abb. 191**).

Das dichte Epithel, in der Abbildung als Palisade dargestellt, ist über den Peyer-Plaques mit M-Zellen durchsetzt. Wie im vorigen Abschnitt beschrieben, verfrachten diese Zellen Substanzen aus der Nahrung, Bakterien und Bakterienbruchstücke aus dem Darmlumen in die Lamina propria, wo dendritische Zellen auf frische Antigene warten. Im Darmlumen ist ständig sekretorisches Immunglobulin A (sIgA) zu finden, ein Dimer aus zwei Y-förmigen IgA-Antikörpern (s. Abb. 141 in Teil 2). Seine Hauptaufgabe ist es, an die Oberfläche von Kommensalen zu binden und die Bakterien so daran zu hindern, sich an das Epithel anzulagern und damit das Immunsystem nervös zu machen. Außerdem beeinflusst es die Genexpression in den Kommensalen.

Manchmal aber geschieht Seltsames: Das sIgA bindet an *Alcaligenes*, klopft dann gewissermaßen an die M-Zellen-Tür und wird mit den Bakterien durch die M-Zelle in die darunterliegende Peyer-Plaque eingeschleust. Ich habe das Immunglobulin hier als Cowboys und die *Alcaligenes*-Zellen als Rinder dargestellt. In der Peyer-Plaque – dem Corral – werden die Bakterien nicht etwa abgetötet: Sie leben weiter, werden mit Nährstoffen versorgt und vermehren sich offenbar sogar. In dieser Symbiose lässt sich *Alcaligenes* in geschützter Umgebung versorgen und stimmt dafür das lokale Immunsystem tolerant, indem es ihm ständig Antigene präsentiert, die für Kommensalen typisch sind.

Die Bakterien dürfen ihr Gehege nicht verlassen. Dafür sorgen offenbar ILCs: die in Teil 2 vorgestellten *innate lymphoid cells*, die an der Grenze zwischen angeborener und erworbener Abwehr stehen. Rings um die Peyer-Plaques machen sie sich als Hirten verdient. Versuche an Mäusen haben gezeigt: Fehlen die ILCs oder haben sie einen Defekt, so büxen die Bakterien aus; die örtlichen B-Zellen schalten auf die Produktion von Antikörpern des Typs IgG um; Milz, Leber und Dünndarm entzünden sich. Auch bei Morbus-Crohn- und Hepatitis-C-Patienten hat man *Alcaligenes*-spezifisches IgG nachgewiesen.

Entscheidend für die Einhegung der Bakterien ist offenbar das Zytokin IL-22, das ILC3-Zellen produzieren: Es regt die Zellen in der Lamina propria zur Herstellung antimikrobieller Peptide an. Auch an der Reparatur von Darmgewebe, das zum Beispiel durch eine Infektion beschädigt wurde, scheinen sich ILCs durch die Produktion wundheilungsfördernder Botenstoffe zu beteiligen.

Abb. 191

Antikörper vom Typ sIgA fangen im Darmlumen jenseits des Dünndarm-Epithels Alcaligenes-Bakterien ein und schleusen sie durch M-Zellen in Peyer-Plaques ein. ILCs sorgen dafür, dass die Bakterien ihr Gehege nicht verlassen. Die Bakterien werden geschützt und versorgt. Im Gegenzug stimmen sie das örtliche Immunsystem tolerant. Das verhindert eine zerstörerische Dauerentzündung im Darm.

Rolling home

Ganz gleich, ob das lokale Immunsystem tolerant oder entzündungsfördernd gestimmt ist: Lypmphozyten, die in mesenterialen Lymphknoten, Peyer-Plaques oder isolierten Follikeln aktiviert und vermehrt wurden, weil ihre Rezeptoren zu den präsentierten Antigenen passen, wandern erst einmal in den Blutgefäßen durch den Körper, bevor sie ins Darm-Bindegewebe zurückkehren und ihre Arbeit aufnehmen. Durch diese Rezirkulation profitiert nicht nur der akut betroffene Darmabschnitt, sondern das gesamte Schleimhautsystem des Verdauungstrakts von der Abwehr. Aber wie finden die T- und B-Zellen an ihren Einsatzort zurück? Das Problem ähnelt der Frage, wie Lachse, die ihre Jugend im Meer verbracht haben, zum Laichen in genau den Bach zurückgelangen, in dem sie aus dem Laich geschlüpft sind. Wie bei den Lachsen spricht man vom »Homing«, vom Heimfinden (**Abb. 192**).

Und wie die Fische orientieren sich die Immunzellen an Duftmarken. Das Gewebe am Einsatzort scheidet Chemokine aus. Nur einsatzreife Lymphozyten weisen die passenden Rezeptoren auf: Angeregt durch Signale von den dendritischen Zellen, die sie aktiviert haben, beispielsweise Retinsäure, spicken die Lymphozyten ihre Oberfläche mit Chemokinrezeptoren. Sobald sie in kleine Blutgefäße gelangen, treiben sie nicht mehr einfach mit der Strömung: Mithilfe von Saugnapf-Proteinen an ihrer Oberfläche – den Selektinen – binden sie gerade so stark an die Gefäßwand, dass die Strömung sie langsam voranrollen lässt (**Abb. 193**).

Auf dieses sogenannte Rolling folgt die Aktivierung (**Abb. 194**): An ihrem Einsatzort, beispielsweise am Ort einer aufkeimenden Entzündung, gelangen Chemokine ins Blut, die von Rezeptoren auf den zirkulierenden B- und T-Zellen erkannt werden. Daraufhin verstärken die Immunzellen ihre Anhaftung an die Endothelzellen, die die Blutgefäße auskleiden.

Die Endothelzellen am Einsatzort tragen außerdem Adhäsionsproteine, die die Anhaftung fördern. Die Lymphozyten weisen dank ihrer Aktivierung durch die antigenpräsentierenden Zellen die passenden Gegenstücke in ihren Membranen auf, die Integrine. Mit ihnen machen sie gewissermaßen an der Kaimauer fest (**Abb. 195**). Nun folgt die Diapedese, also das Durchdringen der Gefäßwand in Richtung Entzündungsherd: Sie drängen sich zwischen den Endothelzellen hindurch, die sich hinter ihnen wieder lückenlos schließen, sodass die Gefäße nicht undicht werden (**Abb. 196**).

Abb. 192

Homing: Junge Lachse kehren nach einigen Jahren im Meer an die Laichplätze ihrer Eltern zurück. Dabei orientieren sie sich am Geruch des Wassers, den sie sich in ihrer ersten Lebensphase eingeprägt haben. Auch Lymphozyten finden ihre Einsatzorte durch Duftmarken.

Abb. 193

Rolling: In schmalen Blutgefäßen halten sich Lymphozyten leicht an den Gefäßwänden fest, sodass sie langsam mit der Strömung rollen.

Abb. 194

Aktivierung: Durch das langsame Rollen können die Lymphzyten rechtzeitig auf die Chemokine reagieren, die zum Beispiel ein Entzündungsherd aussendet.

Abb. 195

Adhäsion: Nach Erhalt eines Signals docken die Lymphozyten mit ihren Integrinen fest an die Endothelzellen an, die die Blutgefäße auskleiden.

Abb. 196

Diapedese: Die Lymphozyten drängen sich zwischen den Endothelzellen hindurch, ohne dass die Gefäßwand undicht wird. So gelangen sie an ihr Ziel.

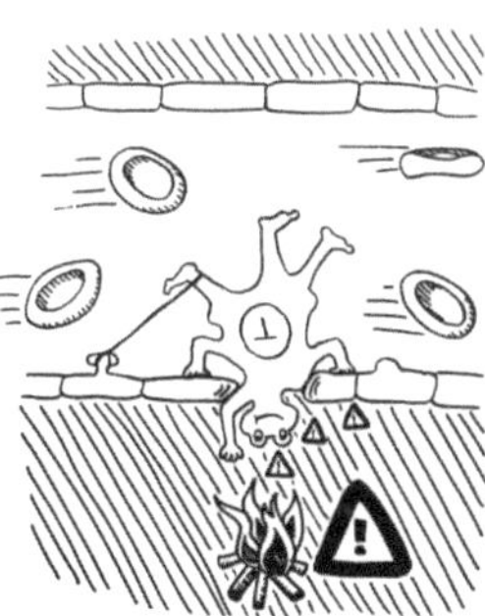

Einsatz der Lymphozyten in der Darmschleimhaut

Etwa 50 Milliarden B- und T-Zellen – zwei Drittel aller reifen Lymphozyten im menschlichen Körper – halten sich in den Schleimhäuten des Verdauungstrakts auf. Unter den B-Zellen sind des sogar etwa 80 Prozent, und sie produzieren in einem gesunden Erwachsenen täglich ungefähr zwei Gramm IgA – zwei Drittel der gesamten Antikörperproduktion. Auf jeden Meter Darm kommen Schätzungen zufolge etwa 10 Milliarden IgA-produzierende Plasmazellen, also aktivierte B-Zellen.

Die frisch eingetroffenen B-Zellen lassen sich in der Lamina propria rings um das Darmepithel nieder und wandeln sich in Plasmazellen um. Wie der Name sagt, bilden sie sehr viel Zytoplasma aus, um darin große Mengen von Immunglobulin zu produzieren. Das ist ihre einzige Aufgabe; alle dafür nicht benötigten Rezeptoren, Organellen usw. werden zurückgebildet (s. Abb. 125 im Kapitel über die Lymphozyten). Die dimeren IgA-Moleküle, die sie ausschütten, werden durch das Epithel ins Darmlumen verfrachtet – und bei Müttern von Neugeborenen auch in die Milch, von wo aus die Antikörper in den Verdauungstrakt der Säuglinge gelangen.

Den Transport des sIgA durch die Epithelzellen – die Transzytose – übernimmt der Poly-Fc-Rezeptor. Er bindet an den konstanten Bereich (Fc) von Antikörpern, vor allem IgA und IgM. An der basalen Seite der Enterozyten werden ständig Versikel von der Membran abgeschnürt, die zahlreiche Fc-Rezeptoren mit gebundenem IgA enthalten. An der apikalen Seite der Zellen verschmelzen die Vesikel wieder mit der Zellmembran. Dann werden die Rezeptormoleküle von einem Enzym so gespalten, dass ihr extrazellulärer Teil an die Antikörper gebunden bleibt; er schützt sie vor der Vernichtung durch die Verdauungsenzyme im Darm. Der Rest des Rezeptors wird in der Zelle vervollständigt, wandert an die basale Seite zurück und nimmt weitere Antikörper auf.

Dieser Transport ist so effizient, dass im Darm fast nur IgA zu finden ist, während es im Serum im restlichen Körper, also in der systemischen Immunabwehr, nur etwa ein Viertel aller Antikörper ausmacht. Wie oben beschrieben, hat IgA die Aufgabe, Mikroben und Giftstoffe im Darm durch Bindung zu neutralisieren, bevor sie direkt (durch Zerstörung von Zellen) oder indirekt (durch Auslösung einer Entzündung, die die Barriere undicht machen würde) Schaden anrichten können. Außerdem kann IgA die Zellteilung von Bakterien aufhalten, indem es an ihre Oberfläche andockt und Signalketten in Gang setzt, die die Ablesung von Bakteriengenen verhindern, die zur Vermehrung nötig sind.

Offenbar kann sich IgA sogar außerhalb des Darmlumens nützlich machen, und zwar als Müllabfuhr: Wenn doch einmal Bakterien oder Schadstoffe das Epithel durchdrungen haben, bindet IgA an diese Antigene und lässt sich dann von den Fc-Rezeptoren durch die Epithelzellen ins Darmlumen schleusen. Dass der Transport auch in die Gegenrichtung funktioniert, habe ich oben am Beispiel der *Alcaligenes*-Viehwirtschaft in unseren Peyer-Plaques schon erläutert: sIgA kann an lebende Bakterien im Darmlumen binden und sich von Antikörper-Rezeptoren mit ihnen gemeinsam durch die M-Zellen ins Gewebe einschleusen lassen.

Die IgA-produzierenden B-Zellen der Darmschleimhaut sterben nach ihrem Einsatz nahezu vollständig ab; anders als B-Zellen in anderen Organen hinterlassen sie kaum langlebige Gedächtniszellen. Diese Amnesie trägt dazu bei, dass aus akut notwendigen lokalen Distanzierungs- oder Einhegungsmaßnahmen keine chronischen Abwehrreaktionen gegen Kommensalen werden.

Zytotoxische T-Zellen sind im Darm relativ selten. Die meisten örtlichen T-Zellen unterstützen als Helferzellen die B-Zell-Reifung oder dämpfen als Tregs Entzündungsreaktionen. Wenn Pathogene oder ausgebüxte Kommensalen in das Gewebe eindringen, entstehen vornehmlich Th17-Zellen. Die mit ihnen einhergehende Entzündungsreaktion möchte ich aber im nächsten Kapitel schildern, da sie für eine gesunde Immunantwort in der Haut typischer ist als für eine intakte Darmschleimhaut.

Das Immunsystem der Haut

Auch die Haut ist dicht mit Lymphozyten besiedelt, wie sich das für eine Barriere gehört: Etwa 20 Milliarden gibt es hier – weniger als in den Schleimhäuten des Verdauungstrakts mit ihren 50 Milliarden Lymphozyten, dafür aber über nur etwa zwei Quadratmeter verteilt und nicht über 300. (Zum Vergleich: Im Blut zirkulieren etwa 10 Milliarden Lymphozyten, in der Milz halten sich etwa 72 Milliarden Nachwuchs-Lymphozyten auf und im Knochenmark 50 Milliarden.)

Ähnlich wie die Schleimhaut dient die Haut einerseits als Barriere gegen Keime, andererseits als Ort des Austauschs – hier insbesondere der Atmung. Aber es herrschen ganz andere Umweltbedingungen: Die Umgebung ist kühl und trocken; ein allzu großer Wärme- und Flüssigkeitsverlust muss vermieden werden. Zugleich ist die Haut wegen der harschen, wechselhaften Bedingungen und des Nährstoffmangels viel dünner mit Mikroben besiedelt als beispielsweise der Darm.

Wie auf der Darmschleimhaut bildet auch auf der Haut die gutartige Hautflora einen ersten Schutzwall gegen Pathogene. So stellt *Staphylococcus epidermidis*, der vorherrschende Kommensale auf unserer Haut, antimikrobielle Substanzen her, die Pathogene an der Vermehrung und der Bildung von Biofilmen hindern. Wie schon in Teil 2 erklärt, hat sich unsere Hautflora allerdings seit der Einführung moderner Seifen und Waschmittel verändert: Ammoniak-oxidierende Bakterien, die aus unserem Schweiß Nitrite und Stickstoffmonoxid (NO) synthetisieren und damit Pathogene fernhalten können, sind seltener geworden, da sie keine Detergenzien vertragen.

Die Haut gliedert sich in mehrere ökologische Nischen, die sich unter anderem im Feuchtigkeitsgehalt, pH-Wert und Nährstoffangebot unterscheiden. So gedeihen in unseren Haarbälgen andere Organismen als auf der Oberfläche, und unter unseren Achseln leben andere Artengemeinschaften als zwischen unseren Zehen oder rings um unsere Brustwarzen. Einige Gattungen verwerten zum Beispiel Lipide aus Talg und leben daher bevorzugt auf fettigen Hautpartien. Neben Bakterien gehören auch Pilze, Viren und sogar Milben zur normalen Hautflora.

Da die Haut schwerer zu durchdringen ist als eine Schleimhaut, deuten eingedrungene Keime stark auf eine offene Wunde hin, die rasch geschlossen werden sollte. Daher versucht das Immunsystem hier nicht um jeden Preis, Entzündungen zu verhindern. Auch andere Hautschädigungen wie Verbrennungen, Sonnenbrand, Insektenstiche oder Bisse lösen akute Entzündungen aus, die offenbar die Heilung fördern (siehe Kasten »Was ist eine Entzündung?«).

Anders als im Darm verstärkt die Flora der Haut diese Entzündungen, statt sie zu dämpfen; sie fungiert also als Adjuvans. Ist die Hautflora gestört oder fehlen die Kommensalen sogar ganz, entstehen in der Haut viel mehr regulatorische T-Zellen. Die Abwehr wird zu tolerant, und besonders aggressive Pathogene wie das Protozoon *Leishmania major* können nicht rechtzeitig zurückgedrängt werden.

Die Haut hat drei Schichten. Die Epidermis oder Oberhaut besteht überwiegend aus Epithelzellen. In das Bindegewebe der darunterliegenden Dermis oder Lederhaut sind die Haarbälge und Schweißdrüsen eingebettet. Die Unterhaut besteht aus Fett- und Bindegewebe und enthält Blutgefäße sowie Nerven.

Anders als die Epithelien des Verdauungstrakts ist die Epidermis etliche Zellschichten dick, die zusammen etwa 0,3 bis 0,5 Millimeter einnehmen – an stark verhornten Stellen wie den Fußsohlen einschließlich der abgestorbenen Zellen auch mehrere Millimeter. Die Zellen der Epidermis werden als Keratinozyten bezeichnet, da sie ein faseriges, wasserunlösliches Protein herstellen, aus dem auch unsere Haare und Nägel bestehen: die Hornsubstanz Keratin. Die unterste Zelllage der Oberhaut ist an der Basalmembran verankert und teilt sich ständig; die neuen Keratinozyten bilden dann die zweitunterste Lage und schieben den ganzen Rest nach oben. In den obersten Lagen, der Hornschicht, sterben die Zellen ab. Ihre Überreste bilden eine Barriere, die die unteren Lagen vor Mikroben, chemischen und physikalischen Einwirkungen schützt.

Was ist eine Entzündung?

Medizinstudenten lernen im Studium die fünf klassischen Entzündungszeichen auswendig: *rubor, tumor, calor, dolor* und *functio laesa*, also Rötung, Schwellung, Erwärmung, Schmerz und Funktionsbeeinträchtigung (**Abb. 197**). Der Schmerz ist eine Folge der örtlichen Reizung der Nerven und führt zu genesungsförderlichen Verhaltensweisen wie der Schonung des betroffenen Körperteils, solange dessen Funktion beeinträchtigt ist. Die Rötung rührt von einer starken Durchblutung her, die den raschen Transport von Immunzellen an ihren Einsatzort gewährleistet. Die Schwellung geht auf eine örtlich erhöhte Durchlässigkeit der Gefäßwände zurück, die den Immunzellen das Eindringen ins Gewebe erleichtert. Ausgelöst wird sie durch die Ausschüttung von Histamin, Serotonin und anderen sogenannten Gefäßmediatoren.

Abb. 197

Die an den Entzündungsherd vorgedrungenen Immunzellen übernehmen unterschiedliche Aufgaben: B-Zellen werden zu Plasmazellen und schütten spezifische Antikörper aus, die die Antigene bedecken und so unter anderem die Komplementreaktion auslösen. Granulozyten schütten den Inhalt ihrer Granula aus, bringen so Keime oder beschädigte Zellen zum Absterben, schädigen aber auch das umliegende Gewebe. Phagozyten wie die Makrophagen vertilgen Keime und abgestorbene Zellen, und so weiter. Durch die Granula-Ausschüttung und den Zerfall beschädigter Zellen ist entzündetes Gewebe sauer: Der pH-Wert sinkt von etwa 7,5 in gesundem Gewebe auf etwa 5,5 oder noch stärker ab.

Die Erwärmung zeugt von starker Stoffwechseltätigkeit und wird, wenn sie das ganze System erfasst, als Fieber bezeichnet. Die Übertemperatur ist offenbar nicht nur eine unvermeidliche Nebenwirkung der Entzündungsprozesse, sondern stärkt die Widerstandskraft gegen Infektionen. Biochemische Reaktionen laufen – bis zu einer Obergrenze, an der Enzyme und andere Proteine zerfallen – umso schneller ab, je wärmer es ist. Das gilt auch für die Produktion von Antikörpern und antimikrobiellen Substanzen.

Zu Beginn verstärkt sich eine Entzündungsreaktion selbst. Zum Beispiel schütten Mastzellen, die an antikörperbedeckte Antigene binden, aus ihren Granula Histamin aus, das die Gefäßwände durchlässiger macht, sodass noch mehr B-Zellen, Antikörper und Mastzellen an den Ort des Geschehens kommen. Eine Entzündung ist aber ein Ausnahmezustand. Wird sie chronisch, so schädigt sie das Gewebe und das Gesamtsystem. Das ist beispielsweise bei Autoimmunerkrankungen der Fall. Normalerweise setzt recht bald eine Gegensteuerung ein, zum Beispiel durch den Abtransport der Keime und beschädigten Zellen und durch die beruhigende Wirkung regulatorischer T- und B-Zellen auf andere Lymphozyten. Nach Beseitigung der akuten Gefahr wird das umliegende Gewebe zur Regeneration angeregt, zum Beispiel zur Wundschließung durch verstärkte Zellteilung.

Dringt doch einmal ein Keim in die unteren Schichten der Epidermis vor, schütten die Keratinozyten antimikrobielle Peptide und Botenstoffe aus, mit denen sie Immunzellen zur Hilfe rufen: je nach Lage entweder entzündungsfördernde Zytokine wie TNF, IL-1, IL-6 und IL-18 oder entzündungshemmende wie IL-10. Sie produzieren auch einen speziellen Lockstoff für dendritische Zellen und einige Chemokine, die Lymphozyten anziehen. Keratinozyten stellen ständig Vorformen von IL-1 und IL-18 her, die rasch aktiviert werden können, und verfügen über alle Komponenten des Inflammasoms, jenes für Entzündungen benötigten Proteinkomplexes, den ich in Teil 2 vorgestellt habe. So können sie bei Infektionen oder Umwelteinflüssen wie übermäßiger UV-Strahlung rasch Entzündungen auslösen. Anders als in der Darmschleimhaut kommt in der Haut auch das Komplementsystem als sehr schnelle angeborene Abwehrmaßnahme zum Zuge.

In der Epidermis halten sich ständig etwa eine Milliarde hautspezifische dendritische Zellen auf, die Langerhans-Zellen. Für die Dermis ist eine andere Subpopulation der dendritischen Zellen zuständig. Sie alle können mit ihren Rezeptoren PAMPS und DAMPS wahrnehmen, also für Pathogene oder Gewebeschäden typische Gefahrensignale (siehe Teil 2, Rezeptoren der angeborenen Abwehr). Sobald sie ein Antigen aufgenommen haben, wandern sie über die Lymphgefäße zu den nächstgelegenen Lymphknoten und dort in die T-Zell-Zonen, wo sie zu antigenpräsentierenden Zellen heranreifen. Langerhans-Zellen scheinen vor allem Th2-Reaktionen, also humorale Immunantworten auszulösen – leider auch auf harmlose Antigene, zum Beispiel bei einer Neurodermitis. Reaktionen auf Virusinfektionen, z. B. Herpes, werden dagegen von dendritischen Zellen aus der Dermis ausgelöst.

Sobald die T-Zellen in den Lymphknoten von den antigenpräsentierenden Zellen aktiviert und zur Vermehrung angeregt wurden, bilden sie Rezeptoren und andere Oberflächenproteine aus, die sie chemotaktisch an ihren Einsatzort in der Haut lenken. So, wie im Darm Vitamin A bzw. Retinsäure zum Homing beiträgt, scheinen in der Haut Sonnenlicht und Vitamin D nötig zu sein, damit die T-Zellen an ihre Ziele gelangen (**Abb. 198**): UV-Licht wandelt einen Vitamin-D-Vorläufer in der Dermis in Provitamin D3 um, aus dem die dendritischen Zellen wiederum die aktive Form $1,25(OH)_2D_3$ herstellen. Sobald sie den T-Zellen ihre Antigene präsentieren, setzen sie das Vitamin frei. Es gelangt in den Zellkern der T-Zellen und aktiviert dort die Ablesung eines Chemokinrezeptor-Gens.

Die menschliche Haut enthält etwa eine Million T-Zellen pro Quadratzentimeter – insgesamt ungefähr 20 Milliarden. 98 Prozent halten sich in der Dermis auf, und zwar überwiegend in der Nähe von Blutgefäßen. Die meisten von ihnen scheinen Gedächtniszellen zu sein. Neben Tregs sind auch alle T-Helferzellen-Typen vertreten. Wie in anderen Geweben auch bekämpfen Th1-Zellen

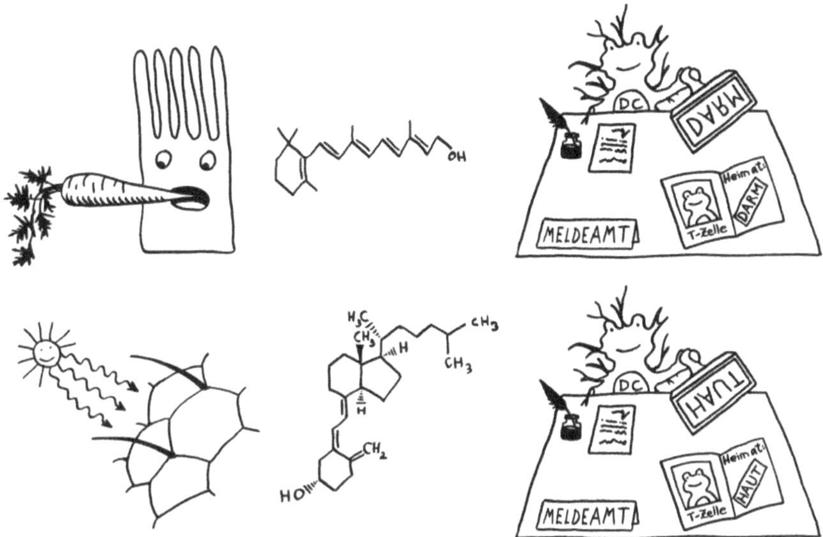

Abb. 198

Homing im Darm und in der Haut:

Darmzellen – und nur sie – stellen aus unserer Nahrung Vitamin A her. Dieses Molekül löst in den örtlichen dendritischen Zellen die Herstellung bestimmter Zytokine aus, die wiederum in den aktivierten T-Zellen die Produktion darmspezifischer Lockstoff-Rezeptoren bewirken. Der Darm wird diesen T-Zellen gewissermaßen als Heimatort in den Pass eingetragen, und wenn sie bei ihrer Wanderung durch die Blutgefäße in eine Gegend kommen, die entsprechende Lockstoffe herstellt, beenden sie ihre Reise und nehmen ihre Arbeit auf.

In den Hautzellen – und nur in ihnen – entsteht durch die UV-B-Strahlung Vitamin D3. Dieses Molekül löst in den dendritischen Zellen der Haut die Herstellung von Substanzen aus, die in aktivierten T-Zellen die Produktion hautspezifischer Lockstoff-Rezeptoren bewirken. In den Reisepass wird also die Heimat Haut eingetragen.

Nach diesem Prinzip gelangen auch alle anderen T-Zellen an ihren Einsatzort. Durch die Rezirkulation nach ihrer Aktivierung agieren die T-Zellen nicht nur in der engsten Umgebung ihres Aktivierungsorts, sondern im gesamten Organ oder Gewebe. Die chemische Erkennung ihres Reiseziels verhindert, dass sie am falschen Ort ihr Pulver verschießen oder Schaden anrichten.

innerzelluläre und Th17-Zellen extrazelluläre Mikroben. In der Epidermis überwiegen γδ-T-Zellen und zytotoxische T-Zellen. Beide schütten Stoffe aus, die Keime und beschädigte Zellen abtöten.

Es gibt auch B-Zellen in der Haut. Ihre Aufgabe scheint weniger die lokale Produktion von Antikörpern zu sein als vielmehr die Präsentation von Antigenen und Kostimulationssignalen: Sie tragen mehr MHC-Klasse-II-Moleküle und mehr Kostimulationsproteine wie CD1 als B-Zellen aus der Lymphe oder dem Blut. Dank dieser Ausstattung aktivieren sie bei einer Entzündung naive T-Zellen. Bei chronischen Entzündungen wie Autoimmunerkrankungen dürften sie auch zytotoxische und Gedächtnis-T-Zellen stimulieren. Antikörper durchdringen die Haut nur schlecht und spielen daher in der Abwehr vor Ort eine untergeordnete Rolle.

Zu den wichtigsten Hautkrankheiten, die durch Überaktivität der örtlichen Immunzellen verursacht werden, zählt die Schuppenflechte oder Psoriasis. Wohl durch irgendeine Infektion oder Verletzung wird eine Entzündungsreaktion ausgelöst, die chronisch wird und zur ständigen Teilung der Keratinozyten führt, die dann schuppig abschilfern. Offenbar sind sowohl Th1- als auch Th17-Zellen an der Überreaktion beteiligt, aber auf welche Antigene diese T-Zellen so heftig reagieren, ist noch unbekannt. Dendritische Zellen nehmen bei dieser Überaktivierung der T-Zellen und der angeborenen Abwehr eine Schlüsselrolle ein. Daher kann UV-A-Licht, das die Zahl der dendritischen Zellen in der Haut verringert, die Symptome mildern.

Auch die Neurodermitis ist eine chronische Hautentzündung. Hier reagiert das Immunsystem zu stark auf an sich harmlose Antigene aus der Umwelt. Von Th2-Zellen angeregt, produzieren B-Zellen Antikörper des Typs IgE, die dann Mastzellen und dendritische Zellen aktivieren – wie bei den Allergien.

Psoriasis, Neurodermitis und weitere Hauterkrankungen wie Rosazea gehen mit einer Hautflora-Dysbiose einher. Zwar ist bei solchen Korrelationen zwischen Erkrankungen und Mikrobiom-Veränderungen oft schwer auszumachen, was Ursache und was Folge ist. Aber zumindest an Versuchsmäusen ist nachgewiesen, dass die angeborene und die erworbene Immunabwehr die Hautflora längst nicht so stark beeinflussen wie die Darmflora. Zum Beispiel unterscheidet sich die Hautflora von Mäusen, in deren Haut Langerhans-Zellen oder auch T- und B-Zellen fehlen, kaum von der Hautflora normaler Mäuse. Die Mund- und Darmflora von Mäusen mit T- und B-Zell-Defekten ist dagegen merklich anders zusammengesetzt als in genetisch intakten Mäusen.

Daher sind Dysbiosen der Hautflora wohl keine Konsequenzen bereits ausgebrochener Immunstörungen, sondern eher Mitursachen. Je höher zum Beispiel der Anteil von *Staphylococcus aureus* auf der Haut von Neurodermitis-Patienten ist, desto stärker fallen die Schübe aus. Psoriasis-Patienten haben weniger Bakterienarten auf der Haut als Gesunde. Die Vermehrung oder der Schwund bestimmter Bakterien scheinen die Aktivierungsschwellen von Keratinozyten, antigenpräsentierenden Zellen und T-Zellen in der Haut zu beeinflussen, zum Beispiel durch die Induktion einer übermäßigen Produktion entzündungsfördernder Zytokine.

Um die letzten beiden Kapitel zusammenzufassen: Im gesunden Gleichgewicht oder bei rein lokalen Ereignissen wie einer kleinen Wunde unterscheiden sich die Immunreaktionen von Organ zu Organ. Im Darm überwiegen zum Beispiel entzündungshemmende, in der Haut entzündungsfördernde Prozesse. Aber sobald eine Entzündung chronisch wird, wird sie auch systemisch: Bestandteile von Keimen und Antikörpern, aktivierte Immunzellen und Gedächtniszellen wandern dann in der Blutbahn durch den ganzen Organismus, und die regulatorischen T-Zellen schaffen es nicht mehr, den Teufelskreis aus Freisetzung von Antigenen, Aktivierung weiterer antigenspezifischer Immunzellen und Gewebezerstörung durch die Entzündung zu stoppen.

Solche Teufelskreise, die auch für Autoimmunerkrankungen typisch sind, müssen in einigen lebenswichtigen Organen unbedingt vermieden werden – auch um den Preis einer schwachen Immunabwehr. Wie diese Organe vom Immunsystem abgeschirmt werden, beschreibe ich im nächsten Kapitel.

Immunologisch privilegierte Orte

Infektionen und Verletzungen tun einem Gewebe nicht gut. Aber manchmal ist die Kur schädlicher als die Krankheit. Entzündungen führen zum Beispiel fast immer zu Eintrübungen und zur Narbenbildung. An manchen Orten, zum Beispiel im Auge, wäre das fatal, weil das Organ funktionsunfähig würde. An anderen Stellen, zum Beispiel im Fortpflanzungstrakt, könnte das alarmierte Immunsystem übers Ziel hinausschießen und intakte, wertvolle Strukturen wie die Keimzellen oder den Embryo attackieren. Solche Orte, die durch sogenannte Schranken von Teilen des Immunsystems abgeschirmt sind, sind »immunologisch privilegiert«. Die Bezeichnung »Immunprivileg« ist allerdings missverständlich, denn diese Sonderstellung ist ein zweischneidiges Schwert.

Gated Community oder Ghetto?

Luxusressorts und Gated Communities haben mich schon immer abgeschreckt, weil ihre Abschirmung nicht nur »Sicherheitsrisiken« fernhält, sondern alles, was das Umland ausmacht. Zugleich schließen sie die »Insassen« ein. Zahllose Zoo-, Irrenhaus- und Gefängniswitze spielen mit dieser Ambivalenz.

Wird ein Organ durch eine mechanische oder physiologische Barriere vom

Rest des Körpers und vor allem vom Lymphsystem isoliert, so mag es zwar vor potenziell schädlichen Aktivitäten des Immunsystems bewahrt bleiben, aber es profitiert eben auch nicht von der Abwehr. Auf jeden Fall geht eine Einschränkung des materiellen Austauschs auch mit einem Informationsverlust einher: Das Immunsystem erfährt unter Umständen erst mit Verzögerung, was hinter der »Firewall« vor sich geht, und umgekehrt.

Und so, wie Festungsmauern zwar die Wahrscheinlichkeit einer Eroberung senken, aber bei einer Feuersbrunst zur Todesfalle werden können, richten Immunreaktionen in immunologisch privilegierten Organen, wenn die hohe Aktivierungsschwelle erst einmal überwunden ist, besonders verheerende Schäden an.

Mäusehaut, Hundeaugen und Kaninchenhirne

Der niederländische Augenarzt J. C. van Dooremaal war 1873 der Erste, der das Phänomen des Immunprivilegs wissenschaftlich beschrieb: Er hatte Stücke von Mäusehaut in die vordere Augenkammer von Hunden transplantiert und beobachtet, dass einige dieser sogenannten Xenotransplantate (vom griechischen *xénos* = fremd) sehr lange oder sogar lebenslang überlebten, statt abgebaut oder abgestoßen zu werden, wie es bei Transplantationen in die Haut oder ins Muskelgewebe der Fall ist. Die vordere Augenkammer wird nach vorn durch die Hornhaut und nach hinten durch die Iris begrenzt (**Abb. 199**). Würde sich die klare Flüssigkeit in ihr durch eine Abwehrreaktion eintrüben, würde das Auge erblinden.

Den Begriff des Immunprivilegs prägte der Biologe Peter B. Medawar (s. Abb. 31). Er hat in den 1940er-Jahren an Kaninchen sogenannte Allotransplantationen (vom griechischen *allos* = anderer) durchgeführt, bei denen das übertragene Gewebe im Unterschied zur Xenotransplantation von einem Tier derselben Art stammt. Trotz der Ähnlichkeit von Spender und Empfänger werden Allotransplantate vom Immunsystem normalerweise schnell als fremd erkannt und abgestoßen.

Medawar griff die Beobachtung anderer Forscher auf, dass Allotransplantate im Gehirn normalerweise nicht abgestoßen werden und in der vorderen Augenkammer zumindest länger überleben als an anderen Orten. Um herauszufinden, ob diese Orte tatsächlich vollständig vor Immunreaktionen geschützt sind, führte er Transplantationsversuche an immunisierten Kaninchen durch: Einige Wochen, bevor er ihnen kleine Hautstücke anderer Kaninchen in das Auge einführte, implantierte er ihnen Hautstücke derselben Spendertiere in die Haut.

Transplantate, in die aufgrund ihrer genauen Lage in der vorderen Augenkammer kleine Blutgefäße hineingewachsen waren, starben ab. Die nicht vaskularisierten, also nicht mit Blutgefäßen versehenen Hautstücke blieben dagegen am Leben, obwohl im Körper des Tiers Immunzellen und Antikörper kreisten,

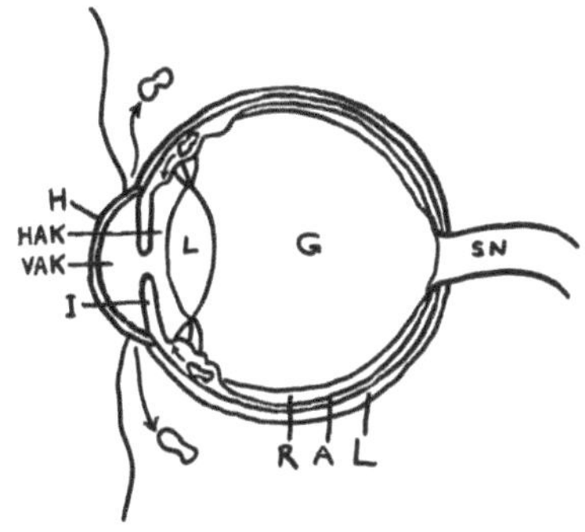

Abb. 199

Das Auge im Querschnitt. Die vordere (VAK) und die hintere Augenkammer (HAK) sind über die Pupille verbunden, das Loch in der Mitte der Iris (I). Aus kleinen Blutgefäßen sickert ständig klare Flüssigkeit in die hintere Augenkammer ein. Sie strömt in die vordere Augenkammer und kehrt von dort in den Blutkreislauf zurück. Die Linse (L) trennt die Augenkammern vom Glaskörper (G), der mit einem ebenfalls klaren Gel gefüllt ist. Eine Abwehrreaktion könnte zur Erblindung führen.
H = Hornhaut, R = Retina oder Netzhaut, A = Aderhaut, L = Lederhaut, SN = Sehnerv.

die wegen der vorangegangenen Immunisierung spezifisch auf die Hautstücke reagierten. Medawar schloss daraus, dass ein Organ oder Gewebe über die Lymphe mit Lymphknoten in Verbindung stehen muss, um im Immunsystem eine Abwehrreaktion gegen Antigene auszulösen, und dass die Abwehr diese Antigenquelle nur dann vernichten kann, wenn sie über Blutgefäße erreichbar ist.

Ähnliche Ergebnisse erzielte er auch, wenn er die Hautstücke in das Gehirn statt in die Augen der Kaninchen implantierte: Das Fremdgewebe im Gehirn löste zwar selbst keine Immunantwort aus, wurde aber von einer andernorts im Körper ausgelösten Immunantwort durchaus vernichtet (**Abb. 200**). Offenbar lässt die Blut-Hirn-Schranke zwar keine Antigene aus dem Hirn heraus, wohl aber aktivierte spezifische Immunzellen hinein.

Die Liste wird länger

Seither wurden weitere Orte im Körper entdeckt, an denen Abwehrreaktionen auf Infektionen oder Transplantate verzögert auftreten oder ganz ausbleiben: Neben dem Gehirn und der vorderen Augenkammer sind auch die Hoden und die Eierstöcke immunologisch privilegiert, in denen die empfindlichen Keimzellen vor Schäden durch Entzündungen geschützt werden müssen.

Dasselbe gilt für die Gebärmutter während der Schwangerschaft, die ja mit dem Embryo ein zur Hälfte körperfremdes (nämlich väterliches) »Implantat« enthält, aber auch für unerwartete Orte wie die Nebennierenrinde und unsere Haarbälge – sowie die Backentaschen von Hamstern, warum auch immer. Vielleicht, weil sich Hamster dauernd an Grannen usw. leicht verletzen, wenn sie Nahrung sammeln, und eine Entzündungsreaktion mit anschließender Narbenbildung die Elastizität der Taschen beeinträchtigen würde? Fatalerweise verschaffen sich auch viele Tumoren ein Immunprivileg und entkommen so der Abwehr.

Schranken

Lange glaubte man, immunologisch privilegierte Orte wären durch undurchdringliche Barrieren vom Immunsystem im restlichen Körper isoliert. Diese Vorstellung ging auf ein Experiment von Paul Ehrlich (s. Abb. 26) zurück. Er hatte Ende des 19. Jahrhunderts Farbstoff in die Adern von Mäusen injiziert und festgestellt, dass alle Organe und Gewebe bis auf das Gehirn eingefärbt wurden. Spritzte er den Farbstoff stattdessen ins Gehirn, wurde nur dieses eingefärbt und der restliche Körper nicht.

Den Aufbau der sogenannten Blut-Hirn-Schranke erkannte man erst Jahrzehnte später, dank besserer Mikroskope: Die zahllosen kleinen Blutgefäße, die das Gehirn durchziehen und unter anderem mit Sauerstoff und Energie versorgen, sind mit einer besonders dichten Endothelzellschicht ausgekleidet. Wie im Darmepithel sind die Endothelzellen durch Tight Junctions (s. Abb. 180) miteinander verbunden, die nur kleine Moleküle durchdringen können. Proteine, selbst die kleinsten, sind zu groß – von Zellen ganz zu schweigen.

Allerdings können Lymphozyten und andere Immunzellen die Gefäßwände trotz ihrer Größe durchdringen, wenn sie die richtigen Sesam-öffne-dich-Signale aussenden. Dann sind sie aber immer noch nicht im Nervengewebe des Gehirns, denn die Blutgefäße sind außerhalb des Endothels dicht mit den Ausläufern zweier gehirntypischer Zelltypen umwickelt: Astrozyten und Perizyten. Diese dienen der Kommunikation zwischen Blut und Nerven und lassen Immunzellen aus dem Blut nur passieren, wenn das Gehirngewebe sie tatsächlich angefordert hat.

Die Immunzellen benötigen zwei Proteasen (proteinzerschneidende Enzyme), um diese Isolierschicht zu durchdringen. Jenseits der Schicht treffen sie dann auf zahlreiche Mikroglia (s. Abb. 118), die ihre Umgebung ständig nach defekten Nervenzellen, Krankheitserregern und Zellmüll absuchen und diese potenziellen Gefahrenquellen in aller Stille beseitigen, ohne Entzündungen auszulösen. Mikroglia ähneln dendritischen Zellen, tragen aber kein CD80 auf ihrer Zellmembran. Das Protein CD80 dient der Kostimulation, auf die ich gleich im Kapitel über die Aktivierung und klonale Expansion der T-Zellen näher eingehe. Fehlt es, können antigenpräsentierende Zellen – hier die Mikroglia – Immunzellen nicht aktivieren; stattdessen stimmen sie sie tolerant (**Abb. 201**).

Kleine Löcher in den Gefäßwänden, die durch das Absterben von Endothelzellen entstehen, werden rasch von Mikroglia verstopft, da die übrigen Endothelzellen durch ihre zahlreichen Tight Junctions recht unbeweglich sind. Danach wird die Barriere durch neue Endothelzellen dauerhaft wieder abgedichtet.

Neben kleinen Molekülen, die sich durch die Tight Junctions zwängen, können auch lipophile, also fettliebende Substanzen die Blut-Hirn-Schranke leicht

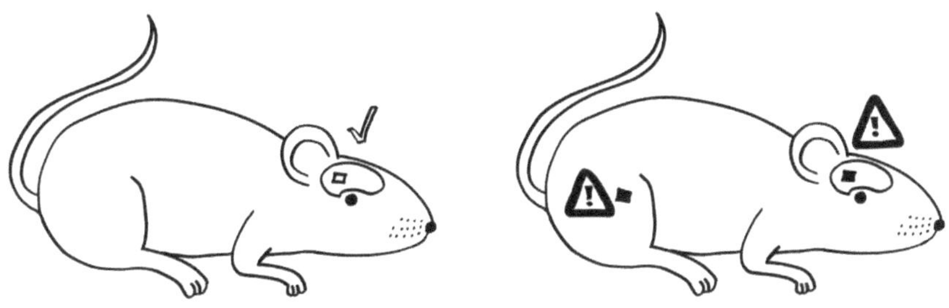

Abb. 200

Ein Stückchen Haut eines Artgenossen, in das Gehirn implantiert, wird vom Immunsystem oftmals nicht abgestoßen. Wurde dem Tier aber einige Zeit zuvor schon ein Hautstück ins Muskelgewebe implantiert, wird die erworbene Abwehr aktiv und stößt nicht nur dieses Implantat ab, sondern auch das im Gehirn. Das Immunprivileg des Gehirns verhindert oder verringert also die Präsentation von Antigenen aus dem Gehirn. Es verhindert aber nicht, dass aktivierte Immunzellen ins Gehirn eindringen und dort ihre Arbeit verrichten.

Abb. 201

Blut-Hirn-Schranke: T-Zellen müssen zunächst die besonders festen Blutgefäßwände durchdringen und dann ein Dickicht aus Astrozyten und Perizyten. Danach treffen sie auf Mikroglia, die ihnen womöglich Antigene, aber keine Kostimulationssignale präsentieren. Das stimmt die T-Zellen tolerant, bevor sie in die Nähe der Nervenzellen gelangen, wo sie andernfalls großen Schaden anrichten könnten.

überwinden: Aufgrund ihrer chemischen Eigenschaften dringen sie in die Membran der Endothelzelle ein und verlassen diese auf der gegenüberliegenden Zellseite wieder. Außerdem sind in die Endothelzellmembran Transportproteine eingebaut, die bestimmte große Moleküle gezielt hindurchschleusen. Aber im gesunden Organismus gelangen kaum Substanzen, die vom Immunsystem als Antigene erkannt werden könnten, aus dem Gehirn heraus. Die Mikroglia, die hier die Aufgabe von dendritischen Zellen übernehmen, verlassen das Gehirn auch dann nicht, wenn sie Antigene aufgenommen haben, die sie im Prinzip präsentieren könnten. Und es dringen auch kaum naive T-Zellen aus dem Blut in das Nervengewebe des Gehirns ein.

Strukturell spricht aber nichts gegen eine Präsentation von Gehirn-Antigenen in den Lymphknoten des Kopfes. Lange war es umstritten, aber inzwischen ist klar: In der Hirnhaut gibt es Lymphgefäße. Die Flüssigkeit in ihnen speist sich offenbar aus den Hirnventrikeln, Hohlräumen, die mit Hirnwasser gefüllt sind. Sie enthält Immunzellen, und zwar auch bei gesunden Organismen. Ob diese Immunzellen – T-Zellen, B-Zellen und vermutlich dendritische Zellen – wirklich durch Antigene aus dem Nervengewebe unterhalb der Hirnhaut aktiviert werden und dann das Gehirn verlassen, um in Lymphpknoten Meldung zu machen, wird noch diskutiert. Tierversuche deuten darauf hin, dass manche T-Zellen durch Gehirn-Autoantigene, vor allem Myelin-Bestandteile, aktiviert werden. Mäuse, bei denen man T-Zellen an der Einwanderung in die Hirnhaut hindert oder sie gar aus dem Körper entfernt, haben kognitive Defizite: Ihr Gedächtnis und ihr räumliches Lernvermögen sind beeinträchtigt. Eine schwache Autoimmunität gegen Gehirn-Bestandteile ist also wohl nicht nur unschädlich, sondern für die Funktion des zentralen Nervensystems sogar nötig.

Die Blut-Augen-Schranke ist ähnlich aufgebaut wie die Blut-Hirn-Schranke: Tight Junctions versiegeln die Wände der Blutgefäße am und im Auge, und das Organ selbst ist nicht von Lymphgefäßen durchzogen. Ähnlich ist die Lage in den Hoden: Einige Substanzen in den männlichen Geschlechtsorganen werden erst ab der Pubertät produziert, wenn die Toleranz-Induzierung im Immunsystem längst abgeschlossen ist. Um zu verhindern, dass T-Zellen diese Autoantigene bekämpfen und dabei die Keimzellen schädigen, sind auch hier die kleinen Blutgefäße mit einem besonders dichten Endothel ausgekleidet.

Der Fetus in der Gebärmutter einer Schwangeren ist mit seinen zur Hälfte vom Vater stammenden Genen ein besonders großer und schützenswerter »Fremdkörper«. Hier reichen Tight Junctions nicht aus, um sowohl Attacken des Immunsystems als auch Angriffe von Pathogenen zu verhindern. Daher enthält die Plazenta eine einzigartige lückenlose, vielkernige Schutzschicht, zu deren Herstellung Säugetiere wie der Mensch eigentlich gar nicht imstande sein sollten: Der Synzytiotrophoblast entsteht durch Verschmelzung der Membranen zahlreicher Zellen zu einer durchgehenden Trennwand zwischen mütterlichem und kindlichem Gewebe.

Diese Fähigkeit verdanken wir zwei Viren, die vor über 45 Millionen und vor 30 Millionen Jahren in das Erbgut unserer Vorfahren eingedrungen sind und sich dort dauerhaft eingenistet haben. Sie haben seither so viel von ihrem Erbgut eingebüßt, dass sie sich nicht mehr vermehren können. Aber zwei ihrer Genprodukte – ursprünglich Virenhüllen-Proteine, die nun Syncytin-1 und Syncytin-2 heißen – haben im Wirt eine neue Funktion übernommen: Sie lassen bestimmte Plazentazellen zum Synzytiotrophoblasten fusionieren. (Viren sind Meister im Verschmelzen von Membranen, weil sie eine neue Zelle nur infizieren können, wenn sich ihre Hülle mit der Zellmembran verbindet.)

Je genauer man aber hinschaut, desto löchriger erscheinen all diese mechanisch-physikalischen Schranken. Mag ja sein, dass Auge, Gehirn und Hoden nicht direkt von Lymphgefäßen durchzogen sind, aber es sickert doch immer etwas extrazelluläre Flüssigkeit ins umliegende Gewebe und von dort in das Lymphsystem: Injiziert man ein lösliches Antigen in ein Mäuseauge, dauert es nur eine halbe Stunde, bis es den nächstgelegenen Lymphknoten erreicht. Ein zellgebundenes Antigen braucht sechs Stunden vom Inneren des Auges bis in den Lymphknoten.

Und trotz normalerweise gut abgedichteter Blutgefäße finden immer ein paar Immunzellen ihren Weg in die immunologisch privilegierten Orte, vor allem, wenn dort nach einer Verletzung oder Infektion chemische Hilferufe abgesetzt werden. Warum richten die Immunzellen nach ihrer Ankunft im Allgemeinen keinen Schaden an?

Tranquilizer, Hungertod und Überredung zum Selbstmord

Heute versteht man die »Schranken« oder »Barrieren« um immunprivilegierte Orte eher metaphorisch als mechanistisch. Die Immunprivilegien dieser Organe und Gewebe scheinen nämlich vor allem biochemisch etabliert zu werden: Wie eben am Beispiel der Mikroglia gezeigt, produzieren die örtlichen Zellen Enzyme, Botenstoffe, Rezeptoren oder Rezeptorliganden, die eindringende aktivierte Immunzellen ruhigstellen, aushungern, vergiften oder zur Apoptose, also zum programmierten Zelltod anregen. Diese Stoffe wirken immunsuppressiv und entzündungshemmend und kompensieren so die fehlende Toleranz des Immunsystems gegenüber den Antigenen aus immunprivilegierten Orten.

Der membrangebundene Ligand des Rezeptors Fas heißt FasL. In den meisten, wenn nicht allen immunologisch privilegierten Geweben wird er ständig hergestellt. Bindet irgendwo im Körper ein Fas-Molekül in der Membran einer Zelle an ein FasL-Molekül in der Membran einer zweiten Zelle, so wird in der ersten Zelle ein Programm gestartet, das sie kontrolliert absterben lässt. Fas ist also gewissermaßen eine Zielscheibe und FasL eine Waffe. Diesen Mechanismus nutzen zum Beispiel die zytotoxischen T-Zellen, wenn sie infizierte oder schadhafte Zellen unschädlich machen (**Abb. 202**). Außerdem dezimieren sich zytotoxische T-Zellen am Ende einer Immunreaktion gegenseitig, indem sie massenhaft »Brudermord« begehen: Ihre Membran enthält sowohl Fas als auch FasL (**Abb. 203**).

In immunologisch privilegierten Organen sind nun die heimischen Zellen derart mit FasL gespickt, dass sie sofort an die Fas-Moleküle aller anrückenden zytotoxischen T-Zellen binden und sie damit ausschalten, bevor diese umgekehrt ihnen den Tod bringen (**Abb. 204**). Mit demselben Trick schützen sich leider auch viele Tumoren vor der Vernichtung durch Immunzellen.

Die Zellen rings um die vordere Augenkammer exprimieren neben FasL auch das Membranmolekül PD-L1. Es bringt T-Zellen, an deren PD-1-Moleküle es bindet, zwar nicht um, macht sie aber dauerhaft passiv oder »anergisch«. Im Gehirn sind die Nervenzellen mit dem Molekül CD200 ausgerüstet, das an CD200-Rezeptoren auf den Mikroglia bindet. Durch dieses Beruhigungssignal haben die Mikroglia, gewissermaßen die ständige Vertretung des Immunsystems im Gehirn, eine besonders hohe Aktivierungsschwelle.

An vielen privilegierten Orten schüttet das Gewebe auch den entzündungshemmenden Botenstoff TGF-β aus, der aktivierte Immunzellen friedlich stimmt. Heruntergefahren wird vor allem die zelluläre, von T-Helferzellen des Typs 1 (Th1) angeheizte Abwehr, die das Gewebe sonst stark schädigen könnte. Regulatorischen T-Zellen (Tregs) werden dagegen gefördert.

Im Gehirn, in den Augen und im Synzytiotrophoblasten wird besonders viel von dem Enzym Indolamin-2,3-dioxygenase (IDO) hergestellt, das gleich auf zwei Wegen immunsuppressiv wirkt. Zum einen baut es die Aminosäure Tryptophan ab, die T-Zellen zum Überleben benötigen. Zum anderen löst das Abbauprodukt, Kynurenin, vor allem bei Th1-Zellen die Apoptose, also den programmierten Zelltod aus.

Typisch für immunprivilegierte Organe und Gewebe ist auch eine schwache MHC-Expression. Denn Zellen, deren Oberflächen keine MHC-Moleküle tragen, können keine Antigene präsentieren und nicht mit T-Zell-Rezeptoren in Wechselwirkung treten. Daher können zytotoxische T-Zellen sie auch nicht gezielt vernichten. So werden zum Beispiel in gesunden Haarbälgen weder MHC-Klasse-I- noch MHC-Klasse-II-Moleküle exprimiert.

Hinzu kommen organspezifische Substanzen. In den Hoden wirken neben TGF-β auch die männlichen Sexualhormone hemmend auf Zellen der angeborenen Abwehr wie die Makrophagen ein. (Die immunsuppressive Wirkung männlicher Sexualhormone dürfte zum niedrigen Männeranteil bei den meis-

Abb. 202

Eine zytotoxische T-Zelle lässt eine beschädigte oder infizierte Zelle absterben, indem sie mit ihrem Rezeptorliganden FasL an deren Rezeptor Fas (die Zielscheibe) bindet.

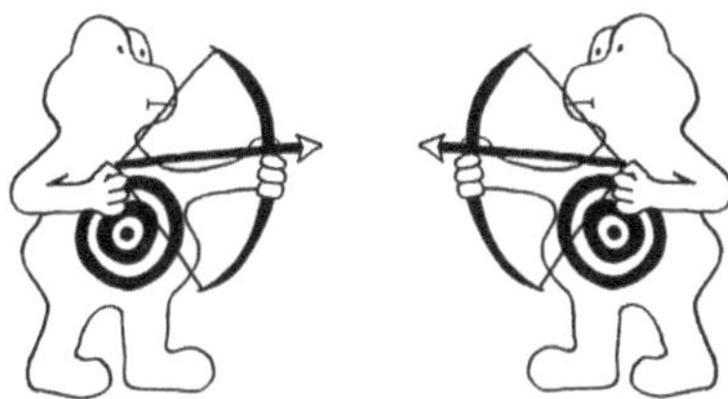

Abb. 203

Am Ende ihres Einsatzes begehen zytotoxische T-Zellen durch wechselseitige Fas-FasL-Bindung Brudermord.

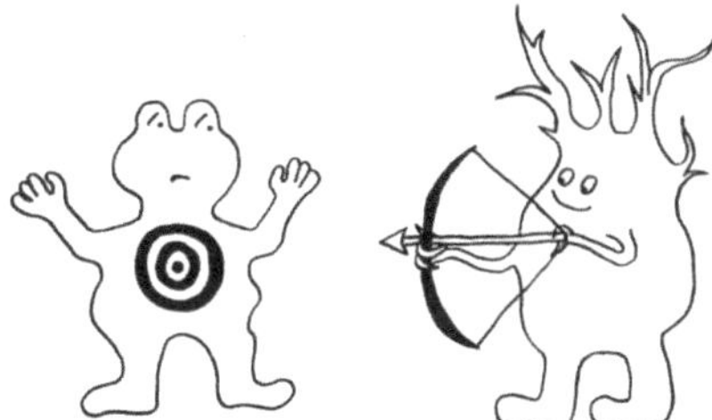

Abb. 204

An immunprivilegierten Orten verfügen die heimischen Zellen über so viel FasL, dass sie eindringende zytotoxische T-Zellen sofort ausschalten können.

ten Autoimmunerkrankungen beitragen.) Im Gehirn und rings um die vordere Augenkammer werden Neuropeptide ausgeschüttet, die ebenfalls immunsuppressiv und entzündungshemmend wirken. In der Gebärmutterschleimhaut stimmt das Protein Galectin-1 zunächst die dendritischen Zellen friedlich, die dann wiederum mit ihren Zytokinen (z. B. IL-10) die T-Zellen so sehr besänftigen, dass sie den Fetus trotz seiner väterlichen Antigene in Ruhe lassen.

Die Kehrseite: eine Neigung zu Autoimmunreaktionen

Die oben geschilderten Schutzmechanismen sorgen dafür, dass immunologisch privilegierte Orte im homöostatischen, also »ausgeglichenen« Organismus vom Immunsystem in Ruhe gelassen werden. Aber sobald das System stark aus dem Gleichgewicht gerät, bricht das Privileg zusammen. Wenn zum Beispiel durch eine Entzündung an einem benachbarten Ort Immunzellen angelockt werden und Zytokine ins Blut gelangen, können die Gefäßwände durchlässig werden. Auch mechanische Verletzungen können dafür sorgen, dass Autoantigene aus den privilegierten Orten ins Lymphsystem gelangen und in den Lymphknoten autoreaktive T-Zell-Klone aktivieren. Wenn sich diese T-Zellen stark genug vermehren und in Scharen die Schranke durchdringen, kann ein Selbstzerstörungszyklus in Gang kommen, der bis zur vollständigen Vernichtung des betroffenen Organs weiterläuft.

Ein besonders gespenstisches Beispiel für solche Autoimmunerkrankungen privilegierter Orte ist die sympathische Ophthalmie (**Abb. 205**): Bei einer entsprechenden genetischen Veranlagung kann man auf *beiden* Augen erblinden, wenn man sich an einem Auge verletzt. (Sympathisch heißt ursprünglich »gleichzeitig betroffen«.) Denn wenn aus dem Auge, das normalerweise vom Immunsystem isoliert ist, nach einem Trauma Flüssigkeit heraussickert, können Autoantigene aus seinem Inneren ins Blut- und Lymphsystem gelangen. Im nächstgelegenen Lymphknoten treffen sie dann auf T-Zellen, deren Rezeptoren genau diese Antigene erkennen – und in denen nie eine Toleranz induziert wurde, da sie ihren Zielstrukturen normalerweise nie begegnen. Diese T-Zellen werden nun aktiviert und vermehren sich.

Die aktivierten T-Zellen folgen chemischen Signalen, um zu ihrem Einsatzort zu finden: dem Ort, an dem die Antigene vorkommen, die sie bekämpfen. Dabei unterscheiden sie nicht zwischen den Augen. Sie dringen zunächst in das leichter zugängliche verletzte Auge ein und setzen dort eine heftige Abwehrreaktion in Gang. Bei der chronischen Entzündung trübt sich das Auge so stark ein, dass es erblindet. Monate nach der Verletzung gelangen die T-Zellen auch in das gesunde Auge und setzen dort ihr Zerstörungswerk fort. Heilung ist nicht möglich, aber wenn die Gefahr rechtzeitig erkannt wird, kann man durch Entfernen des

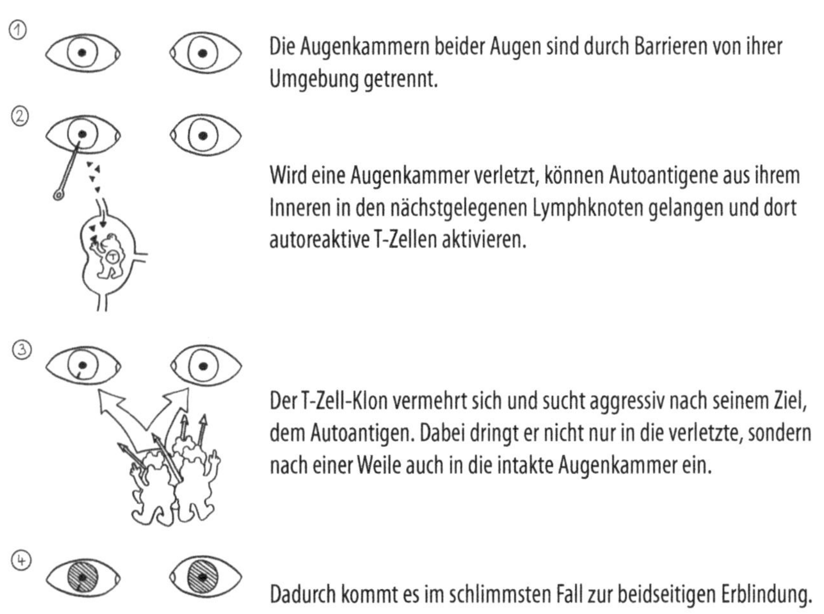

Abb. 205
Gespenstische Fernwirkung

verletzten Auges wenigstens das andere Auge retten.

Wie oben erwähnt, sind auch unsere Haarbälge immunologisch privilegiert. Das ist etwas rätselhaft, weil Entzündungen der Follikel normalerweise keine lebensgefährlichen Folgen haben. Vielleicht hatten Haare bei den Vorfahren der Säugetiere einmal eine andere, lebenswichtige Funktion. Bei der Autoimmunerkrankung Alopecia areata fallen die Haare auf dem Kopf kreisförmig aus. Bei der Form Alopecia totalis ist das ganze Haupthaar betroffen, und bei einer Alopecia universalis fällt die gesamte Körperbehaarung aus. Nach den bekannten Risikogenen zu urteilen, ist sowohl die angebore als auch die erworbene Immunabwehr an der Störung beteiligt.

Vermutlich bewirken eine genetische Anlage und eine unauffällige Infektion oder andere Auslöser gemeinsam den Zusammenbruch des Immunprivilegs: Das Membranprotein FasL, das aktivierte T-Zellen und Neutrophile zum Absterben bringt, wird plötzlich kaum noch hergestellt. Auch das Enzym IDO, das Zytokin IK und weitere für ein Immunprivileg typische Schutzmoleküle verschwinden. Dafür steigt die Produktion eines Neuropeptids mit dem Namen Substanz P, das Mastzellen anlockt und sie zur Ausschüttung ihrer entzündungsfördernden und antimikrobiellen Stoffe anregt. Die Zahl der regulatorischen T-Zellen geht zurück, damit sinkt auch die Konzentration des entzündungshemmenden Zytokins IL-10. Aktivierte T-Zellen sammeln sich im Haarbalg an und schütten Gamma-Interferon aus, das in den örtlichen Epithelzellen die Expression von MHC-Klasse-I- und -Klasse-II-Molekülen eingeschaltet. Daraufhin präsentieren die Zellen ein noch unbekanntes Autoantigen, das von autoreaktiven T-Zellen erkannt wird. T-Zellen, natürliche Killerzellen und Mastzellen greifen dann das Gewebe so stark an, dass das Haarwachstum zum Erliegen kommt.

Eher ignoriert als isoliert

Alles in allem erscheinen die immunologisch privilegierten Orte in unserem Körper heute nicht mehr so »privilegiert« wie zur Zeit Medawars. Vielmehr bilden sie das eine Ende eines kontinuierlichen Spektrums (**Abb. 206**): Die Reaktionen des Immunsystems werden in ihnen noch stärker gedämpft als etwa im Darm mit seinem ebenfalls tolerogenen Klima. Am anderen Ende des Spektrums stehen Organe wie die Haut (mit der bemerkenswerten Ausnahme der Haarbälge), in denen das Immunsystem relativ ungebremst gegen Antigene vorgehen kann.

Autoimmunstörungen finden wir in allen Teilen dieses Spektrums, obwohl man spontan vermuten würde, dass ein stark tolerogenes oder immunsuppressives Klima sie verhindern müsste. Aber dieses besänftigende Klima herrscht nur im Gleichgewicht, in der Homöostase, und bei kleineren Abweichungen von diesem Gleichgewicht. Sobald das System durch eine starke Infektion, Verletzung, Dysbiose oder ähnliche Störungen aus dem Lot gerät, kann es mit der Toleranz der Immunzellen gegenüber harmlosen körpereigenen Antigenen schnell vorbei sein.

Wird die Immunreaktion rechtzeitig wieder heruntergefahren, kann das System in sein Gleichgewicht zurückkehren. Schafft es das nicht, kommt es zu einer chronischen Entzündung – und unter Umständen zu einer lebenslangen Autoimmunerkrankung. Im folgenden Kapitel sehen wir uns den Zeitverlauf von Immunreaktionen genauer an, um ein Gespür dafür zu bekommen, wann die Sache aus dem Ruder läuft.

Abb. 206

Aus heutiger Sicht stehen immunologisch privilegierte Orte wie das Gehirn einfach an einem Ende eines Spektrums mit unterschiedlich hohen Aktivierungsschwellen, unterschiedlich schnell greifenden Stoppmechanismen und unterschiedlich starker örtlicher Begrenzung von Immunreaktionen. Abwehrmaßnahmen in der Haut sind dagegen besonders energisch und breiten sich leichter auf das ganze System aus. Der Darm mit seinem entzündungshemmenden Milieu steht zwischen diesen Extremen.

Der zeitliche Ablauf einer Immunreaktion

Auch wenn Autoimmunerkrankungen bereits in den Genen angelegt oder auf ein Versagen der Toleranz-Induzierung in der frühen Kindheit zurückzuführen sind: Erkennbar – klinisch manifest, wie die Mediziner sagen – werden sie oft erst Jahrzehnte später, wenn eine Immunreaktion vom üblichen Verlauf abweicht und nicht nach wenigen Wochen beendet wird, sondern weiterläuft.

Die einzelnen Schritte einer Immunreaktion habe ich in Teil 2 und in den vorangegangenen Kapiteln bereits erläutert, z. B. am Beispiel der Darmschleimhaut. Hier soll es vor allem um den zeitlichen Ablauf und die logische Abfolge der Ereignisse gehen. Dabei lasse ich lokale Besonderheiten, auf die ich in den letzten Kapiteln hingewiesen habe, außer Acht. Stattdessen zeige ich einen ideal-typischen Verlauf, wie er sich in Blutanalysen nach einer Infektion darstellt. Da das Blut durch den gesamten Körper zirkuliert, sagen solche Analysen wenig über die Verhältnisse im infizierten Organ oder Gewebe aus. Dafür lässt sich aus ihnen aber gut ablesen, wie das Immunsystem als Ganzes auf die Gefahr reagiert, vor allem in den Lymphknoten.

Wie in Teil 1 und Teil 2 beschrieben, hängt die Art der Immunabwehr vom Typ (s. Abb. 173) und vom Aufenthaltsort (s. Abb. 81) des Pathogens ab: Antikörper kommen zum Beispiel schlecht an innerzelluläre Pathogene heran.Daher müssen infizierte Zellen von der zellulären Abwehr vernichtet werden, während gegen extrazelluläre Pathogene die humorale Abwehr zum Einsatz kommt (s. Abb. 131). Große Eindringlinge wie Würmer müssen anders bekämpft werden als kleine, da keine Immunzelle sie am Stück verschlucken kann.

Nicht alle Abwehrkräfte stehen sofort in der nötigen Menge zur Verfügung. Die Zellen der angeborenen Abwehr, die auf unspezifische Gefahrensignale wie weit verbreitete Bestandteile von Bakterien reagieren, können sofort zuschlagen. Da viele von ihnen auch das Gewebe schädigen, muss ihr Einsatz jedoch strikt reguliert werden. Die Zellen der erworbenen Abwehr, die hochspezifisch auf einzelne Antigene ansprechen, müssen dagegen erst aus der Masse anderer Lymphozyten ausgewählt, aktiviert und vermehrt werden. Dafür bilden sie ein Gedächtnis, sodass sie bei einer Wiederkehr desselben Pathogens schneller und energischer reagieren können (s. Abb. 123 I).

Virenalarm

Spielen wir einmal eine typische Immunreaktion durch, am Beispiel einer Vireninfektion. Im Unterschied zu größeren Parasiten und auch vielen Bakterien, die hierzulande wegen verbesserter hygienischer Verhältnisse und (noch!) wirksamer Antibiotika nicht mehr so verbreitet sind wie vor 100 oder 200 Jahren, haben viele Vireninfektionen sogar zugenommen. Denn Viren können sich wegen der hohen Bevölkerungsdichte und -mobilität besser ausbreiten als früher. Von vielen dieser Infektionen bekommen wir allerdings gar nichts mit, da sie nahezu symptomfrei verlaufen.

Das Besondere an Viren ist, dass sie im Erbgut anderer Organismen leben. Im Grunde sind sie nicht mehr als Nukleinsäure-Sequenzen, die sich in unsere DNA hineinmogeln und sich von unserer Zellmaschinerie vermehren lassen. Nur zum Zwecke der Besiedlung neuer Wirte kleiden sie sich vorübergehend in eine Proteinhülle, die sie ebenfalls von unseren Zellen anfertigen lassen. Diese mit Viren-Erbgut gefüllten Hüllen verlassen die alte Wirtszelle, die dabei fast immer zugrunde geht: Sie wird regelrecht gesprengt, wenn sich zahlreiche Viruspartikel von ihrer Zellmembran abnabeln. Die Partikel gelangen dann beispielsweise durch Einatmen, Verzehr oder einen Insektenbiss in einen anderen Körper. Dort lassen sie sich – etwa über das Blut – in das Gewebe verfrachten, in dem ihre Wirtszellen gedeihen. Sie docken an die Zellen an, die Hülle verschmilzt mit der Zellmembran, und das Viren-Erbgut gelangt ins Innere, wo es schließlich im Zellkern in unsere DNA eingebaut wird – es sei denn, unser Immunsystem erkennt die Gefahr und schaltet sie aus.

Das Immunsystem kann einen Virenbefall auf mehreren Wegen bemerken: Entweder registrieren Komponenten des Systems freie Virenpartikel im Blut oder in der Gewebsflüssigkeit und docken an sie an, um ihre Vernichtung einzuleiten. Oder infizierte Zellen senden Notsignale aus, beispielsweise indem sie ihr Membranproteinprofil verändern, Botenstoffe produzieren oder Antigene auf ihrer Oberfläche präsentieren. Oder die befallenen Zellen platzen bei der Freisetzung neuer Virenpartikel, und die Zellinhaltsstoffe, die in der Gewebsflüssigkeit eigentlich nichts zu suchen haben, alarmieren das System.

Die wichtigsten Alarmsignale bei einer Vireninfektion sind Alpha-Interferon (IFN-α) und Beta-Interferon (IFN-β). Befallene Zellen stoßen sie nach ihrer Infektion sehr schnell aus. Diese antiviralen Substanzen locken Immunzellen an, verhindern in bereits infizierten Zellen die Vermehrung der Viren und unterbinden die Infektion weiterer Zellen (**Abb. 207**). Im infizierten Gewebe und im Blut stehen die schnellen Eingreiftruppen der angeborenen Abwehr bereit, um eine Ausbreitung der Infektion zu verhindern: Das Komplementsystem bedeckt die Virenpartikel und markiert sie so für den Verzehr durch Makrophagen, die im Gewebe patrouillieren. Wenn nur wenige Erreger in den Körper eingedrungen sind und es den Makrophagen gelingt, sie alle auszuschalten, ist die Infektion beendet, ohne dass der Betroffene überhaupt etwas bemerkt hat.

Wenn die angeborene Abwehr allein mit der Gefahr nicht fertig wird, senden die örtlichen Phagozyten und die befallenen Gewebezellen Botenstoffe wie TNF-α und IL-12 aus, die das Immunsystem alarmieren. Die ersten Zellen, die dem Ruf folgen und sich an der Bekämpfung einer Vireninfektion beteiligen, sind natürliche Killerzellen (NK-Zellen, s. Abb. 136). Sie gehören zu den *innate lymphoid cells* oder ILCs und nehmen eine Mittelstellung zwischen angeborener und erworbener Abwehr ein. Sie erkennen befallene Zellen am Fehlen der üblichen MHC-Klasse-I-Moleküle, deren Herstellung die Viren abgeschaltet haben, um sich nicht durch die Präsentation viraler Antigene zu verraten. Mithilfe der Inhaltsstoffe ihrer Granula lassen sie infizierte Zellen kontrolliert absterben.

Aus eigener Kraft können weder Interferone noch NK-Zellen eine Virusinfektion vollständig niederkämpfen. Gemeinsam gelingt es ihnen aber, die Ausbreitung der Viren so weit einzudämmen und hinauszuzögern, dass die schlagkräftigere erworbene Abwehr Zeit hat, in die Gänge zu kommen. Ist das System zum ersten Mal mit diesem speziellen Erreger konfrontiert, kommt es zu einer sogenannten Primärantwort oder primären Immunantwort. Sie setzt etwa zwölf Stunden nach Beginn der Infektion ein, macht sich aber im Blut und am Infektionsort erst nach einigen Tagen richtig bemerkbar, wenn sie genug Zellen und Substanzen produziert hat (**Abb. 208**).

Aktivierung und klonale Expansion der T-Zellen

Die Zellen der erworbenen Abwehr werden im Lymphsystem von antigenpräsentierenden Zellen – vor allem dendritischen Zellen – aktiviert. Dazu müssen diese sowohl ein Antigen als auch ein Kostimulationssignal präsentieren, das sicherstellt, dass wirklich Gefahr im Verzug ist. Die dendritischen Zellen haben entweder am Ort der Infektion Erreger, mit Erregern infizierte Zellen oder von Erregern hergestellte Moleküle vertilgt, oder sie haben in der Milz lösliche Antigene aus dem Blut aufgenommen. Die aufgenommenen und zurechtgeschnittenen Antigene präsentieren sie nun in den T-Zell-Zonen der Lymphknoten auf ihren MHC-Molekülen. Nur T-Zellen mit dem genau passenden antigenspezifischen T-Zell-Rezeptor sprechen auf die Präsentation an.

Welcher T-Zell-Typ aktiviert wird, hängt von der Natur des Antigens und des »Präsentiertellers« ab: vertilgte Bruchstücke von Erregern präsentieren die dendritischen Zellen auf MHC-Klasse-II-Molekülen; sie aktivieren CD4$^+$-T-Zellen. Werden die dendritischen Zellen selbst von Viren befallen, so stammen die präsentierten Antigene aus dem eigenen Zytoplasma. Sie werden auf MHC-Klasse-I-Molekülen präsentiert und aktivieren CD8$^+$-T-Zellen, also zytotoxische T-Zellen.

Gleichzeitig mit den Antigenen präsentieren die dendritischen Zellen auf ihrer Oberfläche Kostimulationssignale wie CD80 oder CD86, die an Gegenstücke auf der T-Zell-Oberfläche binden, z. B. CD28. Nur dann werden die T-Zellen nachhaltig stimuliert. Dieser Sicherheitsmechanismus soll Fehlalarme verhindern,

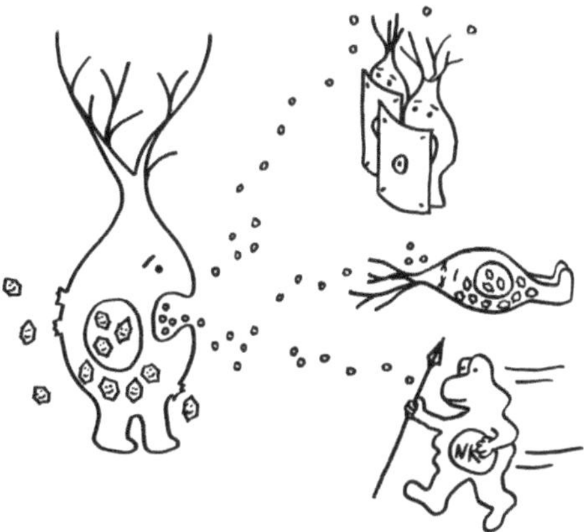

Abb. 207

Vireninfizierte Zellen schütten rasch Interferone aus. Mit diesen Botenstoffen warnen sie gesunde Zellen, die sich wappnen, indem sie z. B. RNA abbauen, die viralen Ursprungs sein könnte. Sie regen andere infizierte Zellen zum kontrollierten Absterben an, damit die in ihren enthaltenen Viren keine Chance bekommen, weitere Zellen zu befallen. Außerdem locken sie Immunzellen an.

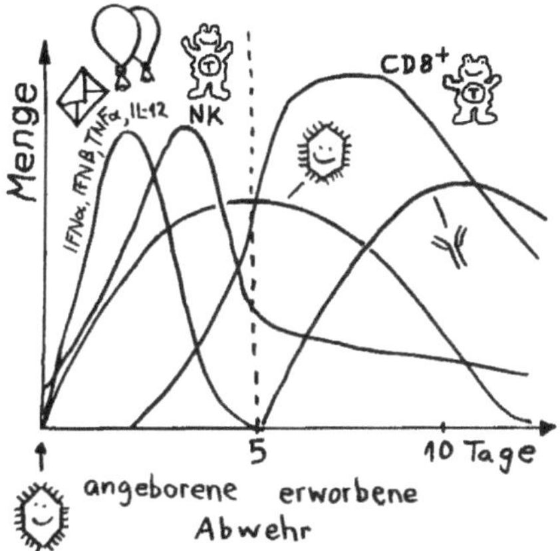

Abb. 208

Bei einer typischen akuten Vireninfektion erreicht die Virenzahl nach etwa fünf Tagen ihr Maximum. Bereits kurz nach der Infektion schnellt die Konzentration antiviraler Botenstoffe (Interferone, Tumornekrosefaktor α und Interleukin-12) in die Höhe. Von ihnen angelockt und aktiviert, erreichen die natürlichen Killerzellen (NK) mit ihren Zellgiften nach etwa vier Tagen ihre höchste Zahl. Erst in der zweiten Hälfte der Infektion übernehmen die zytotoxischen T-Zellen (CD8⁺) und die von den B-Zellen produzierten Antikörper die Virenbekämpfung.

vor allem die versehentliche Aktivierung autoreaktiver T-Zellen durch unreife dendritische Zellen oder nicht professionelle antigenpräsentierende Zellen. Nur professionelle und reife antigenpräsentierende Zellen, die durch Botenstoffe der angeborenen Abwehr aktiviert wurden, präsentieren zugleich die nötigen Kostimulatoren (**Abb. 209**).

Jede aktivierte T-Zelle fängt nun an, sich stark zu teilen, und bildet so einen Klon: eine Armee einsatzbereiter T-Zellen, die alle dasselbe Antigen erkennen. Positive Feedback-Mechanismen sorgen für eine schnelle, energische Reaktion. Zum Beispiel schütten die ersten aktivierten T-Zellen Stoffe aus, die weitere T-Zellen zur Vermehrung anregen, und sie bilden Liganden, die an Rezeptoren auf den antigenpräsentierenden Zellen binden und damit deren Aktivität verstärken.

Die Zellteilungrate erreicht nach ungefähr drei Tagen ihr Maximum und sinkt bis zum Ende der ersten Woche nahezu auf ihr niedriges Basisniveau ab. Die Zahl der T-Zellen im Organismus erreicht gleichzeitig, also nach etwa sieben Tagen, ihr Maximum.

Bei der klonalen Expansion entstehen viele zytotoxische oder CD8$^+$-T-Zellen, die am Einsatzort direkt gegen infizierte Zellen vorgehen. Dazu benötigen sie Granula, die mit Proteinen wie Perforin gefüllt sind. Deren Produktion startet erst, wenn die zytotoxischen T-Zellen von den antigenpräsentierenden Zellen aktiviert werden. Einige von ihnen bleiben nach der Infektion als Gedächtniszellen am Leben. Gedächtniszellen spielen eine Schlüsselrolle bei der weiter unten geschilderten Sekundärantwort auf eine erneute Infektion mit demselben Erreger.

Ein anderer Teil des expandierten Klons wird zu T-Helferzellen oder CD4$^+$-T-Zellen, die mehrere Aufgaben übernehmen können: Sie unterstützen die Entstehung der zytotoxischen T-Zellen im Lymphgewebe, helfen Makrophagen dabei, Mikroben zu vertilgen, locken Immunzellen an den Ort des Geschehens und verstärken so die Entzündung, dichten Schleimhautbarrieren ab oder helfen den B-Zellen, zu antikörperproduzierenden Plasmazellen heranzureifen. Auch sie erreichen nach etwa einer Woche ihre größte Zahl, und auch von ihnen bleibt ein kleiner Teil nach der Infektion als Gedächtniszellen erhalten (**Abb. 210**).

Welcher Typ von T-Helferzellen bei der klonalen Expansion entsteht, hängt von den Zytokinen ab, denen sie während der Antigenpräsentation ausgesetzt sind. Haben die dendritischen Zellen am Infektionsort Hinweise auf Viren oder innerzelluläre Bakterien erhalten, so schütten sie vor allem Interleukin-12 (IL-12) aus, das die aktivierten T-Zellen zu Th1-Zellen werden lässt und so eine zelluläre Abwehr startet. Auch Makrophagen können IL-12, natürliche Killerzellen dagegen IFN-γ zur Entstehung von Th1-Zellen beisteuern. Dendritische Zellen, die sich am Infektionsort mit Würmern oder Einzellern konfrontiert sahen, produzieren während der Antigenpräsentation vor allem IL-4, das die T-Zellen

Abb. 209
Eine antigenpräsentierende Zelle, die nur ein Antigen vorzeigt, aktiviert T-Zellen nicht nachhaltig, auch wenn deren T-Zell-Rezeptor das Antigen erkennt. Nur wenn gleichzeitig ein Kostimulationssignal (die Kerze) das Vorliegen einer Gefahr bestätigt, wird die T-Zelle aktiv.

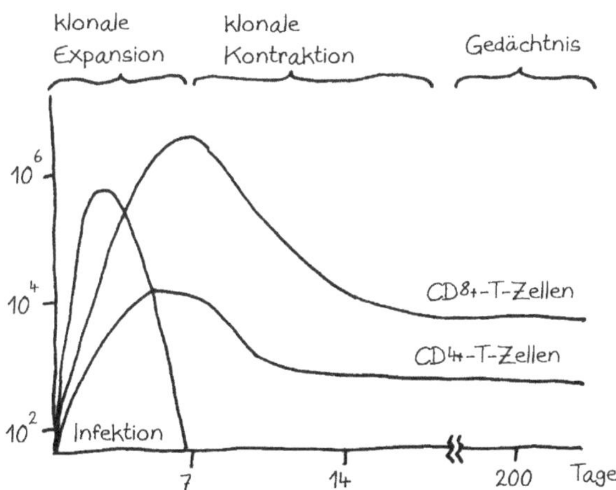

Abb. 210
Eine primäre Immunantwort besteht aus einer relativ raschen klonalen Expansion und einer anschließenden klonalen Kontraktion. Langfristig bleiben einige 1000 T-Zellen mit den zum Pathogen passenden Rezeptoren in Überlebensnischen erhalten.

zu Th2-Zellen reifen lässt und so eine humorale Immunantwort auslöst. Ist der Körper von extrazellulären Bakterien oder Pilzen befallen worden, so lösen die dendritischen Zellen durch die Ausschüttung entzündungsfördernder Zytokine wie IL-1, IL-6 und IL-23 während der Antigenpräsentation die Entstehung von Th17-Zellen aus.

Wie die Aktivierung und Differenzierung anderer Immunzellen ist auch die Entstehung von T-Helferzellen selbstverstärkend. So produzieren die neuen Th1-Zellen ihrerseits IFN-γ, das in antigenpräsentierenden Zellen die Herstellung von MHC-Klasse-II-Molekülen verstärkt, sodass sie den T-Zellen nun noch mehr Antigene präsentieren und sie noch energischer aktivieren können. Die T-Helferzellen bewahren sich aber eine gewisse Plastizität: Je nach Zytokin-Milieu können sie sich in einen anderen Typ verwandeln, um die Immunantwort an lokale Gegebenheiten und aktuelle Erfordernisse anzupassen.

Gleichzeitig werden negative Feedback-Mechanismen gestartet, die langsamer ablaufen und die Immunreaktion daher erst nach einigen Tagen abbremsen. Darauf komme ich im Abschnitt »Irgendwann muss Schluss sein« zurück. Auch der enorme Energieverbrauch bei der starken Vermehrung der Immunzellen (Kasten und **Abb. 211**) begrenzt die Reaktion.

Der Energiehaushalt der Lymphozyten

Auswahl und Vermehrung der jeweils benötigten Lymphozyten finden im Lymphgewebe statt. Hier werden die Zellen mit so viel Sauerstoff und Nährstoffen versorgt, dass sie schnell an Masse gewinnen und sich rasch teilen können. In dieser Lebensphase betreiben T-Zellen vor allem aerobe Glykolyse: Sie wandeln die aus dem Lymphgewebe aufgenommene Glukose besonders effizient in den Zellbrennstoff ATP um. Mit diesem kurbeln sie die Produktion der zur Vermehrung benötigten Zellbausteine – Proteine, Fettsäuren und Nukleinsäuren – an.

An ihrem Einsatzort im entzündeten Gewebe herrschen dagegen Sauerstoff- und Nährstoffmangel. Hier können sich die T-Zellen nicht weiter vermehren. Die meisten von ihnen verausgaben sich schnell und sterben, wenn ihre Energievorräte verbraucht sind. Einige wenige T-Zellen entwickeln sich dagegen zu Gedächtniszellen weiter: Sie bremsen ihren Stoffwechsel, um lange zu überleben und bei einer erneuten Gefahr schnell wieder aktiv zu werden. Sie betreiben zum Beispiel Autophagie (»Selbstverzehr«), bauen also nicht benötigte Zellstrukturen ab und recyceln die dabei freigesetzte Energie.

Auch B-Zellen müssen sich in den Lymphknoten möglichst schnell vermehren und den Klassenwechsel und die Affinitätsreifung durchlaufen. Als Plasmazellen vermehren sie sich nicht mehr, sondern stecken alle Kraft in die Antikörperproduktion. Sobald sie ihre Energie verbraucht haben, gehen sie ein oder werden zu genügsamen Gedächtnis-B-Zellen.

Dieser wichtige Kontrollmechanismus begrenzt Entzündungen und Immunreaktionen zeitlich. In-vitro-Versuche mit Immunzellen sind daher mit Vorsicht zu interpretieren: Die Wachstumsbedingungen in üppigen Kulturmedien dürften wenig mit der Lage im infizierten Körper zu tun haben. Verwöhnte Kulturzellen verhalten sich womöglich anders als im Ernstfall, in dem sie sich zwischen Substanz und Action entscheiden müssen (**Abb. 211**).

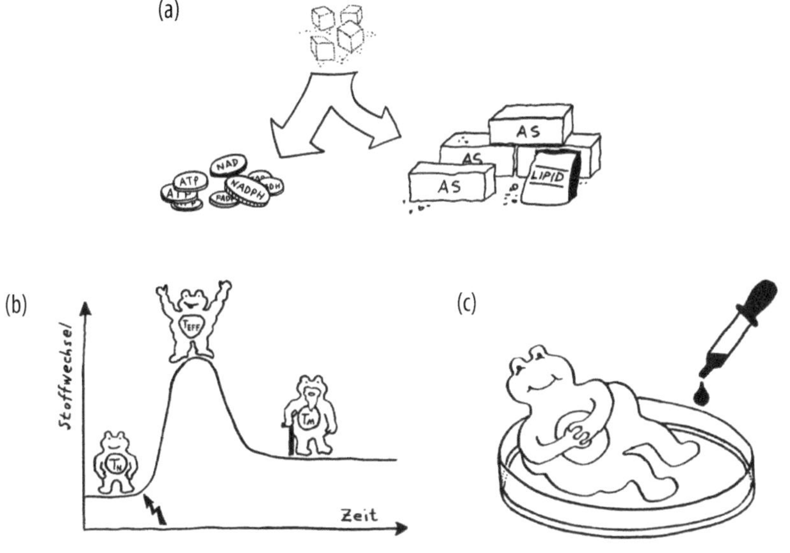

Abb. 211

(a) Action oder Substanz? Eine Immunzelle kann Ressourcen wie Zucker entweder in eine Energiewährung wie ATP oder NADPH umsetzen, die Abwehrreaktionen ermöglicht, oder in Makromolekül-Bausteine wie Aminosäuren (AS), die bei Zellteilungen gebraucht werden.

(b) Naive T-Zellen haben einen niedrigen Energieverbrauch. Nach ihrer Aktivierung (Blitz) müssen sie sich rasant vermehren, also Substanz aufbauen. Dabei überwiegt ein Stoffwechselweg namens aerobe Glykolyse, bei dem Glukose abgebaut wird. Während der Abwehrreaktion teilen sie sich nicht mehr, brauchen aber viel Energie für ihre Arbeit. Gedächtniszellen haben wieder einen geringeren Energieverbrauch und bevorzugen denselben gemächlich-effizienten Stoffwechselweg wie die naiven T-Zellen, die sogenannte oxidative Phosphorylierung.

(c) In Zellkulturen werden Immunzellen meist so mit Nährstoffen verwöhnt, dass man sich fragen muss, ob sie sich nicht völlig anders verhalten als im Körper. Eine Standard-Kulturlösung enthält 2- bis 4-mal so viel Sauerstoff wie unser Blut, 5-mal so viel Glukose und 8-mal so viel Glutamin. Und gerade in entzündetem Gewebe mangelt es an Sauerstoff und Nährstoffen.

With a little help from my friends: B-Zell-Aktivierung

Die Reaktion der B-Zellen auf eine Infektion ist zweigeteilt. B1-Zellen und Marginalzonen-B-Zellen werden bei ihren Reisen durch die Peripherie unmittelbar durch Antigene und die Zellen der angeborenen Abwehr aktiviert. Daraufhin produzieren sie relativ unspezifische, schwach affine, kurzlebige Immunglobuline, sogenannte natürliche Antikörper. Diese sind polyklonal, stammen also aus mehreren verschiedenen B-Zell-Klonen und binden an unterschiedliche Epitope desselben Antigens. Bis die erworbene Abwehr richtig anspringt, halten diese Antikörper (überwiegend IgM) die Infektion einigermaßen in Schach. Sie binden vor allem an evolutionär konservierte Strukturen, die sich auf allen möglichen Bakterien- oder Virenhüllen finden. Aus diesen B-Zellen werden keine Plasmazellen und auch keine langlebigen Gedächtniszellen. Insofern stehen sie der angeborenen Abwehr näher als der erworbenen Abwehr.

B2-Zellen nehmen ebenfalls in der Peripherie Antigene aus den Erregern auf und werden dadurch voraktiviert. In diesem Zustand begeben sie sich in die nächstgelegenen Lymphknoten oder anderes Lymphgewebe, um dort die Antigene auf ihren MHC-Klasse-II-Molekülen zu präsentieren. T-Helferzellen, die spezifisch auf diese Antigene reagieren, aktivieren sie dann vollends. Obwohl nur Th2-Zellen zur humoralen Abwehr gehören, unterstützen auch andere Helferzelltypen wie Th1-Zellen die B-Zell-Aktivierung. Antikörper wirken nämlich nicht nur neutralisierend, töten also Erreger nicht nur direkt ab, sondern dienen auch der Opsonierung: der Beschichtung von Erregern und anderen Fremdkörpern. Mit Antikörpern überzogene Erreger werden von den Fresszellen der zellulären Abwehr besser erkannt und daher effektiver beseitigt. Insofern sind beide Arme der erworbenen Abwehr auf Antikörper angewiesen.

Durch die T-Helferzellen nunmehr voll aktiviert, wandern die B2-Zellen in die Follikel. Hier vermehren sie sich und werden immer schlagkräftiger, wie in Teil 2 erklärt. Viele von ihnen werden anschließend zu Plasmazellen, die große Mengen spezifischer Antikörper produzieren. Alle Plasmazellen, die von einer aktivierten B2-Zelle abstammen, stellt Antikörper gegen dasselbe Antigen-Epitop her, sogenannte monoklonale Antikörper. Diese binden stärker an ihre Antigene und sind stabiler als die polyklonalen natürlichen Antikörper. Erst jetzt – einige Tage, bei manchen Erregern auch erst Wochen nach Beginn der Infektion – wird das Blut der Infizierten »seropositiv«. Man kann den Krankheitserreger nun also anhand der spezifischen Antikörper nachweisen.

Anfangs entstehen Immunglobulin-Pentamere des Typs IgM. Sie sind zu groß, um die Blutbahn zu verlassen. IgM dient vor allem dazu, Viruspartikel oder andere Fremdkörper im Blut zu vernetzen und so unschädlich zu machen. Die Viren können dann nicht mehr in frische Zellen eindringen.

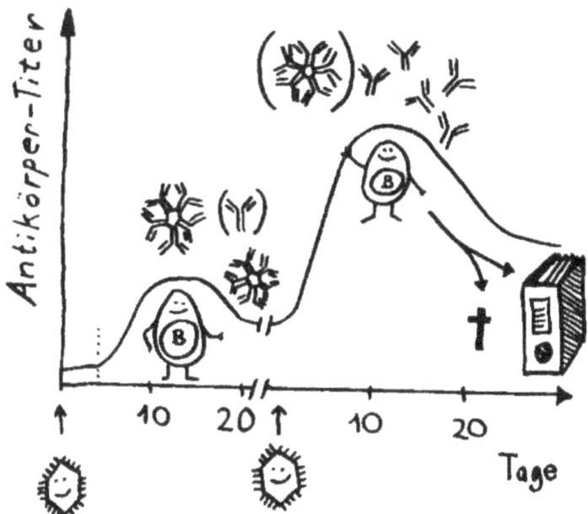

Abb. 212

Während der primären Immunantwort produzieren B-Zellen vor allem die großen IgM-Pentamere, die Fremdkörper im Blut verklumpen lassen. Bei einer erneuten Infektion mit demselben Pathogen werden dank des Klassenwechsels und der Affinitätsreifung kleinere Antikörper hergestellt, die das Blut verlassen können und besser an ihr Antigen binden. Die meisten B-Zellen sterben danach ab. Einige werden zu Gedächtniszellen und gehen in das Archiv unserer Infektionsgeschichte ein.

Solange sie noch nicht zu Plasmazellen geworden sind, können B2-Zellen einen Klassenwechsel durchlaufen, also von der IgM-Herstellung auf IgG, IgA oder IgE umschalten. Die neuen Immunglobuline haben dieselbe Antigen-Spezifität wie ihre Vorgänger, sind aber kleiner und können daher nicht nur im Blut, sondern auch im Gewebe zwischen den Zellen Erreger bekämpfen. Außerdem sind sie langlebiger, und anders als IgM können sie Mastzellen und natürliche Killerzellen aktivieren, die dann Erreger oder infizierte Zellen abtöten. Während die IgM-Konzentration im Blut nach 10 bis 14 Tagen ihren Zenit erreicht (**Abb. 212**), steigt die Produktion beispielsweise von IgG bis zum Ende der dritten Woche weiter an. Bis Ende der vierten Woche sinkt sie wieder nahezu auf Null, sofern keine erneute Infektion dazwischenkommt.

Auch die Affinität, also die Bindungsstärke der Antikörper an ihre Antigene erhöht sich von Tag zu Tag (**Abb. 213**). Diese sogenannte Affinitätsreifung kommt durch somatische Hypermutation und B-Zell-Selektion zustande, jene rasante Miniatur-Evolution in den Follikeln, die ich in Teil 2 beschrieben habe.

Einige der nunmehr besonders effektiven B2-Zellen werden zu langlebigen B-Gedächtniszellen, die – genau wie die T-Gedächtniszellen – für die im übernächsten Kapitel beschriebene Sekundärantwort sorgen. Sie treten etwa vier Wochen nach Beginn einer Infektion auf. Auch einige der Plasmazellen bleiben in Überlebensnischen wie dem Knochenmark sehr lange erhalten und stellen weiterhin kleine Mengen ihrer hochwirksamen Antikörper her. Durch diese Plasmagedächtniszellen und die B-Gedächtniszellen kann eine wiederholte Erkrankung bei erneuter Infektion mit demselben Erreger verhindert oder zumindest stark abgekürzt werden.

Antikörper bekämpfen Viren oder Bakterien extrazellulär. Gegen Pathogene, die bereits in Zellen eingedrungen sind, sind sie machtlos. Daher können sie eine Vireninfektion ebenso wenig komplett beenden wie die Komponenten der angeborenen Abwehr. Die effiziente Beseitigung befallener Zellen und damit die Beendigung einer Vireninfektion bleibt den zytotoxischen T-Zellen vorbehalten. Selbst von der Fähigkeit mancher Viren, sich rasant zu verändern und so den spezifischen Antikörpern zu entkommen, lassen sich diese T-Zellen nicht beirren: Virenbefallene Zellen präsentieren immer auch einige konstante virale Antigene, an denen die T-Zellen ihr Ziel sicher erkennen.

Irgendwann muss Schluss sein

Eine Immunreaktion muss lang genug andauern, um die Ursache der Störung auszuschalten, aber rechtzeitig beendet werden, um Kollateralschäden und die Energiekosten für das System zu minimieren. Zwei bis drei Wochen reichen bei den meisten Viren- und Bakterieninfektionen aus. Am Herunterfahren der Abwehr und der Wiederherstellung der Homöostase wirken fast alle Systeme des Körpers mit. Oft wird die Beendigung der Immunreaktion schon beim Start eingeleitet: Zusammen mit einem schnellen Aktivierungsmechanismus wird eine langsamere Signalkette zur Deaktivierung in Gang gesetzt (**Abb. 214**).

Das autonome Nervensystem (Sympathikus und Parasympathikus) schüttet schnell wirkende entzündungshemmende Neurotransmitter aus, wenn es Entzündungssignale empfängt. Aktive Immunzellen wie die Makrophagen haben Rezeptoren für diese Botenstoffe und reagieren auf sie zum Beispiel durch Ausschüttung des entzündungshemmenden Zytokins IL-10 und durch einen Produktionsstopp für entzündungsfördernde Stoffe wie TNF-α. Die Neurotransmitter wirken aber nur lokal am Entzündungsherd und verpuffen schnell.

Langsamer, dafür aber nachhaltig und systemisch wirken die Hormone der Hypothalamus-Hypophysen-Nebennierenrinden-Achse: Empfängt der Hypothalamus Entzündungssignale wie IL-1, IL-6 oder TNF-α, hält er die Hirnanhangsdrüse oder Hypophyse dazu an, der Nebennierenrinde den Befehl zur Ausschüttung von Glukokortikoiden zu geben, etwa Kortisol. Diese Hormone verteilen sich über das Blut im ganzen Körper und wirken entzündungshemmend

Abb. 213

Oben: Bei einer erstmaligen Infektion mit einem Pathogen wird vor allem IgM produziert. Ab der zweiten Infektion mit demselben Erreger überwiegen kleinere Antikörper.
Unten: Die Affinität von IgM wird mit der Zeit nur geringfügig besser. Kleinere Antikörper wie IgG durchlaufen dagegen eine starke Affinitätsreifung, die sich bei einer erneuten Infektion noch einmal steigert.

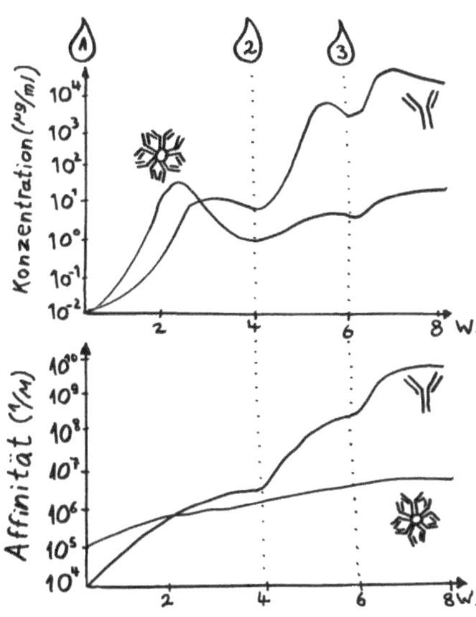

Abb. 214

Selbstregulierung als Wettlauf zwischen Hase und Schildkröte: Der Hase kommt als Erster ans Ziel und kurbelt beispielsweise die Produktion entzündungsfördernder Zytokine an. Später trifft die gleichzeitig losgelaufene Schildkröte ein und befiehlt, die Zytokinproduktion wieder einzustellen.

und immunsuppressiv (**Abb. 215**). Deshalb werden Glukokortikoide bei vielen systemischen Autoimmunerkrankungen verordnet.

Neben dem Nerven- und dem Hormonsystem trägt auch das Immunsystem selbst zur Beendigung der Abwehrreaktion bei. Sobald es die Ursache der Störung beseitigt hat, werden keine Antigene mehr präsentiert, sodass keine weiteren Immunzellen rekrutiert werden und die bereits aktivierten Immunzellen absterben, da sie keine Überlebenssignale mehr erhalten. Zytotoxische T-Zellen vernichten sich gegenseitig, indem sie einander über ihr Fas/FasL-System zur Apoptose anregen (s. Abb. 203).

Außerdem hat sich ein Teil der T-Zellen während der Immunreaktion zu regulatorischen T-Zellen oder Tregs entwickelt, die nun hemmend auf andere Immunzellen einwirken – zum Beispiel durch Ausschüttung entzündungshemmender Zytokine wie IL-10 (s. Abb. 133).

Auch B-Zellen können eine Immunreaktion abbremsen. Zum einen treten in der Spätphase einer Infektion regulatorische B-Zellen (Bregs) auf, die wie Tregs entzündungshemmendes IL-10 ausschütten. Zum anderen messen Rezeptoren in der B-Zell-Membran die Menge der Antikörper im Blut passen und die weitere Antikörperproduktion daran an (s. Abb. 144).

In dieser Schlussphase der Immunreaktion, der sogenannten klonalen Kontraktion, sterben über 90 Prozent der antigenspezifischen T-Zellen, die während der klonalen Expansion entstanden sind. Die überlebenden Gedächtniszellen sorgen im Wiederholungsfall für eine kraftvolle Sekundärantwort, die ich im nächsten Kapitel beschreibe.

Wiederholungen gefallen nicht: Die Sekundärantwort

Wirbeltiere mit einer hohen Populationsdichte begegnen denselben Pathogenen immer wieder. Gerade moderne Viruserkrankungen breiten sich wellenförmig in der Bevölkerung aus, und das Risiko, dass sich ein erst kürzlich Genesener kurz darauf erneut ansteckt, ist hoch. Doch dank der langlebigen Gedächtnis-Lymphozyten kann der Organismus die erworbene Abwehr bei einer zweiten Infektion viel schneller und energischer aktiveren als bei der ersten Attacke. Nach der Kontraktion der vorigen Immunantwort kreisen immer noch etwa 10- bis 100-mal mehr Lymphozyten mit der passenden Antigenspezifität durch den Organismus als vor der ersten Infektion.

Der Großteil der B-Gedächtniszellen hat den Klassenwechsel bereits durchlaufen. Ihre Tochterzellen können also nach der klonalen Expansion sofort hocheffiziente Antikörper herstellen. Außerdem enthält ihre Zellmembran besonders viele MHC-Klasse-II- und kostimulierende Moleküle, sodass sie sich bei Bedarf sehr intensiv mit den T-Helferzellen austauschen und so voll aktivieren lassen.

Abb. 215

Immunreaktionen werden auf mehreren Wegen beendet. Das zentrale Nervensystem (ZNS) empfängt Nervensignale von hinführenden oder afferenten Nerven (AN) und sendet über die wegführenden oder efferenten Nerven (EN) Stoppsignale aus. Der Hypothalamus (HT) registriert Zytokine aus der Immunreaktion und befiehlt der Hypophyse (HP), die Nebennierenrinde (NNR) anzuweisen, entzündungshemmendes Kortison auszuschütten. Und die Immunreaktion bringt Tregs hervor, deren Botenstoffe wie IL-10 ebenfalls immunsuppressiv wirken.

Ein Teil der T-Gedächtniszellen patrouilliert im Blut und im Gewebe und kann dort sofort auf erneut auftretende Antigene reagieren. Eine andere Fraktion wandert stattdessen zwischen dem Blut und dem Lymphsystem hin und her und reagiert in den Lymphknoten sehr schnell und energisch auf die Präsentation passender Antigene, unter anderem durch starke Vermehrung.

Durch die Menge und das Priming, also die Voraktivierung der Gedächtniszellen fällt bei einer erneuten Begegnung mit demselben Erreger erstens die Latenzphase deutlich kürzer aus; binnen weniger Stunden sind spezifische Antikörper und T-Zellen einsatzbereit. Zweitens werden viel mehr Antikörper produziert als in der Primärantwort. Und drittens gehen die B-Zellen viel früher von der IgM-Herstellung zur Produktion hochaffiner Immunglobulin-Monomere wie IgG über (**Abb. 216**).

Auf diesem Prinzip der Immunisierung beruhen übrigens Impfungen: Durch Verabreichung inaktivierter Erreger oder Erregerbruchstücke wird eine schwache Primärantwort ausgelöst, nach der die Geimpften viele Jahre oder sogar ein Leben lang gegen den Erreger immun sind, weil die Gedächtniszellen bei seinem Auftreten sofort zuschlagen und eine echte Infektion verhindern.

Chronische Entzündungen: Schrecken ohne Ende

Etwa vier Wochen nach Beginn einer Infektion ist die klonale Kontraktion normalerweise abgeschlossen. Nun werden noch die Gewebeschäden repariert, die teils auf das Konto der Erreger, teils auf das Konto des Immunsystems gehen.

Manchmal aber schafft es das Immunsystem nicht, eine Infektion innerhalb des Zeitfensters von einigen Wochen vollständig zu beenden. Manche Erreger sind gegen die Abwehrmaßnahmen unempfindlich oder verstecken sich vor dem Immunsystem – infamerweise gerne im Inneren von Immunzellen. So sind fast alle Erwachsenen dauerhaft mit Epstein-Barr-Viren infiziert, und viele Menschen haben Würmer, die das Immunsystem nicht mehr loswird. In solchen Fällen versucht der Organismus die Gefahr, die er nicht eliminieren kann, zumindest zu begrenzen: Die Erreger werden nach Möglichkeit isoliert, beispielsweise in Bindegewebskapseln eingeschlossen, und das Immunsystem lernt, die entsprechenden Antigene zu tolerieren, um das Gewebe nicht durch permanente vergebliche Abwehrreaktionen dauerhaft zu schädigen (**Abb. 217**).

Problematisch wird es, wenn die negativen Feedback-Mechanismen des Immunsystems versagen oder die Apoptose gestört ist. Wenn es etwa nach einer besonders heftigen Entzündung nicht mehr genug Fresszellen gibt oder diese aufgrund einer genetischen Anlage nicht genug »Appetit« haben, werden tote oder sterbende Immun- und Gewebezellen nicht ordnungsgemäß entsorgt. Aus ihnen können Inhaltsstoffe austreten, die vom Immunsystem als Antigene wahr-

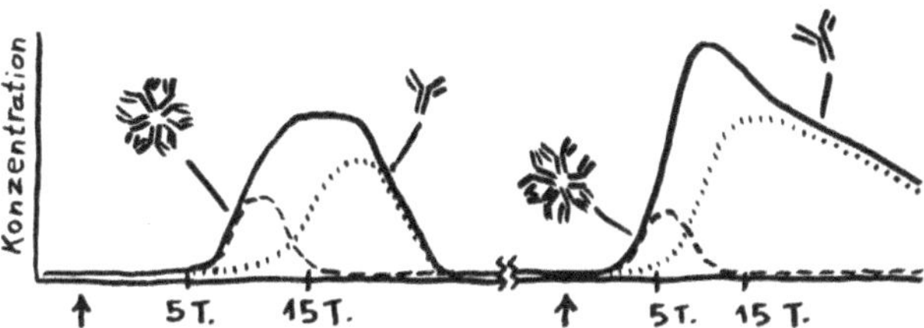

Abb. 216

Bei einer sekundären Immunantwort auf eine Infektion mit demselben Erreger
(Pfeile) läuft die Produktion spezifischer Antikörper schneller und steiler an. Auch
der Klassenwechsel von den klobigen IgM-Pentameren zu Monomeren wie IgG
erfolgt schneller. Siehe auch Abb. 212 .

Abb. 217

Parasiten, die zu groß sind, um sie zu vernichten, werden in Bindegewebe eingekapselt, um ihre Ausbreitung zu verhindern. Das Immunsystem wird ihnen gegenüber tolerant gestimmt, damit es nicht zu einer chronischen Entzündung kommt.

genommen werden. Dann setzt sich die Abwehrreaktion fort, und im schlimmsten Fall kommt ein Teufelskreis in Gang.

Zu einem solchen Teufelskreis, einer chronischen Entzündung, gehört auch das tertiäre Lymphgewebe (s. Abb. 128): Langlebige Lymphozyten bauen am Ort der Entzündung mit Hilfe von Zytokinen neue Lymphfollikel auf. In den Keimzentren werden immer neue naive B- und T-Zellen mit den passenden Antigenen konfrontiert. Was im Idealfall wegen der kurzen Wege zu einer effizienten Gefahrenbekämpfung führt, bereitet bei einer chronischen Erkrankung große Schwierigkeiten. Die Entzündung wird immer aufs Neue angeheizt, und das neue Lymphgewebe stellt den dabei entstehenden Plasmagedächtniszellen immer weitere Überlebensnischen zur Verfügung. Da dieser Teufelskreis maßgeblich zur langfristigen Zustandsverschlechterung bei Autoimmunerkrankungen beiträgt, komme ich im Kapitel »Tertiäres Lymphgewebe: gefährliche Feldlager« darauf zurück.

Neben den Kollateralschäden, die jede Immunantwort mit sich bringt, gibt es einen weiteren wichtigen Grund für die zeitliche Begrenzung der Abwehrreaktionen: Sie kosten den Körper viel Energie – auf die Dauer *zu* viel. Auch Wasser geht dem System während einer akuten Entzündung verloren, zum Beispiel durch verstärktes Schwitzen bei Fieber. Je nachdem, wie viel Energie ein Körper gespeichert hat, sind seine Reserven nach 19 bis 43 Tagen verbraucht. Wenn die Ursache für die Immunreaktion dann nicht behoben ist, schaltet er von einer akuten auf eine chronische Entzündung um. Man bemerkt sie oft nicht, da sie zum Beispiel nicht mit Fieber einhergeht.

Schaden richtet sie trotzdem an: Der Organismus versucht weiterhin, durch Zytokin- und Hormonausschüttung den entzündungstypischen Wasserverlust zu minimieren, obwohl er mangels Fieber gar nicht mehr so viel Wasser verliert. Daher geht eine langanhaltende Entzündung häufig mit chronischem Bluthochdruck einher. Auch die Verhaltensweisen und Schmerzen, die mit einer Entzündung einhergehen, können chronisch werden und sich verselbständigen.

Krankheitsverhalten: kurzfristig heilsam, chronisch belastend

Wenn wir uns ins Bett legen, fiebern und nichts essen mögen, ist das schlecht für uns? Ist es nur ein *Zeichen* dafür, dass es uns schlecht geht? Oder ist es vielmehr Teil unserer Genesung? Erstaunlich lange blieben diese Fragen unbeantwortet. Erst 1988 veröffentlichte Benjamin L. Hart seine wegweisende Arbeit »Biological basis of the behavior of sick animals«, in der er das Krankheitsverhalten *(sickness behavior)* von Tieren als evolutionäre Anpassung zur effizienten Überwindung von Infektionskrankheiten darstellte (**Abb. 218**).

Zu diesem Krankheitsverhalten zählen Anorexie (verringerter Appetit), Adip-

Abb. 218
Zum Krankheitsverhalten zählen Appetitlosigkeit, verringerter Durst, Schläfrigkeit und Schonhaltung, Desinteresse an Sexualiät und überhaupt ein reduziertes Sozialverhalten, auch dem Nachwuchs gegenüber. Warmblüter bekommen Fieber, wechselwarme Tiere wie Fische suchen dagegen wärmere Gefilde auf (sogenanntes Verhaltensfieber).

sie (verringerter Durst), Lethargie und Schläfrigkeit, Anhedonie (Lustlosigkeit, z. B. verringerte Libido), Rückzug und Asozialität (verringerte Revierverteidigung, Brutfürsorge, wechselseitige Körperpflege usw.), Desinteresse an der Umgebung, keine Lust zum Spielen und Lernen, Übelkeit und Unwohlsein, eine erhöhte Schmerzempfindlichkeit, bei Warmblütern Zittern zur Wärmeproduktion und eine kompakte Körperhaltung, die den Wärmeverlust minimiert, bei wechselwarmen Tieren dagegen das Aufsuchen einer warmen Umgebung *(behavioral fever)*.

Hinzu kommen physiologische Veränderungen, etwa eine vom Hypothalamus im Gehirn angeordnete Erhöhung der Körpertemperatur (also Fieber), Entzündungsreaktionen und eine träge Verdauung.

Noch immer glauben viele Menschen, Fieber sollte gesenkt werden und Brandwunden müsse man kühlen, weil die Wärme schädlich sei. So lässt sich zwar der Schmerz dämpfen, nicht aber die Heilung fördern – von Ausnahmen abgesehen. Zwar ist nicht bei jeder Erkrankung klar, auf welche Weise Fieber nützt: Beschleunigung enzymatischer Reaktionen, Hemmung der Vermehrung hitzeempfindlicher Viren oder Bakterien, Entfernung des für Pathogene wichtigen Spurenelements Eisen aus unserem Blut usw. Aber *dass* es eine Anpassungsleistung darstellt und in vielen Situationen das Überleben fördert, ist mittlerweile klar. Zum Beispiel haben infizierte Wüstenleguane oder Zebrafische, die eine wärmere Umgebung aufsuchen können, in Versuchen eine deutlich höhere Überlebenswahrscheinlichkeit als Leidensgenossen, die man daran hindert.

Viele der eben aufgelisteten Aspekte des Krankheitsverhaltens hängen miteinander zusammen. So rufen die Entzündungsreaktionen, mit denen unser Immunsystem Infektionen bekämpft, im Wachzustand Übelkeit, Abgeschlagenheit, Schmerzen usw. hervor, die unsere Aktivitäten behindern und riskanter machen. Daher der Rückzug und der viele Schlaf. Der Rückzug von sozialen Aktivitäten könnte auch die Gefahr verringern, verwandte Artgenossen anzustecken. Andererseits kennen wir von vielen Tierarten Fürsorge für erkrankte Gruppenmitglieder. Das deutet darauf hin, dass das verringerte Sozialverhalten und die Lethargie nicht dem Schutz der anderen, sondern der eigenen Genesung dienen, etwa der Konzentration der Energiereserven auf die kostspieligen Aktivitäten des Immunsystems.

Ob die verfügbare Energie eher in die Heilung oder doch in die kurzfristige Maximierung des Fortpflanzungserfolgs investiert wird, hängt wesentlich von der *life history* und der Reproduktionsstrategie der Art ab: Kurzlebige Säugetiermännchen paaren sich im Zweifel lieber noch einmal und kippen dann tot um. Langlebige Organismen schonen sich lieber; zur Not vernachlässigen sie sogar ihre Jungen und setzen darauf, dass sie nach ihrer Genesung neuen Nachwuchs großziehen können.

Bei einer akuten Erkrankung fördert ein solches Krankheitsverhalten die Gesundung und damit die Chance, das Erbgut, in das dieses Verhalten eingeschrieben ist, an die nächsten Generationen weiterzugeben. So funktioniert natürliche Auslese. Bei chronischen Erkrankungen ist dasselbe Verhalten oftmals kontraproduktiv: Ich kann nicht jahrelang hungern, die Tage verdämmern, enthaltsam leben und die sozialen Bedürfnisse meiner Mitgeschöpfe ignorieren, ohne mir selbst und meinen Verwandten zu schaden. Außerdem werden vermutlich längst nicht alle chronischen Erkrankungen, etwa Autoimmunerkrankungen, durch Erreger verursacht, die sich durch ein solches Verhalten besiegen ließen.

Da aber etliche chronische Erkrankungen erst gegen Ende oder gar nach der Reproduktionsphase auftreten, hat die natürliche Auslese keinen Ansatzpunkt, um einem solchen Dauerkrankheitsverhalten entgegenzuwirken. Das einmal entgleiste Immunsystem, das fälschlich meint, eine Infektion bekämpfen zu müssen, schüttet permanent entzündungsfördernde Botenstoffe wie Interleukin-1β (IL-1β), Interleukin-6 (IL-6) und Tumornekrosefaktor (TNF) aus, die dem Hypothalamus und anderen Schaltzentralen suggerieren, der Organismus müsse noch ein Weilchen kürzertreten und sich zurückziehen. Das könnte der Grund für ein Phänomen sein, das vielen chronisch Kranken nur allzu bekannt ist: Fatigue.

Chronischer Schmerz: Das Immunsystem mischt mit

Schmerz ist ein starkes unangenehmes Sinnes- und Gefühlserlebnis, das durch Signalverarbeitung im zentralen Nervensystem entsteht. Die Signale stammen von den Ausläufern spezialisierter Neuronen in der Peripherie, also zum Beispiel in der Haut eines Fingers, in den sich gerade ein Dorn bohrt. Diese Neuronen heißen Nozizeptoren, also »Schadenswahrnehmer« – vom lateinischen *nocere* = schaden und *percipere* = wahrnehmen. Akuter Schmerz ist meistens selbstlimitierend: Man reagiert auf ihn, zieht zum Beispiel den Dorn aus dem Finger, und behebt so den Anlass. Auch die anschließende Wundheilung kann noch mit Missempfindungen einhergehen, aber dann ist Schluss.

Gelingt es nicht, die Ursache abzustellen, oder nehmen die Nervenzellen selbst Schaden, kann der Schmerz chronisch werden. Zunächst kommt es zur peripheren Sensibilisierung: Statt die Empfindungen zu dämpfen, senkt das System die Erregungsschwelle der Nozizeptoren, sodass Schadreize sogar noch stärker wahrgenommen werden. Diese sogenannte **Hyperalgesie** wird durch Gewebshormone wie Prostaglandine und Leukotriene ausgelöst, die am Ort der Verletzung vor allem von Immunzellen ausgeschieden werden. Die Nozizeptoren selbst schütten an der Reizquelle vermehrt Neuropeptide aus, die die örtliche Entzündungsreaktion verstärken: Die Blutgefäße weiten sich, Mastzellen schütten mehr Histamin aus und so weiter. Das führt zur sogenannten **Allodynie**, also zur Verwandlung von Nervenzellen, die bisher zum Beispiel für Berührungsreize zuständig waren, in weitere Nozizeptoren (**Abb. 219**).

Nach einer Weile tritt eine zentrale Sensibilisierung hinzu: Auch die Neuronen im Rückenmark reagieren auf den Dauerbeschuss mit Schmerzsignalen aus der Peripherie. Sie verändern ihre Gen-Expression, machen sich so noch empfänglicher für die erregenden Neurotransmitter aus den Nozizeptoren und senden folglich stärkere Signale ans Gehirn weiter. Auf die Dauer entsteht das gefürchtete »Schmerzgedächtnis«. Das ist die Schattenseite der neuronalen Plastizität, also der Fähigkeit unseres Nervensystems, häufig benötigte Signalwege auszubauen. Ein solcher chronischer Schmerz spricht auf Schmerzmittel kaum an und ist oft nicht mehr rückgängig zu machen.

Nicht nur in der Peripherie, sondern auch im zentralen Nervensystem mischen bei der Schmerz-Chronifizierung Immunzellen mit. Eine Schlüsselrolle nehmen die purinergen Rezeptoren ein: Rezeptoren in der Zellmembran, die Purine wahrnehmen können. Zu diesen organischen Verbindungen zählt der Energieträger Adenosintriphosphat, kurz ATP (s. Abb. 72). Tritt das wertvolle ATP extrazellulär auf, weist es auf beschädigte Zellen hin. Im zentralen Nervensystem tragen vor allem die Mikroglia purinerge Rezeptoren. Mit ihren Fortsätzen tasten sie permanent die Neuronen in ihrer Umgebung ab. Stellen sie dabei einen Defekt fest, ziehen sie ihre Fortsätze ein, und der Zellkörper vergrößert sich. Sie erhöhen die Zahl ihrer Rezeptoren, um Alarmsignale noch besser wahrnehmen zu können. Sie vermehren sich und produzieren Substanzen, mit denen sie andere Zellen über das Problem informieren. Unter anderem locken sie mit Chemokinen weitere Mikroglia an den Ort des Geschehens.

Nach einer peripheren Nervenverletzung wird der Schmerz bei Mäusemännchen – darauf komme ich gleich zurück! – ohne purinerge Rezeptoren auf den Mikroglia nicht chronisch. Nur wenn ihre purinerge Rezeptoren extrazelluläres ATP aus den beschädigten Nerven binden, schütten die Mikroglia ihrerseits Alarmstoffe wie BDNF *(brain-derived neurotropic factor)* aus. BDNF und die übrigen löslichen Botenstoffe binden dann an Rezeptoren der Nozizeptoren und der Neuronen im Rückenmark, die den Reiz von den Nozizeptoren übernehmen und in Richtung Gehirn weiterleiten. Auch die Allodynie, also die Umwidmung anderer Neuronen zu weiteren Nozizeptoren, wird von ATP-stimulierten Mikroglia gefördert.

Neben Mikroglia wandern auch Makrophagen und T-Zellen in die Nervenknoten am Rückenmark ein, in denen die Zellkörper der beschädigten peripheren Neuronen liegen. Diese büßen nämlich durch ihre Beschädigung und Entzündung die schützende Myelinscheide ein und reagieren überempfindlich wie bloßliegende Zahnhälse: Sie scheiden Alarmstoffe aus, die nicht nur auf benachbarte Nervenzellen einwirken, sondern auch Immunzellen anlocken und aktivieren.

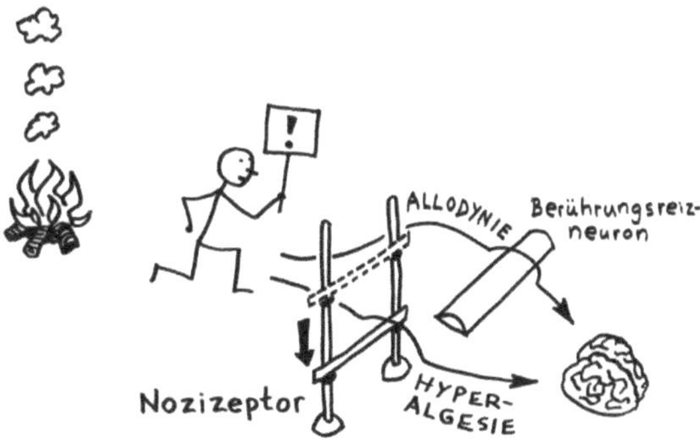

Abb. 219
Bei Hyperalgesie wird die Erregungsschwelle eines Nozizeptors abgesenkt,
bei Allodynie werden andere Neuronen zu Nozizeptoren.

T-Zellen sind, um richtig aktiv zu werden, auf die Präsentation von Antigenen angewiesen. Normalerweise übernehmen das dendritische Zellen oder Makrophagen. Aber auch aktivierte Mikroglia tragen MHC-Klasse-II-Moleküle und Kostimulatoren, sodass T-Zellen an sie andocken und mit ihnen kommunizieren können. Sowohl Tierversuche als auch Untersuchungen an Menschen deuten darauf hin, dass ins Nervensystem einwandernde T-Zellen – vor allem Th1- und Th17-Zellen – im weiblichen Organismus für die Entstehung chronischer Schmerzen viel wichtiger sind als im männlichen Körper. Die purinergen Rezeptoren der Mikroglia sind dagegen bei Frauen an diesem Prozess kaum beteiligt.

Die Anhäufung und Aktivierung von Immunzellen am und im Rückenmark führt zu einer Flut von Botenstoffen, die die Nervenzellen noch erregbarer macht. So kommt ein Teufelskreis in Gang (**Abb. 220**). Das Gehirn ordnet unter dem Eindruck der verstärkten und verlängerten Schmerzwahrnehmung die Ausschüttung weiterer Hormone an. Diese wiederum stimulieren in der Peripherie das Immunsystem noch weiter, sodass es mehr entzündungsfördernde Substanzen produziert und stärker auf Lockreize wie Chemokine reagiert – und so weiter, auch wenn der ursprüngliche Anlass für den Schmerz längst Geschichte ist.

Auch viele Autoimmunerkrankungen gehen mit chronischen Schmerzen und Nervenschäden einher. Bei multipler Sklerose (MS) klagen etwa 50 bis 80 Prozent der Betroffenen über chronische Schmerzen. Der Mechanismus ist noch nicht richtig aufgeklärt, aber bei Rattenmännchen mit EAE, dem Tiermodell für MS, stellen die Mikroglia im Rückenmark und im Sehnerv mehr purinerge Rezeptoren her als bei gesunden Tieren.

Das Guillain-Barré-Syndrom ist ebenfalls oft mit neuropathischen Schmerzen verbunden. Während bei MS Nerven im Gehirn die Myelinschicht verlieren, sind es hier periphere Nerven, die allmählich ihre Axon-Hüllen einbüßen. Bei Ratten mit einer solchen Störung ist wiederum die Zahl der purinergen Rezeptoren auf den Mikroglia im Rückenmark erhöht, was zu einer Allodynie führt: Die Tiere empfinden Berührungen als schmerzhaft. Außerdem hat man in Tierversuchen eine Einwanderung von T-Zellen und antigenpräsentierenden Zellen in den Ischiasnerv beobachtet, die ebenfalls mit Schmerzverhalten korreliert.

Eine ungewöhnliche Autoimmunerkrankung ist das komplexe regionale Schmerzsyndrom (CRPS), bei dem Autoantikörper des Typs IgG entstehen: Es tritt nach einer – oft unauffälligen – Verletzung an einem Arm oder Bein auf und ist mit extremen Schmerzen verbunden, die bei etwa 15 Prozent der Betroffenen chronisch werden. Der Arm oder das Bein schwillt an und wird rot, aber das Gewebe wird nicht zerstört, anders als bei einer normalen Entzündung. Das Autoantigen, das die Immunreaktion auslöst, ist unbekannt. Die Dauer des Schmerzes lässt jedenfalls auf eine zentrale Sensibilisierung der Nerven schließen.

Bei rheumatoider Arthritis treten zahlreiche unterschiedliche Autoantikörper auf. Injiziert man Mäusen einen davon, ACPA, so zeigen sie ein mehrere Wochen anhaltendes Schmerzverhalten, ohne dass eine Entzündung nachzuweisen wäre. Daher kommt der Schmerz wohl unmittelbar durch die Bindung des Autoantikörpers an eine Struktur im Nervensystem zustande. Allerdings muss beim Rheuma noch irgendein weiterer Schmerzauslöser hinzukommen, denn diese Autoantikörper treten beim Menschen bis zu 10 Jahre vor den ersten klinischen Symptomen und Schmerzen auf.

Abb. 220
Bei chronischem Schmerz versetzen Mikroglia, Neuronen, eingewanderte T-Zellen und die um die Neuronen gewickelten Schwann-Zellen einander immer wieder in einen Alarmzustand, auch wenn sich der Anlass längst erledigt hat.

Tag und Nacht

Im Zuge einer Immunreaktion, wie ich sie in den letzten Kapiteln beschrieben habe, gibt es so viele unterschiedliche, ja entgegengesetzt wirkende Komponenten und Abläufe, dass man sich fragen muss, warum sie einander nicht ständig blockieren. Ein Teil der Lösung ist die räumliche Trennung, die Unterteilung des Körpers und jeder Zelle in Kompartimente, die ich im Crashkurs Biologie vorgestellt habe. Ebenso wichtig ist die zeitliche Trennung: Während bestimmte Abwehrvorgänge vor allem nachts ablaufen, wenn wir schlafen, konzentrieren sich andere auf den Tag.

Stören wir diesen Rhythmus durch Hormongaben zur falschen Tageszeit, nächtliches Licht, ständige Wechselschichten oder Schlafmangel, können wir die Selbstheilungskräfte unseres Körpers empfindlich schwächen. Das kann z. B. Impfungen weniger wirksam machen, Krebsrisiken erhöhen oder im schlimmsten Fall eine Chemotherapie versagen lassen.

Immunologische Schlafforschung: zum Mäusemelken

Das Immunsystem wird nicht nur durch unser tageszeittypisches Verhalten beeinflusst, etwa nächtliche Ruhe an einem Rückzugsort und tägliche Aktivität in einer infektions- und verletzungsträchtigen Umwelt, sondern auch durch unsere innere Uhr. Alle möglichen Abläufe in unserem Körper schwingen mit einer Periode von etwa 24 Stunden, der sogenannten circadianen Rhythmik (vom lateinischen *circa* = um ... herum und *dies* = Tag). Innere Uhr, Schlaf und Immunsystem sind miteinander verwoben. So wird das Schlafzentrum, das viele Abläufe im Immunsystem regelt, seinerseits durch das Immunsystem beeinflusst (**Abb. 221**). Das merkt man z. B. am erhöhten Schlafbedürfnis bei einer Infektionserkrankung oder auch an der ständigen Abgeschlagenheit (Fatigue) bei vielen Autoimmunerkrankungen.

Dass diese Zusammenhänge jetzt erst allmählich aufgeklärt werden, liegt an methodischen Schwierigkeiten. Mäuse und Ratten sind nach wie vor die wichtigsten Versuchstiere bei der Erforschung des Immunsystems. Aber da sie nachtaktiv sind, kann man an ihnen gewonnene Erkenntnisse nicht unmittelbar auf den Menschen übertragen (**Abb. 222**). Umso wichtiger ist die Forschung am Menschen: Um die Rhythmen in der Vermehrung und Aktivierung von Immunzellen und in der Produktion von Hormonen und anderen Botenstoffen zu ermitteln, zapft man Versuchspersonen – möglichst ohne ihren Schlaf zu stören – über mindestens 24 Stunden hinweg regelmäßig etwas Blut ab, das dann analysiert wird.

Aber ist die Konzentration eines Stoffes oder eines Zelltyps im Blut überhaupt repräsentativ für die Verhältnisse in dem Organ, das einen eigentlich interessiert?

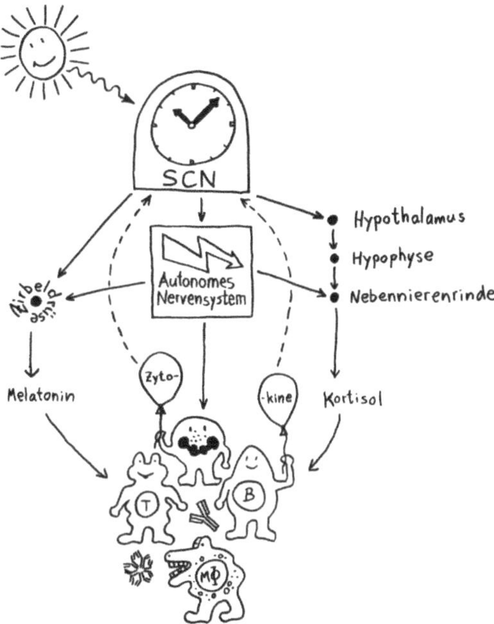

Abb. 221

Innere Uhr und Immunsystem: Unsere zentrale Uhr im suprachiasmatischen Nucleus oder SCN, einem Teil des Hypothalamus im Gehirn, schwingt mit einer Periode von ungefähr im 24 Stunden. Dieser circadiane Rhythmus wird regelmäßig durch das Tageslicht nachjustiert, damit die Uhr nicht vor- oder nachgeht. Der SCN beeinflusst das Immunsystem auf drei Wegen: über die Zirbeldrüse, die zu bestimmten Tageszeiten das Hormon Melatonin ausschüttet, über die Hypothalamus-Hypophysen-Nebennierenrinden-Achse, die zu einer im Tagesverlauf schwankenden Kortisolausschüttung führt, und über das autonome Nervensystem, das Signale an die Zirbeldrüse und die Nebennierenrinde, aber auch direkt an Lymphorgane wie Milz und Leber sendet. Das Immunsystem wiederum wirkt auf unsere Uhr und damit auf unser Schlafbedürfnis zurück: durch die Ausschüttung von Zytokinen, die im SCN die Ablesung der Uhr-Gene beeinflussen.

Abb. 222

Menschen sind tagaktiv, Mäuse und Ratten nachtaktiv. Das erschwert die Interpretation von Tierversuchen zur Steuerung des Immunsystems durch Hormone, deren Produktion entweder durch Tageslichtreize oder durch Schlaf ausgelöst wird.

Bei manchen Zelltypen definitiv nicht: Wenn man im Blut zu einem Zeitpunkt beispielsweise besonders wenige T-Helferzellen findet, heißt das nicht, dass sie plötzlich »ausgestorben« sind: Sie sind u. U. nur ins Knochenmark gewandert. Antigenpräsentierende Zellen halten sich fast rund um die Uhr im Gewebe auf, um Antigene aufzustöbern. Daher werden in den Blutproben an ihrer Stelle ihre Vorläufer gezählt, zum Beispiel Monozyten anstelle von Makrophagen. Denn Monozyten müssen nach ihrer Entstehung im Knochenmark über die Adern ins Gewebe wandern.

Um die Auswirkungen der circadianen Rhythmik und des Schlafs auseinanderzuhalten, muss man mit Schlafentzug arbeiten. An Menschen lässt sich das ethisch nur für eine Nacht vertreten, um Dauerschäden zu vermeiden. Allerdings weiß man aus der Untersuchung von alkoholismus- oder depressionsbedingten Schlafstörungen, dass ein länger anhaltender Schlafmangel die Zytokinproduktion von einer Th1- zu einer Th2-Antwort verschiebt. Und Versuche an Mäusen und Ratten haben gezeigt, dass ein längerer Schlafentzug das Immunsystem schon bald so schwächt, dass der Organismus von Bakterien überrannt wird und das Tier an einer Sepsis stirbt.

Die Uhr der natürlichen Killerzellen

Neben der zentralen biologischen Uhr im Hypothalamus schwingen auch im restlichen Körper viele Vorgänge im 24-Stunden-Takt. Dank dieser lokalen Uhren, die regelmäßig durch Impulse aus dem Hypothalamus synchronisiert werden, können sich Zellen und Organe auf regelmäßig wiederkehrende Situationen einstellen. Natürliche Killerzellen (NK-Zellen) dienen z. B. der Bekämpfung von Pathogenen, die zumeist tagsüber während unserer aktiven Phase in den Körper eindringen.

In **Abb. 223** zeigen die Halbkreise die Tageszeit an: morgens, mittags, abends, nachts. Die obere Hälfte der vier Rechtecke stellt jeweils den Zellkern dar, die untere Hälfte das Zytoplasma, also den Zellbereich außerhalb des Kerns. Die Darstellung ist extrem vereinfacht; tatsächlich gibt es z. B. noch mehr Uhrgene, die der Stabilisierung des Rhythmus dienen.

Morgens werden die Uhrgene *per, cry* und *ror* abgelesen: Das Protein BMAL/CLOCK (die Uhr) hat an sie angedockt und fördert ihre Transkription. Außerdem fördert es die Ablesung zahlreicher weiterer Gene, der sogenannten *clock-controlled genes* oder CCGs. In NK-Zellen sind das zum Beispiel Gene, deren Produkte für die Pathogenbekämpfung nötig sind. Die neuen mRNA-Stränge wandern aus dem Zellkern ins Zytoplasma und werden dort von Ribosomen in Empfang genommen. Diese Proteinfabriken setzen anhand der Bauanleitung in der mRNA Aminosäuren zu neuen Proteinen zusammen.

Abb. 223
Das Stundenbuch der natürlichen Killerzellen

Mittags haben die NK-Zellen große Mengen der Proteine hergestellt. Einen Teil scheiden die Zellen aus, um Viren, Bakterien und Krebszellen auszuschalten – zum Beispiel Giftstoffe aus ihren Granula (den Membranbläschen) oder Botenstoffe. Die Proteine PER und CRY lagern sich dagegen zusammen, werden aktiviert und wandern – wie auch das Protein ROR – in den Zellkern ein. Diese Proteine sind Transkriptionsfaktoren; sie beeinflussen also die Ablesung von Genen, genau wie BMAL/CLOCK.

Abends werden die morgens fleißig transkribierten Gene nicht mehr abgelesen, da PER/CRY (Ampel) die Aktivierung durch BMAL/CLOCK (Uhr) unterbindet. Der Transkriptionsfaktor ROR hat dagegen an eine Sequenz vor dem Gen *bmal* gebunden und dessen Ablesung eingeschaltet. Er zieht gewissermaßen die Zelluhr auf (Schlüssel). Die *bmal*-mRNA wandert ins Zytoplasma zu den Ribosomen.

Nachts haben die NK-Zellen so viel BMAL hergestellt, dass es sich mit seinem langlebigen Partner CLOCK zusammenlagern kann. Das Protein tritt in den Zellkern über und ersetzt dort alte, nicht mehr funktionstüchtige BMAL/CLOCK-Einheiten. PER/CRY hat ausgedient und wird von Enzymkomplexen, sogenannten Proteasomen, abgebaut (Hammer).

Damit schließt sich der Kreis. So werden gefährliche Wirkstoffe, deren Herstellung zudem viel Energie verbraucht, jeden Tag »just in time« produziert: dann, wenn Pathogene in unseren Körper eindringen.

Schichtarbeit

Entzündungsfördernde und entzündungshemmende Signale, angeborene und erworbene Abwehr sowie deren Th1- und Th2-Arm sollten einander nicht ins Gehege kommen. Der Tag gehört den entzündungshemmenden Einflüssen, der angeborenen Abwehr und denjenigen Zellen der erworbenen Abwehr, die Pathogene unmittelbar bekämpfen: den zytotoxischen T-Zellen. Im Nachtschlaf dominieren Entzündungsreaktionen, die uns tags bei lebensnotwendigen Aktivitäten stören würden. Außerdem wird nachts durch die Kontakte zwischen antigenpräsentierenden Zellen und T-Helferzellen das immunologische Gedächtnis angelegt.

Vermittelt wird dieser Schichtbetrieb durch Hormone aus der Zirbeldrüse und der Hypophyse im Gehirn sowie aus der Nebennierenrinde, deren Ausschüttung von der zentralen inneren Uhr im Hypothalamus gesteuert wird. Sie sorgen dafür, dass die richtigen Zellpopulationen zu jeder Zeit am richtigen Ort sind, also im Blut, im Lymphsystem, im peripheren Gewebe oder im Knochenmark. Die zentrale innere Uhr im Hypothalamus und auch die lokalen Uhren in den meisten unserer Organe basieren auf einer Handvoll Gene, deren Ableseprodukte wechselseitig ihre eigene Ablesung ein- und ausschalten (siehe Kasten »Die Uhr der natürlichen Killerzellen« und **Abb. 223**). Ohne äußere Impulse dauert ein solcher Zyklus etwas mehr als 24 Stunden. Durch Tageslichtsignale – von Nervenzellen in der Netzhaut an die Zirbeldrüse und den Hypothalamus weitergeleitet – wird er auf genau 24 Stunden eingestellt.

Die zentrale Uhrzeit wird vor allem durch das Zirbeldrüsen-Hormon Melatonin (**Abb. 224**) an die Zellen im gesamten Körper übermittelt. Die Melatoninkonzentration ist mitten in der Nacht am höchsten, fällt vor dem Morgen steil ab und bleibt tags sehr niedrig, bis sie abends wieder anzusteigen beginnt (**Abb. 225**). In dieser und den folgenden Abbildungen ist die Konzentration im Blut während etwas mehr als 24 Stunden dargestellt, vom Abend eines Tages bis zum Abend des nächsten. Die beiden senkrechten Linien markieren die Nacht, in der man idealerweise zwischen 23 und 7 Uhr acht Stunden schläft. In der ersten Nachthälfte gerät man in den Tiefschlaf. Diese Schlafphase ist für die Regelung des Immunsystems entscheidend.

Vom Tiefschlaf und der Melatoninfreisetzung gehen entzündungsfördernde Impulse an das Immunsystem aus, z. B. das Protohormon Somatropin (auch Wachstumshormon genannt) und das Hormon Prolaktin, die beide in der Hypophyse hergestellt werden. Wurden die für diese Signale empfänglichen Immunzellen zuvor durch Antigene (etwa aus Bakterien) aktiviert, so wandern sie nun von ihren Ruheplätzen, v. a. dem Knochenmark, in das Blut und das Lymphsystem. Dort produzieren sie große Mengen an entzündungsfördernden Zyto-

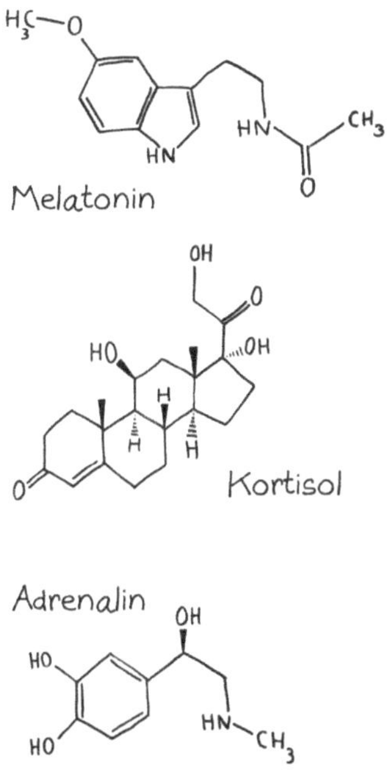

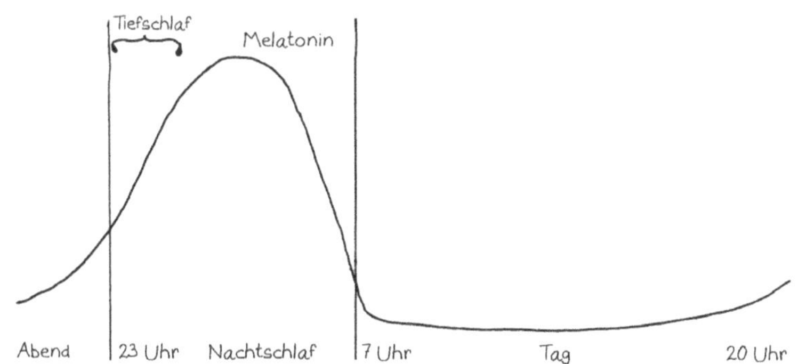

Abb. 224

Diese Hormone (Melatonin aus der Zirbeldrüse, Kortisol und Adrenalin aus der Nebennierenrinde) aktivieren Immunzellen und teilen ihnen mit, wann sie sich wohin begeben sollen. Melatonin wird zur Milderung von Jetlag eingesetzt. Das entzündungshemmende Kortisol wird bei vielen Autoimmunerkrankungen verschrieben. Das »Stresshormon« Adrenalin wird unter anderem als Notfallmedikament bei einem Herzstillstand injiziert.

Abb. 225

Die Melatoninproduktion in der Zirbeldrüse erreicht mitten in der Nacht ihr Maximum und wird vor dem Erwachen stark heruntergefahren. Die senkrechten Linien markieren Beginn und Ende des Nachtschlafs. (Diese und folgende Abbildungen: nach Lange und Born, 2011.)

kinen wie IL-6, IL-12 und TNF-α. Morgens sinkt die Zytokinproduktion, und die Entzündungsanzeichen wie zum Beispiel Schwellungen gehen zurück, sodass man sich tagsüber trotz einer Infektion gut fortbewegen kann (**Abb. 226**).

Zugleich wird nachts die Produktion des entzündungshemmenden Kortisols und der Hormone Adrenalin und Noradrenalin in der Nebennierenrinde durch die Tiefschlafsignale auf ein Minimum reduziert, ebenso die Herstellung entzündungshemmender Zytokine wie IL-10 durch die Monozyten. Tags unterstützen diese entzündungshemmenden Substanzen dagegen die Wiederherstellung der Beweglichkeit und Handlungsfähigkeit (**Abb. 227**): Die Hormone binden in den Immunzellen an ihre Rezeptoren und werden in die Zellkerne eingeschleust. Dort docken sie unter anderem an das IL-10-Gen an und fördern so dessen Ablesung.

Abb. 226
Durch den Tiefschlaf zu Beginn der Nacht ausgelöst und durch Hypophysen-Botenstoffe wie Somatropin und Prolaktin vermittelt, steigt nachts in den Zellen der angeborenen Immunabwehr die Produktion von Entzündungszytokinen wie IL-6, IL-12 und TNF-α.

Abb. 227
Tags sorgen entzündungshemmende Zytokine (vor allem IL-10) und Hormone dafür, dass Entzündungszeichen wie Schwellungen zurückgehen. So können wir uns trotz einer Infektion ungehindert bewegen.

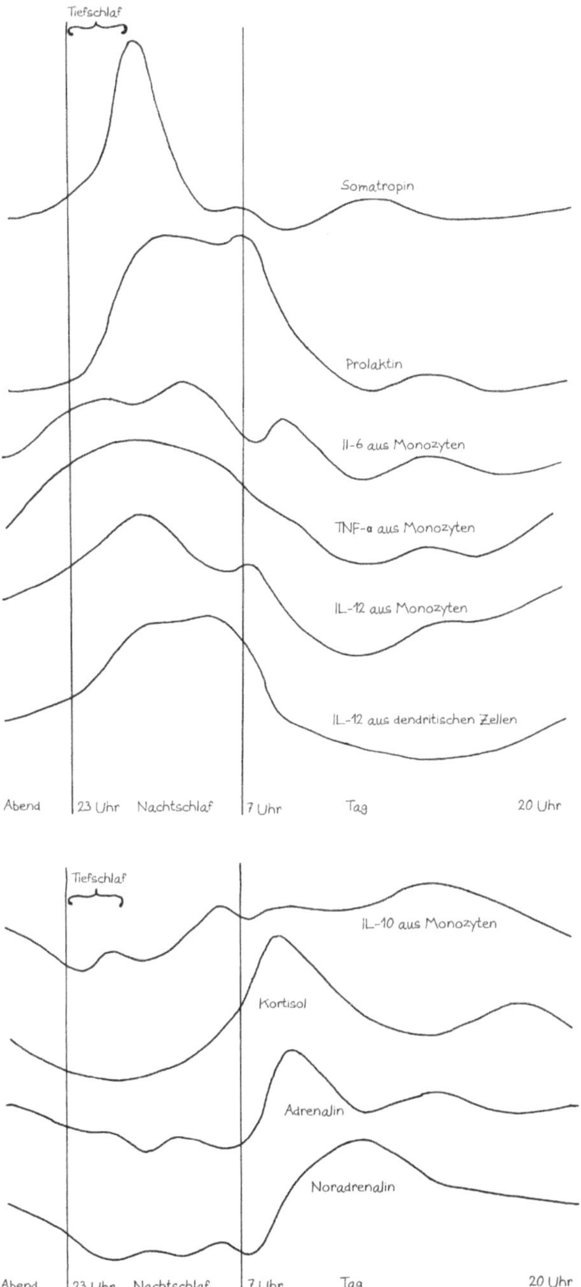
Tiefschlaf
Somatropin
Prolaktin
Il-6 aus Monozyten
TNF-α aus Monozyten
IL-12 aus Monozyten
IL-12 aus dendritischen Zellen
Abend
23 Uhr
Nachtschlaf
7 Uhr
Tag
20 Uhr
Tiefschlaf
IL-10 aus Monozyten
Kortisol
Adrenalin
Noradrenalin
Abend
23 Uhr
Nachtschlaf
7 Uhr
Tag
20 Uhr

Das heißt aber nicht, dass das Immunsystem tagsüber neue Gefahren ignorieren würde. Vielmehr steigt die Produktion entzündungsfördernder Zytokine wie TNF-α in einem solchen Fall schnell an. In der Folge steigt dann auch die Konzentration des entzündungshemmenden Kortisols im Blut (**Abb. 228**, gestrichelte Kurven). Beides wird binnen weniger Stunden wieder auf das Normalmaß heruntergeregelt, um den Tag-Nacht-Rhythmus nicht zu stören.

Morgens erreicht auch die Adrenalinproduktion ihren Höhepunkt. Adrenalin beeinflusst das Wanderungsverhalten zytotoxischer T-Zellen, die die Nacht über im Gewebe geruht haben und nun in die Blutbahn zurückkehren. So können sie tagsüber, wenn die Infektionsgefahr wegen unserer Aktivität am größten ist, Pathogene und kranke Zellen aus dem Weg räumen.

Der morgendliche Kortisol-Peak bringt dagegen »nachtaktive« Immunzellen wie die T-Helferzellen dazu, nun dem Ruf bestimmter Lockstoffe zu folgen: Sie wandern aus dem Blut und der Lymphe in das Knochenmark, wo sie gewissermaßen den Tag verschlafen. Wenn zu Beginn der Nacht kaum noch Kortisol durch den Körper kreist, verlassen die T-Helferzellen das Knochenmark wieder. Sie reisen in die Lymphknoten und lassen sich dort von antigenpräsentierenden Zellen die Antigen-Ausbeute vom letzten Tag präsentieren. Daraufhin vermehren sich diejenigen T-Helferzellen, die diese Antigene erkennen. Es entstehen vor allem T-Helferzellen vom Typ 1 (Th1), die den zellulären Arm der erworbenen Abwehr unterstützen (**Abb. 229**). Durch ihre Vermehrung und Aktivierung steigt die Konzentration der von ihnen hergestellten Zytokine wie IL-2 und IFN-γ.

Die Th1-Zellen unterstützen dann zum Beispiel B-Zellen bei der Produktion von opsonierenden Antikörpern, also IgG, das an Pathogene bindet und sie damit für die Vernichtung durch Fresszellen markiert. Zugleich entstehen nachts Gedächtniszellen, sodass das Immunsystem bei einer erneuten Attacke derselben Pathogene schneller reagieren kann. Diese Umwandlung flüchtiger Information in dauerhafte Erinnerungen durch die Datenübertragung von den kurzlebigen antigenpräsentierenden Zellen auf langlebige T- und B-Gedächtniszellen dürfte eine der wichtigsten Funktionen unserer Nachtruhe sein.

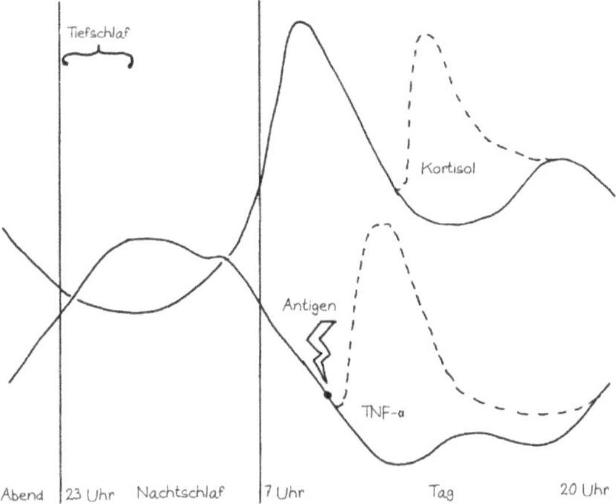

Abb. 228

Dringt tagsüber ein Antigen in den Körper ein, wird die Produktion des entzündungsfördernden TNF-α kurzfristig stark hochgefahren, um eine Ausbreitung der Gefahrenquelle zu verhindern. Kurz danach steigt auch die Konzentration des entzündungshemmenden Kortisols stark an, wodurch die TNF-α-Ausschüttung nach wenigen Stunden wieder auf ihr normales Tagesniveau absinkt. Diesen Regelungsvorgang nennt man reaktive Homöostase.

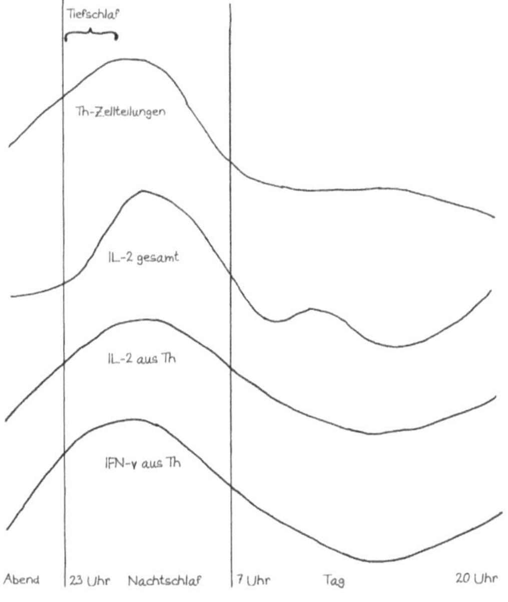

Abb. 229

T-Helferzellen vermehren sich vor allem nachts, nachdem sie in den Lymphknoten von antigenpräsentierenden Zellen aktiviert wurden. Mit ihrer Zahl steigt auch die Konzentration der von ihnen hergestellten Botenstoffe wie IL-2 und IFN-γ.

Überlebensvorteil durch Energie-Umverteilung

Zwei evolutionäre Vorteile der Schichtarbeit im Immunsystem habe ich schon erwähnt: Entzündungen, die im Wachzustand mit Übelkeit, verlangsamten Reaktionen, Gelenkschwellungen usw. einhergehen können, sind im Schlaf weniger gefährlich. Daher werden entzündungsfördernde Immunzellen wie die T-Helferzellen vor allem nachts aktiv. Und die schnellen Eingreiftruppen des Immunsystems – z. B. zytotoxische T-Zellen und natürliche Killerzellen – kreisen vor allem dann durch das Blut, wenn uns wegen unserer Aktivitäten die meisten Infektionen und Verletzungen drohen: am Tag.

Aber das ist noch nicht alles. Die Aktivierung des Immunsystems und die Ausbildung von Gedächtniszellen kosten viel Energie, vor allem für die zahlreichen Zellteilungen und die Proteinsynthese (s. Abb. 211). Tags fließt ein Großteil unserer aus der Nahrung gewonnenen Energie in den Unterhalt des Bewegungsapparats. Nachts im Schlaf verbraucht unsere Muskulatur kaum Energie, sodass unser Hormonsystem die verfügbaren Ressourcen in das Immunsystem umleiten kann.

Angesichts dieser effizienten Arbeitsteilung wundert es nicht, dass dauerhafter Schlafmangel oder starke Verschiebungen der Schlafphase gegenüber dem natürlichen Rhythmus das Immunsystem aus dem Tritt bringen.

Wenn Uhren aus dem Takt geraten

Die gedächtnisbildenden und die unmittelbar gegen Pathogene wirksamen T-Zellen arbeiten also in unterschiedlichen Schichten, um sich nicht ins Gehege zu kommen. Bei einigen Autoimmunerkrankungen gerät dieser Schichtplan allerdings durcheinander. So leiden Menschen mit rheumatoider Arthritis vor allem morgens unter Schmerzen und Gelenksteife. Aus noch unbekannten Gründen reagiert bei ihnen die entzündungshemmende Hypothalamus-Hypophysen-Nebennierenrinden-Achse zu schwach auf die Gelenkentzündungen. Insgesamt produzieren Rheumatiker mehr entzündungsförderndes Melatonin als Gesunde, die Melatonin-Kurve steigt zu Beginn der Nacht steiler an und erreicht früher ihr Maximum. Die Kortisol-Kurve ist ebenfalls nach vorne verschoben. Infolge dieser vorgehenden Hormonuhr ist auch die Interleukin-6-Produktion gestört: Sie erreicht etwa um 7 Uhr einen sehr hohen Gipfel und ist auch vormittags noch viel zu hoch (**Abb. 230**).

Bei vielen Rheumatikern ist neben der Hormonproduktion offenbar auch das Uhrwerk in den Fibroblasten, also den Bindegewebszellen, der entzündeten Gelenke gestört: Zwar empfangen die Zellen die Taktgeber-Signale aus dem SCN und den Hormondrüsen, aber sie verarbeiten sie nicht richtig weiter.

378

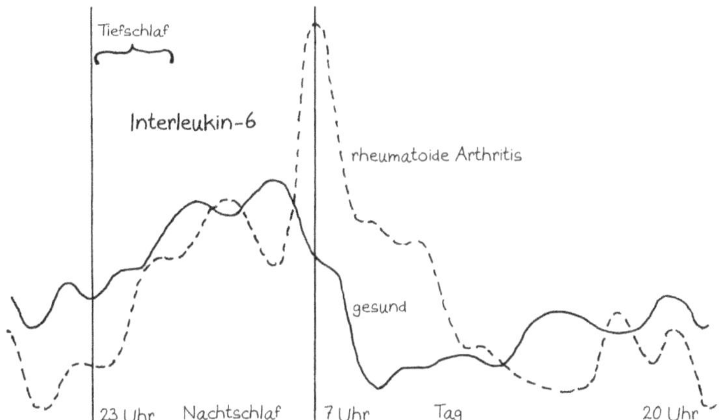

Abb. 230
Bei einer rheumatoiden Arthritis fällt die Interleukin-6-Produktion gegen Ende der Nacht nicht ab, sondern sie steigt noch einmal stark an – und bleibt den ganzen Vormittag erhöht. In dieser Zeit sind die Entzündungssymptome besonders ausgeprägt.

Dadurch laufen die Zelluhren nicht mehr synchron. Das Uhr-Protein BMAL (s. Abb. 223) wird zwar noch hergestellt, aber nicht mehr richtig vom Zytoplasma in den Zellkern transportiert. Andere Elemente der lokalen Uhren fehlen völlig.

Ein weiterer Hinweis auf die Störung der circadianen Rhythmik ist die sogenannte Fatigue, die Abgeschlagenheit oder Müdigkeit, unter der viele Rheumatiker und Menschen mit anderen Autoimmunerkrankungen leiden: im Grunde so etwas wie permanenter Jetlag. Dazu passt auch das Ergebnis einer Studie aus dem Jahr 2010: Schichtarbeiterinnen haben ein höheres Risiko, an rheumatoider Arthritis zu erkranken, als Frauen, die immer zur selben Tageszeit arbeiten.

Nicht nur Rheumatiker, sondern auch viele Allergiker haben mit Schlafstörungen und morgendlichen Symptomschüben zu kämpfen. Bei ihnen hat die innere Uhr die Mastzellen nicht mehr unter Kontrolle: In diesen Zellen werden morgens vermutlich zu viele hochaffine IgE-Rezeptoren hergestellt.

Auch weitere Belastungen und Erkrankungen gehen mit einer circadianen Dysregulation einher, wobei Ursache und Wirkung oft schwer zu unterscheiden sind: Chronischer Stress dämpft über die Hypothalamus-Hypophysen-Nebennierenrinden-Achse die Kortisol-Rhythmik, sodass morgens zu wenig und abends zu viel von diesem Hormon im Blut kreist. Bei einer Sepsis kann die zentrale Uhr im SCN stehen bleiben, sodass auch der Rhythmus der Melatoninproduktion verloren geht. Bei schweren Depressionen kann sich das IL-6-Ausschüttungsprofil gegenüber Gesunden um 12 Stunden verschieben.

Solche Erkenntnisse nutzt die sogenannte Chronotherapie, bei der man versucht, mit Wirkstoff- oder Lichtgaben zu bestimmten Zeiten die »gesunden« Amplituden und Phasen der circadianen Rhythmen wiederherzustellen. Einfach ist das nicht. Melatonin scheint zum Beispiel mehrere Gesichter zu haben: Während es das Immunsystem im Normalzustand oder bei zu geringer Aktivität in Schwung bringt und entzündungsfördernd wirkt, dämpft es bei einer Sepsis überschießende Immunreaktionen und kann so die Überlebenschance erhöhen. Und während Lupus-Patientinnen von Melatonin-Gaben zu profitieren scheinen, hat der Stoff bei männlichen Lupus-Patienten keine oder gar eine nachteilige Wirkung. Bei einer Colitis scheint Melatonin zu nützen, bei Morbus Crohn dagegen zu schaden.

Durch die unterschiedliche Tageslänge schwankt die Melatoninproduktion nicht nur im Tages-, sondern auch im Jahresverlauf. In einer Studie an argentinischen Patienten mit schubförmig remittierender multipler Sklerose sank die Zahl der Krankheitsschübe im dunklen Herbst und Winter, wenn der Körper mehr Melatonin herstellt, und in einem entsprechenden Tierversuch schützten Melatonin-Gaben das Nervensystem der Mäuse vor MS-typischen Schäden. Allerdings sind die Studienergebnisse noch so unsicher und uneinheitlich, dass die Forscher Menschen mit MS dringend davon abraten, auf Verdacht Melatonin einzunehmen.

Wie Autoimmunreaktionen entstehen – und wie sie eskalieren

Das Spektrum der körpereigenen Antigene, die bei Autoimmunstörungen fälschlich erkannt und angegriffen werden, ist breit. Häufig stammen sie aus dem Zellkern, zum Beispiel bei Lupus. Neben DNA-Einzel- und Doppelsträngen und Histonen zählen auch Proteine aus den Zentromeren (den zentralen Einschnürungsstellen der Chromosomen), DNA-Reparatur-Enzyme wie die Topoisomerasen sowie RNA-bindende Proteine zu diesen nukleären Autoantigenen. Aber auch Mitochondrien-Proteine, Rezeptoren und andere membrangebundene oder extrazelluläre Proteine können Autoantigene sein. Neben Nukleinsäuren und Proteinen geraten auch Phospholipide aus Zellmembranen auf den Radar des Immunsystems. Bei vielen Autoimmunerkrankungen sind die betroffenen Autoantigene noch gar vollständig nicht identifiziert.

Wie wird ein Autoantigen zum Auslöser?

Körpereigene Antigene, die das Immunsystem im Idealfall nie zu Gesicht bekommt, werden als krypisch oder sequestriert bezeichnet. Kryptische Antigene (vom griechischen *kryptikós* = verborgen) sind im Inneren von Zellen angesiedelt, also durch mindestens eine Zellmembran von der Sphäre getrennt, in der sich Immunzellen und Antikörper bewegen. Sequestrierte Antigene (vom lateinischen *sequestrare* = absondern) kommen ausschließlich in immunologisch privilegierten Orten wie dem Gehirn oder den Hoden vor, zu denen das Immunsystem nur unter strikten Auflagen Zugang hat.

Gegen all diese Autoantigene sind unsere Lymphozyten nicht tolerant, weil im Thymus nicht getestet wurde, ob ihre Rezeptoren sie womöglich erkennen – denn normalerweise begegnen sie sich nicht. Ganz lässt sich der Kontakt zwischen Autoantigenen und Immunsystem aber nicht unterbinden. Wenn beschädigte oder tote Zellen undicht werden, werden unter Umständen B- und T-Zellen mit den passenden spezifischen Rezeptoren aktiv. Sie gehen nicht nur spezifisch gegen die Antigene vor, sondern lösen auch unspezifische, gewebszerstörende Maßnahmen aus, die von der angeborenen Abwehr ausgeführt werden. So werden auch intakte Zellen in der Nachbarschaft zerstört, wobei wiederum Autoantigene freigesetzt werden können: Der Teufelskreis hat begonnen.

Auch sequestrierte Autoantigene können für das Immunsystem sichtbar werden, wenn eine Verletzung oder eine Infektion die Barriere rings um das immunprivilegierte Gewebe durchlässig macht. Dann kann die Reaktion des Immunsystems die Barriere weiter beschädigen und zum Dauerproblem werden. Ein Beispiel für eine solche Kettenreaktion haben wir bereits kennen gelernt: die sympathische Ophthalmie.

Ob das Immunsystem auf plötzlich exponierte körpereigene Antigene tolerant oder aggressiv reagiert, hängt immer von den Umständen ab. Zum Beispiel kann das aktuelle örtliche Zytokinmilieu Entzündungen entweder fördern oder hemmen. Wenn sich nur wenige Komplexe aus Autoantigenen und Autoantikörpern bilden, die rasch von Fresszellen vertilgt und abgebaut werden, erstickt die Autoimmunreaktion im Keim. Wenn die Fresszellen aber mit dem Aufräumen nicht hinterherkommen und die Immunkomplexe sich beispielsweise an Gefäßwänden ablagern, können sich die Gefäße entzünden. Das lockt weitere Immunzellen an.

Manchmal nimmt das Immunsystem auch nicht kryptische oder sequestrierte Autoantigene als fremd wahr, die es eigentlich aus seiner Lehrzeit im Thymus kennen und tolerieren müsste. Das kann passieren, wenn die Antigene ihr Erscheinungsbild geändert haben. Zum Beispiel werden neue Proteine in gestressten oder genetisch nicht intakten Zellen manchmal falsch zusammengefaltet, sodass Aminosäuren, die eigentlich im Inneren des Knäuels liegen sollten, außen landen. Die allermeisten falsch gefalteten Proteine werden von Korrekturmechanismen in den Zellen erkannt und abgebaut. Scheidet eine Zelle doch einmal fehlerhafte extrazelluläre Proteine aus, so können Immunzellen und Antikörper sie wegen ihrer veränderten Gestalt und Ladungsverteilung als fremd einstufen und eine Immunreaktion auslösen.

Auch zunächst korrekt gefaltete Proteine können Autoimmunreaktionen auslösen, wenn sie nachträglich modifiziert werden. Am bekanntesten ist die Citrullinierung (s. Abb. 111 in Teil 2): die Umwandlung der positiv geladenen Aminosäure Arginin in die ungeladene Aminosäure Citrullin. Diese chemische Reaktion kann zum Beispiel durch Tabakrauch ausgelöst werden oder durch eine Bakterieninfektion. Einige Pathogene wie das Parodontitis-Bakterium *Porphyromonas gingivalis* verfügen über Enzyme, die aus Arginin Citrullin machen. Bei der rheumatoiden Arthritis betrachtet das Immunsystem citrullinierte Proteine, zum Beispiel Kollagen II in den Gelenken oder das Enzym Alpha-Enolase im gesamten Körper, als fremde Antigene und reagiert darauf mit einer chronischen Entzündung (**Abb. 231**).

Selbst völlig unveränderte körpereigene Antigene können an Überreaktionen des Immunsystems beteiligt sein – nämlich dann, wenn sie nicht von professionellen antigenpräsentierenden Zellen vorgezeigt werden, sondern von Gefäß- und anderen Nichtimmunzellen, die plötzlich MHC-Klasse-II-Moleküle (die Antigen-Präsentierteller) exprimieren (s. Abb. 164). Eine solche MHC-Klasse-II-Expression wird ektopisch genannt, wörtlich »außerhalb des (richtigen) Ortes«. Sie kann zum Beispiel durch Gamma-Interferon ausgelöst werden, das NK-Zellen oder T-Helferzellen bei einer Infektion freisetzen.

Eine derartige Massenpräsentation eines Antigens kann zu einer verstärkten T-Zell-Antwort führen, sofern die »unprofessionellen« antigenpräsentierenden

Abb. 231
Bei einer rheumatoiden Arthritis greift das Immunsystem unter anderem die Kollagenfasern in den Gelenken an. Das Protein Kollagen II enthält die Aminosäure Arginin, die von Enzymen zu Citrullin umgebaut werden kann. Da Citrullin normalerweise nicht in unseren Proteinen vorkommt und citrulliniertes Kollagen etwas anders als sonst zusammengefaltet ist, schlagen T-Helferzellen wegen des »fremden« Antigens Alarm. Daraufhin werden Antikörper gegen citrullinierte Proteine (*anti citrullinated peptide/protein antibodies*, kurz ACPA) produziert.

Zellen auch die nötigen Kostimulatoren aufweisen. Das scheint zum Beispiel bei den Schilddrüsen-Follikelzellen von Menschen mit Hashimoto-Thyreoiditis oder Morbus Basedow der Fall zu sein. Auch die Betazellen in der Bauchspeicheldrüse von Menschen mit Typ-1-Diabetes exprimieren MHC-Klasse-II-Moleküle. Aber ob das wirklich die Ursache oder eher Folge der jeweiligen Drüsen-Fehlfunktion ist, bleibt umstritten.

Genetische Veranlagung

Wie in Teil 1 erläutert, spielen genetische Veranlagungen und Umweltfaktoren bei der Entstehung von Autoimmunerkrankungen zusammen. Die genetische Prädisposition ist fast immer auf zahlreiche Genorte verteilt. Ein sehr einfaches Beispiel für eine sogenannte polygenetische Anlage ist eine Kombination aus zwei Genvarianten: Die eine legt fest, dass der Organismus zu Überreaktionen des Immunsystems neigt. Die zweite Variante an einem anderen Genort bestimmt das Organ, das Gefahr läuft, durch diese Überreaktionen des Immunsystems zerstört zu werden – zum Beispiel die Schilddrüse oder die Bauchspeicheldrüse. In

Abb. 232 ist die allgemeine Neigung zu Autoimmunerkrankungen als Voodoo-Nadel und das betroffene Organ durch eine Zielscheibe auf der Puppe dargestellt.

Beim Menschen legen vor allem MHC-Klasse-II-Genvarianten oder -Allele auf Chromosom 6 fest, welche Autoantigene und damit welche Organe angegriffen werden. Denn in diesen Genen sind die Antigen-Präsentierteller codiert, die von den T-Zell-Rezeptoren erkannt werden und an der Aktivierung sowohl der zellulären als auch der humoralen Abwehr beteiligt sind. Auffällig viele Risikoallele verändern eine Aminosäure, die genau im Antigen-Bindungsspalt des jeweiligen MHC-Klasse-II-Moleküls liegt. Bei den meisten Autoimmunerkrankungen gehört mehr als die Hälfte der bekannten Risikoallele zu dieser Region unseres Erbguts. Aber das mag auch daran liegen, dass man hier besonders gründlich gesucht hat. Andere Stellen im Genom entscheiden dagegen, ob das Immunsystem überhaupt zu Autoimmunstörungen neigt.

Es gibt ganz unterschiedliche Prädispositionen für Autoimmunerkrankungen, wie die Beispiele in **Abb. 233** zeigen:

- Eine MHC-Klasse-II-Variante auf Chromosom 6 kann zu einer schlechten Präsentation eines Autoantigens im Thymus führen, sodass das Immunsystem diesem Autoantigen später nicht gänzlich tolerant gegenübersteht (geknicktes Tablett).

- Ein anderes MHC-Klasse-II-Molekül bindet vielleicht besonders fest an ein Autoantigen. Daher wird dieses Autoantigen den T-Zellen im Lymphgewebe besonders häufig und lange präsentiert, womit die Gefahr einer T-Zell-Aktivierung steigt (tiefes Tablett).

- Eine Genvariante führt zu außergewöhnlich »scharfsichtigen« T-Zell-Rezeptoren, sodass die T-Zellen bei einer Präsentation des passenden Autoantigens besonders leicht aktiviert werden (Brille).

- Eine andere Genvariante macht die regulatorischen T-Zellen, die überzogene Immunreaktionen normalerweise ausbremsen, träge oder blind (Schlafmaske).

- Ein weiteres Risikoallel führt in aktivierten Immunzellen zu einer ungewöhnlich starken Produktion entzündungsfördernder Zytokine, die dann immer weitere Immunzellen anlocken (Megafon).

- Wieder ein anderes Risikoallel schwächt die Expression bestimmter Autoantigene im Thymus, sodass das Immunsystem ihnen gegenüber nicht tolerant gestimmt wird (geschrumpftes Autoantigen).

- Eine Variante an noch einem anderen Genort hemmt womöglich die Wundheilung in einem Organ, das durch einen Autoimmunprozess beschädigt wurde (Pflaster).

Auch diese Darstellung der Polygenie der Autoimmunerkrankungen ist noch stark vereinfacht – ganz abgesehen von den Wechselwirkungen zwischen unseren

Abb. 232

Die NOD-Maus ist ein Tiermodell für Typ-1-Diabetes. Dieser Zuchtstamm neigt besonders stark zu Autoimmunreaktionen, die die Bauchspeicheldrüse zerstören (Zielscheibe auf dem Rumpf). Wenn man ihr Diabetes-Risikoallel *H2g7*, das zum MHC-Komplex gehört, durch die Genvariante *H2h4* ersetzt, bleiben die Tiere nicht etwa gesund: Sie bekommen vielmehr eine Schilddrüsen-Autoimmunerkrankung (Zielscheibe am Hals).

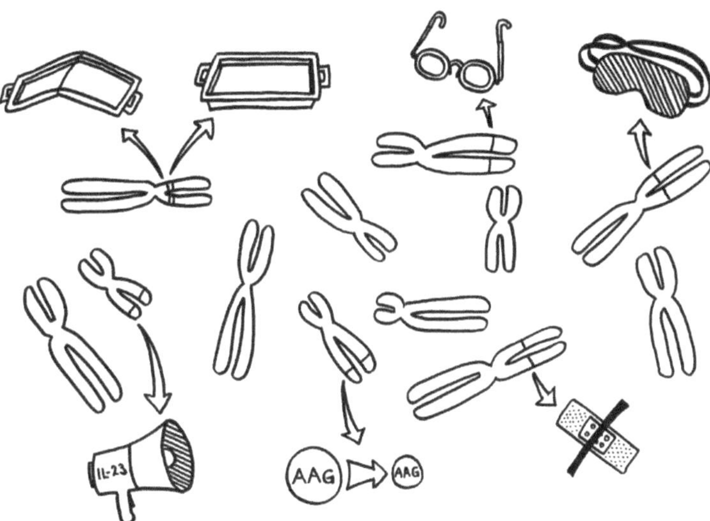

Abb. 233

Die bekannten Prädispositionen für Autoimmunerkrankungen sind fast über das ganze Genom verteilt und fallen in mehrere Klassen: bindungsunfähige oder allzu bindungsfreudige MHC-Klasse-II-Moleküle (Tabletts), überaktive T-Zell-Rezeptoren (Brille), inaktive Tregs (Schlafmaske), übermäßige Zytokinproduktion (Megafon), mangelhafte Autoantigenpräsentation im Thymus (geschrumpftes AAG), Wundheilungsstörungen (Pflaster) usw.

Genprodukten und unserem Mikrobiom, unserer Nahrung, Krankheitserregern und weiteren Umweltfaktoren.

Unter den Risikoallelen außerhalb der MHC-Klasse-II-Region liegen auffällig viele gar nicht in Genen im engeren Sinne, also in den DNA-Abschnitten, die ein Protein codieren. Vielmehr sind nicht codierende Steuerungssequenzen im Umfeld von Immunsystem-Genen verändert. Wenn hier an einer bestimmten Stelle eine DNA-Base gegen eine andere ausgetauscht ist, kann das die Ablesung der benachbarten Gene entweder erleichtern oder erschweren. Zum Beispiel können hier Transkriptionsfaktoren und andere Komponenten der komplexen Transkriptionsmaschinerie andocken, um dann am DNA-Strang entlang zum Gen weiterzuwandern. Oder der Basentausch wirkt sich auf Schlaufen und Schlingen in der DNA aus, über die eine anregende Sequenz mit einer anzuregenden Sequenz in Kontakt kommt (**Abb. 234**).

Diese genetischen Varianten sorgen also nicht für einen anderen Aufbau und damit eine veränderte Wirkung eines Proteins. Stattdessen verändern sie die Menge, die zu einem bestimmten Zeitpunkt in einem Zelltyp hergestellt wird. Solche Genvarianten bezeichnet man als *expression quantitative trait loci* oder eQTL, also als Genorte *(loci)*, deren Merkmal *(trait)* eine variable Expressionsmenge *(expression quantitative)* ist. Studien zur Aufklärung des Zusammenhangs zwischen eQTLs und Autoimmunstörungen sind enorm aufwändig, da man zahlreiche gleich aussehende Immunzelltypen in einer Blutprobe zunächst auseinander sortieren und dann jeden Zelltyp mit genau den Alarmsignalen konfrontieren muss, die ihn im Blut oder im Gewebe normalerweise zu einer Reaktion anregen. Dann misst man die Stärke der Ablesung möglichst vieler Gene und vergleicht diese Expressionsprofile (**Abb. 235**).

So hat man so zum Beispiel herausgefunden, dass die Gene, die für die Zellvermehrung von Gedächtnis-T-Zellen zuständig sind, bei Trägern bekannter Risikogenorte für Typ-1-Diabetes oder rheumatoide Arthritis kaum stärker abgelesen werden als bei Menschen ohne die entsprechende Veranlagung. Dabei dachte man bisher, einer übermäßigen Vermehrung und Aktivierung dieses Zelltyps – sozusagen einem Elefantengedächtnis für Immunreaktionen – käme bei Autoimmunerkrankungen eine Schlüsselrolle zu.

Nichtcodierende DNA-Sequenzen können die Expression von Genen an anderen Stellen im Genom auch RNA-vermittelt beeinflussen. Neben den klassischen RNA-Molekülen wie der mRNA und der tRNA (siehe »Crashkurs Biologie«) hat man weitere RNA-Typen identifiziert. Enhancer-RNA (kurz eRNA) wird von nichtcodierenden Enhancer-, also Verstärker-Sequenzen abgelesen. Wie sie wirkt, ist noch nicht klar. Vielleicht rekrutiert sie Proteine, die dann die Ablesung eines Gens fördern. Bei einigen Autoimmunerkrankungen wie multipler Sklerose oder Morbus Crohn entstehen in aktivierten Th17-Zellen erheblich

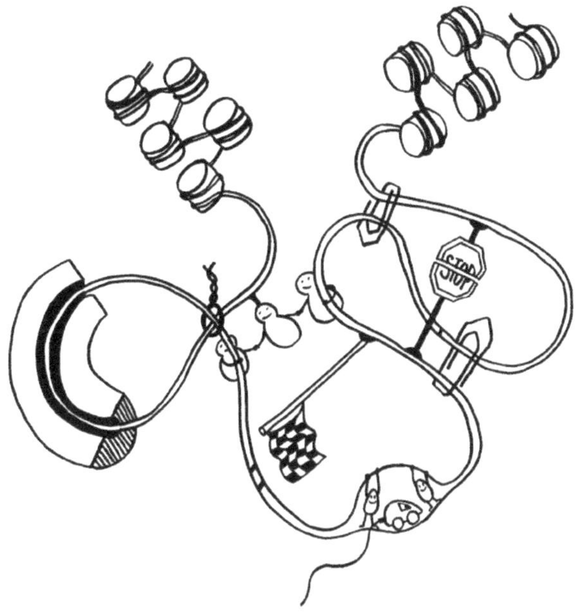

Abb. 234

Ob ein Gen abgelesen wird und wie stark, hängt nicht nur von den DNA-Sequenzen in seiner Promotor-Region ab, an die die Transkriptionsmaschinerie andockt (Auto mit mRNA-Schwänzchen). Die DNA muss auch dekondensieren, sich also von den Nukleosomen (Zylinder im Hintergrund) lösen und zum lockeren Faden werden. Oft steuern auch sogenannte Enhancer aus größerer Entfernung die Gen-Ablesung. Diese Fernsteuerung erfolgt über Proteine, die sich an die DNA anlagern und sie krümmen (Rinne links), in Schlingen legen (Figürchen in der Mitte) oder zusammenfalten (Büroklammern rechts). Dadurch gelangen DNA-gebundene Signale in die Nähe der zu beeinflussenden DNA-Sequenz (Startfahne und Stopzeichen). Kleine Varianten in Steuerungssequenzen können das Risiko von Autoimmunerkrankungen erhöhen, indem sie die Transkription eines Gens erleichtern oder erschweren. Wegen der oft beträchtlichen Entfernung zwischen Steuerungssequenz und Wirkungsort sind solche Zusammenhänge nicht leicht nachzuzweisen.

mehr eRNA-Moleküle als bei gesunden Menschen.

Mikro-RNA, kurz miRNA, wird ebenfalls von nichtcodierenden DNA-Sequenzen abgelesen. Sie beeinflusst nicht die Transkription anderer DNA-Sequenzen zu mRNA, sondern den nächsten Schritt, die Translation, also die Übersetzung von mRNA in neue Proteine: Sie lagert sich mit Proteinen zu einem Komplex zusammen, der die Stabilität von mRNA-Ketten verringert. Eine miRNA-Sequenz kann die Translation mehrerer Hundert verschiedener mRNA-Moleküle hemmen. So kann sie zum Beispiel die Zytokinproduktion in bestimmten Zelltypen verändern und damit ein Klima schaffen, das den Ausbruch oder die Verschlimmerung einer Autoimmunerkrankung fördert. Insbesondere in den Zellen von Menschen mit systemischen Autoimmunerkrankungen wie rheumatoider Arthritis, Lupus oder Sjögren-Syndrom scheint die miRNA-Herstellung verändert zu sein.

Abb. 235
eQTL-Analyse:

Früher hat man untersucht, wie sich kleine genetische Varianten, die statistisch mit Autoimmunerkrankungen korrelieren, auf die Ablesestärke von Immunsystem-Genen in einem Gemisch weißer Blutkörperchen (Monozyten, T-Zellen, B-Zellen usw.) auswirken. Das ist ungefähr so witzlos wie ein Elektroenzephalogramm von einer ganzen Gruppe von Leuten.

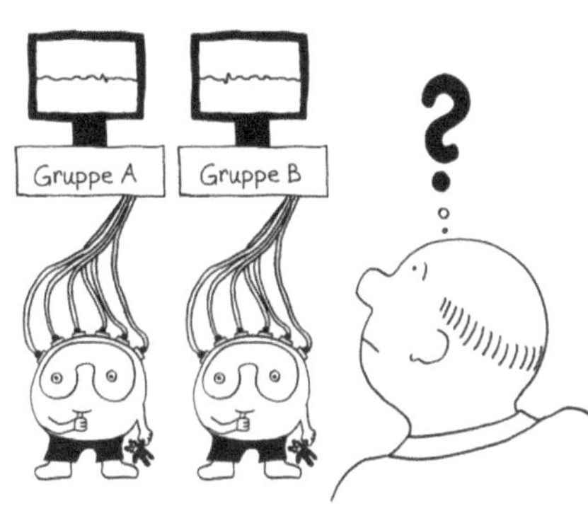

Dann hat man einzelne Immunzelltypen aus den Blutproben von gesunden Probanden isoliert und beispielsweise die Ablesung bestimmter Immunsystem-Gene in den Monozyten von Europäern mit der Ablesung derselben Gene in den Monozyten von Asiaten verglichen. Bei vielen Genen, die man im Verdacht hat, das Risiko für Autoimmunerkrankungen in bestimmten Bevölkerungsgruppen zu beeinflussen, sah man allerdings keine großen Unterschiede. Das ist kein Wunder, denn die Immunzellen wurden im nicht angeregten Grundzustand untersucht.

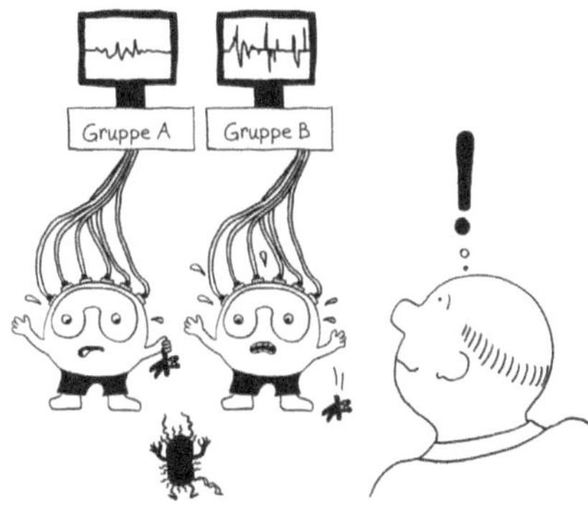

Immunreaktionen werden durch Alarmsignale ausgelöst, zum Beispiel durch Moleküle, die für Bakterien typisch sind. Also hat man im nächsten Schritt bestimmte Zelltypen aus dem Blut unterschiedlicher Probandengruppen durch Gefahrensignale aktiviert. Und siehe da: Bestimmte Immunsystem-Gene werden nach der Aktivierung eines Immunzelltyps (hier Monozyten) besonders stark abgelesen, wenn die DNA der Probanden an anderer Stelle eine Risiko-Genvariante enthält.

Wie konnten sich die Risikoallele im Genpool halten?

Wieso enthält unser Genpool überhaupt noch Risiko-Genvarianten für Autoimmunerkrankungen, obwohl sie erhebliche Nachteile mit sich bringen? Vieles deutet darauf hin, dass sie Medaillen mit zwei Seiten sind: Sie haben unseren Vorfahren Überlebensvorteile verschafft, vor allem Resistenzen gegen Infektionskrankheiten.

In den Malaria-Gebieten Afrikas wog die Widerstandskraft gegen Plasmodien-Infektionen über Jahrtausende hinweg schwerer als das erhöhte Lupus-Risiko, das mit dieser genetischen Schutzausstattung einhergeht. Außerdem kam die Autoimmunerkrankung bei den Menschen, die größtenteils mit allen möglichen Würmern und Einzellern infiziert waren, viel seltener zum Ausbruch als heute. Nach wie vor erkranken Afrikanerinnen seltener an Lupus als die Nachfahrinnen afrikanischer Sklaven in Amerika, deren Immunsystem nicht mehr durch Parasiten von selbstzerstörerischen Reaktionen abgehalten wird.

Das ist ein Paradebeispiel für die sogenannte Alte-Freunde-Hypothese, auf die ich in Band 2 zurückkomme: Menschen scheinen von einem moderaten Parasitenbefall auch Vorteile zu haben, da sich unser Immunsystem im Verlauf zahlloser Generationen auf diese Untermieter eingestellt hat. Gehen Würmer und Einzeller – harmlose ebenso wie weniger harmlose – plötzlich verloren, so ist das, als würde eine der beiden Parteien in einem bisher ausgeglichenen Tauziehen einfach losgelassen: Das Immunsystem fällt auf den Hintern (**Abb. 236**).

Von einigen Lupus-Risikoallelen weiß man inzwischen sogar, wie sie vor Malaria schützen: Sie sorgen für Defekte in bestimmten inhibitorischen Rezeptoren für das konstante Ende von Antikörpern des Typs IgG (siehe Teil 2, »Rezeptoren der angeborenen Abwehr«). Immunzellen, die diese inhibitorischen Rezeptoren tragen, verlieren durch die Bindung der passenden Antikörper zum Beispiel die Lust an der Phagozytose. Bei einer Malaria-Infektion verstecken sich die Plasmodien im Inneren von roten Blutkörperchen. Sind die phagozytosehemmenden Rezeptoren auf den Immunzellen defekt, so fressen sie mehr von den befallenen Blutkörperchen auf: Der Organismus bekämpft die Malaria-Erreger also effektiver. Leider dienen die Antikörper-Rezeptoren aber auch dazu, eine Überproduktion entzündungsfördernder Zytokine, eine übermäßige Antigenpräsentation und eine überzogene Antikörperherstellung zu hemmen. Daher neigen Menschen mit den entsprechenden Genvarianten zu Autoimmunerkrankungen.

Auf ähnliche Weise könnten sich die Erbanlagen für rheumatoide Arthritis ausgebreitet haben, weil sie vor Tuberkulose schützen. Einige Morbus-Crohn-Risikoallele gehen mit einem Schutz vor Noroviren einher, Zöliakie-Risiko-Genvarianten mit einer besseren Rotaviren-Abwehr und so weiter. Jede größere Epidemie übt einen Selektionsdruck auf das Immunsystem aus, und unter solchen

Abb. 236

Oben: In einer pathogenarmen Umwelt setzt sich Immunsystem-Allel A durch, das für maßvolle Immunreaktionen sorgt und nicht viel Energie kostet. Gibt es mehr Pathogene, setzt sich Allel B durch, das energetisch kostspielig ist und starke Immunreaktionen ermöglicht.

Unten: Beide Allele sorgen in der passenden Umwelt für ein Kräftegleichgewicht, in dem die Organismen weder ständig an Infektionen eingehen noch durch überzogene Immunreaktionen ausgelaugt und geschädigt werden. In einer modernen Umwelt mit weniger Parasiten kann ein Immunsystem mit »starken« Allelen aber aus dem Gleichgewicht geraten.

Bedingungen haben Personen mit einem überaktiven Immunsystem u. U. einen Überlebensvorteil gegenüber Menschen, deren Abwehr zwar den eigenen Körper verschont, aber auch tödliche Erreger nicht stark genug bekämpft.

Umweltfaktoren als Auslöser

Langfristig prägen Pathogene und andere Umweltfaktoren also die Selektion und damit die Zusammensetzung unseres Genpools. Kurzfristig können sie beeinflussen, ob eine Autoimmunerkrankung bei einem entsprechend veranlagten Individuum zum Ausbruch kommt.

Durch den immensen Polymorphismus, also den Variantenreichtum vieler Immunsystem-Gene in der Bevölkerung, fällt die Reaktionsbereitschaft des Immunsystems bei jedem Menschen etwas anders aus. In **Abb. 237** stehen die drei Punkte auf der u-förmigen Kurve für drei Individuen: links eines mit einem besonders schwer zu aktivierenden Immunsystem, im Mittelbereich eines mit einem ausgeglichenen System und rechts eines, das zu Überreaktionen neigt. Beide Extreme, sowohl Immundefizienz als auch ein überaktives Immunsystem, erhöhen das Risiko, krank zu werden – angedeutet durch die gestrichelte Linie.

Umweltfaktoren können den Tonus des individuellen Immunsystems verschieben: Ein träges Immunsystem profitiert unter Umständen von ständiger Anregung, während eine bereits bestehende Neigung zu chronischen Entzündungen oder Autoimmunerkrankungen durch denselben Reiz womöglich ins Pathologische eskaliert (mittleres Diagramm). Umgekehrt kann ein Mensch mit starker angeborener Entzündungsneigung von reaktionshemmenden Faktoren profitieren, weil sein System so in den Normalbereich rutscht, während eine Schwäche des Immunsystems dadurch noch verstärkt wird (unteres Diagramm). Unter anderem wegen dieser natürlichen Bandbreite unseres Immunsystems sind pauschale Empfehlungen zur Einnahme »abwehrstärkender« oder »antientzündlicher« Substanzen mit Vorsicht zu genießen.

Umweltfaktoren können eine genetische Veranlagung zu einer Erkrankung nicht aufheben. Sie können aber beeinflussen, ob, wann und wie stark die Erkrankung zum Ausbruch kommt. Im Biologie-Crashkurs in Teil 1 hatte ich das Zusammenspiel von Erbe und Umwelt als Rechteck dargestellt (s. Abb. 18). Angenommen, von einem Immunsystem-Gen gibt es zwei Varianten oder Allele A und B, wobei A schwache und B starke Immunreaktionen begünstigt. Dann wird ein Mensch mit Allel B unter ansonsten gleichen Umweltbedingungen eher eine Autoimmunerkrankung bekommen als ein Mensch mit Allel A. Das heißt aber nicht, dass er mit Sicherheit krank wird, denn ein genetisches Risiko kann durch Risiko- und Schutzfaktoren aus der Umwelt verstärkt oder aber ausgeglichen werden.

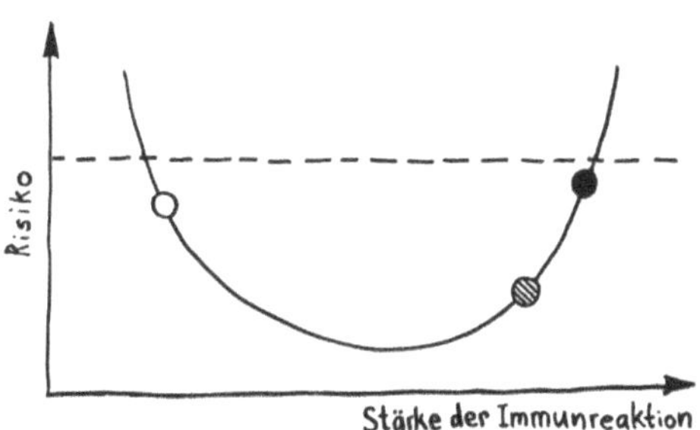

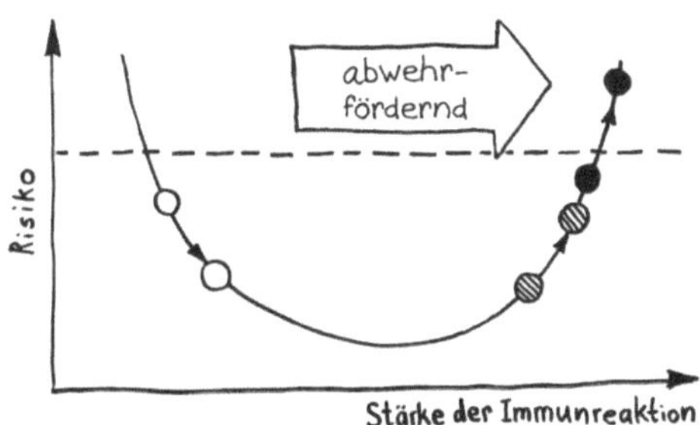

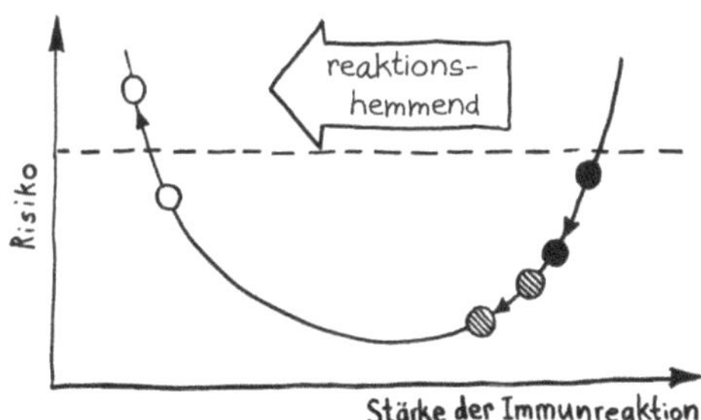

Abb. 237

Zahlreiche Erbanlagen tragen zur individuellen Reaktionsbereitschaft des Immunsystems bei. Die Punkte stehen für drei Individuen mit Prädispositionen zu schwachen (weiß), mittelstarken (schraffiert) und sehr starken (schwarz) Abwehrreaktionen. An beiden Enden des breiten natürlichen Spektrums ist das Erkrankungsrisiko erhöht: Links droht Immunschwäche, rechts kann es zu Autoimmunerkrankungen und chronische Entzündungen kommen. Umwelteinflüsse können das Immunsystem leichter aktivierbar oder träger machen und damit das individuelle Erkrankungsrisiko über die kritische Schwelle heben.

Nach heutigem Verständnis durchläuft das Immunsystem von Menschen mit einer Prädisposition zu Autoimmunerkrankungen mehrere Phasen, die sich oftmals über Jahre erstrecken, bevor die Krankheit klar zum Ausbruch kommt (**Abb. 238**). Anfangs kann das System belastende Ereignisse, zum Beispiel starken Stress, Infektionen oder Antibiotikagaben, noch abfedern. Doch mit jeder weiteren Belastung oder Krise steigt die Kurve weiter an. Zunächst treten Autoantikörper auf, die aber noch keine großen Schäden anrichten (mittlerer Bereich auf der Y-Achse). Irgendwann zerstören die Autoimmunreaktionen so viel Gewebe, dass sich Krankheitssymptome zeigen (oberer Bereich). Durch Vermeidung von Belastungen kann man diese Phase unter Umständen vermeiden. Und bei einer günstigeren Veranlagung lässt sich das Immunsystem auch durch zahlreiche Attacken nicht dauerhaft aus dem Gleichgewicht bringen.

Welche unbelebten Umweltfaktoren dazu beitragen könnten, dass heute mehr Menschen Autoimmunerkrankungen bekommen als noch vor 100 Jahren, diskutiere ich in Band 2, wenn wir gegen Ende unseres Schnelldurchgangs durch die Evolution in der Gegenwart ankommen: In den modernen Industriegesellschaften sind wir Abertausenden von Substanzen ausgesetzt, an die sich das Immunsystem nicht anpassen konnte. Die Mechanismen, über die solche Umwelteinflüsse überzogene und gegen den eigenen Körper gerichtete Immunreaktionen auslösen oder verstärken, sind größtenteils noch unbekannt.

Ein möglicher Mechanismus ist die Beeinflussung der Entwicklung junger Immunzellen, durch die ein entzündungsförderndes Ungleichgewicht zwischen den Zelltypen entsteht. Ein Beispiel ist gewöhnliches Speisesalz, NaCl. In unserer heutigen Nahrung, vor allem in Fast Food und Fertiggerichten, ist es in deutlich höherer Konzentration enthalten als in traditionell zubereiteten Lebensmitteln. Einigen Studien zufolge regt es neue, noch undifferenzierte T-Helferzellen dazu an, zu entzündungsfördernden Th17-Zellen heranzureifen. Demnach aktivieren die Ionen aus dem Salz ein Enzym, das über eine innerzelluläre Signalkette den Transkriptionsfaktor NFAT5 anregt. Dieser bestimmt den weiteren Werdegang der Zelle, indem er beispielsweise Gene einschaltet, die Rezeptoren für entzündungsfördernde Zytokine codieren (**Abb. 239**).

Umweltfaktoren können durch epigenetische Veränderungen die Expression von Risikogenen starten oder verstärken und damit eine Anlage zu einer Autoimmunerkrankung zum Ausbruch bringen. Beispielsweise regen bestimmte synthetische Substanzen Hormonrezeptoren in unseren Zellen an. Dafür müssen die Verbindungen chemisch nicht einmal mit den Hormonen verwandt sein. So regt der Kunstsoff-Baustein Bisphenol A Estrogen-Rezeptoren an, obwohl die beiden Moleküle recht unterschiedlich aufgebaut sind (**Abb. 240**). Zwei Atomgruppen des Moleküls, die im richtigen Abstand und Winkel abgeordnet sind und daher in die Bindungstaschen der Rezeptoren passen, reichen offenbar aus, um die synthe-

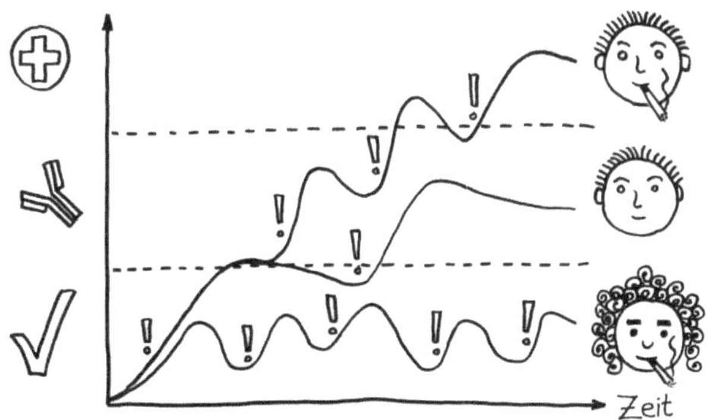

Abb. 238

Menschen mit günstiger Veranlagung bekommen auch dann keine Autoimmunerkrankungen, wenn ihr Immunsystem immer wieder Belastungen ausgesetzt ist (Raucherin unten). Bei einer ungünstigen Veranlagung kumuliert sich die Schädigung des Systems nach jeder Belastung, bis die Autoimmunerkrankung offen zum Ausbruch kommt (Raucher oben). Muss das Immunsystem nur wenige Krisen bewältigen, kann man trotz Risiko-Genvarianten sehr lange symptomfrei bleiben, auch wenn die Menge autoreaktiver Antikörper im Blut schon deutlich erhöht ist (Nichtraucher in der Mitte).

Abb. 239

Die Ionen aus gewöhnlichem Speisesalz aktivieren die Kinase SGK1. Das Enzym kann dazu beitragen, dass viele junge T-Helferzellen einen entzündungsfördernden Entwicklungsweg einschlagen.

tische Verbindung als Hormon durchgehen zu lassen. Die Rezeptorbindung löst eine Signalkette aus, an deren Ende zelltypspezifische epigenetische Markierungen der DNA und der Histone verändert werden. Das führt zu einer stärkeren oder schwächeren Ablesung bestimmter Gene oder Gensteuerungssequenzen in Immunzellen, die daraufhin zu stark oder zu schwach auf Signale reagieren.

Sehr kleine Fremdkörper wie Nickelatome können sich direkt in die Grube oder Rinne der MHC-Moleküle von antigenpräsentierenden Zellen einlagern. Präsentieren die Zellen anschließend ein harmloses körpereigenes Peptid (zum Beispiel aus unseren Hautzellen) auf einem solchen MHC-Molekül, wird es durch die darunterliegenden Nickelatome leicht verformt. Während unsere T-Zellen auf das normale Autoantigen tolerant reagieren, können einige von ihnen mit ihren spezifischen T-Zell-Rezeptoren an den Komplex aus MHC-Molekül, Nickel und deformiertem Autoantigen binden und eine Immunreaktion gegen das Autoantigen auslösen (s. Abb. 166). Dann kommt es zum typischen Kontaktallergie-Ekzem. Hier verschwimmt die Grenze zwischen den Allergien und den Autoimmunerkrankungen: Der Auslöser der Überreaktion des Immunsystem ist zwar eine körperfremde Substanz, aber das attackierte Antigen ist ein leicht verformtes körpereigenes Peptid. Auch Schwermetalle könnten auf diese Weise Autoimmunstörungen auslösen.

Eine leichte Verformung eines Autoantigens könnte auch erklären, warum eine übermäßige Jod-Aufnahme Hashimoto-Thyreoiditis fördert, eine der häufigsten Autoimmunerkrankungen. Das Jod bindet offenbar an eines der beiden bekannten Autoantigene, das Protein Thyroglobulin. Dadurch gelangen Stellen aus dessen Aminosäureketten, die sonst im Inneren verborgen liegen, an die Oberfläche des Proteins. Das Immunsystem erkennt das leicht deformierte Antigen nicht mehr als körpereigen, Immunzellen mit den passenden Rezeptoren für das Antigen vermehren sich, und es entstehen die Anti-Thyroglobulin-Antikörper, die für Hashimoto-Thyreoiditis typisch sind.

Andere Substanzen, zum Beispiel Schadstoffe aus Tabakrauch, können körpereigene Proteine chemisch verändern. Auch moderne Arzneimittel können Autoimmunerkrankungen auslösen. Bei Wirkstoffen, die direkt ins Immunsystem eingreifen, etwa bestimmten rekombinanten Antikörpern oder Interferonen, ist das kein Wunder; bei anderen bleibt der Zusammenhang vorerst rätselhaft. Besonders häufig lösen Arzneistoffe Lupus-ähnliche Erkrankungen aus, bei denen Autoantikörper die Histone oder die DNA angreifen.

Manche Stoffe dürften »über Bande« wirken, nämlich durch Veränderung des Mikrobioms. Wenn das Mikrobiom seine Schutzwirkung gegen Autoimmunstörungen einbüßt, kann eine genetische Veranlagung ungehindert zum Zuge kommen. Besonders naheliegend ist das bei verfrühtem, wiederholtem oder überlangem Antibiotika-Einsatz. Bei der Zöliakie, einer Krankheit an der Grenze

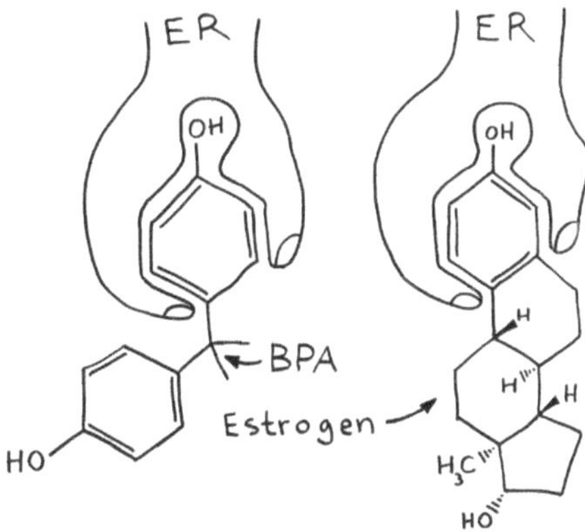

Abb. 240
Für einen Estrogen-Rezeptor (ER) fühlen sich Bisphenol A (BPA)
und Estrogen nahezu gleich an, obwohl der Kunststoff-Baustein
chemisch nicht viel mit dem Sexualhormon gemeinsam hat.

zwischen Nahrungsmittelunverträglichkeit und Autoimmunstörung, führt der
Verzehr von Gluten (Klebereiweiß, vor allem aus Weizen) zu einer Dysbiose.
Es ist allerdings noch nicht klar, ob diese Dysbiose die Darmschleimhaut so
schädigt, dass Bakterien aus dem Darmlumen ins Gewebe eindringen und dort
Abwehrreaktionen auslösen, oder ob umgekehrt eine glutenbedingte Schädigung
der Darmschleimhaut die Dysbiose nach sich zieht.

Auch nichtstoffliche Umwelteinflüsse wie Jetlag, Stress oder UV-Licht können das Immunsystem so durcheinanderbringen, dass die Kontrollmechanismen
gegen Autoimmunstörungen versagen. Die circadiane Rhythmik des Immunsystems und ihre Störung habe ich schon ausführlich behandelt. Stress kann über
Störungen des Hormonsystems und die Freisetzung reaktiver Sauerstoff- und
Stickstoffspezies auf das Immunsystem einwirken und zum Beispiel eine leicht
entzündungsförderndes Zytokin-Milieu schaffen, in dem ansonsten harmlose Autoimmunreaktionen einzelner kurzlebiger Immunzellen auf fruchtbaren
Boden fallen. Insbesondere Morbus Basedow bricht gehäuft im ersten Jahr nach
einem belastenden Ereignis aus. UV-Licht scheint das Risiko einer multiplen
Sklerose zu senken, aber das Risiko einer Dermatomyositis zu erhöhen. Vermutlich treten aus den Hautzellen, die die UV-Strahlung abtötet, kryptische Autoantigene aus, die das Immunsystem nicht kennt und daher nicht toleriert.

Infektionen als Initialzündungen

Unter den biotischen Umweltfaktoren, also Lebewesen oder ihren Bestandteilen, stehen vor allem Pathogene im Verdacht, Autoimmunstörungen auszulösen. Oft bemerken wir die Infektionen gar nicht, weil wir keine oder nur sehr schwache Symptome ausbilden. Wegen dieser Unauffälligkeit, der weiten Verbreitung einiger verdächtiger Erreger und der langen Zeit zwischen Infektion und Ausbruch einer Autoimmunerkrankung ist ein ursächlicher Zusammenhang schwer nachzuweisen. So manche Viren oder Bakterien wurden wohl zu Unrecht verdächtigt – genau wie einige Impfstoffe, die aus Bruchstücken und Bausteinen von Erregern hergestellt werden.

Zu den Kandidaten gehören beispielsweise das zu den Herpes-Viren zählende Epstein-Barr-Virus, das unter anderem mit Lupus und multipler Sklerose in Verbindung gebracht wird, das Parodontitis-Bakterium *Porphyromonas gingivalis*, das für rheumatoide Arthritis verantwortlich sein soll, das Hepatitis-C-Virus, das mit Autoimmunhepatitis assoziiert ist, und das Magengeschwür-Bakterium *Helicobacter pylori*, das nicht nur Autoimmun-Gastritis, sondern auch Morbus Basedow auslösen können soll (**Abb. 241**). Allerdings ist der umgekehrte Weg selten auszuschließen: Vielleicht machen Autoimmunerkrankungen oder die Therapien dagegen den Organismus anfälliger für solche Infektionen.

Eindeutig liegt der Fall beim rheumatischen Fieber, einer Erkrankung von Haut, Herz, Gehirn und Gelenken. Das Immunsystem greift nach einer Infektion der oberen Atemwege mit bestimmten Streptokokken-Stämmen mehrere Herzmuskelproteine wie Myosin und Laminin an, weil es nicht mehr zwischen diesen und dem M-Protein der Bakterien unterscheiden kann: eine klassische molekulare Mimikry (siehe nächstes Kapitel). Auch Viren können offenbar eine Myokarditis auslösen; jedenfalls wurde in entzündetem Herzgewebe Viren-Erbgut nachgewiesen. Wahrscheinlich setzen die sterbenden Herzmuskelzellen kryptische Antigene frei, auf die das Immunsystem dann reagiert. Bei vielen anderen Autoimmunerkrankungen ist eine Infektion als (Mit-)Auslöser zwar nicht eindeutig nachgewiesen, aber wahrscheinlich.

Die molekularen Mechanismen

Was genau passiert bei einer Autoimmunreaktion auf der molekularen Ebene? Dafür kann man sich nicht nur – wie ich – aus reiner Neugier interessieren, sondern auch, um Ansatzpunkte für neue Therapien zu identifizieren. Denn dazu muss man verstehen, wie die Rädchen ineinandergreifen: Ein Medikament, das zu weit hinten in den stark verzweigten Ursache-Wirkungs-Ketten ansetzt, kann vielleicht ein Symptom bekämpfen, aber nicht die Ursache. Greift man dagegen

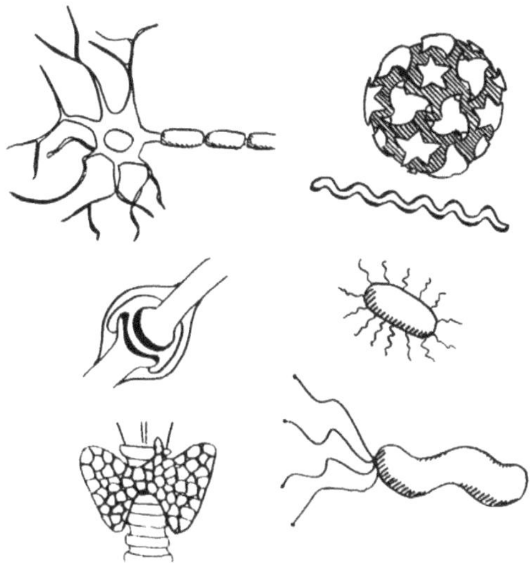

Abb. 241

Viele Autoimmunerkrankungen wurden mit Infektionen in Verbindung gebracht, die zum Teil ganz andere Organe oder Körperregionen (hier links) betreffen. Oben: multiple Sklerose schädigt Nervenzellen und soll mit dem Epstein-Barr-Virus assoziiert sein, das ausgerechnet B-Zellen, also Akteure des Immunsystems befällt. Das Guillain-Barré-Sydrom, bei dem ebenfalls die Nerven angegriffen werden, soll durch einen Befall mit dem korkenzieherförmigen Bakterium *Campylobacter jejuni* ausgelöst werden können. Mitte: Rheumatoide Arthritis greift unsere Gelenke an und wurde unter anderem mit dem Bakterium *Proteus mirabilis* in Verbindung gebracht, das (meist unbemerkt) den Harntrakt infiziert. Unten: Bei Menschen mit der Schilddrüsenerkrankung Morbus Basedow wurde der Magenkeim *Helicobacter pylori* überdurchschnittlich häufig nachgewiesen.

zu früh an, besteht die Gefahr zahlreicher Nebenwirkungen – etwa, weil man einen Prozess unterbindet, der nicht nur zu Autoimmunerkrankungen führen kann, sondern auch wichtige Funktionen erfüllt.

Von den vier wichtigsten in der Fachliteratur diskutierten Mechanismen haben nur zwei deutsche Bezeichnungen: molekulare Mimikry und polyklonale Aktivierung. Hinzu kommen *epitope spreading* (Epitop-Ausweitung) und *bystander activation* (Aktivierung unbeteiligter Dritter). Diese Mechanismen schließen einander nicht aus, sondern ergänzen sich.

Molekulare Mimikry und Kreuzreaktionen

Für die meisten Forscher ist molekulare Mimikry einfach eine gewisse Ähnlichkeit zwischen einem fremden oder mutierten Antigen, das vom Immunsystem erkannt und bekämpft wird, und einem normalen körpereigenen Molekül, das daraufhin ebenfalls attackiert wird. Die Aktivierung von an sich antigenspezifischen Immunzellen durch etwas andere Antigene wird als Kreuzreaktion bezeichnet (s. Abb. 142). Für eine solche Verwechslung müssen sich die Moleküle nicht in Gänze ähneln. Es reicht, wenn in einem Protein-Bruchstück an einigen wenigen Schlüsselpositionen dieselben Aminosäuren sitzen. So passt es einerseits in die Bindungstaschen derselben MHC-Moleküle und andererseits in die Erkennungstaschen derselben Immunzellrezeptoren wie das Original-Antigen.

In der Ökologie und der Evolutionsbiologie versteht man unter Mimikry dagegen ausschließlich evolutionär entstandene Nachahmungen, die dem Nachahmer Überlebensvorteile verschaffen. Tatsächlich tarnen sich viele Pathogene vor dem Immunsystem, indem sie Moleküle produzieren, die von unseren Immunzellen nicht rechtzeitig als Gefahrensignale erkannt, sondern als vermeintlich körpereigene Stoffe toleriert werden (s. Abb. 82 in Teil 1). Auf solche evolutionären Anpassungen komme ich in Band 2 zurück. Sie sind schwer nachzuweisen, denn Parallelen zwischen zwei kurzen Proteinsequenzen können auch rein zufällig entstehen.

Hinter einigen Fällen vermeintlicher Mimikry mag auch eine extrem starke evolutionäre Konservierung stecken: Hitzeschockproteine (HSP) zum Beispiel sind stammesgeschichtlich so alt, dass sie in sehr ähnlicher Form sowohl in Bakterien als auch in Menschen vorkommen. Sie konnten sich evolutionär nicht auseinander entwickeln, weil sie genau so aufgebaut sein müssen, wie sie seit Ewigkeiten aufgebaut *sind*, um ihre lebenswichtigen Aufgaben zu erfüllen. HSP60 zum Beispiel sorgt für die korrekte Faltung neu hergestellter Proteine, und zwar sowohl in Bakterien wie *Chlamydia trachomatis* als auch in Säugetierzellen. Antikörper im Blut von Menschen mit Hashimoto-Thyreoiditis binden offenbar an beide Formen.

Ob eine solche Kreuzreaktion auftritt oder nicht, ist auch eine Frage der Mengenverhältnisse. Solange nur wenige Pathogene in den Körper eindringen oder nur wenige Körperzellen in Richtung Krebsvorstufe mutieren, beseitigen Immunzellen diese Gefahren meist unauffällig. Aber wenn die Eindringlinge oder Mutanten überhandnehmen und es zu einer Entzündung mit den üblichen Kollateralschäden kommt, werden die Immunzellen leichter und stärker aktiviert. Dann gerät auch das Autoantigen in das Visier von B- oder T-Zellen mit einer leichten Neigung zur Autoreaktivität, die der negativen Selektion im Thymus entwischt sind (**Abb. 242**).

Abb. 242

Oben: Kreuzreaktion. Unser Immunsystem bekämpft nicht nur Krankheitserreger, sondern auch mutierte Zellen, aus denen Krebs entstehen kann. Bei einigen Patienten mit Krebs und der Autoimmunerkrankung systemische Sklerose ist das Protein RPC1 mutiert, das vor allem in unreifen Zellen vorkommt. Die mutierte Form wird nur von Krebsvorläuferzellen hergestellt, und zwar in großen Mengen. Diese Kombination – ein ungewöhnliches Antigen, das außergewöhnlich stark exprimiert wird – alarmiert das Immunsystem. Die daraufhin produzierten Antikörper unterscheiden nicht zwischen der mutierten und der normalen Version von RPC1: Offenbar binden sie an Stellen, die sich in beiden Proteinvarianten gleichen.

Unten: Die Masse macht's. Ob aus einer Kreuzreaktion eine langfristige Autoimmunstörung wird, hängt wiederum von den Mengenverhältnissen ab. Einige autoreaktive Immunzellen gibt es in jedem Körper. Normalerweise sind sie harmlos: Wenn ihr Autoantigen in ihrer Umgebung nur vereinzelt vorkommt (links), bleibt der Reiz unterhalb der Aktivierungsschwelle. Wird die Umgebung jedoch mit dem Autoantigen überschwemmt, etwa weil bei einer Entzündung oder bei der Tumorbekämpfung viele Zellen absterben und »auslaufen«, erwachen die wenigen autoreaktiven Immunzellen aus ihrem Schlummer, schlagen Alarm und vermehren sich (rechts). Entstehen dabei auch Gedächtniszellen, laufen die Autoimmunattacken unter Umständen weiter, obwohl die Auslöser (etwa die Krebsvorstufen) längst beseitigt wurden.

Die von den aktivierten B-Zellen gebildeten Antikörper und die Rezeptoren der aktivierten T-Zellen mögen zwar weiterhin an das Autoantigen etwas schlechter binden als an das Original-Antigen. Aber die schiere Menge kann diese geringere Passgenauigkeit wettmachen, sodass letztlich zahlreiche körpereigene Zellen Schaden nehmen. Gerade bei hartnäckigen oder wiederkehrenden Infektionen kann irgendwann die Schwelle zur Aktivierung des Komplementsystems überschritten werden (s. Abb. 148). Dieser Verstärkungsmechanismus, der zur angeborenen Abwehr zählt, lockt dann weitere Immunzellen an, und eine selbstzerstörerische Entzündung nimmt ihren Lauf.

Ein Beispiel für molekulare Mimikry und Kreuzreaktionen ist das Guillain-Barré-Syndrom, bei dem Autoimmunattacken auf periphere Nerven zu Lähmungen führen – zum Glück meist nur vorübergehend. Manche Stämme des Darmbakteriums *Campylobacter jejuni*, das Durchfälle auslöst, produzieren sogenannte Lipooligosaccharide, also Moleküle aus einem Lipid und einigen Zuckern. Diese ähneln einem Molekül aus unseren Nervenzellmembranen, dem Gangliosid GM1. Injiziert man Kaninchen Lipooligosaccharide aus dem Bakterium, so entwickelten sie Anti-GM1-Antikörper und Lähmungserscheinungen. Anti-GM1-Antikörper binden auch an menschliche periphere Nerven und lähmen so die Muskeln.

Kreuzreaktionen werden auch hinter weiteren Autoimmunerkrankungen vermutet. In der Tabelle rechts sind einige Beispiele aufgeführt. Viele Kreuzreaktionen sind nur wegen gleicher Aminosäuresequenzen im Antigen und im Autoantigen postuliert worden. Andere wurden in biochemischen Experimenten oder in Tierversuchen nachgewiesen. Ob sie beim Menschen tatsächlich Autoimmunerkrankungen auslösen oder mitverursachen, ist – von wenigen Ausnahmen wie dem rheumatischen Fieber abgesehen – nicht bewiesen.

Erkrankung	Pathogen oder Antigen	Autoantigen
Autoimmun-Gastritis	*Helicobacter pylori*	gastrische H^+K^+-ATPase
Morbus Bechterew	Enzyme aus *Klebsiella pneumoniae, Shigella flexneri* u. a. m.	HLA-B27 und Kollagen I, III und IV
multiple Sklerose	nukleäres Antigen 1 des Epstein-Barr-Virus (EBVNA1)	Myelin
Narkolepsie	Hülle des Grippevirus H1N1	evtl. TRIB2
rheumatisches Fieber	M-Protein aus der Zellwand von *Streptococcus pyogenes*	Herzmuskel-Myosin
rheumatoide Arthritis	citrullinierte Alpha-Enolase aus Bakterien	humane citrullinierte Alpha-Enolase
systemische Sklerose	Protein UL70 aus dem humanen Zytomegalievirus	Topoisomerase I
Typ-1-Diabetes u. a. m.	Hitzeschockprotein HSP65 aus *Mycobacterium paratuberculosis*	Glutamat-Decarboxylase 65 u. a. m.

Tabelle: Kandidaten für Kreuzreaktionen

Bystander activation

Ein versehentlich für fremd gehaltenes Autoantigen allein führt noch nicht zur Katastrophe. Das Immunsystem enthält an mehreren Stellen Sicherungen: Nur wenn sie zwei oder drei Gefahrensignale gleichzeitig empfängt, wird eine Immunzelle aktiv. Hat zum Beispiel eine T-Zelle mit ihrem T-Zell-Rezeptor ein Antigen erkannt, das eine antigenpräsentierende Zelle auf ihrem MHC-Molekül vorzeigt, prüft sie zunächst, ob ihr die andere Zelle auch Kostimulatoren vorzeigt und ob das chemische Milieu um sie herum entzündungsfördernd oder entzündungshemmend ist.

Auch eine Infektion oder Entzündung, die mit der Präsentation des Autoantigens gar nichts zu tun hat, kann fatalerweise diese Zusatzsignale liefern. Beispielsweise schütten Immunzellen entzündungsfördernde Zytokine aus, sobald sie auf einen Erreger aufmerksam werden, und antigenpräsentierende Zellen exprimieren daraufhin Kostimulatoren. Für eine T-Zelle, die gerade ein Autoantigen erkannt hat, sind das beides Zeichen, dass tatsächlich eine Gefahr vorliegt – obwohl die Alarmsignale gar nicht durch das Autoantigen ausgelöst wurden, das vielleicht nur versehentlich bei der Beseitigung infizierter oder abgestorbener Zellen freigesetzt wurde. Die T-Zelle ist gewissermaßen ein unbeteiligter Passant, der in eine Schlägerei hineingerät und dadurch selbst in Prügellaune kommt (**Abb. 243**).

Bei Menschen ist dieser Mechanismus schwer nachzuweisen. Aber in Tierversuchen kann man zum Beispiel Mäusen mit einer angeborenen Neigung zu einer Lupus-ähnlichen Autoimmunerkrankung Lipopolysaccharide aus Bakterienhüllen injizieren. Dass dieses unspezifische entzündungsfördernde Infektionssignal den Ausbruch einer Erkrankung beschleunigt, die durch Autoimmunreaktionen der erworbenen Abwehr geprägt ist, kann als Beleg für *bystander activation* gelten.

Molekulare Mimikry oder *bystander activation* dürften für die seltsame Zunahme von Narkolepsie-Fällen unter jungen Chinesen nach der Schweinegrippe-Epidemie von 2009 verantwortlich sein. Narkolepsie oder Schlafsucht ist eine Autoimmunerkrankung, bei der im Hypothalamus Nervenzellen absterben, die die Hormone Orexin A und Orexin B produzieren. Diese Hormone regulieren unter anderem den Schlafrhythmus. Fehlen sie, kommt es tagsüber zu Episoden extremer Schläfrigkeit und Muskelerschlaffung. Das Grippevirus H1N1 liefert entweder Antigene, die Autoantigenen aus den Orexin-produzierenden Neuronen zum Verwechseln ähneln, oder es führt zur Freisetzung von allgemeinen Infektionssignalen, durch die autoreaktive T-Zellen aktiviert werden.

Abb. 243

Bei einer *bystander activation* liefert eine bereits laufende Abwehrreaktion, zum Beispiel gegen eine lokale Infektion, fälschlich Aktivierungssignale an unbeteiligte T-Zellen.

Auch an der Auslösung einer systemischen Sklerose durch die Bekämpfung von Krebsvorläuferzellen (s. Abb. 242) könnte *bystander activation* beteiligt sein. In **Abb. 244** sind die Vorgänge zusammengefasst. Die Attacken des Immunsystems auf den entstehenden Tumor in Schritt 7 setzen nicht nur mutierte und unmutierte Antigene frei, sondern sorgen auch für eine Flut allgemeiner Entzündungssignale. Diese tragen in Schritt 9 als Kostimulatoren zur Aktivierung autoreaktiver T-Zellen bei, die dann auf unbeteiligte junge Zellen in Gefäßwänden losgehen.

Abb. 244

Von der Krebsvorstufe zur Autoimmunerkrankung:

1. Eine Zelle wird zur Krebsvorläuferzelle; sie produziert sehr viel von einem für unreife Zellen typischen Protein.

2. Eine Mutation (MUT) in einer solchen Zelle verändert das Protein.

3. Im Tumor kommen Zellen mit der Mutation und solche mit dem normalen Protein vor, dem sogenannten Wildtyp (WT).

4. Aus mutierten Zellen wird das veränderte Protein freigesetzt, zum Beispiel, wenn sie sterben.

5. Antigenpräsentierende Zellen nehmen dieses Antigen auf und präsentieren es zusammen mit Kostimulationssignalen (Kerze).

6. Das Antigen wird wegen seiner Fremdartigkeit als gefährlich eingestuft und aktiviert das Immunsystem.

7. Die aktivierten Effektorzellen bekämpfen den Tumor. Dabei treten weitere Proteine aus – sowohl veränderte als auch unveränderte.

8. Auch das normale Protein wird nun als Antigen präsentiert, zusammen mit Kostimulationssignalen.

9. Im Kontext der laufenden Immunreaktion wird auch das normale Autoantigen als gefährlich eingestuft (molekulare Mimikry); autoreaktive Lymphozyten werden aktiviert *(bystander activation)*.

10. Fernab vom Tumor, zum Beispiel in Blutgefäßwänden, produzieren unreife Zellen dasselbe Antigen und werden damit zum Ziel der Abwehr.

11. Die Lymphozyten greifen die unreifen Zellen an und setzen so noch mehr der Autoantigene frei, auf die sie reagieren.

12. Dieser Teufelskreis läuft auch weiter, wenn der Tumor längst verschwunden ist: Die Autoimmunerkrankung hat sich etabliert.

WT
WT
MUT
WT MUT MUT WT
MUT
APC
WANTED
T
B
WT
MUT
APC
AUTO B
AUTO T
WANTED
B
AUTO B
AUTO T
WANTED

Polyklonale Aktivierung und Superantigene

Wie in Teil 2 erläutert, kann ein Antigen zahlreiche kleine Erkennungsstellen für spezifische Antikörper oder T-Zell-Rezeptoren enthalten, sogenannte Epitope. Unter polyklonaler Aktivierung versteht man die Aktivierung und Vermehrung mehrerer B- oder T-Zellen durch die Erkennung verschiedener Epitope eines Antigens. So entstehen mehrere Zellklone, die den Gegner gewissermaßen von mehreren Seiten angreifen und so effizienter beseitigen, als es die identischen Nachfahren eines einzigen aktivierten Lymphozyten könnten (**Abb. 245**).

Dieser effizienzsteigernde Mechanismus kann aber im Rahmen einer Autoimmunreaktion nach hinten losgehen. Wird eine B-Zelle durch ein Autoantigen oder ein Pathogen-Antigen aktiviert, das einem Autoantigen zum Verwechseln ähnelt, so kann sie dieses Antigen als Ganzes aufnehmen und zu mehreren Stücken oder Epitopen zerlegen. In ihrer Funktion als antigenpräsentierende Zelle kann sie diese Stücke dann auf mehreren MHC-Klasse-II-Molekülen vorzeigen, sodass sie mehrere T-Helferzellen aktiviert, deren spezifische Rezeptoren jeweils ein anderes Bruchstück erkennen. Diese T-Helferzellen vermehren sich, sie bilden also mehrere Klone. Anschließend aktivieren sie mehrere autoreaktive B-Zell-Klone (**Abb. 246**). Oder die B-Zellen, die das Antigen aufgenommen haben, verzichten auf die Zusammenarbeit mit T-Helferzellen, vermehren sich und produzieren massenhaft Antikörper gegen mehrere der Antigen-Epitope.

Nicht nur B-Zellen, sondern auch T-Zellen können am Anfang einer polyklonalen Aktivierung stehen. Besonders dramatisch verläuft sie, wenn sie durch sogenannte Superantigene ausgelöst wird. In Abb. 159 in Teil 2 haben wir gesehen, wie es virale und bakterielle Superantigene schaffen, einen extrem hohen Anteil der sonst hochspezifischen T-Zellen zu aktivieren: Sie binden nicht an die spezifischen Kontaktflächen des MHC-Klasse-II-Moleküls auf der einen und des T-Zell-Rezeptors auf der anderen Seite, sondern lagern sich seitlich an beide an. Mit diesem Klammergriff lösen sie in zahlreichen T-Zell-Rezeptoren eine kleine Gestaltänderung und damit ein Aktivierungssignal aus. Superantigene sollen an den Erkrankungen von Tiermodellen für rheumatoide Arthritis und multiple Sklerose sowie beim Menschen an Morbus Crohn beteiligt sein. Aber belastbare Beweise dafür, dass konkrete Superantigene aus Krankheitserregern beim Menschen wirklich bestimmte Autoimmunerkrankungen verursachen, gibt es bislang nicht.

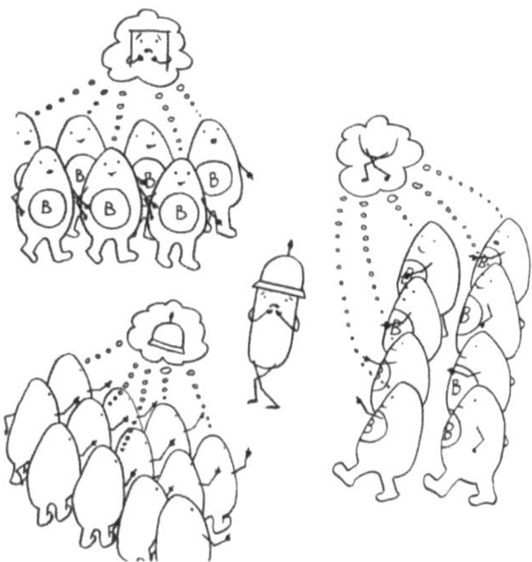

Abb. 245
Polyklonale Aktivierung: Ein Antigen enthält mehrere Epitope, also Erkennungsmerkmale für die spezifische Abwehr. Daher können gleichzeitig mehrere Lymphozyten-Klone aktiviert werden und expandieren. Das beschleunigt die Bekämpfung etwa von Pathogenen.

Abb. 246
Polyklonale Aktivierung hat den Nachteil, dass sie auch Autoimmunreaktionen verstärkt. Denn durch die Präsentation mehrerer Epitope aus demselben körpereigenen Antigen können rasch mehrere autoreaktive Zellklone entstehen.

Epitope spreading

Auch beim *epitope spreading* geht es um die Verbreiterung der Abwehr, die möglichst viele Epitope eines Antigens erkennen soll. Und auch dieser Mechanismus ist ein zweischneidiges Schwert: nützlich gegen hartnäckige Infektionen, aber schädlich im Falle einer Autoimmunreaktion. Die ersten antigenpräsentierenden Zellen, die bei einer Infektion Teile eines Erregers aufnehmen, verarbeiten und auf ihren MHC-Klasse-II-Molekülen präsentieren, zeigen ein einfach zugängliches Antigen-Burchstück vor, das meist von der Außenseite oder aus den Ausscheidungen des Erregers stammt: das sogenannte dominante Epitop. Selbst wenn es sich versehentlich um ein Autoantigen handelt, stehen die Chancen gut, dass das noch keine gefährliche Kettenreaktion auslöst, denn gegenüber extrazellulären Autoantigenen oder solchen von der Oberfläche unserer Zellen sind unsere T-Zellen sehr tolerant. Aber sobald eine Immunreaktion in Gang kommt, werden weitere Antigene freigesetzt, auch solche aus dem Inneren der bekämpften Pathogene – oder eben aus dem Inneren körpereigener Zellen.

Antigenpräsentierende Zellen, also dendritische Zellen, Makrophagen oder B-Zellen, nehmen diese sekundären Antigene auf, zerschneiden sie in unterschiedliche Stücke und präsentieren sie den T-Zellen. Die Feinderkennung wird also ausgedehnt (**Abb. 247**). Das ermöglicht die Eliminierung auch solcher Pathogene, die sich irgendwo im Körper versteckt und festgesetzt haben, aber nun von immer mehr Immunzellen aufgespürt werden. Aber leider weitet sich so auch eine Autoimmunreaktion aus, die beispielsweise durch molekulare Mimikry gestartet wurde: Da unsere T-Zellen mit den innerzellulären Teilen von Transmembranproteinen oder gar mit rein innerzellulären Proteinen normalerweise nicht konfrontiert werden, sind sie ihnen gegenüber nicht tolerant.

Bei vielen Autoimmunerkrankungen kreist zunächst – unter Umständen jahrelang – nur ein einziger Autoantikörpertyp durchs Blut. Erst später, wenn Antikörper gegen mehrere Autoantigene bzw. Epitope aus dem betroffenen Organ oder Gewebe nachweisbar sind, bricht die Krankheit richtig aus: Die Regenerationsfähigkeit des Zielgewebes erschöpft sich irgendwann unter dem Dauerbeschuss aus unterschiedlichen Richtungen. Diese Eskalation ist auf *epitope spreading* zurückzuführen. Ein Beispiel ist eine Autoimmunstörung der Haut: das bullöse Pemphigoid (wörtlich »blasige Blase«, einmal auf Lateinisch, einmal auf Griechisch).

Die Autoantikörper vom Typ IgG richten sich gegen die Proteine BP180 und BP230 aus den Adhäsionskomplexen, mit denen die Oberhaut oder Epidermis normalerweise an der Lederhaut oder Dermis befestigt ist. Während BP230 ganz im Inneren der Hautzellen liegt, hat BP180 einen extrazellulären und einen innerzellulären Teil. Bei vielen Betroffenen werden zunächst nur Epitope aus

Abb. 247

Unter *epitope spreading* versteht man die allmähliche Ausweitung einer spezifischen Abwehrreaktion über das erste erkannte (»dominante«) Epitop eines fremden Antigens hinaus (Schlange, oben). Leider kann sich so auch eine Immunreaktion gegen harmlose Autoantigene (Blindschleiche, unten) ausweiten. Der gestrichelte Pfeil vom oberen zum unteren dominanten Epitop stellt eine Kreuzreaktion dar.

dem leicht zugänglichen extrazellulären Teil von BP180 attackiert. Darauf folgen Autoantikörper gegen den innerzellulären Teil von BP180 und bei einigen Patienten auch gegen BP230. Die Ausweitung des Epitop-Spektrums geht mit einer Verschlimmerung des Zustands einher.

Sonderfall Immunzellinfektion: Wenn sich Pathogene in ihren Häschern einnisten

Etliche Bakterien und Viren entziehen sich der Abwehr, indem sie ausgerechnet Immunzellen besiedeln. Eines der bekanntesten Beispiele ist das Humane Immundefizienz-Virus (HIV), das in T-Zellen überdauert. Viel häufiger und zum Glück weniger gefährlich ist das Epstein-Barr-Virus (EBV), das zu den Herpes-Viren gehört und sich in unseren B-Zellen versteckt (**Abb. 248**). Einmal infiziert, trägt man es ein Leben lang mit sich herum, und meistens bemerkt man davon nichts.

Bis zum 35. Lebensjahr haben sich über 95 Prozent aller Menschen das Virus zugezogen. Während in den Entwicklungsländern – wie früher auch bei uns – meist schon Kleinkinder symptomfrei infiziert werden, stecken sich viele Menschen in hoch entwickelten Ländern mit guter Hygiene erst als Jugendliche oder junge Erwachsene an und entwickeln dann das Pfeiffer-Drüsenfieber. Nach einer akuten Infektionsphase in den Mandeln startet das Virus ein Latenzprogramm: Es nistet sich in langlebigen B-Gedächtniszellen ein, in denen es nicht weiter stört, aber die Funktion der B-Zellen subtil beeinflussen kann.

Schon lange steht das Virus im Verdacht, bei Menschen mit entsprechender genetischer Veranlagung den Ausbruch von Autoimmunerkrankungen zu fördern, etwa Lupus, multiple Sklerose, rheumatoide Arthritis, Hashimoto-Thyreoiditis, Sjögren-Syndrom, Typ-1-Diabetes, systemische Sklerose oder chronisch-entzündliche Darmerkrankungen. Gegen welches Organ oder Gewebe sich die Autoimmunreaktionen richten, scheint von den ererbten Risikoallelen abzuhängen, insbesondere von bestimmten MHC-Klasse-II-Genvarianten und von einer Veranlagung zu einem Mangel an regulatorischen T-Zellen. Aber wie tragen die Viren zum Ausbruch der Autoimmunerkrankung bei? Alle in diesem Kapitel vorgestellten Mechanismen werden in der Literatur diskutiert: molekulare Mimikry zwischen EBV-Proteinen wie EBNA-1 und menschlichen Proteinen wie dem Lupus-Autoantigen Ro, *bystander activation* autoreaktiver T-Zellen durch Alarmsignale aus den infizierten B-Zellen, *epitope spreading* über das anfangs dominante EBV-Antigen hinaus oder polyklonale Antikörperbildung im Zuge der Vermehrung und Aktivierung der befallenen B-Zellen.

Außerdem wurde spekuliert, die Viren könnten naive autoreaktive B-Zellen so umprogrammieren, dass sie sich auch ohne Aktivierung durch einen Antigen-Kontakt in sehr langlebige Gedächtnis-B-Zellen umwandeln, die später Autoimmunreaktionen auslösen. Die Viren könnten auch sogenannte endogene Retroviren aktivieren, die normalerweise untätig in unserem Genom schlummern. Nach ihrer Erweckung durch EBV könnten sie Superantigene herstellen, die zahlreiche T-Zellen polyklonal aktivieren. Bewiesen ist aber nichts.

Dass im Blut von Patienten mit Autoimmunerkrankungen manchmal deutlich mehr Anti-EBV-Antikörper oder EBV-DNA-Moleküle nachzuweisen sind als bei Gesunden, belegt noch keine Verursachung der Erkrankung durch EBV: Vielleicht stört umgekehrt die Autoimmunerkrankung das Gleichgewicht in den infizierten B-Zellen, sodass die Viren aus ihrem Latenzzustand erwachen und sich vermehren. Da die üblichen Tiermodelle für Autoimmunerkrankungen, insbesondere Mäuse- und Rattenstämme, sich nicht mit EBV infizieren lassen, bringen auch Tierversuche keine rasche Klärung.

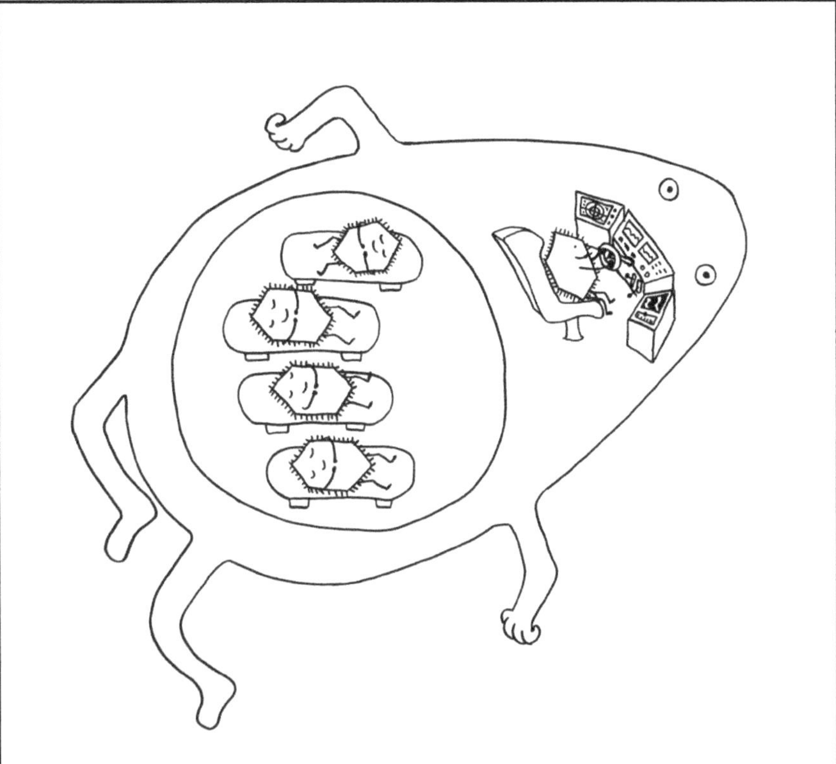

Abb. 248
Epstein-Barr-Viren nisten sich in langlebigen Gedächtnis-B-Zellen ein, programmieren sie subtil um und begeben sich in eine Art Langzeitschlaf: die Latenz. (In Wirklichkeit dringt nur die Viren-DNA in die Zellen ein – ohne die hier der Anschaulichkeit wegen dargestellten Virenhüllen.)

Wie Autoimmunreaktionen chronisch werden

Alle im vorigen Kapitel genannten molekularen Mechanismen sind überwiegend vorteilhafte Bestandteile normaler Abwehrreaktionen, die dummerweise manchmal auch Autoimmunreaktionen auslösen oder verstärken. Selbst eine solche Attacke gegen ein körpereigenes Antigen ist noch keine Katastrophe, wenn sie rechtzeitig heruntergefahren wird. Ein Beispiel für eine zeitlich und örtlich begrenzte Autoimmunattacke, die wegen der mehrwöchigen Lähmung einer Gesichtshälfte zwar erschreckend ist, aber meist ohne größere Dauerschäden vorübergeht, ist die idiopathische periphere Fazialisparese. In **Abb. 249** wird ihr Hergang als Bilderschichte erzählt, die zunächst alle Elemente einer typischen Autoimmunreaktion aufweist, aber ein Happy End hat: Regulatorische T-Zellen schicken die autoreaktiven T- und B-Zellen rechtzeitig vom Platz.

Erst wenn das unterbleibt, wächst sich die Autoimmunattacke zur chronischen Autoimmunerkrankung aus. Chronisch erstens deshalb, weil das Ziel der Abwehrreaktion körpereigenes Gewebe ist, das im Unterschied zu Pathogenen, kleinen Tumorvorstufen oder kleinen Fremdkörpern nicht komplett beseitigt werden kann – genau wie sich Allergien gegen Allerweltssubstanzen richten, denen man sich einfach nicht entziehen kann. Zweitens kann die Abwehrreaktion selbst Schäden an bislang unbeteiligtem Gewebe auslösen, das dann wieder neue Autoantigene freisetzt, die weitere Entzündungen und spezifische Abwehrreaktionen nach sich ziehen – und so weiter. Dieser unheilvolle Teufelskreis unterscheidet etwa die multiple Sklerose von der idiopathischen peripheren Fazialisparese.

Abb. 249
Wie eine Immunneuropathie entsteht
(Fortsetzung: übernächste Seite)

1 Eine antigenpräsentierende Zelle (hier eine dendritische Zelle) gewinnt ein Antigen aus einem Pathogen. Die Infektion bemerken wir oft gar nicht; sie ist »stumm« oder »maskiert«.

2 Die antigenpräsentierende Zelle zeigt das Antigen und einen Kostimulator (die Kerze) vor. T-Helferzellen mit passendem T-Zell-Rezeptor werden aktiviert.

3 Die T-Helferzellen aktivieren B-Zellen mit derselben Antigen-Spezifität.

4 Die B-Zellen stellen Antikörper gegen das Antigen her und bekämpfen so die Infektion.

5 Einige T-Zellen überwinden die Blut-Hirn-Schranke und verwechseln Teile der Myelinscheiden um die Nervenzellen mit dem Pathogen-Antigen.

6 Myelinscheiden sind fettreiche Membranen von Schwann-Zellen: Gliazellen, die um Axone (Nervenzellausläufer) gewickelt sind und eine Isolationsschicht bilden. Sie sind für die Weiterleitung von Nervenimpulsen notwendig. Links ein Längsschnitt durch ein Axon und seine Myelinscheide, rechts ein Querschnitt.

Abb. 249 (Fortsetzung)
Wie eine Immunneuropathie entsteht

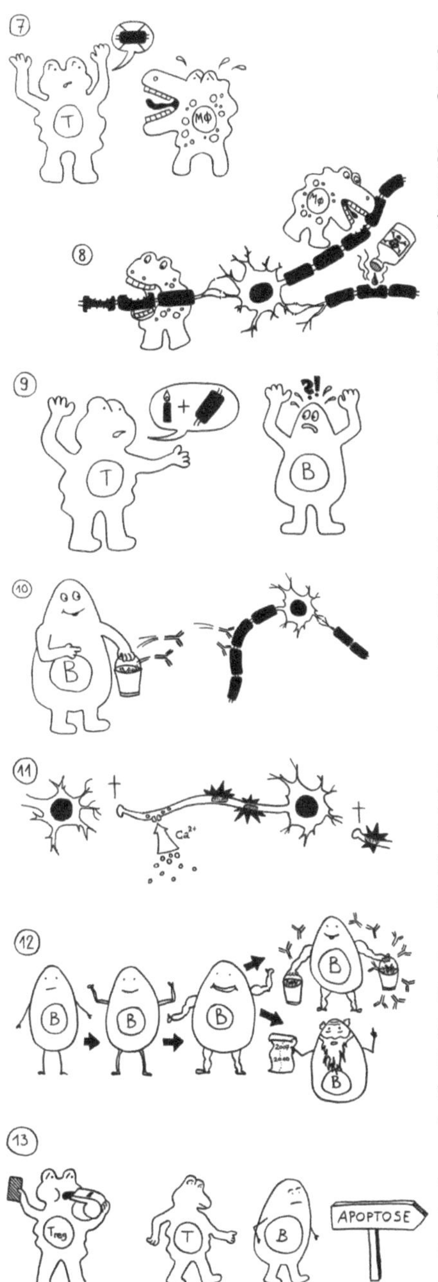

7 Die autoreaktiven T-Zellen rekrutieren Zellen der angeborenen Abwehr, zum Beispiel Makrophagen.

8 Die angelockten Immunzellen greifen die Myelinscheiden an. Das kann zu einer Lähmung führen.

9 Bei einigen Immunneuropathien aktivieren autoreaktive T-Helferzellen auch autoreaktive B-Zellen.

10 Die B-Zellen stellen Autoantikörper her, die an Myelinscheiden binden und so die Attacken anderer Immunzellen verstärken. – Medikamente oder die Selbstregulation des Immunsystems können die Angriffe rechtzeitig beendet. Dann bauen überlebende Gliazellen die Myelinscheiden allmählich wieder auf. Die Nerven können wieder Impulse weiterleiten; die Lähmung geht zurück.

11 Bleibt die Myelinscheide dagegen defekt, strömen durch Ionenkanäle massenhaft Ionen (z. B. Kalzium) in die Nervenzellen ein. Die Mitochondrien schwellen an und schädigen die Axone (Sterne). Dann sterben die Axon-Enden (Kreuze), und der Kontakt zu anderen Nervenzellen bricht ab.

12 In der Nähe können sich Lymphfollikel bilden, in denen autoreaktive B-Zellen eine Affinitätsreifung durchlaufen. Außer antikörperproduzierenden Plasmazellen entstehen dabei Gedächtniszellen, durch die die Autoimmunreaktion chronisch werden kann.

13 In anderen Fällen verhindern regulatorische T-Zellen die Chronifizierung: Sie schicken die autoreaktiven Lymphozyten rechtzeitig vom Platz und beenden die Immunreaktion.

Idiotypische Kaskaden: Antikörper gegen Antikörper

Es kann Jahre dauern, bis man die ersten Schäden bemerkt. Mehrere Theorien versuchen diesen typischen langen Vorlauf und die Unaufhaltsamkeit einer einmal gestarteten Kettenreaktion zu erklären. Etwas aus der Mode gekommen ist das Konzept der »idiotypischen Kaskade« oder »idiotypischen Dysregulation« aus den 1980er- und 1990er-Jahren. Ihm zufolge verursachen nicht die Autoantikörper, die auf das primäre Autoantigen reagieren, die Krankheit. Schädlich sollen stattdessen Autoantikörper sein, die an andere Autoantikörper binden, die wiederum an Autoantikörper binden (**Abb. 250**). In solchen Kettenreaktionen hat nämlich jedes zweite Glied eine ähnliche Spezifität – so, wie man einen Schlüssel fälschen kann, indem man einen Abdruck macht und ihn ausgießt. Unter Umständen passen die neuen Antikörper sogar noch besser auf das Autoantigen. Oder der B-Zell-Klon, der sie herstellt, ist größer und produktiver als der erste.

In Tierversuchen hat man solche Kaskaden nachgewiesen: Mäuse, denen man einige gegen DNA gerichtete Antikörper injiziert, bilden zunächst Antikörper gegen diese Antikörper und dann nach einigen Monaten Anti-Anti-Antikörper, die wiederum an DNA binden und zu einer Lupus-ähnlichen Erkrankung führen. Auf dieselbe Weise lassen sich noch zwei weitere Autoimmunstörungen auslösen. Womöglich treten auch bei Menschen mit entsprechender Veranlagung nach einer Infektion solche Antikörper-Kaskaden auf, in denen es irgendwann zu molekularer Mimikry kommt. Das könnte erklären, warum zwischen Auslöser und Folge oft so viel Zeit vergeht, dass man den Zusammenhang nicht erkennt.

Dieser Erklärungsansatz baut auf der Netzwerk-Theorie von Niels Kaj Jerne (s. Abb. 33) auf, die wir in Teil 1 im Kapitel »Ein systemtheoretisches Verständnis« kennen gelernt haben. In den letzten Jahren ist es um die Netzwerk-Theorie still geworden, weil sie sich nicht eindeutig belegen ließ und keine therapeutischen Durchbrüche hervorgebracht hat. Aber wenn man von den Details des Mechanismus abstrahiert, bleibt ein richtiger Kern: Das Immunsystem ist ein komplexes Regelnetzwerk, in dem die meisten kleinen Störungen (auch Autoimmunreaktionen) unbemerkt behoben werden, beispielsweise durch regulatorische T-Zellen. Wir bemerken nur solche Störungen, die sich über Monate oder Jahre aufschaukeln, bis die Selbstregulierungskraft des Systems nicht mehr dagegen ankommt.

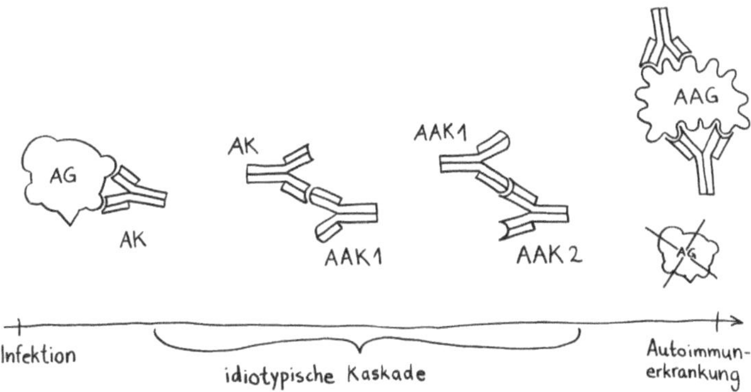

Abb. 250

Idiotypische Dysregulation ist eine mögliche Erklärung für die lange Zeitspanne zwischen dem ersten Anlass und dem Ausbruch einer Autoimmunerkrankung: Antikörper (AK) binden an ein Antigen (AG), das
zum Beispiel von einer Infektion herrührt. Sie werden ihrerseits Antigene für Autoantikörper (AAK1). Später entstehen andere Autoantikörper (AAK2), die wiederum an die Antigen-Erkennungsstellen der ersten
Autoantikörper binden, und so weiter. Jede zweite Generation hat eine ähnliche Antigen-Spezifität wie
die Antikörper gegen das ursprüngliche Antigen, das längst aus dem Körper verschwunden ist. Durch eine
Kreuzreaktion erkennen die neuen Autoantikörper aber auch ein Autoantigen (AAG).

Tertiäres Lymphgewebe: gefährliche Feldlager

Der Nachschub an immer neuen autoreaktiven Lymphozyten und Antikörpern, die ihr Autoantigen immer besser binden und dadurch die Zerstörung des Gewebes anheizen, stammt aus dem bereits erwähnten tertiären Lymphgewebe, das im Verlauf länger andauernder Immunreaktionen dicht am Ort des Geschehens entsteht (s. Abb. 128).

Zu Erinnerung: Unsere sekundären Lymphgorgane, die Lymphknoten, entstehen vor der Geburt – angeregt durch Chemokine, die T-Zellen und B-Zellen anlocken. Andere Botenstoffe regen gleichzeitig den Umbau kleiner Blutgefäße an, sodass diese die Einwanderung von Lymphozyten aus dem Blutstrom ins Gewebe unterstützen. Die entstehenden Lymphknoten produzieren auch Überlebenssignale, die die eingewanderten Lymphozyten langlebiger machen. In den Follikeln der Knoten bilden sich Keimzentren, in denen später während einer Immunreaktion der Immunglobulin-Klassenwechsel und die Affinitätsreifung der B-Zellen ablaufen. So entstehen hochspezifische B-Zellen, deren Antikörper immer besser an die Antigene binden.

Das tertiäre Lymphgewebe ist ganz ähnlich aufgebaut und hat auch dieselbe Funktion. Die Chemokine, die zu ihrer Entstehung führen, stammen allerdings nicht aus Lymphgewebe-Induktor- oder LTi-Zellen, die die Lymphknotenbildung während der Embryogenese auslösen (siehe Kapitel »Zellen des Immunsystems: ILCs«). Stattdessen schütten Bindegewebszellen und bereits in das entzündete Gewebe eingedrungene Makrophagen die Lockstoffe aus: Sie erteilen gewissermaßen den Befehl zur Einrichtung eines Feldlagers in der Nähe des Schlachtfelds, damit die T- und B-Zellen möglichst kurze Wege zum Einsatzort haben (**Abb. 251**). Auch in diesen neuen Follikeln entstehen Keimzentren, die die Reifung von B-Zellen zu Plasmazellen, den Klassenwechsel und die Affinitätsreifung durch Hypermutation und Selektion fördern. Und auch hier erhalten aktivierte T- und B-Zellen Überlebenssignale, sodass einige von ihnen zu Gedächtniszellen werden und sich in diesen Nischen über Jahre einnisten können.

Tertiäres Lymphgewebe entsteht bei allen möglichen chronischen Infektionen und Entzündungen, etwa bei einer Hepatitis-C-Infektion in der Leber, einem *Helicobacter*-Befall im Magen oder einer Tuberkulose in der Lunge. Aber es bildet sich auch bei bestimmten Tumoren, bei der Abstoßung transplantierter Organe und eben bei vielen Autoimmunerkrankungen: in den Gelenken bei rheumatoider Arthritis, in den Speicheldrüsen beim Sjögren-Syndrom, in der Hirnhaut bei multipler Sklerose, in der Schilddrüse bei Hashimoto-Thyreoiditis und so weiter.

Nicht alle Organe eignen sich gleichermaßen für diese Strukturen: In Schleimhäuten entstehen sie häufig, in unserer Haut fast nie. Längst nicht jeder Rheuma-Patient hat nachweisbare tertiäre Lymphstrukturen in seinen Gelenken. Aber wo

Abb. 251

Tertiäres Lymphgewebe entsteht in der Nähe hartnäckiger Entzündungsherde. Wie in normalen Lymphknoten durchlaufen aktivierte B-Zellen hier eine starke Vermehrung, einen Klassenwechsel und eine Affinitätsreifung, die ihre Schlagkraft erhöhen.

sie nachweisbar sind, gehen klar strukturierte Gebilde, die deutlich erkennbare Keimzentren enthalten, mit stärkeren Symptomen einher als diffuse Lymphozyten-Ansammlungen. Bei der multiplen Sklerose kommt es offenbar auf den Typ an: In der Hirnhaut von Menschen mit sekundär fortschreitender MS findet man tertiäre Lymphstrukturen in der Nähe der Läsionen, in der Hirnhaut von Patienten mit schubförmig remittierender MS oder mit primär fortschreitender MS dagegen nicht.

Eigentlich dienen diese lymphknotenartigen Neubildungen der Beseitigung oder wenigstens Eindämmung hartnäckiger Pathogene, vielleicht auch der Bekämpfung von Tumoren. Aber bei Autoimmunstörungen sind die Antigene, auf die die hier produzierten Lymphozyten und Antikörper reagieren, unerschöpflich. Daher schlägt die Wirkung ins Negative um: Die Follikel verstärken die Abwehr, führen damit zur Freisetzung immer weiterer Autoantigene und werden so mit ihrer Aufgabe niemals fertig. Im schlimmsten Fall bleiben sie bestehen, bis das Organ völlig zerstört ist.

Nicht genug damit, dass in den Follikeln ständig neue autoreaktive B-Zellen produziert und optimiert werden: Sie leben auch noch besonders lange, denn sie sprechen besonders stark auf die Überlebenssignale an, die das tertiäre Lymphgewebe aussendet, und verdrängen damit andere, normale Gedächtnis-B-Zellen aus ihren Überlebensnischen. Dafür könnte zumindest bei einigen Autoimmunerkrankungen tatsächlich das Epstein-Barr-Virus mitverantwortlich sein, das ich eben vorgestellt habe. Denn wenn es B-Zellen befällt, startet es in ihnen ein Überlebensprogramm, um selbst möglichst lang in seinem Versteck zu überdauern.

Eigentlich sollten autoreaktive B-Zellen erst gar nicht in die Keimzentren hineingelangen, in denen sie sich vermehren, optimieren und nahezu unsterblich werden können. An den Grenzen unserer normalen Lymphknoten werden B-Zellen, die auf Autoantigene reagieren, ebenso abgewiesen wie B-Zellen, die zu schwach auf fremde Antigene reagieren. Aber tertiäre Lymphstrukturen sind zur diesem strikten Aussortieren offenbar nicht imstande. Vielmehr scheinen autoreaktive B-Zellen hier besonders leicht Einlass zu finden. Auch die T-Zell-Population ist hier unnormal zusammengesetzt: Es mangelt an zytotoxischen T-Zellen, die besonders für die Bekämpfung von Viren wichtig sind. Virenbefallene Zellen werden so nicht rechtzeitig eliminiert und können immer wieder neue Autoantigene freisetzen, wenn sie nach der Vermehrung der Viren aufplatzen. Bei Menschen mit einer Neigung zu organspezifischen Autoimmunerkrankungen versagt also gewissermaßen die Eingangkontrolle an den Grenzen der Feldlager, wodurch im Inneren die Putzkolonnen fehlen und sich stattdessen verwirrte Soldaten ansammeln, die Amok laufen können (**Abb. 252**).

Wer im tertiären Lymphgewebe als Türsteher dient, ist noch nicht ganz klar.

Abb. 252

Bei Autoimmunerkrankungen werden die falschen Zellen in das tertiäre Lymphgewebe eingelassen: CD8$^+$-T-Zellen, die auf die Eliminierung von Viren spezialisiert sind, werden ausgesperrt. Autoreaktive B-Zellen dürfen dagegen passieren und richten infolge ihrer Vermehrung und Affinitätsreifung viel Unheil an.

Man tippt auf die follikulären T-Helferzellen (Tfh-Zellen), die diese Aufgabe auch in normalen Lymphknoten übernehmen. Denn bei chronischen Infektionen, Autoimmunerkrankungen und ähnlichen Situationen mit besonders hartnäckigen Antigenen werden offenbar andere T-Helferzellen wie Th1- oder Th2-Zellen in Tfh-Zellen umgewandelt. Dass die Türsteher bei einer Autoimmunstörung nachlässig werden und die falschen Zellen einlassen bzw. ausschließen, könnte an den lokalen Entzündungssignalen liegen. Diese könnten hemmende Signale übertönen und das Verhalten sowohl der Einlass begehrenden Zellen als auch der Wächter verändern. Auch eine angeborene Neigung zur Überproduktion von IL-21 in Tfh-Zellen scheint Autoimmunerkrankungen zu fördern: Große Mengen dieses Zytokins regen autoreaktive B-Zellen zur Affinitätsreifung in den Keimzentren an.

Diesen reaktionsverstärkenden Mechanismen stehen die reaktionshemmenden follikulären Tregs gegenüber. Sie zählen nicht zu den induzierten Tregs, sondern entstehen aus natürlichen Tregs, denen dendritische Zellen ein Antigen präsentieren. Daraufhin produzieren sie außer dem Treg-typischen Transkriptionsfaktor FoxP3 auch den Tfh-typischen Transkriptionsfaktor Bcl-6 und begeben sich in ein Keimzentrum. Aber bei einer Autoimmunerkrankung kommen sie mit ihren Regulierungsbemühungen offenbar nicht gegen die starken Signale an, die die autoreaktive Fehlentwicklung im tertiären Lymphgewebe immer weiter anheizen.

Öl in die Flammen: Interferon und andere Beiträge der angeborenen Abwehr

Ohne autoreaktive T- oder B-Zellen und ihre Brutstätten, die Lymphfollikel, keine Autoimmunerkrankungen – so viel ist klar. Aber die angeborene Abwehr steht nicht unbeteiligt daneben und steuert erst recht nicht gegen. Vielmehr nährt sie mit ihren Produkten und ihrem Verhalten das Feuer, genau wie sie ihrerseits durch die erworbene Abwehr immer weiter aktiviert werden kann (**Abb. 253**). Das gilt insbesondere für die systemischen Autoimmunerkrankungen wie Lupus (SLE), die sich in allen möglichen Organen niederschlagen können – etwa dort, wo sich Immunkomplexe ablagern, wenn sie nicht schnell genug beseitigt werden.

Wie in Teil 1 erläutert, bilden die Autoimmunstörungen und die auto-inflammatorischen Störungen ein kontinuierliches Spektrum: An den meisten Autoimmunerkrankungen sind chronische Entzündungsmechanismen beteiligt. Oftmals haben die Betroffenen zum Beispiel genetische Varianten der uralten Mustererkennungsrezeptoren (PRR) geerbt, die in Lymphozyten, aber auch in Zellen der angeborenen Abwehr exprimiert werden.

Neben gängigen Pathogen-Strukturen erkennen einige dieser Rezeptoren auch körpereigene Gefahrensignale wie Harnsäure, die bei krankhaften Gewebsveränderungen freigesetzt werden. Oder sie reagieren auf RNA und DNA, weil freie Nukleinsäurestränge außerhalb von Zellen auf eine Virusinfektion oder auf ein Trauma hinweisen, bei dem Zellen zerstört wurden. Auch bei Autoimmunerkrankungen werden Nukleinsäuren freigesetzt. Zwar unterscheiden sich körpereigene Nukleinsäuren in ihrer Basenzusammensetzung und in ihrem Methylierungsgrad geringfügig von viralem Erbgut, aber nicht alle Rezeptoren der angeborenen Abwehr erkennen den Unterschied.

Eine Schlüsselrolle nimmt bei den systemischen Autoimmunerkrankungen die sogenannte Interferon-Signatur ein, insbesondere eine gesteigerte Ausschüttung von Alpha-Interferon. In **Abb. 254** ist zusammengefasst, wie man sich den Beitrag des Interferons an der Etablierung einer systemischen Autoimmunstörung vorstellt. Am Anfang steht demnach eine Virusinfektion, die auf drei Wegen zur Freisetzung von Nukleinsäuren und anderen Autoantigenen führen kann: durch Nekrose (zerplatzende Körperzelle), durch missglückte Apoptose (defekte oder überforderte Makrophagen, die infizierte Zellen vertilgen, aber Teile wieder freisetzen) oder durch NETs (die aus Nukleinsäuren bestehenden Fangnetze von Neutrophilen).

Die so in Umlauf gelangten, überwiegend körpereigenen Nukleinsäuren sind negativ geladen und lagern sich daher besonders gut mit den positiv geladenen Anti-Nukleinsäure-Antikörpern zu Immunkomplexen zusammen. Die freien konstanten Enden der Antikörper in diesen Komplexen binden an Rezeptoren auf unreifen, sogenannten plasmazytoiden dendritischen Zellen (pDC), die ich

Abb. 253

Angeborene Abwehr (links) und erworbene Abwehr (rechts) können einander bei einer systemischen Autoimmunerkrankung pathologisch verstärken. Die angeborene Abwehr – hier vertreten durch eine dendritische Zelle, eine natürliche Killerzelle, einen eosinophilen Granulozyten, einen Monozyten und einen Makrophagen – aktiviert B- und T-Zellen zum Beispiel über Botenstoffe wie Alpha-Interferon (IFN-α), *transforming growth factor* beta (TGF-β), den B-Zell-Aktivierungsfaktor (BAFF), die verstärkte Präsentation von Autoantigenen auf einem Übermaß an MHC-Klasse-II-Molekülen und die Freisetzung immer weiterer Autoantigene im Zuge einer Entzündungsreaktion. Die erworbene Abwehr – hier vertreten durch verschiedene T- und B-Zellen sowie Antikörper – produziert ihrerseits Stoffe, die die angeborene Abwehr alarmieren, etwa IL-6, IL-17, Tumornekrosefaktor alpha (TNF-α), Lymphotoxin alpha (Lt-α), sowie Antikörper und Immunkomplexe.

in Teil 2 vorgestellt habe. Die gebundenen Immunkomplexe werden von Phagozyten vertilgt. In deren Innerem werden sie von den Rezeptoren TLR7 und TLR9 erkannt, was eine starke antivirale Reaktion auslöst – vor allem die Produktion und Ausschüttung von Alpha-Interferon (IFN-α).

IFN-α wirkt auf vielfältige Weise gegen Viren. So löst es die Herstellung von Enzymen aus, die die Vermehrung von viralem Erbgut in den infizierten Zellen stoppen und virale DNA zerstören. Aber es ruft auch die erworbene Abwehr zur Hilfe: Es lässt Monozyten zu antigenpräsentierenden Zellen heranreifen, die den T-Zellen Antigene vorführen – teils virale, teils auch körpereigene Nukleinsäuren. Die passenden CD4⁺-T-Zellen werden aktiviert und reifen zu aktiven

T-Helferzellen heran. Aktivierte CD8$^+$-T-Zellen wirken dagegen zytotoxisch und verstärken so das Absterben infizierter, aber auch gesunder Zellen, sodass noch mehr Autoantigene in Umlauf kommen.

Das Interferon wirkt auch auf die pDC selbst: Unter seinem Einfluss reagieren sie noch stärker auf Immunkomplexe und exprimieren viel mehr MHC-Klasse-II-Moleküle und Kostimulatoren, sodass sie Antigene und Autoantigene noch wirkungsvoller präsentieren können. Die dadurch stark aktivierten autoreaktiven T-Helferzellen halten ihrerseits autoreaktive B-Zellen zur Affinitätsreifung, zum Klassenwechsel und zur Ausschüttung großer Antikörpermengen an. Estrogene regen autoreaktive B-Zellen zusätzlich an und verstärken damit die positive Rückkopplung zwischen ihnen und den pDC. Diese stimulierende Wirkung der weiblichen Sexualhormone dürfte ein Grund dafür sein, dass z. B. Lupus überwiegend bei Frauen auftritt.

Auch natürliche Killerzellen werden durch IFN-α aktiviert. Sie verrechnen ständig abwehrstimulierende und abwehrhemmende Signale, und solange die Bilanz positiv ist, unterstützen sie die Interferonproduktion der pDC. Bei einer normal verlaufenden antiviralen Abwehrreaktion sollten nach einer Weile genug hemmende Signale bei ihnen auflaufen, um das Ruder herumzureißen und die Interferonfreisetzung zu stoppen. Vor allem Monozyten, die ein Interferonsignal empfangen haben, sollten die Aktivität der natürlichen Killerzellen hemmen. Im anderen Ast des Imunsystems, in der erworbenen Abwehr, sollten zugleich immer mehr Tregs aktiviert werden, die dann die übrigen Lymphozyten deaktivieren. Bei Menschen mit Lupus funktionieren diese negativen Rückkopplungen nicht richtig, sodass die pDC weiter Interferon produzieren und sich die Immunreaktion aufschaukelt.

IFN-α entfaltet noch weitere Wirkungen, die ich nicht in die Zeichnung aufgenommen habe, um sie nicht zu überladen. Es stärkt zum Beispiel die Expression bestimmter Rezeptoren in den B-Zellen. Es fördert das Absterben bestimmter Zelltypen und damit die Freisetzung immer weiterer Autoantigene (siehe Kasten »Abnorme Apoptose und Nekrose bei Autoimmunerkrankungen«). Aktive T- und B-Zellen lässt es dagegen länger leben. Und es sorgt dafür, dass sie aktiv bleiben, indem es regulatorische T-Zellen unterdrückt. Alles in allem ist eine Interferon-Schwemme kurzfristig gut zur Bekämpfung einer Vireninfektion. Aber wenn sie zu lang anhält, kann die Toleranz des Immunsystems für Autoantigene zusammenbrechen und eine systemische Autoimmunerkrankung zum Ausbruch kommen.

Eine solche Interferon-Signatur wurde nicht nur bei Lupus nachgewiesen, sondern auch bei Myositis, systemischer Sklerose, dem Sjögren-Syndrom und einem Teil der Patienten mit rheumatoider Arthritis. Bei einigen dieser Erkrankungen entsteht zusätzlich tertiäres Lymphgewebe. Es ist also nicht so, dass eine

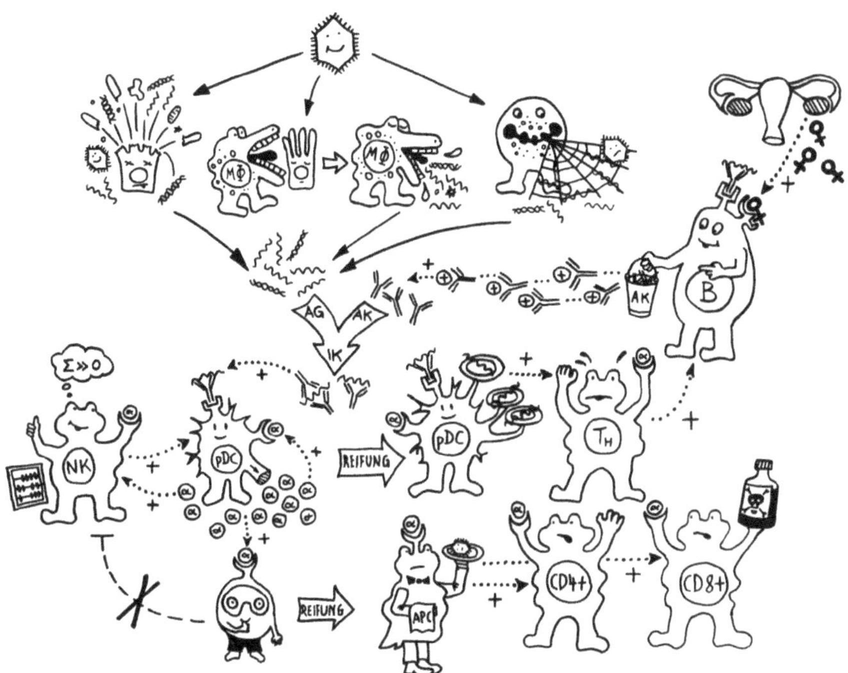

Abb. 254

Die Rolle von Alpha-Interferon bei der Entstehung systemischer Autoimmunerkrankungen; Erläuterungen im Fließtext. Abk.: MΦ = Makrophage, AG = Antigene, AK = Antikörper, IK = Immunkomplexe aus Antigenen und Antikörpern, B = B-Zelle/Plasmazelle, ♀ = Estrogen, NK = natürliche Killerzelle, Σ >> 0 = Summe größer Null, also mehr aktivierende als hemmende Signale, pDC = plasmazytoide dendritische Zelle, α = Alpha-Interferon, T_H = T-Helferzelle, APC = antigenpräsentierende Zelle, CD4$^+$ = CD4$^+$-T-Zelle, z. B. T-Helferzelle, CD8$^+$ = zytotoxische T-Zelle.

Interferon-Signatur ausschließlich bei systemischen und tertiäres Lymphgewebe ausschließlich bei organspezifischen Autoimmunstörungen vorkäme.

Typisch für die systemischen Erkrankungen ist jedenfalls die allmähliche Akkumulation von Immunkomplexen im Blut oder in der Gewebsflüssigkeit, die von den Phagozyten nicht restlos vertilgt werden können. Irgendwann nehmen sie so überhand, dass sie sich beispielsweise an Gefäßwänden (Vaskulitis), in der Niere (Glomerulonephritis) oder in Gelenken (Arthritis) ablagern und dort weitere Entzündungen auslösen. Außerdem regen Immunkomplexe offenbar gerade autoreaktive B-Zellen besonders effektiv an, indem sie gleichzeitig an deren spezifische B-Zell-Rezeptoren und unspezifische Rezeptoren wie TLR9 binden.

Abnorme Apoptose und Nekrose bei Autoimmunerkrankungen

Jeden Tag sterben in einem gesunden menschlichen Körper über 100 Milliarden Zellen einen programmierten Tod, die Apoptose. Wie im Biologie-Crashkurs unter dem Titel »Apoptose: Leben durch kontrolliertes Sterben« erklärt, werden nicht mehr benötigte, beschädigte oder zu alte Zellen dabei im Idealfall rückstandsfrei abgebaut, ohne Autoantigene freizusetzen. Ausgelöst wird das Programm entweder durch Signale von außen, die an sogenannte Todesrezeptoren auf der Zelloberfläche binden, oder durch Signale im Zellinneren, die von überalterten Mitochondrien oder dem Zellkern ausgehen. Einen Todesrezeptor haben wir im Kapitel »Irgendwann muss Schluss sein« kennen gelernt: den Fas-Rezeptor, dessen Ligand FasL zum Beispiel von einer natürlichen Killerzelle bereitgestellt wird. Normalerweise senden Zellen, in denen das Apoptose-Programm gestartet wurde, Phagozyten-Locksignale aus, um bald gefressen zu werden, und zugleich entzündungshemmende Abschreckungssignale, die etwa Neutrophile vom Ort des Geschehens fernhalten.

Doch manchmal geht etwas schief – vor allem, wenn sehr viele Zellen zugleich sterben. Bei entsprechender genetischer Veranlagung können Phagozyten, die normalerweise in aller Stille apoptotische Zellen vertilgen, durch die vertilgten Zellbestandteile versehentlich aktiviert werden. Dann entwickeln sie sich zu antigenpräsentierenden Zellen weiter und präsentieren die Zellreste als Autoantigene. Vor allem DNA aus apoptotischen Zellen ist ein gefährliches Autoantigen. Sie kann präsentiert werden, wenn es den Phagozyten an DNAsen mangelt, den DNA abbauenden Enzymen.

Oder die Phagozyten entwickeln aufgrund einer Stoffwechselstörung zu wenig Appetit, sodass apoptotische Zellen zu lange erhalten bleiben und dann eine sekundäre Nekrose durchlaufen (**Abb. 255**). Bei diesem unkontrollierten Sterben platzt die Zellmembran, sodass Autoantigene und Gefahrensignale austreten. Die Autoantigene werden von Autoantikörpern erkannt oder von antigenpräsentierenden Zellen aufgenommen und zur Aktivierung autoreaktiver T-Zellen verwendet; die Gefahrensignale starten eine Entzündungsreaktion. Vieles davon – ein Übermaß an sterbenden Zellen, ein Mangel an »Reinigungsmitteln« wie DNAse und appetitlose Phagozyten – scheint bei Lupus (SLE) zusammenzukommen.

Auch *zu wenig* Apoptose kann schaden, zum Beispiel, wenn reife autoreaktive T- und B-Zellen nicht rechtzeitig ausgeschaltet werden. In normalen Lymphozyten beginnt in dem Moment ihrer Aktivierung eine Uhr zu ticken, die nach einer gewissen Frist das Programm für den kontrollierten Zelltod startet. Kinder mit der seltenen Erkrankung ALPS *(autoimmune lymphoproliferative syndrome)* tragen Mutationen im Fas-Gen. Durch diese Störung im Apoptose-Programm bleiben ihre reifen T-Zellen viel zu lang aktiv: Sie häufen sich in den Lymphorganen und der Leber an und lösen alle

Abb. 255
Bei einer sekundären Nekrose werden Zellen nach ihrer Apoptose so lange nicht entsorgt, dass sie undicht werden und entzündungsfördernde Zellen anlocken – so, wie ein nicht geleerter Mülleimer Krankheitsüberträger anziehen kann

möglichen Autoimmunreaktionen aus.

Besonders dramatische Folgen hat ein Versagen der Apoptose während der negativen Selektion der T-Zellen im Thymus: Autoreaktive T-Zellen, die hier nicht rechtzeitig ausgeschaltet werden, gefährden die Toleranz des Immunsystems gegenüber Autoantigenen. Ähnliches gilt für die Selektion der B-Zellen in den Follikeln: Werden autoreaktive Exemplare hier nicht ausgeschaltet und von spezialisierten Makrophagen vertilgt, kann eine Autoimmunreaktion in Gang kommen.

Auch das Ausmaß der Apoptose dendritischer Zellen beeinflusst die Stärke und Länge einer Immunreaktion. Einige Pathogene – sowohl Viren und Bakterien als auch Einzeller oder Würmer – haben sich im Lauf ihrer Evolution die Fähigkeit angeeignet, den dendritischen Zellen Apoptose-auslösende Signale zu senden, um nicht von ihnen vertilgt und als Antigene präsentiert zu werden. Auch Glukokortikoide lösen eine Apoptose dendritischer Zellen und damit eine Immunsuppression aus. Langerhans-Zellen, die dendritischen Zellen unserer Haut, werden durch UV-Strahlung in die Apoptose getrieben. Apoptotische dendritische Zellen werden meist von weiteren dendritischen Zellen vertilgt, die noch unreif sind und daher keine Antigene präsentieren. Stattdessen scheiden sie den Botenstoff TGF-β aus. Er lässt naive T-Zellen in der Nähe zu antigenspezifischen Tregs reifen, die die Toleranz des Immunsystems fördern. Geht bei diesem Prozess etwas schief, entstehen zu wenig Tregs. Dann kann die Immuntoleranz zusammenbrechen, was zu Autoimmunreaktionen führt.

Ausblick

Wenn Sie diese Zeilen lesen, sind Sie entweder ähnlich gestrickt wie ich: Sie blättern gleich am Anfang oder mitten in der Lektüre eines dicken Buches an den Schluss vor, um zu sehen, worauf das Ganze hinausläuft. Oder Sie haben sich wirklich bis hierhin durchgekämpft – Hut ab! Dann haben Sie einerseits sehr viel über das Immunsystem gelernt. Andererseits empfinden Sie all das vermutlich als ziemlich kompliziert und nicht gerade einprägsam. Ehrlich gesagt: So geht es mir nach sieben Jahren Beschäftigung mit der Materie immer noch.

Während ich diese Zeilen schreibe, haben wir Handwerker im Haus. Der Elektriker maß letzte Woche die Leitungen durch, schüttelte ständig den Kopf, telefonierte mit seinem Chef und fluchte vor sich hin: So ein Chaos hatte er selten gesehen. Das war wirklich nur historisch zu erklären: Seit seiner Elektrifizierung ist der Altbau immer wieder umgebaut worden; Leitungen sind versehentlich angebohrt und durch andere ersetzt worden; aus unserer Wohnung wurde ein Großraumbüro und später wieder eine Wohnung; das Dachgeschoss wurde ausgebaut und so weiter.

Ähnlich verhält es sich mit unserem Immunsystem: Das alles wirkt unnötig verwickelt und fehleranfällig und ist nur aus seiner Entstehungsgeschichte zu erklären. Genau das werde ich im zweiten Band versuchen: das Immunsystem zum einen durch ein individuelles Leben begleiten, von der Zeugung bis ins Greisenalter. Und zum anderen seine wachsende Komplexität von der Ursuppe bis zum modernen Menschen darstellen, der in vieler Hinsicht ein gesünderes Leben führt als seine Vorfahren, aber häufiger mit Autoimmunerkrankungen zu kämpfen hat (**Abb. 256**). Denn wie schon Theodosius Dobzhansky schrieb, erschließen sich biologische Zusammenhänge erst durch ihre Evolution.

Abb. 256
Aus dem Wald in die Savanne: eine Lebensraumveränderung, die sich auf die Pathogene unserer Urahnen auswirkte – und damit auf ihr Immunsystem. Warum heute so viele Menschen Autoimmunerkrankungen bekommen, das lässt sich nur evolutionsbiologisch und ökologisch verstehen.

Literatur

GRUNDLAGEN

Fach- und Lehrbücher

Abbas, Abul, Andrew H. Lichtman und Shiv Pillai. 2011. Cellular and Molecular Immunology, 7. Aufl. Saunders. ISBN: 978-1437715286.

Murphy, Kenneth, Paul Travers und Mark Walport. 2007. Janeway's Immunobiology, 7. Aufl. Garland Science. ISBN: 978-0815341239.

Parham, Peter. 2014. The Immune System. Garland Science. ISBN: 978-0815345268.

Resch, Klaus, Michael U. Martin und Volkhard Kaever. 2010. Immunpharmakologie. UTB. ISBN: 978-3825284367.

Rose, Noel R. und Ian R. Mackay. 2014. The Autoimmune Diseases. Academic Press. ISBN: 978-0123849298.

Schütt, Christine und Barbara Bröker. 2011. Grundwissen Immunologie. Spektrum Akademischer Verlag. ISBN: 978-3827426475.

Sachbücher

DGfI/EFIS. 2011. Das faszinierende Immunsystem – Wie es deinen Körper schützt! ISBN: 978-3-00-035120-4.

Nakazawa, Donna Jacksom. 2008. The Autoimmune Epidemic: Bodies Gone Haywire in a World Out of Balance – and the Cutting-Edge Science that Promises Hope. Touchstone. ISBN: 978-0743277754.

Verlasquez-Manoff, Moises. 2012. An Epidemic of Absence: A New Way of Understanding Allergies and Autoimmune Diseases. Scribner. ISBN: 978-1439199381.

TEIL 1

Vier Fragen, zwei Bände: der Aufbau des Buches

Nesse, R. M., C. T. Bergstrom, P. T. Ellison, J. S. Flier, P. Gluckman, D. R. Govindaraju, D. Niethammer, u. a. 2009. Making evolutionary biology a basic science for medicine. Proceedings of the National Academy of Sciences 107, Nr. suppl_1 (16. November): 1800–1807. doi: 10.1073/pnas.0906224106.

Das konfuse Vokabular der Immunologie

Borges, Jorge Luis. 1966. Die analytische Sprache von John Wilkins. In: Das Eine und die Vielen. Essays zur Literatur, S. 212, Ü.: Karl August Horst. Hanser.

Was ist eine Autoimmunerkrankung?

Castiblanco, John, Mauricio Arcos-Burgos und Juan-Manuel Anaya. 2013. What is next after the genes for autoimmunity? BMC Medicine 11, Nr. 1 (4. September). doi: 10.1186/1741-7015-11-197.

Davidson, Anne und Betty Diamond. 2001. Autoimmune Diseases. Hg. von Ian R. Mackay und Fred S. Rosen. New England Journal of Medicine 345, Nr. 5 (2. August): 340–350. doi: 10.1056/nejm200108023450506.

Kivity, Shaye, Nancy Agmon-Levin, Miri Blank und Yehuda Shoenfeld. 2009. Infections and autoimmunity – friends or foes? Trends in Immunology 30, Nr. 8 (August): 409–414. doi: 10.1016/j.it.2009.05.005.

Loeffler, Friedrich. 1884. Untersuchung über die Bedeutung der Mikroorganismen für die Entstehung der Diphtherie beim Menschen, bei der Taube und beim Kalbe. Mittheilungen aus dem kaiserlichen Gesundheitsamte 2: 421–499.

McGonagle, Dennis und Michael F McDermott. 2006. A Proposed Classification of the Immunological Diseases. PLoS Medicine 3, Nr. 8 (29. August): e297. doi: 10.1371/journal.pmed.0030297.

Poletaev, Alexander B., Vladimir L. Stepanyuk und M. Eric Gershwin. 2008. Integrating immunity: The immunculus and self-reactivity. Journal of Autoimmunity 30, Nr. 1–2 (Februar): 68–73. doi: 10.1016/j.jaut.2007.11.012.

Scher, Jose U. und Steven B. Abramson. 2011. The microbiome and rheumatoid arthritis. Nature Reviews Rheumatology 7, Nr. 10 (23. August): 569–578. doi: 10.1038/nrrheum.2011.121.

Schwartz, M. und C. Raposo. 2014. Protective Autoimmunity: A Unifying Model for the Immune Network Involved in CNS Repair. The Neuroscientist 20, Nr. 4 (6. Januar): 343–358. doi: 10.1177/1073858413516799.

Selmi, Carlo, Qianjin Lu und Michael C. Humble. 2012. Heritability versus the role of the environment in autoimmunity. Journal of Autoimmunity 39, Nr. 4 (Dezember): 249–252. doi: 10.1016/j.jaut.2012.07.011.

Shoenfeld, Y. 1994. Idiotypic induction of autoimmunity: a new aspect of the idiotypic network. The FASEB Journal 8, Nr. 15 (Dezember): 1296–1301. doi: 10.1096/fasebj.8.15.8001742.

Sirota, Marina, Marc A. Schaub, Serafim Batzoglou, William H. Robinson und Atul J. Butte. 2009. Autoimmune Disease Classification by Inverse Association with SNP Alleles. Hg. von David B. Allison. PLoS Genetics 5, Nr. 12 (24. Dezember): e1000792. doi: 10.1371/journal.pgen.1000792.

Tracy, Jennifer A. und P. James B. Dyck. 2011. Auto-immune polyradiculoneuropathy and a novel IgG biomarker in workers exposed to aerosolized porcine brain. Journal of the Peripheral Nervous System 16 (Juni): 34–37. doi: 10.1111/j.1529-8027.2011.00303.x.

Tveita, A. A. 2010. The danger model in deciphering autoimmunity. Rheumatology 49, Nr. 4 (9. Februar): 632–639. doi: 10.1093/rheumatology/keq004.

Geschichte der Immunologie und Autoimmunologie

Carmi, Gal und Howard Amital. 2011. The geoepidemiology of autoimmunity: capsules from the 7th International Congress on Autoimmunity, Ljubljana, Slovenia, May 2010. Isr Med Assoc J, 13: 121–127.

Casadevall, Arturo und Liise-anne Pirofski. 2011. A new synthesis for antibody-mediated immunity. Nature Immunology 13, Nr. 1 (16. Dezember): 21–28. doi: 10.1038/ni.2184.

Mackay, Ian R. 2010. Travels and travails of autoimmunity: A historical journey from discovery to rediscovery. Autoimmunity Reviews 9, Nr. 5 (März): A251–A258. doi: 10.1016/j.autrev.2009.10.007.

Matzinger, P. 2001. Essay 1: The Danger Model in Its Historical Context. Scandinavian Journal of Immunology 54, Nr. 1–2 (Juli): 4–9. doi: 10.1046/j.1365-3083.2001.00974.x.

Matzinger, P. 2002. The Danger Model: A Renewed Sense of Self. Science 296, Nr. 5566 (12. April): 301–305. doi: 10.1126/science.1071059.

Poletaev, Alexander B., Vladimir L. Stepanyuk und M. Eric Gershwin. 2008. Integrating immunity: The immunculus and self-reactivity. Journal of Autoimmunity 30, Nr. 1–2 (Februar): 68–73. doi: 10.1016/j.jaut.2007.11.012.

Tauber, Alfred I. 1990. Metchnikoff, the Modern Immunologist. Journal of Leukocyte Biology 47, Nr. 6 (Juni): 561–567. doi: 10.1002/jlb.47.6.561.

Vom Nischenthema zur Epidemie

AARDA. Autoimmune Disease Statistics. https://www.aarda.org/news-information/statistics/, zuletzt abgerufen am 28.03.2018

Horai, Reiko, Carlos R. Zárate-Bladés, Patricia Dillenburg-Pilla, Jun Chen, Jennifer L. Kielczewski, Phyllis B. Silver, Yingyos Jittayasothorn, u. a. 2015. Microbiota-Dependent Activation of an Autoreactive T Cell Receptor Provokes Autoimmunity in an Immunologically Privileged Site. Immunity 43, Nr. 2 (August): 343–353. doi: 10.1016/j.immuni.2015.07.014.

Die Epidemiologie der Autoimmunerkrankungen

2008. The Environmental Determinants of Diabetes in the Young (TEDDY) Study. Annals of the New York Academy of Sciences 1150, Nr. 1 (Dezember): 1–13. doi: 10.1196/annals.1447.062.

AARDA. Autoimmune Disease Statistics. https://www.aarda.org/news-information/statistics/, zuletzt abgerufen am 28.03.2018

Alonso, A. und M. A. Hernan. 2008. Temporal trends in the incidence of multiple sclerosis: A systematic review. Neurology 71, Nr. 2 (7. Juli): 129–135. doi: 10.1212/01.wnl.0000316802.35974.34.

Appelboom, T. 2003. Art and history: a large research avenue for rheumatologists. Rheumatology 43, Nr. 6 (15. August): 803–805. doi: 10.1093/rheumatology/keg474.

Appelboom, T. 2005. Hypothesis: Rubens – one of the first victims of an epidemic of rheumatoid arthritis that started in the 16th–17th century? Rheumatology 44, Nr. 5 (1. Mai): 681–683. doi: 10.1093/rheumatology/keh252.

Berhan, Y., I. Waernbaum, T. Lind, A. Mollsten und G. Dahlquist. 2011. Thirty Years of Prospective Nationwide Incidence of Childhood Type 1 Diabetes: The Accelerating Increase by Time Tends to Level Off in Sweden. Diabetes 60, Nr. 2 (26. Januar): 577–581. doi: 10.2337/db10-0813.

Buchanan, W. Watson und Rodger M Laurent. 1990. Rheumatoid Arthritis: An Example of Ecological Succession? Canadian Bulletin of Medical History 7, Nr. 1 (April): 77–91. doi: 10.3138/cbmh.7.1.77.

Campbell, K. E. 2002. Effects of Climate, Latitude, and Season on the Incidence of Bell's Palsy in the US Armed Forces, October 1997 to September 1999. American Journal of Epidemiology 156, Nr. 1 (1. Juli): 32–39. doi: 10.1093/aje/kwf009.

Carmi, Gal und Howard Amital. 2011. The geoepidemiology of autoimmunity: capsules from the 7th International Congress on Autoimmunity, Ljubljana, Slovenia, May 2010. Isr Med Assoc J, 13: 121–127.

Chandran, Vinod und Siba P. Raychaudhuri. 2010. Geoepidemiology and environmental factors of psoriasis and psoriatic arthritis. Journal of Autoimmunity 34, Nr. 3 (Mai): J314–J321. doi: 10.1016/j.jaut.2009.12.001.

Fairweather, DeLisa, Sylvia Frisancho-Kiss und Noel R. Rose. 2008. Sex Differences in Autoimmune Disease from a Pathological Perspective. The American Journal of Pathology 173, Nr. 3 (September): 600–609. doi: 10.2353/ajpath.2008.071008.

Fumagalli, Matteo, Uberto Pozzoli, Rachele Cagliani, Giacomo P. Comi, Stefania Riva, Mario Clerici, Nereo Bresolin und Manuela Sironi. 2009. Parasites represent a major selective force for interleukin genes and shape the genetic predisposition to autoimmune conditions. The Journal of Experimental Medicine 206, Nr. 6 (25. Mai): 1395–1408. doi: 10.1084/jem.20082779.

IDF Diabetes Atlas, 8th edition. http://www.diabetesatlas.org/across-the-globe.html.

Kondrashova, Anita. 2009. Epidemiology and Risk Markers of Autoimmune Diseases in Russian Karelia and in Finland. Tampere University Press, Dissertation. ISBN: 978-951-44-7694-5.

Kondrashova, A., H. Viskari, P. Kulmala, A. Romanov, J. Ilonen, H. Hyoty und M. Knip. 2006. Signs of β-Cell Autoimmunity in Nondiabetic Schoolchildren: A comparison between Russian Karelia with a low incidence of type 1 diabetes and Finland with a high incidence rate. Diabetes Care 30, Nr. 1 (27. Dezember): 95–100. doi: 10.2337/dc06-0711.

Krassas, G. E, K. Tziomalos, N. Pontikides, H. Lewy und Z. Laron. 2007. Seasonality of month of birth of patients with Graves' and Hashimoto's diseases differ from that in the general population. European Journal of Endocrinology 156, Nr. 6 (1. Juni): 631–636. doi: 10.1530/eje-07-0015.

Narcı, H., B. Horasanlı und M. Uğur M. 2012. Seasonal effects on Bell's palsy: four-year study and review of the literature. Iran Red Crescent Med J 14(8): 505-506.

Rothschild, B.M., A. Coppa und PP. Petrone. 2011. »Like a virgin«: Absence of rheumatoid arthritis and treponematosis, good sanitation and only rare gout in Italy prior to the 15th century. Reumatismo 56, Nr. 1 (12. September). doi: 10.4081/reumatismo.2004.61.

Satoh, Minoru, Edward K. L. Chan, Lindsey A. Ho, Kathryn M. Rose, Christine G. Parks, Richard D. Cohn, Todd A. Jusko, u. a. 2012. Prevalence and sociodemographic correlates of antinuclear antibodies in the United States. Arthritis & Rheumatism 64, Nr. 7 (26. Juni): 2319–2327. doi: 10.1002/art.34380.

Scher, Jose U. und Steven B. Abramson. 2011. The microbiome and rheumatoid arthritis. Nature Reviews Rheumatology 7, Nr. 10 (23. August): 569–578. doi: 10.1038/nrrheum.2011.121.

Seiskari, Tapio, Hanna Viskari, Anita Kondrashova, Anna-Maija Haapala, Jorma Ilonen, Mikael Knip und Heikki Hyöty. 2010. Co-occurrence of allergic sensitization and type 1 diabetes. Annals of Medicine 42, Nr. 5 (13. Mai): 352–359. doi: 10.3109/07853890.2010.481678.

Selmi, Carlo und Koichi Tsuneyama. 2010. Nutrition, geoepidemiology, and autoimmunity. Autoimmunity Reviews 9, Nr. 5 (März): A267–A270. doi: 10.1016/j.autrev.2009.12.001.

Shapira, Yinon, Nancy Agmon-Levin und Yehuda Shoenfeld. 2010. Defining and analyzing geoepidemiology and human autoimmunity. Journal of Autoimmunity 34, Nr. 3 (Mai): J168–J177. doi: 10.1016/j.jaut.2009.11.018.

Shapira, Yinon, Nancy Agmon-Levin und Yehuda Shoenfeld. 2010. Geoepidemiology of autoimmune rheumatic diseases. Nature Reviews Rheumatology 6, Nr. 8 (22. Juni): 468–476. doi: 10.1038/nrrheum.2010.86.

Tobón, Gabriel J., Pierre Youinou und Alain Saraux. 2010. The environment, geo-epidemiology, and autoimmune disease: Rheumatoid arthritis. Autoimmunity Reviews 9, Nr. 5 (März): A288–A292. doi: 10.1016/j.autrev.2009.11.019.

Walsh, Stephen J. und Laurie M. DeChello. 2001. Excess autoimmune disease mortality among school teachers. The Journal of Rheumatology, 28 (7) 1537–1545.

Youinou, Pierre, Jacques-Olivier Pers, M. Eric Gershwin und Yehuda Shoenfeld. 2010. Geo-epidemiology and autoimmunity. Journal of Autoimmunity 34, Nr. 3 (Mai): J163–J167. doi: 10.1016/j.jaut.2009.12.005.

Zusi, Karen. 2015. Melatonin for MS? Improvements in multiple sclerosis symptoms correlate with higher levels of the sleep hormone, a study finds. The Scientist, 11. September 2015, https://www.the-scientist.com/?articles.view/articleNo/43965/title/Melatonin-for-MS-/.

Crashkurs Biologie

Cárdenas-Roldán, Jorge, Adriana Rojas-Villarraga und Juan-Manuel Anaya. 2013. How do autoimmune diseases cluster in families? A systematic review and meta-analysis. BMC Medicine 11, Nr. 1 (18. März). doi: 10.1186/1741-7015-11-73.

Fries, Diana M., Richard Lightfoot, Michael Koval und Harry Ischiropoulos. 2005. Autologous Apoptotic Cell Engulfment Stimulates Chemokine Secretion by Vascular Smooth Muscle Cells. The American Journal of Pathology 167, Nr. 2 (August): 345–353. doi: 10.1016/s0002-9440(10)62980-x.

Füllgrabe, J, N Hajji und B Joseph. 2010. Cracking the death code: apoptosis-related histone modifications. Cell Death & Differentiation 17, Nr. 8 (14. Mai): 1238–1243. doi: 10.1038/cdd.2010.58 (für Abb. 63).

Marrack, P. und J. W. Kappler. 2012. Do MHCII-Presented Neoantigens Drive Type 1 Diabetes and Other Autoimmune Diseases? Cold Spring Harbor Perspectives in Medicine 2, Nr. 9 (3. August): a007765–a007765. doi: 10.1101/cshperspect.a007765.

Hurst, Laurence D. 2011. The sound of silence. Nature 471, Nr. 7340 (März): 582–583. doi: 10.1038/471582a.

Matzinger, P. 2002. The Danger Model: A Renewed Sense of Self. Science 296, Nr. 5566 (12. April): 301–305. doi: 10.1126/science.1071059.

Podder, Soumita und Tapash Ghosh. 2012. Evolutionary dynamics of human autoimmune disease genes and malfunctioned immunological genes. BMC Evolutionary Biology 12, Nr. 1: 10. doi: 10.1186/1471-2148-12-10.

Varki, A. und P. Gagneux. 2009. Human-specific evolution of sialic acid targets: Explaining the malignant malaria mystery? Proceedings of the National Academy of Sciences 106, Nr. 35 (26. August): 14739–14740. doi: 10.1073/pnas.0908196106 (Fußnote zu Ausdrücken Rezeptor/Ligand).

TEIL 2

Die Organe des Immunsystems

Cording, S, B Wahl, D Kulkarni, H Chopra, J Pezoldt, M Buettner, A Dummer, u. a. 2013. The intestinal micro-environment imprints stromal cells to promote efficient Treg induction in gut-draining lymph nodes. Mucosal Immunology 7, Nr. 2 (14. August): 359–368. doi: 10.1038/mi.2013.54.

Dorshkind, Kenneth, Encarnacion Montecino-Rodriguez und Robert A. J. Signer. 2009. The ageing immune system: is it ever too old to become young again? Nature Reviews Immunology 9, Nr. 1 (Januar): 57–62. doi: 10.1038/nri2471.

Die Zellen des Immunsystems

Asher, Claire. 2017. Macrophages Are the Ultimate Multitaskers. The Scientist, 1. Oktober, https://www.the-scientist.com/?articles.view/articleNo/50446/title/Macrophages-Are-the-Ultimate-Multitaskers/.

Beaven, Michael A. 2009. Our perception of the mast cell from Paul Ehrlich to now. European Journal of Immunology 39, Nr. 1 (Januar): 11–25. doi: 10.1002/eji.200838899.

Bergamaschi, Roberto, Simona Villani, Massimo Crabbio, Michela Ponzio, Alfredo Romani, Anna Verri, Valeria Bargiggia und Vittorio Cosi. 2009. Inverse relationship between multiple sclerosis and allergic respiratory diseases. Neurological Sciences 30, Nr. 2 (4. März): 115–118. doi: 10.1007/s10072-009-0036-8.

Björkström, Niklas K., Eliisa Kekäläinen und Jenny Mjösberg. 2013. Tissue-specific effector functions of innate lymphoid cells. Immunology 139, Nr. 4 (2. Juli): 416–427. doi: 10.1111/imm.12098.

Brinkmann, Volker und Arturo Zychlinsky. 2012. Neutrophil extracellular traps: Is immunity the second function of chromatin? The Journal of Cell Biology 198, Nr. 5 (3. September): 773–783. doi: 10.1083/jcb.201203170.

Bruns, Sandra, Olaf Kniemeyer, Mike Hasenberg, Vishukumar Aimanianda, Sandor Nietzsche, Andreas Thywißen, Andreas Jeron, Jean-Paul Latgé, Axel A. Brakhage und Matthias Gunzer. 2010. Production of Extracellular Traps against Aspergillus fumigatus In Vitro and in Infected Lung Tissue Is Dependent on Invading Neutrophils and Influenced by Hydrophobin RodA. Hg. von Scott G. Filler. PLoS Pathogens 6, Nr. 4 (29. April): e1000873. doi: 10.1371/journal.ppat.1000873.

Cherrier, M, C Ohnmacht, S Cording und G Eberl. 2012. Development and function of intestinal innate lymphoid cells. Current Opinion in Immunology 24, Nr. 3 (Juni): 277–283. doi: 10.1016/j.coi.2012.03.011.

Dey, Adwitia, Joselyn Allen und Pamela A. Hankey-Giblin. 2015. Ontogeny and Polarization of Macrophages in Inflammation: Blood Monocytes Versus Tissue Macrophages. Frontiers in Immunology 5 (22. Januar). doi: 10.3389/

fimmu.2014.00683.

Diana, Julien, Yannick Simoni, Laetitia Furio, Lucie Beaudoin, Birgitta Agerberth, Franck Barrat und Agnès Lehuen. 2012. Crosstalk between neutrophils, B-1a cells and plasmacytoid dendritic cells initiates autoimmune diabetes. Nature Medicine 19, Nr. 1 (16. Dezember): 65–73. doi: 10.1038/nm.3042.

Faas, Marijke M., Floor Spaans und Paul De Vos. 2014. Monocytes and Macrophages in Pregnancy and Pre-Eclampsia. Frontiers in Immunology 5 (30. Juni). doi: 10.3389/fimmu.2014.00298.

Fairfax, Kirsten A., Axel Kallies, Stephen L. Nutt und David M. Tarlinton. 2008. Plasma cell development: From B-cell subsets to long-term survival niches. Seminars in Immunology 20, Nr. 1 (Februar): 49–58. doi: 10.1016/j. smim.2007.12.002.

Franken, Lars, Marzena Schiwon und Christian Kurts. 2016. Macrophages: sentinels and regulators of the immune system. Cellular Microbiology 18, Nr. 4 (16. März): 475–487. doi: 10.1111/cmi.12580.

Gasteiger, G., X. Fan, S. Dikiy, S. Y. Lee und A. Y. Rudensky. 2015. Tissue residency of innate lymphoid cells in lymphoid and nonlymphoid organs. Science 350, Nr. 6263 (15. Oktober): 981–985. doi: 10.1126/science.aac9593.

Geering, Barbara, Christina Stoeckle, Sébastien Conus und Hans-Uwe Simon. 2013. Living and dying for inflammation: neutrophils, eosinophils, basophils. Trends in Immunology 34, Nr. 8 (August): 398–409. doi: 10.1016/j.it.2013.04.002.

Ginhoux, Florent, Shawn Lim, Guillaume Hoeffel, Donovan Low und Tara Huber. 2013. Origin and differentiation of microglia. Frontiers in Cellular Neuroscience 7. doi: 10.3389/fncel.2013.00045.

Godfrey, Dale I. und Stuart P. Berzins. 2007. Control points in NKT-cell development. Nature Reviews Immunology 7, Nr. 7 (Juli): 505–518. doi: 10.1038/nri2116.

Godfrey, Dale I., Sanda Stankovic und Alan G Baxter. 2010. Raising the NKT cell family. Nature Immunology 11, Nr. 3 (7. Februar): 197–206. doi: 10.1038/ni.1841.

Goldmann, Oliver und Eva Medina. 2013. The expanding world of extracellular traps: not only neutrophils but much more. Frontiers in Immunology 3. doi: 10.3389/fimmu.2012.00420.

Gomez Perdiguero, Elisa, Kay Klapproth, Christian Schulz, Katrin Busch, Emanuele Azzoni, Lucile Crozet, Hannah Garner, u. a. 2014. Tissue-resident macrophages originate from yolk-sac-derived erythro-myeloid progenitors. Nature 518, Nr. 7540 (3. Dezember): 547–551. doi: 10.1038/nature13989.

Görgens, André, Stefan Radtke, Michael Möllmann, Michael Cross, Jan Dürig, Peter A. Horn und Bernd Giebel. 2013. Revision of the Human Hematopoietic Tree: Granulocyte Subtypes Derive from Distinct Hematopoietic Lineages. Cell Reports 3, Nr. 5 (Mai): 1539–1552. doi: 10.1016/j.celrep.2013.04.025.

Gregorio, Josh, Stephan Meller, Curdin Conrad, Anna Di Nardo, Bernhard Homey, Antti Lauerma, Naoko Arai, Richard L. Gallo, John DiGiovanni und Michel Gilliet. 2010. Plasmacytoid dendritic cells sense skin injury and promote wound healing through type I interferons. The Journal of Experimental Medicine 207, Nr. 13 (29. November): 2921–2930. doi: 10.1084/jem.20101102.

Heesters, Balthasar A., Riley C. Myers und Michael C. Carroll. 2014. Follicular dendritic cells: dynamic antigen libraries. Nature Reviews Immunology 14, Nr. 7 (20. Juni): 495–504. doi: 10.1038/nri3689.

Hiepe, Falk, Thomas Dörner, Anja E. Hauser, Bimba F. Hoyer, Henrik Mei und Andreas Radbruch. 2011. Long-lived autoreactive plasma cells drive persistent autoimmune inflammation. Nature Reviews Rheumatology 7, Nr. 3 (1. Februar): 170–178. doi: 10.1038/nrrheum.2011.1.

Humby, Frances, Michele Bombardieri, Antonio Manzo, Stephen Kelly, Mark C Blades, Bruce Kirkham, Jo Spencer und Costantino Pitzalis. 2009. Ectopic Lymphoid Structures Support Ongoing Production of Class-Switched Autoantibodies in Rheumatoid Synovium. Hg. von Tom Huizinga. PLoS Medicine 6, Nr. 1 (13. Januar): e1. doi: 10.1371/journal.pmed.0060001.

Jenne, Craig N. und Paul Kubes. 2015. Virus-Induced NETs – Critical Component of Host Defense or Pathogenic Mediator? Hg. von Katherine R. Spindler. PLoS Pathogens 11, Nr. 1 (8. Januar): e1004546. doi: 10.1371/journal.ppat.1004546.

Joncker, N. T., N. C. Fernandez, E. Treiner, E. Vivier und D. H. Raulet. 2009. NK Cell Responsiveness Is Tuned Commensurate with the Number of Inhibitory Receptors for Self-MHC Class I: The Rheostat Model. The Journal of Immunology 182, Nr. 8 (15. April): 4572–4580. doi: 10.4049/jimmunol.0803900.

Juno, Jennifer A., Yoav Keynan und Keith R. Fowke. 2012. Invariant NKT Cells: Regulation and Function during Viral Infection. Hg. von Tom C. Hobman. PLoS Pathogens 8, Nr. 8 (16. August): e1002838. doi: 10.1371/journal.ppat.1002838.

Kim, Hyuk Soon, Jong-Hwa Jang, Min Bum Lee, In Duk Jung, Yeong-Min Park, Young Mi Kim und Wahn Soo Choi. 2016. A novel IL-10-producing innate lymphoid cells (ILC10) in a contact hypersensitivity mouse model. BMB Reports 49, Nr. 5 (31. Mai): 293–296. doi: 10.5483/bmbrep.2016.49.5.023.

Knip, M. und O. Simell. 2012. Environmental Triggers of Type 1 Diabetes. Cold Spring Harbor Perspectives in Medicine 2, Nr. 7 (23. Mai): a007690–a007690. doi: 10.1101/cshperspect.a007690.

Leavy, Olive. 2013. Will the real ILC1 please stand up? Nature Reviews Immunology 13, Nr. 2 (Februar): 67–67. doi: 10.1038/nri3397.

Leslie, M. 2012. Crossover Immune Cells Blur the Boundaries. Science 336, Nr. 6086 (7. Juni): 1228–1229. doi: 10.1126/science.336.6086.1228.

Lodoen, Melissa B. und Lewis L. Lanier. 2005. Viral modulation of NK cell immunity. Nature Reviews Microbiology 3, Nr. 1 (Januar): 59–69. doi: 10.1038/nrmicro1066.

Lu, Thea, Scott D. Kobayashi, Mark T. Quinn und Frank R. DeLeo. 2012. A NET Outcome. Frontiers in Immunology 3. doi: 10.3389/fimmu.2012.00365.

Ma, Cindy S., Elissa K. Deenick, Marcel Batten und Stuart G. Tangye. 2012. The origins, function, and regulation of T follicular helper cells. The Journal of Experimental Medicine 209, Nr. 7 (2. Juli): 1241–1253. doi: 10.1084/jem.20120994.

Mamula, Mark J. 2013. Editorial: B Cells: Not Just Making Immunoglobulin Anymore. Arthritis & Rheumatology 66, Nr. 1 (30. Dezember): 2–5. doi: 10.1002/art.38208.

Monteiro, L., A. Souza-Machado, C. Menezes und A. Melo. 2010. Association between allergies and multiple sclerosis: a systematic review and meta-analysis. Acta Neurologica Scandinavica 123, Nr. 1 (3. Dezember): 1–7. doi: 10.1111/j.1600-0404.2010.01355.x.

Nayak, Debasis, Theodore L. Roth und Dorian B. McGavern. 2014. Microglia Development and Function. Annual Review of Immunology 32, Nr. 1 (21. März): 367–402. doi: 10.1146/annurev-immunol-032713-120240.

Németh, Tamás und Attila Mócsai. 2012. The role of neutrophils in autoimmune diseases. Immunology Letters 143, Nr. 1 (März): 9–19. doi: 10.1016/j.imlet.2012.01.013.

Orr, Mark T. und Lewis L. Lanier. 2010. Natural Killer Cell Education and Tolerance. Cell 142, Nr. 6 (September): 847–856. doi: 10.1016/j.cell.2010.08.031.

Parra, David, Fumio Takizawa und J. Oriol Sunyer. 2013. Evolution of B Cell Immunity. Annual Review of Animal Biosciences 1, Nr. 1 (Januar): 65–97. doi: 10.1146/annurev-animal-031412-103651.

Powrie, Fiona. 2012. Gut reactions: immune pathways in the intestine in health and disease. EMBO Molecular Medicine 4, Nr. 2 (25. Januar): 71–74. doi: 10.1002/emmm.201100197.

Radtke, Freddy, H. Robson MacDonald und Fabienne Tacchini-Cottier. 2013. Regulation of innate and adaptive immunity by Notch. Nature Reviews Immunology 13, Nr. 6 (13. Mai): 427–437. doi: 10.1038/nri3445.

Rankin, Lucille. 2013. Diversity, function, and transcriptional regulation of gut innate lymphocytes. Frontiers in Immunology 4. doi: 10.3389/fimmu.2013.00022.

Rönnblom, Lars. 2011. The type I interferon system in the etiopathogenesis of autoimmune diseases. Upsala Journal of Medical Sciences 116, Nr. 4 (November): 227–237. doi: 10.3109/03009734.2011.624649.

Samstein, Robert M., Steven Z. Josefowicz, Aaron Arvey, Piper M. Treuting und Alexander Y. Rudensky. 2012. Extrathymic Generation of Regulatory T Cells in Placental Mammals Mitigates Maternal-Fetal Conflict. Cell 150, Nr. 1 (Juli): 29–38. doi: 10.1016/j.cell.2012.05.031.

Sangaletti, S., C. Tripodo, C. Chiodoni, C. Guarnotta, B. Cappetti, P. Casalini, S. Piconese, u. a. 2012. Neutrophil extracellular traps mediate transfer of cytoplasmic neutrophil antigens to myeloid dendritic cells toward ANCA induction and associated autoimmunity. Blood 120, Nr. 15 (29. August): 3007–3018. doi: 10.1182/blood-2012-03-416156.

Schleinitz, Nicolas, Frédéric Vély, Jean-Robert Harlé und Eric Vivier. 2010. Natural killer cells in human autoimmune diseases. Immunology 131, Nr. 4 (13. Oktober): 451–458. doi: 10.1111/j.1365-2567.2010.03360.x.

Sheikh, Zeeshan, Patricia Brooks, Oriyah Barzilay, Noah Fine und Michael Glogauer. 2015. Macrophages, Foreign Body Giant Cells and Their Response to Implantable Biomaterials. Materials 8, Nr. 9 (28. August): 5671–5701. doi: 10.3390/ma8095269.

Silva, Manuel T. und Margarida Correia-Neves. 2012. Neutrophils and Macrophages: the Main Partners of Phagocyte Cell Systems. Frontiers in Immunology 3. doi: 10.3389/fimmu.2012.00174.

Simon, D., H.-U. Simon und S. Yousefi. 2013. Extracellular DNA traps in allergic, infectious, and autoimmune diseases. Allergy 68, Nr. 4 (15. Februar): 409–416. doi: 10.1111/all.12111.

Siracusa, Mark C., Elia D. Tait Wojno und David Artis. 2012. Functional Heterogeneity in the Basophil Cell Lineage. In: Advances in Immunology, 141–159. Elsevier. doi: 10.1016/b978-0-12-394299-9.00005-9.

Sonnenberg, G. F., L. A. Monticelli, T. Alenghat, T. C. Fung, N. A. Hutnick, J. Kunisawa, N. Shibata, u. a. 2012. Innate Lymphoid Cells Promote Anatomical Containment of Lymphoid-Resident Commensal Bacteria. Science 336, Nr. 6086 (6. Juni): 1321–1325. doi: 10.1126/science.1222551.

Spits, Hergen und James P Di Santo. 2010. The expanding family of innate lymphoid cells: regulators and effectors of immunity and tissue remodeling. Nature Immunology 12, Nr. 1 (28. November): 21–27. doi: 10.1038/ni.1962.

Spits, Hergen, David Artis, Marco Colonna, Andreas Diefenbach, James P. Di Santo, Gerard Eberl, Shigeo Koyasu, u. a. 2013. Innate lymphoid cells — a proposal for uniform nomenclature. Nature Reviews Immunology 13, Nr. 2 (Februar): 145–149. doi: 10.1038/nri3365.

Stoeckle, Christina, Paula Quecke, Thomas Rückrich, Timo Burster, Michael Reich, Ekkehard Weber, Hubert Kalbacher, Christoph Driessen, Arthur Melms und Eva Tolosa. 2012. Cathepsin S dominates autoantigen processing in human thymic dendritic cells. Journal of Autoimmunity 38, Nr. 4 (Juni): 332–343. doi: 10.1016/j.jaut.2012.02.003.

Tangye, S. G. 2013. To B1 or not to B1: that really is still the question! Blood 121, Nr. 26 (27. Juni): 5109–5110. doi: 10.1182/blood-2013-05-500074.

Tauber, Alfred I. 2003. Metchnikoff and the phagocytosis theory. Nature Reviews Molecular Cell Biology 4, Nr. 11 (November): 897–901. doi: 10.1038/nrm1244.

Tay, Tuan Leng, Julie C. Savage, Chin Wai Hui, Kanchan Bisht und Marie-Ève Tremblay. 2016. Microglia across the lifespan: from origin to function in brain development, plasticity and cognition. The Journal of Physiology 595, Nr. 6 (29.

Mai): 1929–1945. doi: 10.1113/jp272134.

Vosshenrich, Christian AJ und James P Di Santo. 2013. Developmental programming of natural killer and innate lymphoid cells. Current Opinion in Immunology 25, Nr. 2 (April): 130–138. doi: 10.1016/j.coi.2013.02.002.

Wada, Takeshi, Kenji Ishiwata, Haruhiko Koseki, Tomoyuki Ishikura, Tsukasa Ugajin, Naotsugu Ohnuma, Kazushige Obata, u. a. 2010. Selective ablation of basophils in mice reveals their nonredundant role in acquired immunity against ticks. Journal of Clinical Investigation 120, Nr. 8 (2. August): 2867–2875. doi: 10.1172/jci42680.

Walker, Jennifer A., Jillian L. Barlow und Andrew N. J. McKenzie. 2013. Innate lymphoid cells – how did we miss them? Nature Reviews Immunology 13, Nr. 2 (7. Januar): 75–87. doi: 10.1038/nri3349.

Wang, Shuo, Pengyan Xia, Yi Chen, Yuan Qu, Zhen Xiong, Buqing Ye, Ying Du, u. a. 2017. Regulatory Innate Lymphoid Cells Control Innate Intestinal Inflammation. Cell 171, Nr. 1 (September): 201–216.e18. doi: 10.1016/j.cell.2017.07.027.

Xu, Zhenming, Hong Zan, Egest J. Pone, Thach Mai und Paolo Casali. 2012. Immunoglobulin class-switch DNA recombination: induction, targeting and beyond. Nature Reviews Immunology 12, Nr. 7 (Juli): 517–531. doi: 10.1038/nri3216.

Yona, Simon und Steffen Jung. 2010. Monocytes: subsets, origins, fates and functions. Current Opinion in Hematology 17, Nr. 1 (Januar): 53–59. doi: 10.1097/moh.0b013e3283324f80.

Zha, Bingbing, Xiuyan Huang, Jun Lin, Jun Liu, Yingyong Hou und Guilong Wu. 2014. Distribution of Lymphocyte Subpopulations in Thyroid Glands of Human Autoimmune Thyroid Disease. Journal of Clinical Laboratory Analysis 28, Nr. 3 (29. Januar): 249–254. doi: 10.1002/jcla.21674.

Zhang, Yang, Michael Meyer-Hermann, Laura A. George, Marc Thilo Figge, Mahmood Khan, Margaret Goodall, Stephen P. Young, u. a. 2013. Germinal center B cells govern their own fate via antibody feedback. The Journal of Experimental Medicine 210, Nr. 3 (18. Februar): 457–464. doi: 10.1084/jem.20120150.

Die Moleküle des Immunsystems

Brodsky, Igor E. und Ruslan Medzhitov. 2011. Pyroptosis: Macrophage Suicide Exposes Hidden Invaders. Current Biology 21, Nr. 2 (Januar): R72–R75. doi: 10.1016/j.cub.2010.12.008.

Carosella, Edgardo D. und Nathalie Rouas-Freiss. 2016. Wie sich das Ungeborene vor der Mutter schützt. Spektrum der Wissenschaft, Juni: 22ff. https://www.spektrum.de/magazin/wie-sich-das-ungeborene-vor-der-mutter-schuetzt/1149645.

Casadevall, Arturo und Liise-anne Pirofski. 2011. A new synthesis for antibody-mediated immunity. Nature Immunology 13, Nr. 1 (16. Dezember): 21–28. doi: 10.1038/ni.2184.

Davidson, Anne und Betty Diamond. 2001. Autoimmune Diseases. Hg. von Ian R. Mackay und Fred S. Rosen. New England Journal of Medicine 345, Nr. 5 (2. August): 340–350. doi: 10.1056/nejm200108023450506.

Edholm, Eva-Stina, Eva Bengten und Melanie Wilson. 2011. Insights into the function of IgD. Developmental & Comparative Immunology 35, Nr. 12 (Dezember): 1309–1316. doi: 10.1016/j.dci.2011.03.002.

González, Sergio, Sergio Aguilera, Ulises Urzúa, Andrew F.G. Quest, Claudio Molina, Cecilia Alliende, Marcela Hermoso und María-Julieta González. 2011. Mechanotransduction and epigenetic control in autoimmune diseases. Autoimmunity Reviews 10, Nr. 3 (Januar): 175–179. doi: 10.1016/j.autrev.2010.09.022.

HLA Alleles Numbers. Assigned as of December 2017. http://hla.alleles.org/nomenclature/stats.html.

IPD-IMGT/HLA. Statistics, version 3.30 (2017-10), https://www.ebi.ac.uk/ipd/imgt/hla/stats.html

Kiefel, V. 2017. HLA und Transplantation. https://transfusion.med.uni-rostock.de/fileadmin/Institute/tmed/hla.pdf.

Laborwissen. HLA-Typisierung, http://www.laborlexikon.de/Lexikon/Infoframe/h/HLA-Typisierung.htm, zuletzt aufgerufen am 29.03.2018

Laydon, Daniel J., Anat Melamed, Aaron Sim, Nicolas A. Gillet, Kathleen Sim, Sam Darko, J. Simon Kroll, u. a. 2014. Quantification of HTLV-1 Clonality and TCR Diversity. Hg. von Bjoern Peters. PLoS Computational Biology 10, Nr. 6 (19. Juni): e1003646. doi: 10.1371/journal.pcbi.1003646.

Lim, K., Y.-M. Hyun, K. Lambert-Emo, T. Capece, S. Bae, R. Miller, D. J. Topham und M. Kim. 2015. Neutrophil trails guide influenza-specific CD8+ T cells in the airways. Science 349, Nr. 6252 (3. September): aaa4352-aaa4352. doi: 10.1126/science.aaa4352.

Lleo, Ana, Pietro Invernizzi, Bin Gao, Mauro Podda und M. Eric Gershwin. 2010. Definition of human autoimmunity – autoantibodies versus autoimmune disease. Autoimmunity Reviews 9, Nr. 5 (März): A259–A266. doi: 10.1016/j.autrev.2009.12.002.

Mackay, Ian R. 2010. Travels and travails of autoimmunity: A historical journey from discovery to rediscovery. Autoimmunity Reviews 9, Nr. 5 (März): A251–A258. doi: 10.1016/j.autrev.2009.10.007.

Marrack, P. und J. W. Kappler. 2012. Do MHCII-Presented Neoantigens Drive Type 1 Diabetes and Other Autoimmune Diseases? Cold Spring Harbor Perspectives in Medicine 2, Nr. 9 (3. August): a007765–a007765. doi: 10.1101/cshperspect.a007765.

Montaudouin, C., M. Anson, Y. Hao, S. V. Duncker, T. Fernandez, E. Gaudin, M. Ehrenstein, u. a. 2012. Quorum Sensing Contributes to Activated IgM-Secreting B Cell Homeostasis. The Journal of Immunology 190, Nr. 1 (3. Dezember): 106–114. doi: 10.4049/jimmunol.1200907.

Muñoz, Luis E., Christoph Peter, Martin Herrmann, Sebastian Wesselborg und Kirsten Lauber. 2010. Scent of dying cells: The role of attraction signals in the clearance of apoptotic cells and its immunological consequences. Autoimmunity Reviews 9, Nr. 6 (April): 425–430. doi: 10.1016/j.autrev.2009.11.016.

Poletaev, A. und P. Boura. 2011. The immune system, natural autoantibodies and general homeostasis in health and disease. Hippokratia, 15(4): 295–298.

Pone, Egest, J. 2012. B cell TLRs and induction of immunoglobulin class-switch DNA recombination. Frontiers in Bioscience 17, Nr. 7: 2594. doi: 10.2741/4073.

Reiser, Jean-Baptiste, Claudine Darnault, Claude Grégoire, Thomas Mosser, Gilbert Mazza, Alice Kearney, P. Anton van der Merwe, Juan Carlos Fontecilla-Camps, Dominique Housset und Bernard Malissen. 2003. CDR3 loop flexibility contributes to the degeneracy of TCR recognition. Nature Immunology 4, Nr. 3 (3. Februar): 241–247. doi: 10.1038/ni891.

Rook, G. A. W. 2010. 99th Dahlem Conference on Infection, Inflammation and Chronic Inflammatory Disorders: Darwinian medicine and the ›hygiene‹ or ›old friends‹ hypothesis. Clinical & Experimental Immunology 160, Nr. 1 (11. März): 70–79. doi: 10.1111/j.1365-2249.2010.04133.x.

Selman, C., J. S. McLaren, A. R. Collins, G. G. Duthie und J. R. Speakman. 2013. Deleterious consequences of antioxidant supplementation on lifespan in a wild-derived mammal. Biology Letters 9, Nr. 4 (3. Juli): 20130432–20130432. doi: 10.1098/rsbl.2013.0432.

Tisoncik, J. R., M. J. Korth, C. P. Simmons, J. Farrar, T. R. Martin und M. G. Katze. 2012. Into the Eye of the Cytokine Storm. Microbiology and Molecular Biology Reviews 76, Nr. 1 (1. März): 16–32. doi: 10.1128/mmbr.05015-11.

Yin, Lei, Shaodong Dai, Gina Clayton, Wei Gao, Yang Wang, John Kappler und Philippa Marrack. 2013. Recognition of self and altered self by T cells in autoimmunity and allergy. Protein & Cell 4, Nr. 1: 8–16. doi: 10.1007/s13238-012-2077-7.

TEIL 3

Wie das Immunsystem arbeitet – und wie es entgleist

Bechmann, Ingo und Nicola Woodroofe. 2014. Immune Privilege of the Brain. In: Neuroinflammation and CNS Disorders, 1–8. John Wiley & Sons, Ltd, 4. April. doi: 10.1002/9781118406557.ch1.

Belkaid, Yasmine und Shruti Naik. 2013. Compartmentalized and systemic control of tissue immunity by commensals. Nature Immunology 14, Nr. 7 (18. Juni): 646–653. doi: 10.1038/ni.2604.

Belkaid, Yasmine und Timothy W. Hand. 2014. Role of the Microbiota in Immunity and Inflammation. Cell 157, Nr. 1 (März): 121–141. doi: 10.1016/j.cell.2014.03.011.

Cremer, S. und M. Sixt. 2009. Analogies in the evolution of individual and social immunity. Philosophical Transactions of the Royal Society B: Biological Sciences 364, Nr. 1513 (12. Januar): 129–142. doi: 10.1098/rstb.2008.0166.

Forrester, John V. und Heping Xu. 2012. Good news–bad news: the Yin and Yang of immune privilege in the eye. Frontiers in Immunology 3. doi: 10.3389/fimmu.2012.00338.

Geherin, S. A., S. R. Fintushel, M. H. Lee, R. P. Wilson, R. T. Patel, C. Alt, A. J. Young, J. B. Hay und G. F. Debes. 2012. The Skin, a Novel Niche for Recirculating B Cells. The Journal of Immunology 188, Nr. 12 (4. Mai): 6027–6035. doi: 10.4049/jimmunol.1102639.

Gilhar, Amos. 2010. Collapse of Immune Privilege in Alopecia Areata: Coincidental or Substantial? Journal of Investigative Dermatology 130, Nr. 11 (November): 2535–2537. doi: 10.1038/jid.2010.260.

Interlandi, Jeneen. 2014. Wege durch die Blut-Hirn-Schranke. Spektrum der Wissenschaft, Juni: 24ff. https://www.spektrum.de/magazin/wege-durch-die-blut-hirn-schranke/1281862.

Kunisawa, Jun und Hiroshi Kiyono. 2012. Alcaligenes is Commensal Bacteria Habituating in the Gut-Associated Lymphoid Tissue for the Regulation of Intestinal IgA Responses. Frontiers in Immunology 3. doi: 10.3389/fimmu.2012.00065.

Lavialle, C., G. Cornelis, A. Dupressoir, C. Esnault, O. Heidmann, C. Vernochet und T. Heidmann. 2013. Paleovirology of „syncytins", retroviral env genes exapted for a role in placentation. Philosophical Transactions of the Royal Society B: Biological Sciences 368, Nr. 1626 (12. August): 20120507–20120507. doi: 10.1098/rstb.2012.0507.

Louveau, Antoine, Igor Smirnov, Timothy J. Keyes, Jacob D. Eccles, Sherin J. Rouhani, J. David Peske, Noel C. Derecki, u. a. 2015. Structural and functional features of central nervous system lymphatic vessels. Nature 523, Nr. 7560 (1. Juni): 337–341. doi: 10.1038/nature14432.

Louveau, Antoine, Tajie H. Harris und Jonathan Kipnis. 2015. Revisiting the Mechanisms of CNS Immune Privilege. Trends in Immunology 36, Nr. 10 (Oktober): 569–577. doi: 10.1016/j.it.2015.08.006.

Mabbott, Neil A., Atsushi Kobayashi, Anuj Sehgal, Barry M. Bradford, Mari Pattison und David S. Donaldson. 2014. Aging and the mucosal immune system in the intestine. Biogerontology 16, Nr. 2 (5. April): 133–145. doi: 10.1007/s10522-014-9498-z.

Medawar, Peter B. 1948. Immunity to Homologous Grafted Skin. III. The Fate of Skin Homographs Transplanted to the Brain, to Subcutaneous Tissue, and to the Anterior Chamber of the Eye. Br J Exp Pathol. Februar, 29(1): 58–69. PMC2073079.

Peterson, Lance W. und David Artis. 2014. Intestinal epithelial cells: regulators of barrier function and immune homeostasis. Nature Reviews Immunology 14, Nr. 3 (März): 141–153. doi: 10.1038/nri3608.

Rescigno, Maria. 2014. Intestinal microbiota and its effects on the immune system. Cellular Microbiology 16, Nr. 7 (1.

Mai): 1004–1013. doi: 10.1111/cmi.12301.

Scholz, Felix, Brian D. Badgley, Michael J. Sadowsky und Daniel H. Kaplan. 2014. Immune Mediated Shaping of Microflora Community Composition Depends on Barrier Site. Hg. von Sebastian D. Fugmann. PLoS ONE 9, Nr. 1 (8. Januar): e84019. doi: 10.1371/journal.pone.0084019.

Shan, M., M. Gentile, J. R. Yeiser, A. C. Walland, V. U. Bornstein, K. Chen, B. He, u. a. 2013. Mucus Enhances Gut Homeostasis and Oral Tolerance by Delivering Immunoregulatory Signals. Science 342, Nr. 6157 (26. September): 447–453. doi: 10.1126/science.1237910.

Sonnenberg, G. F., L. A. Monticelli, T. Alenghat, T. C. Fung, N. A. Hutnick, J. Kunisawa, N. Shibata, u. a. 2012. Innate Lymphoid Cells Promote Anatomical Containment of Lymphoid-Resident Commensal Bacteria. Science 336, Nr. 6086 (6. Juni): 1321–1325. doi: 10.1126/science.1222551.

Taylor, R. P. 2013. Gnawing at Metchnikoff's paradigm. Blood 122, Nr. 17 (24. Oktober): 2922–2924. doi: 10.1182/blood-2013-07-514083.

Wells, J. M., O. Rossi, M. Meijerink und P. van Baarlen. 2010. Epithelial crosstalk at the microbiota-mucosal interface. Proceedings of the National Academy of Sciences 108, Nr. Supplement_1 (8. September): 4607–4614. doi: 10.1073/pnas.1000092107.

Zhang, Tianyi, Robert A. DeSimone, Xiangmin Jiao, F. James Rohlf, Wei Zhu, Qing Qing Gong, Steven R. Hunt, u. a. 2012. Host Genes Related to Paneth Cells and Xenobiotic Metabolism Are Associated with Shifts in Human Ileum-Associated Microbial Composition. Hg. von Markus M. Heimesaat. PLoS ONE 7, Nr. 6 (13. Juni): e30044. doi: 10.1371/journal.pone.0030044.

Der zeitliche Ablauf einer Immunreaktion

Jennette, J. Charles und Ronald J. Falk. 2010. The rise and fall of horror autotoxicus and forbidden clones. Kidney International 78, Nr. 6 (September): 533–535. doi: 10.1038/ki.2010.237.

Mifflin, Katherine A. und Bradley J. Kerr. 2016. Pain in autoimmune disorders. Journal of Neuroscience Research 95, Nr. 6 (22. Juli): 1282–1294. doi: 10.1002/jnr.23844.

Pearce, E. L., M. C. Poffenberger, C.-H. Chang und R. G. Jones. 2013. Fueling Immunity: Insights into Metabolism and Lymphocyte Function. Science 342, Nr. 6155 (10. Oktober): 1242454–1242454. doi: 10.1126/science.1242454.

Pone, Egest, J. 2012. B cell TLRs and induction of immunoglobulin class-switch DNA recombination. Frontiers in Bioscience 17, Nr. 7: 2594. doi: 10.2741/4073.

Straub, Rainer H. 2012. Evolutionary medicine and chronic inflammatory state—known and new concepts in pathophysiology. Journal of Molecular Medicine 90, Nr. 5 (22. Januar): 523–534. doi: 10.1007/s00109-012-0861-8.

Tsuda, Makoto und Kazuhide Inoue. 2016. Neuron—microglia interaction by purinergic signaling in neuropathic pain following neurodegeneration. Neuropharmacology 104 (Mai): 76–81. doi: 10.1016/j.neuropharm.2015.08.042.

Verma, Vivek, Zeeshan Sheikh und Ahad S. Ahmed. 2014. Nociception and role of immune system in pain. Acta Neurologica Belgica 115, Nr. 3 (30. Dezember): 213–220. doi: 10.1007/s13760-014-0411-y.

Zhang, Yang, Michael Meyer-Hermann, Laura A. George, Marc Thilo Figge, Mahmood Khan, Margaret Goodall, Stephen P. Young, u. a. 2013. Germinal center B cells govern their own fate via antibody feedback. The Journal of Experimental Medicine 210, Nr. 3 (18. Februar): 457–464. doi: 10.1084/jem.20120150.

Tag und Nacht

Besedovsky, Luciana, Tanja Lange und Jan Born. 2011. Sleep and immune function. Pflügers Archiv - European Journal of Physiology 463, Nr. 1 (10. November): 121–137. doi: 10.1007/s00424-011-1044-0.

Carrillo-Vico, Antonio, Patricia Lardone, Nuria Álvarez-Sánchez, Ana Rodríguez-Rodríguez und Juan Guerrero. 2013. Melatonin: Buffering the Immune System. International Journal of Molecular Sciences 14, Nr. 4 (22. April): 8638–8683. doi: 10.3390/ijms14048638.

Cermakian, Nicolas, Tanja Lange, Diego Golombek, Dipak Sarkar, Atsuhito Nakao, Shigenobu Shibata und Gianluigi Mazzoccoli. 2013. Crosstalk between the circadian clock circuitry and the immune system. Chronobiology International 30, Nr. 7 (22. Mai): 870–888. doi: 10.3109/07420528.2013.782315.

Cutolo, M., R. H Straub und F. Buttgereit. 2008. Circadian rhythms of nocturnal hormones in rheumatoid arthritis: translation from bench to bedside. Annals of the Rheumatic Diseases 67, Nr. 7 (12. Juni): 905–908. doi: 10.1136/ard.2008.088955.

Gibbs, Julie E und David W Ray. 2013. The role of the circadian clock in rheumatoid arthritis. Arthritis Research & Therapy 15, Nr. 1: 205. doi: 10.1186/ar4146.

Kouri, Vesa-Petteri, Juri Olkkonen, Emilia Kaivosoja, Mari Ainola, Juuso Juhila, Iiris Hovatta, Yrjö T. Konttinen und Jami Mandelin. 2013. Circadian Timekeeping Is Disturbed in Rheumatoid Arthritis at Molecular Level. Hg. von Oliver Frey. PLoS ONE 8, Nr. 1 (15. Januar): e54049. doi: 10.1371/journal.pone.0054049.

Lange, Tanja und Jan Born. 2011. T Cell and Antigen Presenting Cell Activity During Sleep. http://www.brainimmune.com/t-cell-and-antigen-presenting-cell-activity-during-sleep/, zuletzt aufgerufen am 29.03.2018.

Logan, Ryan W. und Dipak K. Sarkar. 2012. Circadian nature of immune function. Molecular and Cellular Endocrinology 349, Nr. 1 (Februar): 82–90. doi: 10.1016/j.mce.2011.06.039.

Logan, Ryan W. und Dipak K. Sarkar. 2012. Circadian nature of immune function. Molecular and Cellular Endocrinology 349, Nr. 1 (Februar): 82–90. doi: 10.1016/j.mce.2011.06.039.

Mavroudis, P.D., J.D. Scheff, S.E. Calvano und I.P. Androulakis. 2013. Systems Biology of Circadian-Immune Interactions. Journal of Innate Immunity 5, Nr. 2: 153–162. doi: 10.1159/000342427.

Nakao, Atsuhito. 2014. Temporal Regulation of Cytokines by the Circadian Clock. Journal of Immunology Research 2014: 1–4. doi: 10.1155/2014/614529.

Zusi, Karen. 2015. Melatonin for MS? Improvements in multiple sclerosis symptoms correlate with higher levels of the sleep hormone, a study finds. The Scientist, 11. September 2015, https://www.the-scientist.com/?articles.view/articleNo/43965/title/Melatonin-for-MS-/.

Wie Autoimmunreaktionen entstehen – und wie sie eskalieren

Bassi, Vincenzo. 2012. Autoimmune thyroid diseases andHelicobacter pylori: The correlation is present only in Graves's disease. World Journal of Gastroenterology 18, Nr. 10: 1093. doi: 10.3748/wjg.v18.i10.1093.

Cappello, Francesco, Everly Conway de Macario, Valentina Di Felice, Giovanni Zummo und Alberto J. L. Macario. 2009. Chlamydia trachomatis Infection and Anti-Hsp60 Immunity: The Two Sides of the Coin. Hg. von Marianne Manchester. PLoS Pathogens 5, Nr. 8 (28. August): e1000552. doi: 10.1371/journal.ppat.1000552.

Casadevall, Arturo und Liise-anne Pirofski. 2011. A new synthesis for antibody-mediated immunity. Nature Immunology 13, Nr. 1 (16. Dezember): 21–28. doi: 10.1038/ni.2184.

Clatworthy, M. R., L. Willcocks, B. Urban, J. Langhorne, T. N. Williams, N. Peshu, N. A. Watkins, R. A. Floto und K. G. C. Smith. 2007. Systemic lupus erythematosus-associated defects in the inhibitory receptor Fc RIIb reduce susceptibility to malaria. Proceedings of the National Academy of Sciences 104, Nr. 17 (13. April): 7169–7174. doi: 10.1073/pnas.0608889104.

Croxford, J.L. und S. D. Miller. 2003. Evidence for a role of infections in the activation of autoreactive T cells and the pathogenesis of autoimmunity. In: Stem Cell Therapy of Autoimmune Disease, 91–102. Landes Biosciences, Georgetown.

Davison, Lucy J., Chris Wallace, Jason D. Cooper, Nathan F. Cope, Nicola K. Wilson, Deborah J. Smyth, Joanna M.M. Howson, u. a. 2011. Long-range DNA looping and gene expression analyses identify DEXI as an autoimmune disease candidate gene. Human Molecular Genetics 21, Nr. 2 (11. Oktober): 322–333. doi: 10.1093/hmg/ddr468.

De la Herrán-Arita, Alberto K. und Fabio García-García. 2014. Narcolepsy as an Immune-Mediated Disease. Sleep Disorders 2014: 1–6. doi: 10.1155/2014/792687.

Di Zenzo, Giovanni, Sybille Thoma-Uszynski, Valentina Calabresi, Lionel Fontao, Silke C Hofmann, Jean-Philippe Lacour, Francesco Sera, u. a. 2011. Demonstration of Epitope-Spreading Phenomena in Bullous Pemphigoid: Results of a Prospective Multicenter Study. Journal of Investigative Dermatology 131, Nr. 11 (November): 2271–2280. doi: 10.1038/jid.2011.180.

Dow, Coad Thomas. 2012. M. paratuberculosisHeat Shock Protein 65 and Human Diseases: Bridging Infection and Autoimmunity. Autoimmune Diseases 2012: 1–6. doi: 10.1155/2012/150824.

Duraes, F. V., C. Thelemann, K. Sarter, H. Acha-Orbea, S. Hugues und W. Reith. 2013. Role of major histocompatibility complex class II expression by non-hematopoietic cells in autoimmune and inflammatory disorders: facts and fiction. Tissue Antigens 82, Nr. 1 (10. Juni): 1–15. doi: 10.1111/tan.12136.

Ercolini, A. M. und S. D. Miller. 2009. The role of infections in autoimmune disease. Clinical & Experimental Immunology 155, Nr. 1 (Januar): 1–15. doi: 10.1111/j.1365-2249.2008.03834.x.

Fairfax, B. P., P. Humburg, S. Makino, V. Naranbhai, D. Wong, E. Lau, L. Jostins, u. a. 2014. Innate Immune Activity Conditions the Effect of Regulatory Variants upon Monocyte Gene Expression. Science 343, Nr. 6175 (6. März): 1246949–1246949. doi: 10.1126/science.1246949.

Farh, Kyle Kai-How, Alexander Marson, Jiang Zhu, Markus Kleinewietfeld, William J. Housley, Samantha Beik, Noam Shoresh, u. a. 2014. Genetic and epigenetic fine mapping of causal autoimmune disease variants. Nature 518, Nr. 7539 (29. Oktober): 337–343. doi: 10.1038/nature13835.

Galeazzi, M., E. Balistreri, C. Giannitti und G.D. Sebastiani. 2012. MicroRNAs in autoimmune rheumatic diseases. Reumatismo 64, Nr. 1 (27. März). doi: 10.4081/reumatismo.2012.7.

Galli, Luisa, Elena Chiappini und Maurizio de Martino. 2012. Infections and Autoimmunity. The Pediatric Infectious Disease Journal 31, Nr. 12 (Dezember): 1295–1297. doi: 10.1097/inf.0b013e3182757c4d.

Getts, Daniel R., Meghann Teague Getts, Nicholas J.C. King und Stephen D. Miller. 2014. Infectious Triggers of T Cell Autoimmunity. In: The Autoimmune Diseases, 263–274. Elsevier. doi: 10.1016/b978-0-12-384929-8.00019-8.

Girbovan, Anamaria, Genel Sur, Gabriel Samasca und Iulia Lupan. 2017. Dysbiosis a risk factor for celiac disease. Medical Microbiology and Immunology 206, Nr. 2 (15. Februar): 83–91. doi: 10.1007/s00430-017-0496-z.

Goris, A. und A. Liston. 2012. The Immunogenetic Architecture of Autoimmune Disease. Cold Spring Harbor Perspectives in Biology 4, Nr. 3 (1. März): a007260–a007260. doi: 10.1101/cshperspect.a007260.

Goris, A. und A. Liston. 2012. The Immunogenetic Architecture of Autoimmune Disease. Cold Spring Harbor Perspectives in Biology 4, Nr. 3 (1. März): a007260–a007260. doi: 10.1101/cshperspect.a007260.

Gould, Hannah J. und Brian J. Sutton. 2008. IgE in allergy and asthma today. Nature Reviews Immunology 8, Nr. 3 (März): 205–217. doi: 10.1038/nri2273.

Hu, Xinli, Hyun Kim, Towfique Raj, Patrick J. Brennan, Gosia Trynka, Nikola Teslovich, Kamil Slowikowski, u. a. 2014. Regulation of Gene Expression in Autoimmune Disease Loci and the Genetic Basis of Proliferation in CD4+ Effector Memory T Cells. Hg. von Derry C. Roopenian. PLoS Genetics 10, Nr. 6 (26. Juni): e1004404. doi: 10.1371/journal.pgen.1004404.

Hu, Xinli, Hyun Kim, Towfique Raj, Patrick J. Brennan, Gosia Trynka, Nikola Teslovich, Kamil Slowikowski, u. a. 2014. Regulation of Gene Expression in Autoimmune Disease Loci and the Genetic Basis of Proliferation in CD4+ Effector Memory T Cells. Hg. von Derry C. Roopenian. PLoS Genetics 10, Nr. 6 (26. Juni): e1004404. doi: 10.1371/journal.pgen.1004404.

Joseph, C. G., E. Darrah, A. A. Shah, A. D. Skora, L. A. Casciola-Rosen, F. M. Wigley, F. Boin, u. a. 2013. Association of the Autoimmune Disease Scleroderma with an Immunologic Response to Cancer. Science 343, Nr. 6167 (5. Dezember): 152–157. doi: 10.1126/science.1246886.

Kivity, Shaye, Nancy Agmon-Levin, Miri Blank und Yehuda Shoenfeld. 2009. Infections and autoimmunity – friends or foes? Trends in Immunology 30, Nr. 8 (August): 409–414. doi: 10.1016/j.it.2009.05.005.

Kleinewietfeld, Markus, Arndt Manzel, Jens Titze, Heda Kvakan, Nir Yosef, Ralf A. Linker, Dominik N. Muller und David A. Hafler. 2013. Sodium chloride drives autoimmune disease by the induction of pathogenic TH17 cells. Nature 496, Nr. 7446 (6. März): 518–522. doi: 10.1038/nature11868.

Laayouni, H., M. Oosting, P. Luisi, M. Ioana, S. Alonso, I. Ricano-Ponce, G. Trynka, u. a. 2014. Convergent evolution in European and Rroma populations reveals pressure exerted by plague on Toll-like receptors. Proceedings of the National Academy of Sciences 111, Nr. 7 (3. Februar): 2668–2673. doi: 10.1073/pnas.1317723111.

Lee, Bum-Kyu und Vishwanath R. Iyer. 2012. Genome-wide Studies of CCCTC-binding Factor (CTCF) and Cohesin Provide Insight into Chromatin Structure and Regulation: FIGURE 1. Journal of Biological Chemistry 287, Nr. 37 (5. September): 30906–30913. doi: 10.1074/jbc.r111.324962.

Lee, M. N., C. Ye, A.-C. Villani, T. Raj, W. Li, T. M. Eisenhaure, S. H. Imboywa, u. a. 2014. Common Genetic Variants Modulate Pathogen-Sensing Responses in Human Dendritic Cells. Science 343, Nr. 6175 (6. März): 1246980–1246980. doi: 10.1126/science.1246980.

Lleo, Ana, Pietro Invernizzi, Bin Gao, Mauro Podda und M. Eric Gershwin. 2010. Definition of human autoimmunity – autoantibodies versus autoimmune disease. Autoimmunity Reviews 9, Nr. 5 (März): A259–A266. doi: 10.1016/j.autrev.2009.12.002.

Lossius, Andreas, Jorunn Johansen, Øivind Torkildsen, Frode Vartdal und Trygve Holmøy. 2012. Epstein-Barr Virus in Systemic Lupus Erythematosus, Rheumatoid Arthritis and Multiple Sclerosis – Association and Causation. Viruses 4, Nr. 12 (13. Dezember): 3701–3730. doi: 10.3390/v4123701.

Manetti, Roberto, Lucia Gemma Delogu, Silvia Deidda und Giuseppe Delitala. 2011. Infectious diseases and autoimmunity. The Journal of Infection in Developing Countries 5, Nr. 10 (12. Oktober). doi: 10.3855/jidc.2061.

Miller, Frederick W. 2014. Non-infectious Environmental Agents and Autoimmunity. In: The Autoimmune Diseases, 283–295. Elsevier. doi: 10.1016/b978-0-12-384929-8.00021-6.

Mobley, James L. 2004. Is rheumatoid arthritis a consequence of natural selection for enhanced tuberculosis resistance? Medical Hypotheses 62, Nr. 5 (Mai): 839–843. doi: 10.1016/j.mehy.2003.12.006.

Montes, Carolina L., Eva V. Acosta-Rodríguez, Maria Cecilia Merino, Daniela A. Bermejo und Adriana Gruppi. 2007. Polyclonal B cell activation in infections: infectious agents' devilry or defense mechanism of the host? Journal of Leukocyte Biology 82, Nr. 5 (5. Juli): 1027–1032. doi: 10.1189/jlb.0407214.

Oldstone, Michael B.A. 2014. Molecular Mimicry: Its Evolution from Concept to Mechanism as a Cause of Autoimmune Diseases. Monoclonal Antibodies in Immunodiagnosis and Immunotherapy 33, Nr. 3 (Juni): 158–165. doi: 10.1089/mab.2013.0090.

Ong, Chin-Tong und Victor G. Corces. 2011. Enhancer function: new insights into the regulation of tissue-specific gene expression. Nature Reviews Genetics 12, Nr. 4 (1. März): 283–293. doi: 10.1038/nrg2957.

Pender, Michael P. 2012. CD8+ T-Cell Deficiency, Epstein-Barr Virus Infection, Vitamin D Deficiency, and Steps to Auto-immunity: A Unifying Hypothesis. Autoimmune Diseases 2012: 1–16. doi: 10.1155/2012/189096.

Raj, T., K. Rothamel, S. Mostafavi, C. Ye, M. N. Lee, J. M. Replogle, T. Feng, u. a. 2014. Polarization of the Effects of Auto-immune and Neurodegenerative Risk Alleles in Leukocytes. Science 344, Nr. 6183 (1. Mai): 519–523. doi: 10.1126/science.1249547.

Raj, Towfique, Manik Kuchroo, Joseph M. Replogle, Soumya Raychaudhuri, Barbara E. Stranger und Philip L. De Jager. 2013. Common Risk Alleles for Inflammatory Diseases Are Targets of Recent Positive Selection. The American Journal of Human Genetics 92, Nr. 4 (April): 517–529. doi: 10.1016/j.ajhg.2013.03.001.

Rashid, Taha und Alan Ebringer. 2012. Autoimmunity in Rheumatic Diseases Is Induced by Microbial Infections via Crossreactivity or Molecular Mimicry. Autoimmune Diseases 2012: 1–9. doi: 10.1155/2012/539282.

Sfriso, P., A. Ghirardello, C. Botsios, M. Tonon, M. Zen, N. Bassi, F. Bassetto und A. Doria. 2009. Infections and autoim-munity: the multifaceted relationship. Journal of Leukocyte Biology 87, Nr. 3 (16. Dezember): 385–395. doi: 10.1189/jlb.0709517.

Shah, Ami A., Laura K. Hummers, Livia Casciola-Rosen, Kala Visvanathan, Antony Rosen und Fredrick M. Wigley. 2015. Examination of Autoantibody Status and Clinical Features Associated With Cancer Risk and Cancer-Associated Sclero-derma. Arthritis & Rheumatology 67, Nr. 4 (27. März): 1053–1061. doi: 10.1002/art.39022.

Shah, Ami A., Livia Casciola-Rosen und Antony Rosen. 2015. Review: Cancer-Induced Autoimmunity in the Rheumatic Diseases. Arthritis & Rheumatology 67, Nr. 2 (28. Januar): 317–326. doi: 10.1002/art.38928.

Vanderlugt, Carol L. und Stephen D. Miller. 2002. Epitope Spreading in Immune Mediated Diseases: Implications for Immunotherapy. Nature Reviews Immunology 2, Nr. 2 (Februar): 85–95. doi: 10.1038/nri724.

Wahren-Herlenius, Marie und Thomas Dörner. 2013. Immunopathogenic mechanisms of systemic autoimmune di-sease. The Lancet 382, Nr. 9894 (August): 819–831. doi: 10.1016/s0140-6736(13)60954-x.

Wegner, Natalia, Robin Wait und Patrick J. Venables. 2009. Evolutionarily conserved antigens in autoimmune disease: Implications for an infective aetiology. The International Journal of Biochemistry & Cell Biology 41, Nr. 2 (Februar): 390–397. doi: 10.1016/j.biocel.2008.09.012.

Wu, Chuan, Nir Yosef, Theresa Thalhamer, Chen Zhu, Sheng Xiao, Yasuhiro Kishi, Aviv Regev und Vijay K. Kuchroo. 2013. Induction of pathogenic TH17 cells by inducible salt-sensing kinase SGK1. Nature 496, Nr. 7446 (6. März): 513–517. doi: 10.1038/nature11984.

Yao, Chen, Roby Joehanes, Andrew D. Johnson, Tianxiao Huan, Tõnu Esko, Saixia Ying, Jane E. Freedman, u. a. 2013. Sex- and age-interacting eQTLs in human complex diseases. Human Molecular Genetics 23, Nr. 7 (15. November): 1947–1956. doi: 10.1093/hmg/ddt582.

Ye, C. J., T. Feng, H.-K. Kwon, T. Raj, M. T. Wilson, N. Asinovski, C. McCabe, u. a. 2014. Intersection of population variati-on and autoimmunity genetics in human T cell activation. Science 345, Nr. 6202 (11. September): 1254665–1254665. doi: 10.1126/science.1254665.

Yin, L., F. Crawford, P. Marrack, J. W. Kappler und S. Dai. 2012. T-cell receptor (TCR) interaction with peptides that mimic nickel offers insight into nickel contact allergy. Proceedings of the National Academy of Sciences 109, Nr. 45 (22. Oktober): 18517–18522. doi: 10.1073/pnas.1215928109.

Zaenker, P., E.S. Gray und M.R. Ziman. 2016. Autoantibody Production in Cancer – The Humoral Immune Response toward Autologous Antigens in Cancer Patients. Autoimmunity Reviews 15, Nr. 5 (Mai): 477–483. doi: 10.1016/j.autrev.2016.01.017.

Wie Autoimmunreaktionen chronisch werden

Grogan, Jane L. und Wenjun Ouyang. 2012. A role for Th17 cells in the regulation of tertiary lymphoid follicles. European Journal of Immunology 42, Nr. 9 (September): 2255–2262. doi: 10.1002/eji.201242656, http://dx.doi.org/10.1002/eji.201242656.

Kushwah, R. und J. Hu. 2010. Dendritic Cell Apoptosis: Regulation of Tolerance versus Immunity. The Journal of Immunology 185, Nr. 2 (2. Juli): 795–802. doi: 10.4049/jimmunol.1000325.

Lucchesi, Davide und Michele Bombardieri. 2013. The role of viruses in autoreactive B cell activation within tertiary lymphoid structures in autoimmune diseases. Journal of Leukocyte Biology 94, Nr. 6 (28. Juni): 1191–1199. doi: 10.1189/jlb.0413240.

Ma, Cindy S., Elissa K. Deenick, Marcel Batten und Stuart G. Tangye. 2012. The origins, function, and regulation of T follicular helper cells. The Journal of Experimental Medicine 209, Nr. 7 (2. Juli): 1241–1253. doi: 10.1084/jem.20120994.

Masters, Seth L., Anna Simon, Ivona Aksentijevich und Daniel L. Kastner. 2009. Horror Autoinflammaticus: The Molecular Pathophysiology of Autoinflammatory Disease. Annual Review of Immunology 27, Nr. 1 (April): 621–668. doi: 10.1146/annurev.immunol.25.022106.141627.

Peter, C., S. Wesselborg und K. Lauber. 2009. Molecular Suicide Notes: Last Call from Apoptosing Cells. Journal of Molecular Cell Biology 2, Nr. 2 (11. Dezember): 78–80. doi: 10.1093/jmcb/mjp045.

Pitzalis, Costantino, Gareth W. Jones, Michele Bombardieri und Simon A. Jones. 2014. Ectopic lymphoid-like structures in infection, cancer and autoimmunity. Nature Reviews Immunology 14, Nr. 7): 447–462. doi: 10.1038/nri3700.

Rönnblom, Lars. 2011. The type I interferon system in the etiopathogenesis of autoimmune diseases. Upsala Journal of Medical Sciences 116, Nr. 4 (November): 227–237. doi: 10.3109/03009734.2011.624649.

Sfriso, P., A. Ghirardello, C. Botsios, M. Tonon, M. Zen, N. Bassi, F. Bassetto und A. Doria. 2009. Infections and autoimmunity: the multifaceted relationship. Journal of Leukocyte Biology 87, Nr. 3: 385–395. doi: 10.1189/jlb.0709517.

Shao, Wen-Hai und Philip L Cohen. 2010. Disturbances of apoptotic cell clearance in systemic lupus erythematosus. Arthritis Research & Therapy 13, Nr. 1: 202. doi: 10.1186/ar3206.

Shoenfeld, Y. 1994. Idiotypic induction of autoimmunity: a new aspect of the idiotypic network. The FASEB Journal 8, Nr. 15 (Dezember): 1296–1301. doi: 10.1096/fasebj.8.15.8001742.

Silverman, Gregg J. 2011. Regulatory natural autoantibodies to apoptotic cells: Pallbearers and protectors. Arthritis & Rheumatism 63, Nr. 3 (25. Februar): 597–602. doi: 10.1002/art.30140.

Tveita, A. A. 2010. The danger model in deciphering autoimmunity. Rheumatology 49, Nr. 4 (9. Februar): 632–639. doi: 10.1093/rheumatology/keq004.

Wahren-Herlenius, Marie und Thomas Dörner. 2013. Immunopathogenic mechanisms of systemic autoimmune disease. The Lancet 382, Nr. 9894 (August): 819–831. doi: 10.1016/s0140-6736(13)60954-x.

Zhang X., S. Ing, A. Fraser et al. 2013. Follicular Helper T Cells: New Insights Into Mechanisms of Autoimmune Diseases. The Ochsner Journal, 13(1): 131-139. PMC3603176

Register

Knochenmark 19, 54, 155–159, 162f., 168–170, 174, 178, 182, 188, 195, 197f., 205f., 210, 213f., 224, 226, 325, 354, 370, 372, 376

Koch, Robert 39, 46–51

kodominante Vererbung 272

Koevolution 24, 60, 64, 90, 150

Kohlenhydrate 70, 116, 118, 122, 234, 237, 248, 262, 268, 282, 306

Kollagen 98, 182, 192, 382f., 403

Kollagenase 182

Kollagenose 74f.

koloniestimulierende Faktoren 242f.

Kolumbus, Christoph 96f.

Kommensalen 40, 148f., 198, 219, 239, 259, 302, 308, 310–312, 314, 319f., 325f.

Kompartimente 130–133, 296, 368

Komplementfaktoren/-system 32, 50, 172, 190, 200, 236f., 239f., 248–250, 261f., 298, 327f., 345, 402

komplexes regionales Schmerzsyndrom (CRPS) 366

Kondensation/Dekondensation 108–110, 113, 387

kongenitaler kompletter Herzblock 54

Konkordanz 34, 36

Korezeptoren 176, 262f., 266f., 273, 276

Körperpflege 299, 362

kortikale Thymus-Epithelzellen (cTEC) 160

Kortisol 74, 354, 369, 373–379

Kostimulation, Kostimulatoren 42f., 58, 60, 134, 199, 207, 212, 266, 280, 330, 334, 346–349, 365, 383, 404, 406, 415, 426

Krankheitsverhalten 360–363

Krebs 28f., 62, 66f., 70, 140, 155, 215, 221, 225, 229, 274, 276, 368, 371, 400f., 406

Kreuzreaktion 237f., 400–403, 411, 419

Krummdarm s. Ileum

Krypten 308, 314–317

kryptische Antigene 381f., 397f.

K-Strategie 144f.

Kupffer-Zellen 189

Lamarck, Jean-Baptiste de 140, 202

Lamina propria 315, 318, 320, 324

Landsteiner, Karl 50–52

Langerhans-Zellen 198, 328, 330, 429

Leber 50, 68, 70, 75, 84f., 99, 118f., 166, 168f., 178, 182, 189, 195, 224, 226, 250, 320, 369, 420, 428

Lederhaut s. Dermis

Lehrer 103

leichte Kette 205, 232–234, 263f.

Lektine 248, 259, 308

Lektinweg (Komplement) 248

Leukämie 156

Leukotriene 176, 250, 363

Leukozyten 20, 36, 155, 157, 170f., 181f., 188, 242f., 246

Lichen ruber planus 281

Lichen sclerosus 71

Liganden 132, 134, 218, 254–257, 263, 266, 282–285, 288, 291, 314, 337, 348, 428

Lipopolysaccharide (LPS) 62, 118f., 172, 190, 207, 256, 282, 292, 310, 404

Loeffler, Friedrich 39

logistisches Wachstum 145

LPS s. Lipopolysaccharide

Lungenfibrose, idiopathische 99

Lupus s. systemischer Lupus erythematosus

lymphatischer Ast 155, 170, 220, 222

Lymphe 105, 162–166, 330, 333, 376

Lymphfollikel/-knötchen s. Follikel

Lymphgefäße 162–165, 317–319, 328, 336f.

Lymphgewebe-Induktor-Zellen (LTi-Zellen) 203, 222, 228f., 420

Lymphknoten 75, 140, 156, 159f., 162–169, 176, 179, 198–200, 204, 207–210, 214, 218, 220, 224, 226, 228, 238, 242, 246, 282, 288, 292, 314, 317–319, 322, 328, 333, 336f., 340f., 344, 346, 350, 352, 358, 376f., 420–423

Lymphozyten 20–22, 30, 44, 56, 155, 164, 170f.,